全国电力行业"十四五"规划教材

 普通高等教育"十一五"国家级规划教材

 中国电力教育协会高校电气类专业精品教材

湖南省线上线下混合式一流本科课程配套教材

U0149798

POWER SYSTEM ANALYSIS

电力系统分析

（第四版）

主编　周任军　曾祥君

编写　李泽文　王媛媛　杨洪明　黄婧杰

主审　王成山

中国电力出版社

CHINA ELECTRIC POWER PRESS

内 容 提 要

本书为普通高等教育"十一五"国家级规划教材、中国电力教育协会高校、电气类专业精品教材、湖南省线上线下一流本科课程配套教材。

全书共有三篇十二章。第一篇为电力系统稳态分析，共六章，主要包括电力系统概述和基本概念、电力系统元件参数和等值电路、简单电力网络潮流分析与计算、电力系统潮流的计算机算法、电力系统有功功率的平衡和频率调整、电力系统无功功率的平衡和电压调整；第二篇为电力系统故障分析与计算，共三章，主要包括电力系统三相短路分析计算、电力系统各元件的序参数和等值电路、电力系统不对称故障分析与计算；第三篇为电力系统稳定性分析，共三章，主要包括机组的机电特性、电力系统静态和暂态稳定性。此外，为了便于读者对各章节内容的理解和应用，在每章后还附有思考题与习题，并在全书后的附录中给出了电力系统元件的常用电气参数和短路电流运算曲线等。

为方便学生学习贯彻落实党的二十大精神，根据《党的二十大报告学习辅导百问》《二十大党章修正案学习问答》，在数字资源中设置了"二十大报告及党章修正案学习辅导"栏目，以方便师生学习。

本书不仅可作为高等院校电气信息类专业课程教材，也可作为职业教育本科相关专业教材，同时可作为电力工程技术人员的参考用书。

图书在版编目（CIP）数据

电力系统分析/周任军，曾祥君主编．—4 版．—北京：中国电力出版社，2023.7（2025.2 重印）
ISBN 978 - 7 - 5198 - 6475 - 0

Ⅰ.①电…　Ⅱ.①周…　②曾…　Ⅲ.①电力系统－系统分析－高等学校－教材　Ⅳ.①TM711

中国版本图书馆 CIP 数据核字（2022）第 017547 号

出版发行：中国电力出版社
地　　址：北京市东城区北京站西街 19 号（邮政编码 100005）
网　　址：http://www.cepp.sgcc.com.cn
责任编辑：乔　莉（010 - 63412535）
责任校对：黄　蓓　常燕昆
装帧设计：赵姗姗
责任印制：吴　迪

印　　刷：廊坊市文峰档案印务有限公司
版　　次：1996 年 11 月第一版　2001 年 7 月第二版　2007 年 8 月第三版　2023 年 7 月第四版
印　　次：2025 年 2 月北京第四十二次印刷
开　　本：787 毫米×1092 毫米　16 开本
印　　张：23
字　　数：370 字
定　　价：63.00 元

前　言

　　本书是普通高等学校电气工程及其自动化专业本科适用教材，也适用于电力行业入职、人员培训、电气专业认证、研究生入学、电气专业自考、函授等成人高等教育教学，使用中可根据教学课时数和深度要求对教学内容适当取舍。本书自1995年第一版正式出版发行以来，被广大电气专业师生选用，并受到广泛好评。本版教材的修订是依据高等教育和国际工程专业认证的发展需要进行的。

　　本版是在第三版内容基础上，主要更新了电力系统最新发展和新能源相关内容的概述，修订了以平均电压归算的非标准变比变压器等值模型，调整了潮流计算手算方法中的计算内容，增加了同步发电机基本方程、派克变换和发电机短路电流计算解析描述，补充了电力系统简单不对称故障的计算机算法等内容。

　　本书编写力求由浅入深，通俗易懂，重点突出，逻辑清晰，易于讲授，便于自学，理论联系实际，密切工程应用。书中标有"＊"的章节，可根据教学课时和实际情况，少讲或不讲，不会影响其他章节内容的讲授。

　　本书由曾祥君修编第一章，周任军修编第三、四、七章，李泽文、杨洪明修编第二、八、十一章，王媛媛修编第五、六、十、十二章，黄婧杰修编第九章，周任军统稿全书。

　　本版修订由天津大学王成山院士主审，在此表示衷心感谢。

　　限于编者水平，书中如有不妥之处，请批评指正。

编　者

2023 年 4 月

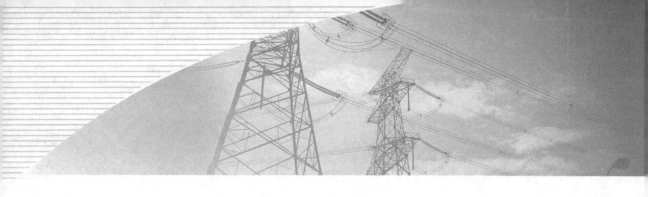

第一版前言

本书是根据原能源部教育司 1993—1995 年高等学校教材编审出版计划，并按照原能源部电力高等专科教学委员会制订的发电厂及电力系统专业电力系统分析专科课程教学大纲编写的。

本书在着重阐明电力系统基本概念和基本理论的基础上，又突出了电力系统的潮流计算、短路计算和电力系统稳定性分析。

本书第七章同步发电机的基本方程式及其三相短路的电磁暂态过程，是书中内容比较难的一章，也是较重要的一章，是以后各章的基础。该章中的重要数学工具是派克变换，为了讲清派克变换，书中利用了电路课程中的旋转相量和电机学课程中旋转磁场的概念，以使该章内容通俗易懂，概念清楚。考虑到各校的实际情况，该章内容可少讲或暂不讲，不会影响其他章节内容的讲授。书中的节前标有"*"的可不讲授。

本书内容的编写力求深入浅出，理论联系实际，重实际应用，并且具有重点突出，层次分明，逻辑性强，便于自学，易于讲授的特点。

本书由长沙电力学院杨绮雯副教授编写绪论和第一篇，于永源教授编写第二、三篇，并担任全书的统稿工作。武汉水利电力大学李光熹教授担任本书的主审工作。

由于编者水平有限，书中如有不妥之处，请读者批评指正。

编　者

1995 年 3 月

第二版前言

根据高等教育的发展情况，本书在着重阐明电力系统基本概念和基本理论及分析问题的基本方法的基础上，又突出了电力系统的潮流计算、短路计算和电力系统稳定性的分析。

本书内容的编写力求深入浅出，理论联系实际，并且重点突出，层次分明，逻辑性强，具备易于讲授、便于自学等特点。

本书为大学本科的规划教材，对于成人高等教育、高职高专教育等也可根据自己的教学学时，适当减少些内容使用。

本书由长沙理工大学杨绮雯教授编写第一篇，于永源教授编写第二、三篇。湖南大学李欣然教授、长沙理工大学曾祥君副教授参与部分章节的编写工作。湖南大学杨期余教授担任本书主审工作。

由于编者水平有限，书中如有不妥之处，请读者批评指正。

编　者
2001 年 7 月

第三版前言

根据中国高等教育的发展现况，本书阐明了电力系统基本概念和基本理论，以及分析电力系统问题的基本方法，突出了电力系统的潮流计算、短路计算和电力系统稳定性的分析。

本书内容的编写力求由浅入深，通俗易懂，层次分明，理论联系实际，重点突出，逻辑性强，易于讲授，便于自学。

本书为大学本科的规划教材，对于高等职业教育、成人高等教育等也可根据自己的教学时数，适当取舍。

本书由长沙理工大学杨绮雯教授编写第一篇，其中第一章由长沙理工大学曾祥君教授编写和修改，长沙理工大学于永源教授编写第二、三篇，湖南大学李欣然教授也参与了部分章节的编写和修改工作，全书由于永源教授统稿。湖南大学杨期余教授、刘福生教授担任本书的主审工作。

由于编者水平有限，书中如有不妥之处，请读者批评指正。

编　者
2007 年 7 月

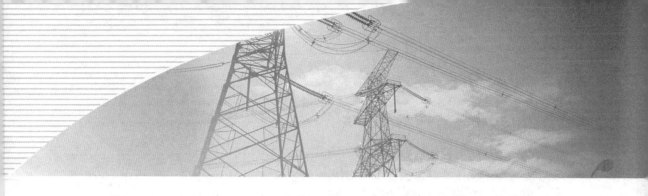

目录
CONTENTS

第二篇　电力系统故障分析与计算

第一篇

电力系统稳态分析

第一章　电力系统概述和基本概念

电力系统是将自然界中的原始能源转化为电能并传输供应给用户使用的能源系统，是迄今为止人类建造的最为复杂的系统之一。本章主要概括介绍我国和世界电力工业、电力系统发展历程与现状，讲述电力系统的概念、各种接线方式的特点、各种电压等级的适用范围、电力线路结构、电力系统运行的特点及要求等基本知识，同时介绍电力系统智能化，分布化和能源多元化发展趋势。

第一节　电力系统概述

一、电力系统的基本概念

电力系统是由发电厂、送变电线路、供配电站和电力用户等环节组成的电能生产、传输、供应和使用的整体系统。它的功能是将自然界的一次能源通过发电装置转化成电能，再经输电、变电和配电将电能供应到用户。为实现这一功能，电力系统在各个环节和不同层次还具有相应的信息与控制系统，对电能的生产过程进行测量、调节、控制、保护、通信和调度，以保证用户获得安全、优质的电能。

电力系统主要包括：①电能生产、变换、输送和分配的设备，如发电机、变压器、电力线路等；②电能使用的设备，如电动机、电炉、电灯等；③电能测量、控制的设备，如电能表计、数据采集、继电保护、控制装置、能量管理系统、调度自动化系统、配电自动化系统，以及相关的软件系统等。

电力系统除去发电机及用电设备后用于电能输送分配的网络称为电力网（简称电网），由各种电压等级的输配电力线路及变压器组成。其中，用于电能远距离输送的网络称为输电网，用于向电力用户配送电能的网络称为配电网。电力系统加上动力设备，如锅炉、反应堆、汽轮机、水轮机等统称动力系统，如图1-1所示。

衡量一个电力系统的规模和大小，通常用总装机容量、年发电量、最大负荷和最高电压等级等基本参量来描述。

（1）电力系统的总装机容量，是指系统中实际安装的发电机组额定有功功率的总和，其

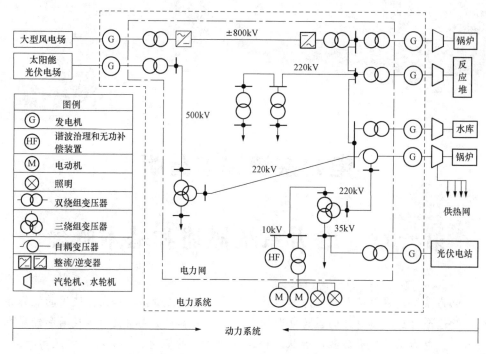

图 1-1　动力系统、电力系统和电力网示意图

单位包括千瓦（kW）、兆瓦（MW）、吉瓦（GW）或太瓦（TW）。

（2）电力系统的年发电量，是指系统中所有发电机组全年实际发出电能的总和，其单位包括千瓦时（kWh）、兆瓦时（MWh）、吉瓦时（GWh）或太瓦时（TWh）。

（3）最大负荷，是指电力系统总有功负荷在一段时期内的最大值，以 kW、MW 或 GW 计。年发电量与年最大负荷之比常称为年最大负荷利用小时数。

（4）最高电压等级，是指系统设备中的线路最高额定电压，其值为电力线路线电压，以 kV 计。

二、电力系统的形成和发展

1. 直流电力系统

在法拉第发现电磁感应定律的基础上出现了交流发电机、直流发电机、直流电动机。1882 年，第一座发电厂在英国伦敦建成，原始的电力线路输送的是 100V 和 400V 的低压直流电。同年，法国人德普列茨提高了直流输电电压，使之达到 2000V，输送功率约 2kW，输电距离为 57km，建成了世界上第一个电力系统。

2. 交流电力系统

随着工业生产的发展，对电能传输功率和输送距离提出了更高的要求。1885 年出现了变压器，实现了单相交流输电。1891 年，制造出三相变压器和三相异步电动机，实现了三相交流输电。1891 年，第一条三相交流输电线路在德国运行，电压为 12kV，线路长度达 180km。由于交流电能传输易于升压和降压，且三相交流系统利用三根输电导线可以输送三倍单相系统（两根输电导线）的电能，具有方便经济等特点。由此，三相交流输电代替了直流输电，得到广泛应用。

随着经济社会的发展，电力系统负荷不断增加，多发电厂间实现并列运行，输电电压、输送功率和输电距离日益增大。2008 年，由我国建设并成功投运的晋东南—南阳—荆门特高压交流输电工程，是世界上首条 1000kV 的交流输电线路，也是目前世界上运行电压等级最高、技术水平最先进的交流输变电工程，且具有完全自主知识产权。

3. 高压直流输电

由于电力系统规模日益增大，且存在联网、并列运行等问题，所以直流输电被重新采用。随着电力电子技术的发展，直流输电技术得以推广应用。高压直流输电是将三相交流电通过换流站整流变成直流电，通过直流输电线路送往另一个换流站逆变成三相交流电来实现电能的传输，优点是可实现两大电力系统的非同期联网运行和不同频率的电力系统的联网。1965 年，苏联建成 ±400kV 的高压直流输电线路，此后美国、加拿大等又建成 ±500kV 高压直流输电线路。2016 年，世界首条 ±1100kV 特高压直流输电工程（昌吉—古泉特高压直流工程）在我国开工建设，是当时世界上输电电压最高、输送容量最大、送电距离最长、技术水平最先进的直流输电工程。目前高压直流输电技术已经广泛应用于远距离大容量输电、远距离海底输电及电力系统互联，成为衡量一个国家电力工业发展水平的重要标志。

4. 微电网

随着远距离输电的不断增大，受端电网对外来电力的依赖程度不断提高，电网运行的稳定性和安全性趋于下降，而且难以满足多样化供电需求，为此微电网应运而生。微电网是相对传统大电网的一个概念，是指由分布式电源、储能装置、能量转换装置、相关负荷和监控、保护装置汇集而成的小型发配电系统，是一个能够实现自我控制、保护和管理的自治系统，既可以与外部电网并网运行，也可以孤立运行。微电网不仅解决了分布式电源的大规模接入问题，充分发挥了分布式电源的各项优势，还为用户带来了多方面的效益。微电网将从根本上改变传统应对负荷增长的方式，在降低能耗、提高电力系统可靠性和灵活性等方面具有巨大潜力。

三、 我国电力工业概况

1. 电能生产

我国电力工业自 1882 年开始起步，到 1949 年装机容量仅为 185 万 kW。新中国成立后，我国电力工业进入高速发展期，装机容量、发电量迅速增加。改革开放以来，随着我国工业化、城镇化深入推进，国民经济平稳较快发展，带动了电力需求持续增长和电力工业的快速发展。电力装机容量和发电量年增长率分别超过 8.5% 和 9.1%。资料显示，截至 2021 年底，我国电力发电装机容量 237692 万 kW，居世界第一，同比 2020 年增长了 7.9%。其中水电装机容量 39092 万 kW，火电 129678 万 kW，核电 5326 万 kW。近几年我国电力装机容量如图 1-2 所示。

与此同时，我国新能源发电装机容量突飞猛进。国家能源局资料显示，截至 2021 年底，中国光伏发电累计装机容量 30656 万 kW，成为全球光伏发电装机容量最大的国家。中国可再生能源学会风能专业委员会（CWEA）资料表明，2021 年，全国并网风电装机 3.3 亿 kW，同比增长 16.6%，占总装机容量比例为 13.8%，并网风电发电量同比增长 40.5%。

2. 电能输送

近年来，伴随着我国电力步伐不断加快，电网也得到迅速发展，电网运行电压等级不断提高，网络规模不断扩大。我国电网发展大致分为三个阶段：省级电网发展、区域电网发展

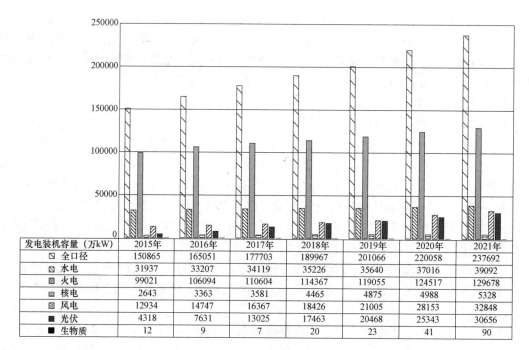

发电装机容量（万kW）	2015年	2016年	2017年	2018年	2019年	2020年	2021年
全口径	150865	165051	177703	189967	201066	220058	237692
水电	31937	33207	34119	35226	35640	37016	39092
火电	99021	106094	110604	114367	119055	124517	129678
核电	2643	3363	3581	4465	4875	4988	5328
风电	12934	14747	16367	18426	21005	28153	32848
光伏	4318	7631	13025	17463	20468	25343	30656
生物质	12	9	7	20	23	41	90

图 1-2 2015—2021 年我国电力装机容量

和全国联网。目前已经形成了东北电网、华北电网、华中电网、华东电网、西北电网和南方电网六个跨省大型区域电网，并基本形成了完整的长距离输电网网架。

"十三五"期间国家进一步加快了特高压建设，至 2021 年，建成东部、西部、南部同步电网，投运 22 项交直流工程，总体形成送受端结构清晰、交直流协调发展的骨干网架，线路长度、变电（换流）容量分别达到 4.2 万 km、4.5 亿 kW。2025 年，"西电东送、北电南供"电力流将持续增大，同步电网格局将进一步扩大，东部电网和西部电网进一步互联，我国电网将形成国家电网和南方电网两个同步电网。

四、电力系统接线图

为表示电力系统中各个元件之间的相互连接关系，通常采用地理接线图和电气接线图两类接线图。地理接线图可按一定比例反映系统中各个发电厂和变电站之间的相对地理位置、电力线路的路径，但无法表示出各主要电气元件之间的联系，如图 1-3 所示。电气接线图主要用单线图来显示系统中各个发电机、变压器、母线、线路等元件（有的还包括断路器）之间的电气连接关系，但不能反映它们的地理位置。图 1-1 中表示发电机、变压器、母线和线路相互连接的部分实际上便是一种电气接线图，两种接线图常配合使用。

电力系统的传统接线方式大致分为无备用接线、有备用接线两类。而随着用电负荷的增加，又逐渐发展出了一种新型接线方式，即"花瓣形"。

1. 无备用接线（开式电网）方式

无备用接线方式包括单回辐射形、树干形和链式网络，如图 1-4 所示。它的主要优点是线路结构简单、经济和运行方便，缺点是供电可靠性差。无备用接线用于向三类负荷供电的配电网，当采用成套配电装置时，也可用于对二类负荷的供电。

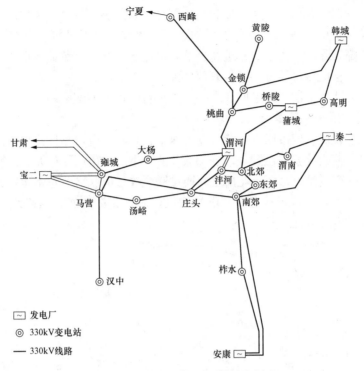

图 1-3　电力系统地理接线图示例

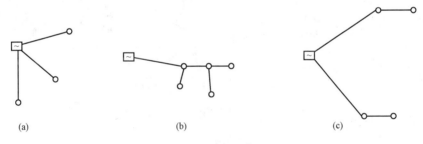

图 1-4　无备用接线方式

（a）单回辐射形；（b）树干形；（c）链式网络

2. 有备用接线（闭式电网）方式

有备用接线方式包括双回辐射形、树干形、链式、环形及两端供电网络，如图 1-5 所示。

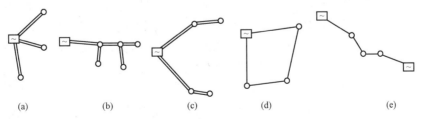

图 1-5　有备用接线方式

（a）双回辐射形；（b）树干形；（c）链式；（d）环形；（e）两端供电网络

5

有备用接线的双回辐射形、树干形和链式网络优点是供电可靠，电压质量比较高，但所用的开关设备及保护电器等均要成倍地增加。环形接线，供电经济、可靠，但运行调度复杂，线路发生故障切除后，由于功率重新分配，可能导致线路过负荷或电压质量降低。两端供电网最为常见，但此种接线方式必须有两个独立的电源。

有备用接线方式通常用于输电网和向一、二级负荷供电的配电网。

3. 新型接线方式——花瓣形

随着经济不断发展，城市用电负荷密度迅速增长，对供电可靠性提出更高的要求。在新加坡及中国广州、苏州等城市已建设"花瓣形"配电网，如图1-6所示。每个花瓣的两回电源线路来自同一变电站，每两个花瓣之间通过联络线形成联络。正常运行方式下，花瓣合环运行，联络线处于充电运行状态。变电站侧故障时，花瓣可通过联络线转由相邻花瓣供电，这样可提高供电可靠性。

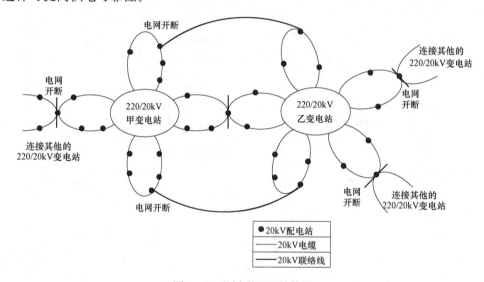

图1-6 花瓣形配网结构图

五、电力系统的电压等级和规定

当传输功率一定时，所采用的输电电压越高，则线路流过的电流将越小，线路电阻中的功率损耗和线路上的电压降落也越小。但是，电压越高对绝缘的要求也越高，从而使杆塔、变压器和断路器所需要的投资越大。所以，对应于一定的传输功率和输送距离，将有一个最佳的输送电压。但从设备制造的经济性和运行维护的方便性来说，不宜有过多的电压等级，这就需要对设备进行规格化和系列化设计。为此，世界各国都规定一定数量的标准电压，这些标准电压通常称为电压等级，或称为网络额定电压、用电设备额定电压。

输电电压一般分为高压、超高压和特高压。高压通常是指35～220kV；超高压通常是指交流330kV及以上、750kV及以下的电压；特高压是指直流±800kV及以上和交流1000kV及以上的电压。

GB/T 156—2017《标准电压》规定的电力系统交流电压等级见表1-1。这里需要特别强调以下两点：

（1）所有的电压等级（网络额定电压、用电设备额定电压）都是指线电压而不是相电压；

（2）网络额定电压或用电设备额定电压并不是发电机和变压器的额定电压。

表 1-1　　　　　　　　　　　　　电力系统交流电压等级　　　　　　　　　　　　　（kV）

用电设备额定线电压	发电机额定电压	变压器额定电压	
		一次绕组	二次绕组
3	3.15	3.0，3.15	3.15，3.3
6	6.3	6.0，6.3	6.3，6.6
10	10.5	10.0，10.5	10.5，11.0
—	15.75、18、20 等	—	—
35		35	38.5
110		110	121
220		220	242
330		330	345，363
500		500	525，550
750		750	788，825
1000		1000	1050，1100

发电机的额定电压比网络额定电压高 5%。这是由于发电机总是接在电网的首端，而用电设备一般允许其实际工作电压偏离额定电压±5%，电力线路从首端到末端电压损耗一般为网络额定电压的 10%，故通常让线路首端电压（发电机额定电压）比网络额定电压高 5%，从而使线路末端电压比网络额定电压最多低 5%。

对于变压器来说，一次侧的额定电压有两种可供选用（如表 1-1 中的第 3 列所示）：一种是与相应的用电设备额定电压相等，其原因是变压器的一次绕组从发电机或网络中接受电能，它的处境与用电设备相当，因此其额定电压理应与用电设备的额定电压相同；另一种是与发电机的额定电压相等，其原因是有些变压器的一次绕组可能直接与发电机相连接或者比较靠近发电机，在这种情况下一次侧的额定电压应与发电机的额定电压相同。由于发电机最高的额定电压在 35kV，因此，当绕组电压在 35kV 及以上时，一次侧的额定电压只有一种。变压器二次侧的额定电压也有两种。由于变压器的二次绕组将向负荷供电，它的处境与发电机相当，因此，二次侧的额定电压至少应比网络额定电压高出 5%。但考虑到变压器的额定电压是指其空载时的电压，带负荷后绕组本身存在电压降落（如图 1-7 中变压器 T2 的情况所示），而为了补偿这一电压降落，使其输出电压仍然能够高出网络额定电压 5%，所以一些变压器的二次侧额定电压比网络额定电压高出 10%。

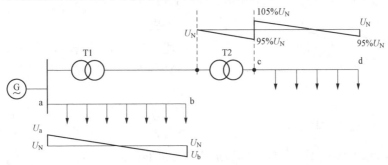

图 1-7　设备额定电压与网络额定电压之间关系的解释

对于不同的电压等级，所适宜的输送功率和输送距离各不相同，表 1 - 2、表 1 - 3 列出了其大致范围，在一定程度上可以用作参考。

表 1 - 2　　　架空线路不同交流电压等级下输送功率和输送距离的大致范围

额定电压（kV）	输送容量（MW）	输送距离（km）	额定电压（kV）	输送容量（MW）	输送距离（km）
3	0.1～1.0	1～3	220	100.0～500.0	100～300
6	0.1～1.2	4～15	330	200.0～800.0	200～600
10	0.2～2.0	6～20	500	1000.0～1500.0	150～850
35	2.0～10.0	20～50	750	2000.0～2500.0	500 以上
110	10.0～50.0	50～150	1000	2500.0～5000.0	500 以上

注　数据源于文献［1］。

表 1 - 3　　　　不同直流电压等级下输送功率和输送距离的大致范围

额定电压（kV）	输送容量（MW）	输送距离（km）	额定电压（kV）	输送容量（MW）	输送距离（km）
±250	500	＜500	±660	3000～4000	1500～2000
±320	500～1000	＜500	±800	4000～8000	2000～2500
±400	1000～1500	500～1000	±1100	12000	＞2500
±500	1500～3000	1000～1500			

注　数据源于文献［1］。

第二节　电力系统负荷

一、负荷的概念

系统中所有用电设备消耗功率的总和叫作电力系统的负荷，也称为电力系统综合用电负荷。它包括工农业、交通运输和人民生活等各方面的各种用电设备，其中主要有异步电动机、同步电动机、电弧炉、电解装置、整流装置、电热装置和照明设备等。在不同行业用户中，上述各类电气设备消耗功率所构成的比例是不同的。

发电机所发出的功率并非全部供给用户，除了发电厂厂用电要消耗一部分功率外，功率在传输和分配过程中还要消耗一部分，这部分称为网络损耗。综合用电负荷加上网络损耗为发电厂供出的负荷，称为电力系统的供电负荷。供电负荷加上发电厂厂用电消耗的功率则为发电机发出的功率，称为电力系统的发电负荷。它们之间的关系如图 1 - 8 所示。

图 1 - 8　电力系统负荷间的关系

二、负荷的分类

按物理性能，负荷可分为有功负荷与无功负荷。

按电力生产与销售的过程，负荷可分为发电负荷、供电负荷和用电负荷。

按用户的性质，负荷可分为工业负荷、农业负荷、交通运输业负荷和市政、居民用电负荷等。

按负荷的重要程度或根据供电中断所造成的后果的严重程度，划分用户供电可靠性，可将用电负荷分为三级（或称三类）。

（1）一级负荷为重要负荷。对此类负荷中断供电，将造成人身事故、设备损坏、产品报废，给国民经济造成重大经济损失，使市政生活出现混乱及带来较大的政治影响。对一级负荷，必须由两个或两个以上的独立电源供电，因为一级负荷不允许停电，所以要求电源间能手动和自动切换。

（2）二级负荷为较重要负荷。对此类负荷中断供电，将造成生产部门大量减产、窝工、影响人民的生活水平。对二级负荷，可由两个独立电源或一回专用线路供电。若采用两个独立电源供电，因为二级负荷允许短时停电，所以两个电源间可采用手动切换。

（3）三级负荷为一般负荷，即一、二级负荷之外的一般用户负荷。对此类负荷中断供电，不会产生前两种负荷停电后的重大影响，故对三级负荷的供电不做特殊要求，一般采用一个电源供电即可。

负荷分类的方法还有很多，如按用电特性分类、按所属行业分类等。

三、负荷曲线

实际系统的负荷是随时间变化的、随机的，其变化规律可以用负荷曲线来描述。负荷曲线描述某一段时间内负荷随时间的变化规律。负荷曲线包括有功负荷曲线和无功负荷曲线，常用的是有功负荷曲线，故一般所称的负荷曲线是有功负荷曲线。按时间的长短，负荷曲线又可分为日负荷曲线和年负荷曲线等。下面介绍几种常用的负荷曲线。

1. 日负荷曲线

日负荷曲线是描述一天 24 小时系统负荷随时间变化情况的曲线，如图 1-9 所示。在负荷曲线中的最大值称为日最大负荷 P_{max}，最小值称为日最小负荷 P_{min}。在图 1-9 用虚线表示了无功功率日负荷曲线。在一日之内负荷的功率因数是变化的，低负荷时功率因数相对较低，而在高负荷时，功率因数相对较高。因此无功负荷曲线与有功负荷曲线不完全相同，两条曲线中的极值不一定在同一时刻出现。为了计算方便，常把连续变化的曲线绘制成阶梯形，如图 1-10 所示。

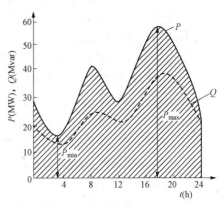

图 1-9　有功及无功日负荷曲线

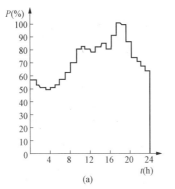

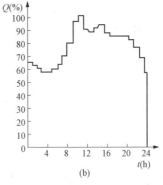

图 1-10　按时段描述的有功及无功日负荷曲线

（a）按时段描述的有功日负荷曲线；（b）按时段描述的无功日负荷曲线

根据日负荷曲线可以计算负荷的日耗电量 W_d

$$W_d = \int_0^{24} P \mathrm{d}t \qquad (1-1)$$

所以日平均负荷 P_{av} 为

$$P_{av} = \frac{W_d}{24} = \frac{1}{24} \int_0^{24} P \mathrm{d}t \qquad (1-2)$$

为了描述负荷曲线的起伏特性，常引用负荷率 K_m 和最小负荷系数 a 两个系数

$$K_m = \frac{P_{av}}{P_{max}} \qquad (1-3)$$

$$a = \frac{P_{min}}{P_{max}} \qquad (1-4)$$

这两个系数也可用于其他时间段的负荷曲线。

在电力系统中各用户的日最大负荷 P_{max} 不都在同一时刻出现，最小负荷 P_{min} 也不都在同一时刻出现。因此，系统的最大负荷总是小于各用户最大负荷之和，而系统的最小负荷总是大于各用户最小负荷之和。在我国电力系统中，为了缓和电力供不应求的矛盾，普遍进行了"调荷节电"，合理地、有计划地安排各类用户的用电时间，使负荷曲线变得比较平坦，使负荷率 K_m 和最小负荷系数 a 都接近于 1。这样做可使供电设备得到充分利用，为电力系统调频调压创造有利条件，降低网络有功损耗，提高系统运行经济性等。

2. 年最大负荷曲线

年最大负荷曲线是描述一年内每月或每日系统最大有功功率负荷随时间的变化情况，它主要用来安排发电设备的检修计划，同时也为制订发电机组或发电厂的扩建或新建提供依据。图 1-11 为系统有功年最大负荷曲线，其中画斜线的面积 A 代表各检修机组的容量和检修时间的乘积之和，B 是系统新装的机组容量。

为了保证系统供电的可靠性，要求系统的装机容量必须大于系统的最大综合用电负荷，它们之差称为系统的备用容量。它一般包括负荷备用、事故备用、检修备用和国民经济备用的容量。这些备用容量的确定应兼顾到可靠性、经济性，应统筹安排。

3. 年持续负荷曲线

年持续负荷曲线是将电力系统全年负荷按其大小和累积持续运行时间（小时数）的顺序排列而绘制的曲线，如图 1-12 所示。年持续负荷曲线通常用于电能和电能损耗计算。

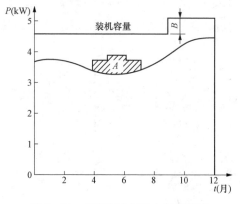

图 1-11 系统有功年最大负荷曲线

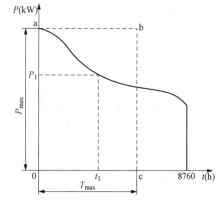

图 1-12 有功年持续负荷曲线

根据年持续负荷曲线可以计算出系统负荷全年内所消耗的电能 W_y，即

$$W_y = \int_0^{8760} P dt \qquad (1-5)$$

如果负荷始终等于最大负荷 P_{max}，经过 T_{max} 小时后所消耗的电能恰好等于全年系统实际耗电量 W_y，则称 T_{max} 为年最大负荷利用小时数，即

$$T_{max} = \frac{W_y}{P_{max}} = \frac{1}{P_{max}} \int_0^{8760} P dt \qquad (1-6)$$

系统的发电能力是按年最大负荷需要再加上适当的备用容量确定的，T_{max} 反映了系统发电设备的利用率。根据电力系统的运行经验，各类负荷的 T_{max} 数值大体上有一个范围，见表 1-4。

表 1-4 　　　　　　各类用户的年最大负荷利用小时数 T_{max} 　　　　　　（h）

负荷类型	T_{max}	负荷类型	T_{max}
户内照明及生活用电	2000～3000	三班制企业用电	6000～7000
一班制企业用电	1500～2200	农业灌溉用电	1000～1500
两班制企业用电	3000～4500		

在设计电网时，用户的负荷曲线往往是未知的。但如果能确定用户的性质，就可以选择适当的 T_{max} 值，从而可近似地估算出用户的全年耗电量 W_y，即

$$W_y = P_{max} T_{max} \qquad (1-7)$$

第三节　电力系统中性点运行方式

一、中性点及其运行方式

电力系统中性点是指发电机或变压器三相绕组星形接线的公共连接点。因该点在系统正常对称运行情况下电位接近于零，故称为中性点。所谓中性点的运行方式是指中性点的接地方式，即与大地的连接关系。

电力系统的中性点接地方式虽然有多种表现形式，基本上可以划分为两大类：凡是需要断路器切断单相接地故障者，属于大电流接地方式；凡是单相接地电弧能够瞬间自行熄灭者，属于小电流接地方式。

在大电流接地方式中，主要有中性点有效接地方式、中性点全接地方式。此外，还有中性点经低电抗、中电阻和低电阻接地方式等。

在小电流接地方式中，主要有中性点经消弧线圈（谐振）接地方式、中性点不接地方式、中性点经高电阻接地方式等。

在小电流接地方式中，以中性点经消弧线圈接地方式最受关注，其中涉及的技术问题较多，近来发展变化也较快，运行特性也已得到优化。

二、中性点不同接地方式的比较

（1）大电流接地方式。其优点是：

1）快速切除故障，安全性好。因为系统单相接地时可形成电流的短路回路，即单相短路，继电保护装置可立即动作切除故障。

2）经济性好。因为中性点直接接地系统在任何情况下，中性点电压都被大地所固定而不会升高，也不会出现不接地系统单相接地时非故障相对地电压升高问题，所以系统的绝缘水平便可按相电压设计，可提高其经济性。

其缺点是：系统供电可靠性差。因为这种系统中发生单相接地时就会构成短路。短路电流很大，为防止损坏设备，必须迅速切除接地相甚至三相，同时巨大的接地短路电流产生较强的单相磁场干扰邻近通信线路。

（2）小电流接地方式。其优点是：

1）供电可靠性较高。因为系统单相接地没有形成电流的短路回路，而是经过三相线路对地电容形成电流回路，如图 1-13（a）所示，流过接地点的电容电流 $I_a=3\omega C_0 U_{ph}$，其值很小。此外，三相之间线电压保持不变，如图 1-13（b）所示。只要短路点不形成稳定或间歇性的电弧，不会影响电气设备的运行。回路中流过的是比较小的电容电流，达不到继电保护装置的动作电流值，故障线路不跳闸，只发出接地报警信号，规程规定单相接地时允许继续运行 2h，因此供电可靠性较高。

2）单相接地时，不易造成或造成轻微人身和设备安全事故。

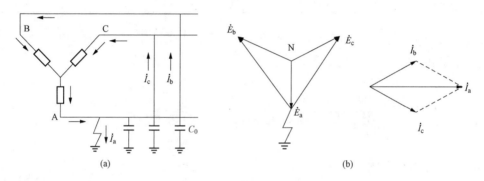

图 1-13　中性点不接地时的单相接地故障
（a）电流分布；（b）电动势、电流相量关系

其缺点是：

1）经济性差。因为系统单相接地故障时，非故障相对地电压升高到正常时的 $\sqrt{3}$ 倍，即为线电压.因此系统的绝缘水平应按线电压设计。又由于电压等级较高的系统中绝缘费用在设备总价格中占有较大的比例，所以此种接地方式对电压较高的系统就不适用。

2）单相接地时，易出现间歇性电弧引起的系统谐振过电压，幅值可达电源相电压的 2.5~3 倍，足以危及整个网络的绝缘。

三、各种接地方式的适用范围

（1）中性点全接地方式广泛适用于国内外 330kV 以上电压等级的超高压、特高压电力系统。

（2）中性点有效接地方式适用于我国的 110、220kV，有时也可用于 330kV 系统，以及国际上与此相当的电压等级的电力系统。因国家和地区不同，考虑具体系统的某些影响因素问题，这种中性点接地方式也会出现在其他电压等级。

（3）小电流接地方式广泛适用于我国的 110kV 以下的中压系统，以及国际上与此相近电压等级的电力系统。中性点不接地和经高电阻接地方式（发电机经高电阻接地方式例外），均是以单相接地故障电流的电弧自行熄灭为条件。当中性点不接地的中压系统的接地电容电流超过10A时，中性点应采用消弧线圈接地方式。

四、消弧线圈的工作原理

当单相接地电流较大时，为避免接地点形成稳定或间歇性的电弧，就必须减小接地点的接地电流，使电弧易于自行熄灭。为此，可在中性点处装设消弧线圈 L，如图1-14所示。所谓消弧线圈，其实就是电抗线圈。由于装设了消弧线圈，构成了另一回路，接地点接地相电流中增加了一个感性电流分量，它和装设消弧线圈前的容性电流分量相抵消，减小了接地点的电流，使电弧易于自行熄灭，提高了供电可靠性。

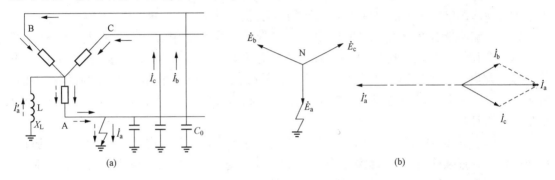

图1-14　中性点经消弧线圈接地时的单相接地
（a）电流分布；（b）电动势、电流相量关系

中性点经消弧线圈接地时，又有全补偿、欠补偿和过补偿之分。

（1）当 $\dot{I}_a = \dot{I}_a'$ 时，称为全补偿，从消除故障点电弧和避免出现电弧过电压的角度看，此种补偿方式最好，但全补偿满足了串联谐振的条件，易发生串联谐振，产生很高的谐振过电压，使变压器中性点对地电压严重升高，可能使设备绝缘损坏，因此一般不采用全补偿方式。

（2）当 $\dot{I}_a > \dot{I}_a'$ 时，称为欠补偿，这种补偿方式一般不采用，原因是在系统切除部分运行线路或者频率降低时都会使接地电流 $\dot{I}_a$ 减小，容易出现全补偿的情况而产生谐振过电压。

（3）当 $\dot{I}_a > \dot{I}_a'$ 时，称为过补偿，这种补偿方式不会有上述缺点，故经常采用。

五、柔性接地技术

传统的经消弧线圈谐振接地方式只能补偿故障点的无功电流，不能补偿有功电流和谐波电流，故障电流抑制效果有限。为此，国内外提出了从中性点注入有功电流补偿系统对地泄漏电流，研发了基于电力电子技术的消弧系列装置，以控制故障点电流或电压为零为控制目标来实现故障抑制。但是以故障点电流为控制对象，强迫故障点电流小于一定范围，易受故障电阻不确定等因素的影响，注入电流控制复杂，故障抑制效果有限；以故障相电压为控制目标，接地故障时，控制故障相电压为零，即故障全电流（包括无功、有功和谐波分量）为零，控制过程不受故障电阻的影响，且无需测量电网对地电容和泄漏电阻，控制过程简单且故障抑制效果良好。

与配电网传统接地技术相比，柔性接地技术在故障抑制、供电可靠性等方面优势明显，具有较高的研究价值与应用价值。

第四节 电力系统运行的特点和要求

一、电能生产、输送、分配和使用的特点

电能也是一种商品，但是电能的生产、输送、分配和使用却有着极明显的特殊性，主要表现在以下几点：

（1）电能与国民经济、产业行业、国防、市政及居民生活等密切相关。由于电能与其他能量之间的转换十分方便，而且易于进行大量生产、远距离输送和控制，因此被广泛地使用。如果电能供应不足，则将影响国民经济的各个部门、国防和日常生活的正常运行。另外，如果能降低电能的价格，则将有利于降低其他商品的成本。

（2）电能不能大量储存。电能的生产、输送、分配和使用实际上是在同一时刻进行的。这就是说，发电设备在任何时刻所生产的总电能严格等于该时刻用电设备取用的电能和输、配电过程中电能损耗总和。因此，在系统发生某些故障后，如果没有储存手段，将可能造成局部停电甚至造成全系统的瓦解。2021年2月美国得克萨斯州发生的大停电事故便是例证。

（3）电力系统中的暂态过程十分迅速。在电力系统中，由于雷击或开关操作引起的过电压暂态过程只有微秒到毫秒数量级，从发生故障到系统失去稳定性通常也只有几秒的时间，因事故而使系统全面瓦解的过程一般也只以分钟计。为了使设备不致因暂态过程的发生而导致损坏，特别是为了防止电力系统失去稳定或发生崩溃，必须在系统中采用相应的快速保护装置和各种自动控制装置。

（4）对电能质量的要求比较严格。电能质量主要指频率、供电电压偏移和电压波形。我国电力系统的额定频率规定为50Hz。当实际频率与额定频率之间的偏差过大，或者实际供电电压与额定电压之间有较大的偏差时，都可能导致减产或产生废品、损坏设备，甚至使系统发生频率或电压崩溃。电压波形的要求主要指波形中谐波含量的限制，如果因谐波含量过高而使波形严重畸变，同样会影响设备的正常运行，特别是对那些精密的电子设备和仪器。另外，谐波还可能在电力系统中产生局部谐振，以及对通信造成严重的干扰等。

此外，电压闪变、电压凹陷和凸起、电压间断等现象也属于电能质量问题。

二、对电力系统运行的基本要求

根据电能这一商品的特殊性，在传统的电力系统中，对于运行的基本要求可以概括为安全、优质和经济。由于这三个基本要求之间存在一定的矛盾，因此，处理这三者之间关系的一般原则是在保证安全和电能质量的前提下使运行最为经济。下面对三个基本要求作简要的介绍。

（1）保证系统运行的安全可靠性。电力系统运行的安全可靠性主要指保证对用户的持续供电，并保证系统本身设备的安全。为了提高电力系统的安全可靠性，首先要求系统必须有足够的电源容量（包括具有一定的备用容量）和合理的布局；而且电网的结构也必须合理，使得在某一（或某些）线路或变压器因故障或检修而退出运行后仍然能对用户继续供电。为此，在输电系统中大都采用图1-5（d）所示的环形网络，即将各个发电厂和各个向负荷供电的变电站之间用线路连接成单个或多个复杂的环，使得当其中的某一线路退出运行时，各变电站仍能从其他线路获得电能；或者采用双回线路供电，使当其中一回线路退出运行时，

另一回线路仍能继续供电。在配电网络中，大都采用"闭环结构开环运行"的方式，即网络本身是环形的，但在正常运行情况下断开其中的一些线路，使它呈辐射形（即树枝形），而在发生故障后则通过开关操作将失去电源的负荷转移到其他线路上去。

对电力系统安全可靠性最大的威胁是系统失去稳定，对此必须在系统不同运行方式下经常进行稳定性分析和计算，并在必要时采取提高稳定性的措施。

（2）保证良好的电能质量。如上所述，电能质量包括频率质量、电压质量和波形质量三个方面。在我国，对于频率、电压以及谐波电压和电流的允许含量都有相应的标准，在电力系统设计和运行中都不允许超出这些标准。

（3）保证系统运行的经济性。电能生产的规模很大，消耗的一次能源在国民经济一次能源总消耗量中占有很大的比例。为了系统运行的经济性并节约能源，应在发电厂之间进行功率的经济调度，使水力发电厂的水能得以充分利用，并使全部火力发电厂所消耗的燃料总量最少。另外，提高发电厂本身的效率、减少厂用电，降低电网的能量损耗等，也是提高系统运行经济性的重要方面。

除此以外，环境保护问题为人们日益关注。在火力发电厂中产生的各种污染物质，包括氧化硫、氧化氮、飞灰等排放量的限制，也已成为电力系统运行的必然要求。

第五节　电力系统发展新趋势

随着信息网络技术的飞速发展，电力系统自动化技术也更加完善，并日益发挥出不可替代的重要作用。目前，电力系统发展总趋势可归纳为智能化、分布化及能源网络化，主要表现在智能电网、分布式电源（distributed generation，DG）、主动配电系统（active distribution network，ADN）、能源互联网等几个方面。

一、智能电网

智能电网以现代输配电网为物理基础，建立在集成和高速双向通信的网络平台上，综合应用先进的传感、测量、计算机、微电子、电力电子、控制以及智能决策等技术，利用电网实时全景信息，进行实时监控、灾变防护和用户互动，以实现可靠、安全、经济、优质、高效的电网运行和可持续发展。智能电网结构如图 1-15 所示。

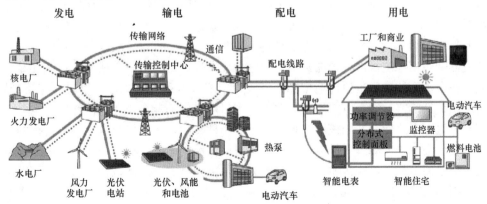

图 1-15　智能电网结构图

我国智能电网是以特高压电网为骨干网架，各级电网协调发展的坚强电网为基础，利用先进的通信、信息和控制技术，构建具有"信息化、自动化、互动化"特点的统一"坚强智能化电网"，其主要特征包括自愈、交互、优化、集成、安全及协同，如图 1-16 所示。

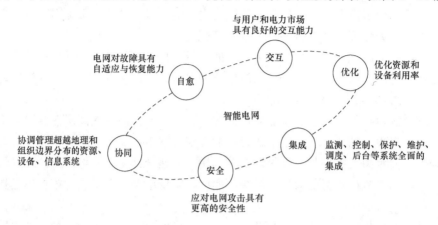

图 1-16　智能电网特征

智能配电网是我国坚强智能电网的重要组成部分，其关键技术主要包括配电网自愈控制技术、智能微网技术、接地故障处理技术等。其中，接地故障处理技术是智能配电系统研究的热点问题。传统的接地故障处理技术主要为中性点经消弧线圈接地抑制故障点电流和中性点经小电阻接地配合配电自动化设备切除故障两种方式，影响供电可靠性与电力设备运行稳定性。当前，接地故障处理技术不断发展，如接地故障相主动降压安全运行技术可实现接地故障的不停电处理，为配电网故障处理与自愈控制开辟了新的研究方向。

二、 分布式能源与主动配电系统

分布式能源（distributed generation，DG）是指靠近用户端负荷的能源综合利用系统，既包括化石燃料能源，又涵盖了可再生能源，诸如风能、太阳能、生物质能等。分布式能源系统与集中发电、远距离输电和大电网供电的传统电力系统相比，节省投资，降低损耗，提高系统可靠性。分布式能源发电系统根据发电能源不同可分为内燃发电机、微型涡轮发电机、风力发电机、光伏电池发电、燃料电池、生物质能发电等。

可再生能源发电系统（如风能、太阳能）受自然环境影响，具有很强的随机性与间歇性，如图 1-17 所示，通常难以准确预测。该特性会导致系统实时发电功率的频繁变化，因此需要有相应的储能设备来平抑这些波动性。同时，分布式发电系统也需要存储一定数量的电能，这样既可以稳定供电，也能提供备用电力以及提高分布式发电机组的可调度能力。因此，储能在电力系统中的价值逐渐增加，将成为未来电力系统中的一类重要而广泛的资源。目前可应用的储能方式有蓄电池、超导储能、超级电容器储能、飞轮储能等。

随着大量分布式能源并网使配电系统发生根本性变化，未来的配电网将从传统的被动单向式供电逐步向多种能源形式供电的双向供电方向发展，配电网将由原来单一电能分配的角色转变为集电能汇集、电能传输和电能分配为一体的新型电力交换系统，即主动配电系统。

主动配电系统实际是在现有配电网的基础上接入多种 DG 与储能设备，是一种范围更广，结构更复杂的配电网系统，可实现发电、储能和用电设备之间的互动，有助于全面提升配电网接纳分布式电源能力，并具有先进的设备状态监测与控制体系，可为用户提供在线管理与互动平台。典型主动配电系统如图 1-18 所示。

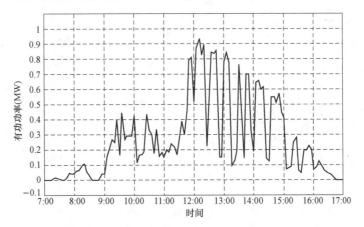

图 1-17　光伏发电系统输出有功功率曲线

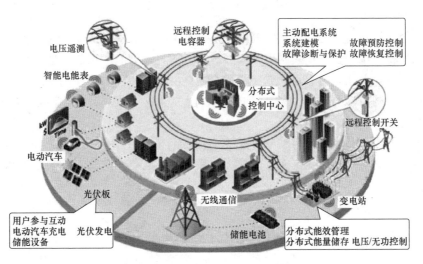

图 1-18　典型主动配电系统示意图

三、 能源互联网

随着社会经济的不断发展，人类对能源的依赖程度不断加深，能源利用规模持续增大，以可再生能源为主的新能源技术快速发展，能源结构多元化趋势更加明显，能源消纳与利用方式更加灵活。与此同时，通过物联网、大数据、云计算、信息物理系统等新兴技术与能源体系的高度融合，使构建结构多元化、开发清洁化、消费电气化、系统智能化综合能源互联利用体系，成为摆脱依赖化石能源的工业与经济发展模式的重要途径。

能源互联网实质是以电力系统为核心和纽带，以风能、太阳能等可再生能源与天然气为主要一次能源，以大规模、多形式分布式电源与储能系统广泛接入为特点，以云计算、大数据等先进信息通信技术（ICT）为能源利用和管理手段的电力系统、交通系统、天然气系统、信息通信系统在内的多系统高度融合的能源综合管控系统，以实现多种能源协调互补、源—网—荷—储协同互动，最终实现整个能源系统的"清洁替代"与"电能替代"，如图 1-19 所示。

相较于传统电力系统，能源互联网是能源和互联网深度融合的新型能源系统，开放是其

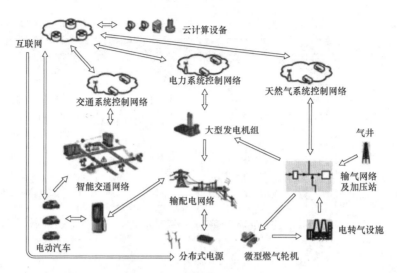

图 1-19　能源互联网示意图

最核心的理念，互联网思维和技术的深度融合是其关键特征。能源互联网的基本架构由"能源系统的类互联网化"和"互联网＋"两层组成。前者是指能量系统，是互联网思维对现有能源系统的改造，表现为多能源开放互联、能量自由传输和开放对等接入；后者是指信息系统，是信息互联网在能源系统的融入，体现在能源物联、能源管理和能源互联网市场等方面，是能源互联网的操作系统。

信息技术的不断升级，将推动电力系统朝着智能化、分布化、能源网络化等方向发展，而我国的经济实力的不断提升也使电力系统面临更多的机遇和挑战，将电力系统推向更高的发展水平。

思考题与习题

1-1　电力系统和电力网的含义是什么？

1-2　电力系统接线图分为哪两种？有什么区别？电力系统的传统接线方式有哪些？各有什么优点缺点？

1-3　电力系统运行的基本要求有哪些？

1-4　用电负荷分为三类，是按什么要求划分的？这三类负荷是什么？

1-5　电力系统的额定电压是如何确定的？系统各元件的额定电压是多少？

1-6　电力系统负荷曲线有哪些？什么是年持续负荷曲线和最大负荷利用小时数？它们有何用处？

1-7　某一年的年持续负荷曲线如图 1-20 所示，试求最大负荷利用小时数 T_{max}。

1-8　电力系统中性点的接地方式有哪些？它们各有什么特点？我国电力系统中性点接地情况如何？

1-9　中性点不接地单相接地时，各相对地电压有什么变化？

1-10　消弧线圈的工作原理是什么？电力系统一般采用哪种补偿方式？为什么？

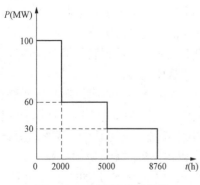

图 1-20　年持续负荷曲线

第二章

电力系统元件参数和等值电路

为了电力系统分析中的相关计算，需刻画电力系统中相关设备的物理参数和数学函数，因此本章介绍现代电力系统中发电、输电、变电、用电四大环节中具有阻抗参数的设备，即发电机组、变压器、电力线路、负荷的物理特性和数学模型；并介绍由变压器和电力线路构成的电力网络数学模型。

电力系统在发输供配各个环节中大多采用三相交流电，因此在电力系统分析中常用复功率即视在功率来表示交流电功率，根据国际电工委员会推荐的约定，取复功率为

$$\widetilde{S} = \dot{U}\dot{I}^* = UI\angle\varphi_u - \varphi_i = UI\angle\varphi = S(\cos\varphi + \mathrm{j}\sin\varphi) = P + \mathrm{j}Q$$

式中：$\widetilde{S}$ 为单相复功率；$\dot{U}$ 为电压相量，$\dot{U} = U\angle\varphi_u$；$\dot{I}^*$ 为电流相量的共轭值，$\dot{I}^* = I\angle -\varphi_i$；$\varphi$ 为功率因数角，$\varphi = \varphi_u - \varphi_i$；$S$、$P$、$Q$ 分别为视在功率、有功功率、无功功率。

采用这种表示方法时，负荷以滞后功率因数运行时所吸取的无功功率为正，以超前功率因数运行时所吸取的无功功率为负；发电机以滞后功率因数运行时所发出的无功功率为正，以超前功率因数运行时所发出的无功功率为负。

第一节 电力线路参数和等值电路

一、电力线路的结构

电力线路按结构可分架空线路和电缆线路两大类别。

1. 架空线路

架空线路由导线、避雷线、杆塔、绝缘子和金具构成，如图 2-1 所示。

（1）导线：导线主要功能是输送电能，因此应具有良好的导电性能。导线设在杆塔上，长期处于野外，承受各种气象条件和各种载荷，所以对导线除要求导电性能好外，还要求具有较高的机械强度、耐震性能，一定的耐化学腐蚀能力。任何导线故障，均能引起或发展为断线事故。

线路导线目前常采用钢芯铝绞线、铝包钢芯

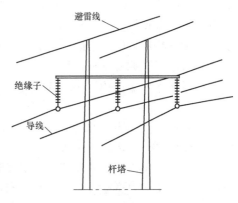

图 2-1 架空线路

铝绞线、钢芯铝合金绞线、防腐钢芯铝绞线等；而扩径导线和分裂导线一般用在 220kV 及以上电压等级线路中。

（2）避雷线：避雷线又称地线，架设在导线上方，其作用是将雷电电流引入大地以保护导线不受直接雷击。避雷线对导线的屏蔽及导线、架空地线间的耦合作用，可以减少雷电直接击于导线的概率。当雷击杆塔时，雷电流可以通过避雷线分流一部分，从而降低塔顶电位，提高耐雷水平。避雷线根数视线路电压等级、杆塔型式和雷电活动而定，可采用双地线和单地线。

（3）杆塔：支持导线和避雷线。按照杆塔材料，杆塔可分为木杆、钢筋混凝土杆和铁塔三种；按照受力的特点，杆塔可分为耐张杆塔、直线杆塔、转角杆塔、终端杆塔、跨越杆塔和换位杆塔（为了使架空线路各相参数平衡，一般在 100km 以上的电力线路要经过完整换位，换位方式有滚式换位和换位杆塔换位）。

（4）绝缘子：绝缘子是输电线路绝缘的主体，其作用是悬挂导线并使导线与杆塔、大地保持绝缘。绝缘子要承受导线的垂直荷重、水平荷重和导线张力。因此，绝缘子必须有良好的绝缘性能和足够的机械强度。绝缘子主要有针式和悬式两种。近年来已日益广泛使用瓷横担，它是既起绝缘子作用又起横担作用的瓷棒。

（5）金具：用于支持、接续、保护导线和避雷线，连接和保护绝缘子。金具可分为悬垂线夹、耐张线夹、接续金具和保护金具等。

2. 电缆线路

电缆线路一般为地下敷设，也可架空敷设。电缆线路的结构一般由导线、绝缘层、钢铠包护层等构成，如图 2-2 所示。电缆线路除电缆本体外，还有一些附件，如连接盒和终端盒。对于充油电缆，还有一整套供油系统。

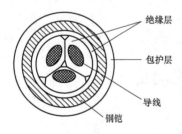

图 2-2　三芯电缆的结构

二、　电力线路的参数

1. 铝线、钢芯铝线和铜线的架空线路参数

（1）电阻。每相导线单位长度的电阻为

$$r_1 = \rho/S \quad (\Omega/\text{km}) \tag{2-1}$$

式中：S 为导线的标称截面积，mm^2；ρ 为导线材料的电阻率，$\Omega \cdot \text{mm}^2/\text{km}$。

在电力系统计算中，不同导线材料电阻率的取值分别为：铝 $\rho = 31.5\Omega \cdot \text{mm}^2/\text{km}$，铜 $\rho = 18.8\Omega \cdot \text{mm}^2/\text{km}$（铝和铜的直流电阻率取值分别为 $28.5\Omega \cdot \text{mm}^2/\text{km}$ 和 $17.5\Omega \cdot \text{mm}^2/\text{km}$）。交流电阻率略大于直流电阻率有以下三个原因：①交流电流的集肤效应；②绞线每股实际长度略大于导线长度；③在计算中采用导线的标称截面积略大于导体的实际截面积。

一般手册中给定值均为 20℃时的电阻或电阻率，其他温度时，计算式为

$$r_t = r_{20}[1 + \alpha(t - 20)] \tag{2-2}$$

式中：t 为导线的实际运行温度，℃；r_t、r_{20} 分别为 t℃及 20℃时导线单位长度的电阻，Ω/km；α 为电阻温度系数，铝 $\alpha_{\text{Al}} = 0.0036$，铜 $\alpha_{\text{Cu}} = 0.00382$。

（2）电抗。电力线路的电抗反映了线路通过交流电流时的磁场效应。每相导线的电抗就是本相电流产生的自感交变磁通和其他两相交流电流在该相产生的互感交变磁通在导线中所产生的感应电动势对电流的阻碍作用，它与导线材料的导磁性能和导线的布置方式有关。对

于三相电力线路导线对称排列，或者虽不对称排列但经完整换位后，每相导线单位长度的电抗计算如下。

1）单相导线单位长度的电抗 x_1 计算式

$$x_1 = 2\pi f\left(4.6\lg\frac{D_m}{r} + 0.5\mu_r\right)\times 10^{-4} \quad (\Omega/\text{km}) \qquad (2\text{-}3)$$

式中：r 为导线的计算半径，以下简称导线的半径，cm 或 mm；μ_r 为导线材料相对导磁系数，对于非磁性物质的铝和铜，$\mu_r=1$；f 为交流电的频率，Hz；D_m 为三相导线的几何平均距离，其单位应与半径 r 的单位相同，计算式为

$$D_m = \sqrt[3]{D_{ab}D_{bc}D_{ca}}$$

式中：D_{ab}、D_{bc}、D_{ca} 分别为导线 ab 相、bc 相、ca 相导线之间的距离。

如将 $f=50\text{Hz}$，$\mu_r=1$ 代入式（2-3）中可得

$$x_1 = 0.1445\lg\frac{D_m}{r} + 0.0157 \quad (\Omega/\text{km}) \qquad (2\text{-}4)$$

在式（2-4）中，前一部分为架空电力线路的外电抗，后一部分为其内电抗。经过对数运算后，式（2-4）又可写成

$$x_1 = 0.1445\lg\frac{D_m}{r'} \quad (\Omega/\text{km}) \qquad (2\text{-}5)$$

式（2-5）中，$r'=0.779r$，称为导线的几何平均半径。请注意，式（2-3）～式（2-5）都是按单股导线的条件推导的。对于多股铝线或铜线 r'/r 将小于 0.779，而钢芯绞线的 r'/r 可取 0.95。

2）分裂导线单位长度的电抗。分裂导线改变了导线周围的磁场分布，等效地增大了导线的半径，从而减少了每相导线单位长度的电抗，其计算式为

$$x_1 = 0.1445\lg\frac{D_m}{r_{eq}} + 0.0157/n \quad (\Omega/\text{km}) \qquad (2\text{-}6)$$

其中，r_{eq} 为分裂导线的等值半径，计算式为

$$r_{eq} = \sqrt[n]{r\prod_{i=2}^{n}d_{1i}} \qquad (2\text{-}7)$$

上两式中：n 为分裂导线的分裂根数；r 为分裂导线每一根导线的半径；d_{1i} 为每相分裂导线中第 1 与第 i 根分裂导线之间的距离，$i=2,3,\cdots,n$；$\prod$ 为表示连乘运算的符号。

对于二分裂导线，其等值半径为 $r_{eq}=\sqrt{rd}$；对于三分裂导线，$r_{eq}=\sqrt[3]{rd^2}$；以此类推。

显然，n 越多，x_1 减小越明显，但 n 大于 4 后 x_1 减小不再明显，且 n 大于 4 后导线结构、电力线路的架设和运行维护越加复杂，电力线路的造价也将因此增加，故实际运用中导线的分裂根数 n 一般取 2～6 为宜。

3）同杆架设双回路每回线单位长度的电抗。由于在导线中流过三相对称电流时两回路之间的互感影响不大（可以忽略不计），故每回线每相导线单位长度电抗的计算式与式（2-3）～式（2-5）相同。

（3）电纳。电力线路的电容反映了导线带电时的电场效应，由正常运行的三相电力线路中导线之间的电容及导线与地之间的电容组成。根据电力线路的电容即可确定电力线路的电纳。

1）单导线每相单位长度的电纳。单导线每相单位长度的电容 c_1 计算式为

$$c_1 = \frac{0.0241}{\lg \frac{D_m}{r}} \times 10^{-6} \quad (\text{F/km}) \qquad (2-8)$$

式中：r 为导线半径，cm 或 mm；D_m 为三相导线的几何平均距离，cm 或 mm。

那么，单线单位长度的电纳为

$$b_1 = 2\pi f c_1 = 2\pi f \frac{0.0241}{\lg \frac{D_m}{r}} \times 10^{-6} \quad (\text{F/km})$$

当 $f = 50\text{Hz}$ 时

$$b_1 = \frac{7.58}{\lg \frac{D_m}{r}} \times 10^{-6} \quad (\text{S/km}) \qquad (2-9)$$

显然，D_m、r 对 b_1 影响不大，一般 b_1 约为 $2.85 \times 10^{-6}\text{S/km}$。

2）分裂导线每相单位长度的电纳为

$$b_1 = \frac{7.58}{\lg \frac{D_m}{r_{eq}}} \times 10^{-6} \quad (\text{S/km}) \qquad (2-10)$$

（4）电导。电力线路的电导主要反映导线沿绝缘子的泄漏损耗和电晕损耗。正常运行时，沿绝缘子的泄漏损失很小，可以忽略不计。

导线的电晕现象是指导线在强电场作用下，其周围空气的电离现象。当导线表面的电场强度超过某一临界数值时，导线表面附近便产生电晕放电，并可在电力线路附近听到"嗞嗞"放电的声音（若在夜间可以看到导线周围发光）。电力线路中的电晕现象将消耗有功功率。

架空输电线路中单根导线电晕临界相电压 U_{cr} 计算式为

$$U_{cr} = 49.3 m_1 m_2 \delta r \lg \frac{D_m}{r} \quad (\text{kV}) \qquad (2-11)$$

架空输电线路中分裂导线电晕临界相电压 U_{cr} 计算式为

$$U_{cr} = 49.3 m_1 m_2 \delta r \frac{n}{K_m} \lg \frac{D_m}{r_{eq}} \quad (\text{kV}) \qquad (2-12)$$

其中

$$\delta = \frac{2.94 \times 10^{-3}}{273 + t} p$$

$$K_m = 1 + 2(n-1) \frac{r}{d} \sin \frac{\pi}{n}$$

式中：m_1 为导线光滑系数，对于光滑的单导线 $m_1 = 1.0$，对于绞线 $m_1 = 0.9$；m_2 为气象干燥系数，晴天或干燥时 $m_2 = 1$，有雾、雨、霜、暴雨时，$m_2 < 1$，最恶劣情况下，$m_2 = 0.8$；δ 为空气的相对密度，一般情况下可以取 1；p 为大气压强，Pa；t 为空气的温度，℃；K_m 为分裂导线的最大电场强度系数，即导体按正多角形排列时，多角形顶点的电场强度与平均电场强度的比值；d 为分裂导线相邻导线间的距离，mm；r、r_{eq}、D_m 单位为 cm。

式（2-11）、式（2-12）仅适用于三相三角形排列的导线。三相平行排列时，边相导线的电晕临界电压较按式（2-11）或式（2-12）的计算值高 6%，中间相低 4%。

运行时的相电压等于电晕临界相电压时，电力线路不会出现电晕现象。当电力线路运行

相电压高于电晕临界相电压时，与电晕相对应的导线单位长度的电导计算式为

$$g_1 = \frac{\Delta P_g}{U^2} \times 10^{-3} \quad (S/km)$$ (2 - 13)

式中：ΔP_g 为实测三相电力线路泄漏损耗和电晕损耗的总有功功率，kW/km；U 为电力线路运行的线电压，kV。

设计电力线路时，要求在晴天不发生电晕。不产生电晕的导线允许最小直径见表 2 - 1。

表 2 - 1　　　　　　　　　　　　不产生电晕的导线允许最小直径

线路额定电压（kV）	66kV 以下	110	220	330
导线直径（mm）	—	9.6	21.28	33.2

由于线路设计已检验了所选导线的直径是否满足晴天不发生电晕的要求，一般情况下都可取 $g_1 = 0$。

2. 电缆线路的参数

电缆电力线路与架空电力线路在结构上是截然不同的。三相电力电缆的三相导线间的距离很近，导线截面是圆形或扇形，导线的绝缘介质不是空气，绝缘层外有铝包或铅包，最外层还有钢铠。这样，使电缆电力线路的参数计算较为复杂，一般从手册中查取或通过试验确定。

【例 2 - 1】 220kV 电力线路的直线杆塔尺寸如图 2 - 3 所示。使用 LGJQ—400 型导线（截面积为 400mm²），导线计算直径为 27.2mm，铝线部分截面积为 392mm²，绝缘子串长2.6m。试求该线路单位长度（每千米）的电阻、电抗、电纳和电晕临界相电压之值。

解　电力线路单位长度的电阻为

$$r_1 = \frac{\rho}{S} = \frac{31.5}{400} = 0.07875 (\Omega/km)$$

三相导线间的距离是

$$D_{ab} = \sqrt{(27500 - 24750)^2 + (2 \times 3525)^2}$$
$$= 7567 (mm)$$

$$D_{bc} = \sqrt{(27500 - 24750)^2 + (2 \times 3525)^2}$$
$$= 7567 (mm)$$

$$D_{ca} = 27500 - 22000 = 5500 (mm)$$

三相导线的几何平均距离为

$$D_m = \sqrt[3]{D_{ab} D_{bc} D_{ca}} = \sqrt[3]{7567^2 \times 5500} = 6803 (mm)$$

电力线路单位长度的电抗为

$$x_1 = 0.1445 \lg \frac{D_m}{r} + 0.0157$$

$$= 0.1445 \lg \frac{6803}{13.6} + 0.0157$$

$$= 0.406 (\Omega/km)$$

电力线路单位长度的电纳为

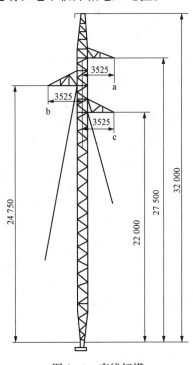

图 2 - 3　直线杆塔

$$b_1 = \frac{7.58}{\lg \dfrac{D_{\mathrm{m}}}{r}} \times 10^{-6} = \frac{7.58}{\lg \dfrac{6803}{13.6}} \times 10^{-6} = 2.81 \times 10^{-6} \ (\mathrm{S/km})$$

当取 $m_1 = 0.9$，$m_2 = 1$，$\delta = 1.0$，则电晕临界相电压为

$$U_{\mathrm{cr}} = 49.3 m_1 m_2 \delta r \lg \frac{D_{\mathrm{m}}}{r} \ (\mathrm{kV}) = 49.3 \times 0.9 \times 1 \times 1.0 \times 1.36 \times \lg \frac{680.3}{1.36} = 162.9 \ (\mathrm{kV})$$

由于三相导线接近于三角形排列，可认为三相电晕临界电压都是 162.9kV。如电力线路运行电压一般不会高于线路额定电压的 1.1 倍，即运行相电压高值不超过 $242/\sqrt{3} = 139.72\mathrm{kV}$，晴天时该电力线路不会发生电晕，则 $g_1 = 0$。

三、电力线路的等值电路和数学模型

正常运行的电力系统 a、b、c 三相是对称的，三相参数完全相同，三相电压、电流的有效值相同，所以可用单相等值电路及其参数表达。因此，电力系统中常常只作单相等值电路。电力线路的参数是沿导线均匀分布的，对于中等长度及以下电力线路，可以忽略分布参数影响，长线路则必须考虑分布参数的影响。

1. 短电力线路

短电力线路指长度小于 100km 的架空线路和较短的电缆线路。短电力线路一般电压等级不高，线路导纳的影响可忽略，其等值电路如图 2-4 所示。集中参数中阻抗 $Z = R + \mathrm{j}X$，电阻 $R = r_1 l$，电抗 $X = x_1 l$。

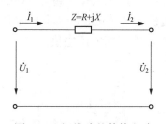

图 2-4　短线路的等值电路

线路首末端电压、电流方程为

$$\left.\begin{array}{l} \dot{U}_1 = \dot{U}_2 + \dot{I}_2 Z \\ \dot{I}_1 = \dot{I}_2 \end{array}\right\} \tag{2-14}$$

写成矩阵形式为

$$\begin{bmatrix} \dot{U}_1 \\ \dot{I}_1 \end{bmatrix} = \begin{bmatrix} 1 & Z \\ 0 & 1 \end{bmatrix} \begin{bmatrix} \dot{U}_2 \\ \dot{I}_2 \end{bmatrix} \tag{2-15}$$

2. 中等长度电力线路

中等长度线路指线路长度在 $100 \sim 300\mathrm{km}$ 的架空输电线路和长度不超过 100km 的电缆线路。此种电力线路由于电压高，线路电纳的影响不可忽略，晴天无电晕，因此 $G = 0$。

中等长度电力线路的集中参数等值电路如图 2-5 所示。电力系统分析计算通常采用节点电压法，为减少节点数，输电线路的等值电路采用 Ⅱ 形等值电路。

集中参数表达的阻抗、导纳分别为

$$\left.\begin{array}{l} Z = R + \mathrm{j}X \\ Y = G + \mathrm{j}B = \mathrm{j}B \end{array}\right\} \tag{2-16}$$

其中，$R = r_1 l$，$X = x_1 l$，$G = g_1 l$，$B = b_1 l$。

矩阵形式表达的两端口电流、电压方程为

$$\begin{bmatrix} \dot{U}_1 \\ \dot{I}_1 \end{bmatrix} = \begin{bmatrix} \dfrac{ZY}{2} + 1 & Z \\ Y\left(\dfrac{ZY}{4} + 1\right) & \dfrac{ZY}{2} + 1 \end{bmatrix} \begin{bmatrix} \dot{U}_2 \\ \dot{I}_2 \end{bmatrix} \tag{2-17}$$

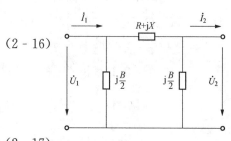

图 2-5　中等长度线路的集中
参数等值电路

3. 长线路

一般长度超过 300km 的架空电力线路和长度超过 100km 的电缆电力线路称为长线路。电力长线路的等值电路及参数需按分布参数特性描述。

（1）分布参数等值电路和方程。微段等值电路如图 2-6 所示。

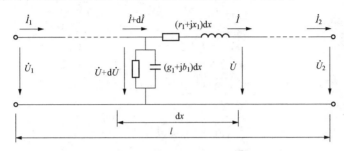

图 2-6　长线路微段等值电路

线路单位长度的阻抗和导纳分别为

$$\left.\begin{array}{l} z_1 = r_1 + jx_1 = r + j\omega L_1 \\ y_1 = g_1 + jb_1 = g_1 + j\omega C_1 \end{array}\right\} \tag{2-18}$$

在微小长度 $\mathrm{d}x$ 线段的阻抗中的电压降为

$$\mathrm{d}\dot{U} = \dot{I}(r_1 + jx_1)\mathrm{d}x = \dot{I}z_1\mathrm{d}x \tag{2-19}$$

$$\frac{\mathrm{d}\dot{U}}{\mathrm{d}x} = \dot{I}z_1 \tag{2-20}$$

对 x 求导得

$$\frac{\mathrm{d}^2\dot{U}}{\mathrm{d}x^2} = \frac{\mathrm{d}\dot{I}}{\mathrm{d}x}z_1 \tag{2-21}$$

流入 $\mathrm{d}x$ 微段并联导纳中的电流为

$$\mathrm{d}\dot{I} = (\dot{U} + \mathrm{d}\dot{U})(g_1 + jb_1)\mathrm{d}x = (\dot{U} + \mathrm{d}\dot{U})y_1\mathrm{d}x \tag{2-22}$$

略去二阶微小量得

$$\frac{\mathrm{d}\dot{I}}{\mathrm{d}x} = \dot{U}y_1 \tag{2-23}$$

代入式（2-21）得

$$\frac{\mathrm{d}^2\dot{U}}{\mathrm{d}x^2} = z_1 y_1 \dot{U} \tag{2-24}$$

（2）线路的传播常数和波阻抗。设 $\gamma = \sqrt{z_1 y_1}$，$Z_c = \dfrac{z_1}{\gamma}$，对式（2-24）求通解得

$$\dot{U} = A_1 e^{\gamma x} + A_2 e^{-\gamma x} \tag{2-25}$$

$$\frac{\mathrm{d}\dot{U}}{\mathrm{d}x} = \gamma A_1 e^{\gamma x} - \gamma A_2 e^{-\gamma x} \tag{2-26}$$

代入式（2-20）得

$$\dot{I} = \frac{\gamma}{z_1} A_1 e^{\gamma x} - \frac{\gamma}{z_1} A_2 e^{-\gamma x} \tag{2-27}$$

$$\dot{I} = \frac{A_1}{Z_c} e^{\gamma x} - \frac{A_2}{Z_c} e^{-\gamma x} \tag{2-28}$$

式中：A_1 和 A_2 为积分常数，由边界条件确定；γ 为线路的传播常数；Z_c 为线路的波阻抗；γ 和 Z_c 都是只与线路参数和频率有关的物理量。

定义传播系数
$$\gamma = \sqrt{z_1 y_1} = \alpha + \mathrm{j}\beta \qquad (2-29)$$

定义波阻抗
$$Z_c = \sqrt{\frac{z_1}{y_1}} = R_c + \mathrm{j}X_c = |\,Z_c\,|\,\mathrm{e}^{\mathrm{j}\theta_c} \qquad (2-30)$$

对于高压线路
$$g_1 = 0, \gamma = \alpha + \mathrm{j}\beta = \sqrt{(r_1 + \mathrm{j}x_1)\mathrm{j}b_1} \qquad (2-31)$$

$$Z_c = R_c + \mathrm{j}X_c \approx \sqrt{\frac{z_1}{\mathrm{j}b_1}} \qquad (2-32)$$

忽略电阻 r_1 和电导 g_1 时

$$\left.\begin{aligned} \gamma &= \sqrt{z_1 y_1} = \sqrt{\mathrm{j}x_1 \mathrm{j}b_1} = \mathrm{j}\sqrt{\omega L_1 \omega C_1} = \mathrm{j}\omega\sqrt{L_1 C_1} = \mathrm{j}\beta \\ Z_c &= \sqrt{\frac{z_1}{y_1}} = \sqrt{\frac{\mathrm{j}x_1}{\mathrm{j}b_1}} = \sqrt{\frac{\omega L_1}{\omega C_1}} = \sqrt{\frac{L_1}{C_1}} = R_c \end{aligned}\right\} \qquad (2-33)$$

（3）长线路等值电路和方程。对于微分方程的解，边界条件：

当 $x=0$ 时
$$\dot{U} = \dot{U}_2, \quad \dot{I} = \dot{I}_2$$

$$\left.\begin{aligned} \dot{U} &= A_1 \mathrm{e}^{\gamma x} + A_2 \mathrm{e}^{-\gamma x} \\ \dot{I} &= \frac{A_1}{Z_c}\mathrm{e}^{\gamma x} - \frac{A_2}{Z_c}\mathrm{e}^{-\gamma x} \end{aligned}\right\} \qquad (2-34)$$

$$\left.\begin{aligned} \dot{U}_2 &= A_1 + A_2 \\ \dot{I}_2 &= \frac{A_1}{Z_c} - \frac{A_2}{Z_c} \end{aligned}\right\} \qquad (2-35)$$

从而
$$\left.\begin{aligned} A_1 &= \frac{1}{2}(\dot{U}_2 + Z_c \dot{I}_2) \\ A_2 &= \frac{1}{2}(\dot{U}_2 - Z_c \dot{I}_2) \end{aligned}\right\} \qquad (2-36)$$

以此代入式（2-34），可得

$$\left.\begin{aligned} \dot{U} &= \frac{1}{2}(\dot{U}_2 + Z_c \dot{I}_2)\mathrm{e}^{\gamma x} + \frac{1}{2}(\dot{U}_2 - Z_c \dot{I}_2)\mathrm{e}^{-\gamma x} \\ \dot{I} &= \frac{1}{2Z_c}(\dot{U}_2 + Z_c \dot{I}_2)\mathrm{e}^{\gamma x} - \frac{1}{2Z_c}(\dot{U}_2 - Z_c \dot{I}_2)\mathrm{e}^{-\gamma x} \end{aligned}\right\} \qquad (2-37)$$

考虑双曲函数有 $\sinh\gamma x = \dfrac{\mathrm{e}^{\gamma x} - \mathrm{e}^{-\gamma x}}{2}$，$\cosh\gamma x = \dfrac{\mathrm{e}^{\gamma x} + \mathrm{e}^{-\gamma x}}{2}$，则

$$\left.\begin{aligned} \dot{U} &= \dot{U}_2 \cosh\gamma x + \dot{I}_2 Z_c \sinh\gamma x \\ \dot{I} &= \frac{\dot{U}_2}{Z_c}\sinh\gamma x + \dot{I}_2 \cosh\gamma x \end{aligned}\right\} \qquad (2-38)$$

长线路线段累积长度为 l，令 $x=l$，则可得首末端电压、电流之间的关系为

$$\left.\begin{aligned} \dot{U}_1 &= \dot{U}_2 \cosh\gamma l + \dot{I}_2 Z_c \sinh\gamma l \\ \dot{I}_1 &= \frac{\dot{U}_2}{Z_c}\sinh\gamma l + \dot{I}_2 \cosh\gamma l \end{aligned}\right\} \qquad (2-39)$$

长线路的 Π 形等值电路如图 2-7 所示，则

$$
\left.
\begin{aligned}
\dot{U}_1 &= \dot{U}_2\left(1+\frac{Z'Y'}{2}\right)+\dot{I}_2 Z' \\
\dot{I}_1 &= \dot{U}_2\left[Y'\left(1+\frac{Z'Y'}{4}\right)\right]+\dot{I}_2\left(1+\frac{Z'Y'}{2}\right)
\end{aligned}
\right\}
\tag{2-40}
$$

由式（2-39）和式（2-40）可得

$$
\left.
\begin{aligned}
\left(1+\frac{Z'Y'}{2}\right) &= \cosh\gamma l \\
Y'\left(1+\frac{Z'Y'}{4}\right) &= \frac{\sinh\gamma l}{Z_c} \\
Z' &= Z_c\sinh\gamma l
\end{aligned}
\right\}
\tag{2-41}
$$

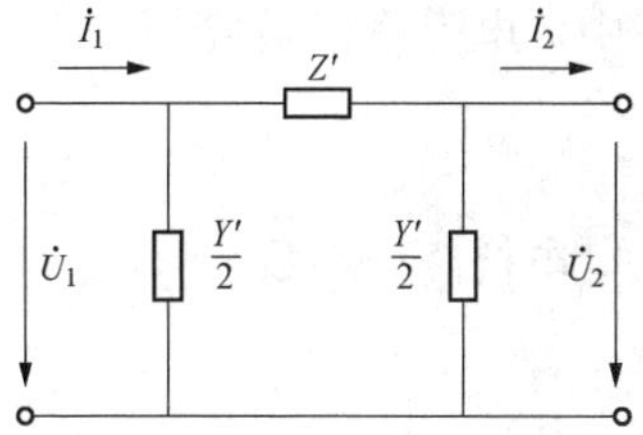

图 2-7　长线路的 Π 形等值电路

其中

$$
Y' = \frac{2(\cosh\gamma l - 1)}{Z_c\sinh\gamma l}
\tag{2-42}
$$

Z'、Y' 与 $Z = z_1 l$、$Y = y_1 l$ 的关系为

$$
\left.
\begin{aligned}
Z' &= Z_c\sinh\gamma l \\
Y' &= \frac{2(\cosh\gamma l - 1)}{Z_c\sinh\gamma l} = \frac{2}{Z_c}\tanh\frac{\gamma l}{2}
\end{aligned}
\right\}
\tag{2-43}
$$

由波阻抗与传播系数定义可得

$$
z_1/\gamma = \sqrt{z_1/y_1} = Z_c
\tag{2-44}
$$

$$
\gamma/y_1 = \sqrt{z_1/y_1} = Z_c
\tag{2-45}
$$

$$
Z' = Z_c\sinh\gamma l = \frac{\sinh\gamma l}{\gamma l}z_1 l = k_z z_1 l = k_z Z
\tag{2-46}
$$

$$
Y' = \frac{2(\cosh\gamma l - 1)}{Z_c\sinh\gamma l} = \frac{2(\cosh\gamma l - 1)}{\gamma l\sinh\gamma l}y_1 l = k_y y_1 l = k_y Y
\tag{2-47}
$$

分别对应式（2-44）、式（2-45）可得分布参数修正系数 k_z、k_y

$$
k_z = \frac{\sinh\gamma l}{\gamma l}
\tag{2-48}
$$

$$
k_y = \frac{2(\cosh\gamma l - 1)}{\gamma l\sinh\gamma l} = \frac{\tanh(\gamma l/2)}{\gamma l/2}
\tag{2-49}
$$

将式（2-49）按泰勒级数展开

$$
\sinh(\gamma l) = \gamma l + \frac{(\gamma l)^3}{3!} + \frac{(\gamma l)^5}{3!} + \frac{(\gamma l)^7}{3!} + \cdots
$$

$$
\tanh(\gamma l/2) = \frac{\gamma l}{2} - \frac{1}{3}\left(\frac{\gamma l}{2}\right)^3 + \frac{2}{15}\left(\frac{\gamma l}{2}\right)^5 + \cdots
$$

取前两项

$$
k_z \approx 1 + \frac{(\gamma l)^2}{6} = 1 + \frac{z_1 y_1}{6}l^2
$$

$$
k_y \approx 1 - \frac{(\gamma l)^2}{12} = 1 - \frac{z_1 y_1}{12}l^2
$$

则

$$
Z' = \left(1 + \frac{z_1 y_1}{6}l^2\right)Z = \left(1 + \frac{z_1 y_1}{6}l^2\right)(r_1 + \mathrm{j}x_1)l
$$

$$Y' = \left(1 - \frac{z_1 y_1}{12} l^2\right) Y = \left(1 - \frac{z_1 y_1}{12} l^2\right)(g_1 + jb_1)l$$

忽略 g_1，并将实部与虚部分开，近似计算为

$$\left. \begin{array}{l} Z' \approx k_r r_1 l + jk_x x_1 l \\ Y' \approx jk_b b_1 l \end{array} \right\} \tag{2-50}$$

其中，电阻修正系数

$$k_r = 1 - \frac{1}{3} x_1 b_1 l^2$$

电抗修正系数

$$k_x = 1 - \frac{1}{6}\left(x_1 b_1 - r_1^2 \frac{b_1}{x_1}\right)l^2$$

电纳修正系数

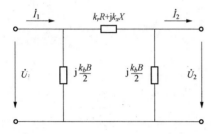

$$k_b = 1 + \frac{1}{12} x_1 b_1 l^2$$

长线路的近似分布参数等值电路如图 2-8 所示。

计算表明对于线路长度为 $300 \sim 1000\text{km}$ 的线路，利用近似分布参数所得结果与精确计算的误差很小，完全可以满足要求。

按照分布参数计算和推导方法，中等长度线路实则可表示为修正系数等于 1 的分布参数。

图 2-8　长线路的近似分布参数等值电路

电阻修正系数

$$k_r = 1 - \frac{1}{3} xbl^2 \approx 1 \tag{2-51}$$

电抗修正系数

$$k_x = 1 - \frac{1}{6}\left(xb - r^2 \frac{b}{x}\right)l^2 \approx 1 \tag{2-52}$$

电纳修正系数

$$k_b = 1 + \frac{1}{12} xbl^2 \approx 1 \tag{2-53}$$

【例 2-2】　设 500kV 电力线路的导线结构为使用 $4 \times \text{LGJ-}300$ 分裂导线，直径 24.2mm，分裂间距 450mm。三相导线水平排列，相间距离 13m，如图 2-9 所示。设电力线路长 600km，试作该电力线路的等值电路。
要求：

（1）不考虑电力线路的分布参数特性；

（2）近似考虑电力线路的分布参数特性；

（3）精确地考虑电力线路分布参数特性。

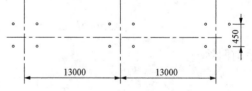

图 2-9　500kV 导线排列方式

解　计算该电力线路单位长度的电阻、电抗、电导和电纳。先计算单位长度的电阻为

$$r_1 = \frac{\rho}{S} = \frac{31.5}{4 \times 300} = 0.02625(\Omega/\text{km})$$

三相导线的几何平均距离为

$$D_\mathrm{m} = \sqrt[3]{D_\mathrm{ab}D_\mathrm{bc}D_\mathrm{ca}} = \sqrt[3]{13000 \times 13000 \times 2 \times 13000} = 16380(\mathrm{mm})$$

则等值半径为

$$r_\mathrm{eq} = \sqrt[4]{rd_\mathrm{ab}d_\mathrm{bc}d_\mathrm{ca}} = \sqrt[4]{12.1 \times 450 \times 450 \times \sqrt{2} \times 450} = 198.7(\mathrm{mm})$$

因此每千米电抗、电纳分别为

$$x_1 = 0.1445\lg\frac{D_\mathrm{m}}{r_\mathrm{eq}} + \frac{0.0157}{n} = 0.1445\lg\frac{16380}{198.7} + \frac{0.0157}{4} = 0.281(\Omega/\mathrm{km})$$

$$b_1 = \frac{7.58}{\lg\dfrac{D_\mathrm{m}}{r_\mathrm{eq}}} \times 10^{-6} = \frac{7.58}{\lg\dfrac{16380}{198.7}} \times 10^{-6} = 3.956 \times 10^{-6}(\mathrm{S/km})$$

对于单位长度电导的取值，可通过计算电晕临界相电压 U_cr，并假设线路的实际运行相电压为 $U_\mathrm{ph}=525/\sqrt{3}=303.1(\mathrm{kV})$，则由 $U_\mathrm{cr}>U_\mathrm{ph}$ 可见，线路不会发生电晕，取 $g_1=0$。

（1）不考虑电力线路的分布参数特性分别为

$$R = r_1l = 0.02625 \times 600 = 15.75(\Omega)$$
$$X = x_1l = 0.281 \times 600 = 168.6(\Omega)$$
$$B = b_1l = 3.956 \times 10^{-6} \times 600 = 2.374 \times 10^{-3}(\mathrm{S})$$
$$\frac{B}{2} = \frac{1}{2} \times 2.374 \times 10^{-3} = 1.187 \times 10^{-3}(\mathrm{S})$$

由此可作出等值电路图，如图 2-10（a）所示。

（2）近似考虑电力线路的分布参数特性分别为

$$k_r = 1 - x_1b_1\frac{l^2}{3} = 1 - 0.281 \times 3.956 \times 10^{-6} \times \frac{600^2}{3} = 0.876$$

$$k_x = 1 - \left(x_1b_1 - \frac{r_1^2b_1}{x_1}\right)\frac{l^2}{6}$$

$$= 1 - \left(0.281 \times 3.956 \times 10^{-6} - \frac{0.02625^2 \times 3.956 \times 10^{-6}}{0.281}\right) \times \frac{600^2}{6}$$

$$= 0.934$$

$$k_b = 1 + x_1b_1\frac{l^2}{12} = 1 + 0.281 \times 3.956 \times 10^{-6} \times \frac{600^2}{12} = 1.033$$

则

$$k_rR = 0.867 \times 15.75 = 13.65(\Omega)$$
$$k_xX = 0.934 \times 168.6 = 157.50(\Omega)$$
$$k_rB = 1.033 \times 2.374 \times 10^{-3} = 2.452 \times 10^{-3}(\mathrm{S})$$
$$\frac{1}{2}k_rB = \frac{1}{2} \times 2.452 \times 10^{-3} = 1.226 \times 10^{-3}(\mathrm{S})$$

由此可作出其等值电路如图 2-10（b）所示。

（3）精确考虑电力线路的分布参数特性。首先求电力线路单位长度的阻抗和导纳分别为

$$z_1 = r_1 + \mathrm{j}x_1 = 0.02625 + \mathrm{j}0.281 = 0.282\mathrm{e}^{\mathrm{j}84.66°}(\Omega/\mathrm{km})$$

$$y_1 = \mathrm{j}b_1 = \mathrm{j}3.956 \times 10^{-6} = 3.956 \times 10^{-6}\mathrm{e}^{\mathrm{j}90°}(\mathrm{S/km})$$

由此可得电力线路的特性阻抗为

$$Z_\mathrm{c} = \sqrt{z_1/y_1} = \sqrt{\frac{0.0282}{3.956 \times 10^{-6}}}\mathrm{e}^{\mathrm{j}(84.66°-90°)\times\frac{1}{2}} = 267.1\mathrm{e}^{-\mathrm{j}2.67°}(\Omega/\mathrm{km})$$

因为
$$\gamma l = \sqrt{z_1 y_1}\, l = 600 \times \sqrt{0.282 \times 3.956 \times 10^{-6}}\, \mathrm{e}^{\mathrm{j}(84.66° + 90°) \times \frac{1}{2}}$$
$$= 0.634 \mathrm{e}^{\mathrm{j}87.33°} = 0.0295 + \mathrm{j}0.633$$

将 $\sinh\gamma l$、$\cosh\gamma l$ 展开
$$\sinh\gamma l = \sinh(0.0295 + \mathrm{j}0.633)$$
$$= \sinh 0.0295 \times \cos 0.633 + \mathrm{j}\cosh 0.0295 \times \sin 0.633$$
$$= 0.0295 \times 0.806 + \mathrm{j}1.0004 \times 0.592 = 0.593 \mathrm{e}^{\mathrm{j}87.7°}$$
$$\cosh\gamma l = \cosh(0.0295 + \mathrm{j}0.633)$$
$$= \cosh 0.0295 \times \cos 0.633 + \mathrm{j}\sinh 0.0295 \times \sin 0.633$$
$$= 1.0004 \times 0.806 + \mathrm{j}0.0295 \times 0.592 = 0.806 \mathrm{e}^{\mathrm{j}1.24°}$$

最后求得 Z'、Y' 分别为
$$Z' = Z_\mathrm{c} \sinh\gamma l = 267.1 \mathrm{e}^{-\mathrm{j}2.67°} \times 0.594 \mathrm{e}^{\mathrm{j}87.7°} = 158.4 \mathrm{e}^{\mathrm{j}85.03°}$$
$$= 13.72 + \mathrm{j}157.80(\Omega)$$
$$\frac{Y'}{2} = \frac{1}{Z_\mathrm{c}} \frac{\cosh\gamma l - 1}{\sinh\gamma l} = \frac{0.806 + \mathrm{j}0.0175 - 1}{267.1 \mathrm{e}^{-\mathrm{j}2.67°} \times 0.594 \mathrm{e}^{\mathrm{j}87.7°}} = \frac{0.195 \mathrm{e}^{\mathrm{j}1.24°}}{185.3 \mathrm{e}^{\mathrm{j}85.03°}}$$
$$= 0.00123 \mathrm{e}^{\mathrm{j}89.82°} \approx \mathrm{j}1.23 \times 10^{-3}(\mathrm{S})$$

由此作出等值电路如图 2-10 (c) 所示。

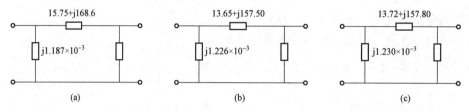

图 2-10 长电力线路的等值电路

(a) 不考虑分布参数特性；(b) 近似考虑分布参数特性；(c) 精确考虑分布参数特性

比较这三种等值电路，对于 500km 以上的长电力线路，如不考虑其分布参数特性，将给计算带来相当大的误差。如能近似考虑其分布参数特性，在满足精确度的要求情况下，可使计算大为简化。

4. 波阻抗和自然功率

(1) 波阻抗。对于 500km 以上的长电力线路，由式 (2-29)、式 (2-30) 定义的传播系数 γ 和波阻抗 Z_c 常被用以估计高压线路的运行特性。由于超高压线路的电阻往往远小于电抗，电导则可以略去不计，即可以设 $r_1 = 0$，$g_1 = 0$。显然，采用这些假设就相当于设线路上没有有功功率损耗。因此，这种"无损耗"线路，波阻抗和传播系数分别为

$$Z_\mathrm{c} = \sqrt{L_1/C_1} \tag{2-54}$$

$$\gamma = \mathrm{j}\omega\sqrt{L_1 C_1} \tag{2-55}$$

可见，此时的波阻抗表现为一个纯电阻，而传播系数则仅有虚部 β（$\beta = \omega\sqrt{L_1 C_1}$），称相位系数。

如不计架空线路的内部磁场，则有 $L_1 = 2 \times 10^{-7} \ln\dfrac{D_\mathrm{m}}{r}$，$C_1 = 1/\left(1.8 \times 10^{10} \ln\dfrac{D_\mathrm{m}}{r}\right)$，以此代入波阻抗和相位系数的表达式，可得 Z_c 和 β 分别为

$$Z_c = \sqrt{L_1/C_1} = 60\ln\frac{D_m}{r} = 138.2\lg\frac{D_m}{r} \quad (\Omega)$$

$$\beta = \omega\sqrt{L_1 C_1} = \omega/(3\times10^8)(\text{rad/m})$$

（2）自然功率。自然功率也称波阻抗负荷，是指负荷阻抗为波阻抗时，该负荷消耗的功率。对于无损线路，由于 Z_c 为纯电阻，相应的自然功率为纯有功功率，即

$$S_n = P_n = U_N^2/Z_c$$

无损耗线路末端连接的负荷阻抗为波阻抗时，可得

$$\begin{bmatrix} \dot{U}_1 \\ \dot{I}_1 \end{bmatrix} = \begin{bmatrix} \cos\beta l & jZ_c\sin\beta l \\ j\dfrac{\sin\beta l}{Z_c} & \cos\beta l \end{bmatrix} \begin{bmatrix} \dot{U}_2 \\ \dot{I}_2 \end{bmatrix} \tag{2-56}$$

计及 $\dot{U}_2 = Z_c\dot{I}_2$，又可得

$$\left.\begin{aligned} \dot{U}_1 &= (\cos\beta l + j\sin\beta l)\dot{U}_2 = \dot{U}_2 e^{j\beta l} \\ \dot{I}_1 &= (\cos\beta l + j\sin\beta l)\dot{I}_2 = \dot{I}_2 e^{j\beta l} \end{aligned}\right\} \tag{2-57}$$

这时线路始端、末端乃至线路上任何一点的电压大小都相等，但相位不同。而线路两端电压的相位差则正比于线路长度，相应的比例系数就是相位系数 β。

超高压线路大致接近于无损耗线路，在粗略估计它们的运行特性时，可以参考上述结论。例如，长度超过300km的500kV线路，输出的功率常约等于自然功率1000MW，因而线路末端电压往往接近始端；同样，输送功率大于自然功率时，线路末端电压将低于始端；反之，小于自然功率时，末端电压将高于始端。

第二节　变压器、电抗器的参数和等值电路

变压器的类型按绕组形式可分为双绕组变压器、三绕组变压器、双绕组自耦变压器和三绕组自耦变压器。

一、双绕组变压器的等值电路及参数计算

1. 变压器等值电路

双绕组变压器的等值电路按电机学原理可描述为 T 形、Π 形。由于电力系统计算中通常采用节点电压法，且根据对地支路用导纳表示的惯例，双绕组变压器等值电路通常采用图 2-11 所示的 τ 形近似等值电路。

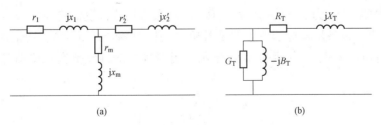

图 2-11　双绕组变压器等值电路

（a）T 形等值电路；（b）τ 形近似等值电路

其中

$$R_{\mathrm{T}} = r_1 + r_2', \quad X_{\mathrm{T}} = x_1 + x_2'$$

$$G_{\mathrm{T}} = \frac{r_{\mathrm{m}}}{r_{\mathrm{m}}^2 + x_{\mathrm{m}}^2}, \quad B_{\mathrm{T}} = \frac{x_{\mathrm{m}}}{r_{\mathrm{m}}^2 + x_{\mathrm{m}}^2}$$

2. 变压器参数计算

（1）计算依据。变压器参数计算的依据是厂家提供的变压器额定容量、额定电压、短路试验数据（P_{k}、$U_{\mathrm{k}}\%$）和空载试验数据（P_0、$I_0\%$）。

1）短路试验。将变压器一侧三绕组短接，在另一侧绕组施加三相对称电压，调整施加电压的大小，变压器绕组电流也随之改变。当变压器绕组电流等于额定值时，此时的施加电压称为短路电压，变压器的三相总有功损耗称为短路损耗。短路电压通常用百分值表示，即

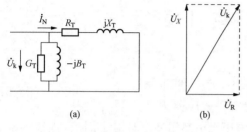

图 2 - 12 短路试验单相等值电路图与相量图
(a) 电路图；(b) 相量图

$$U_{\mathrm{k}}\% = \frac{U_{\mathrm{k}}}{U_{\mathrm{N}}} \times 100\% \qquad (2 - 58)$$

短路试验单相等值电路图和相量图如图 2 - 12 所示。

2）空载试验。变压器一侧绕组开路（即空载），另一侧施加三相对称额定电压，此时测得的变压器输入线电流称为空载电流，变压器的三相总损耗称为空载损耗。空载电流通常用百分值表示，即

$$I_0\% = \frac{I_0}{I_{\mathrm{N}}} \times 100\% \qquad (2 - 59)$$

空载试验单相等值电路图与电流相量图如图 2 - 13 所示。

（2）参数计算。

1）电阻 R_{T}。由于变压器短路损耗 P_{k} 近似等于额定电流流过变压器时高低压绕组的总铜耗 P_{Cu}，即三相绕组电阻上的损耗，则变压器每相电阻 R_{T} 表达式为

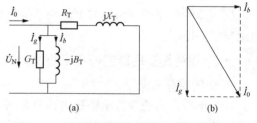

$$R_{\mathrm{T}} = P_{\mathrm{k}}/3I_{\mathrm{N}}^2 = P_{\mathrm{k}} \Big/ \frac{S_{\mathrm{N}}^2}{U_{\mathrm{N}}^2} \quad (2 - 60)$$

图 2 - 13 空载试验单相等值电路图与相量图
(a) 电路图；(b) 相量图

式中：P_{k} 为三相短路总损耗，W；S_{N} 为变压器额定容量，VA；U_{N} 为变压器额定线电压，V；参数均取自设备铭牌。

一般情况下，设备厂家对于各参数及其单位均以三相功率 MVA、线电压 kV、线电流 kA、三相短路损耗 kW、单相阻抗 Ω 等表示，当参数均取自设备型号铭牌时，式（2 - 60）可写为

$$R_{\mathrm{T}} = \frac{P_{\mathrm{k}} U_{\mathrm{N}}^2}{1000 S_{\mathrm{N}}^2} \quad (\Omega)$$

2）电抗 X_{T}。短路试验时，短路电压远远低于额定电压，励磁支路电流可以忽略不计，另注意到变压器的电阻远远小于其漏抗，所以短路电压约等于额定电流在变压器电抗上的压降，因此有

$$U_k\% \approx U_X\% = \frac{I_N X_T}{U_N/\sqrt{3}} \times 100 = \frac{\sqrt{3}I_N X_T}{U_k} \times 100 = \frac{\sqrt{3}\left(\frac{S_N}{\sqrt{3}U_N}\right)X_T}{U_N} \times 100 = X_T \frac{S_N}{U_N^2} \times 100$$

$$X_T = \frac{U_k\%}{100} \times \frac{U_N^2}{S_N} \qquad (2-61)$$

式中：$U_k\%$ 为短路电压百分值；S_N 为变压器三相额定容量，MVA 或 VA；U_N 为变压器额定线电压，kV 或 V；X_T 为变压器每相电抗，Ω。

3）电纳 B_T。变压器的电纳远远大于电导，变压器的空载电流在数值上约等于电纳中的电流，因此可得

$$I_0\% = \frac{I_0}{I_N} \times 100 \approx \frac{B_T U_N/\sqrt{3}}{I_N} \times 100 = \frac{B_T U_N}{\sqrt{3}I_N} \times 100 = B_T \frac{U_N^2}{S_N} \times 100$$

$$B_T = \frac{I_0\%}{100} \times \frac{\sqrt{3}I_N}{U_N} = \frac{I_0\%}{100} \times \frac{S_N}{U_N^2} \qquad (2-62)$$

式中：$I_0\%$ 为短路电流百分值；B_T 为变压器每相电纳。

4）电导 G_T。变压器的空载试验时，只有一次绕组有很小的电流（空载电流）流过，其铜损可以忽略不计，所以变压器的空载损耗近似等于铁损，即变压器电导中的损耗，由此可得

$$P_0 \approx P_{Fe} = 3G_T(U_N/\sqrt{3})^2 = G_T U_N^2$$

则

$$G_T = \frac{P_{Fe}}{U_N^2} \approx \frac{P_0}{U_N^2} \qquad (2-63)$$

式中：P_0 为三相空载损耗，W；U_N 为变压器额定线电压，V；G_T 为变压器每相电导，S。

当 P_0、U_N、G_T 分别取 kW、kV 和 S 时，式（2-63）变换为

$$G_T = \frac{P_0}{1000U_N^2} \quad (S)$$

二、三绕组变压器的等值电路及参数计算

1. 三绕组变压器的结构和容量比

（1）结构。普通三绕组变压器每相均有高压绕组、中压绕组和低压绕组。三绕组变压器按其三个绕组排列方式有升压结构和降压结构两种型式，如图 2-14 所示。

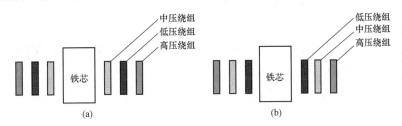

图 2-14　三绕组变压器示意图
（a）升压结构；（b）降压结构

升压结构变压器的中压绕组最靠近铁芯，低压绕组居中，高压绕组在最外面层。降压结构变压器的低压绕组最靠近铁芯，中压绕组居中，高压绕组仍在最外层。

绕组排列方式不同，绕组间漏抗也就不同。绕组这样布置的主要目的是减小主要功率流通方向的总电抗，从而减小变压器的电压损耗，提高电压质量。

（2）容量比。三绕组变压器根据使用场所各级电压负荷的不同，三个绕组的额定容量可以相同，也可以不同。我国三绕组变压器按容量比有三种，分别为 1:1:1、1:1:0.5 和 1:0.5:1。其中变压器表示为 1，即 100% 绕组的额定容量即为变压器额定容量。

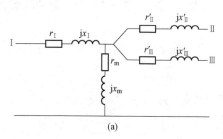

(a)

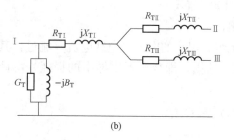

(b)

图 2-15　三绕组变压器的等值电路
（a）电机学采用等值电路；
（b）电力系统分析采用等值电路

2. 三绕组变压器的等值电路

与电机学课程类似，对于三绕组变压器，电力系统分析中可采用类似的 T 形等值电路，也可采用 Γ 形等值电路，如图 2-15（a）、（b）所示。

3. 三绕组变压器参数计算

（1）计算依据。计算依据为短路试验数据和空载试验数据。

短路试验分别在三绕组中的每两个绕组进行。试验时各绕组的电流不得超过其额定电流，以免损坏变压器。因此对于不同额定容量的两个绕组做短路试验时，试验电流为容量小的绕组的额定电流，所得短路损耗也是该额定电流下的数值，应用时需要归算到变压器额定容量（电流）之下。例如，对于高、中、低三侧绕组额定容量比为 $S_{NI}:S_{NII}:S_{NIII}=1:1:0.5$ 的变压器，做短路试验时高压和低压绕组 $P'_{k(I-III)}$、中压和低压绕组 $P'_{k(II-III)}$ 必须在各侧绕组的取小容量 S_{NIII} 下进行，否则会出现过载现象。将试验测得的短路损耗归算到变压器额定容量之下为

$$\left.\begin{array}{l} P_{k(I-III)} = \left(\dfrac{I_N}{I_{NIII}}\right)^2 P'_{k(I-III)} = \left(\dfrac{S_N}{S_{NIII}}\right)^2 P'_{k(I-III)} = 4P'_{k(I-III)} \\[3mm] P_{k(II-III)} = \left(\dfrac{I_N}{I_{NIII}}\right)^2 P'_{k(II-III)} = \left(\dfrac{S_N}{S_{NIII}}\right)^2 P'_{k(II-III)} = 4P'_{k(II-III)} \end{array}\right\} \quad (2-64)$$

变压器铭牌所给出的短路电压为每两个绕组做短路试验时的短路电压，并且都已经归算到变压器额定容量之下，使用中无须再进行归算。

空载试验与双绕组变压器相同。

（2）参数计算。

1）电阻。对三绕组变压器的三个绕组两两作短路试验，测得每两个绕组的短路损耗，则各绕组短路损耗和单相电阻为

$$\left.\begin{array}{l} P_{kI} = \dfrac{1}{2}(P_{k(I-II)} + P_{k(III-I)} - P_{k(II-III)}) \\[3mm] P_{kII} = \dfrac{1}{2}(P_{k(II-III)} + P_{k(I-II)} - P_{k(III-I)}) \\[3mm] P_{kIII} = \dfrac{1}{2}(P_{k(III-I)} + P_{k(II-III)} - P_{k(I-II)}) \end{array}\right\} \quad (2-65)$$

$$R_{TI} = \frac{\Delta P_{kI} U_N^2}{1000 S_N^2} \left.\begin{array}{l} \\ \\ \end{array}\right\}$$

$$R_{TII} = \frac{\Delta P_{kII} U_N^2}{1000 S_N^2}$$ (2-66)

$$R_{TIII} = \frac{\Delta P_{kIII} U_N^2}{1000 S_N^2}$$

对于容量比不是 1:1:1 的三绕组变压器，公式中的短路损耗应为归算到变压器额定容量下的数值。

只给出最大短路损耗 P_{kmax} 三绕组变压器，根据"按同一电流密度选择各绕组的导线截面"的变压器设计原则，归算到同一电压等级的变压器各绕组的电阻之间的关系为

$$R_{T(50)} = 2R_{T(100)} \left.\begin{array}{l} \\ \end{array}\right\}$$ (2-67)

$$R_{T(100)} = \frac{P_{kmax} U_N^2}{2000 S_N^2}$$

2）电抗。三绕组变压器虽然绕组结构有所不同，但其电抗的计算方法完全相同，由给出的两两绕组间短路电压的百分值 $U_{k(I-II)}\%$、$U_{k(II-III)}\%$、$U_{k(I-III)}\%$，得出各绕组短路电压的百分值和各绕组单相电抗值为

$$U_{kI}\% = \frac{1}{2}[U_{k(I-II)}\% + U_{k(III-I)}\% - U_{k(II-III)}\%] \left.\begin{array}{l} \\ \\ \end{array}\right\}$$

$$U_{kII}\% = \frac{1}{2}[U_{k(II-III)}\% + U_{k(I-II)}\% - U_{k(III-I)}\%]$$ (2-68)

$$U_{kIII}\% = \frac{1}{2}[U_{k(III-I)}\% + U_{k(II-III)}\% - U_{k(I-II)}\%]$$

$$X_{TI} = \frac{U_{kI}\% U_N^2}{100 S_N} \left.\begin{array}{l} \\ \\ \end{array}\right\}$$

$$X_{TII} = \frac{U_{kII}\% U_N^2}{100 S_N}$$ (2-69)

$$X_{TIII} = \frac{U_{kIII}\% U_N^2}{100 S_N}$$

3）电导和电纳。电导和电纳通过空载试验数据计算，由于三绕组变压器与双绕组变压器的空载试验方法相同，所以其电导和电纳的计算方法也相同。

三、自耦变压器的等值电路及参数计算

1. 自耦变压器的结构与特点

（1）双绕组自耦变压器一、二次侧之间不仅有磁而且有电的直接联系，因此运行时两侧中性点的接地方式相同，若不接地则两侧均不接地，若直接中性点接地则均直接接地，如图 2-16 所示。

（2）自耦变压器通常做成三绕组形式，第三绕组（低压绕组）与自耦绕组之间仅有磁的联系，且采用三角形接线，以改善电压波形。

2. 三绕组自耦变压器的等值电路

自耦变压器和普通三绕组变压器的短路试验、空载试验以及等值电路的确定方法完全相同。

3. 三绕组自耦变压器的参数计算

三绕组自耦变压器的参数计算同样包括电阻、电纳、电导和电抗计算，其中电阻、电纳

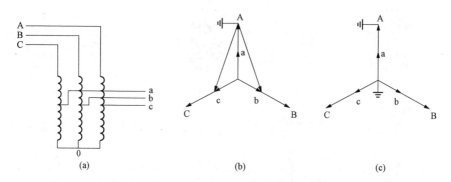

图 2 - 16　自耦变压器的结构与特点

（a）自耦变压器原理接线；（b）中性点不接地情况下，A 相单相接地电压相量图；

（c）中性点接地情况下，A 相单相接地电压相量图

和电导的计算依据与三绕组变压器相同，计算方法也相同。但与三绕组变压器各绕组的电阻不同，自耦变压器各绕组的电阻不是各绕组的实际电阻（或实际电阻按变比归算后的数值），而是等效电阻，并且可能出现负值的情况，这是自耦变压器高压绕组和中压绕组之间存在电的直接联系的原因。

　　一般情况下，三绕组自耦变压器铭牌提供的短路电压未归算到变压器的额定容量之下，并且低压绕组的额定容量也不一定为变压器额定容量的 50%。所以计算三绕组自耦变压器各绕组的等效电抗时，必须将铭牌提供的短路电压先归算到变压器的额定容量之下，然后再按三绕组变压器电抗的计算方法进行计算。

　　短路电压归算公式为

$$\left. \begin{aligned} U_{k(\mathrm{I-III})}\% = \left(\frac{I_N}{I_{N\mathrm{III}}}\right)U'_{k(\mathrm{I-III})}\% = \left(\frac{S_N}{S_{N\mathrm{III}}}\right)U'_{k(\mathrm{I-III})}\% \\ U_{k(\mathrm{II-III})}\% = \left(\frac{I_N}{I_{N\mathrm{III}}}\right)U'_{k(\mathrm{II-III})}\% = \left(\frac{S_N}{S_{N\mathrm{III}}}\right)U'_{k(\mathrm{II-III})}\% \end{aligned} \right\} \tag{2-70}$$

式中：$U_{k(\mathrm{I-III})}\%$、$U_{k(\mathrm{II-III})}\%$ 分别为 I、III 绕组和 II、III 绕组短路电压百分值；S_N 为三绕组变压器额定容量；$S_{N\mathrm{III}}$ 为第三绕组的额定容量。

　　【例 2 - 3】　三相三绕组水内冷普通有载调压变压器，额定容量 S_N 为 30000/30000/20000kVA，额定电压 U_N 为 110/38.5/11kV，归算到高压侧的空载电流 I_0 为 3.01A，空载损耗 P_0 为 67.4kW。

　　短路电压百分数和短路损耗见表 2 - 2。

表 2 - 2　　　　　　　　　　　　变压器短路试验数据表

短路试验数据 ＼ 绕组	高压—中压	高压—低压	中压—低压
短路电压百分数（$U_k\%$）	11.55	20.55	8.47
短路损耗（kW）	454	243	273

　　注　1. 短路电压归算至 S_N；

　　　　2. 短路损耗未归算。

试求变压器的阻抗、导纳，并做出 Γ 形等值电路。要求所有参数都归算至高压侧。

解 （1）求电抗。首先将短路损耗归算至变压器的额定容量，即

$$P_{k(I-II)} = 454(\text{kW})$$

$$P_{k(I-III)} = P'_{k(I-III)}\frac{S_N}{S_{NIII}}^2 = 243 \times \left(\frac{30000}{20000}\right)^2 = 547(\text{kW})$$

$$P_{k(II-III)} = P'_{k(II-III)}\left(\frac{S_N}{S_{NIII}}\right)^2 = 273 \times \left(\frac{30000}{20000}\right)^2 = 614(\text{kW})$$

各绕组的短路损耗为

$$P_{kI} = \frac{1}{2}(P_{k(I-II)} + P_{k(I-III)} - P_{k(II-III)}) = \frac{1}{2} \times (454 + 547 - 614) = 194(\text{kW})$$

$$P_{kII} = \frac{1}{2}(P_{k(I-II)} + P_{k(II-III)} - P_{k(I-III)}) = \frac{1}{2} \times (454 + 614 - 547) = 260(\text{kW})$$

$$P_{kIII} = \frac{1}{2}(P_{k(II-III)} + P_{k(I-III)} - P_{k(I-II)}) = \frac{1}{2} \times (614 + 547 - 454) = 353(\text{kW})$$

由此得各绕组的电阻为

$$R_{TI} = \frac{P_{kI}U_{NI}^2}{S_N^2} = \frac{(194 \times 1000) \times (110 \times 1000)^2}{(30 \times 10^6)^2} = 2.60(\Omega)$$

$$R_{TII} = \frac{P_{kII}U_{NI}^2}{S_N^2} = \frac{260 \times 110^2}{10^3 \times 30^2} = 3.50(\Omega)$$

$$R_{TIII} = \frac{P_{kIII}U_{NI}^2}{S_N^2} = \frac{353 \times 110^2}{10^3 \times 30^2} = 4.75(\Omega)$$

求各绕组短路电压百分值

$$U_{kI}\% = \frac{1}{2} \times (U_{k(I-II)}\% + U_{k(I-III)}\% - U_{k(II-III)}\%)$$

$$= \frac{1}{2} \times (11.5 + 20.55 - 8.47) = 11.82$$

$$U_{kII}\% = \frac{1}{2} \times (U_{k(I-II)}\% + U_{k(II-III)}\% - U_{k(I-III)}\%)$$

$$= \frac{1}{2} \times (11.5 + 8.47 - 20.55) = -0.265$$

$$U_{kIII}\% = \frac{1}{2} \times (U_{k(II-III)}\% + U_{k(I-III)}\% - U_{k(I-II)}\%)$$

$$= \frac{1}{2} \times (8.47 + 20.55 - 11.55) = 8.74$$

各绕组的电抗为

$$X_{TI} = \frac{U_{kI}\% U_{NI}^2}{100S_N} = \frac{11.82 \times 110^2}{100 \times 30} = 47.65(\Omega)$$

$$X_{TII} = \frac{U_{kII}\% U_{NI}^2}{100S_N} = \frac{-0.265 \times 110^2}{100 \times 30} = -1.07(\Omega)$$

$$X_{TIII} = \frac{U_{kIII}\% U_{NI}^2}{100S_N} = \frac{8.74 \times 110^2}{100 \times 30} = 35.25(\Omega)$$

由计算结果可见，中压绕组的等值电抗很小，且为负值。这是因为该变压器为降压结构，中压绕组居中排列，高低压绕组与中压绕组间的互感漏磁通大于本身的自感漏磁通所

致；这里的等值电抗为负值，并不表示是容性电抗。对于升压结构的三绕组变压器，由于低压绕组居中排列，可使低压绕组呈现小的负值电抗。在近似计算时，也可将小的负电抗视为零值。

（2）求导纳。

电导

$$G_T = \frac{P_0}{U_{Nl}^2} = \frac{67.4 \times 1000}{(110 \times 10^3)^2} = 5.57 \times 10^{-6} (\mathrm{S})$$

电纳

$$B_T = \frac{\sqrt{3} I_0}{10^3 U_{Nl}} = \frac{\sqrt{3} \times 3.01}{10^3 \times 110} = 47.4 \times 10^{-6} (\mathrm{S})$$

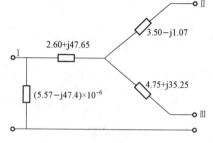

三绕组变压器的等值电路及参数，如图 2-17 所示。

图 2-17　三绕组变压器的等值电路

四、电抗器的参数和数学模型

制造厂家是以电抗的百分数 $X_L\%$ 给出电抗器的参数，其定义为

$$X_L\% = \frac{\sqrt{3} I_N X_L}{U_N} \times 100$$

所以

$$X_L = \frac{X_L\% U_N}{100 \sqrt{3} I_N} \quad (\Omega) \qquad (2-71)$$

式中：X_L 为电抗器的电抗，Ω；$X_L\%$ 为电抗器电抗的百分数；U_N 为电抗器的额定电压，kV；I_N 为电抗器的额定电流，kA。

实际应用中，电抗器的电阻一般可忽略不计，所以电抗器的等值电路为纯电抗电路。

第三节　发电机与负荷的参数及等值电路

发电机和负荷是电力系统中两个重要元件，它们的运行特性很复杂，这里只介绍某些最基本的概念和计算公式。

一、发电机参数及等值电路

1. 发电机的电抗

在电力系统稳态计算中，发电机等值电路及参数一般以同步电抗和同步电动势描述，并且只考虑隐极式发电机。由于发电机定子绕组的电阻相对较小，一般可忽略不计，因此在计算中一般只计算其电抗。制造厂一般给出以发电机额定容量为基准的电抗标幺值 X_{G*}，一般包括有直轴次暂态 x_d''、直轴暂态电抗 x_d'、直轴同步电抗 x_d。因发电机额定功率在铭牌中一般给出有功额定功率和额定功率因数，因此发电机单相电抗值有名值（Ω）为

$$X_G = X_{G*} \frac{U_N}{\sqrt{3} I_N} = X_{G*} \frac{U_N^2}{S_N} = X_{G*} \frac{U_N^2 \cos\varphi_N}{P_N} \qquad (2-72)$$

式中：U_N 为发电机的额定电压（线电压），kV；S_N 为发电机的额定视在功率（三相额定功率），MVA；P_N 为发电机三相额定有功功率，MW；I_N 为发电机定子额定相电流，kA；$\cos\varphi_N$ 为发电机的额定功率因数。

2. 发电机的电动势和等值电路

隐极式同步发电机以同步电动势 E_q 和同步电抗 x_d 构成的单相等值电路见图 2-18，其方程为

$$\dot{E}_q = \dot{U} + j\dot{I}x_d$$

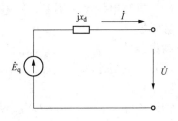

图 2-18 隐极式同步发电机等值电路

式中：$\dot{E}_q$ 为发电机的同步电动势（kV），在发电机磁路不饱和的情况下，其大小与励磁电流 I_f 成正比；$\dot{U}$ 为发电机的端电压，kV；$\dot{I}$ 为发电机的定子电流，kA。

3. 发电机的运行限额

（1）发电机运行约束条件。

1）定子绕组温升约束：定子电流不得超过其额定值；

2）励磁绕组温升约束：励磁电流不得超过其额定值；

3）原动机功率约束：发电机的最大输出有功功率不得超过原动机最大输出机械功率（原动机额定功率），最小输出有功功率不得低于原动机最小技术功率；

4）发电机并列运行稳定性和定子端部发热约束：发电机进相运行时，由于静态稳定极限功率减小，并列运行稳定性变差，为保持发电机并列运行的稳定性，必须限制发电机的有功功率。此外，进相运行时，由于定子端部漏磁增大，定子端部温度升高，也必须对发电机功率进行限制。其中，定子端部温升约束尤为苛刻，通常需要通过试验确定。

（2）发电机的运行极限图。隐极式发电机的相量图如图 2-19（a）所示。图中线段 OA 既表示 Ix_d 的大小，也表示定子电流 I 的大小，同时也表示发电机的输出的视在功率的大小；线段 Ob 表示发电机输出的无功功率的大小；线段 Oc 表示发电机输出的有功功率的大小；线段 $O'A$ 表示发电机空载电动势的大小，同时也表示发电机励磁电流的大小。

根据发电机的运行约束条件，可以作出其运行极限图，如图 2-19（b）所示。

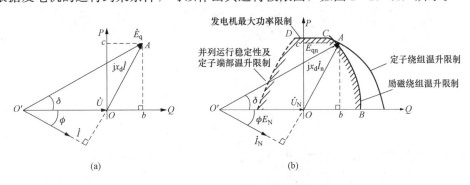

图 2-19 隐极式发电机的运行极限

（a）相量图；（b）运行极限图

4. 电力系统稳态分析时同步发电机的数学模型及约束条件

（1）机端电压保持不变，并作为电力系统电压相位参考节点。

数学模型 $\qquad \dot{U}_G = U_G \angle 0° = $ 常数

约束条件 $\qquad P_{G.min} \leqslant P_G \leqslant P_{G.max}, \quad Q_{G.min} \leqslant Q_G \leqslant Q_{G.max}$

（2）机端电压保持不变，发电机有功功率保持不变。

数学模型 $\qquad U_G = $ 常数，$P_G = $ 常数

约束条件 $\qquad \delta_{G.min} \leqslant \delta_G \leqslant \delta_{G.max}$，$Q_{G.min} \leqslant Q_G \leqslant Q_{G.max}$

（3）发电机定功率运行。

数学模型 $\qquad P_G = $ 常数，$Q_G = $ 常数

约束条件 $\qquad U_{G.min} \leqslant U_G \leqslant U_{G.max}$，$\delta_{G.min} \leqslant \delta_G \leqslant \delta_{G.max}$

应注意，发电机的等值电路为单相等值电路，其他两相的等值电路完全相同。

二、 负荷参数及等值电路

电力系统的负荷是指电力系统中用电设备所消耗的功率。

1. 负荷的功率

电力系统负荷的单相复数功率为

$$\tilde{S}_D = \dot{U}_D \dot{I}_D^* = U_D e^{j\delta_u} I_D e^{-j\delta_i} = U_D I_D e^{j(\delta_u - \delta_i)}$$
$$= S_D e^{j\varphi_D} = S_D(\cos\varphi_D + j\sin\varphi_D) = P_D + jQ_D \tag{2-73}$$
$$\varphi_D = \delta_u - \delta_i \tag{2-74}$$

式中：$\tilde{S}_D$ 为单相负荷的视在功率，MVA；$\dot{U}_D = U_D e^{j\delta_u}$ 为单相电压相量，kV；$\dot{I}_D^* = I_D e^{-j\delta_i}$ 为负荷相电流的共轭值，kA；δ_u、δ_i 为相电压、相电流的相位角；φ_D 为相电压与相电流的相位角差，也称负荷的功率因数角；P_D 为单相负荷的有功功率，MW；Q_D 为单相负荷的无功功率，Mvar；变量下标 D 表示负荷。

感性负荷情况下，$\varphi_D = \delta_u - \delta_i > 0$，说明电感电流相位滞后于电压相位；容性负荷情况下，$\varphi_D = \delta_u - \delta_i < 0$，说明电容电流相位超前于电压相位。

2. 负荷的阻抗或导纳

单相负荷复数功率的表达式 $\tilde{S}_D = \dot{U}_D \dot{I}_D^*$，又由欧姆定律得 $\dot{U}_D = \dot{I}_D Z_D$，所以可得负荷的阻抗表达式为

$$Z_D = \frac{\dot{U}_D}{\dot{I}_D} = \frac{\dot{U}_D \dot{U}_D^*}{\dot{I}_D \dot{U}_D^*} = \frac{\dot{U}_D \dot{U}_D^*}{\tilde{S}_D^*} = \frac{U_D^2}{S_D} e^{j\varphi_D} = \frac{U_D^2}{S_D}(\cos\varphi_D + j\sin\varphi_D) = \frac{U_D^2}{S_D^2}(P_D + jQ_D)$$

$$\tag{2-75}$$

$$Z_D = R_D + jX_D \tag{2-76}$$

可见
$$\left. \begin{aligned} R_D &= \frac{U_D^2}{S_D}\cos\varphi_D = \frac{U_D^2}{S_D^2}P_D \\ X_D &= \frac{U_D^2}{S_D}\sin\varphi_D = \frac{U_D^2}{S_D^2}Q_D \end{aligned} \right\} \tag{2-77}$$

于是可以作出以阻抗表示的感性负荷的等值电路，如图 2-20（a）所示。

同理，可得感性负荷的导纳表达式为

$$Y_D = \frac{S_D^*}{\dot{U}_D U_D^*} = \frac{S_D}{U_D^2} e^{-j\varphi_D} = \frac{S_D}{U_D^2}(\cos\varphi_D - j\sin\varphi_D) = \frac{1}{U_D^2}(P_D - jB_D) = (G_D - jB_D)$$

$$\tag{2-78}$$

$$\left. \begin{aligned} G_D &= \frac{S_D}{U_D^2}\cos\varphi_D = \frac{P_D}{U_D^2} \\ B_D &= \frac{S_D}{U_D^2}\sin\varphi_D = \frac{Q_D}{U_D^2} \end{aligned} \right\} \tag{2-79}$$

以导纳表示的感性负荷等值电路，如图 2-20（b）所示。

对于容性负荷，只是相电压滞后于相电流的相位角为 φ_D，可推导得出容性负荷的阻抗和导纳为

$$
\left.\begin{array}{l}
Z_D = R_D - jX_D \\
Y_D = G_D + jB_D
\end{array}\right\}
\tag{2-80}
$$

其等值电路如图 2-21 所示。

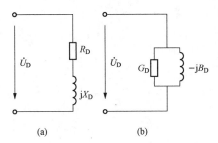

图 2-20 感性负荷的等值电路

（a）以阻抗表示；（b）以导纳支路表示

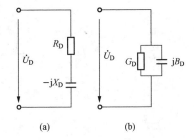

图 2-21 容性负荷的等值电路

（a）以阻抗表示；（b）以导纳支路表示

第四节 电力系统等值电路

电力系统中各电气元件互联形成电力网络，电力网络中的各种计算均是对该网络基于电路原理的相应计算。因此，计算出各元件参数及等值电路后，应根据它们的连接方式或拓扑关系，建立电力系统的等值电路。

一、电力系统等值电路及其参数

1. 电力系统等值电路

根据电力系统的接线将各元件的等值电路连接起来，即得电力系统的等值电路，如图 2-22 所示。

图 2-22（a）中，由于有变压器连接，因此存在多电压等级。在对电力系统进行相关计算时，需将各个电力设备的等值电路连在同一个电力系统等值电路中，因此必须归算至同一电压等级或归算至统一基准的标幺制。

在等值电路及其参数的计算中，还需要解决电压等级的归算问题。而归算问题又和变压器的变比有关，因此先介绍变压器的变比。

2. 变压器变比

（1）变压器额定变比。变压器额定变比是变压器各侧绕组之间额定电压之比，常称为标准变比。

（2）变压器平均额定变比。在电力系统计算中，常采用平均额定电压进行计算。变压器平均额定变比是变压器各绕组之间平均额定电压的比值。平均额定电压是指变压器母线所接电力线路的额定电压 1.05 倍。这种变压器平均额定电压之比的计算，将使电力系统计算更加便捷。

我国主要额定电压与平均额定电压见表 2-3。同一电压等级电网中，各元件的额定电压

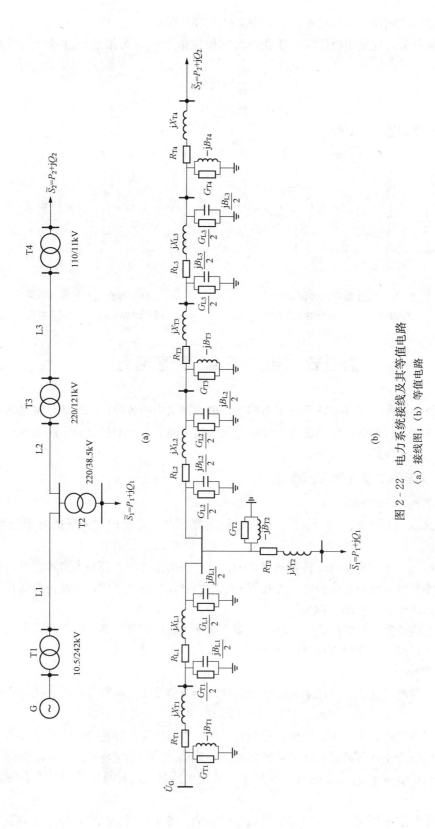

图 2-22　电力系统接线及其等值电路
(a) 接线图；(b) 等值电路

并不相等，例如同一线路两端所接变压器，最高者为电网额定电压的 1.1 倍，最低者为电网的额定电压，为简化计算，取两额定电压的平均值，所以称为平均额定电压。

表 2 - 3　　　　　　　　我国主要额定电压与平均额定电压表　　　　　　　　（kV）

名称	电压值						
电网额定电压	3	6	10	35	110	220	500
平均额定电压	3.15	6.3	10.5	37	115	230	525

（3）变压器实际变比。变压器实际变比就是在实际运行中，变压器的高、中压绕组实际使用的分接头电压与低压绕组额定电压之比。

为了满足调压的需要，双绕组变压器的高压绕组和三绕组变压器的高、中压绕组，除主分接头外，还有若干分接头可供使用。主分接头对应的电压即为该绕组的额定电压 U_N。例如，变压器变比标识为 110（$1\pm2\times2.5\%$）/11kV，说明该变压器高、低压侧额定电压分别为 $U_{NI}=$ 110kV 和 $U_{NII}=$11kV，有五个分接头，可供选择的变比分别为 $1.05U_{NI}/U_{NII}$、$1.025U_{NI}/U_{NII}$、U_{NI}/U_{NII}、$0.975U_{NI}/U_{NII}$、$0.95U_{NI}/U_{NII}$。变压器低压绕组没有分接头。

二、 有名制等值电路及其参数计算

进行电力系统计算时，采用有单位的阻抗、导纳、电压、电流、功率等进行运算的，称为有名制。在画整个电力系统的等值电路图时，必须将其不同电压级的各元件参数阻抗、导纳以及相应的电压、电流归算至同一电压等级——基本级。而基本级一般取电力系统中最高电压级，也可取其他某一电压级。有名值归算时计算为

$$\left.\begin{array}{l} R = R'(k_1k_2\cdots k_n)^2 \\ X = X'(k_1k_2\cdots k_n)^2 \\ G = G'\left(\dfrac{1}{k_1k_2\cdots k_n}\right)^2 \\ B = B'\left(\dfrac{1}{k_1k_2\cdots k_n}\right)^2 \end{array}\right\} \tag{2-81}$$

相应地

$$\left.\begin{array}{l} U = U'(k_1k_2\cdots k_n) \\ I = I'\left(\dfrac{1}{k_1k_2\cdots k_n}\right) \end{array}\right\} \tag{2-82}$$

式中：k_1，k_2，$\cdots$，k_n 为变压器实际变比；R'、X'、G'、B'、U'、I' 为归算前的有名值；R、X、G、B、U、I 为归算后的有名值。

式（2-82）中的变比应取从基本级到待归算级，即变比 k_i 的分子为靠近基本级一侧的电压，分母为靠近待归算级一侧的电压。

【例 2 - 4】　某电力系统接线图如图 2-23 所示。图中各元件及线路的技术数据见表2-4 和表2-5。试按变压器的实际变比作该系统归算至 220kV 侧的等值网络。其

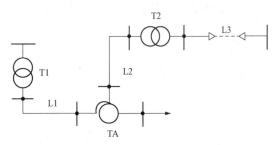

图 2 - 23　某电力系统接线图

中变压器的电阻、导纳、线路的电导及线路 L3 的导纳暂略去不计。试求：

(1) 各变压器实际运行于主分接头位置；

(2) 变压器 T2 实际运行于 $110 \times (1-2.5\%)/11\mathrm{kV}$。

表 2 - 4　　　　　　　　　　　　各元件技术参数

名称	符号	容量(MVA)	电压(kV)	短路电压 $U_k\%$	短路损耗 P_k(kW)	空载电流 $I_0\%$	空载损耗 P_0(kW)
变压器	T1 T2	180 60	13.8/242 110±2×2.5%/11	14 10.5	1005 310	2.5 2.5	294 130
自耦变压器	TA	120/120/60	220±8×1.25%/ 121/38.5	9（Ⅰ－Ⅱ） 30（Ⅰ－Ⅲ） 20（Ⅱ－Ⅲ）	228（Ⅰ） 202（Ⅱ） 98（Ⅲ）	1.4	185

注　自耦变压器 $U_k\%$ 已归算至 S_N。

表 2 - 5　　　　　　　　　　　　电力线路技术参数

名称	符号	型号	长度（km）	电压（kV）	电阻（Ω/km）	电抗（Ω/km）	电纳（S/km）
架空电力 线路	L1 L2	LGJQ—400 LGJ—300	150 60	220 110	0.08 0.105	0.406 0.383	2.81×10⁻⁶ 2.98×10⁻⁶
电缆线路	L3	ZLQ₂—3×170	2.5	10	0.45	0.08	

解　（1）各变压器实际运行于主分接头位置时，变压器变比为其额定变比。

变压器 T 的电抗计算：

变压器 T1 归算至低压侧的电抗

$$X_{T1(13.8)} = \frac{U_k\%}{100} \frac{U_N^2}{S_N} = \frac{14}{100} \times \frac{13.8^2}{180} = 0.148(\Omega)$$

变压器 T1 归算至高压侧的电抗

$$X_{T1(242)} = \frac{U_k\%}{100} \frac{U_N^2}{S_N} = \frac{14}{100} \times \frac{242^2}{180} = 45.6(\Omega)$$

同理，T2 归算至 220kV 侧的电抗

$$X_{T2} = \frac{U_k\% U_N^2}{100 S_N} k_{TA(I-II)}^2 = \frac{10.5 \times 11^2}{100 \times 60} \times \left(\frac{110}{11}\right)^2 \times \left(\frac{220}{121}\right)^2$$

$$= \frac{10.5 \times 110^2}{100 \times 60} \times \left(\frac{220}{121}\right)^2 = 70(\Omega)$$

自耦变压的电抗计算。先计算其各绕组短路电压的百分数

$$U_{kI}\% = \frac{1}{2} \times (U_{k(I-II)}\% + U_{k(I-III)}\% - U_{k(II-III)}\%) = \frac{1}{2} \times (9+30-20) = 9.5$$

$$U_{kII}\% = \frac{1}{2} \times (U_{k(I-II)}\% + U_{k(II-III)}\% - U_{k(I-III)}\%) = \frac{1}{2} \times (9+20-30) = -0.5$$

$$U_{kIII}\% = \frac{1}{2} \times (U_{k(I-III)}\% + U_{k(II-III)}\% - U_{k(I-II)}\%) = \frac{1}{2} \times (20+30-9) = 20.5$$

$$X_{TAI} = \frac{U_{kI}\% U_N^2}{100 S_N} = \frac{9.5 \times 220^2}{100 \times 120} = 38.3(\Omega)$$

$$X_{TAII} = \frac{U_{kII}\% U_N^2}{100 S_N} = \frac{-0.5 \times 220^2}{100 \times 120} = -2.02(\Omega)$$

$$X_{TA\text{III}} = \frac{U_{k\text{III}}\%U_N^2}{100S_N} = \frac{20.5 \times 220^2}{100 \times 120} = 82.8(\Omega)$$

电力线路的电阻、电抗和电纳

$$R_{L1} = r_1 l_1 = 0.08 \times 150 = 12(\Omega)$$

$$X_{L1} = x_1 l_1 = 0.406 \times 150 = 60.9(\Omega)$$

$$0.5B_{L1} = 0.5b_1 l_1 = 0.5 \times 2.81 \times 10^{-6} \times 150 = 21.1 \times 10^{-5}(S)$$

$$R_{L2} = r_1 l_2 k_{TA(\text{I}-\text{II})}^2 = 0.105 \times 60 \times (220/121)^2 = 20.8(\Omega)$$

$$X_{L2} = x_1 l_2 k_{TA(\text{I}-\text{II})}^2 = 0.383 \times 60 \times (220/121)^2 = 75.8(\Omega)$$

$$0.5B_{L2} = 0.5b_2 l_2/k_{TA(\text{I}-\text{II})}^2 = 0.5 \times 2.98 \times 10^{-6} \times 60 \times (121/220)^2 = 27 \times 10^{-6}(S)$$

$$R_{L3} = r_1 l_3 k_{T2}^2 k_{TA(\text{I}-\text{II})}^2 = 0.45 \times 2.5 \times (110/11)^2 \times (220/121)^2 = 372(\Omega)$$

$$X_{L3} = x_1 l_3 k_{T2}^2 k_{TA(\text{I}-\text{II})}^2 = 0.08 \times 2.5 \times (110/11)^2 \times (220/121)^2 = 66(\Omega)$$

（2）变压器 T2 实际运行于 $110 \times (1-2.5\%)/11$kV 时

$$X_{T2} = \frac{U_k\%U_N^2}{100S_N} k_{T2}^2 k_{TA(\text{I}-\text{II})}^2 = \frac{10.5 \times 11^2}{100 \times 60} \times \left[\frac{110 \times (1-2.5\%)}{11}\right]^2 \times \left(\frac{220}{121}\right)^2 = 66.5(\Omega)$$

$$R_{L3} = r_1 l_3 k_{T2}^2 k_{TA(\text{I}-\text{II})}^2 = 0.45 \times 2.5 \times [110 \times (1-2.5\%)/11]^2 \times (220/121)^2 = 353.5(\Omega)$$

$$X_{L3} = x_1 l_3 k_{T2}^2 k_{TA(\text{I}-\text{II})}^2 = 0.08 \times 2.5 \times (110 \times 0.975/11)^2 \times (220/121)^2 = 62.9(\Omega)$$

图 2-24 为等值电路图及折算至 220kV 侧有名制参数。

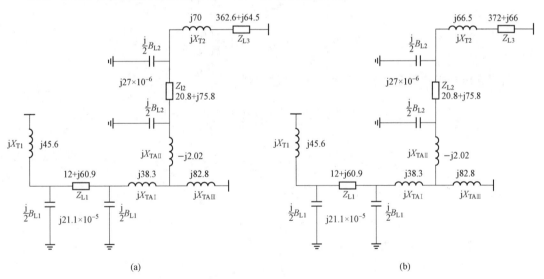

图 2-24　等值电路图及折算至 220kV 侧有名制参数
（a）所有变压器均运行于主分接头时；（b）T2 变压器运行于-2.5%分接头时

（3）计算结果分析和思考。由于运行中变压器变比分接头需要调节，分析解题中（1）与（2）的差别可以看出，分接头不同，则变压器实际变比不同，从而导致等值电路中的参数不同（如例题中线路 L3）。而电力系统中众多变压器在运行中均常需要调节变比，变比变化导致等值电路中其他线路或元件参数跟随变化，这样的计算虽说正确却不甚合理。此外，在多电压等级环网中还存在沿不同方向归算，所得结果不一致的问题。因此，合理的计算方法应该是变压器变比的变化影响其自身阻抗参数变化，而不影响其他元件的参数。所以，需要推出变压器变比对自身阻抗参数影响的计算办法。

三、 等值变压器模型*

1. 变压器实际变比的实用变换

由式（2-81）可知，在归算至基准级的计算中，产生线路或元件阻抗、导纳参数跟随变压器变比变化，是因为等值电路中从基本级到待归算级的各变压器实际变比不同。变压器实际变比等于变压器两侧运行电压之比，也等于变压器两侧绕组匝数之比（具体数值可参考表 2-4），因而可表达为

$$k = \frac{U_{\mathrm{I}}}{U_{\mathrm{II}}} = \frac{U_{\mathrm{NI}}(1 \pm n \cdot x\%)}{U_{\mathrm{NII}}} \tag{2-83}$$

式中：U_{NI}、U_{NII}、U_{I}、U_{II} 分别为变压器一、二次侧额定电压和实际运行电压；$1 \pm n \cdot x\%$ 为变压器变比分接头档级挡位，例如 220kV 变压器电压组合及分接范围常有 $220 \pm 8 \times 1.25\%/121$kV，因此高压分接范围共有 $8 \times 2 + 1$ 个挡位，每个挡位的挡级差为 1.25%。

因此，若以变压器额定变比 $k_{\mathrm{N}} = \dfrac{U_{\mathrm{NI}}}{U_{\mathrm{NII}}}$ 整理，则

$$\begin{aligned} k &= \frac{U_{\mathrm{NI}}(1 \pm n \cdot x\%)}{U_{\mathrm{NII}}} \left(\frac{U_{\mathrm{NII}}}{U_{\mathrm{NI}}}\right)\left(\frac{U_{\mathrm{NI}}}{U_{\mathrm{NII}}}\right) \\ &= \left[\frac{U_{\mathrm{NI}}(1 \pm n \cdot x\%)/U_{\mathrm{NI}}}{U_{\mathrm{NII}}/U_{\mathrm{NII}}}\right]\left(\frac{U_{\mathrm{NI}}}{U_{\mathrm{NII}}}\right) \\ &= k_{\mathrm{N*}}\left(\frac{U_{\mathrm{NI}}}{U_{\mathrm{NII}}}\right) = (k_{\mathrm{N*}} : 1)\left(\frac{U_{\mathrm{NI}}}{U_{\mathrm{NII}}}\right) \end{aligned}$$

若以变压器平均额定变比 $k_{\mathrm{Nav}} = \dfrac{U_{\mathrm{NIav}}}{U_{\mathrm{NIIav}}}$ 整理，则

$$\begin{aligned} k &= \frac{U_{\mathrm{NI}}(1 \pm n \cdot x\%)}{U_{\mathrm{NII}}} \left(\frac{U_{\mathrm{NIIav}}}{U_{\mathrm{NIav}}}\right)\left(\frac{U_{\mathrm{NIav}}}{U_{\mathrm{NIIav}}}\right) \\ &= \left[\frac{U_{\mathrm{NI}}(1 \pm n \cdot x\%)/U_{\mathrm{NIav}}}{U_{\mathrm{NII}}/U_{\mathrm{NIIav}}}\right]\left(\frac{U_{\mathrm{NIav}}}{U_{\mathrm{NIIav}}}\right) \\ &= (k_{\mathrm{av*}} : 1)\left(\frac{U_{\mathrm{NIav}}}{U_{\mathrm{NIIav}}}\right) \end{aligned} \tag{2-84}$$

式中：U_{NIav}、U_{NIIav} 分别为变压器一、二次侧平均额定电压，各数值可参考表 2-3。

因此，变压器实际变比变换描述为

$$k = (k_{\mathrm{av*}} : 1)\left(\frac{U_{\mathrm{NIav}}}{U_{\mathrm{NIIav}}}\right) = k_{\mathrm{av*}} k_{\mathrm{Nav}}$$

其中，$k_{\mathrm{av*}} = \dfrac{U_{\mathrm{NI}}(1 \pm n \cdot x\%)/U_{\mathrm{NIav}}}{U_{\mathrm{NII}}/U_{\mathrm{NIIav}}}$ 的数值随分接头挡级挡位变化，且其数值一般约为 1；利用变压器平均额定变比 $k_{\mathrm{Nav}} = \dfrac{U_{\mathrm{NIav}}}{U_{\mathrm{NIIav}}}$ 计算等效电路时，因线路始末端平均额定电压一致，将使得多电压等级电力系统等值电路中的参数归算非常简便。

所以，可将实际变比 k 中的 $k : 1$ 作为理想变压器计入变压器等值电路中，以利于调节分接头后的变压器参数的计算和网络中其他参数的计算；将平均额定变比 k_{Nav} 取代式（2-81）中的变比来表达电压等级的变化，以利于其他元件阻抗导纳参数的归算。显而易见，式（2-81）以平均额定变比计算后，各个变比乘积的结果必是仅有基本级和待归算级的平均

额定电压之比。

2. 以理想变压器表示的变压器等值电路及参数

原始多电压等级电力网络如图 2-25（a）所示。其中，变压器支路表示为含变比（$k:1$）理想变压器的等值电路。理想变压器是指绕组为超导体，铁芯磁导率为无限大的变压器。因此等值变压器模型是理想变压器与实际变压器等值阻抗串联的等值电路，如图 2-25（b）所示。其中，变压器 T 形等值电路参数归算至电压基本级。

对图 2-25（c）、图 2-25（d）的等值变压器模型及其参数的推导如下。变压器一、二次侧实际运行电压分别为 $\dot U_\mathrm{I}$、$\dot U_\mathrm{II}$，由图 2-25（b）电路可得电流、电压关系式

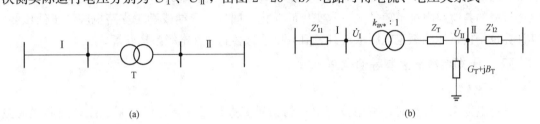

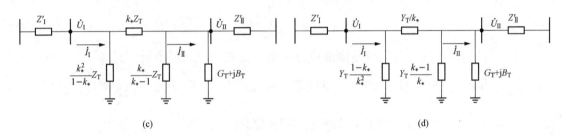

图 2-25　含理想变压器的等值变压器模型

（a）原始多电等级电力网络；（b）含理想变压器的 Γ 形等值电路；
（c）含理想变压器的等值电路及其阻抗参数；（d）含理想变压器的等值电路及其导纳参数

$$\begin{cases} \dot I_\mathrm{II} = k_* \dot I_\mathrm{I} \\ \dot U_\mathrm{I} = k_* (\dot U_\mathrm{II} + \dot I_\mathrm{II} Z_\mathrm{T}) \end{cases} \tag{2-85}$$

解得

$$\begin{cases} \dot I_\mathrm{I} = \dfrac{\dot U_\mathrm{I}}{k_*^2 Z_\mathrm{T}} - \dfrac{\dot U_\mathrm{II}}{k_* Z_\mathrm{T}} \\ \dot I_\mathrm{II} = \dfrac{\dot U_\mathrm{I}}{k_* Z_\mathrm{T}} - \dfrac{\dot U_\mathrm{II}}{Z_\mathrm{T}} \end{cases} \tag{2-86}$$

方程中加减相同项并整理

$$\begin{cases} \dot I_\mathrm{I} = \dfrac{\dot U_\mathrm{I}}{k_*^2 Z_\mathrm{T}} - \dfrac{\dot U_\mathrm{II}}{k_* Z_\mathrm{T}} + \left(\dfrac{\dot U_\mathrm{I}}{k_* Z_\mathrm{T}} - \dfrac{\dot U_\mathrm{I}}{k_* Z_\mathrm{T}} \right) = \dfrac{\dot U_\mathrm{I}}{\dfrac{k_*^2}{1-k_*} Z_\mathrm{T}} + \dfrac{\dot U_\mathrm{I} - \dot U_\mathrm{II}}{k_* Z_\mathrm{T}} \\ \dot I_\mathrm{II} = \dfrac{\dot U_\mathrm{I}}{k_* Z_\mathrm{T}} - \dfrac{\dot U_\mathrm{II}}{Z_\mathrm{T}} + \left(\dfrac{\dot U_\mathrm{II}}{k_* Z_\mathrm{T}} - \dfrac{\dot U_\mathrm{II}}{k_* Z_\mathrm{T}} \right) = \dfrac{\dot U_\mathrm{II}}{\dfrac{k_*}{1-k_*} Z_\mathrm{T}} + \dfrac{\dot U_\mathrm{I} - \dot U_\mathrm{II}}{k_* Z_\mathrm{T}} \end{cases} \tag{2-87}$$

由式（2-87）中的电流、电压关系，按方程与电路一一对应，可以画出图 2-25（c），即为阻抗参数的等值变压器模型；同理可得导纳元件的等值电路如图 2-25（d）所示。

图 2-25（c）、（d）的等值变压器模型及其参数也可根据电路理论中网络等效原理，推导出同样的具有相同端电压和端电流的 Ⅱ 形二端网络。

以上对双绕组变压器等值模型的分析和推导方法同样适用于三绕组变压器。双绕组和三绕组变压器的共同点是变比分接头均不在低压侧，因此理想变压器应设置于双绕组变压器的高压绕组端、三绕组变压器的高压和中压绕组端。相应地，变压器本身的阻抗都按低压绕组求得有名值，再进行归算。之所以这样，是由于低压绕组的匝数不能调节，由此按低压额定电压求得的各绕组阻抗不随分接头的变化而变化。同理，导纳或励磁支路也应计于低压侧，其计算也是按低压侧额定电压求得有名值，再进行必要的基本级参数归算。

四、 电力系统标幺制等值电路

1. 标幺制

进行电力系统计算时，采用没有单位的相对值进行运算，即标幺制。标幺制形式的阻抗、导纳、电压、电流、功率等标幺值的定义为

$$标幺值 = \frac{有名值}{基准值} \tag{2-88}$$

同一元件和变量的有名值与基准值单位相同，并属于同一基本级。例如，电压标幺值 $U_* = \frac{U}{U_B}$，当某节点电压 $U=120\text{kV}$，电压基准值取为平均额定电压 115kV 时，则电压标幺值 $U_* = \frac{U}{U_B} = \frac{120}{115} = 1.05$。标幺值是无单位的归一化数值。

电力系统计算采用标幺制的优点：①线电压与相电压的标幺值相等；②三相功率与单相功率的标幺值相等；③计算结果清晰，便于迅速判断结果的正确性；④参数归一化，便于计算机算法的应用等。

2. 标幺制中基准参数的选取

电力系统计算中，各元件参数及运行变量之间存在与电路原理相同的基本关系，即 $S = \sqrt{3}UI$，$U = \sqrt{3}IZ$，$Y = 1/Z$。其中各变量参数均为工程惯例描述，即三相功率、线电压、相电流、相阻抗等。

因此基准值之间也存在关系

$$\left. \begin{array}{l} S_B = \sqrt{3}U_B I_B \\ U_B = \sqrt{3}I_B Z_B \\ Y_B = 1/Z_B \end{array} \right\} \tag{2-89}$$

式中：S_B 为三相功率的基准值；U_B、I_B 分别为线电压、相电流的基准值；Z_B、Y_B 分别为相阻抗、相导纳的基准值。

五个电气量 U_B、I_B、S_B、Z_B、Y_B 中只要任意给定两个，其他三个可以通过基本关系推导出。电力系统中通常选定基准参数 S_B、U_B，则相应地可得到

$$I_B = \frac{S_B}{\sqrt{3}U_B}, \ Z_B = \frac{U_B^2}{S_B}, \ Y_B = \frac{S_B}{U_B^2}$$

3. 基准值的选定

基准参数 S_B 的数值一般选取某一定值，如取 100、1000MVA，或将所计算系统中的某设备的额定容量值，作为 S_B 的基准值。

基准参数 U_B 的基准值一般可按如下任一方式选取：

1）基本级额定电压作为电压基准值；

2）任一电压等级的平均额定电压值作为电压基准值。这样选择时，在考虑变压器非标准变比时可利用理想变压器精确计算，也可以用于近似计算，简单便捷。

多电压等级网络中电气量标幺值的计算方法有两种：

（1）先归算后取标幺值。先利用变压器变比将所有元件参数和电气量归算到基本级，然后利用基本级的基准值计算各元件及电气量的标幺值。

（2）就地取标幺值。全网取统一功率基准值，各段电压等级电压基准值就地取平均额定电压。变压器的实际变比可表示成变压器实际变比标幺值与两侧电压基准值比值的乘积。

两种方法的计算结果是一样的，后者由于计算工作量小而在电力系统计算中更为常用。

【例 2 - 5】 电力系统接线图和各元件的技术数据与［例 2 - 4］相同。T1、TA 变压器运行于主分接头位置，T2 变压器运行于分接头 -2.5% 位置。现代电力系统计算程序的使用中大都采用平均额定电压为基准值进行精确计算。试采用平均额定电压计算等值电路各元件参数：

（1）以高压侧平均额定电压为基本级，精确计算归算至 230kV 侧等值电路的参数有名值，并在等值电路中标明变压器计入分接头的实际变比标幺值；

（2）取 $S_B = 1000$MVA 为三相功率基准值，$U_B = U_{Nav}$ 各级平均额定电压为电压基准值，精确计算含变压器变比的等值电路参数标幺值；

（3）按变压器等值模型方法，精确计算等值电路参数标幺值；

（4）不考虑变压器分接头所在挡位，取其变比为平均额定变比 $k_{av*} = 1$，近似计算其标幺值参数。

解　当按平均额定电压之比计算时，各级平均额定电压分别为 $U_{Nav(220)} = 230$kV（基本级），$U_{Nav(110)} = 115$kV，$U_{Nav(35)} = 37$kV，$U_{Nav(10)} = 10.5$kV。

（1）变压器 T1 由其铭牌额定容量、额定电压和短路电压百分比，得到归算至低压侧的电抗有名值

$$X_{T1} = \frac{U_k\%}{100} \frac{U_N^2}{S_N} = \frac{14}{100} \times \frac{13.8^2}{180} = 0.148(\Omega)$$

变压器 T1 归算至高压侧基本级平均额定电压的电抗有名值

$$X_{T1(230)} = X_{T1(13.8)} \frac{U_{Nav(230)}^2}{U_{Nav(13.8)}^2} = 0.148 \times \frac{230^2}{13.8^2} = 41.1(\Omega)$$

变压器 T1 以平均额定为基准，计入分接头挡位的实际变比标幺值

$$k_{T1*} = \frac{U_{NI}(1 \pm n \cdot x\%)/U_{NIav}}{U_{NII}/U_{NIIav}} = \frac{242/230}{13.8/13.8} = 1.05$$

同理，变压器 T2 在低压侧额定电压下的电抗有名值（分接头均位于高压侧）

$$X_{T2(11)} = \frac{U_k\% U_N^2}{100 S_N} = \frac{10.5 \times 11^2}{100 \times 60} = 0.212(\Omega)$$

同理，变压器 T2 按平均额定电压归算至基本级的电抗有名值

$$X_{T2(230)} = \frac{U_k \% U_N^2}{100 S_N} k_{TA(I-II),av}^2 = \frac{10.5 \times 11^2}{100 \times 60} \times \left(\frac{115}{10.5}\right)^2 \times \left(\frac{230}{115}\right)^2$$
$$= 101.6(\Omega)$$

变压器 T2 以平均额定为基准，计入分接头挡位的变比标幺值：

$$k_{T2*} = \frac{U_{NI}(1 \pm n \cdot x\%)/U_{N I av}}{U_{NII}/U_{N II av}} = \frac{110 \times (1 - 2.5\%)/115}{11/10.5} = 0.89$$

同理，自耦变压器 TA 归算至基本级的电抗有名值

$$X_{TA I} = \frac{U_{k I}\% U_N^2}{100 S_N} = \frac{9.5 \times 230^2}{100 \times 120} = 41.9(\Omega)$$

$$X_{TA II} = \frac{U_{k II}\% U_N^2}{100 S_N} = \frac{-0.5 \times 230^2}{100 \times 120} = -2.20(\Omega)$$

$$X_{TA III} = \frac{U_{k III}\% U_N^2}{100 S_N} = \frac{20.5 \times 230^2}{100 \times 120} = 90.4(\Omega)$$

同理，线路 L1、L2、L3 按平均额定电压归算至基本级的电阻、电导、电纳有名值

$$R_{L1} = r_1 l_1 = 0.08 \times 150 = 12(\Omega)$$

$$X_{L1} = x_1 l_1 = 0.406 \times 150 = 60.9(\Omega)$$

$$0.5 B_{L1} = 0.5 b_1 l_1 = 0.5 \times 2.81 \times 10^{-6} \times 150 = 21.1 \times 10^{-5}(S)$$

$$R_{L2} = r_1 l_2 k_{TA(I-II)}^2 = 0.105 \times 60 \times (230/115)^2 = 25.2(\Omega)$$

$$X_{L2} = x_1 l_2 k_{TA(I-II)}^2 = 0.383 \times 60 \times (230/115)^2 = 91.9(\Omega)$$

$$R_{L3} = r_1 l_3 k_{T2}^2 k_{TA(I-II)}^2 = 0.45 \times 2.5 \times (115/10.5)^2 \times (230/115)^2 = 539.8(\Omega)$$

$$X_{L3} = x_1 l_3 k_{T2}^2 k_{TA(I-II)}^2 = 0.08 \times 2.5 \times (115/10.5)^2 \times (230/115)^2 = 96.0(\Omega)$$

（2）按照所取基准容量 $S_B = 1000MVA$ 和基准电压 U_{Nav}（低压侧）计算的变压器 T1 电抗标幺值

$$X_{T1*(B)} = \frac{U_k\%}{100} \frac{U_N^2}{S_N} \Big/ \frac{U_B^2}{S_B} = \frac{14}{100} \times \frac{13.8^2}{180} \Big/ \frac{13.8^2}{1000} = \frac{14}{100} \times \frac{1000}{180} = 0.778$$

变压器 T1 的实际变比标幺值

$$k_{T1*} = \frac{U_{NI}/U_{N I av}}{U_{NII}/U_{N II av}} = \frac{242/230}{13.8/13.8} = 1.05$$

变压器 T2 铭牌给定额定容量和低压侧额定电压的电抗标幺值

$$X_{T2*(N)} = \frac{U_k\%}{100} = \frac{10.5}{100} = 0.105$$

按照所取基准容量 $S_B = 1000MVA$ 和基准电压 U_{Nav} 计算的变压器 T2 电抗标幺值

$$X_{T2*(B)} = \frac{U_k\%}{100} \frac{U_N^2}{S_N} \Big/ \frac{U_B^2}{S_B} = \frac{10.5}{100} \times \frac{11^2}{60} \Big/ \frac{10.5^2}{1000} = 1.92$$

变压器 T2 考虑分接头挡位的变压器实际变比标幺值

$$k_{T2*} = \frac{U_{NI}(1 \pm n \cdot x\%)/U_{N I av}}{U_{NII}/U_{N II av}} = \frac{110 \times (1 - 2.5\%)/115}{11/10.5} = 0.89$$

自耦变压器 TA 电抗和变比标幺值：

按照所取基准容量 $S_B = 1000MVA$ 和基准电压 U_{Nav} 计算的变压器 TA 电抗标幺值

$$X_{TA I*(B)} = \frac{U_k\%}{100} \times \frac{U_N^2}{S_N} \Big/ \frac{U_B^2}{S_B} = \frac{9.5}{100} \times \frac{38.5^2}{120} \Big/ \frac{37^2}{1000} = 0.86$$

$$X_{\text{TAII}*(B)} = \frac{U_k\%}{100} \times \frac{U_N^2}{S_N} \bigg/ \frac{U_B^2}{S_B} = \frac{-0.5}{100} \times \frac{38.5^2}{120} \bigg/ \frac{37^2}{1000} = -0.045$$

$$X_{\text{TAIII}*(B)} = \frac{U_k\%}{100} \times \frac{U_N^2}{S_N} \bigg/ \frac{U_B^2}{S_B} = \frac{20.5}{100} \times \frac{38.5^2}{120} \bigg/ \frac{37^2}{1000} = 1.85$$

自耦变压器 TA 的实际变比标幺值

$$k_{\text{TAI}*} = \frac{U_{\text{NI}}/U_{\text{NIav}}}{U_{\text{NIII}}/U_{\text{NIIIav}}} = \frac{220/230}{38.5/37} = 0.9$$

$$k_{\text{TAII}*} = \frac{U_{\text{NII}}/U_{\text{NIIav}}}{U_{\text{NIII}}/U_{\text{NIIIav}}} = \frac{121/115}{38.5/37} = 1.0$$

电力线路的电阻、电抗、电纳标幺值

$$R_{\text{L1}*} = r_1 l_1 \frac{S_B}{U_{\text{Nav}(220)}^2} = 0.08 \times 150 \times \frac{1000}{230^2} = 0.227$$

$$X_{\text{L1}*} = x_1 l_1 \frac{S_B}{U_{\text{Nav}(220)}^2} = 0.406 \times 150 \times \frac{1000}{230^2} = 1.15$$

$$\frac{1}{2}B_{\text{L1}*} = \frac{1}{2}b_1 l_1 \frac{U_{\text{Nav}(220)}^2}{S_B}$$

$$= 0.5 \times 2.81 \times 10^{-6} \times 150 \times \frac{230^2}{1000} = 11.15 \times 10^{-3}$$

$$R_{\text{L2}*} = r_1 l_2 \frac{S_B}{U_{\text{Nav}(110)}^2} = 0.105 \times 60 \times \frac{1000}{115^2} = 0.477$$

$$X_{\text{L2}*} = x_1 l_2 \frac{S_B}{U_{\text{Nav}(110)}^2} = 0.383 \times 60 \times \frac{1000}{115^2} = 1.74$$

$$\frac{1}{2}B_{\text{L2}*} = \frac{1}{2}b_2 l_2 \frac{U_{\text{Nav}(110)}^2}{S_B}$$

$$= 0.5 \times 2.98 \times 10^{-6} \times 60 \times \frac{115^2}{1000} = 1.18 \times 10^{-3}$$

$$R_{\text{L3}*} = r_1 l_3 \frac{S_B}{U_{\text{Nav}(10)}^2} = 0.45 \times 2.5 \times \frac{1000}{10.5^2} = 10.2$$

$$X_{\text{L3}*} = x_1 l_3 \frac{S_B}{U_{\text{Nav}(10)}^2} = 0.08 \times 2.5 \times \frac{1000}{10.5^2} = 1.815$$

作出以标幺制表示的含理想变压器的等值网络,如图 2-26 所示。其中,阻抗参数均为折算至 S_B、U_B 统一基准值下的标幺值,因此图中各阻抗参数不再标识下标 "*(B)"。

(3) 参照图 2-25 (c) 含理想变压器的变压器等值电路及阻抗参数,再根据已经求解得到的标幺值进行计算。

变压器 T1

$$Z_{\text{T1}*(B)} = \text{j}0.778, \quad k_{\text{T1}} = 1.05$$

$$k_{\text{T1}}Z_{\text{T1}*(B)} = 1.05 \times (\text{j}0.778) = \text{j}0.817$$

$$\frac{k_{\text{T1}}^2 Z_{\text{T1}*(B)}}{1-k_{\text{T1}}} = \frac{1.05^2 \times (\text{j}0.778)}{1-1.05} = -\text{j}17.155$$

$$\frac{k_{\text{T1}}Z_{\text{T1}*(B)}}{k_{\text{T1}}-1} = \frac{1.05 \times (\text{j}0.778)}{1.05-1} = \text{j}16.338$$

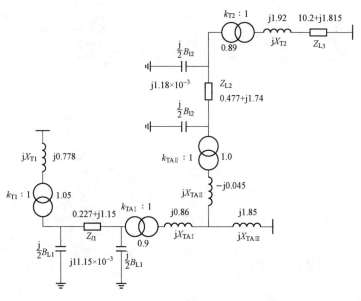

图 2-26　以标幺制表示的含理想变压器的等值网络（精确计算）

变压器 T2

$$Z_{T2*(B)} = j1.92, \quad k_{T2} = 0.89$$

$$k_{T2}Z_{T2*(B)} = 0.89 \times (j1.92) = j1.709$$

$$\frac{k_{T2}^2 Z_{T2*(B)}}{1-k_{T2}} = \frac{0.89^2 \times (j1.92)}{1-0.89} = j13.826$$

$$\frac{k_{T2}Z_{T2*(B)}}{k_{T2}-1} = \frac{0.89 \times (j1.92)}{0.89-1} = -j15.53$$

自耦变压器 TA

$$Z_{TAI*(B)} = j0.86, \quad k_{TA,I} = 0.9$$

$$k_{TAI}Z_{TAI*(B)} = 0.9 \times (j0.86) = j0.774$$

$$\frac{k_{TAI}^2 Z_{TAI*(B)}}{1-k_{TAI}} = \frac{0.9^2 \times (j0.86)}{1-0.9} = j6.966$$

$$\frac{k_{TAI}Z_{TAI*(B)}}{k_{TAI}-1} = \frac{0.9 \times (j0.86)}{0.9-1} = -j7.74$$

$$Z_{TAII*(B)} = -j0.045, \quad k_{TA,II} = 1.0$$

$$k_{TAII}Z_{TAII*(B)} = 1.0 \times (-j0.045) = -j0.045$$

作出理想变压器 Π 形等值电路模型的等值网络，如图 2-27 所示。

（4）近似计算。取 $k=1$，且变压器取平均额定变比（近似计算）的等值电路和标幺值参数。

变压器 T 的电抗计算，由 ［例 2-4］ 中可知变压器的 $U_{k1}\% = 14$，$U_{k2}\% = 10.5$，求得

$$X_{T1*} = \frac{U_{k1}\% S_B}{100 S_N} = \frac{14 \times 1000}{100 \times 180} = 0.778$$

$$X_{T2*} = \frac{U_{k2}\% S_B}{100 S_N} = \frac{10.5 \times 1000}{100 \times 60} = 1.75$$

自耦变压器 TA 的电抗计算，由 ［例 2-4］ 中可知自耦变压器的 $U_{kI}\% = 9.5$，$U_{kII}\% =$

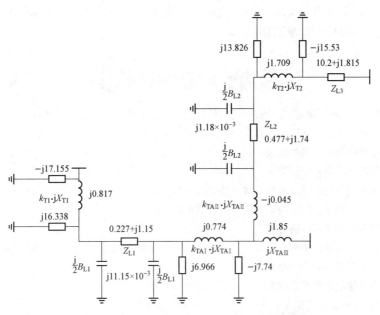

图 2-27　理想变压器 Π 形等值电路模型的电力系统等值网络（精确计算）

-0.5，$U_{k\text{III}}\% = 20.5$，求得

$$X_{\text{TA I}*} = \frac{U_{k\text{I}}\% S_B}{100 S_N} = \frac{9.5 \times 1000}{100 \times 120} = 0.79$$

$$X_{\text{TA II}*} = \frac{U_{k\text{II}}\% S_B}{100 S_N} = \frac{-0.5 \times 1000}{100 \times 120} = -0.0416$$

$$X_{\text{TA III}*} = \frac{U_{k\text{III}}\% S_B}{100 S_N} = \frac{20.5 \times 1000}{100 \times 120} = 1.71$$

电力线路的电阻、电抗、电纳标幺值的计算和数值与解题（2）相同。

作出以标幺制表示的电力系统等值网络，如图 2-28 所示。

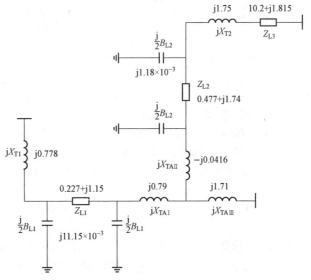

图 2-28　以标幺制表示的电力系统等值网络（近似计算）

通过本例题可以得知，变压器实际变比 k 的变化只影响变压器自身参数的计算，对电力系统中其他设备的参数计算没有影响。

思考题与习题

2-1 架空电力线路由哪些部分构成？它们的作用如何？架空电力线路的杆塔有哪些型式？

2-2 分裂导线的作用是什么？分裂数为多少合适？为什么？

2-3 电力线路的等值电路如何表示？

2-4 什么是自然功率？

2-5 什么是变压器的短路试验和空载试验，从这两个试验中可确定变压器的哪些参数？

2-6 双绕组变压器等值电路与电力线路的等值电路有何异同？

2-7 三绕组变压器等值电路如何表示？

2-8 对于升压型和降压型的变压器，如果所给出的其他原始数据均相同，它们的参数相同吗？为什么？如何理解变压器的参数具有电压级的概念？

2-9 发电机的等值电路有几种形式？它们等效吗？为什么？

2-10 电力系统负荷有几种表示方式？它们之间有什么关系？

2-11 组成电力系统等值网络的基本条件是什么？

2-12 什么是有名制？什么是标幺值？标幺值有什么特点？基准值如何选取？

2-13 什么叫变压器的额定变比、实际变比、平均额定电压之比？

2-14 电力系统接线图如图 2-29 所示，图中标明了各级电力线路的额定电压（kV），试求：

(1) 发电机和变压器各绕组的额定电压，并标在图中；

(2) 设变压器 T1 工作于 +5% 抽头，T2、T5 工作于主抽头（T5 为发电厂的厂用变压器），T3 工作于 −2.5% 抽头，T4 工作于 −5% 抽头，求各变压器的实际变比；

(3) 求各段电力线路的平均额定电压，并标于图中。

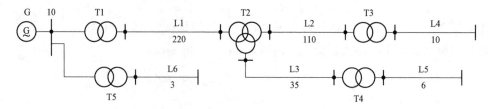

图 2-29 电力系统接线图

2-15 某一回 110kV 架空电力线路，长度为 60km，导线型号为 LGJ-120，导线计算外径为 15.2mm，三相导线水平排列，两相邻导线之间的距离为 4m。试计算该电力线路的参数，并作出其等值电路。

2-16 有一回 220kV 架空电力线路，采用型号为 LGJ-2×185 的双分裂导线，每一根导线的计算外径为 19mm，三相导线以不等边三角形排列，线间距离 $D_{12}=9m$，$D_{23}=8.5m$，$D_{31}=6.1m$。分裂导线的分裂数 $n=2$，分裂间距为 $d=400mm$。试计算该电力线路的参数，并作其等值电路。

2-17 三相双绕组升压变压器的型号为 SFL-40500/110，额定容量为 40500kVA，额定电压为 121/10.5kV，$P_k=234.4kW$，$U_k\%=11$，$P_0=93.6kW$，$I_0\%=2.315$。试求该变压器的参数，并作其等值电路。

2-18 三相三绕组降压变压器的型号为 SFPSL-120000/220，额定容量为 120000/12000/6000kVA，额定电压为 220/121/11kV。$P_{k(I-II)}=601kW$，$P'_{k(I-III)}=182.5kW$，$P'_{k(II-III)}=132.5kW$，$U_{k(I-II)}\%=14.85$，$U_{k(I-III)}\%=28.25$，$U_{k(II-III)}\%=7.96$，$P_0=135kW$，$I_0\%=0.663$。试求该变压器的参数，并作出

其等值电路。

2-19　三相自耦三绕组降压变压器的型号为 OSSPSL - 120000/220，额定容量为 120000/120000/60000kVA，额定电压为 220/121/38.5kV。$P_{k(I-II)}=417kW$，$P_{k(I-III)}=318.5kW$，$P_{k(II-III)}=314kW$；$U_{k(I-II)}\%=8.98$，$U_{k(I-III)}\%=16.65$，$U_{k(II-III)}\%=10.85$；$P_0=57.7kW$，$I_0\%=0.712$。试求该变压器的参数，并作出其等值电路。

2-20　双水内冷汽轮同步发电机的型号为 TQFS - 125 - 2，$P_N=125MW$，$\cos\varphi_N=0.85$，$U_N=13.8kV$，$X_d=1.867$，$X_d'=0.257$，$X_d''=0.18$。试计算该发电机的各电抗 X_d、X_d'、X_d''的有名值。

2-21　电抗器型号为 NKL - 6 - 500 - 4，$U_N=6kV$，$I_N=500A$，电抗器电抗百分数 $X_L\%=4$。试计算该电抗器电抗的有名值。

第三章

简单电力网络潮流分析与计算

在电力系统运行中，由交流发电机发出的有功功率和无功功率在电力网络中流动，供给电力用户使用，这个过程与一般交流电路原理一致。交流电流在电网电气设备的阻抗和导纳中，将产生电压降落或功率损耗。为了求得电力网络中各处的节点电压和支路的功率分布，便引入适于电力系统的电路计算方法，即潮流计算。为了计算便捷，会进行一定的网络化简，从而求得各节点电压及网络中的潮流分布。由于电力系统一般为三相交流对称系统，因此按工程惯例，计算中常以三相功率、线电压、相阻抗导纳等进行相关的电路计算。本章主要运用第二章电力系统元件参数和等值电路，学习简单电力网络潮流计算的基本方法及原理，建立和理解电力系统潮流计算基本概念，也为第四章的潮流计算机算法提供理论基础。

第一节 电力线路和变压器的功率损耗和电压降落

一、 支路功率损耗

1. 电力系统计算中的单相等值电路及线电压和三相功率

三相交流电力系统中，正常运行时电气设备各相等值电路相同，各相阻抗、导纳参数相同，因此可以采用任意相的单相等值电路作为计算电路。由于电力系统在运行状态、容量确定、设备选择、计量收费等方面常采用三相视在功率（kVA）、有功功率（kW）和无功功率（kvar），因此潮流（power flow）计算中的功率一般是指三相功率；又由于电气设备绝缘水平是按照其线电压设计的，因此其额定电压、实际运行电压均是指线电压（kV）。

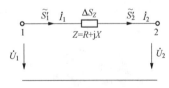

图 3-1 支路阻抗参数及其功率电压关系

如图 3-1 所示，单相阻抗 $Z=R+\mathrm{j}X$。阻抗支路始端线电压 $\dot{U}_1$，末端线电压为 $\dot{U}_2$。始端流入的三相功率为 $\widetilde{S}_1'$，末端流出的三相功率为 $\widetilde{S}_2'$，支路始、末端电流相等。

计算潮流的实质是，应用电路理论计算电力系统中流动的功率和电压。电路理论计算中主要采用电流、电压及表达其相互关系的阻抗进行计算，而潮流计算中常采用的是功率、电压及阻抗。

2. 阻抗支路的功率损耗

当已知阻抗支路始端电压功率时，功率流经阻抗产生的三相功率损耗可表达为

$$
\begin{aligned}
\Delta \widetilde{S}_Z &= 3I_1^2 Z = 3\left(\frac{\widetilde{S}'_1}{\sqrt{3}U_1}\right)^2 Z = \frac{P'^2_1 + Q'^2_1}{U_1^2}(R + \mathrm{j}X) \\
&= \frac{P'^2_1 + Q'^2_1}{U_1^2}R + \mathrm{j}\,\frac{P'^2_1 + Q'^2_1}{U_1^2}X = \Delta P_Z + \mathrm{j}\Delta Q_Z
\end{aligned}
\tag{3-1}
$$

同理，以末端电压功率计算的阻抗支路的功率损耗为

$$
\begin{aligned}
\Delta \widetilde{S}_Z &= 3I_2^2 Z = 3\left(\frac{\widetilde{S}'_2}{\sqrt{3}U_2}\right)^2 Z = \frac{P'^2_2 + Q'^2_2}{U_2^2}(R + \mathrm{j}X) \\
&= \frac{P'^2_2 + Q'^2_2}{U_2^2}R + \mathrm{j}\,\frac{P'^2_2 + Q'^2_2}{U_2^2}X
\end{aligned}
\tag{3-2}
$$

即阻抗支路的有功、无功功率损耗分别为

$$
\begin{cases}
\Delta P_Z = \dfrac{P'^2_1 + Q'^2_1}{U_1^2}R = \dfrac{P'^2_2 + Q'^2_2}{U_2^2}R \\
\Delta Q_Z = \dfrac{P'^2_1 + Q'^2_1}{U_1^2}X = \dfrac{P'^2_2 + Q'^2_2}{U_2^2}X
\end{cases}
\tag{3-3}
$$

3. 导纳支路的功率损耗

电力系统等值网络中，无论是线路还是变压器等，均存在导纳支路，如图 3 - 2 所示。其中，$Y=G+\mathrm{j}B$ 为单相等值电路中的导纳参数，电压$\dot{U}$ 的数值大小为线电压，则三相导纳上的功率损耗

$$
\begin{aligned}
\Delta \widetilde{S}_Y &= 3\left[\frac{\dot{U}}{\sqrt{3}}\left(Y\frac{\dot{U}}{\sqrt{3}}\right)^*\right] = Y^* U^2 = (G - \mathrm{j}B)U^2 \\
&= GU^2 - \mathrm{j}BU^2 = \Delta P_Y - \mathrm{j}\Delta Q_Y
\end{aligned}
\tag{3-4}
$$

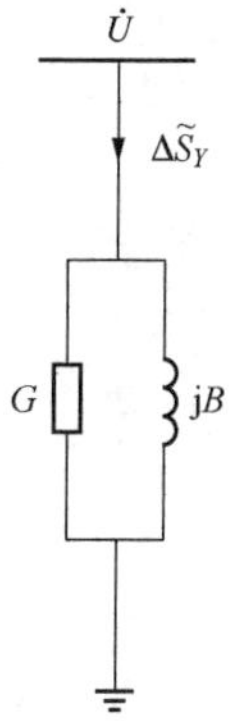

图 3 - 2　导纳支路

即有功、无功损耗分别为

$$
\begin{cases}
\Delta P_Y = GU^2 \\
\Delta Q_Y = BU^2
\end{cases}
\tag{3-5}
$$

二、　阻抗支路的电压降落和电压损耗

1. 阻抗支路的电压降落

以阻抗支路中末端电压、末端功率计算电压降落和电压损耗。如图 3 - 1 所示，设阻抗支路末端线电压 $\dot{U}_2 = U_2 e^{\mathrm{j}0}$，则始端线电压为

$$
\begin{aligned}
\dot{U}_1 &= \dot{U}_2 + \sqrt{3}\dot{I}_2 Z = \dot{U}_2 + \sqrt{3}\left(\frac{\dot{S}'_2}{\sqrt{3}\dot{U}_2}\right)^* Z = \dot{U}_2 + \frac{P'_2 - \mathrm{j}Q'_2}{U_2}(R + \mathrm{j}X) \\
&= \left(\dot{U}_2 + \frac{P'_2 R + Q'_2 X}{U_2}\right) + \mathrm{j}\,\frac{P'_2 X - Q'_2 R}{U_2} \\
&= \dot{U}_2 + \Delta U + \mathrm{j}\delta U = \dot{U}_2 + \mathrm{d}\dot{U}
\end{aligned}
\tag{3-6}
$$

式中：$\mathrm{d}\dot{U}$ 称为电压降落；实部增量 ΔU 称为电压降落的纵分量；虚部增量 δU 称为电压降落的横分量。

同理，以始端电压、始端功率计算电压降落和电压损耗

$$
\dot{U}_1 = \dot{U}_2 + \sqrt{3}\dot{I}'_1 Z = \dot{U}_2 + \sqrt{3}\left(\frac{\dot{S}'_1}{\sqrt{3}\dot{U}_1}\right)^* Z = \dot{U}_2 + \frac{P'_1 - \mathrm{j}Q'_1}{U_1}(R + \mathrm{j}X)
$$

$$= \left(\dot{U}_2 + \frac{P'_1 R + Q'_1 X}{U_1} \right) + \mathrm{j} \frac{P'_1 X - Q'_1 R}{U_1}$$

$$= \dot{U}_2 + (\Delta U + \mathrm{j}\delta U) = \dot{U}_2 + \mathrm{d}\dot{U} \tag{3-7}$$

则电压降落的纵分量和横分量分别为

$$\begin{cases} \Delta U = \dfrac{P'_2 R + Q'_2 X}{U_2} = \dfrac{P'_1 R + Q'_1 X}{U_1} \\ \delta U = \dfrac{P'_2 X - Q'_2 R}{U_2} = \dfrac{P'_1 X - Q'_1 R}{U_1} \end{cases} \tag{3-8}$$

2. 阻抗支路的电压损耗

由式（3-6）可得阻抗支路始端电压大小 $U_1 = \sqrt{(U_2 + \Delta U)^2 + (\delta U)^2}$。一般情况下，$U_2 + \Delta U \gg \delta U$。按二项式定理展开，取其前两项，可近似得首端电压大小

$$U_1 = \sqrt{(U_2 + \Delta U)^2 + (\delta U)^2} \approx U_2 + \Delta U + \frac{(\delta U)^2}{2(U_2 + \Delta U)} \approx U_2 + \Delta U$$

所以，ΔU 也被称为电压损耗。

首末端电压参考相位选取不同时的电压相量图，如图 3-3 所示。

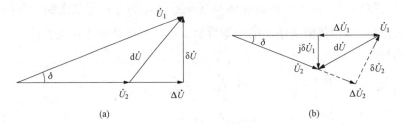

(a)　　　　　　　　　　　　　　　(b)

图 3-3　阻抗两端电压相量图

(a) $\dot{U}_2 = U_2 \mathrm{e}^{\mathrm{j}0}$；(b) $\dot{U}_1 = U_1 \mathrm{e}^{\mathrm{j}0}$

图中 δ 称为相位角或称功率角

$$\delta = \arctan \frac{\delta U}{U_2 + \Delta U} \tag{3-9}$$

图 3-3（b）中

$$\mathrm{d}\dot{U} = \Delta U_1 + \mathrm{j}\delta U_1 = \frac{P'_1 R + Q'_1 X}{U_1} + \mathrm{j}\frac{P'_1 X - Q'_1 R}{U_1}$$

$$\mathrm{d}\dot{U} = \Delta U_2 + \mathrm{j}\delta U_2 = \frac{P'_2 R + Q'_2 X}{U_2} + \mathrm{j}\frac{P'_2 X - Q'_2 R}{U_2}$$

通常电力负荷为感性负荷，功率因数滞后，阻抗支路端电压呈现首高末低状态，但是，当功率因数超前，无功功率变号。例如 $\widetilde{S}_2 = P_2 - \mathrm{j}Q_2$，则

$$\Delta U = \frac{P'_2 R - Q'_2 X}{U_2}, \quad \delta U = \frac{P'_2 X + Q'_2 R}{U_2}$$

ΔU 可能具有负值，线路末端电压可能高于首端电压。

这种线路末端电压高于始端电压的情况，在电力系统超高压和特高压线路中，或者在线路轻载情况下经常会出现。因此，在设计和运行中应给予一定的考虑。

三、 电力线路和变压器上的功率分布

1. 电力线路上的功率分布

由电力线路等值电路图 3-4 中可以看出，电力线路末端流出的功率

$$\widetilde{S}'_2 = \widetilde{S}_2 + \Delta\widetilde{S}_{Y2} = (P_2 + jQ_2) + (\Delta P_{Y2} - j\Delta Q_{Y2})$$
$$= (P_2 + \Delta P_{Y2}) + j(Q_2 - \Delta Q_{Y2}) = P'_2 + jQ'_2$$

而流入电力线路阻抗支路始端的功率为

$$\widetilde{S}'_1 = \widetilde{S}'_2 + \Delta\widetilde{S}_Z = (P'_2 + jQ'_2) + (\Delta P_Z + j\Delta Q_Z)$$
$$= (P'_2 + \Delta P_Z) + j(Q'_2 + \Delta Q_Z) = P'_1 + jQ'_1$$

则电力线路首端的功率为

$$\widetilde{S}'_1 = \widetilde{S}_1 + \Delta\widetilde{S}_{Y1} = (P'_1 + jQ'_1) + (\Delta P_{Y1} - j\Delta Q_{Y1})$$
$$= (P'_1 + \Delta P_{Y1}) + j(Q'_1 - \Delta Q_{Y1}) = P_1 + jQ_1$$

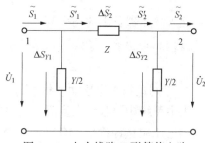

图 3-4　电力线路 Ⅱ 形等值电路

其中，电力线路阻抗支路上的损耗 $\Delta\widetilde{S}_Z$ 和电力线路首末端导纳上的损耗 $\Delta\widetilde{S}_{Y1}$、$\Delta\widetilde{S}_{Y2}$ 的计算同式（3-3）和式（3-5）。

电力线路的阻抗和导纳支路中的功率分布符合能量守恒定律。由于电磁场光速传播，其能量守恒则是瞬时值完成，即有功功率、无功功率均符合能量守恒定律。此外，可用另一思路理解这个概念，对于首末端节点而言，该能量守恒的功率之和与基尔霍夫定律的电流之和是完全一致的。

2. 变压器功率损耗与功率分布

（1）变压器 Γ 形等值电路中的功率损耗。变压器 Γ 形等值电路如图 3-5 所示，其阻抗支路和导纳支路中的功率损耗及电压降落的计算同式（3-1）～式（3-9）。

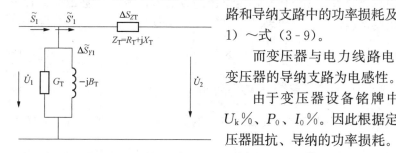

图 3-5　变压器 Γ 形等值电路

而变压器与电力线路电容性导纳支路不同的是，变压器的导纳支路为电感性。

由于变压器设备铭牌中已经给定相关参数 P_k、$U_k\%$、P_0、$I_0\%$。因此根据定义，可直接由铭牌计算变压器阻抗、导纳的功率损耗。又由于变压器实际运行时两端电压均约等于其额定电压，$U_1 \approx U_{1N}$，$U_2 \approx U_{2N}$，则变压器阻抗支路功率损耗

$$\Delta\widetilde{S}_{ZT} = \Delta P_{ZT} + j\Delta Q_{ZT} = \frac{P_2^2 + Q_2^2}{U_2^2}\frac{\Delta P_k U_N^2}{1000 S_N^2} + j\frac{P_2^2 + Q_2^2}{U_2^2}\frac{U_k\%}{100}\frac{U_N^2}{S_N}$$

$$= \frac{S_2^2 U_N^2}{S_N^2 U_2^2}\frac{\Delta P_k}{1000} + j\frac{S_2^2 U_N^2}{S_N U_2^2}\frac{U_k\%}{100} \qquad (3-10)$$

$$\approx \frac{\Delta P_k}{1000}\left(\frac{S_2}{S_N}\right)^2 + j\frac{U_k\% S_N}{100}\left(\frac{S_2}{S_N}\right)^2 \quad (\text{MVA})$$

变压器励磁支路功率损耗

$$\Delta\widetilde{S}_{YT} = \Delta P_{YT} + j\Delta Q_{YT} = \frac{P_0 U_1^2}{1000 U_N^2} + j\frac{I_0(\%)S_N U_1^2}{100 U_N^2} \approx \frac{P_0}{1000} + j\frac{I_0\%}{100}S_N \quad (\text{MVA})$$

$$(3-11)$$

（2）变压器 Γ 形等值电路中的功率分布。变压器支路中的功率分布与电力线路中阻抗导纳支路中的功率分布原理相同，也是符合能量守恒定律，且对于节点功率而言，与基尔霍夫定律的节点电流之和为零的原理是完全一致的。

流入变压器阻抗支路始端的功率为

$$\widetilde{S}'_1 = \widetilde{S}_2 + \Delta\widetilde{S}_Z = (P_2 + jQ_2) + (\Delta P_{ZT} + j\Delta Q_{ZT})$$
$$= (P_2 + \Delta P_{ZT}) + j(Q_2 + \Delta Q_{ZT}) = P'_1 + jQ'_1$$

流入变压器首端的功率为

$$\widetilde{S}_1 = \widetilde{S}'_1 + \Delta\widetilde{S}_{YT} = (P'_1 + jQ'_1) + (\Delta P_{YT} + j\Delta Q_{YT})$$
$$= (P'_1 + \Delta P_{YT}) + j(Q'_1 + \Delta Q_{YT}) = P_1 + jQ_1$$

3. 电网运行中电压功率相关评价指标

电力系统中，各节点实际运行电压值均应近似于额定电压，即必须满足一定标准。通常采用的电压质量评价指标有以下几种。

（1）电压降落，是阻抗支路首末端两个电压的相量差，仍为相量，表达式为 $d\dot{U} = \dot{U}_1 - \dot{U}_2 = \Delta U + j\delta U$。其中，$\Delta U$、$j\delta U$ 分别为电压降落的纵分量与横分量。

（2）电压损耗，是首末端两个电压的有效值之差。一般近似计算时可以认为 $\Delta U \approx U_1 - U_2$，常以百分数表示为

$$\Delta U(\%) = \frac{U_1 - U_2}{U_N} \times 100\% \tag{3-12}$$

式中：U_N 为电力线路的额定电压。

（3）电压偏移，是指阻抗支路首末端电压与额定电压的数值差，表达式为 $\Delta U_{1N} = U_1 - U_N$，$\Delta U_{2N} = U_2 - U_N$。电压偏移也常以百分数表示为

$$\Delta U_{1N}(\%) = \frac{U_1 - U_N}{U_N} \times 100\% \tag{3-13}$$

$$\Delta U_{2N}(\%) = \frac{U_2 - U_N}{U_N} \times 100\% \tag{3-14}$$

（4）电压调整，是指阻抗支路末端空载与负载时电压的数值差，表达式为 $\Delta U_0 = U_{20} - U_2$，其百分数表示为

$$\Delta U_0(\%) = \frac{U_{20} - U_2}{U_{20}} \times 100\% \tag{3-15}$$

式中：U_{20} 为电力线路末端空载电压。

（5）输电效率，是指支路末端输出的有功功率 P_2 与电力线路首端输入的有功功率 P_1 之比，表达式为 $\eta = \frac{P_2}{P_1}$，常以百分数表示为

$$\eta(\%) = \frac{P_2}{P_1} \times 100\% \tag{3-16}$$

第二节 开式网络的潮流计算

电力网络按接线方式可分为开式网络、环形网络和两端供电网络。其中开式网络又包括无备

用和有备用的辐射形、树干形和链式网络，如图3-6所示。正常运行情况下，电力系统的电压和功率分布称为电力系统的潮流分布；电力系统电压和功率分布的计算称为潮流计算；潮流计算的目的是为电网规划设计、电力系统的安全经济运行、继电保护装置的整定计算等提供依据。

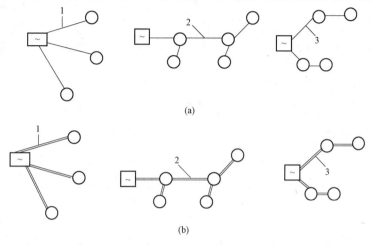

图 3-6　开式网络

（a）单回线路方式；（b）双回线路方式

1—辐射形；2—树干形；3—链式

○—变电站；⊡—发电厂或枢纽变电站

开式网络中，用户只能从一个方向获得电能，可直观判断支路功率的流动方向，确定支路首末端节点。

一、 电力网络的等值电路及参数

1. 等值电路及参数

按照电力系统接线图作出等值网络图，并计算网络中各个元件的阻抗和导纳等参数。网络中参数可以是有名值，也可以是标幺值。若为有名值参数，则必须折算至同一电压等级。

2. 等值变压器模型及其等值电路和参数

系统运行中，变压器实际变比常常不是主抽头所在的额定变比，而是根据运行要求调整分接头，变压器的不同变比将影响电力网络中的等值参数换算。因此，为了等值电路中的参数不随运行状态的变化而变化，变压器需采用等值变压器模型，即含理想变压器的等值电路及参数进行变换。变换方法见第二章。

二、 电力网络等值电路化简及其运算功率

1. 运算负荷

简单电力系统接线图与等值网络如图3-7所示。为便于工程应用和计算描述，对网络功率分布中各功率予以一定的命名。

（1）负荷功率，是指降压变压器低压侧末端负荷的功率，如 $\widetilde{S}_4 = P_4 + jQ_4$。

（2）等值负荷功率，是指变电站高压母线上负荷从网络中吸取的功率，如 $S_3 = P_3 + jQ_3$。

（3）运算负荷，是指电力线路阻抗中流出的功率，如 $\widetilde{S}_3' = P_3' + jQ_3'$，且 $\widetilde{S}_3' = \widetilde{S}_3 + \Delta\widetilde{S}_{YL2} = S_4 + \Delta\widetilde{S}_{ZT2} + \Delta\widetilde{S}_{YT2} + \Delta S_{YL2}$。

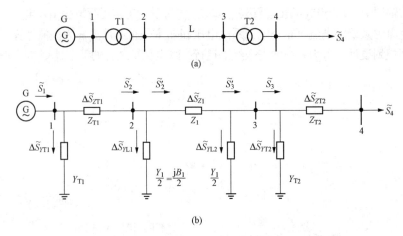

图 3-7　简单电力系统的接线图与等值网络
(a) 接线图；(b) 等值网络

由此可见，变电站 T2 的运算负荷等于负荷功率 $\widetilde{S}_3$ 加上与该变电站高压母线所连电力线路导纳功率的一半 ΔS_{YL2}，也等于变电站低压侧的负荷功率 $\widetilde{S}_4$ 加上变压器阻抗和导纳中的功率损耗 $\Delta \widetilde{S}_{ZT2}$ 和 $\Delta \widetilde{S}_{YT2}$，再加上与该变电站高压母线所连电力线路导纳功率的一半 ΔS_{YL2} 之和。当该线接有多回电力线路时，电力线路导纳功率的一半应包括与该变电站高压母线所连接的全部电导纳功率的一半。

2. 运算功率

(1) 电源功率，是指发电机电压母线送至系统的功率，如 $\widetilde{S}_1 = P_1 + jQ_1$。

(2) 等值电源功率，是指发电机高压母线向系统送出的功率，如 $\widetilde{S}_2 = P_2 + jQ_2$；也称为节点 2 向系统里注入的功率，此时定为正值。

(3) 运算功率，是指流入电力线路阻抗中的功率，如 $\widetilde{S}_2' = P_2' + jQ_2'$，且 $\widetilde{S}_2' = \widetilde{S}_2 - \Delta \widetilde{S}_{YL1}$，也为等值电源功率与电力线路首端导纳中的功率的差。

运算负荷和运算功率，其流入、流出节点的功率方向不同。

3. 潮流计算

(1) 首端功率及首端电压已知时的潮流计算。已知首端功率及首端电压，可采用式 (3-1) ~式 (3-9) 计算阻抗与导纳上的功率损耗及电压降落。根据能量守恒或基尔霍夫第一定律，由首端逐段向末端推算，计算出各支路功率及各点电压。

(2) 末端负荷及末端电压已知时的潮流计算。已知末端负荷及末端电压，同样可采用式 (3-1) ~式 (3-9) 计算阻抗与导纳上的功率损耗及电压降落。根据基尔霍夫第一定律，由末端逐段向首端推算。由于正常运行时电力系统应为用户提供合格电能，末端节点电压应近似于额定电压，因此在有些计算中也可将末端电压视为已知，近似初设为额定电压值。

(3) 末端负荷及首端电压已知时的潮流计算。在电力系统运行中，一般是末端负荷需求为已知，首端电压由于发电机励磁调节控制或变比分接头调整，其值可控。因此，已知末端负荷 $\widetilde{S}_2$ 及首端电压 $\dot{U}_1$ 是电网潮流计算中的常见状况。这时的潮流计算需先假设末端电压 $\dot{U}_2^{(0)}$，末端电压可近似初设为额定电压值，或根据运行状态判断取一近似值。由初设的末

端电压 $\dot{U}_2^{(0)}$ 和已知的末端负荷 $\tilde{S}_2^{(0)}$，按照上述已知末端参数的方法，由末端逐段向首端推算，得出 $\dot{U}_1^{(1)}$、$\tilde{S}_1^{(1)}$；这时，始端负荷 $\tilde{S}_1^{(1)}$ 数值已较近似于计算结果，因此用已知的首端电压 $\dot{U}_1^{(0)}$ 和计算所得的 $\tilde{S}_1^{(1)}$，按照前述的已知首端参数的计算方法，向末端推算出 $\dot{U}_2^{(1)}$、$\tilde{S}_2^{(1)}$。经过这种前推和后推的计算后，算出的末端电压 $\dot{U}_2^{(1)}$ 已比初设值 $\dot{U}_2^{(0)}$ 精确，计算出的 $\tilde{S}_2^{(1)}$ 近似等于已知的 $\tilde{S}_2$。此时若满足计算精度要求，则完成此次潮流计算；若需要更精确的计算结果，则再以已知的末端负荷 $\tilde{S}_2^{(0)}$ 及计算出的末端电压 $\dot{U}_2^{(1)}$，重复如上前推、后推计算，直至满足计算精度要求。

首端功率及末端电压已知时的潮流计算方法相同，不再赘述。

4. 潮流计算的人工计算步骤

(1) 画出电力网络等值电路，并按精确计算方法计算网络元件参数。

(2) 将网络化简为由阻抗连接的辐射形等值网络。

(3) 计算各支路功率和各节点电压。

(4) 根据需要折算出潮流分布中的支路功率、节点电压、网络损耗等的有名值。

人工近似计算中，通常还可进一步采取简化计算，具体作法：首先从末端向始端推算，初设全网电压近似为网络额定电压，仅计算各元件中的功率损耗而不计算电压，求出全网各支路的功率，得到网络首端的始端功率；然后由始端电压和始端功率，向网络末端逐段推算电压降落，求出各点电压。至此完成一次始末端往返计算。若计算结果不满足精度要求，则取用已更新的末端电压，再进行一次始末端往返计算。从而计算出各节点电压、各支路功率损耗、网络中的功率分布。

【例 3-1】 110kV 电力系统接线如图 3-8 所示。图中发电站 A 装有燃气轮机两台，均满载运行，$P_N=12$MW，$\cos\varphi_N=0.8$，发电机端直配负荷 10+j8MVA，发电机其余功率通过两台 FS-10000/121 型的升压变压器并入电网，额定变比为 121/10.5，其铭牌试验数据为 $P_k=97.5$kW，$U_k\%=10.5$，$P_0=38.5$kW，$I_0\%=3.5$。变电站 I 装设两台 SF-15000/110 型变压器，变比为 115.5/11，其铭牌试验数据为 $P_k=133$kW，$U_k\%=10.5$，$P_0=50$kW，$I_0\%=3.5$。变电站 II 装设一台 SF-10000/110 型变压器，变比为 110/11，其铭牌试验数据与 A 站升压变压器相同。

各变电站的负荷，电力线路长度和选用导线截面均示于图 3-8 中。设图中与系统 S 连接处母线电压为 116kV。试求各变电站和发电厂低压母线电压。110kV 电力线路 LGJ-240 线间几何均距为 4.5m。

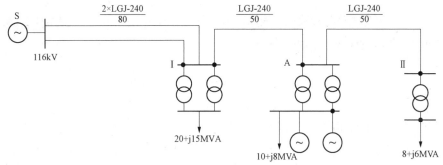

图 3-8 电力系统接线图

解　(1) 计算变压器、电力线路的参数（归算至 110kV）。

1) SF - 15000/110 型变压器的参数

$$R_T = \frac{P_k U_N^2}{1000 S_N^2} = \frac{133 \times 110^2}{1000 \times 15^2} = 7.2(\Omega)$$

$$X_T = \frac{U_k\% U_N^2}{100 S_N} = \frac{10.5 \times 110^2}{100 \times 15} = 84.7(\Omega)$$

额定状态下的功率损耗为

$$\Delta P_{ZT} = \frac{P_k}{1000} = \frac{133}{1000} = 0.133(MW)$$

$$\Delta Q_{ZT} = \frac{U_k\%}{100} S_N = \frac{10.5}{100} \times 15 = 1.575(Mvar)$$

$$\Delta P_{YT} = \frac{P_0}{1000} = \frac{50}{1000} = 0.05(MW)$$

$$\Delta Q_{YT} = \frac{I_0\%}{100} S_N = \frac{3.5}{100} \times 15 = 0.525(Mvar)$$

2) SF - 10000/110 型变压器的参数。降压型的阻抗

$$R_T = \frac{P_k U_N^2}{1000 S_N^2} = \frac{97.5 \times 110^2}{1000 \times 10^2} = 11.8(\Omega)$$

$$X_T = \frac{U_k\% U_N^2}{100 S_N} = \frac{10.5 \times 110^2}{100 \times 10} = 127(\Omega)$$

升压型的阻抗

$$R_T = \frac{97.5 \times 121^2}{1000 \times 10^2} = 14.27(\Omega)$$

$$X_T = \frac{10.5 \times 121^2}{100 \times 10} = 153.73(\Omega)$$

确定负荷下的功率损耗（升、降压型相同）

$$\Delta P_{ZT} = \frac{P_k}{1000} = \frac{97.5}{1000} = 0.0975(MW)$$

$$\Delta Q_{ZT} = \frac{U_k\%}{100} S_N = \frac{10.5}{100} \times 10 = 1.05(Mvar)$$

$$\Delta P_{YT} = \frac{P_0}{1000} = \frac{38.5}{1000} = 0.0385(MW)$$

$$\Delta Q_{YT} = \frac{I_0\%}{100} S_N = \frac{3.5}{100} \times 10 = 0.35(Mvar)$$

3) LGJ - 240 电力线路的参数。查线路参数表得 $r_1 = 0.132\Omega/km$，$x_1 = 0.394\Omega/km$，$g_1 = 0$，$b_1 = 2.89 \times 10^{-6} S/km$。各段电力线路的阻抗

S - I 段

$$R = r_1 l_1/2 = 0.132 \times 80/2 = 5.3(\Omega)$$

$$X = x_1 l_1/2 = 0.394 \times 80/2 = 15.8(\Omega)$$

I - A 段和 A - II 段相同

$$R = r_1 l_1 = 0.132 \times 50 = 6.6(\Omega)$$

$$X = r_1 l_1 = 0.394 \times 50 = 19.7(\Omega)$$

（2）计算各变电站的运算负荷和发电厂的运算功率。

1）变电站 I 下的运算负荷。两台变压器中的功率损耗为

$$\Delta \widetilde{S}_{TI} = \Delta \widetilde{S}_{YTI} + \Delta \widetilde{S}_{ZTI}$$

$$= 2 \times (\Delta P_{YT} + j\Delta Q_{YT}) + 2 \times \left[\frac{(S/2)^2}{S_N^2} \Delta P_{ZT} + j \frac{(S/2)^2}{S_N^2} \Delta Q_{ZT} \right]$$

$$= 2 \times (0.05 + j0.525) + 2 \times \left(\frac{20^2 + 15^2}{4 \times 15^2} \times 0.133 + j \frac{20^2 + 15^2}{4 \times 15^2} \times 1.575 \right)$$

$$= 0.285 + j3.24 (\text{MVA})$$

变电站 I 母线上所连线路电纳中无功功率的一半为

$$\Delta \widetilde{S}_{YII} = -\Delta Q_{YII} = -j \frac{1}{2} \times (2 \times 80 + 50) b_1 U_N^2$$

$$= -j \times 105 \times 2.89 \times 10^{-6} \times 110^2 = -j3.7 (\text{Mvar})$$

变电站 I 的运算负荷为

$$\widetilde{S}_I = \widetilde{S}_{IL} + \Delta \widetilde{S}_{TI} + \Delta \widetilde{S}_{YII} = (20 + j15) + (0.285 + j3.24) - j3.7 = 20.29 + j14.54 (\text{MVA})$$

2）变电站 II 的运算负荷。变压器中的功率损耗为

$$\Delta \widetilde{S}_{TII} = \Delta \widetilde{S}_{YTII} + \Delta \widetilde{S}_{ZTII}$$

$$= (\Delta P_{YT} + j\Delta Q_{YT}) + \left(\frac{S^2}{S_N^2} \Delta P_{ZT} + j \frac{S^2}{S_N^2} \Delta Q_{ZT} \right)$$

$$= (0.0385 + j0.35) + \left(\frac{8^2 + 6^2}{10^2} \times 0.975 + j \frac{8^2 + 6^2}{10^2} \times 1.05 \right)$$

$$= 0.136 + j1.4 (\text{MVA})$$

变电站 II 母线上所连电力线路电容功率的一半为

$$\Delta \widetilde{S}_{YIII} = -j\Delta Q_{YIII} = -j \frac{1}{2} \times 50 \times b_1 U_N^2$$

$$= -j25 \times 2.89 \times 10^{-6} \times 110^2 = -j0.87 (\text{Mvar})$$

变电站 II 的运算负荷为

$$\widetilde{S}_{II} = \widetilde{S}_{IIL} + \Delta \widetilde{S}_{TII} + \Delta \widetilde{S}_{YIII} = (8 + 6j) + (0.136 + j1.4) - j0.87 = 8.14 + j6.53 (\text{MVA})$$

3）发电厂 A 的运算功率。发电机 $\cos\varphi_N = 0.8$，则两台发电机发出的功率为 $24 + j18\text{MVA}$。从而通过升压变压器阻抗支路低压端（升压变压器导纳支路放在低压电源侧）的功率为

$$\widetilde{S} = \widetilde{S}_{AG} - \widetilde{S}_{AL} - \Delta \widetilde{S}_{YAT} = (P_{AG} + jQ_{AG}) - \widetilde{S}_{AL} - 2 \times (\Delta P_{YT} + j\Delta Q_{YT})$$

$$= (24 + j18) - (10 + j8) - 2 \times (0.0385 + j0.35)$$

$$= 13.92 + j9.3 (\text{MVA})$$

变压器阻抗中的功率损耗为

$$\Delta \widetilde{S}_{ZT} = 2 \times \left[\frac{(S/2)^2}{S_N^2} \Delta P_{ZT} + j \frac{(S/2)^2}{S_N^2} \Delta Q_{ZT} \right]$$

$$= 2 \times \left(\frac{13.92^2 + 9.3^2}{4 \times 10^2} \times 0.0975 + j \frac{13.92^2 + 9.3^2}{4 \times 10^2} \times 1.05 \right)$$

$$= 0.130 + j1.47 (\text{MVA})$$

发电厂 A 母线上所连电力线路电容功率的一半为

$$\Delta \widetilde{S}_{Y1A} = -j\Delta Q_{Y1A} = -j \frac{1}{2} \times (50 + 50) \times b_1 U_N^2$$

$$= -j50 \times 2.89 \times 10^{-6} \times 110^2 = -j1.748 (\text{Mvar})$$

发电厂 A 的运算功率

$$\widetilde{S}_A = \widetilde{S} - \Delta \widetilde{S}_{ZT} - \Delta \widetilde{S}_{Y1A} = (13.92 + j9.3) - (0.130 + j1.47) - (-j1.748)$$

$$= 13.79 + j9.58 (\text{MVA})$$

（3）计算电力线路中的功率损耗，并求其功率分布（设全网电压为网络额定电压）。

1）作出具有运算负荷和运算功率的等值网络，如图 3-9 所示。

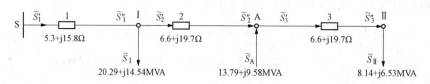

图 3-9　含运算功率和阻抗的化简等值网络

2）功率计算。线段 3 中阻抗的功率损耗为

$$\Delta \widetilde{S}_3 = \frac{P_{\text{II}}^2 + Q_{\text{II}}^2}{U_N^2} (R_{A\text{II}} + jX_{A\text{II}}) = \frac{8.14^2 + 6.53^2}{110^2} \times (6.6 + j19.7) = 0.059 + j0.177 (\text{MVA})$$

从而求得

$$\widetilde{S}_3' = \widetilde{S}_{\text{II}} + \Delta \widetilde{S}_3 = (8.14 + j6.53) + (0.059 + j0.177) = 8.20 + j6.71 (\text{MVA})$$

$$\widetilde{S}_2'' = \widetilde{S}_3' - \widetilde{S}_A = (8.20 + j6.71) - (13.79 + j9.58) = -(5.59 + j2.87) (\text{MVA})$$

可见功率是由 A 点流向 I 点的。

在线段 2 中阻抗的功率损耗为

$$\Delta \widetilde{S}_2 = \frac{P_2''^2 + Q_2''^2}{U_N^2} (R_{I A} + jX_{I A}) = \frac{5.59^2 + 2.87^2}{110^2} \times (6.6 + j19.7) = 0.02 + j0.064 (\text{MVA})$$

从而求得

$$\widetilde{S}_2' = \widetilde{S}_2'' + \Delta \widetilde{S}_2 = -(5.59 + j2.87) + (0.02 + j0.064) = -(5.57 + j2.81) (\text{MVA})$$

$$\widetilde{S}_1'' = \widetilde{S}_1 + \widetilde{S}_2' = (20.29 + j14.54) - (5.57 + j2.81) = 14.72 + j11.73 (\text{MVA})$$

在线段 1 中阻抗的功率损耗为

$$\Delta \widetilde{S}_1 = \frac{P_1''^2 + Q_1''^2}{U_N^2} (R_{\text{SI}} + jX_{\text{SI}}) = \frac{14.72^2 + 11.73^2}{110^2} \times (5.3 + j15.8)$$

$$= 1.555 + j0.46 (\text{MVA})$$

从而得出

$$\widetilde{S}_1' = \widetilde{S}_1'' + \Delta \widetilde{S}_1 = (14.72 + j11.73) + (0.155 + j0.46) = 14.86 + j12.19 (\text{MVA})$$

（4）计算各线段中的电压降落。用给定的始端电压和求得的始端功率，计算各线段中的电压降落（略去横分量）。

$$\Delta U_1 = \frac{P_1' R_{\text{SI}} + Q_1' X_{\text{SI}}}{U_S} = \frac{14.86 \times 5.3 + 12.19 \times 15.8}{116} = 2.34 (\text{kV})$$

$$U_1 = U_S - \Delta U_1 = 116 - 2.34 = 113.7 (\text{kV})$$

$$\Delta U_2 = \frac{P'_2 R_{\mathrm{I A}} + Q'_2 X_{\mathrm{I A}}}{U_1} = \frac{5.57 \times 6.6 + 2.81 \times 19.7}{113.7} = -0.81(\mathrm{kV})$$

$$U_{\mathrm{A}} = U_1 - \Delta U_2 = 113.7 - (-0.81) = 114.51(\mathrm{kV})$$

$$\Delta U_3 = \frac{P'_3 R_{\mathrm{A \, II}} + Q'_3 X_{\mathrm{A \, II}}}{U_{\mathrm{A}}} = \frac{8.20 \times 6.6 + 6.71 \times 19.7}{114.51} = 1.63(\mathrm{kV})$$

$$U_{\mathrm{II}} = U_{\mathrm{A}} - \Delta U_3 = 114.51 - 1.63 = 112.88(\mathrm{kV})$$

（5）计算变压器中的电压降落（略去横分量）及低压母线的实际电压。

1）变电站 I 的计算。通过变压器阻抗支路高压端的功率为

$$\widetilde{S}'_{\mathrm{I}} = \widetilde{S}_{\mathrm{I(0)}} + \Delta \widetilde{S}_{Z\mathrm{T I}} = (20 + j15) + (0.185 + j2.19) = 20.2 + j17.2(\mathrm{MVA})$$

变压器中的电压损耗为

$$\Delta U_{\mathrm{T I}} = \frac{P'_{\mathrm{I}} R_{\mathrm{T}} + Q'_{\mathrm{I}} X_{\mathrm{T}}}{2U_1} = \frac{20.2 \times 7.2 + 17.2 \times 84.7}{2 \times 113.7} = 7.05(\mathrm{kV})$$

归算至高压侧的低压母线电压为

$$U'_{\mathrm{I}} = U_1 - \Delta U_{\mathrm{T I}} = 113.7 - 7.05 = 106.7(\mathrm{kV})$$

低压母线的实际电压为

$$U_{\mathrm{I}} = U'_{\mathrm{I}} \frac{1}{K_{\mathrm{I}}} = 106.7 \times \frac{11}{115.5} = 10.16(\mathrm{kV})$$

2）变电站 II 的计算。通过变压器阻抗支路高压端功率为

$$\widetilde{S}'_{\mathrm{II}} = \widetilde{S}'_{\mathrm{II(0)}} + \Delta \widetilde{S}_{Z\mathrm{T II}} = (8 + j6) + (0.0975 + j1.05) = 8.1 + j7.05(\mathrm{MVA})$$

$$\Delta U_{\mathrm{T II}} = \frac{P'_{\mathrm{II}} R_{\mathrm{T}} + Q'_{\mathrm{II}} X_{\mathrm{T}}}{U_{\mathrm{II}}} = \frac{8.1 \times 11.8 + 7.05 \times 127}{112.88} = 8.78(\mathrm{kV})$$

归算至高压侧的低压母线电压为

$$U'_{\mathrm{II}} = U_{\mathrm{II}} - \Delta U_{\mathrm{T II}} = 112.88 - 8.78 = 104.1(\mathrm{kV})$$

低压母线实际电压为

$$U_{\mathrm{II(实际)}} = U'_{\mathrm{II}} \frac{1}{k_{\mathrm{II}}} = 104.1 \times \frac{11}{110} = 10.41(\mathrm{kV})$$

3）发电厂 A 的计算。通过升压变压器阻抗支路高压端功率为

$$\widetilde{S}'_{\mathrm{A}} = \widetilde{S} - \Delta \widetilde{S}_{Z\mathrm{T A}} = (13.92 + j9.3) - (0.13 + j1.47) = 13.79 + j7.83(\mathrm{MVA})$$

式中 $\widetilde{S}$ 为通过升压变压器阻抗支路低压端的功率。

变压器中的电压损耗为

$$\Delta U_{\mathrm{T A}} = \frac{P'_{\mathrm{A}} R_{\mathrm{T}} + Q'_{\mathrm{A}} X_{\mathrm{T}}}{2U_{\mathrm{A}}} = \frac{13.79 \times 14.27 + 7.83 \times 153.73}{2 \times 114.51} = 6.12(\mathrm{kV})$$

归算至高压侧的低压母线电压为

$$U'_{\mathrm{A}} = U_{\mathrm{A}} + \Delta U_{\mathrm{T A}} = 114.51 + 6.12 = 120.63(\mathrm{kV})$$

低压母线的实际电压为

$$U_{\mathrm{A(实际)}} = U'_{\mathrm{A}} \frac{1}{k_{\mathrm{A}}} = 120.63 \times \frac{10.5}{121} = 10.468(\mathrm{kV})$$

第三节　环形网络的潮流分布

电力系统中环形网络是为了提高供电可靠性而经常采取的一种电力网络形式。在环形网

络中，若任何一回线路出现故障退出运行，网络中的变电站和负荷点均能够满足一定的供电需求。环形网络包括单一电压等级环形网络、多电压等级环形网络等。环形网络和两端供电网络是常见系统运行状态，其潮流计算手算过程一般是将网络化简，并按功率和电压关系分成两个或若干个开式网络，进而完成潮流计算。

一、 两端供电网络的初步功率分布和循环功率

在两端供电网络中，各个支路上流动的功率即为其潮流分布。计算时先不考虑网损计算初步功率分布，将两端供电网络拆分成两个开式网络，再按照前述开式网络计算方法，计算各开式网络的功率、损耗和首末端电压的详细潮流。

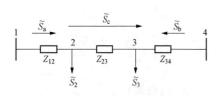

图 3 - 10 运算功率和阻抗的简化
等值电路

为了计算简便清晰，首先按第二节开式网络等值电路化简方法，对两端供电网络等值电路化简，化简后的含运算功率和阻抗的简化等值电路如图 3 - 10 所示。

一般来说，两端供电网络中两端线电压不相等，即 $\dot{U}_1 \neq \dot{U}_4$，电压降落为 $\mathrm{d}\dot{U}$，则根据基尔霍夫第二定律，可列单相电路电压方程

$$Z_{12}\dot{I}_a + Z_{23}(\dot{I}_a - \dot{I}_2) + Z_{34}(\dot{I}_a - \dot{I}_2 - \dot{I}_3) = \frac{\dot{U}_1 - \dot{U}_4}{\sqrt{3}} = \frac{\mathrm{d}\dot{U}}{\sqrt{3}}$$

各节点电压近似取 $U_i^* \approx U_N$，将 $\dot{I}_j = \dfrac{S_j^*}{\sqrt{3}U_N}$ 代入上式（i、j 分别表示各节点和支路编号），可得

$$Z_{12}S_a^* + Z_{23}(S_a^* - S_2^*) + Z_{34}(S_a^* - S_2^* - S_3^*) = U_N\mathrm{d}\dot{U}$$

解得流经阻抗 Z_{12} 的初步三相功率 $\widetilde{S}_a$ 为

$$\begin{aligned}
\widetilde{S}_a &= \frac{(Z_{23}^* + Z_{34}^*)\widetilde{S}_2 + Z_{34}^*\widetilde{S}_3}{Z_{12}^* + Z_{23}^* + Z_{34}^*} + \frac{U_N\mathrm{d}\dot{U}^*}{Z_{12}^* + Z_{23}^* + Z_{34}^*} \\
&= \frac{Z_2^*\widetilde{S}_2 + Z_3^*\widetilde{S}_3}{Z_\Sigma^*} + \widetilde{S}_c = \frac{\sum \widetilde{S}_m Z_m^*}{Z_\Sigma^*} + \widetilde{S}_c
\end{aligned} \tag{3-17}$$

其中　　　　$Z_2^* = Z_{23}^* + Z_{34}^*,\quad Z_3^* = Z_{34}^*,\quad Z_\Sigma^* = Z_{12}^* + Z_{23}^* + Z_{34}^*$

$$\widetilde{S}_c = \frac{U_N\mathrm{d}\dot{U}^*}{Z_{12}^* + Z_{23}^* + Z_{34}^*} \tag{3-18}$$

同理解得流经阻抗 Z_{34} 的初步三相功率 $\widetilde{S}_b$ 为

$$\widetilde{S}_b = \frac{(Z_{12}^* + Z_{23}^*)\widetilde{S}_3 + Z_{12}^*\widetilde{S}_2}{Z_{12}^* + Z_{23}^* + Z_{34}^*} - \frac{U_N\mathrm{d}\dot{U}^*}{Z_{12}^* + Z_{23}^* + Z_{34}^*} = \frac{\sum \widetilde{S}_m Z_m'^*}{Z_\Sigma^*} - \widetilde{S}_c \tag{3-19}$$

因此流经阻抗 Z_{23} 的初步三相功率为

$$\widetilde{S}_{23} = \widetilde{S}_a - \widetilde{S}_2 = \widetilde{S}_3 - \widetilde{S}_b$$

由式（3-17）、式（3-19）可见，两端电压不等的两端供电网中，各线段中的功率可以看成是两个功率的叠加。前一部分为两端电压相等时分布的功率，也即 $\mathrm{d}\dot{U} = 0$ 时的功率分布；后一部分为取决于两端电压降落 $\mathrm{d}\dot{U}$ 和网络总阻抗 Z_Σ^* 的功率，称为循环功率，以 $\widetilde{S}_c$ 表示。

进一步分析可知，$\widetilde{S}_a + \widetilde{S}_b = \widetilde{S}_2 + \widetilde{S}_3$，这是由于近似取 $U_i^* \approx U_N$，相当于暂未考虑损耗。对于具有 n 个节点的环形网络，功率可进一步推广为

$$\widetilde{S}_a = (\sum_{m=2}^{n} Z_m^* \widetilde{S}_m)/Z_\Sigma^* \tag{3-20}$$

$$\widetilde{S}_b = (\sum_{m=2}^{n} Z_m'^* \widetilde{S}_m)/Z_\Sigma^* \tag{3-21}$$

式中：$m = 2, 3, \cdots, n$。

式（3-21）与力学中梁的反作用力计算公式相似，故称为力矩法公式。

二、 环形网络的初步功率分布

1. 单电压等级环形网络的解环

（1）电力系统等值电路及其化简。对环形网络进行潮流计算时，即使是最简单的单环形网络的等值网络对计算而言也较为复杂，需将其进一步简化。所以在潮流的初步功率分布中初设全网电压都为网络额定电压，计算各变电站的运算负荷和发电厂运算功率，在相应的节点计为节点的流入或流出是运算功率。并将等值网络中各变压器、线路的并联导纳支路折算为功率计入该节点运算功率，从而组成了只含运算功率和阻抗支路的简化等值网络，如图 3-11 所示。

图 3-11（a）所示为简单环式网络电力系统，图 3-11（b）为简化等值电路，其中 $\widetilde{S}_2$、$\widetilde{S}_3$ 为运算负荷。

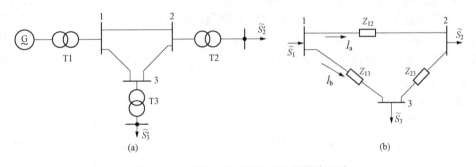

图 3-11 简单环式网络及其化简等值电路
(a) 简单环形网络电力系统；(b) 简化等值电路

（2）环形网络的解环。在节点 1 处拆开，即可得如图 3-12 所示的一个两端电压相等的两端供电网，按式（3-17）、式（3-18）即可得到各支路的初步功率分布，且因两端电压相等，无循环功率。

2. 多电压等级环形网络初步功率分布和循环功率

在多电压等级环形网络电力系统中，由于变压器变比不匹配等原因，将产生等值电路中的循环功率。循环功率 $\widetilde{S}_c$ 是等值电路中的一种用来计算支路上流动功率的叠加功率，其正方向与电压降落的方向有关。对于无电源的外电路，如电路断口处，$\widetilde{S}_c$ 由高电位流向低电位。对于有电源的

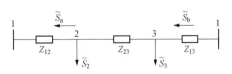

图 3-12 等值两端供电网络

内电路，$\widetilde{S}_c$ 均由低电位流向高电位。这与电工原理中电压、电流正方向的确定是一致的。由此，可以确定网络中产生的循环功率的正方向如图 3-13 环形网络所示。当网络为空载时，断开 QF1，断口处 AB 为外电路，BCA 为内电路，由上述方法可判断 $\widetilde{S}_c$ 的正方向如图 3-13 所示，循环功率计算如式（3-18）。

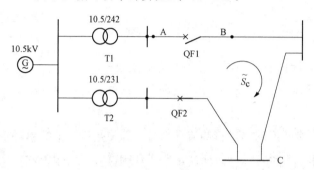

图 3-13　环形网的循环功率

多电压等级环形网络，在电源点解环即可成为两端供电网络，网络中的初步功率分布则由循环功率和简单环形网络解环后的两端供电网络中的功率叠加而得。

三、 环形网络潮流计算

1. 两端供电网络的功率分点

无论是单电压等级环形网络还是多电压等级环形网络，经过解环后均等同于两端供电网络。下一步将两端供电网络再分断为两个单端电源供电的开式网络，则可按本章第二节开式网络方法详细潮流计算。

在求得两端供电网络中 $\widetilde{S}_a$ 和 $\widetilde{S}_b$ 后，网络各线段中流过的初步功率可按各个节点上的能量守恒或者基尔霍夫定理求得。从这些线段上的初步功率分布计算中会发现，某些节点的功率是由两侧向其流动的，这种节点称为功率分点。而有时有功和无功的功率分点不同，因此通常在功率分点上加"▼""▽"以示有功分点和无功分点。

在功率分点处，将该节点分为两个节点，两节点电压相等，两节点的运算功率为各自两侧流入的功率。这样，就将原环形网络经解环、功率分点分段后形成两段开式网络，可采用前述开式网络潮流计算方法求解。

2. 环形网络潮流计算步骤

（1）环形网络等值电路化简。假设网络中节点电压为额定电压，将等值电路网络中各变压器、线路的并联导纳支路折算为功率计入该节点运算功率，从而组成了只含运算功率和阻抗支路的简化等值网络。

（2）网络解环和初步功率分布。选一注入功率节点作为解环节点，将环网解为两端供电网络，不计网络的电压损耗和功率损耗的条件下，按力矩法和循环功率求出各支路初步功率分布。

（3）计算功率分点。在无功分点处将两端供电网络分为两个单端供电网络，即解开为两个开式网络。之所以在无功分点分段，是因为无功分点一般是网络的电压最低点，即无功的流向总是从高电压流向低电压点。

（4）按照开式网络计算。由功率分点对网络两侧逐段向电源端推算电压降落和功率损耗，计算网络中各节点电压和支路功率损耗，精确计算潮流。

【例 3-2】 如图 3-14 所示环形网络电力系统中，发电机 G2 通过母线 Ⅱ 送入的运算功率为 40＋j30MVA，其余功率均由接于母线 Ⅰ 的发电机 G1 供给。连接母线 Ⅰ、Ⅱ 的联络变压器的容量和阻抗分别为 60MVA，$R_T=3\Omega$，$X_T=100\Omega$；电力线路末端降压变压器的总容量为 240MVA，阻抗为 $R_T=0.8\Omega$，$X_T=23\Omega$；220kV 双回线路 Ⅰg 段的等值阻抗为 $R_{Ig}=$

5.9Ω，$X_{Ig}=31.5\Omega$；110kV 双回电力线路 II b 段的等值阻抗为 $R_{IIb}=65\Omega$，$X_{IIb}=100\Omega$；bx 段为 $R_{bx}=65\Omega$，$X_{bx}=100\Omega$，所有阻抗均已归算至 220kV 侧。

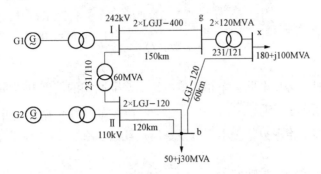

图 3-14　环形网络电力系统接线图

计算中忽略降压变压器电导，变压器电纳与 220kV 电力线路电纳中的功率损耗合并后作为 10Mvar 运算功率连于降压变压器高压侧 g。各变压器的变比及母线 I 电压均标于图 3-14 中。试对该网络作潮流计算。

解　（1）作等值网络如图 3-15 所示。

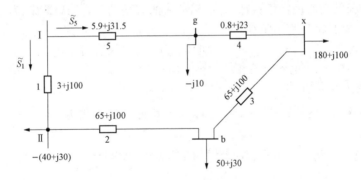

图 3-15　等值网络图

（2）用力矩法计算初步功率分布（设全网电压为网络的额定电压）。

$$\widetilde{S}_1=\frac{\sum \widetilde{S}_m Z_m^*}{Z_\Sigma^*}=\frac{\widetilde{S}_g Z_5^*+\widetilde{S}_x(Z_5^*+Z_4^*)+\widetilde{S}_b(Z_5^*+Z_4^*+Z_3^*)+\widetilde{S}_{II}(Z_5^*+Z_4^*+Z_3^*+Z_2^*)}{Z_1^*+Z_2^*+Z_3^*+Z_4^*+Z_5^*}$$

$$=\frac{1}{139.7-j364.5}\times[-j10\times(5.9-j31.5)+(180+j1000)\times(6.7-j54.5)+$$

$$(50+j30)\times(71.7-j154.5)-(40+j30)\times(136.7-j254.5)]$$

$$=22-j5(MVA)$$

同理　　　　　　　　　　　　　　　$\widetilde{S}_5=168+j95(MVA)$

核算　　　　　　　　　$\widetilde{S}_1+\widetilde{S}_5=(22-j5)+(168+j95)=190+j90(MVA)$

$$\widetilde{S}_{II}+\widetilde{S}_b+\widetilde{S}_x+\widetilde{S}_g=-(40+j30)+(50+j30)+(180+j100)-j10$$

$$=190+j90(MVA)$$

计算无误。作近似的初步功率分布，如图 3-16 所示。

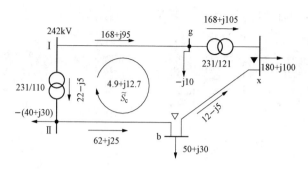

图 3 - 16　初步功率分布

计算循环功率。首先判断循环功率 $\widetilde{S}_c$ 的正方向，网络空载时在联络变压器的高压侧将网络解开，则开口上方电压为发电厂 I 母线电压 242kV，开口下方电压为

$$242 \times \frac{121}{231} \times \frac{231}{110} = 266.2(\text{kV}) > 242(\text{kV})$$

由此可以判断循环功率应为顺时针方向，且标于图 3 - 16 中，其值为

$$\widetilde{S}_c = \frac{U_N d\dot{U}}{\dot{Z}_\Sigma} = \frac{220 \times (266.2 - 242)}{139.7 - j364.5}$$
$$= 4.9 + j12.7(\text{MVA})$$

将 $\widetilde{S}_c$ 叠加在原初步功率分布的各支路上，得出计及循环功率时的功率分布。计算结果如图 3 - 17 所示。

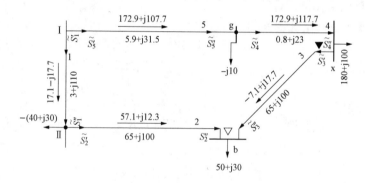

图 3 - 17　计及循环功率时的功率分布

（3）按网络的额定电压计算功率损耗，求实际的功率分布。从无功功率分点 b 将环形网络打开为两个开式网，再进行已知末端负荷和首端电压的潮流计算。

首先求得

$$\widetilde{S}''_2 = 57.1 + j12.3(\text{MVA})$$

$$\Delta P_2 = \frac{P''^2_2 + Q''^2_2}{U_N^2} R_{\text{II b}} = \frac{57.1^2 + 12.3^2}{220^2} \times 65 = 4.65(\text{MW})$$

$$\Delta Q_2 = \frac{P''^2_2 + Q''^2_2}{U_N^2} X_{\text{II b}} = \frac{57.1^2 + 12.3^2}{220^2} \times 100 = 7.05(\text{Mvar})$$

$$\widetilde{S}'_2 = \widetilde{S}''_2 + (\Delta P_2 + j\Delta Q_2) = (57.1 + j12.3) + (4.65 + j7.04) = 61.7 + j19.35(\text{MVA})$$

$$\widetilde{S}''_1 = \widetilde{S}'_2 + \widetilde{S}_{\text{II}} = (61.7 + j19.35) - (40 + j30) = 21.7 - j10.65(\text{MVA})$$

$$\Delta P_1 = \frac{P''^2_1 + Q''^2_1}{U_N^2} R_T = \frac{21.7^2 + 10.65^2}{220^2} \times 3 = 0.036(\text{MW})$$

$$\Delta Q_1 = \frac{P''^2_1 + Q''^2_1}{U_N^2} X_T = \frac{21.7^2 + 10.65^2}{220^2} \times 110 = 1.33(\text{Mvar})$$

$$\widetilde{S}_1 = \widetilde{S}_1'' + (\Delta P_1 + j\Delta Q_1) = (21.7 - j10.65) + (0.036 + j1.33) = 21.74 - j9.32(\text{MVA})$$

$$\widetilde{S}_3'' = \widetilde{S}_b - \widetilde{S}_2'' = -7.1 + j17.7(\text{MVA})$$

又由于

$$\Delta P_3 = \frac{P_3''^2 + Q_3''^2}{U_N^2}R_{bx} = \frac{(-7.1)^2 + 17.7^2}{220^2} \times 65 = 0.49(\text{MW})$$

$$\Delta Q_3 = \frac{P_3''^2 + Q_3''^2}{U_N^2}X_{bx} = \frac{(-7.1)^2 + 17.7^2}{220^2} \times 100 = 0.75(\text{Mvar})$$

因此

$$\widetilde{S}_3' = \widetilde{S}_3'' + (\Delta P_3 + j\Delta Q_3) = (-7.1 + j17.7) + (0.49 + j0.75) = -6.6 + j18.46(\text{MVA})$$

$$\widetilde{S}_4'' = \widetilde{S}_3' + \widetilde{S}_4 = (-6.6 + j18.46) + (180 + j100) = 173.4 + j118.46(\text{MVA})$$

$$\widetilde{S}_4' = \widetilde{S}_4'' + (\Delta P_4 + j\Delta Q_4) = \widetilde{S}_4'' + \frac{P_4''^2 + Q_4''^2}{U_N^2}R_T + j\frac{P_4''^2 + Q_4''^2}{U_N^2}X_T$$
$$= (173.4 + j118.46) + (0.729 + j20.9)$$
$$= 174.13 + j139.36(\text{MVA})$$

$$\widetilde{S}_5'' = \widetilde{S}_4' + \widetilde{S}_g = (174.13 + j139.36) + (-j10) = 174.13 + j129.36(\text{MVA})$$

$$\Delta P_5 = \frac{P_5''^2 + Q_5''^2}{U_N^2}R_{Ig} = \frac{174.13^2 + 129.36^2}{220^2} \times 5.9 = 5.75(\text{MW})$$

$$\Delta Q_5 = \frac{P_5''^2 + Q_5''^2}{U_N^2}X_{Ig} = \frac{174.13^2 + 129.36^2}{220^2} \times 31.5 = 30.7(\text{Mvar})$$

$$\widetilde{S}_5' = \widetilde{S}_5'' + (\Delta P_5 + j\Delta Q_5) = (174.13 + j129.36) + (5.75 + j30.7)$$
$$= 179.88 + j160.06(\text{MVA})$$

发电厂母线总运算功率为

$$\widetilde{S}_I = S_1' + S_5' = (21.74 - j9.32) + (179.88 + j160.06) = 201.62 + j150.74(\text{MVA})$$

(4) 计算各段的电压降落及各点电压。由 $U_1 = 242\text{kV}$ 开始，顺时针逐点推算各点电压。

由 U_1、$\widetilde{S}_5'$ 求 U_g

$$\Delta U_5 = \frac{P_5'R_{Ig} + Q_5'X_{Ig}}{U_1} = \frac{179.88 \times 5.9 + 160.06 \times 31.5}{242} = 25.2(\text{kV})$$

$$\delta U_5 = \frac{P_5'X_{Ig} - Q_5'R_{Ig}}{U_1} = \frac{179.88 \times 31.5 - 160.06 \times 5.9}{242} = 19.51(\text{kV})$$

$$U_g = \sqrt{(U_1 - \Delta U_5)^2 + \delta U_5^2} = \sqrt{(242 - 25.2)^2 + 19.51^2} = 217.7(\text{kV})$$

由 U_g、$\widetilde{S}_4'$ 求 U_x

$$\Delta U_4 = \frac{P_4'R_T + Q_4'X_T}{U_g} = \frac{174.13 \times 0.8 + 139.36 \times 23}{217.7} = 15.35(\text{kV})$$

$$\delta U_4 = \frac{P_4'X_T - Q_4'R_T}{U_g} = \frac{174.13 \times 23 - 139.36 \times 0.8}{217.7} = 17.88(\text{kV})$$

$$U_x = \sqrt{(U_g - \Delta U_4)^2 + \delta U_4^2} = \sqrt{(217.7 - 15.35)^2 + 17.88^2} = 203.1(\text{kV})$$

由 U_x、$\widetilde{S}_3'$ 求 U_b

$$\Delta U_3 = \frac{P_3'R_{bx} + Q_3'X_{bx}}{U_x} = \frac{-6.6 \times 65 + 18.46 \times 100}{203.1} = 6.95(\text{kV})$$

$$\delta U_3 = \frac{P'_3 X_{bx} - Q'_3 R_{bx}}{U_x} = \frac{-6.6 \times 100 - 18.46 \times 65}{203.1} = -9.16(\text{kV})$$

$$U_b = \sqrt{(U_x - \Delta U_3)^2 + \delta U_3^2} = \sqrt{(203.1 - 6.95)^2 + (-9.16)^2} = 196.4(\text{kV})$$

由 U_b、$\widetilde{S}''_2$ 求 U_{II}

$$\Delta U_2 = \frac{P''_2 R_{\text{IIb}} + Q''_2 X_{\text{IIb}}}{U_b} = \frac{57.1 \times 65 + 12.3 \times 100}{196.4} = 25.2(\text{kV})$$

$$\delta U_2 = \frac{P''_2 X_{\text{IIb}} - Q''_2 R_{\text{IIb}}}{U_b} = \frac{57.1 \times 100 - 12.3 \times 65}{196.4} = 25(\text{kV})$$

$$U_{\text{II}} = \sqrt{(U_b - \Delta U_2)^2 + \delta U_2^2} = \sqrt{(196.4 + 25.2)^2 + 25^2} = 223(\text{kV})$$

由 U_{II}、$\widetilde{S}''_1$ 求 U_{I}

$$\Delta U_1 = \frac{P''_1 R_T + Q''_2 X_T}{U_{\text{II}}} = \frac{21.7 \times 3 - 10.65 \times 110}{223} = -4.96(\text{kV})$$

$$\delta U_1 = \frac{P''_1 X_T - Q''_2 R_T}{U_{\text{II}}} = \frac{21.7 \times 110 + 10.65 \times 3}{223} = 10.84(\text{kV})$$

$$U_1 = \sqrt{(U_{\text{II}} - \Delta U_1)^2 + \delta U_1^2} = \sqrt{(223 - 4.96)^2 + 10.84^2} = 218.3(\text{kV})$$

由此可见，顺时针 I - g - x - b - II - I 逐段求得的 $U_1 = 218.3\text{kV}$ 与起始 $U_1 = 242\text{kV}$ 相差很大。这种差别就是由变压器变比不匹配形成的。以下求变压器低压侧的实际电压，如仍按顺时针给定的变压器变比将各点电压折算为实际值，这时 $U_1 = 242\text{kV}$，$U_g = 217.7\text{kV}$，则

$$U'_x = U_x \frac{1}{K_1} = 203.1 \times \frac{121}{231} = 106.4(\text{kV})$$

$$U'_b = U_b \frac{1}{K_1} = 196.4 \times \frac{121}{231} = 102.9(\text{kV})$$

$$U'_{\text{II}} = U_{\text{II}} \frac{1}{K_1} = 223 \times \frac{121}{231} = 116.8(\text{kV})$$

$$U'_{\text{I}} = U_1 \frac{1}{K_1} \frac{1}{K_2} = 218.3 \times \frac{121}{231} \times \frac{231}{110} = 240.13(\text{kV})$$

U'_1 接近于 242kV，差别只是由于计算误差造成的。最后，将计算结果标于图 3-18 中。

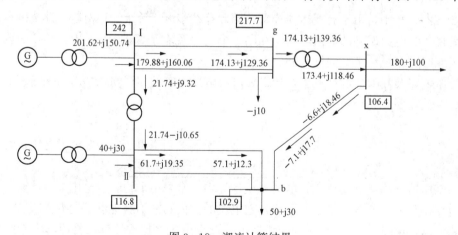

图 3-18 潮流计算结果

四、 环形网络中的经济功率分布

1. 自然功率分布

功率的自然分布是未采取任何调节控制时网络的功率分布。这个概念不仅适用于环网，也适用于辐射形网络，只是辐射形网络的功率分布由负荷分布决定，不可调控而已。

上述的分析计算表明，在环形网络中功率分布是由式（3-18）、式（3-20）、式（3-21）所决定的。也就是说，环形网络中潮流是按阻抗共轭值成反比分布的，这种分布称为自然功率分布。自然功率分布是由电力网络中物理特性所决定的功率分布状况。

2. 经济功率分布

在电力系统中，往往需要满足安全、优质、经济供电要求，因此需要在技术和管理上调整和控制潮流。例如在环形网络中，为了实现网损最小为目标的经济功率分布，则需要进行潮流调控。依据力矩法公式可求图 3-19 所示的功率分布为

$$\widetilde{S}_1 = \frac{\widetilde{S}_c Z_2^* + \widetilde{S}_b(Z_2^* + Z_3^*)}{Z_1^* + Z_2^* + Z_3^*}$$

$$\widetilde{S}_2 = \frac{\widetilde{S}_b Z_1^* + \widetilde{S}_c(Z_1^* + Z_3^*)}{Z_1^* + Z_2^* + Z_3^*}$$

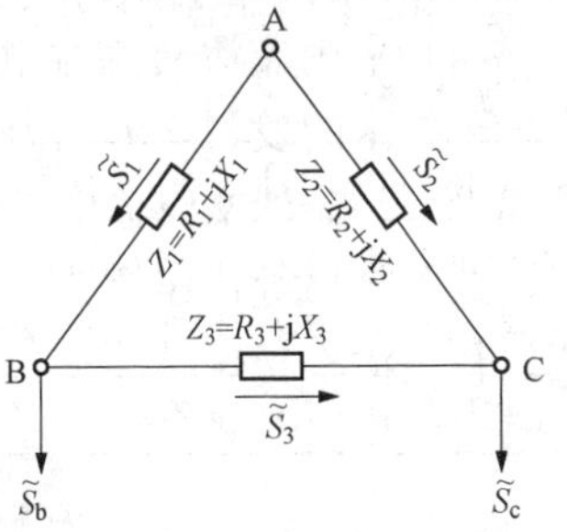

这时的网络损耗为

$$\Delta P_L = \frac{P_1^2 + Q_1^2}{U_N^2}R_1 + \frac{(P_b + P_c - P_1)^2 + (Q_b + Q_c - Q_1)^2}{U_N^2}R_2$$
$$+ \frac{(P_1 - P_b)^2 + (Q_1 - Q_b)^2}{U_N^2}R_3$$

图 3-19　环形网络的功率分布

为了求取网络损耗最小，则按极值计算方法取 ΔP_L 对 P_1 和 Q_1 的一阶偏导数并使之等于零，可求得有功功率损耗最小时的功率分布

$$\frac{\partial \Delta P_L}{\partial P_1} = \frac{2P_1}{U_N^2}R_1 - \frac{2(P_b + P_c - P_1)}{U_N^2}R_2 + \frac{2(P_1 - P_b)}{U_N^2}R_3 = 0$$

$$\frac{\partial \Delta P_L}{\partial Q_1} = \frac{2Q_1}{U_N^2}R_1 - \frac{2(Q_b + Q_c - Q_1)}{U_N^2}R_2 + \frac{2(Q_1 - Q_b)}{U_N^2}R_3 = 0$$

可求得的 P_1、Q_1，分别以 P_{1ec}、Q_{1ec} 表示

$$\left.\begin{aligned} P_{1ec} &= \frac{P_b(R_2 + R_3) + P_c R_2}{R_1 + R_2 + R_3} \\ Q_{1ec} &= \frac{Q_b(R_2 + R_3) + Q_c R_2}{R_1 + R_2 + R_3} \end{aligned}\right\} \tag{3-22}$$

从而可得

$$\left.\begin{aligned} \widetilde{S}_{1ec} &= \frac{\widetilde{S}_b(R_2 + R_3) + \widetilde{S}_c R_2}{R_1 + R_2 + R_3} \\ \widetilde{S}_{2ec} &= \frac{\widetilde{S}_c(R_1 + R_3) + \widetilde{S}_b R_2}{R_1 + R_2 + R_3} \end{aligned}\right\} \tag{3-23}$$

由此可见，有功功率损耗最小时的功率分布应按线段的电阻分布而不是按阻抗分布，这种功率分布称为经济功率分布。

3. 网络潮流调控

网络潮流调控可以是多目标的，其目标可以设定为网损最小的经济功率分布，也可以设定为电压偏移最小等，同时需考虑满足网络安全相关约束，例如线路功率约束、电压运行约束、静态稳定极限功率和导线发热极限功率等约束。为了降低网络的功率损耗，或为了减少网络阻塞等运行问题，可采用的调整控制潮流的手段主要有：

（1）串联电容。其作用是以其容抗抵偿线路的感抗。将电容串联在环形网络中阻抗相对过大的线段上，可起转移其他重载线段上流通功率的作用。

（2）串联电抗。其作用与串联电容相反，主要是限流。将电抗串联在电缆或其他载流设备起到限制短路电流等作用。

（3）附加串联加压器。其作用在于不但可调电压大小，还可调电压的相位角，产生环流或强制循环功率，可使强制循环功率与自然分布功率的叠加达到理想值。

（4）采用灵活交流输电系统（flexible alte current transmission system，FACTS）。电力电子技术的发展，为电力系统电能质量、新能源发电并网、系统潮流控制等提供了新的技术和设备。灵活交流输电系统是通过晶闸管控制调节电力电子装置，实现系统参数、运行状态、故障隔离等快速调整。利用该系统可使网络潮流易于控制，线路输送能力大幅提高，系统运行灵活、稳定。

第四节　电力系统计算网络变换法

为了分析和计算较为复杂的网络，常需要借助网络简化方法，即网络变换法。常用的有等值电源法，负荷移置法和星网变换法，下面仅介绍几种简化的实用公式。

一、等值电源法

网络中有两个或两个以上的电源支路向同一节点供电时，可用一个等值电源支路代替，网络中没有变化的其他部分的电压、电流、功率等保持不变。如图 3-20 所示，这时等值电源支路的等值阻抗和等值导纳以及等值电源支路的等值电动势分别为

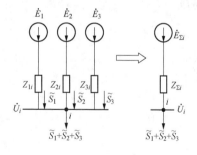

图 3-20　等值电源法

$$\begin{cases} 1/Z_{\Sigma i} = \sum_{m=1}^{L} 1/Z_{mi} \\ Y_{\Sigma i} = \sum_{m=1}^{L} Y_{mi} \end{cases} \quad (3-24)$$

$$\dot{E}_{\Sigma} = \sum_{m=1}^{L} \dot{E}_m \frac{Z_{\Sigma i}}{Z_{mi}} = \sum_{m=1}^{L} \dot{E}_m \frac{Y_{mi}}{Y_{\Sigma i}} \quad (3-25)$$

有时，还需要从等值电源支路功率还原求各原始支路功率。这里计算为

$$\widetilde{S}_m = \frac{E_m^* - E_{\Sigma}^*}{Z_{mi}^*}\dot{U}_i + \widetilde{S}_{\Sigma}\frac{Z_{\Sigma i}^*}{Z_{mi}^*} \quad (3-26)$$

式中

$$\widetilde{S}_{\Sigma} = \sum_{m=1}^{L} \widetilde{S}_m \qquad m = 1,2,\cdots,L$$

在近似计算中，可取 $\dot{U}_i = \dot{U}_N$，且 $\dot{E}_1 = \dot{E}_2 = \cdots = \dot{E}_L$，则 $\dot{E}_\Sigma = \dot{E}_m$，式（3-26）又可简化为

$$\widetilde{S}_m = \widetilde{S}_\Sigma \frac{Z^*_{\Sigma i}}{Z^*_{mi}} \tag{3-27}$$

由上可见，各支路的功率分布与其阻抗的共轭值成反比。

需要注意，运用等值电源法时，每个电源支路中都不能有其他支接负荷。如有支接负荷，应首先运用下述的负荷移置法将其移去。

二、 负荷移置法

负荷移置法就是将负荷等效地移动位置。

（1）将一个负荷移置两处。将图 3-21（a）中 k 点的负荷 $\widetilde{S}_k$ 移置到 i、j 两点处。两处的负荷确定为

$$\begin{cases} \widetilde{S}'_i = \widetilde{S}_k \dfrac{Z^*_{kj}}{Z^*_{ik} + Z^*_{kj}} \\[3mm] \widetilde{S}'_j = \widetilde{S}_k \dfrac{Z^*_{ik}}{Z^*_{ik} + Z^*_{kj}} \end{cases} \tag{3-28}$$

（2）将两点负荷移置至一处。如图 3-22 中，拟将 i、j 两点的负荷等值地移置到一处，求节点 k 的位置，可确定为

$$Z_{ik} = Z_{ij} \frac{S^*_j}{S^*_i + S^*_j}$$

$$Z_{kj} = Z_{ij} \frac{S^*_i}{S^*_i + S^*_j} \tag{3-29}$$

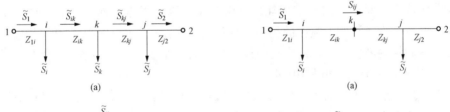

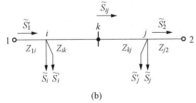

图 3-21 将一个负荷移置两处

（a）移置前；（b）移置后

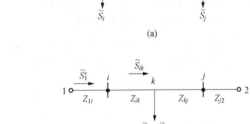

图 3-22 将两个负荷移置一处

（a）移置前；（b）移置后

三、 星网变换法

如图 3-23 所示的星形网络，将位于星形中性点 n 的负荷移置于各射线端点。这时计算为

$$\widetilde{S}_{nm} = \widetilde{S}_n \dot{Y}_{mn} \Big/ \sum_{m=1}^{L} \dot{Y}_{mn} \tag{3-30}$$

式中：$m = 1, 2, \cdots, L$。

将星形网络变换为网形网络以消去节点 n，这时计算为

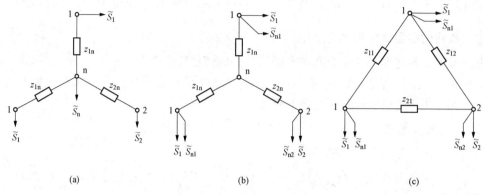

图 3-23　星网变换法

(a) 消去节点前；(b) 移置负荷后；(c) 星网变换后

$$Z_{ij} = Z_{in}Z_{jn}\sum_{m=1}^{L}Y_{mn} \tag{3-31}$$

式中：i、$j=1,2,\cdots,L$；$i\neq j$。

第五节　电力的电能损耗

一、电力线路的电能损耗

电力线路的运行状况随时间而变化，电力线路的功率损耗也随时间变化，准确地计算电力线路在一年或一段时期内的电能损耗，可由潮流计算结果累加而得，但其计算工作量过大。当前，已有不少计算电力损耗的相关工具和软件。而在工程实践中，常采用较为传统且属由统计资料归纳的经验公式，用来近似地计算电力线路在一段时间内的电能损耗。

1. 年负荷率和年最大负荷利用小时

各类电力用户或电源的最大负荷利用小时数与其行业性质、供电特点、发电计划相关，可从有关手册中查得相关数据，并求得年负荷率为

$$B = \frac{W}{8760P_{max}} = \frac{P_{max}T_{max}}{8760P_{max}} = \frac{T_{max}}{8760} \tag{3-32}$$

式中：T_{max} 称为年最大负荷利用小时；P_{max} 为年最大负荷。

所谓年负荷损耗率，其定义为

$$G = \Delta W_Z/(8760\Delta P_{max}) \tag{3-33}$$

式中：ΔW_Z 为电力线路全年电能损耗；ΔP_{max} 为电力线路在一年中最大负荷时的功率损耗。

由式（3-33）可得电力线路全年电能损耗为

$$\Delta W_Z = 8760\Delta P_{max}G \tag{3-34}$$

2. 利用最大负荷损耗时间 τ_{max} 求全年的电能损耗

另一种常用的方法是根据用户负荷的最大负荷利用小时数 T_{max} 和负荷的功率因数 $\cos\varphi$，从有关手册中查取最大负荷损耗时间 τ_{max}。它的定义为全年电能损耗 ΔW_Z 除以最大负荷时的功率损耗 ΔP_{max}，即 $\tau_{max} = \dfrac{\Delta W_Z}{\Delta P_{max}}$。

全年电能损耗为

$$\Delta W_Z = \Delta P_{max} \tau_{max} \tag{3-35}$$

需注意，τ_{max}不仅与T_{max}有关，而且与负荷的$\cos\varphi$有关。因此，由式（3-35）求得的ΔW_Z与式（3-34）求得的ΔW_Z往往有差异。这是由于这两种方法所根据的统计资料不同。

应该指出，如上所有的计算公式中都没有包括电力线路电晕损耗，这是因为除特高电压等级（如330kV及以上电压等级）电力线路外，电晕损耗一般不大，可以忽略不计。

二、变压器中的电能损耗

变压器电阻中的电能损耗，即铜损部分，与电力线路上的电能损耗计算类似，ΔW_{ZT}可以套用式（3-32）～式（3-35）计算。变压器电导中的电能损耗，即铁损部分，则可近似取变压器空载损耗P_0与变压器运行小时数的乘积。变压器运行小时数等于一年8760h减去因检修而退出运行的小时数。那么，变压器中在1年内的电能损耗表达为

$$\Delta W_T = P_0(8760 - t) + \Delta W_{ZT} \tag{3-36}$$

式中：P_0为变压器的空载损耗，kW；t为变压器在一年中退出运行时间，h；ΔW_{ZT}为变压器电阻中的电能损耗（kW），其计算完全同于电力线路中的ΔW_Z的计算。

三、电网的网损率或线损率

在给定时间（日、月、季、年）内，电力系统中所有发电厂的总发电量与厂用电量之差W_1，称为供电量。在所有送电、变电和配电环节中所损耗的电量ΔW_c，称为电力网的损耗电量。在同一时间内，电力网的损耗电量占供电量的百分值$W(\%)$，称电力网的网损率。其表达式为

$$W(\%) = \frac{\Delta W_c}{W_1} \times 100\% \tag{3-37}$$

网损率是电力系统的一项重要经济指标，也是供电企业管理水平的一项主要考核指标。

思考题与习题

3-1 电力线路阻抗的功率损耗表达式是什么？电力线路始末端的电容功率表达式有何异同？

3-2 电力线路阻抗中电压降落的纵分量和横分量的表达式是什么？其电压的计算公式是以相电压推导的，是否也适合于线电压？

3-3 什么是电压降落、电压损耗、电压偏移、电压调整及输电效率？

3-4 什么是运算负荷及运算功率？如何计算？

3-5 简单开式网络、环形网络潮流计算的内容和步骤是什么？

3-6 变压器的功率损耗如何计算？额定状态下的功率损耗可如何简单表达？

3-7 环式网络中的求取功率分布的力矩法计算公式是什么？用力矩法求出的功率分布是否考虑了网络中的功率损耗和电压降落？

3-8 110kV双回架空电力线路，每回长度为150km，导线型号均为LGJ-120，导线计算外径为15.2mm，三相导线几何平均距离为5m。已知电力线路末端负荷为30+j15MVA，末端电压为106kV，求始端电压、功率，并作出电压相量图。

3-9 220kV单回架空电力线路，长度为200km，导线型号为LGJ-300，导线计算外径为24.2mm，三相导线几何平均距离为7.5m。已知其始端输出的功率为120+j50MVA，始端电压240kV，求末端电压及功率，并作出电压相量图。

3-10 110kV单回架空电力线路，在其额定电压等级下的导线等值阻抗为26.6+j34.3Ω，导纳为$b_1=$

$2.1×10^{-6}$S。电力线路始端电压为116kV，末端负荷为15+j10MVA。求该电力线路末端电压及始端输出的功率。

3-11　220kV 单回架空电力线路，长度为 220km。电力线路每公里的参数为 $r_1=0.108\Omega/km$，$x_1=0.42\Omega/km$，$b_1=2.66×10^{-6}$S/km，线路空载运行。当线路末端电压为 215kV 时，求线路始端的电压。分析在何种运行情况下，电力线路末端电压会高于始端电压？

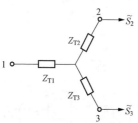

图 3-24　三绕组变压器等值电路

3-12　有一台三绕组变压器，其归算至高压侧且忽略励磁回路的等值电路如图 3-24 所示。其中 $Z_{T1}=2.47+j65\Omega$，$Z_{T2}=2.47-j1.5\Omega$，$Z_{T3}=2.47+j37.8\Omega$；$\widetilde{S}_2=5+j4MVA$，$\widetilde{S}_3=8+j6MVA$，当变压器变比为 110/38.5(1+5%)/6.6kV，$U_3=6kV$ 时，计算高压、中压侧的实际电压。

3-13　某电力线路导线为 LGJ-185，长度为 100km，导线计算外径为 19mm。该电力线路由原 110kV 升压改造至 220kV，导线水平排列，升压前后线间距离由 4m 增加到 5.5m。升压改造后导线截面保持不变，且不计电晕损失的增加。当线路末端负荷均为 90+j20MVA 运行时，计算升压改造后，较改造前该电力线路的功率损耗减少了多少？电压损耗的百分数减少了多少？并说明提高电力线路电压等级对网损和电压降落的影响。

3-14　对图 3-25 所示环形等值网络进行潮流计算。图中各线路的阻抗为 $Z_{l1}=10+j17.32\Omega$，$Z_{l2}=20+j34.6\Omega$，$Z_{l3}=25+j43.3\Omega$，$Z_{l4}=10+j17.3\Omega$；各点的运算负荷为 $\widetilde{S}_2=90+j40MVA$，$\widetilde{S}_3=50+j30MVA$，$\widetilde{S}_4=40+j15MVA$，$U_1=235kV$。

3-15　某 35kV 变电站有两台变压器并联运行，如图 3-26 所示。其参数：T1 为 $S_N=8MVA$，$P_k=25kW$，$U_k\%=7.5$；T2 为 $S_N=2MVA$，$P_k=24kW$，$U_k\%=6.5$。均忽略变压器励磁支路。变电站低压侧通过总功率为 $\widetilde{S}=8.5+j5.3MVA$。

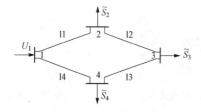

图 3-25　环形等值电路

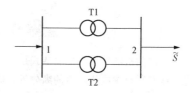

图 3-26　两变压器并列运行

试求：（1）当变压器的变比为 $K_{T1}=K_{T2}=35/11kV$ 时，每台变压器通过的功率为多少？（2）当 $K_{T1}=34.125/11kV$，$K_{T2}=35/11kV$ 时，每台变压器通过的功率为多少？

3-16　电网的电能损耗如何计算？什么是最大负荷使用时间 T_{max}？什么是最大负荷损耗时间 τ_{max}？

3-17　什么是自然功率分布？什么是经济功率分布？

3-18　某一 220kV 环形网络由发电厂 A 供电，其运算网络如图 3-27 所示。图中 $Z_1=16+j120\Omega$，$Z_2=33+j89\Omega$，$Z_3=48+j120\Omega$，$Z_4=60+j152\Omega$，$\widetilde{S}_1=170+j40MVA$，$\widetilde{S}_2=50+j30MVA$，$\widetilde{S}_3=440+j15MVA$。试计算：（1）网络的自然功率分布；（2）网络的经济功率分布；（3）实现经济功率分布前后，所减少的网损？若各负荷为最大负荷，最大负荷损耗时间 5000h，每年节省多少电能？若取电费单价为 0.5 元/kWh，全年节省多少电费？

3-19　有一长 20km，35kV 的双回平行电力线路向用户供电，其负荷为 10MW，$\cos\varphi=0.8$。电力线路导线型号为 LGJ-70，导线计算外径为 11.4mm。三相导线的几何平均距离为 3.5m。在用户变电站装设两台 SFL-7500/35 型变压器并联运行，$S_N=7.5MVA$，U_N 为 35/11kV，$P_k=75kW$，$U_k\%=7.5$，$P_0=$

9.6kW，$I_0\%=0.8$。两台变压器全年投入运行，其年持续曲线如图 3-28 所示。试计算：（1）三种负荷状况下电网中的有功功率损耗；（2）三种负荷状况下的网损率；（3）电网一年中的电能损耗；（4）当用户按功率因数 0.9 运行（用户的有功功率仍为该三种负荷状况）时，全年电能损耗。

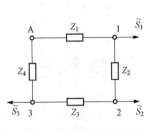

图 3-27　运算网络

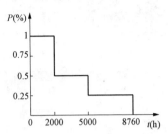

图 3-28　年持续有功负荷曲线

　　3-20　某 500kV 远距离输电线路，线路长为 550km，输送功率为 80 万 kW，功率因数为 0.95，最大负荷利用小时数 $T_{max}=6500h$，试选择导线的截面和型号。

第四章

电力系统潮流的计算机算法

第三章介绍了简单电力网络的潮流分布计算，以及与之有关的功率、电压、损耗等各种关系。而对于复杂电力网络的潮流计算，则必须借助计算机及相关计算软件。

利用计算机计算潮流，主要包括根据基本模型及方法的潮流计算程序开发、利用潮流计算程序的实践计算两部分。前者需通过建立电力网络的数学模型，确定解算方法，制定计算流程和编制计算机程序；后者一般采用当前国内外相关商用或公用软件，输入所需计算的电力系统参数，进行潮流计算。

本章将着重介绍前一部分内容，主要阐述当前电力系统潮流计算程序编制所采用的基本原理和方法；后一部分关于实践算例和应用的内容，将安排在电力系统实验、实习等实践环节中进行。

第一节　电力网络的数学模型

电力网络的数学模型是指将有关参数和变量及其相互关系归纳起来，组成可以反映网络性能的数学方程，建立描述电力系统运行状态、变量和网络参数之间相互关系的数学模型。电力网络的数学模型有节点电压方程、回路电流方程和割集电压方程等。前者在电力系统潮流计算中广泛采用，本书仅介绍节点电压方程。节点电压方程又分为以节点导纳矩阵表示的节点电压方程和以节点阻抗表示的节点电压方程。

一、 节点导纳矩阵表示的节点电压方程

1. 节点电压方程

在电路理论课中，已经学过用节点导纳矩阵表示的节点电压方程组

$$\dot{\boldsymbol{I}}_{B} = \boldsymbol{Y}_{B}\dot{\boldsymbol{U}}_{B} \tag{4-1}$$

式（4-1）中，下标 B 表示网络节点（节点即为电气设备中的母线 BUS），$\boldsymbol{I}_B$ 是节点注入电流的列向量，在电力系统计算中，节点注入电流可理解为节点电源电流与负荷电流之和，并规定电源向网络节点注入的电流为正，负荷节点的注入电流则为负，而仅起联络作用的联络节点的注入电流为零。$\boldsymbol{U}_B$ 是节点电压的列向量。网络中有接地支路时，通常以大地为参考点，节点电压就是各节点的对地电压，并规定大地节点的编号为零。交流电力系统网络中 $\boldsymbol{I}_B$ 和 $\boldsymbol{U}_B$ 均是节点注入电流和节点电压的交流有效值相量值。$\boldsymbol{Y}_B$ 是一个 $n \times n$ 阶节点导纳矩阵，其阶数 n 就等于网络中除大地参考节点外的节点数。

对于 n 个节点网络（n 中不含大地参考点），其节点电压方程展开为

$$\begin{bmatrix} \dot{I}_1 \\ \dot{I}_2 \\ \cdots \\ \dot{I}_n \end{bmatrix} = \begin{bmatrix} Y_{11} & Y_{12} & \cdots & Y_{1n} \\ Y_{21} & Y_{22} & \cdots & Y_{2n} \\ \cdots & \cdots & \cdots & \cdots \\ Y_{n1} & Y_{n2} & \cdots & Y_{nn} \end{bmatrix} \begin{bmatrix} \dot{U}_1 \\ \dot{U}_2 \\ \cdots \\ \dot{U}_n \end{bmatrix} \tag{4-2}$$

2. 节点导纳矩阵

在本章中矩阵及其元素均采用大写字母表示，等值电路中的阻抗导纳参数均采用小写字母。

(1) 节点导纳矩阵中的非对角元素。节点导纳矩阵的非对角元素 $Y_{ji}(j=1,2,\cdots,n;i=1,2,\cdots,n;j\neq i)$ 称互导纳。由式（4-2）可见，互导纳 Y_{ji} 等于在节点 i 施加单位电压 $\dot{U}_i=1$，其他节点全部接地时，经节点 j 向网络注入的电流，亦等于节点 i、j 之间所连支路元件导纳的负值。其表示式为

$$Y_{ij} = \dot{I}_i/\dot{U}_j = -y_{ij} = -y_{ji} \quad (\dot{U}_i=0;i=1,2,\cdots,n;j=1,2,\cdots,n;j\neq i) \tag{4-3}$$

从而有 $Y_{ji}=Y_{ij}$，因此网络节点导纳矩阵为对称矩阵。若节 i、j 之间没有支路直接相连时，则有 $Y_{ji}=Y_{ij}=0$。这样 $\boldsymbol{Y}_B$ 中将有大量的零元素，因而节点导纳矩阵为稀疏矩阵。并且导纳矩阵各行非对角元素的个数等于对应节点所连的不接地支路数。

(2) 节点导纳矩阵中的对角元素。节点导纳矩阵中的对角元素 $Y_{ii}(i=1,2,\cdots,n)$ 称自导纳。由式（4-2）可见，自导纳 Y_{ii} 等于在节点 i 施加单位电压且其他节点全部接地时，经节点 i 向网络中注入的电流，亦等于与节点 i 相连支路的导纳之和。其表示为

$$Y_{ii} = \dot{I}_i/\dot{U}_i = \sum_{j=0}^{j\in i} y_{ij} \quad (\dot{U}_j=0;j\neq i) \tag{4-4}$$

式（4-4）中：$j\in i$ 表示只包括与 i 节点直接相连的节点；$j=0$ 表示 i 节点对地导纳支路。

节点导纳矩阵中的对角元素即自导纳等于所有互导纳和该节点对地支路导纳之和。

以网络节点导纳矩阵表示的节点电压方程在进行潮流计算时，可以减少计算机的内存，提高运算速度，因此是最为常用的。

二、 节点阻抗矩阵表示的节点电压方程

由 $\dot{\boldsymbol{I}}_B = \boldsymbol{Y}_B \dot{\boldsymbol{U}}_B$ 的两边都左乘 $\boldsymbol{Y}_B^{-1}$，则节点电压方程变为

$$\boldsymbol{Y}_B^{-1} \dot{\boldsymbol{I}}_B = \boldsymbol{Z}_B \dot{\boldsymbol{I}}_B = \dot{\boldsymbol{U}}_B \tag{4-5}$$

式中：$\boldsymbol{Z}_B$ 称为节点阻抗矩阵，是节点导纳矩阵的逆矩阵，$\boldsymbol{Y}_B^{-1}=\boldsymbol{Z}_B$，对于 n 个节点的网络也是一个 $n\times n$ 阶的对称矩阵

$$\boldsymbol{Z}_B = \begin{bmatrix} Z_{11} & Z_{12} & \cdots & Z_{1n} \\ Z_{21} & Z_{22} & \cdots & Z_{2n} \\ \cdots & \cdots & \cdots & \cdots \\ Z_{n1} & Z_{n2} & \cdots & Z_{nn} \end{bmatrix} \tag{4-6}$$

将式（4-5）展开

$$\begin{bmatrix} Z_{11} & Z_{12} & \cdots & Z_{1n} \\ Z_{21} & Z_{22} & \cdots & Z_{2n} \\ \cdots & \cdots & \cdots & \cdots \\ Z_{n1} & Z_{n2} & \cdots & Z_{nn} \end{bmatrix} \begin{bmatrix} \dot{I}_1 \\ \dot{I}_2 \\ \cdots \\ \dot{I}_n \end{bmatrix} = \begin{bmatrix} \dot{U}_1 \\ \dot{U}_2 \\ \cdots \\ \dot{U}_n \end{bmatrix} \tag{4-7}$$

则可得到节点阻抗矩阵中各元素的物理意义。节点阻抗矩阵中的对角元素为自阻抗，表达式为

$$Z_{ii} = \frac{\dot{U}_i}{\dot{I}_i} = \dot{U}_i \quad (\dot{I}_i = 1; \dot{I}_j = 0; i = 1,2,\cdots,n; j = 1,2,\cdots,n; j \neq i) \quad (4-8)$$

自阻抗等于经节点 i 注入单位电流，其他节点全部开路时，节点 i 上的电压。Z_{ii} 可看成从节点 i 向整个网络看进去的总等值阻抗。只要节点 i 与电力网络相连，则 Z_{ii} 为非零的有限值。

节点阻抗矩阵中的非对角元素称为互阻抗，或称转移阻抗，表达式为

$$Z_{ji} = \frac{\dot{U}_j}{\dot{I}_i} = \dot{U}_j \quad (\dot{I}_i = 1; \dot{I}_j = 0; i = 1,2,\cdots,n; j = 1,2,\cdots,n; j \neq i) \quad (4-9)$$

互阻抗 Z_{ji} 在数值上等于经节点 i 注入单位电流且其余节点全部开路时，节点 j 的电压。根据互易原理可知 $Z_{ji} = Z_{ij}$，故节点阻抗矩阵为对称矩阵。

在一个电力网络中各节点之间总是相互有电磁联系的，因此当节点 i 向网络注入单位电流，而其他节点开路时，所有节点电压都不为零。也就是说互阻抗皆为非零元素，所以阻抗矩阵是一个非零元素的满矩阵，这样增加了计算机的内存和运算次数。

节点导纳矩阵和节点阻抗矩阵皆有对角优势。

第二节　变压器等值模型及其应用

一、非标准变比时的变压器等值模型

如前所述，无论采用有名制或标幺制，凡涉及多电压等级网络的计算，在精确计算时都必须将网络中所有参数和变量按实际变比归算至同一电压等级。实际运行中，常常根据电力系统不同的运行状态，调整变压器变比分接头以使节点电压满足要求，因此变压器实际变比往往不等于变压器两侧额定电压值之比，即不等于标准变比。因此，在多电压等级网络计算中，需采用第二章第四节电力网络等值电路中等值变压器模型。这样，既可以准确描述变压器的变比，又可将变压器变比对等值电路即参数的影响限定在变压器本体参数上，从而解决了每次改变变比需进行网络参数和变量的归算问题，应用于计算机程序编制和电网计算时实用且便捷。

1. 双绕组变压器等值模型

与第二章第四节中理想变压器等值电路图 2-25 相同，在变压器 τ 形等值电路中，假设暂不考虑变压器的导纳或励磁支路，变压器本身的阻抗 Z_T 为归算至母线 I 侧额定电压的有名值，变压器的实际变比为 k，如图 4-1（a）所示，此种描述下变比为 $1:k$ 的理想变压器无任何损耗。该变压器两侧 I、II 母线电压分别为系统中实际运行电压，所有的阻抗均已归算至电压基本级。等值模型中相应的阻抗或导纳参数如图 4-1（b）和（c）所示。

附带指出，当变压器不仅有改变电压大小而且有移相功能时，其变比 k 将为复数。

2. 三绕组变压器的等值模型

对于三绕组变压器，由于在高、中压两侧有分接头，其接入理想变压器的电路如图 4-2 所示。图中 I、II、III 代表低、中、高压侧节点。Z_{TI}、Z_{TII}、Z_{TIII} 分别表示三个绕组的等

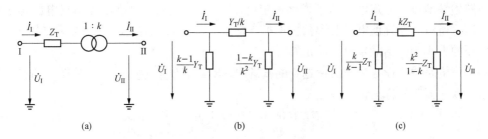

图 4-1　双绕组变压器等值模型

(a) 含非标准变比理想变压器的变压器支路；(b) 以导纳表示的变压器等值电路模型；

(c) 以阻抗表示的变压器等值电路模型

值电抗，$k_{(Ⅰ-Ⅱ)*}$、$k_{(Ⅰ-Ⅲ)*}$ 表示Ⅱ侧对Ⅰ侧及Ⅲ侧对Ⅰ侧的标幺值变比。将高、中压侧的电路做成Ⅱ形等值电路，即为等值三绕组变压器模型。

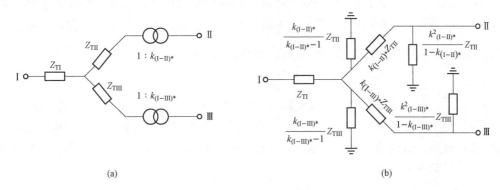

图 4-2　三绕组变压器等值模型

(a) 三绕组变压器实际变比电路；(b) 三绕组变压器含变比等值电路

二、变压器等值模型的应用

1. 有名制的变压器等值模型及其参数

由第二章变压器等值电路和参数计算可知，按其铭牌参数可得归算在低压侧变压器参数。其中变压器阻抗由式（2-60）、式（2-61）可得有名制参数

$$R_T = \frac{P_k}{1000} \frac{U_{NⅡ}^2}{S_N^2} \tag{4-10}$$

$$X_T = \frac{U_k\%}{100} \frac{U_{NⅡ}^2}{S_N} \tag{4-11}$$

式中：$U_{NⅠ}$、$U_{NⅡ}$ 分别为变压器高、低压绕组的额定电压。

之所以采用低压侧额定电压是由于可调分接头位于高压侧。

若归算至高压侧等值的有名值参数，则还需注意通过实际变比 $k = \dfrac{U_Ⅰ}{U_Ⅱ}$ 归算，方可到同一电压等级。$U_Ⅰ$、$U_Ⅱ$ 分别为变压器高、低压绕组的实际电压，k 也是变压器相对应的实际匝数比。理想变压器变比可反映变压器分接头所在位置的变比。

2. 标幺制表示的等值模型及其参数

由于升压变压器高压侧或降压变压器低压侧的额定电压高于线路额定电压 10%，因此输电线路始端节点的额定电压高于线路额定电压 10％，线路末端节点的额定电压等于线路额定电压。所以，在等值电路及参数折算中，常常采用平均额定电压值作为基准电压。平均额定电压的大小为线路额定电压的 1.05 倍。

在等值电路中，设备参数需按选定的基准电压 U_{BI}、U_{BII} 折算为同一基准下的有名值或标幺值。变压器阻抗标幺值可写为

$$R_{\text{T}*} = \frac{R_{\text{T}}}{Z_{\text{B}}} = \frac{P_{\text{k}}/1000 \cdot (U_{\text{NII}}^2/S_{\text{N}}^2)}{U_{\text{BII}}^2/S_{\text{B}}} = \frac{P_{\text{k}}}{1000} \frac{U_{\text{NII}}^2}{S_{\text{N}}^2} \frac{S_{\text{B}}}{U_{\text{BII}}^2} \tag{4-12}$$

$$X_{\text{T}*} = \frac{U_{\text{k}}\%}{100} \frac{U_{\text{NII}}^2}{S_{\text{N}}} \frac{S_{\text{B}}}{U_{\text{BII}}^2} \tag{4-13}$$

相应的理想变压器变比的标幺值可表示为 $1:k_*$ 或 $k_*:1$。当表示为 $k_*:1$ 时：

$$k_*:1 = U_{\text{I}*}/U_{\text{II}*} = \frac{U_{\text{I}}/U_{\text{BI}}}{U_{\text{II}}/U_{\text{BII}}} = (U_{\text{BII}}U_{\text{I}})/(U_{\text{BI}}U_{\text{II}}) = \frac{U_{\text{I}}/U_{\text{II}}}{U_{\text{BI}}/U_{\text{BII}}}:1 \tag{4-14}$$

式中：U_{BI}、U_{BII} 分别为折算参数时变压器高、低压侧基准电压，工程计算中一般选平均额定电压。实际变比 $U_{\text{I}}/U_{\text{II}}$ 或 $U_{\text{II}}/U_{\text{I}}$ 为两侧绕组实际匝数比，即等于变压器取分接头后的变比。例如，当高压侧 I 取分接头 $\pm m$ 时，则变比为 $\dfrac{U_{\text{I}}}{U_{\text{II}}} = \dfrac{U_{\text{NI}}(1 \pm m \times 1.25\%)}{U_{\text{NII}}}$，同理可得 $U_{\text{II}}/U_{\text{I}}$。

需要指出，理想变压器都串联在高压或高压和中压绕组端点，不串联在低压绕组端点，主要原因是变压器分接头位于高中压侧。而变压器铭牌参数均是按各绕组额定电压和额定容量的空载和短路试验获得，因此变压器阻抗和导纳参数的有名值，一般是按各绕组额定电压求得，再进行归算。

第三节　节点导纳矩阵的形成与修改

一、节点导纳矩阵的形成

电力系统潮流计算的计算机算法中，由于数学模型为程序编制通用模型，因此所有参数均需先折算为统一基准下的标幺值，模型求解后，再折算至有名值。以下内容如无特别说明，均采用标幺值描述。节点导纳矩阵形成的计算步骤和方法：

(1) 节点导纳矩阵的阶数等于电力网络中除参考点（一般为大地）以外的节点数。

(2) 节点导纳矩阵是稀疏矩阵，其各行非对角非零元素的个数等于对应节点所连的不接地支路数。

(3) 节点导纳矩阵的非对角元素 Y_{ij} 等于节点 i 和 j 间支路导纳的负值。

(4) 节点导纳矩阵的对角元素，即各节点的自导纳等于相应节点所连支路的导纳之和，并包括节点对地支路。

(5) 节点导纳矩阵是对称方阵，因此一般只需要求取这个矩阵的上三角或下三角部分。

(6) 在节点导纳矩阵中，变压器支路一般按 τ 形等值电路计算，其中变压器励磁回路直接按该节点对地导纳支路计入对角元素；而变压器 τ 形等值电路中的阻抗支路，则采用计及非标准变比时以导纳表示的 π 形二端口等值电路，如图 4-1（b）所示。按此等值电路用前述方法可很方便地计入节点导纳矩阵，即当接入非标准变比的变压器支路 i、j 时，节点导

纳矩阵各元素：

增加非零非对角元素（ij 之间互导纳）

$$Y_{ij} = Y_{ji} = -\frac{Y_\mathrm{T}}{k_*} \tag{4-15}$$

节点 i 的自导纳，除计入变压器励磁回路导纳外（励磁回路位于节点和接地点之间），增加一个改变量

$$\Delta Y_{ii} = \frac{k_* - 1}{k_*} Y_\mathrm{T} + \frac{1}{k_*} Y_\mathrm{T} = Y_\mathrm{T} \tag{4-16}$$

节点 j 的自导纳，增加一个改变量

$$\Delta Y_{jj} = \frac{1}{k_*} Y_\mathrm{T} + \frac{1 - k_*}{k_*^2} Y_\mathrm{T} \tag{4-17}$$

二、 节点导纳矩阵的修改

在电力系统计算中，对于已知网络，其节点导纳矩阵已经形成。如果网络接线发生局部变化，此时不必重新计算节点导纳矩阵。仅仅需要在原节点导纳矩阵的基础上进行必要的局部修改就可以得到所求的节点导纳矩阵。下面介绍几种情况。

（1）从原有的网络中引出一条新的支路，同时增加一个新的节点，如图 4-3（a）所示。设 i 为原网络 N 中任意节点，j 为新增加节点，z_{ij} 为新增加的支路阻抗。由于增加一个新的节点，因而节点导纳矩阵相应增加一阶。而且 j 节点只有一条支路，所以新增加节点 j 的对角元素为

$$Y_{jj} = y_{ij} = \frac{1}{z_{ij}} \tag{4-18}$$

新增加的非对角元素为

$$Y_{ij} = Y_{ji} = -y_{ij} = -\frac{1}{z_{ij}} \tag{4-19}$$

原有网络节点 i 的自导纳增量为

$$\Delta Y_{ii} = y_{ij} = \frac{1}{z_{ij}} \tag{4-20}$$

将新增加对角元素、非对角元素纳入原节点导纳矩阵中即为新增加一个支路的所求节点导纳矩阵。

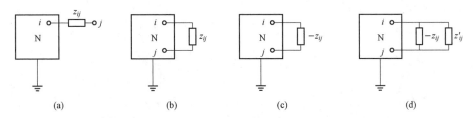

图 4-3　电力网络接线变更示意图

（a）增加支路和节点；（b）增加支路；（c）切除支路；（d）改变支路参数

（2）在原有节点 i 和 j 之间增加一条支路，如图 4-3（b）所示。在这种情况下，增加支路，不增加节点，节点导纳矩阵的阶数不变。但是，节点 i、j 有关的元素应进行如下修正

$$\left.\begin{aligned}\Delta Y_{ii} &= y_{ij} = \frac{1}{z_{ij}} \\ \Delta Y_{jj} &= y_{ij} = \frac{1}{z_{ij}} \\ \Delta Y_{ij} &= \Delta Y_{ji} = -y_{ij} = -\frac{1}{z_{ij}}\end{aligned}\right\} \qquad (4\text{-}21)$$

（3）在原有网络节点 i 和 j 之间切除一条阻抗为 z_{ij} 的支路，在这种情况下，相当于在节点 i 和 j 之间增加一条阻抗为 $-z_{ij}$ 的支路，如图 4-3（c）所示。因此与节点 i、j 有关的元素应做以下修改

$$\left.\begin{aligned}\Delta Y_{ii} &= \Delta Y_{jj} = -y_{ij} = -\frac{1}{z_{ij}} \\ \Delta Y_{ij} &= \Delta Y_{ji} = y_{ij} = \frac{1}{z_{ij}}\end{aligned}\right\} \qquad (4\text{-}22)$$

（4）原有网络节点 i 和 j 之间支路阻抗由 z_{ij} 改变为 z'_{ij}。在这种情况下，可以看作是在节点 i 和 j 间切除阻抗 z_{ij} 的支路，并在节点 i 和 j 间增加阻抗为 z'_{ij} 的支路，如图 4-3（d）所示。此时，节点导纳矩阵的阶数不变，其元素修正如下

$$\left.\begin{aligned}\Delta Y_{ii} &= \Delta Y_{jj} = y'_{ij} - y_{ij} = \frac{1}{z'_{ij}} - \frac{1}{z_{ij}} \\ \Delta Y_{ij} &= \Delta Y_{ji} = y_{ij} - y'_{ij} = \frac{1}{z_{ij}} - \frac{1}{z'_{ij}}\end{aligned}\right\} \qquad (4\text{-}23)$$

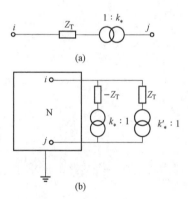

图 4-4　改变变压器支路

（5）原有网络节点 i 和 j 之间变压器的变比由 k_* 变为 k'_* 时，如图 4-4 所示。相当于在网络节点 i 和 j 之间切除一变比为 k_* 的变压器支路，而又增加一个变比为 k'_* 的变压器支路。变压器的等值电路如图 4-4（b）所示，其节点导纳矩阵元素的修改如下

$$\left.\begin{aligned}\Delta Y_{ij} &= \Delta Y_{ji} = -\left(\frac{1}{k'_*} - \frac{1}{k_*}\right)Y_{\mathrm{T}} = \left(\frac{1}{k_*} - \frac{1}{k'_*}\right)\frac{1}{Z_{\mathrm{T}}} \\ \Delta Y_{ii} &= \Delta y_{i0} + \Delta y_{ij}\end{aligned}\right\} \qquad (4\text{-}24)$$

其中

$$\left.\begin{aligned}\Delta y_{i0} &= \frac{k'_* - 1}{k'_*}Y_{\mathrm{T}} - \frac{k_* - 1}{k_*}Y_{\mathrm{T}} = -\left(\frac{1}{k'_*} - \frac{1}{k_*}\right)Y_{\mathrm{T}} \\ \Delta y_{ij} &= \left(\frac{1}{k'_*} - \frac{1}{k_*}\right)Y_{\mathrm{T}}\end{aligned}\right\} \qquad (4\text{-}25)$$

所以

$$\Delta Y_{ii} = 0$$

同理

$$\Delta Y_{jj} = \Delta y_{j0} + \Delta y_{ji} = \left(\frac{1}{k'^2_*} - \frac{1}{k^2_*}\right)Y_{\mathrm{T}} = \left(\frac{1}{k'^2_*} - \frac{1}{k^2_*}\right)\frac{1}{Z_{\mathrm{T}}} \qquad (4\text{-}26)$$

【例 4-1】　设图 4-5 所示等值网络的阻抗、导纳均为标幺值，节点编号如图中①～⑤，

支路编号如图中①～⑤。其中，支路①和③为变压器支路。试求该网络的节点导纳矩阵。

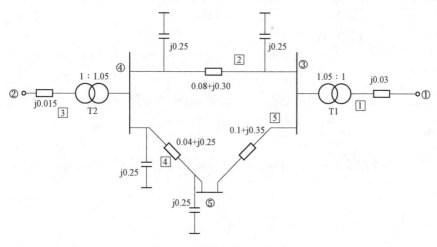

图 4 - 5　等效电路图及参数

解　图 4 - 6（a）、（b）所示分别为理想变压器及其等效电路图。

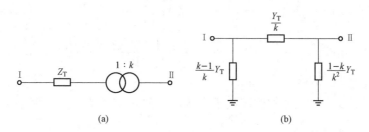

图 4 - 6　理想变压器

本题可用以下两种方法进行解答：

方法一：以支路顺序计算节点导纳矩阵（计算机编程思路）。

按照网络中支路输入的顺序，逐渐计入导纳矩阵各元素值。该方法等同于网络中增加支路时，导纳矩阵的修改方法。

增加支路l，起始节点 i 与终止节点 j，则其相关的非对角元素为 $Y_{ij} = Y_{ji} = -y_{ij}$，相关的对角元素 Y_{ii} 增加 $\Delta Y_{ii} = y_{ij}$；Y_{jj} 同理增加 $\Delta Y_{jj} = y_{ij}$。首先将导纳矩阵中元素清零。

（1）在原网络中新增一条支路①，$l=1$，此支路起始节点为①，终止节点为③，导纳矩阵相关元素为

$$Y_{13} = Y_{31} = -y_{13} = -\frac{Y_{T1}}{k_{1*}} = j31.746$$

$$Y_{11}^{l} = Y_{11}^{l-1} + \Delta Y_{11} = \frac{1}{k_{1*}}Y_{T1} + \frac{k_{1*}-1}{k_{1*}}Y_{T1} = Y_{T1} = -j33.333$$

$$Y_{33}^{l} = Y_{33}^{l-1} + \Delta Y_{33} = \frac{1-k_{1*}}{k_{1*}^2}Y_{T1} + \frac{1}{k_{1*}}Y_{T1} = \left(\frac{1-k_{1*}}{k_{1*}^2} + \frac{k_{1*}}{k_{1*}^2}\right)Y_{T1}$$

$$= \frac{1}{k_{1*}^2}Y_{T1} = \frac{-j33.333}{1.05^2} = -j30.234$$

（2）新增一条支路②，此时 $l=2$，此支路起始节点为③，终止节点为④，导纳矩阵相

关元素为

$$Y_{34} = Y_{43} = -y_{34} = -0.8299 + j3.112$$

$$Y_{33}^{l} = Y_{33}^{l-1} + \Delta Y_{33} = Y_{33}^{l-1} + y_{34} + j0.25$$

$$= -j31.8213 + [(0.8299 - j3.112) + j0.25]$$

$$= 0.8299 - j34.6833$$

$$Y_{44}^{l} = Y_{44}^{l-1} + \Delta Y_{44} = Y_{44}^{l-1} + y_{34} + j0.25$$

$$= 0 + [(0.8299 - j3.112) + j0.25]$$

$$= 0.8299 - j2.862$$

（3）新增一条支路③，此支路起始节点为④，终止节点为②，此时有 $l=3$，导纳矩阵相关元素为

$$Y_{24} = Y_{42} = -Y_{24} = -\frac{Y_{T2}}{k_{2*}} = j63.492$$

$$Y_{22}^{l} = Y_{22}^{l-1} + \Delta Y_{22} = Y_{22}^{l-1} + y_{24} + y_{20} = 0 + \frac{1}{k_{2*}}Y_{T2} + \frac{k_2 - 1}{k_{2*}}Y_{T2}$$

$$= -j66.667$$

$$Y_{44}^{l} = Y_{44}^{l-1} + \Delta Y_{44} = Y_{44}^{l-1} + y_{24} + \frac{1 - k_{2*}}{k_{2*}^2}Y_{T2}$$

$$= 0.8299 - j2.862 - j63.492 + \frac{1.05 - 1}{1.05^2} \times -j66.667$$

$$= 0.8299 - j63.3306$$

（4）新增一条支路④，此支路起始节点为④，终止节点为⑤，此时 $l=4$，导纳矩阵相关元素为

$$Y_{45} = Y_{54} = -y_{45} = -0.624 + j3.9$$

$$Y_{44}^{l} = Y_{44}^{l-1} + \Delta Y_{44} = Y_{44}^{l-1} + j0.25 + y_{45}$$

$$= 0.8299 - j63.3306 + j0.25 + 0.624 - j3.9$$

$$= 1.4539 - j66.9806$$

$$Y_{55}^{l} = Y_{55}^{l-1} + \Delta Y_{55} = 0 + j0.25 + y_{45}$$

$$= j0.25 + 0.624 - j3.9$$

$$= 0.624 - j3.65$$

（5）新增一条支路⑤，此支路起始节点为③，终止节点为⑤，此时有 $l=4$，导纳矩阵相关元素为

$$Y_{35} = Y_{53} = -y_{35} = -0.754 + j2.6415$$

$$Y_{33}^{l} = Y_{33}^{l-1} + \Delta Y_{33} = Y_{33}^{l-1} + y_{35}$$

$$= 0.8299 - j34.6833 + 0.754 - j2.6415$$

$$= 1.5839 - j37.3248$$

$$Y_{55}^{l} = Y_{55}^{l-1} + \Delta Y_{55} = Y_{55}^{l-1} + y_{35}$$

$$= 0.624 - j3.56 + 0.754 - j2.6415$$

$$= 1.378 - j6.2015$$

至此，所有支路均已计入导纳矩阵。

方法二：以节点顺序计算节点导纳矩阵（导纳矩阵定义及电路计算思路）。

矩阵 $\boldsymbol{Y}$ 称为节点导纳矩阵。对角线元素 Y_{ii} 称为节点 i 的自导纳，其值等于接于节点 i 的所有支路的导纳之和。非对角元素 Y_{ij} 称为节点 i、j 之间的互导纳，其值等于直接连接节点 i 与 j 间的支路导纳的负值。若节点 i、j 之间无支路，则互导纳 $Y_{ij}=0$；若节点 i、j 之间有支路，则互导纳 $Y_{ij}=-y_{ij}$。节点 i 自导纳计算式为

$$Y_{ii}=y_{i0}+\sum_j y_{ij}$$

故，先计算出各支路导纳

$$y_{13}=y_{31}=\frac{Y_{T1}}{k_{1*}}=\frac{\frac{1}{j0.03}}{1.05}=-j31.746$$

$$y_{34}=y_{43}=\frac{1}{0.08+j0.3}=0.8299-j3.112$$

$$y_{24}=y_{42}=\frac{Y_{T2}}{k_{2*}}=\frac{\frac{1}{j0.015}}{1.05}=-j63.492$$

$$y_{45}=y_{54}=\frac{1}{0.04+j0.25}=0.624-j3.9$$

$$y_{35}=y_{53}=\frac{1}{0.1+j0.35}=0.7547-j2.6415$$

$$y_{30}=j0.25+\frac{1-k_{1*}}{k_{1*}^2}Y_{T1}=j0.25+\frac{1-1.05}{1.05^2}\times(-j33.333)=j1.7617$$

$$y_{40}=j0.25+j0.25+\frac{1-k_{2*}}{k_{2*}^2}Y_{T2}=j0.25+\frac{1-1.05}{1.05^2}\times(-j66.667)=j3.5234$$

$$y_{50}=j0.25$$

由支路导纳值计算导纳矩阵各元素

$$Y_{11}=Y_{T1}=\frac{1}{j0.03}=-j33.333$$

$$Y_{22}=Y_{T2}=\frac{1}{j0.015}=-j66.667$$

$$\begin{aligned}Y_{33}&=y_{30}+y_{13}+y_{34}+y_{35}=j1.7617+(-j31.746)\\&\quad+(0.8299-j3.112)+(0.7547-j2.6415)\\&=1.5846-j35.7378\end{aligned}$$

$$Y_{44}=y_{40}+y_{24}+y_{34}+y_{45}=1.4539-j67.4806$$

$$Y_{55}=y_{50}+y_{35}+y_{45}=1.3787-j6.2915$$

$$Y_{13}=Y_{31}=-y_{13}=j31.746$$

$$Y_{34}=Y_{43}=-y_{34}=-0.8299+j3.112$$

$$Y_{24}=Y_{42}=-y_{24}=j63.492$$

$$Y_{45}=Y_{54}=-y_{45}=-0.624+j3.9$$

$$Y_{35}=Y_{53}=-y_{35}=-0.7547+j2.6415$$

$$Y_{12}=Y_{21}=Y_{14}=Y_{41}=Y_{15}=Y_{51}=Y_{23}=Y_{32}=Y_{25}=Y_{52}=0$$

两种解答的实质方法完全相同，只是在计算中，一是对导纳矩阵各个元素的逐个计算，

或者说是对电网中各个节点的逐个计算；一是对电网各个支路的逐个计算，或者说是对导纳矩阵各个元素的逐个叠加。现代电力系统计算中，由于系统节点支路数动辄成千上万，因此，以支路顺序计算导纳矩阵的方法，仅需对所有支路查询计算一遍即可。

第四节　功率方程和变量及节点分类

从建立的节点导纳矩阵的节点电压方程 $\dot{I}_{\mathrm{B}} = Y_{\mathrm{B}}\dot{U}_{\mathrm{B}}$ 来分析，由于工程实践中通常已知的不是节点电压列向量 $\dot{U}_{\mathrm{B}}$，也不是节点电流列向量 $\dot{I}_{\mathrm{B}}$，而是各节点的功率 $\widetilde{S}_{\mathrm{B}}$，因此按功率与电流电压关系 $\widetilde{S} = \dot{U}\dot{I}^{*}$，节点电压方程可改写成功率方程

$$\widetilde{\boldsymbol{S}}_{\mathrm{B}} = \dot{U}_{\mathrm{B}}\boldsymbol{Y}_{\mathrm{B}}^{*}\dot{U}_{\mathrm{B}}^{*} \tag{4-27}$$

式中：$\widetilde{\boldsymbol{S}}_{\mathrm{B}}$ 是节点注入功率列向量，$\widetilde{\boldsymbol{S}}_{\mathrm{B}} = \begin{bmatrix} \widetilde{S}_1 & \widetilde{S}_2 & \cdots & \widetilde{S}_n \end{bmatrix}^{\mathrm{T}}$。

一、功率方程

首先以图 4-7（a）所示 2 个节点的简单电力系统为例介绍各节点功率方程，节点注入功率是各节点电压与导纳矩阵元素的函数。图中 $\widetilde{S}_{\mathrm{G1}} = P_{\mathrm{G1}} + \mathrm{j}Q_{\mathrm{G1}}$，$\widetilde{S}_{\mathrm{G2}} = P_{\mathrm{G2}} + \mathrm{j}Q_{\mathrm{G2}}$ 分别为母线 1、2 的等值电源功率；$\widetilde{S}_{\mathrm{D1}} = P_{\mathrm{D1}} + \mathrm{j}Q_{\mathrm{D1}}$，$\widetilde{S}_{\mathrm{D2}} = P_{\mathrm{D2}} + \mathrm{j}Q_{\mathrm{D2}}$ 分别为母线 1、2 的等值负荷功率，因此母线 1、2 的注入功率分别为 $\widetilde{S}_1 = \widetilde{S}_{\mathrm{G1}} - \widetilde{S}_{\mathrm{D1}}$，$\widetilde{S}_2 = \widetilde{S}_{\mathrm{G2}} - \widetilde{S}_{\mathrm{D2}}$，具体表达式为

$$\left.\begin{aligned} \widetilde{S}_1 &= \widetilde{S}_{\mathrm{G1}} - \widetilde{S}_{\mathrm{D1}} = \dot{U}_1 Y_{11}^{*}\dot{U}_1^{*} + \dot{U}_1 Y_{12}^{*}\dot{U}_2^{*} \\ \widetilde{S}_2 &= \widetilde{S}_{\mathrm{G2}} - \widetilde{S}_{\mathrm{D2}} = \dot{U}_2 Y_{22}^{*}\dot{U}_2^{*} + \dot{U}_2 Y_{21}^{*}\dot{U}_1^{*} \end{aligned}\right\} \tag{4-28}$$

式（4-28）就是节点功率平衡方程，其实部为有功平衡方程，虚部为无功平衡方程。

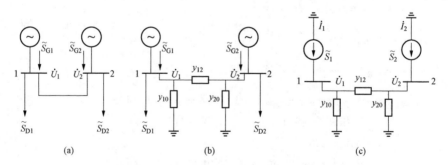

图 4-7　简单电力系统及其等值网络

（a）系统接线图；（b）系统等值网络；（c）注入功率和注入电流

其中，以幅值和相角表示的节点电压相量分别为

$$\left.\begin{aligned} \dot{U}_1 &= U_1 \mathrm{e}^{\mathrm{j}\varphi_1} \\ \dot{U}_2 &= U_2 \mathrm{e}^{\mathrm{j}\varphi_2} \end{aligned}\right\}$$

导纳矩阵元素自阻抗为

$$Y_{11} = Y_{22} = y_{10} + y_{12} = y_{20} + y_{21} = y_{\mathrm{s}}\mathrm{e}^{-\mathrm{j}(90-\varphi_{\mathrm{s}})}$$

互阻抗

$$Y_{12} = Y_{21} = -y_{12} = -y_{21} = -y_m e^{-j(90-\varphi_m)}$$

将它们代入式（4-28）中并展开，有功功率和无功功率分别列出，可得

$$\left.\begin{aligned}
P_1 &= P_{G1} - P_{D1} = y_s U_1^2 \sin\varphi_s + y_m U_1 U_2 \sin[(\varphi_1-\varphi_2)-\varphi_m] \\
P_2 &= P_{G2} - P_{D2} = y_s U_2^2 \sin\varphi_s + y_m U_2 U_1 \sin[(\varphi_2-\varphi_1)-\varphi_m] \\
Q_1 &= Q_{G1} - Q_{D1} = y_s U_1^2 \cos\varphi_s - y_m U_1 U_2 \cos[(\varphi_1-\varphi_2)-\varphi_m] \\
Q_2 &= Q_{G2} - Q_{D2} = y_s U_2^2 \cos\varphi_s - y_m U_2 U_1 \cos[(\varphi_2-\varphi_1)-\varphi_m]
\end{aligned}\right\} \quad (4-29)$$

这就是该电力系统的功率方程。将式（4-29）中第一、二式相加，第三、四式相加，又可分别得到这个系统的有功功率和无功功率平衡关系，即

$$\left.\begin{aligned}
P_{G1} + P_{G2} &= P_{D1} + P_{D2} + y_s(U_1^2+U_2^2)\sin\varphi_s - 2y_m U_1 U_2\cos(\varphi_1-\varphi_2)\sin\varphi_m \\
Q_{G1} + Q_{G2} &= Q_{D1} + Q_{D2} + y_s(U_1^2+U_2^2)\cos\varphi_s - 2y_m U_1 U_2\cos(\varphi_1-\varphi_2)\cos\varphi_m
\end{aligned}\right\} \quad (4-30)$$

由式（4-30）可见，这个系统的有功、无功功率损耗分别为

$$\left.\begin{aligned}
\Delta P &= (P_{G1}+P_{G2})-(P_{D1}+P_{D2}) = y_s(U_1^2+U_2^2)\sin\varphi_s - 2y_m U_1 U_2\cos(\varphi_1-\varphi_2)\sin\varphi_m \\
\Delta Q &= (Q_{G1}+Q_{G2})-(Q_{D1}+Q_{D2}) = y_s(U_1^2+U_2^2)\cos\varphi_s - 2y_m U_1 U_2\cos(\varphi_1-\varphi_2)\cos\varphi_m
\end{aligned}\right\}$$

$$(4-31)$$

它们都是母线电压 U_1、U_2 和相位角 φ_1、φ_2 或相对相位角 $\varphi_{12}(\varphi_{12}=\varphi_1-\varphi_2)$ 的函数。

对于大电力系统，无论节点多少，其节点电压方程都是关于节点电压的非线性代数方程组。求解非线性代数方程，则可算得潮流结果，即可通过节点电压方程求得所有节点电压；通过节点电压和相邻节点的电压降落，即可求得各个支路的流动功率和损耗功率，进而完成全网潮流计算。

二、变量的分类

由式（4-29）功率方程可见，对于 2 个节点的电力系统除已知的网络参数 y_s、y_m、φ_s、φ_m 外，还有 12 个参数，它们分别是负荷消耗的有功功率（P_{D1}、P_{D2}）和无功功率（Q_{D1}、Q_{D2}），电源发出的有功功率（P_{G1}、P_{G2}）和无功功率（Q_{G1}、Q_{G2}），母线或节点电压（U_1、U_2）和相位角（φ_1、φ_2）。

负荷消耗的有功、无功功率（P_D、Q_D）取决于用户，一般来说因为需要保证供电，因而被认为是不可控变量。一般以列向量 $\boldsymbol{d}$ 表示

$$\boldsymbol{d} = [P_{D1} \quad P_{D2} \quad \cdots \quad P_{Dn} \quad Q_{D1} \quad Q_{D2} \quad \cdots \quad Q_{Dn}]^T$$

电源发出的有功、无功功率（P_G、Q_G），除风力、太阳能等发电存在随机特点外，一般来说火电、水电等均是可以控制，故称为控制变量，以列向量 $\boldsymbol{u}$ 表示

$$\boldsymbol{u} = [P_{G1} \quad P_{G2} \quad \cdots \quad P_{Gn} \quad Q_{G1} \quad Q_{G2} \quad \cdots \quad Q_{Gn}]^T$$

母线或节点电压和相位角（U，φ），是受控制变量控制的因变量，故 U、φ 称为系统的状态变量，以列向量 $\boldsymbol{x}$ 表示，即

$$\boldsymbol{x} = [U_1 \quad U_2 \quad \cdots \quad U_n \quad \varphi_1 \quad \varphi_2 \quad \cdots \quad \varphi_n]^T$$

一般对于有 n 个节点的电力系统（除接地点外），不可控变量 $\boldsymbol{d}$、控制变量 $\boldsymbol{u}$、状态变量 $\boldsymbol{x}$ 皆是 $2n$ 阶列向量，共有参数变量 $6n$ 个。

根据电力系统常规运行状况，有符合实际的不失一般性的规定：因节点负荷可知，所以 $2n$ 个参数 P_{Di}、Q_{Di} 为已知；对于每个节点的电源注入功率参数 P_{Gi}、Q_{Gi}，其中的 $2(n-$

1）个变量属于可控量，在一般潮流计算中是按调度计划或者发电计划进行的，因此也为已知，其余 2 个 P_{GS}、Q_{GS} 是待定量，以便平衡系统中考虑网损或负荷波动后的有功功率和无功功率；P_{GS}、Q_{GS} 所在节点的电压幅值和相角 U_S、φ_S 应为 2 个状态变量给定值，并作为电力系统等值电路中的电压参考点；其余各节点电压 U_i、φ_i 为 $2(n-1)$ 个待求的状态变量。

由上述规定可知，$6n$ 个参数变量中，有 $4n$ 个为已知参数，$2n$ 个待求变量。因此从 $2n$ 个方程式中解 $2n$ 个未知变量，可得唯一解。但实际上，这个解还满足一些约束条件，而这些约束条件是保证电力系统正常运行不可缺少的。其中，发电机的有功、无功功率约束条件分别为 $P_{Gi.\,min} < P_{Gi} < P_{Gi.\,max}$，$Q_{Gi.\,min} < Q_{Gi} < Q_{Gi.\,max}$。$P_{Gi.\,min}$、$P_{Gi.\,max}$、$Q_{Gi.\,min}$、$Q_{Gi.\,max}$ 的确定取决于发电机组的技术特性和经济因素。对于没有电源的节点，$P_{Gi}=0$，$Q_{Gi}=0$；负荷点的 P_{Di}、Q_{Di} 暂无约束。

状态变量 U_i 的约束条件为 $U_{imin} < U_i < U_{imax}$，这是保证系统运行时有合格的电压质量所必须的。

某些状态变量 φ_i 的约束条件为 $|\varphi_i - \varphi_j| < |\varphi_i - \varphi_j|_{max}$，主要是为保证系统运行的稳定性所要求的。

三、 节点的分类

考虑这些约束条件，系统中的节点因参数变量的不同可分为三类。

第一类称 PQ 节点。对于这类节点，等值负荷功率 P_{Di}、Q_{Di} 和等值电源功率 P_{Gi}、Q_{Gi} 是给定的。从而注入功率 P_i、Q_i 也是给定的，待求的则是节点电压的大小 U_i 和相位角 φ_i。属于这一类节点的有按给定有功、无功功率发电的发电厂节点、一般变压器两侧节点、负荷节点等。

第二类称 PV 节点。对于这类节点，等值负荷和等值电源的有功功率 P_{Di}、P_{Gi} 已知，从而注入有功功率 P_i 是给定的。等值负荷的无功功率 Q_{Di} 和节点电压 U_i 的大小是给定的。待求的则是等值电源的无功功率 Q_{Gi}（或说注入无功功率 Q_i）和节点电压的相位角 φ_i。因此有一定无功储备的发电机和有一定无功功率电源的变电站母线，都可作为 PV 节点。

第三类称平衡节点。潮流计算时，一般都只设一个平衡节点。对于这个节点，等值负荷功率 P_{DS}、Q_{DS} 是给定的，节点电压的大小和相位角 U_S、φ_S 也是给定的，一般给定 $\varphi_S=0$。待求的则是等值电源功率 P_{GS}、Q_{GS}，从而可得注入功率 P_S、Q_S。担负调整系统频率任务的电厂母线往往被选作平衡节点。

进行计算时，平衡节点是不可少的，一般只有一个；PV 节点较少，大量的是 PQ 节点。

第五节 高斯—赛德尔法潮流计算

利用电子计算机计算潮流已出现了很多解算方法，多是以迭代计算为基础，以下介绍高斯—赛德尔迭代法（简称高斯—赛德尔法）。

一、 高斯—赛德尔法迭代方程

高斯—赛德尔法迭代计算是直接迭代解算节点电压方程。将节点电压方程

$$\boldsymbol{Y}_B \boldsymbol{U}_B = \left[\frac{\widetilde{\boldsymbol{S}}_B}{\boldsymbol{U}_B} \right]^*$$

展开为

$$Y_{ii}\dot{U}_i + \sum_{\substack{j=1 \\ j \neq i}}^{j=n} Y_{ij}\dot{U}_j = \left(\frac{P_i + \mathrm{j}Q_i}{\dot{U}_i}\right)^* \quad (i=1,2,\cdots,n)$$

移项后可得

$$\dot{U}_i = \frac{1}{Y_{ii}}\left(\frac{P_i - \mathrm{j}Q_i}{\dot{U}_i^*} - \sum_{\substack{j=1 \\ j \neq i}}^{j=n} Y_{ij}\dot{U}_j\right) \quad (i=1,2,\cdots,n) \tag{4-32}$$

将式（4-32）进一步展开后，就可用高斯—赛德尔法迭代求解。对于具有 n 个节点的网络，设节点 1 为平衡节点，$\dot{U}_1 = 1.0\mathrm{e}^{\mathrm{j}0}$ 为平衡节点的给定电压，其余都是 PQ 节点，则式（4-32）展开迭代式为

$$\begin{cases} \dot{U}_2^{(k+1)} = \frac{1}{Y_{22}}\left[\frac{P_2 - \mathrm{j}Q_2}{\dot{U}_2^{(k)*}} - Y_{21}\dot{U}_1^{(k)} - Y_{23}\dot{U}_3^{(k)} - Y_{24}\dot{U}_4^{(k)} - \cdots - Y_{2n}\dot{U}_n^{(k)}\right] \\ \dot{U}_3^{(k+1)} = \frac{1}{Y_{33}}\left[\frac{P_3 - \mathrm{j}Q_3}{\dot{U}_3^{(k)*}} - Y_{31}\dot{U}_1^{(k)} - Y_{32}\dot{U}_2^{(k)} - Y_{34}\dot{U}_4^{(k)} - \cdots - Y_{3n}\dot{U}_n^{(k)}\right] \\ \qquad\qquad\qquad\qquad\qquad \cdots \\ \dot{U}_n^{(k+1)} = \frac{1}{Y_{nn}}\left[\frac{P_n - \mathrm{j}Q_n}{\dot{U}_n^{(k)*}} - Y_{n1}\dot{U}_1 - Y_{n2}\dot{U}_2^{(k+1)} - Y_{n3}\dot{U}_3^{(k)} - \cdots - Y_{n(n-1)}\dot{U}_{n-1}^{(k+1)}\right] \end{cases} \tag{4-33}$$

式中：$P_i - \mathrm{j}Q_i$ 为给定的各节点注入功率的共轭值（$i=2,3,4,\cdots,n$）；k 为迭代次数。

式（4-33）是高斯—赛德尔法标准迭代式。式中 $\dot{U}_i^{(k)}$ 采用经 k 次迭代后的值；而 $\dot{U}_j$，当 $j<i$ 时，采用 $k+1$ 次迭代后的值，当 $j>i$ 时，采用 k 次迭代后的值。

高斯—赛德尔法潮流计算的迭代步骤：先假设一组初值 $\dot{U}_i^{(0)} = 1.0\mathrm{e}^{\mathrm{j}0}(i=2,3,\cdots,n)$，将它们代入式（4-33）中第一式，可解得 $\dot{U}_2^{(1)}$；然后将 $\dot{U}_2^{(1)},\dot{U}_3^{(0)},\dot{U}_4^{(0)},\cdots,\dot{U}_n^{(0)}$ 代入式（4-33）中第二式，可解得 $\dot{U}_3^{(1)}$。依此类推，直至解得 $\dot{U}_n^{(1)}$ 为止，这就是第一次迭代。第一次迭代结束解得了一组 $\dot{U}_i^{(1)}(i=2,3,\cdots,n)$ 的值（除平衡节点以外）。

再将解得的这组 $\dot{U}_i^{(1)}$ 代入式（4-33）中第一式，又可解得 $\dot{U}_2^{(2)}$。然后将 $\dot{U}_2^{(2)},\dot{U}_3^{(1)},\cdots,$ $\dot{U}_n^{(1)}$ 再一次代入式（4-33）中第二式，又可得 $\dot{U}_3^{(2)}$。依此类推，直至解得 $\dot{U}_n^{(2)}$。这就是第二次迭代。第二次迭代结束时，解得了所有 $\dot{U}_i^{(2)}(i=2,3,\cdots,n)$。

循环直至某一次迭代后解得的 $\dot{U}_i^{(k+1)}(i=2,3,\cdots,n)$ 与前一次迭代后所得 $\dot{U}_i^{(k)}(i=2,3,\cdots,n)$ 相差小于事先给定的允许误差 ε，即 $|\dot{U}_i^{(k+1)} - \dot{U}_i^{(k)}| < \varepsilon(i=2,3,\cdots,n)$，迭代收敛，计算结束。

二、对网络中 PV 节点的考虑

设节点 p 为 PV 节点，则由于 U_p 已给定，每次迭代求得 $\dot{U}_p^{(k)}$ 后，应首先将求得的 $\dot{U}_p^{(k)} = U_p^{(k)}\mathrm{e}^{\mathrm{j}\varphi_p^{(k)}}$ 修正为 $\dot{U}_p^{(k)} = U_p\mathrm{e}^{\mathrm{j}\varphi_p^{(k)}}$，即将求得的电压大小由 $U_p^{(k)}$ 改为给定的 U_p，而相位角 $\varphi_p^{(k)}$ 取求得的值，并和其他节点电压一同代入下式

$$P_p - \mathrm{j}Q_p = \dot{U}_p^* Y_{pp}\dot{U}_p + \dot{U}_p^* \sum_{\substack{j=1 \\ j \neq i}}^{j=n} Y_{pj}\dot{U}_j \tag{4-34}$$

以求取 $Q_p^{(k)}$

$$Q_p^{(k)} = -\operatorname{Im}[\dot{U}_p^* Y_{pp} \dot{U}_p + \dot{U}_p^* (Y_{p1} \dot{U}_1^{(k+1)} + Y_{p2} \dot{U}_2^{(k+1)} + \cdots$$
$$+ Y_{p(p-1)} \dot{U}_{(p-1)}^{(k+1)} + Y_{p(p+1)} \dot{U}_{p+1}^{(k)} + \cdots + Y_{pn} \dot{U}_n^{(k)}] \qquad (4-35)$$

再将其代入下式，以求取 $\dot{U}_p^{(k+1)}$

$$\dot{U}_p^{k+1} = \frac{1}{Y_{pp}}\Big[\frac{P_p - \mathrm{j}Q_p^{(k)}}{\dot{U}_p^{(k)*}} - Y_{p1}\dot{U}_1^{(k+1)} - Y_{p2}\dot{U}_2^{(k+1)} - \cdots$$
$$- Y_{p(p-1)}\dot{U}_{p-1}^{(k+1)} - Y_{p(p+1)}\dot{U}_{p+1}^{(k)} - Y_{pn}\dot{U}_n^{(k)}\Big] \qquad (4-36)$$

显然，上两式中的 $\dot{U}_p^{(k)}$ 都应为修正后 $\dot{U}_p^{(k)} = U_p \mathrm{e}^{\mathrm{j}\varphi_p^{(k)}}$，同理修正 $\dot{U}_p^{(k+1)} = U_p \mathrm{e}^{\mathrm{j}\varphi_p^{(k+1)}}$ 的值。

迭代过程中往往出现 Q_p 越限，即按式（4-35）求得 $Q_p^{(k)}$ 不能满足约束条件 $Q_{p\cdot\min} < Q_p < Q_{p\cdot\max}$ 的情况。考虑实际中对节点电压的限制不如对节点功率限制严格，可以用 $Q_{p\cdot\min}$ 或 $Q_{p\cdot\max}$ 代替式（4-36）中的 $Q_p^{(k)}$，以求取 $\dot{U}_p^{(k+1)}$。而此时，该节点 p 已由 PV 节点转化为 PQ 节点。

三、功率及功率损耗的计算

电力系统各节点电压迭代算出后，就可进行功率及功率损耗计算。首先计算平衡节点的功率 $\widetilde{S}_1$

$$\widetilde{S}_1 = \dot{U}_1 \sum_{j=1}^{j=n} Y_{1j}^* \dot{U}_j^* = P_1 + \mathrm{j}Q_1 \qquad (4-37)$$

其次可计算各段电力线路上流动的功率

$$\left.\begin{aligned}\widetilde{S}_{ij} &= \dot{U}_i \dot{I}_{ij}^* = \dot{U}_i[\dot{U}_i^* y_{i0} + (\dot{U}_i^* - \dot{U}_j^*)y_{ij}^*] = P_{ij} + \mathrm{j}Q_{ij}\\ \widetilde{S}_{ji} &= \dot{U}_j \dot{I}_{ji}^* = \dot{U}_j[\dot{U}_j^* y_{j0} + (\dot{U}_j^* - \dot{U}_i^*)y_{ji}^*] = P_{ji} + \mathrm{j}Q_{ji}\end{aligned}\right\}$$
$$(4-38)$$

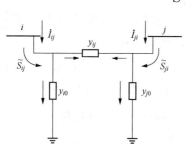

图 4-8 电力线路上的流动功率

由此，各段电力线路上的功率损耗为

$$\Delta \widetilde{S}_{ij} = \widetilde{S}_{ij} + \widetilde{S}_{ji} = \Delta P_{ij} + \mathrm{j}\Delta Q_{ij} \qquad (4-39)$$

式中功率关系如图 4-8 所示。

第六节 牛顿—拉夫逊法潮流计算

牛顿—拉夫逊法潮流计算是目前广泛采用的解非线性方程组的迭代方法，也是当前广泛采用的电力系统潮流计算机算法，其收敛性好，但该法对初始值要求比较严格。

一、牛顿—拉夫逊法简介

首先说明数学方程及牛顿—拉夫逊求解方法。设有非线性方程组

$$\left.\begin{aligned}f_1(x_1, x_2, \cdots, x_n) &= y_1\\ f_2(x_1, x_2, \cdots, x_n) &= y_2\\ &\cdots\\ f_n(x_1, x_2, \cdots, x_n) &= y_n\end{aligned}\right\} \qquad (4-40)$$

其近似解为 $x_1^{(0)}, x_2^{(0)}, \cdots, x_n^{(0)}$，设近似解与精确解分别相差 $\Delta x_1, \Delta x_2, \cdots, \Delta x_n$，于是有

$$
\left.\begin{array}{l}
f_1\big[x_1^{(0)}+\Delta x_1,x_2^{(0)}+\Delta x_2,\cdots,x_n^{(0)}+\Delta x_n\big]=y_1 \\[2mm]
f_2\big[x_1^{(0)}+\Delta x_1,x_2^{(0)}+\Delta x_2,\cdots,x_n^{(0)}+\Delta x_n\big]=y_2 \\[2mm]
\cdots \\[2mm]
f_n\big[x_1^{(0)}+\Delta x_1,x_2^{(0)}+\Delta x_2,\cdots,x_n^{(0)}+\Delta x_n\big]=y_n
\end{array}\right\}
\tag{4-41}
$$

将每个方程式按泰勒级数展开，以第一式为例

$$
f_1(x_1^{(0)}+\Delta x_1,x_2^{(0)}+\Delta x_2,\cdots,x_n^{(0)}+\Delta x_n)
$$

$$
=f_1(x_1^{(0)},x_2^{(0)},\cdots,x_n^{(0)})+\frac{\partial f_1}{\partial x_1}\bigg|_0\Delta x_1+\frac{\partial f_1}{\partial x_2}\bigg|_0\Delta x_2+\cdots+\frac{\partial f_1}{\partial x_n}\bigg|_0\Delta x_n+\phi_1=y_1
$$

式中，$\dfrac{\partial f_1}{x_1}\bigg|_0$，$\dfrac{\partial f_1}{x_2}\bigg|_0$，$\cdots$，$\dfrac{\partial f_1}{x_n}\bigg|_0$ 分别表示以 $x_1^{(0)},x_2^{(0)},\cdots,x_n^{(0)}$ 代入偏导函数计算后的函数值；ϕ_1 则是泰勒级数中 f_1 高阶偏导与 $\Delta x_1,\Delta x_2,\cdots,\Delta x_n$ 高次方乘积之和的函数。如近似解与精确解相差不大时，则 Δx_i 的高次方可以略去，从而 ϕ_1 也可略去。由此可得以 Δx_1，$\Delta x_2,\cdots,\Delta x_n$ 为变量的线性方程组

$$
\left.\begin{array}{l}
f_1(x_1^{(0)},x_2^{(0)},\cdots,x_n^{(0)})+\dfrac{\partial f_1}{\partial x_1}\bigg|_0\Delta x_1+\dfrac{\partial f_1}{\partial x_2}\bigg|_0\Delta x_2+\cdots+\dfrac{\partial f_1}{\partial x_n}\bigg|_0\Delta x_n=y_1 \\[4mm]
f_2(x_1^{(0)},x_2^{(0)},\cdots,x_n^{(0)})+\dfrac{\partial f_2}{\partial x_1}\bigg|_0\Delta x_1+\dfrac{\partial f_2}{\partial x_2}\bigg|_0\Delta x_2+\cdots+\dfrac{\partial f_2}{\partial x_n}\bigg|_0\Delta x_n=y_2 \\[4mm]
\cdots \\[4mm]
f_n(x_1^{(0)},x_2^{(0)},\cdots,x_n^{(0)})+\dfrac{\partial f_n}{\partial x_1}\bigg|_0\Delta x_1+\dfrac{\partial f_n}{\partial x_2}\bigg|_0\Delta x_2+\cdots+\dfrac{\partial f_n}{\partial x_n}\bigg|_0\Delta x_n=y_n
\end{array}\right\}
\tag{4-42}
$$

这组线性方程组常称修正方程组，可改写为矩阵方程

$$
\begin{bmatrix}
y_1-f_1(x_1^{(0)},x_2^{(0)},\cdots,x_n^{(0)}) \\
y_2-f_2(x_1^{(0)},x_2^{(0)},\cdots,x_n^{(0)}) \\
\cdots \\
y_n-f_n(x_1^{(0)},x_2^{(0)},\cdots,x_n^{(0)})
\end{bmatrix}
=
\begin{bmatrix}
\dfrac{\partial f_1}{\partial x_1}\bigg|_0 & \dfrac{\partial f_1}{\partial x_2}\bigg|_0 & \cdots & \dfrac{\partial f_1}{\partial x_n}\bigg|_0 \\[3mm]
\dfrac{\partial f_2}{\partial x_1}\bigg|_0 & \dfrac{\partial f_2}{\partial x_2}\bigg|_0 & \cdots & \dfrac{\partial f_2}{\partial x_n}\bigg|_0 \\[3mm]
 & & \cdots & \\[1mm]
\dfrac{\partial f_n}{\partial x_1}\bigg|_0 & \dfrac{\partial f_n}{\partial x_2}\bigg|_0 & \cdots & \dfrac{\partial f_n}{\partial x_n}\bigg|_0
\end{bmatrix}
\begin{bmatrix}
\Delta x_1 \\ \Delta x_2 \\ \cdots \\ \Delta x_n
\end{bmatrix}
\tag{4-43}
$$

或简写为

$$
\Delta \boldsymbol{F}=\boldsymbol{J}\Delta \boldsymbol{X}
\tag{4-44}
$$

式中：$\boldsymbol{J}$ 为函数 f_i 的雅可比矩阵；$\Delta\boldsymbol{X}$ 为由 Δx_i 组成的列向量；$\Delta\boldsymbol{F}$ 则称不平衡量的列向量。

将 $x_i^{(0)}$ 代入式（4-44），可得 $\Delta\boldsymbol{F}$、$\boldsymbol{J}$ 中各元素。然后运用任何一种解线性矩阵方程的方法，可求得 $x_i^{(0)}$，从而经第一次迭代后 x_i 的新值为 $\Delta x_i^{(1)}$，即 $x_i^{(1)}=x_i^{(0)}+\Delta x_i^{(0)}$。再将求得的 $x_i^{(1)}$ 代入，又可求得 $\Delta\boldsymbol{F}$、$\boldsymbol{J}$ 中各元素的新值，从而解得 $\Delta x_i^{(1)}$ 以及 $x_i^{(2)}=x_i^{(1)}+\Delta x_i^{(1)}$。如此循环，直至获得足够精确的式（4-40）的解。

注意：运用这种方法计算时，x_i 的初值要选择得比较接近它们的精确解，否则迭代过程可能不收敛。例如，设函数 $f(x)$ 的图形如图 4-9 所示。运用这种方法解函数 $f(x)=y$ 时的修正方程式为

$$
y-f(x^{(k)})=\frac{\partial f}{\partial x}\bigg|_k\Delta x^{(k)}
$$

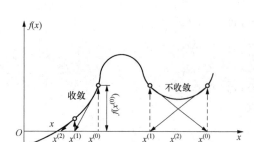

图 4-9 牛顿—拉夫逊法的解算过程

其迭代求解的过程如图 4-9 中由 $x^{(0)}$ 求 $x^{(1)}$，$x^{(2)}$，……的过程。由图可见，如 x 的初值 $x^{(0)}$ 选择得接近于精确解，迭代过程将迅速收敛；反之将不收敛，这是该法的不足之处。因此，运用牛顿—拉夫逊法计算潮流的某些程序中，第一、二次迭代采用高斯—赛德尔法，亦即采用两种方法配合使用的方案，会得到满意的结果。

运用这种方法计算时，如每次迭代所得的 x_i 变化不大时，也可以经过若干次迭代后再重新计算一次雅克比矩阵的各元素，不必每次都计算。

二、 直角坐标形式的各节点功率方程式

运用牛顿—拉夫逊法计算潮流时，将节点电压方程式展开为节点功率方程式

$$P_i + jQ_i = \dot{U}_i \sum_{j=1}^{j=n} Y_{ij}^* U_j^* \quad (i=1,2,\cdots,n) \tag{4-45}$$

将参数的直角坐标形式 $Y_{ij} = G_{ij} + jB_{ij}$，$\dot{U}_i = e_i + jf_i$ 代入式（4-45），并将实部、虚部分开，就得直角坐标形式的节点功率方程

$$\left.\begin{aligned} \Delta P_i &= P_i - \sum_{j=1}^{j=n} \left[e_i(G_{ij}e_j - B_{ij}f_j) + f_i(G_{ij}f_j + B_{ij}e_j) \right] = 0 \\ \Delta Q_i &= Q_i - \sum_{j=1}^{j=n} \left[f_i(G_{ij}e_j - B_{ij}f_j) - e_i(G_{ij}f_j + B_{ij}e_j) \right] = 0 \end{aligned}\right\} \quad (i=1,2,\cdots,n)$$

$$\tag{4-46}$$

显然，式（4-46）是以节点电压为变量的非线性方程组。

对于 PQ 节点，P_i 和 Q_i 分别为节点 i 给定的注入有功功率和无功功率。由此可见用牛顿—拉夫逊法计算潮流，实质上是对于给定的节点注入功率 P_i 和 Q_i 求解式（4-46）中节点电压 e_i 和 f_i 的过程。

对于 PV 节点，注入有功功率 P_i 已知，方程同式（4-46），节点注入无功功率 Q_i 未知，但电压 U_i 是 PV 节点的给定电压值，则式（4-46）中的无功功率方程替换为如下电压方程

$$\Delta U_i^2 = U_i^2 - (e_i^2 + f_i^2) = 0 \tag{4-47}$$

对于平衡节点，电压 e_s、f_s 是给定的，故不参加迭代。

在具有 n 个节点（不含大地参考节点）的网络中，若 $m-1$ 个 PQ 节点，$n-m$ 个 PV 节点，一个平衡节点 s，其如式（4-46）和式（4-47）的非线性方程的个数分别为：

$n-1$ 个有功功率方程式：$\Delta P_i = 0$，$i=1,2,\cdots,n$，$i \neq s$，这是因除平衡节点 s 以外的 PQ、PV 节点的 P_i 是给定的；

$m-1$ 个无功功率方程式：$\Delta Q_i = 0$，$i=1,2,\cdots,m$，$i \neq s$，这是因为有 $m-1$ 个 Q_i 给定的节点；

$n-m$ 个节点电压方程式：$\Delta U_i^2 = 0$，$i=m+1,m+2,\cdots,n$。$n-m$ 正是 PV 节点的个数，

其 U_i 是给定的。

因此，式（4-46）、式（4-47）组成的方程组共有 $2(n-1)$ 个方程式。

三、 修正方程式直角坐标形式及其求解

1. 修正方程

对于式（4-46）、式（4-47），即 $\Delta P_i = 0$，$\Delta Q_i = 0$，$\Delta U_i^2 = 0$ 的非线性方程式，写出如式（4-43）的矩阵形式的修正方程组

$$\begin{bmatrix} \Delta P_1 \\ \Delta Q_1 \\ \Delta P_2 \\ \Delta Q_2 \\ \cdots \\ \Delta P_i \\ \Delta U_i^2 \\ \cdots \end{bmatrix} = \begin{bmatrix} \frac{\partial \Delta P_1}{\partial e_1} & \frac{\partial \Delta P_1}{\partial f_1} & \frac{\partial \Delta P_1}{\partial e_2} & \frac{\partial \Delta P_1}{\partial f_2} & \cdots & \frac{\partial \Delta P_1}{\partial e_i} & \frac{\partial \Delta P_1}{\partial f_i} & \cdots \\ \frac{\partial \Delta Q_1}{\partial e_1} & \frac{\partial \Delta Q_1}{\partial f_1} & \frac{\partial \Delta Q_1}{\partial e_2} & \frac{\partial \Delta Q_1}{\partial f_2} & \cdots & \frac{\partial \Delta Q_1}{\partial e_i} & \frac{\partial \Delta Q_1}{\partial f_i} & \cdots \\ \frac{\partial \Delta P_2}{\partial e_1} & \frac{\partial \Delta P_2}{\partial f_1} & \frac{\partial \Delta P_2}{\partial e_2} & \frac{\partial \Delta P_2}{\partial f_2} & \cdots & \frac{\partial \Delta P_2}{\partial e_i} & \frac{\partial \Delta P_2}{\partial f_i} & \cdots \\ \frac{\partial \Delta Q_2}{\partial e_1} & \frac{\partial \Delta Q_2}{\partial f_1} & \frac{\partial \Delta Q_2}{\partial e_2} & \frac{\partial \Delta Q_2}{\partial f_2} & & \frac{\partial \Delta Q_2}{\partial e_i} & \frac{\partial \Delta Q_2}{\partial f_i} & \cdots \\ \cdots & \cdots & \cdots & \cdots & \cdots & \cdots & \cdots & \\ \frac{\partial \Delta P_i}{\partial e_1} & \frac{\partial \Delta P_i}{\partial f_1} & \frac{\partial \Delta P_i}{\partial e_2} & \frac{\partial \Delta P_i}{\partial f_2} & \cdots & \frac{\partial \Delta P_i}{\partial e_i} & \frac{\partial \Delta P_i}{\partial f_i} & \cdots \\ 0 & \cdots & \cdots & \cdots & 0 & \frac{\partial \Delta U_i^2}{\partial e_i} & \frac{\partial \Delta U_i^2}{\partial f_i} & \cdots \\ \cdots & \cdots & \cdots & \cdots & \cdots & \cdots & \cdots & \end{bmatrix} \begin{bmatrix} \Delta e_1 \\ \Delta f_1 \\ \Delta e_2 \\ \Delta f_2 \\ \cdots \\ \Delta e_i \\ \Delta f_i \\ \cdots \end{bmatrix} \tag{4-48}$$

其中，雅克比矩阵中各个元素是式（4-46）、式（4-47）对 e、f 的偏导，雅克比矩阵中非对角元素为

$$\left. \begin{array}{l} \dfrac{\partial \Delta P_i}{\partial e_j} = -\dfrac{\partial \Delta Q_i}{\partial f_j} = -(G_{ij}e_i + B_{ij}f_i) \\[2mm] \dfrac{\partial \Delta P_i}{\partial f_j} = \dfrac{\partial \Delta Q_i}{\partial e_j} = B_{ij}e_i - G_{ij}f_i \\[2mm] \dfrac{\partial \Delta U_i^2}{\partial e_j} = \dfrac{\partial \Delta U_i^2}{\partial f_j} = 0 \end{array} \right\} \quad (j \neq i) \tag{4-49}$$

对角元素为

$$\left. \begin{array}{l} \dfrac{\partial \Delta P_i}{\partial e_j} = -\sum_{j=1}^{j=n}(G_{ij}e_j - B_{ij}f_j) - G_{ii}e_i - B_{ii}f_i \\[3mm] \dfrac{\partial \Delta P_i}{\partial f_j} = -\sum_{j=1}^{j=n}(G_{ij}f_j + B_{ij}e_j) + B_{ii}e_i - G_{ii}f_i \\[3mm] \dfrac{\partial \Delta Q_i}{\partial e_i} = \sum_{j=1}^{j=n}(G_{ij}f_j + B_{ij}e_j) + B_{ii}e_i - G_{ii}f_i \\[3mm] \dfrac{\partial \Delta Q_i}{\partial f_i} = -\sum_{j=1}^{j=n}(G_{ij}e_j - B_{ij}f_j) + G_{ii}e_i + B_{ii}f_i \\[3mm] \dfrac{\partial \Delta U_i^2}{\partial e_i} = -2e_i \\[3mm] \dfrac{\partial \Delta U_i^2}{\partial f_i} = -2f_i \end{array} \right\} \quad (j = i) \tag{4-50}$$

由上述表达式可见，雅克比矩阵有以下特点：

（1）雅可比矩阵中的诸元素都是节点电压的函数，因此在迭代过程中，它们将随着各节点电压的变化而不断改变。

（2）雅可比矩阵是不对称的，但是存在与导纳矩阵相对应的分块对称性。

（3）由式（4-49）可以看出，当节点导纳矩阵中的非对角元素 Y_{ij} 为零时，雅可比矩阵中相对应的元素也是零，即该矩阵是非常稀疏的。因此，修正方程式的求解同样可以应用稀疏矩阵的求解技巧。

2. 修正方程的解

解修正方程式（4-48），求出修正量 Δe、Δf，并修正各节点电压

$$\left.\begin{array}{l} e^{(k+1)} = e^{(k)} + \Delta e^{(k)} \\ f^{(k+1)} = f^{(k)} + \Delta f^{(k)} \end{array}\right\} \tag{4-51}$$

将更新后的电压代入式（4-46）、式（4-47）求 $\Delta P^{(k+1)}$、$\Delta Q^{(k+1)}$、$\Delta U^{2(k+1)}$，并校验经过此次计算后是否收敛，一般收敛条件设定为

$$|f(x)^{(k)}| = |\Delta P^{(k)}, \Delta Q^{(k)}| < \varepsilon \tag{4-52}$$

式中：$|\Delta P^{(k)}, \Delta Q^{(k)}|$ 为第 k 次迭代后所得相量 $\Delta P^{(k)}$、$\Delta Q^{(k)}$ 中最大分量的绝对值。

四、 牛顿—拉夫逊法的极坐标形式

当节点电压以极坐标表示时，$\dot{U}_i = U_i \mathrm{e}^{\mathrm{j}\varphi_i}$，代入式（4-45），则节点功率方程为

$$\Delta \widetilde{S}_i = \Delta P_i + \mathrm{j}\Delta Q_i = (P_i + \mathrm{j}Q_i) - U_i \mathrm{e}^{\mathrm{j}\varphi_i} \sum_{j=1}^{j=n} (G_{ij} - \mathrm{j}B_{ij}) U_j \mathrm{e}^{-\mathrm{j}\varphi_j} = 0$$

上式实部、虚部分别为

$$\left.\begin{array}{l} \Delta P_i = P_i - U_i \displaystyle\sum_{j=1}^{j=n} U_j (G_{ij} \cos\varphi_{ij} + B_{ij} \sin\varphi_{ij}) = 0 \\ \Delta Q_i = Q_i - U_i \displaystyle\sum_{j=1}^{j=n} U_j (G_{ij} \sin\varphi_{ij} - B_{ij} \cos\varphi_{ij}) = 0 \end{array}\right\} \tag{4-53}$$

式中：$i = 1, 2, \cdots, n$；$\varphi_{ij} = \varphi_i - \varphi_j$。

对于具有 n 个节点的网络，其中有一个平衡节点 s，$m-1$ 个 PQ 节点，$n-m$ 个 PV 节点，因此，$\Delta P_i = 0(i=1,2,\cdots,n, i \neq s)$ 的非线性方程式有 $n-1$ 个，$\Delta Q_i = 0(i=1,2,\cdots, m, i \neq s)$ 的方程式有 $m-1$ 个，则总共有不平衡方程式数为 $(n-1)+(m-1)=n+m-2$。采用极坐标表示时，较采用直角坐标表示时少 $n-m$ 个 PV 节点电压大小不平衡量的表达式。这是因为对于 PV 节点，采用极坐标表示时，待求的只有电压的相角 δ_i 和注入无功功率 Q_i，用极坐标表示时，未知变量少 $n-m$ 个，方程式数量也应少 $n-m$ 个。相比采用直角坐标的不平衡方程式总数为 $2n-2$ 个而言，采用极坐标时不平衡方程式的总数为 $(2n-2)-(n-m)=n+m-2$。

因此，采用极坐标时由式（4-53）的 $n+m-2$ 个方程式解出电压和相角变量。下面为了书写方便，将修正方程式仍列出 $2n-2$ 个（假设无 PV 节点）来进行描述。

将式（4-53）非线性方程式 $(i=1,2,\cdots,n, i \neq s)$，按泰勒级数展开，并略去二次及高次项后，写出如式（4-43）的矩阵形式的修正方程组为

$$\begin{bmatrix} \Delta P_1 \\ \Delta P_2 \\ \cdots \\ \Delta P_n \\ \Delta Q_1 \\ \Delta Q_2 \\ \cdots \\ \Delta Q_n \end{bmatrix} = \begin{bmatrix} H_{11} & H_{12} & \cdots & H_{1n} & N_{11} & N_{12} & \cdots & N_{1n} \\ H_{21} & H_{22} & \cdots & H_{2n} & N_{21} & N_{22} & \cdots & N_{2n} \\ & \cdots & & & & \cdots & & \\ H_{n1} & H_{n2} & \cdots & H_{nn} & N_{n1} & N_{n2} & \cdots & N_{nn} \\ J_{11} & J_{12} & \cdots & J_{1n} & L_{11} & L_{12} & \cdots & L_{1n} \\ J_{21} & J_{22} & \cdots & J_{2n} & L_{21} & L_{22} & \cdots & L_{2n} \\ & \cdots & & & & \cdots & & \\ J_{n1} & J_{n2} & \cdots & J_{nn} & L_{n1} & L_{n2} & \cdots & L_{nn} \end{bmatrix} \begin{bmatrix} \Delta \varphi_1 \\ \Delta \varphi_2 \\ \cdots \\ \Delta \varphi_n \\ \Delta U_1/U_1 \\ \Delta U_2/U_2 \\ \cdots \\ \Delta U_n/U_n \end{bmatrix} \tag{4-54}$$

式（4-54）中电压幅值修正量采用 $\Delta U_1/U_1, \Delta U_2/U_2, \cdots, \Delta U_n/U_n$ 的形式，并没有什么特殊的意义，只是为了使雅克比矩阵中各元素有比较相似的表达。

将式（4-53）对 φ、U 取偏导数，并注意当不考虑负荷静特性时，式中 P_i 和 Q_i 均为常数，即可得雅克比矩阵中各元素的表达式

$$H_{ij} = \frac{\partial \Delta P_i}{\partial \varphi_j} = -U_i U_j (G_{ij} \sin \varphi_{ij} - B_{ij} \cos \varphi_{ij}) \quad (i \neq j) \tag{4-55}$$

$$H_{ii} = \frac{\partial \Delta P_i}{\partial \varphi_j} = U_i \sum_{\substack{j=1 \\ j \neq i}}^{j=n} U_j (G_{ij} \sin \varphi_{ij} - B_{ij} \cos \varphi_{ij}) \tag{4-56}$$

或者

$$H_{ii} = U_i^2 B_{ii} + Q_i \quad (i = j, \quad \sin \varphi_{ij} \approx 0, \quad \cos \varphi_{ij} \approx 1) \tag{4-57}$$

$$N_{ij} = \frac{\partial \Delta P_i}{\partial U_j} U_j = -U_i U_j (G_{ij} \cos \varphi_{ij} + B_{ij} \sin \varphi_{ij}) \quad (i \neq j) \tag{4-58}$$

$$N_{ii} = \frac{\partial \Delta P_i}{\partial U_i} U_i = -U_i \sum_{\substack{j=1 \\ j \neq i}}^{j=n} U_j (G_{ij} \cos \varphi_{ij} + B_{ij} \sin \varphi_{ij}) - 2U_i^2 G_{ii} = -U_i^2 G_{ii} - P_i \tag{4-59}$$

$$J_{ij} = \frac{\partial \Delta Q_i}{\partial \varphi_j} = U_i U_j (G_{ij} \cos \varphi_{ij} + B_{ij} \sin \varphi_{ij}) \quad (i \neq j) \tag{4-60}$$

$$J_{ii} = \frac{\partial \Delta Q_i}{\partial \varphi_i} = -U_i \sum_{\substack{j=1 \\ j \neq i}}^{j=n} U_j (G_{ij} \cos \varphi_{ij} + B_{ij} \sin \varphi_{ij}) = U_i^2 G_{ii} - P_i \quad (\sin \varphi_{ij} \approx 0, \quad \cos \varphi_{ij} \approx 1) \tag{4-61}$$

$$L_{ij} = \frac{\partial \Delta Q_i}{\partial U_j} U_j = -U_i U_j (G_{ij} \sin \varphi_{ij} - B_{ij} \cos \varphi_{ij}) \quad (i \neq j) \tag{4-62}$$

$$L_{ii} = \frac{\partial \Delta Q_i}{\partial U_i} U_i = -U_i \sum_{\substack{j=1 \\ j \neq i}}^{j=n} U_j (G_{ij} \sin \varphi_{ij} - B_{ij} \cos \varphi_{ij}) + 2U_i^2 B_{ii} = U_i^2 B_{ii} - Q_i \tag{4-63}$$

将式（4-54）写成分块的形式为

$$\begin{bmatrix} \Delta P \\ \Delta Q \end{bmatrix} = \begin{bmatrix} H & N \\ J & L \end{bmatrix} \begin{bmatrix} \Delta \varphi \\ \Delta U/U \end{bmatrix} \tag{4-64}$$

与式（4-54）矩阵形式的修正方程组相同，其中各分块子矩阵具有与节点导纳矩阵相似的稀疏性。

五、 牛顿—拉夫逊法求解过程及框图

用牛顿—拉夫逊法进行潮流计算的步骤如下：

（1）给定各节点电压初始值 $e_i^{(k)}$、$f_i^{(k)}$ 或 $U_i^{(k)}$、$\varphi_i^{(k)}$，$i=1,2,\cdots,n$；此时迭代次数 $k=0$。

（2）将电压值 $e_i^{(k)}$、$f_i^{(k)}$ 或 $U_i^{(k)}$、$\varphi_i^{(k)}$，代入式（4-46）、式（4-47）或式（4-53），求出修正方程式常数项向量 $\Delta P^{(k)}$、$\Delta Q^{(k)}$、$\Delta U^{2(k)}$。

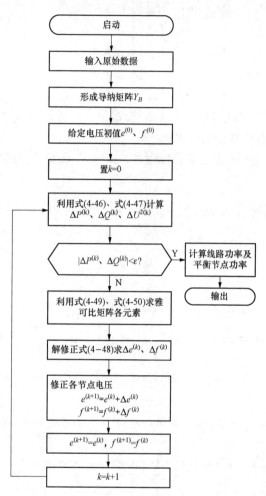

图 4-10 牛顿—拉夫逊法潮流计算原理框图

（3）将电压值 $e_i^{(k)}$、$f_i^{(k)}$ 或 $U_i^{(k)}$、$\varphi_i^{(k)}$ 代入式（4-49）、式（4-50）或式（4-55）～式（4-63），求出修正方程式中系数矩阵（雅可比矩阵）的各元素。

（4）解修正方程式（4-48）、式（4-54）求出修正量 $e_i^{(k)}$、$f_i^{(k)}$ 或 $U_i^{(k)}$、$\varphi_i^{(k)}$，$i=1,2,\cdots,n$。

（5）修正各节点电压

$$\left.\begin{array}{l} e_i^{(k+1)}=e_i^{(k)}+\Delta e_i^{(k)} \\ f_i^{(k+1)}=f_i^{(k)}+\Delta f_i^{(k)} \end{array}\right\} \quad (i=1,2,\cdots,n)$$

或

$$\left.\begin{array}{l} U_i^{(k+1)}=U_i^{(k)}+\Delta U_i^{(k)} \\ \varphi_i^{(k+1)}=\varphi_i^{(k)}+\Delta \varphi_i^{(k)} \end{array}\right\} \quad (i=1,2,\cdots,n)$$

（6）将 $e_i^{(k+1)}$、$f_i^{(k+1)}$ 代入式（4-46）、式（4-47）求 $\Delta P^{(k+1)}$、$\Delta Q^{(k+1)}$、$\Delta U^{2(k+1)}$。

（7）校验是否收敛，$|f(x)^{(k+1)}|=|\Delta P^{(k+1)}$，$\Delta Q^{(k+1)}|<\varepsilon$。

此收敛条件可以直接显示出迭代结果的功率误差。

（8）如果收敛，则变量修正迭代过程结束，进一步计算各段电力线路潮流和平衡节点功率，并按需打印输出计算结果；如果不收敛，转回第（2）步，并取 $k+1$ 进行下一次迭代计算，直到收敛为止。

牛顿—拉夫逊法潮流计算原理框图，如图 4-10 所示。

第七节 $P\text{-}Q$ 分解法潮流计算

$P\text{-}Q$ 分解法是以极坐标表示的牛顿—拉夫逊法潮流修正方程基础上派生出来的简化方法，是考虑了电力系统本身特点的一种简化计算机潮流算法。

一、$P\text{-}Q$ 分解法的修正方程式

如前所述，牛顿法潮流计算的核心是求解修正方程式。当节点功率方程式采用极坐标系时，修正方程式为式（4-64），将其展开为

$$\left.\begin{array}{l}\Delta\boldsymbol{P}=\boldsymbol{H}\Delta\boldsymbol{\varphi}+\boldsymbol{N}(\Delta\boldsymbol{U}/\boldsymbol{U})\\\Delta\boldsymbol{Q}=\boldsymbol{J}\Delta\boldsymbol{\varphi}+\boldsymbol{L}(\Delta\boldsymbol{U}/\boldsymbol{U})\end{array}\right\} \tag{4-65}$$

对修正方程式的第一步简化是：计及电力网络中各元件的电抗远大于电阻，以致各节点电压相位角的改变主要影响各元件中的有功功率以及各节点的注入有功功率；各节点电压大小的改变主要影响元件中的无功功率以及各节点的注入无功功率；式（4-65）中子阵 $\boldsymbol{N}$ 及 $\boldsymbol{J}$ 中各元素的数值相对很小，因此可以略去，从而将式（4-65）简化为

$$\left.\begin{array}{l}\Delta\boldsymbol{P}=\boldsymbol{H}\Delta\boldsymbol{\varphi}\\\Delta\boldsymbol{Q}=\boldsymbol{L}(\Delta\boldsymbol{U}/\boldsymbol{U})\end{array}\right\} \tag{4-66}$$

但是，$\boldsymbol{H}$、$\boldsymbol{L}$ 中的元素是电压的函数，在每次迭代中都要重新形成上述 $\boldsymbol{H}$、$\boldsymbol{L}$ 矩阵，并且又都是不对称矩阵，仍然是相当麻烦的。

对修正方程式的第二步简化是：由于有对状态变量 φ_i 的约束条件 $|\varphi_i-\varphi_j|<|\varphi_i-\varphi_j|_{max}$，即线路两端电压的相角差不大，再计及高电压网络的特点 $G_{ij}\ll B_{ij}$，可以近似认为

$$\cos\varphi_{ij}\approx 1, \quad G_{ij}\sin\varphi_{ij}\ll B_{ij}$$

于是，式（4-55）和式（4-62）简化为

$$\left.\begin{array}{l}H_{ij}=U_iU_jB_{ij}\\L_{ij}=U_iU_jB_{ij}\end{array}\right\} \tag{4-67}$$

再由式（4-57）和式（4-63），按自导纳的定义，式（4-67）中的 $U_i^2B_{ii}$ 项应为各元件电抗远大于电阻的前提下除节点 i 之外其他节点都接地时由节点 i 注入的无功功率。这个功率远大于正常运行时节点 i 的注入无功功率，$Q_i=-U_i\sum_{j=1}^{n}U_jB_{ij}$，亦即 $U_i^2B_{ii}\gg Q_i$，故式（4-57）和式（4-63）又可简化为

$$\left.\begin{array}{l}H_{ii}=U_i^2B_{ii}\\L_{ii}=U_i^2B_{ii}\end{array}\right\} \tag{4-68}$$

式（4-68）中显然有 $H_{ii}=L_{ii}$，$H_{ij}=L_{ij}$。在假设无 PV 节点时，即 $m=n$。这样，式（4-66）中的系数矩阵可以表示为

$$\begin{aligned}\boldsymbol{H}=\boldsymbol{L}&=\begin{bmatrix}U_1B_{11}U_1 & U_1B_{12}U_2 & U_1B_{13}U_3 & \cdots\\U_2B_{21}U_1 & U_2B_{22}U_2 & U_2B_{23}U_3 & \cdots\\U_3B_{31}U_1 & U_3B_{32}U_2 & U_3B_{33}U_3 & \cdots\\\vdots & \vdots & \cdots & \end{bmatrix}\\&=\begin{bmatrix}U_1 & & & 0\\ & U_2 & & \\ & & U_3 & \\0 & & & \ddots\end{bmatrix}\begin{bmatrix}B_{11} & B_{12} & B_{13} & \cdots\\B_{21} & B_{22} & B_{23} & \cdots\\B_{31} & B_{32} & B_{33} & \cdots\\\cdots & \cdots & \cdots & \end{bmatrix}\begin{bmatrix}U_1 & & & 0\\ & U_2 & & \\ & & U_3 & \\0 & & & \ddots\end{bmatrix}\end{aligned} \tag{4-69}$$

将式（4-69）代入式（4-66）中，展开后可以把修正方程式变为

$$\begin{bmatrix}\Delta P_1\\\Delta P_2\\\Delta P_3\\\cdots\\\Delta P_n\end{bmatrix}=\begin{bmatrix}U_1 & & & & 0\\ & U_2 & & & \\ & & U_3 & & \\ & & & \ddots & \\0 & & & & \ddots\end{bmatrix}\begin{bmatrix}B_{11} & B_{12} & B_{13} & \cdots & B_{1n}\\B_{21} & B_{22} & B_{23} & \cdots & B_{2n}\\B_{31} & B_{32} & B_{33} & \cdots & B_{3n}\\\cdots & \cdots & \cdots & & \cdots\\B_{n1} & B_{n2} & B_{n3} & \cdots & B_{nn}\end{bmatrix}\begin{bmatrix}U_1\Delta\varphi_1\\U_2\Delta\varphi_2\\U_3\Delta\varphi_3\\\cdots\\U_n\Delta\varphi_n\end{bmatrix} \tag{4-70}$$

$$\begin{bmatrix} \Delta Q_1 \\ \Delta Q_2 \\ \Delta Q_3 \\ \cdots \\ \Delta Q_n \end{bmatrix} = \begin{bmatrix} U_1 & & & & 0 \\ & U_2 & & & \\ & & U_3 & & \\ & & & \ddots & \\ 0 & & & & \ddots \end{bmatrix} \begin{bmatrix} B_{11} & B_{12} & B_{13} & \cdots & B_{1n} \\ B_{21} & B_{22} & B_{23} & \cdots & B_{2n} \\ B_{31} & B_{32} & B_{33} & \cdots & B_{3n} \\ \cdots & \cdots & \cdots & & \cdots \\ B_{n1} & B_{n2} & B_{n3} & \cdots & B_{nn} \end{bmatrix} \begin{bmatrix} \Delta U_1 \\ \Delta U_2 \\ \Delta U_3 \\ \cdots \\ \Delta U_n \end{bmatrix} \tag{4-71}$$

将式（4-70）和式（4-71）等号左右都左乘以下矩阵

$$\begin{bmatrix} U_1 & & & & 0 \\ & U_2 & & & \\ & & U_3 & & \\ & & & \ddots & \\ 0 & & & & \ddots \end{bmatrix}^{-1} = \begin{bmatrix} \dfrac{1}{U_1} & & & & 0 \\ & \dfrac{1}{U_2} & & & \\ & & \dfrac{1}{U_3} & & \\ & & & \ddots & \\ 0 & & & & \ddots \end{bmatrix}$$

可得

$$\begin{bmatrix} \Delta P_1/U_1 \\ \Delta P_2/U_2 \\ \Delta P_3/U_3 \\ \cdots \\ \Delta P_n/U_n \end{bmatrix} = \begin{bmatrix} B_{11} & B_{12} & B_{13} & \cdots & B_{1n} \\ B_{21} & B_{22} & B_{23} & \cdots & B_{2n} \\ B_{31} & B_{32} & B_{33} & \cdots & B_{3n} \\ \cdots & \cdots & \cdots & & \cdots \\ B_{n1} & B_{n2} & B_{n3} & \cdots & B_{nn} \end{bmatrix} \begin{bmatrix} U_1 \Delta \varphi_1 \\ U_2 \Delta \varphi_2 \\ U_3 \Delta \varphi_3 \\ \cdots \\ U_n \Delta \varphi_4 \end{bmatrix} \tag{4-72}$$

$$\begin{bmatrix} \Delta Q_1/U_1 \\ \Delta Q_2/U_2 \\ \Delta Q_3/U_3 \\ \cdots \\ \Delta Q_n/U_n \end{bmatrix} = \begin{bmatrix} B_{11} & B_{12} & B_{13} & \cdots & B_{1n} \\ B_{21} & B_{22} & B_{23} & \cdots & B_{2n} \\ B_{31} & B_{32} & B_{33} & \cdots & B_{3n} \\ \cdots & \cdots & \cdots & & \cdots \\ B_{n1} & B_{n2} & B_{n3} & \cdots & B_{nn} \end{bmatrix} \begin{bmatrix} \Delta U_1 \\ \Delta U_2 \\ \Delta U_3 \\ \cdots \\ \Delta U_n \end{bmatrix} \tag{4-73}$$

其中，式（4-72）是所有 PQ 和 PV 节点中的有功功率修正方程的个数，式（4-73）是所有 PQ 节点中的无功功率修正方程的个数，因此，两式简写为

$$\Delta \boldsymbol{P}/U = \boldsymbol{B}' U \Delta \boldsymbol{\varphi} \tag{4-74}$$

$$\Delta \boldsymbol{Q}/U = \boldsymbol{B}'' \Delta U \tag{4-75}$$

这就是 $P\text{-}Q$ 分解法的修正方程式。式中，等号左侧列向量中的有功、无功功率不平衡量 ΔP_i、ΔQ_i 仍如式（4-53）。等号右侧的系数矩阵 $\boldsymbol{B}'$ 和 $\boldsymbol{B}''$ 的阶数不同，$\boldsymbol{B}'$ 为 $n-1$ 阶、$\boldsymbol{B}''$ 为 $m-1$ 阶，因为式（4-75）中不包含与 PV 节点有关的方程。而且为了加速收敛，在 $\boldsymbol{B}'$ 中去除那些与有功功率、电压相位关系较小的因素；在 $\boldsymbol{B}''$ 中去除那些与无功功率、电压大小关系较小的因素，使它们相应元素的数值也不完全相同。

二、$P\text{-}Q$ 分解法潮流计算的基本步骤和特点

1. 计算步骤

（1）设备节点电压的初值 $\varphi_i^{(0)}$（$i = 1, 2, \cdots n$, $i \neq s$）和 $U_i^{(0)}$（$i = 1, 2, \cdots n$, $i \neq s$）；

（2）按式（4-53）中的第一式计算有功功率的不平衡量 $\Delta P_i^{(0)}$，从而 $\Delta P_i^{(0)}/U_i^{(0)}(i=1,2,\cdots,n,\ i\neq s)$；

（3）解修正方程式（4-72），求各节点电压相位角的变量 $\Delta\varphi_i^{(0)}(i=1,2,\cdots,n,\ i\neq s)$；

（4）求各节点电压相位角的新值 $\varphi_i^{(1)}=\varphi_i^{(0)}+\Delta\varphi_i^{(0)}(i=1,2,\cdots,n,\ i\neq s)$；

（5）按式（4-53）中的第二式计算无功功率的不平衡量 $\Delta Q_i^{(0)}$，从而得 $\Delta Q_i^{(0)}/U_i^{(0)}(i=1,2,\cdots,m,\ i\neq s)$；

（6）解修正方程式（4-73），求各节点电压大小的变量 $\Delta U_i^{(0)}(i=1,2,\cdots,m,\ i\neq s)$；

（7）求各节点电压大小的新值 $U_i^{(1)}=U_i^{(0)}+\Delta U_i^{(0)}(i=1,2,\cdots,m,\ i\neq s)$；

（8）运用各节点电压的新值自第（2）步开始进入下一次迭代，直到各节点功率误差 ΔP_i 和 ΔQ_i 都满足收敛条件。

2. P-Q 分解法潮流计算的特点

与牛顿—拉夫逊法相比，P-Q 分解法的修正方程式有如下特点：

（1）以一个 $n-1$ 阶和一个 $m-1$ 阶系数矩阵 B'、B''，代替原有的 $n+m-2$ 阶系数矩阵 J，提高了计算速度，降低了对计算机储存容量的要求。

（2）以迭代过程中保持不变的系数矩阵 B'、B'' 替代变化的系数矩阵 J，显著地提高了计算速度。

（3）以对称的系数矩阵 B'、B'' 替代不对称的系数矩阵 J，使求逆等运算量和所需的储存容量都大为减少。

（4）P-Q 分解法所采取的一系列简化假定只影响了修正方程式结构，不影响最终结果。因迭代计算中，迭代收敛的判据仍是 $\Delta P_i\ll\varepsilon$，$\Delta Q_i\ll\varepsilon$，而其中的 ΔP_i、ΔQ_i 仍按式（4-53）计算。所以 P-Q 分解法和牛顿—拉夫逊法一样可以达到很高的精确度。

思考题与习题

4-1　节点电压方程中常用的是哪几种方程？为什么？节点导纳矩阵和节点阻抗矩阵中各元素的物理意义是什么？

4-2　节点导纳矩阵如何形成和修改？其阶数与电力系统节点数关系如何？

4-3　什么叫变压器的非标准变比 k_*，在电力系统计算中为什么要采用 k_* 进行修正？如何修正？

4-4　电力系统潮流计算中变量和节点是如何分类的？

4-5　电力系统功率方程中变量个数与节点数有何关系？对于不同的节点类型，变量有何不同？

4-6　电力系统中变量的约束条件是什么？为什么？

4-7　高斯—塞德尔法潮流计算的迭代式是什么？迭代步骤如何？对 PV 节点是如何考虑的？

4-8　牛顿—拉夫逊法的基本原理是什么？其潮流计算的修正方程是什么？直角坐标形式表示的与极坐标形式表示的不平衡方程式的个数有什么不同？为什么？

4-9　P-Q 分解法是如何简化而来的？它的修正方程是什么？有什么特点？

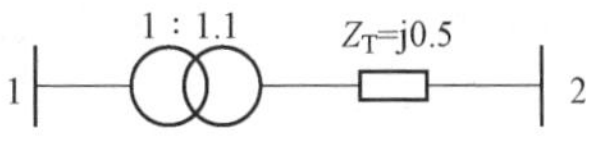

图 4-11　变压器支路

4-10　图 4-11 所示为变压器支路，作出以导纳和阻抗表示的 Ⅱ 形等值电路。

4-11　电力系统如图 4-12 所示，各元件阻抗标幺值为 $Z_{10}=-j30$，$Z_{20}=-j34$，$Z_{30}=-j29$，$Z_{12}=0.08+j0.40$，$Z_{23}=0.10+j0.40$，$Z_{13}=0.12+j0.50$，$Z_{34}=j0.30$。设节点 1 为平衡节点，节点 4 为 PV 节

点，节点 2、3 为 *PQ* 节点。若给定 $U_1 = 1.05$，$\widetilde{S}_2 = 0.55 + \text{j}0.13$，$\widetilde{S}_3 = 0.3 + \text{j}0.18$，$P_4 = 0.5$，$U_4 = 1.10$。试求节点导纳矩阵。

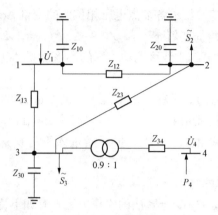

图 4 - 12　电力系统等值电路图

第五章

电力系统有功功率的平衡和频率调整

本章将阐述电力系统正常、稳态运行状况的优化和调整。如前所述，电力系统运行必须满足供电可靠性、运行经济性、电能质量三方面的要求。衡量供电可靠性的主要指标有供电可靠率、用户平均停电时间、用户平均停电次数、系统停电等效小时数。衡量运行经济性的主要指标有比耗量和线损率。比耗量是指为生产单位电能所需消耗的一次能源。就火电厂而言，是指以 g/(kWh) 表示的煤耗率；就水电厂而言，是指以 m³/(kWh) 表示的耗水率。衡量电能质量的指标有频率质量、电压质量和波形质量，分别以频率偏差、电压偏差和波形畸变率表示。上述技术经济指标中，除波形指标外，均直接与系统中有功、无功功率的分配以及频率、电压的调整有关。这些是第五、六章将讨论的主要内容。

电力系统正常、稳态运行下必须保证有功功率平衡，涉及电力系统有功功率负荷的最优分配和电力系统频率调整两个问题。利用自动调速和自动调频装置进行频率的一次调整和频率的二次调整；为实现环保、经济等目标，选择有功电源的合理组合，进行水电、火电、核电、新能源等发电之间的负荷最优分配，进行系统频率的三次调整。

第一节 电力系统中有功功率的平衡

一、频率变化对用户和发电厂及系统本身的影响

在正常、稳态情况下，系统所有发电机保持同一转速同步运行，全系统频率为统一频率。各原动机输入的机械功率和发电机输出的电磁功率恒定且平衡，发电机的转速及相应的频率恒定。然而系统总是不断存在各种扰动，如负荷波动，打破系统有功功率平衡时，将会引起系统频率的变化。如不及时进行频率的调整和控制，可能出现频率大范围变化，对用户、发电机及系统本身带来极大的危害。

电力系统频率变动对用户的影响有：由于电动机的转速与系统频率近似成正比，因此频率的变化将引起电动机转速的变化，使电动机有功功率降低，影响所有转动机械的功率，从而使得由这些电动机驱动的纺织、造纸等工业的产品质量受到影响，甚至出现残次品，同时将造成减产。特别是现代工业、国防和科学技术都广泛使用电子设备，系统频率不稳定将影响它们的正常工作，当频率过低时甚至无法运行。

电力系统频率变动对发电厂及系统本身的影响有：发电厂的厂用机械多使用异步电动机带动（如火电厂的送风机、引风机、给水泵、循环水泵和磨煤机等），系统频率降低使电动机输出功率降低，造成风力、水压、煤粉不足，引起锅炉和汽轮机输出功率降低，从而使系

统频率进一步降低，产生"频率崩溃"的恶性循环。甚至导致电动机停止运转等严重后果，例如火电厂的给水泵停止运转，将迫使锅炉停炉。汽轮机在低频率运行时，汽轮机叶片的振动将增大，从而缩短汽轮机叶片的寿命甚至产生裂纹，严重时会使叶片断裂。另外，系统频率降低时，异步电动机和变压器的励磁电流将大为增加，引起系统所需无功功率的增加，其结果是引起电压的降低，增加电压调整的困难。

负荷变化是造成频率偏差的直接因素，而负荷的波动不可避免，如不采取措施控制频率偏差，势必影响各行各业。因此，必须在负荷变化的同时自动调节发电机发出的有功功率，使系统的频率保持在一定范围内。而且，为了防止频率崩溃的发生，在系统中必须设置自动低频减负荷装置（简称低频减载装置），当频率降低到一定程度时，按频率的高低自动分级切除部分负荷，使系统频率尽快恢复到 49.5Hz 以上。近代电力系统将频率变化限制在较小范围内。例如：欧美各国和日本的系统频率变化大体控制在 ±0.1Hz 以内；我国电力系统的额定频率为 50Hz，规定的频率偏差为 0.2～0.5Hz。随着电力系统自动化管理和运行水平的提高，频率变化范围也将逐步缩小。

二、 电力系统中有功功率的平衡和备用容量

1. 有功功率平衡和备用容量

发电厂的发电机是电力系统唯一的有功功率电源。电力系统运行中，在任何时刻，所有发电厂发出的有功功率的总和 $\sum P_\mathrm{G}$ 必须同系统的发电负荷相平衡。而系统的发电负荷包括电力系统综合用电负荷的有功负荷 $\sum P_\mathrm{D}$、所有发电厂厂用电有功负荷 $\sum P_\mathrm{S}$ 和网络的总有功损耗 ΔP_Σ，即

$$\sum P_\mathrm{G} = \sum P_\mathrm{D} + \sum P_\mathrm{S} + \Delta P_\Sigma \tag{5-1}$$

电力系统中装有的发电机组额定有功功率的总和，称为电力系统的装机容量。由于系统中的发电机并非全部投入运行，运行中的发电机也并非全部按额定容量发电，因此系统调度部门必须随时准确掌握可投入的各发电设备的可发功率——系统电源容量。

为保证可靠供电和良好的电能质量，系统电源容量应大于发电负荷，且大于的部分称为系统的备用容量。

备用容量按发电设备的运行状态分为热备用和冷备用。热备用是指运转中的发电设备可能发的最大功率与系统发电负荷之差，也称运转备用或旋转备用。从保证可靠供电和良好的电能质量着眼，热备用越多越好；但从保证系统运行的经济性着眼，热备用又不宜过多。冷备用是指系统中可运行而未运行的发电机组的可发有功功率之和。发电设备从"冷状态"至投入系统，至发出额定功率，需要一定的启动、暖机和带负荷的时间。火电机组需要的时间长，一般 25～50MW 的机组需 1～2h，100MW 的机组需 4h，300MW 的机组需 10h 以上。水电机组需要的时间短，从启动到满负荷运行，一般为几分钟，紧急情况下采用自启动、自同期并列，最快仅需 40s。

备用容量按用途分为负荷备用、事故备用、检修备用和国民经济备用等。

（1）负荷备用。为满足系统中短时的负荷波动和一天中计划外的负荷增加而留有的备用容量称负荷备用。负荷备用容量的大小应根据系统负荷的大小、运行经验、并考虑系统中各类用电的比例确定，一般为系统最大负荷的 2%～5%。

（2）事故备用。为使电力用户在发电设备发生偶然事故时不受严重影响，能够维持系统正常供电所需的备用容量。事故备用容量的大小与系统容量、发电机台数、单位机组容量、各类发电厂的占比、对供电可靠性的要求等有关。其数值应根据事故概率确定，一般为系统

最大负荷的 5%～10%。但如根据事故概率确定的事故备用容量小于系统中最大机组容量时，应按系统中最大机组的容量考虑事故备用容量。

（3）检修备用。为保证系统内的发电设备进行定期检修而不致影响供电，在系统中留有的备用容量。所有发电设备运行一段时间以后，都必须进行检修。检修分大修和小修。一般大修是分批分期安排在一年中最小负荷季节进行。小修则利用节假日等负荷低谷期进行，以尽量减少因检修停机所需的备用容量。

（4）国民经济备用。国民经济备用是考虑国民经济超计划增长而引起负荷增加等而设置的备用容量，其值根据国民经济的增长情况而定，一般为系统最大负荷的 3%～5%。

上述四种备用容量是以热备用和冷备用的形式存在于系统中。这些备用容量的相互关系大致如下：

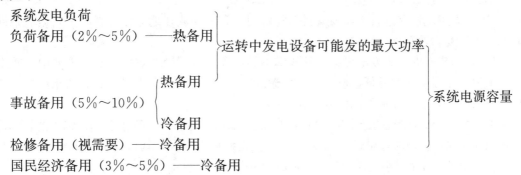

2. 有功功率负荷的变动及其调整

电力系统的有功功率负荷（以下简称负荷）时刻都在作不规则的变化，如图 5-1 所示。对系统实际负荷变化曲线的分析表明，系统负荷可以看作是由三种具有不同变化规律的变动负荷所组成。第一种是变化幅度很小，变化周期短（一般为 10s 以内），负荷变动有很大偶然性的不可预测的负荷（图 5-1 中的 P_1）；第二种是变化幅度较大、变化周期较长（一般为 10s～2min）且不可预测的负荷，如电炉、压延机械、电气机车等（图 5-1 中的 P_2）；第三种是变化缓慢的持续变动负荷，如由于生产、生活、气象等变化引起的负荷变动（图 5-1 中的 P_3），此种负荷可以预测。

根据有功功率平衡关系式（5-1），负荷功率变化时，发电机发出的电磁功率将随之变化，以满足发电机与负荷之间有功功率的平衡。然而发电机必须受原动机驱动，原动机的机械功率由于机组惯性不能随发电机电磁功率变化而马上做出调整，使原动机与发电机之间的功率平衡被打破，导致发电机转速 ω 发生变化，即系统频率发生变化。

电力系统的有功功率和频率调整大体上分一次、二次、三次调整三种。频率的一次调整（或称一次调频）是指由发电机组的调速器进行的，对第一种负荷变动引起的频率偏移作调整。频率的二次调整（或称二次调频）是指由发电机的调频器进行的，对第二种负荷变动引起的频率偏移

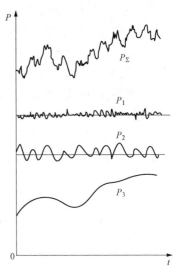

图 5-1　有功功率负荷的变动
P_1—第一种负荷变动；P_2—第二种
负荷变动；P_3—第三种负荷变动；
P_Σ—实际不规则负荷变动

作调整。频率的三次调整（或称三次调频）的名词不常用，通常称之为有功负荷的最优分配。它是根据预测的第三类负荷由调度部门按最优（经济）分配原则分配各发电厂（或发电设备）的有功功率，并责成各发电厂执行。

三、各类发电厂的特点及合理组合

电力系统中的发电厂主要有水力发电厂、火力发电厂、核电厂和新能源发电厂四类。各类发电厂由于其设备容量、机组特性、使用的动力资源等不同，而有着不同的技术经济特性。必须结合它们的特点，合理地组织这些发电厂的运行方式，恰当安排它们在电力系统日负荷曲线和年负荷曲线中的位置，以提高电力系统运行的经济性。

1. 各类发电厂的特点

（1）火力发电厂的主要特点。

1）火力发电厂在运行中需要支付燃料费用，有的要从外地运输燃料，受到运输条件的限制，但不受自然条件的影响。

2）不同参数的火力发电设备，其效率不同。高温高压设备效率最高；中温中压效率较低；低温低压设备效率最低，已在电厂中淘汰。火电厂负荷的增减速度慢，机组的投入和退出运行时间长，且存在额外的能源消耗。

3）受锅炉和汽轮机的最小技术负荷的限制，如前所述的约束条件 P_{Gmin}。锅炉的技术最小负荷取决于锅炉燃烧的稳定性，因锅炉类型和燃料种类而异，其值约为额定负荷的 25%～70%。汽轮机的技术最小负荷约为额定负荷的 10%～15%。

4）火电厂有功功率的调整范围比较小。其中高温高压设备可以灵活调节的范围最窄，中温中压设备略宽。

5）带有热负荷的火电厂（热电厂），由于抽汽供热，其总效率要高于一般的凝汽式火电厂。其技术最小负荷取决于热负荷，与热负荷相适应的那部分发电功率是不可调节的强迫功率。

（2）水力发电厂的特点。

1）为综合利用水能，保证河流下游的工农业生产用水和城镇生活用水、通航，水电厂必须向下游释放一定水量。在释放这部分水量的同时发出的功率也是强迫功率。水库的发电用水量常按水库的综合效益考虑安排，不一定能同电力负荷的需要相一致。

2）水轮发电机输出功率的调整范围较宽，负荷增减速度快，机组的投入和退出运行时间都很短，操作简单安全，无需额外的能源消耗。

3）不需要支付燃料费用，而且水能是可以永久利用的资源。但水电厂的运行依水库调节性能的不同在不同程度上受自然条件（水文条件）的影响。按水库的调节周期，水库一般可分为无调节、日调节、季调节、年调节、多年调节和抽水蓄能几种。水库的调节周期越长，水电厂的运行受自然条件的影响越小。无调节水库水电厂任何时刻发出的功率都取决于河流的天然流量。有调节水库水电厂的运行方式主要取决于水库调度所给定的水电厂耗水量。水库容量越大，调节功能越强。

抽水蓄能水电厂，在其上、下方各有一个水库，系统负荷出现低谷时，抽水至上水库，储存水能；系统负荷出现高峰时，放水至下水库，同时发电。其水源仅需维持泄漏和蒸发所需水量。

（3）核电厂的特点。

1）核电厂反应堆的负荷基本上没有限制，因此，其技术最小负荷主要取决于汽轮机，为额定负荷的 10%～15%。

2）核电厂的反应堆和汽轮机退出运行和再度投入或承担急剧变动负荷时，也要耗费能量，花费时间，且容易损坏设备。

3）核电厂的一次投资大，运行费用小。

（4）新能源发电厂的特点。

风力发电和光伏发电受季节、气象因素影响大，致使其发电具有较大的间歇性、随机性和波动性。风电机组的功率与当前风速关系密切，在一日内 24h，相邻几个小时的风力发电功率可能出现从满发到零或从零到满发的大幅变化。根据长期测风数据的统计分析，小时级及以内风电输出功率波动为风电装机容量的 ±10%～±35%，4～12h 输出功率波动多超过 ±50%。风电的这些特点，对电网运行的调节性能提出了更高的要求。我国风能资源的地域特征明显，与负荷呈逆向分布，"三北"地区是我国风电发展的主要地区，但这些地区用电需求小，使得我国在风能开发上采用的是"大规模集中式开发、高电压远距离输送"模式，不同于丹麦、德国等欧洲国家采用的"分布式开发，就地消纳"模式，随着风电的爆发式增长，地区电网风电渗透率增加，风电场接入、输送和消纳问题突出。光伏发电受昼夜、阴晴的影响，白天正午时刻附近功率达到最大，夜晚几乎为零，并且在很短的时间内有功波动可能很大。长期的雨雪天、阴天、雾天甚至云层的变化都会严重影响系统的发电状态。受地理位置的影响，地理位置不同，气候不同，使各地区日照资源相差很大。风力发电与光伏发电的有功波动的差异在于：一是风力发电有功波动存在的时间范围较宽，需要持续追踪，而光伏发电有功波动仅在很短时间内，太阳光强的迅速变化使其输出功率快速波动，需用快速响应的电源提供调整；二是风力发电功率较大时多处于夜间负荷水平较低时，对风力发电有功波动关注的重点在于风力发电功率突然增大导致的频率上升，而对光伏有功波动的关注则是光伏发电功率突然降低导致的频率下降。

2. 各类发电厂的合理组合

在安排各类发电厂的发电任务时，必须从国民经济的整体利益出发，最充分合理地利用国家的动力资源，亦即考虑以下的几项原则。

（1）水电厂。充分合理地利用水力资源，尽量避免弃水。由于防洪、灌溉、航运、供水等原因必须向下游放水时，这部分放水量（强迫功率），都应尽量用来发电。

（2）火电厂。尽量降低火力发电的单位煤耗。为此应尽量提高效率高的火力发电机组发电量的占比，给热电厂分配与热负荷相适应的电负荷。让效率高的机组带稳定负荷，效率较低的中温中压机组带变动负荷，低温低压机组已退役。

（3）其他燃料火电厂。执行国家的燃料政策，减少烧油电厂的发电量，增加烧劣质煤和当地产煤电厂的发电量。

（4）核电厂。核电厂的可调容量虽大，但其一次投资大，运行费用小，建成后应尽可能利用。

（5）抽水蓄能电厂。抽水蓄能机组可以在发电和电动两种状态中转换，在低谷负荷时，其水轮发电机组作电动机—水泵方式运行，作为电动机从电网吸收功率而给上水库注水，因而应作负荷考虑，在抽水状态下功率不可以任意调节，运行于最优功率点附近，只能以固定功率从电网吸收能量。在高峰负荷时，其发电与常规水电厂无异，输出功率可在限值区间内任意调节，启停速度快，没有爬坡（滑坡）速度限制，也没有最小开停机时间限制。虽然这一抽水蓄能、放电发电循环的总效率只有 70% 左右，但因这类电厂的介入，使火电厂的负荷进一步平稳，就系统总体而言，是很合理的。这类电厂常伴随核电厂出现，其作用是确保核电厂有平稳的负荷。但系统中严重缺乏调节手段时，也应考虑建设这类电厂。抽水蓄能电厂具备调峰填谷、调频、事故备用、调压（调相）等多种功能，随着近年来大型风电新能源基地建设进度的加快，大功率电力外送需求愈加迫切，抽水蓄能将在系统中发挥着重要的作用，可配合风电、光伏等间歇性电源并网运行，作为受端负荷中心的支撑电源，抽水蓄能电厂将迎来难得的发展机遇期。

（6）新能源发电厂。与常规能源相比，风能和光伏能的变化有随机性、间歇性和波动性的特点，大规模风电的接入必将对电网的运行产生较大的影响。其中调峰问题突出，当风力发电和光伏发电渗透率较大时都存在电力系统调峰问题。风电通常呈反调峰特性，即风力发电功率同日负荷变化趋势相反，在夜间负荷水平较低时风力发电的功率反而较高，这给电力系统调峰带来难度。当系统调峰容量受限时有可能在低负荷时段出现弃风情况。抽水蓄能与风力发电相互配合，是目前提高夜间负荷低谷时风力发电厂利用率的主要手段。此外，在我国北方大部分地区，冬季大量热电联产机组需要承担供热任务，调峰能力大大下降，风电的反调峰特性进一步加剧了电网运行的矛盾，为电网运行方式的安排和控制带来巨大冲击，影响了电网对风电的消纳水平。而光伏发电将改变每日最低和高峰负荷出现的时刻，并大大增加系统等效负荷的峰谷差。按照我国现有政策，优先消纳风电、太阳能等清洁能源。枯水季节属于强迫功率，在外送的输电通道输送能力（稳定断面）范围内，全额消纳；丰水期因系统消纳能力不足，和水电同等地位调度。

根据上述原则，在丰水期和枯水期各类电厂在日负荷曲线中的安排示意图，如图 5-2 所示。

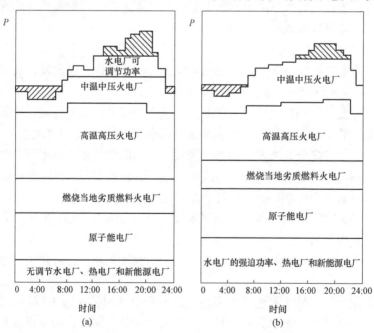

图 5-2　各类发电厂组合顺序示意图
(a) 枯水季节；(b) 丰水季节
▨ 蓄能　▨ 发电

在丰水期，水量充足，水电厂应带基本负荷以避免弃水、节约燃煤。热电厂为提高效率采用"以热定电"的运行方式，承担与热负荷相适应的电负荷，应安排在日负荷曲线中的基本部分。凝汽式火电厂则带尖峰负荷。在此期间，由于水能的充分利用，火电厂少开机，可以抓紧时间进行火电厂设备的检验。

枯水期，来水较少，在日负荷曲线中，水电厂和凝汽式火电厂则应互换位置，由凝汽式火电厂承担基本负荷，水电厂则承担尖峰负荷。

四、有功功率负荷最优分配

1. 耗量特性

电力系统调度部门要将有功功率负荷合理分配给各发电厂（或发电设备），首先要明确发电设备单位时间内消耗的能源与发出有功功率的关系，即发电设备输入与输出的关系。该关系称为耗量特性，如图5-3所示。图中，纵坐标可为单位时间内消耗的燃料 F（或水量 W）。横坐标则为以 kW 或 MW 表示的有功功率 P_G。

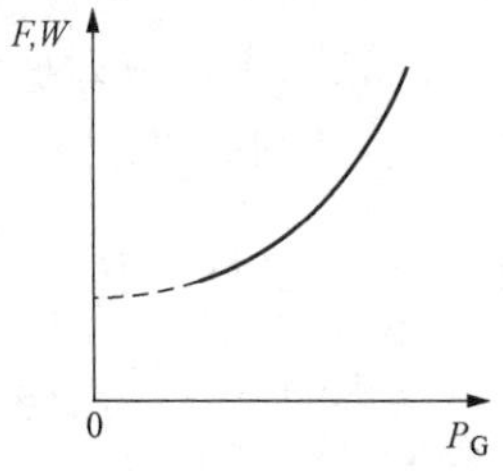

耗量特性曲线上某一点纵坐标和横坐标的比值，即单位时间内输入能量与输出功率之比称为比耗量 μ。显然，比耗量实际是原点和耗量特性曲线上某一点连线的斜率，$\mu = F/P_G$ 或 $\mu = W/P_G$。而当耗量特性纵横坐标单位相同时，它的倒数就是发电设备的效率 η。

图 5-3 耗量特性

耗量特性曲线上某一点切线的斜率称耗量微增率 λ。耗量微增率是单位时间内输入能量微增量与输出功率微增量的比值，即 $\lambda = \Delta F/\Delta P = dF/dP$ 或 $\lambda = \Delta W/\Delta P = dW/dP$。

比耗量和耗量微增率虽通常都有相同的单位，如 t/(MWh)，却是两个不同的概念。而且它们的数值一般也不相等。只有在耗量特性曲线某一特殊点 m 上，它们才相等，如图5-4所示。这一特殊点 m 就是从原点作直线与耗量特性曲线相切时的切点。在这一点，比耗量的数值恰最小。这个比耗量的最小值就称最小比耗量 μ_{min}。耗量微增率一般用于确定运行机组增减负荷的顺序：当负荷增大时，耗量微增率小的机组先增加输出功率；当负荷减小时，耗量微增率大的机组先减少输出功率。因为耗量微增率小的机组，在相同有功功率变化的情况下，引起能量的变化最小，经济性最强。比耗量一般用于安排机组开停机的顺序：当负荷增大时，比耗量小的机组先投入运行；当负荷减小时，比耗量大的机组先切除。因为比耗量小的机组，在发出相同有功功率的情况下，消耗的能源最小，经济性最强。附带指出，如前所述的合理组合发电设备顺序的方法之一，就是按最小比耗量由小到大的顺序，随负荷的由小到大逐套投入发电设备；或随负荷的由大到小，按最小比耗量由大到小的顺序，逐套退出发电设备。

比耗量和耗量微增率的变化如图5-5所示。

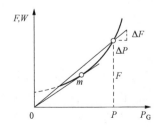

图 5-4 比耗量和耗量微增率

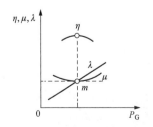

图 5-5 比耗量和耗量微增率的变化

2. 目标函数和约束条件

明确了有功功率负荷的大小和耗量特性，在系统中有一定备用容量时，就可考虑这些负荷在已运行发电设备或发电厂之间的最优分配问题。在数学上，其性质是在一定的约束条件下，使某一目标函数为最优，而这些约束条件和目标函数都是各种变量即状态变量、控制变量、扰动变量的非线性函数，可表达为在满足等约束条件

$$f(x、u、d) = 0$$

和不等约束条件

$$g(x、u、d) \leqslant 0$$

的前提下，使目标函数

$$C = C(x、u、d)$$

为最优。

问题在于，应如何表示分析有功功率负荷最优分配时的目标函数和约束条件。

（1）能源消耗不受限制时的目标函数和约束条件（只有火电厂）。有功负荷最优分配的目的是，在供应同样大小负荷有功功率 $\sum\limits_{i=1}^{n} P_{Di}$ 的前提下，单位时间内的能源消耗最少。因此，这里的目标函数应该是总耗量。原则上，总耗量应与所有变量有关，但通常认为它只是各发电设备所发有功功率 P_{Gi} 的函数，即目标函数为

$$F_{\Sigma} = F_1(P_{G1}) + F_2(P_{G2}) + \cdots + F_n(P_{Gn}) = \sum\limits_{i=1}^{n} F_i(P_{Gi}) \tag{5-2}$$

式中：$F_i(P_{Gi})$ 表示某发电设备发出有功功率 P_{Gi} 时单位时间内所需消耗的能源。

这里的等约束条件就是有功功率必须保持平衡。就每个节点而言，该条件由式（4-53）可得

$$P_{Gi} - P_{Di} - U_i\sum\limits_{j=1}^{n} U_j(G_{ij}\cos\delta_{ij} + B_{ij}\sin\delta_{ij}) = 0 \quad (i = 1, 2, \cdots, n) \tag{5-3a}$$

就整个系统而言，则为

$$\sum\limits_{i=1}^{n} P_{Gi} - \sum\limits_{i=1}^{n} P_{Di} - \Delta P_{\Sigma} = 0 \tag{5-3b}$$

式中：ΔP_{Σ} 为网络总损耗。

若不计网络损耗时，式（5-3b）改写为

$$\sum\limits_{i=1}^{n} P_{Gi} - \sum\limits_{i=1}^{n} P_{Di} = 0 \tag{5-3c}$$

这里的不等约束条件有 3 个，分别为各节点发电设备有功功率 P_{Gi}、无功功率 Q_{Gi} 和电压大小不得超越的限额，即

$$\left.\begin{array}{l} P_{Gimin} \leqslant P_{Gi} \leqslant P_{Gimax} \\ Q_{Gimin} \leqslant Q_{Gi} \leqslant Q_{Gimax} \\ U_{imin} \leqslant U_i \leqslant U_{imax} \end{array}\right\} \tag{5-4}$$

式（5-4）中，P_{Gimax} 通常取发电设备的额定有功功率；P_{Gimin} 则因发电设备的类型而异，对火力发电设备的 P_{Gimin} 不得低于额定有功功率的 25%。Q_{Gimax} 取决于发电机定子或励磁绕组的温升，Q_{Gimin} 主要取决于发电机并列运行的稳定性和定子端部温升等。U_{imax} 和 U_{imin} 则由对电能质量的要求所决定。

（2）能源消耗受限制时的目标函数和约束条件（火电厂和水电厂）。系统中发电设备消耗的能源可能受限制。例如，水电厂一昼夜间消耗的水量受约束于水库调度。出现这种情况时，目标函数就不应再是单位时间内消耗的能源，而应是一段时间内消耗的能源，即应为

$$F_\Sigma = \sum_{i=1}^{m} \int_0^\tau F_i(P_{Gi}) \mathrm{d}t \qquad (5-5)$$

而等约束条件除式（5-3）外，还应增加

$$\int_0^\tau W_j(P_{Gj}) \mathrm{d}t = 定值 \qquad (5-6)$$

上两式中：F_i 可理解为单位时间内火力发电设备的燃料消耗；W_j 为单位时间内水力发电设备的水量消耗；τ 为时间段长，例如 24h。而这里设 $i = 1, 2, \cdots, m$，为火力发电设备，$j = m+1, m+2, \cdots, n$，为水力发电设备。

3. 最优分配负荷时的等耗量微增率准则

为了简化初步分析，将有功负荷的分配局限在两套火力发电设备或两个火力发电厂之间，并略去网络损耗。

数学上，分析这类问题往往可用求条件极值的拉格朗日乘数法。按这种方法，为求满足等约束条件 $f(P_{G1}, P_{G2}) = 0$ 时目标函数 $C = C(P_{G1}, P_{G2})$ 的最小值，可根据给定的目标函数和等约束条件建立一个新的不受约束的目标函数，即拉格朗日函数

$$\begin{aligned}
C^* &= C(P_{G1}, P_{G2}) - \lambda f(P_{G1}, P_{G2}) \\
&= F_1(P_{G1}) + F_2(P_{G2}) - \lambda(P_{G1} + P_{G2} - P_{D1} - P_{D2})
\end{aligned} \qquad (5-7)$$

并求其最小值。式中的 λ 称拉格朗日乘数。

由于拉格朗日函数中有三个变量 P_{G1}、P_{G2}、λ，求它的最小值时应有三个条件，即

$$\frac{\partial C^*}{\partial P_{G1}} = 0, \quad \frac{\partial C^*}{\partial P_{G2}} = 0, \quad \frac{\partial C^*}{\partial \lambda} = 0$$

这三个条件也就是

$$\left. \begin{aligned}
&\frac{\partial}{\partial P_{G1}} C(P_{G1}, P_{G2}) - \lambda \frac{\partial}{\partial P_{G1}} f(P_{G1}, P_{G2}) = 0 \\
&\frac{\partial}{\partial P_{G2}} C(P_{G1}, P_{G2}) - \lambda \frac{\partial}{\partial P_{G2}} f(P_{G1}, P_{G2}) = 0 \\
&f(P_{G1}, P_{G2}) = 0
\end{aligned} \right\} \qquad (5-8)$$

由于

$$\frac{\partial}{\partial P_{G1}} C(P_{G1}, P_{G2}) = \frac{\mathrm{d}F_1(P_{G1})}{\mathrm{d}P_{G1}}$$

$$\frac{\partial}{\partial P_{G2}} C(P_{G1}, P_{G2}) = \frac{\mathrm{d}F_2(P_{G2})}{\mathrm{d}P_{G2}}$$

$$\frac{\partial}{\partial P_{G1}} f(P_{G1}, P_{G2}) = 1$$

$$\frac{\partial}{\partial P_{G2}} f(P_{G1}, P_{G2}) = 1$$

这些条件可改写为

$$\left.\begin{array}{l}\dfrac{\mathrm{d}F_1(P_{G1})}{P_{G1}} - \lambda = 0 \\[2mm] \dfrac{\mathrm{d}F_2(P_{G2})}{\mathrm{d}P_{G2}} - \lambda = 0 \\[2mm] f(P_{G1}, P_{G2}) = P_{G1} + P_{G2} - P_{D1} - P_{D2} = 0 \end{array}\right\} \qquad (5\text{-}9)$$

又由于 $\dfrac{\mathrm{d}F_1(P_{G1})}{\mathrm{d}P_{G1}}$、$\dfrac{\mathrm{d}F_2(P_{G2})}{\mathrm{d}P_{G2}}$ 分别为发电设备 1、2 各自承担有功功率负荷 P_{G1}、P_{G2} 时的耗量微增率 λ_1、λ_2，则由式（5-9）中第一、二式可得

$$\lambda_1 = \lambda_2 = \lambda \qquad (5\text{-}10)$$

这就是著名的等耗量微增率准则。它表示为使总耗量最小，应按相等的耗量微增率在发电设备或发电厂之间分配负荷。至于式（5-9）中的第三式则是给定的等约束条件，即功率平衡的条件。

无疑，以上分析方法和所得的结论可推广运用于更多发电设备或发电厂之间的负荷分配，式（5-10）应改写为

$$\lambda_1 = \lambda_2 = \cdots = \lambda_n = \lambda \qquad (5\text{-}11)$$

第二节 电力系统的频率调整

一、电力系统负荷的有功功率—频率静态特性

在电力系统的总有功负荷中，有与频率变化无关的负荷，如电炉、电热、整流、照明用电设备等；有与频率的一次方成正比的负荷，如球磨机、切削机床、往复式水泵、压缩机、卷扬机等设备；有与频率的二次方成正比的负荷，如网络损耗的有功负荷；有与频率的三次方成正比的负荷，如通风机、静水头阻力不大的循环水泵等设备；有与频率的更高次方成正比的负荷，如给水泵等。当频率变化时，电力系统中的有功功率负荷（包括用户取用的有功功率和网络中的有功功率损耗）也将发生变化。当电力系统处于稳态运行时，系统中有功负荷随频率的变化特性称为负荷的有功功率—频率静态特性（简称频率静态特性）。

电力系统综合负荷的有功功率与频率的关系用数学式表示为

$$P_D = a_0 P_{DN} + a_1 P_{DN}\left(\frac{f}{f_N}\right) + a_2 P_{DN}\left(\frac{f}{f_N}\right)^2 + a_3 P_{DN}\left(\frac{f}{f_N}\right)^3 + \cdots \qquad (5\text{-}12)$$

式中：P_D 为电力系统频率为 f 时，整个系统的有功负荷；P_{DN} 为电力系统频率为额定 f_N 值时，整个系统的有功负荷；系数 $a_i(i=0,1,2,\cdots)$ 为与频率的 i 次方成正比的负荷在 P_{DN} 中所占份额，且 $a_0 + a_1 + a_2 + \cdots = 1$。

将式（5-12）两边同除以 P_{DN}，即得到标幺值表示的负荷的有功功率—频率静态特性

$$P_{DN*} = \alpha_0 + \alpha_1 f_* + \alpha_2 f_*^2 + \alpha_3 f_*^3 + \cdots \qquad (5\text{-}13)$$

在一般情况下，式（5-13）的多项式写至三次方项即可，因与频率更高次方成正比的有功负荷所占比例很小，故可以忽略。在电力系统运行中，允许频率变化的范围是很小的，在额定频率 f_N 附近，这种关系接近一直线，即电力系统负荷的有功功率—频率静态特性曲线，如图 5-6 所示。

图中直线的斜率为

$$K_{\mathrm{D}} = \tan\beta = \frac{\Delta P_{\mathrm{D}}}{\Delta f} \quad (\mathrm{MW/Hz}) \qquad (5\text{-}14)$$

或用标幺值表示为

$$K_{\mathrm{D}*} = \frac{\Delta P_{\mathrm{D}}/P_{\mathrm{DN}}}{\Delta f/f_{\mathrm{N}}} = \frac{\Delta P_{\mathrm{D}*}}{\Delta f_*} = K_{\mathrm{D}}\frac{f_{\mathrm{N}}}{P_{\mathrm{DN}}} \qquad (5\text{-}15)$$

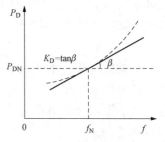

图 5-6　负荷的有功功率—
频率静态特性曲线

K_{D} 为有功负荷的频率调节效应系数，或简称为负荷的频率调节效应，也称为负荷的单位调节功率，它标志着随频率的升降负荷消耗功率增加或减少的多少。它的标幺值 $K_{\mathrm{D}*}$ 在数值上等于额定条件下负荷的频率调节效应。K_{D} 的数值取决于全电力系统各类有功负荷的比例。不同电力系统或同一电力系统不同时刻的 K_{D} 值都可能不同，它是不能控制的。

$K_{\mathrm{D}*}$ 是电力系统调度部门应当掌握的一个数据。因为它是考虑按频率减负荷方案和低频率事故时，用一次拉闸措施恢复频率的计算依据。在实际电力系统中，它需要经过试验求得。一般电力系统 $K_{\mathrm{D}*} = 1\sim3$，它表示频率变化 1% 时，负荷有功功率相应变化 $1\%\sim3\%$。

二、 发电机组的有功功率—频率静态特性

1. 自动调速系统

发电机的频率调节是由原动机的调速系统来实现的。当系统有功功率平衡遭到破坏，引起频率变化时，原动机的调速系统将自动改变原动机的进汽（水）量，相应增加或减少发电机的输出功率。当调速系统的调节过程结束，建立新的稳态时，发电机的有功功率同频率之间的关系，称为发电机组的有功功率—频率静态特性。

目前，国内外原动机调速系统有很多类型，下面仅介绍原始的机械调速系统，即离心飞摆式调速系统。

图 5-7 所示的调速系统由四部分组成：Ⅰ为转速测量元件（飞摆），Ⅱ为放大元件（错油门），Ⅲ为执行机构（油动机），Ⅳ为转速控制机构（调频器）。

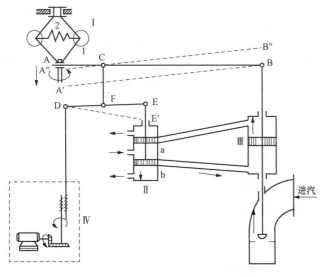

图 5-7　离心飞摆式调速系统示意图

Ⅰ—飞摆；Ⅱ—错油门；Ⅲ—油动机；Ⅳ—调频器

由图 5-7 可知调速系统的工作原理。调速器的飞摆由套筒带动转动，套筒则由原动机主轴所带动。单机运行时，因机组负荷的增大，转速下降，飞摆由于离心力的减小，在弹簧的作用下向转轴靠拢，使 A 点向下移动到 A'。但因油动机Ⅲ活塞两边油压相等，B 点不动，结果使杠杆 AB 绕 B 点逆时针转动到 A'B。在调频器Ⅳ不动的情况下，D 点也不动，因而在 A 点下降到 A'时，杠杆 DE 绕 D 点顺时针转动到达 DE'，E 点向下移动到 E'错油门Ⅱ活塞向下移动，使油管 a、b 的小孔开启，压力油经油管 b 进

入油动机活塞下部，而活塞上部的油则由油管 a 经错油门上部小孔溢出。在油压作用下，油动机活塞向上移动，使汽轮机的调节汽门或水轮机的导向叶片开度增大，增加进汽量或进水量。

油动机活塞上升的同时，B 点上移至 B″，带动连接点 C 上移。由于进汽或进水量的增加，机组转速上升，A′点回升到 A″。此时，杠杆 AB 的位置为 A″CB″；错油门活塞返回原位，使油管 a、b 的小孔重新堵住；油动机活塞又处于上下相等的油压下，停止移动；调节过程结束。

在仅有调速器动作的情况下，A″的位置较 A 略低，相应的机组转速较原来略低。这就是频率的"一次调整"作用。

为使负荷增加后机组转速仍能维持原始转速，在外界信号作用下，调频器Ⅳ转动蜗轮、蜗杆，将 D 点抬高。杠杆 DE 绕 F 点顺时针转动，错油门再次向下移动进一步增加进汽或进水量，机组转速上升，离心飞摆使 A″点向上升。而在油动机活塞向上移动时，带动 C、F、E 点向上移动，再次堵住错油门小孔，再次结束调节过程。如果 D 点的位移选择得恰当，A″点就有可能回到原来位置 A。这就是频率的"二次调整"作用。

2. 发电机组的有功功率—频率静态特性

由上述可知，仅有调速器动作时，如果有功负荷增加，则发电机组输出有功功率增加，

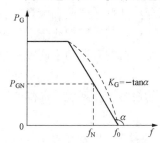

图 5 - 8　发电机组的有功功率—频率静态特性

频率较初始频率为低；反之，如果有功负荷减小，则发电机组输出有功功率减小，频率较初始频率为高。如以机组转速（频率）为横坐标，以输出有功功率为纵坐标作其曲线，将近似得到一条倾斜的直线，如图 5 - 8 所示。这就是发电机组的有功功率—频率静态特性曲线。直线向下倾斜，说明是有差调节，即负荷有功功率改变后，频率不能自动回到初始值，也就是频率的一次调整。实质上图 5 - 8 是发电机组原动机的有功功率—频率静态特性，可近似地表示发电机组的有功功率—频率静态特性。

发电机组的有功功率—频率静态特性的斜率为

$$K_G = -\frac{\Delta P_G}{\Delta f} = -\tan\alpha \quad \text{（MW/Hz 或 MW/0.1Hz）} \tag{5 - 16}$$

式中：负号表示发电机输出有功功率的变化和频率变化的方向相反，即发电机输出有功功率增加时，频率是降低的。K_G 为发电机的单位调节功率，表示随频率的升降发电机组发出功率减少或增加的多少，用标幺值表示为

$$K_{G*} = -\frac{\Delta P_G / P_{GN}}{\Delta f / f_N} = -\frac{\Delta P_{G*}}{\Delta f_*} = K_G \frac{f_N}{P_{GN}} \tag{5 - 17}$$

发电机调速性能可以以调差系数 σ 表述。所谓机组的调差系数，是以百分数表示的机组空载运行时的频率 f_0 与额定条件下运行时的频率 f_N 的差值，即

$$\sigma = \frac{f_0 - f_N}{f_N} \times 100\% \tag{5 - 18}$$

σ 可定量表明一台机组负荷改变时相应的频率偏移。由式（5 - 18）可得

$$K_G = \frac{-\Delta P_G}{f_0 - f_N} = -\frac{0 - P_{GN}}{f_0 - f_N} = \frac{P_{GN}}{f_N\sigma} \times 100\% \tag{5 - 19}$$

当取 K_G 的基准值 $K_{GB}=P_{GN}/f_N$ 时，它的标幺值为

$$K_{G*} = \frac{1}{\sigma} \times 100\% \qquad (5-20)$$

由此可得，单位调节功率和机组的调差系数有互为倒数的关系。

这与负荷的频率调节效应 K_{D*} 不同，发电机组的调差系数 σ 或相应的单位调节功率 K_{G*} 是可以整定的。调差系数的大小对频率偏移的影响很大，调差系数越小（即单位调节功率愈大），频率偏移也越小。但当发电机的单位调节功率过大时，调节过程很不稳定，不宜采用过大的单位调节功率，因此调差系数的调整范围是有限的。通常取下列数值：汽轮发电机组，$\sigma=3\%\sim5\%$ 或 $K_{G*}=33.3\sim20$，水轮发电机组，$\sigma=2\%\sim4\%$ 或 $K_{G*}=50\sim25$。

三、频率的一次调整

上面只说明了电力系统中发电机组的有功功率与频率变化关系，而没有考虑负荷的频率调节效应。现将两者同时考虑来说明频率的一次调整。

发电机组的有功功率—频率静态特性和负荷的有功功率—频率静态特性的交点就是系统的原始运行点，如图 5-9 中点 O。设在 O 点运行时负荷的有功功率突然增加 ΔP_{DO}，即负荷的有功功率—频率静态特性从 P_0 突然向上移动 ΔP_{DO}，且由于有功负荷突然增加时发电机组有功功率不能及时随之变动，机组将减速，电力系统频率将下降。而在电力系统频率下降时，发电机组的有功功率将因它的调速器的一次调整作用而增大，同时负荷的有功功率将因它本身的调节效应而减少。前者沿发电机组的有功功率—频率静态特性 P_G 向上增加，后者沿负荷的有功功率—频率静态特性 P_D' 向下减少，经过一个衰减的振荡过程，抵达一个新的平衡点 O'。

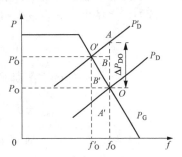

图 5-9　电力系统频率的一次调整

由图 5-9 可得

$$\Delta P_{DO}=OA=B'O'-B'A'=-K_G\Delta f-K_D\Delta f=-(K_G+K_D)\Delta f$$

或

$$-\Delta P_{DO}/\Delta f=K_G+K_D=K_S \quad (MW/Hz 或 MW/0.1Hz) \qquad (5-21)$$

K_S 称为电力系统的单位调节功率，也可用标幺值表示

$$K_{S*}=(\Delta P_{DO}/P_D)/(\Delta f/f_N) \qquad (5-22)$$

式中：P_D 为原始运行状态下的总有功负荷。

在式（5-21）的推导过程中，将功率的增大和频率的上升设定为正，因此 K_G、K_D、K_S 均取值为正值。式（5-22）的左式中的负号表示随负荷的增大，系统频率下降。

电力系统的单位调节功率表示电力系统负荷增加或减少时，在原动机调速器和负荷本身的调节效应共同作用下电力系统频率下降或上升的多少。因此，从这个电力系统的单位调节功率 K_S 可以求取在允许的频率偏移范围内电力系统能够承受多大的负荷增减。即 K_S 越大，电力系统承受负荷变化越大。

发电机的一次调频用于调整短周期，小幅度的负荷变化引起的系统频率偏移。由 $K_S=K_G+K_D$ 可见，电力系统的单位调节功率由发电机的单位调节功率和负荷的单位调节功率共同决定。由式（5-21）可知，系统的单位调节功率越大，相同负荷变化引起的频率变化越小，因此希望负荷变化时频率变化尽可能小。但对于某一系统而言，负荷的单位调节功率不

119

可调，因而要控制、调节电力系统的单位调节功率只有从控制、调节发电机的单位调节功率或调速器的调差系数入手。

电力系统中有多台发电机组时，发电机的调差系数却不能整定得过小，否则将不能保证各发电机组调速系统运行的稳定性。功率也不会很大。以极端情况为例，若发电机调差系数调整为零，则单位调节功率极大，负荷的变化将造成很小的频率偏移甚至不变，但具有一次调频的各机组间负荷的分配，按其调差系数下降特性自然分配，即调差系数大的，单位调节功率小，承担功率小。调差系数整定为零时，会出现有功负荷变化量在各发电机之间的分配无法确定的情况，从而导致各发电机组的调速系统不能稳定工作。因此不能采用过小的调差系数，即不能有过大的单位调节功率。

单位调节功率不会很大的另一个原因在于：电力系统中有多台发电机组时，可能有些机组满载，以致它们的调速器受负荷限制器的限制不能再参加调整。这就使电力系统中总的发电机单位调节功率会下降。也可以认为，由于满载机组不能参加频率调制，应将它的单位调节功率视为零，或认为它的调差系数为无限大，从而使全系统发电机组的等值调差系数增大。例如，系统中有 n 台发电机组，它们都参加调整时有

$$K_{Gn} = K_{G1} + K_{G2} + \cdots + K_{G(n-1)} + K_{Gn} = \sum_{i=1}^{n} K_{Gi}$$

当 n 台机组仅有 m 台参加调整，即 $m+1, m+2, \cdots, n$ 台机组不参加调整时有

$$K_{Gm} = K_{G1} + K_{G2} + \cdots + K_{G(m-1)} + K_{Gm} = \sum_{i=1}^{m} K_{Gi}$$

显然，$K_{Gn} > K_{Gm}$。再将 K_{Gn}、K_{Gm} 换算为以 n 台发电机组的总容量为基准的标幺值，也有 $K_{Gn*} > K_{Gm*}$ 的关系。这些标幺值的倒数就是全系统发电机组的等值调差系数，显然 $\sigma_m > \sigma_n$。

由于上述两方面原因，使电力系统中的发电机单位调节功率 K_G、电力系统的单位调节功率 K_S 都不可能很大。正因为这样，依靠调速器进行的一次调整只能限制周期较短、幅度较小的负荷变动引起的频率偏移。负荷变动周期更长、幅度更大的调频任务自然地落到二次调整方面。

【例 5 - 1】 设电力系统中发电机组的容量和它们的调差系数分别如下：

水轮机组，100MW/台 × 5 台 = 500MW，$\sigma = 2.5\%$；75MW/台 × 5 台 = 375MW，$\sigma = 2.75\%$。

汽轮机组，100MW/台 × 6 台 = 600MW，$\sigma = 3.5\%$；50MW/台 × 20 台 = 1000MW，$\sigma = 4.0\%$。另有较小的单机容量汽轮机组合计 1000MW，$\sigma = 4.0\%$。

系统总负荷为 3300MW，负荷的单位调节功率 $K_{D*} = 1.5$。试计算以下三种情况下电力系统的单位调节功率 K_S：①全部机组都参加调频；②全部机组都不参加调频；③仅水轮机组参加调频。计算结果分别以 MW/Hz 和标幺值表示。

解　依式（5 - 19）知 $K_G = \dfrac{P_{GN}}{f_N \sigma} \times 100\%$，当取 K_G 的基准值 $K_B = P_{DN}/f_N$ 时，K_G 的标幺值为 $K_{G*} = \dfrac{P_{GN} \times 100\%}{P_{DN} \times \sigma}$，按上两式先计算各类发电机组的 K_G 和 K_{G*}。

5×100MW 水轮机组

$$K_G = \frac{500}{50 \times 2.5} \times 100 = 400(MW/Hz)$$

$$K_{G*} = 100 \times 500/(2.5 \times 3300) = 6.06$$

5×75MW 水轮机组

$$K_G = \frac{375}{50 \times 2.75} \times 100 = 273(MW/Hz)$$

$$K_{G*} = 100 \times 375/(2.75 \times 3300) = 4.14$$

6×100MW 汽轮机组

$$K_G = \frac{600}{50 \times 3.5} \times 100 = 343(MW/Hz)$$

$$K_{G*} = 100 \times 600/(3.5 \times 3300) = 5.20$$

20×50MW 汽轮机组

$$K_G = \frac{1000}{50 \times 4.0} \times 100 = 500(MW/Hz)$$

$$K_{G*} = 100 \times 1000/(4.0 \times 3300) = 7.58$$

1000MW 小容量汽轮机组

$$K_G = \frac{1000}{50 \times 4.0} \times 100 = 500(MW/Hz)$$

$$K_{G*} = 100 \times 1000/(4.0 \times 3300) = 7.58$$

系统负荷

$$K_D = \frac{K_{D*} P_{DN}}{f_N} = \frac{1.5 \times 3300}{50} = 99(MW/Hz)$$

而其标幺值已知为 $K_{D*} = 1.5$。

以下求各种不同情况下的 K_S 和 K_{S*}。

（1）所有机组全部都参加调频时

$$K_S = \sum K_G + K_D = 400 + 273 + 343 + 500 + 500 + 99 = 2115(MW/Hz)$$

$$K_{S*} = \sum K_{G*} + K_{D*} = 6.06 + 4.14 + 5.20 + 7.58 + 7.58 + 1.5 = 32.06$$

（2）所有机组都不参加调频时

$$K_S = K_D = 99(MW/Hz)$$

$$K_{S*} = K_{D*} = 1.5$$

（3）仅水轮机组参加调频时

$$K_S = 400 + 273 + 99 = 772(MW/Hz)$$

$$K_{S*} = 6.06 + 4.14 + 1.5 = 11.70$$

四、 频率的二次调整

当电力系统由于负荷变化引起的频率变化，依靠一次调频作用已不能保持在允许范围内时，就需要由发电机组的调频器动作，使发电机组的有功功率—频率静特性平行移动来改变发电机的有功功率，以保证电力系统的频率不变或在允许范围内。

由图 5-10 分析，如不进行二次调整，则在负荷增大 ΔP_{DO} 后，运行点将转移到 O'，即频率将下降为 f'_O，功率增加至 P'_O。如果引起的频率偏移 $\Delta f'$ 越出允许范围时，操作调频器，增加发电机组发出的有功功率，使有功功率—频率静特性向上平行移动。设发电机组在

121

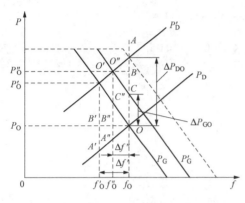

图 5-10　电力系统频率的二次调整

调频器的作用下增发 ΔP_{GO}，则运行点又将从 O' 转移到 O'' 点。O'' 点对应的频率为 f''_O、有功功率为 P''_O。即由于进行了二次调整，频率偏移由仅有一次调整时的 $\Delta f'$ 减少为 $\Delta f''$，供给负荷的有功功率则由仅有一次调整时的 P'_O 增加至 P''_O。显然，由于进行了二次调整，电力系统的运行频率质量有了改善。

由图 5-10 分析可见，在一次调整和二次调整同时进行时，这个负荷增量 ΔP_{DO} 可分解为三部分：第一部分是由于调频器的调整作用，发电机组增发的有功功率 ΔP_{GO}，即 $\Delta P_{GO}=\overline{OC}$（二次调整）；第二部分由于调速器的调整作用，发电机组增发的有功功率 $K_G\Delta f''=\overline{BC}$（一次调整）；第三部分是由于负荷本身的调节效应，减少的负荷功率 $K_D\Delta f''=\overline{BA}$。用数学表达式为

$$\Delta P_{DO} = \Delta P_{GO} - K_G\Delta f'' - K_D\Delta f''$$

或

$$\Delta P_{DO} - \Delta P_{GO} = -(K_G + K_D)\Delta f''$$

得

$$K_S = K_G + K_D = -(\Delta P_{DO} - \Delta P_{GO})/\Delta f'' \tag{5-23}$$

当 $\Delta P_{DO}=\Delta P_{GO}$（即发电机组增发了负荷功率的原始增量 ΔP_{DO}）时，$\Delta f''=0$，亦即实现了所谓无差调节。无差调节如图 5-10 中虚线所示。

由式（5-23）可见，有二次调整时，发电机组增加一项因操作调频器而增发的功率 ΔP_{GO}，使电力系统频率的下降有所减少，负荷所能获得的功率有所增加。

对于系统中有 n 台机组，且由第 n 台机组担负二次调频任务的情况，也就是有 n 台机组进行一次调整，仅有一台机组进行二次调整，也可类似式（5-23）列出公式

$$K_S = K_{GN} + K_D = -(\Delta P_{DO} - \Delta P_{GO})/\Delta f \tag{5-24}$$

比较式（5-23）和式（5-24）可见，由于 n 台机组的单位调节功率 K_{GN} 远大于一台机组的单位调节功率 K_G，在同样的功率盈亏（$\Delta P_D - \Delta P_G$）下，电力系统的频率变化要比仅有一台机组时小得多。

注意：在使用式（5-23）、式（5-24）计算时，取发电机和负荷功率的增量 ΔP_G 和 ΔP_D 为正值，减量为负值；频率的增量 Δf 为正值，减量为负值。即公式中负号表示，随功率缺额的增大，系统频率将下降。至于单位调节功率 K_G、K_D 以及 K_S 本身则为正值。

二次调整时，由于适当增大其他机组或电厂的单位调节功率以减少调频机组或调频厂负担，数值毕竟有限。因此，电力系统的负荷增量基本上要由功率变动幅度大的调频机组或调频厂承担。如果一台主调频机组不足以承担电力系统的负荷变化时，必须增选一些机组参加二次调频，并规定它们的调整范围和顺序。这时二次调频的总增发功率为各二次调频机组增发功率之和。如果电力系统中参与二次调频的所有机组仍不足以承担电力系统负荷的变化，则频率将不能保持不变。所出现的功率缺额将根据一次调频原理，部分由所有配置了调速器的机组按静特性承担，部分由负荷的调节效应来补偿。

五、　互联系统的频率调整

现代大型电力系统比较复杂，可以将整个电力系统看作是由若干个分区系统通过联络线连接而成的互联系统，那么在调整频率的同时，还必须注意联络线交换功率的控制问题，因为互联系统的联络线存在功率传输极限，如并列运行稳定极限和热稳定极限。若调频厂不位于负荷中心，则这种情况可能使调频厂与系统其他部分联系的联络线上流通的功率超出允许值。这样，就出现了在调整系统频率的同时控制联络线上流通功率的问题。

为讨论简便，将一个联合电力系统分成两个系统的联合，以图 5-11 为例。假定两个系统 A、B 都能进行频率的二次调整，以 ΔP_{DA}、ΔP_{DB} 分别表示 A、B 两系统的负荷变化量；以 ΔP_{GA}、ΔP_{GB} 分别表示 A、B 两系统由二次调频而增发的发电机组的功率增量；K_A、K_B 分别为两系统的单位调节功率。设联络线上的交换功率 ΔP_{AB} 由 A 向 B 流动时为正值，对于系统 A，ΔP_{AB} 可看作是一个负荷，从而有

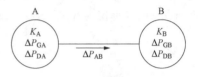

图 5-11　互联系统的频率调整

$$\Delta P_{DA} + \Delta P_{AB} - \Delta P_{GA} = -K_A \Delta f \qquad (5-25)$$

对于系统 B，ΔP_{AB} 可看作是一个电源，从而有

$$\Delta P_{DB} - \Delta P_{AB} - \Delta P_{GB} = -K_B \Delta f \qquad (5-26)$$

由式（5-25）和式（5-26）相加可得

$$(\Delta P_{DA} - \Delta P_{GA}) + (\Delta P_{DB} - \Delta P_{GB}) = -(K_A + K_B)\Delta f$$

或者

$$\Delta f = -\frac{(\Delta P_{DA} - \Delta P_{GA}) + (\Delta P_{DB} - \Delta P_{GB})}{K_A + K_B} \qquad (5-27)$$

或者

$$\Delta f = -\frac{\Delta P_A + \Delta P_B}{K_A + K_B} \qquad (5-28)$$

式中，$\Delta P_A = \Delta P_{DA} - \Delta P_{GA}$，$\Delta P_B = \Delta P_{DB} - \Delta P_{GB}$。$\Delta P_A$、$\Delta P_B$ 分别为 A、B 两电力系统的功率缺额。

又将式（5-27）代入式（5-25）或式（5-26）中，可得

$$\Delta P_{AB} = \frac{K_A(\Delta P_{DB} - \Delta P_{GB}) - K_B(\Delta P_{DA} - \Delta P_{GA})}{K_A + K_B} \qquad (5-29)$$

或者

$$\Delta P_{AB} = \frac{K_A \Delta P_B - K_B \Delta P_A}{K_A + K_B} \qquad (5-30)$$

由式（5-27）可见，当整个电力系统发电机组的二次调整增量 ΔP_G（即 $\Delta P_{GA} + \Delta P_{GB}$）能同整个电力系统负荷功率增量 ΔP_D（即 $\Delta P_{DA} + \Delta P_{DB}$）相平衡时，有 $\Delta f = 0$，即可实现无差调节，否则将出现频率偏移。

以下讨论联络线上流动的交换功率。

（1）当 A、B 两系统都进行二次调频，而且两部分的功率缺额同其单位调节功率成正比，即满足条件

$$-\frac{\Delta P_{DA} - \Delta P_{GA}}{K_A} = -\frac{\Delta P_{DB} - \Delta P_{GB}}{K_B} = \Delta f \qquad (5-31)$$

联络线上交换功率 ΔP_{AB} 等于零。如果没有功率缺额时 $\Delta f = 0$。

（2）当有一个系统不进行二次调频，例如 $\Delta P_{GB} = 0$，则系统 B 的负荷变化量 ΔP_{DB} 将由系统 A 的二次调频来承担，并由联络线送来的 ΔP_{AB} 抵偿。这相当于调频厂设在远离负荷中

心的情况，这时有

$$\Delta P_{AB} = \frac{K_A \Delta P_{DB} - K_B(\Delta P_{DA} - \Delta P_{GA})}{K_A + K_B} = \Delta P_{DB} - \frac{K_B(\Delta P_{DA} + \Delta P_{DB} - \Delta P_{GA})}{K_A + K_B}$$

当整个系统功率能够平衡，$\Delta P_{DA} + \Delta P_{DB} = \Delta P_{GA}$ 时，则有 $\Delta P_{AB} = \Delta P_{DB}$，即联络线交换的功率 ΔP_{AB} 最大。但只有当 ΔP_{AB} 不超过允许范围时，才能实现无差调节。否则，即使整个电力系统功率能够平衡，由于受联络线功率 ΔP_{AB} 的限制，电力系统频率不能保持不变。

【例 5 - 2】 两个电力系统由联络线连接为一个联合电力系统，如图 5 - 12 所示。正常运行时 $\Delta P_{AB} = 0$。两个电力系统容量分别为 1500MW 和 1000MW；各自的单位调节功率如图 5 - 12 所示（单位为 MW/Hz）；设系统 A 负荷增加 100MW。试计算下列情况下的频率变化量和联络线上流过的交换功率：①A、B 两系统机组仅参加一次调频；②A、B 两系统机组都不参加一、二次调频；③A、B 两系统机组都参加一、二次调频，且 A、B 两系统都增发 50MW；④A、B 两系统机组都参加一次调频，仅系统 A 有部分机组参加二次调频，增发 60MW。

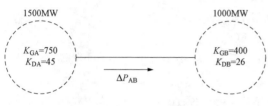

图 5 - 12　两个电力系统的联合

解 （1）两系统机组仅参加一次调频时

$$\Delta P_{GA} = \Delta P_{GB} = \Delta P_{DB} = 0, \quad \Delta P_{DA} = 100(MW)$$
$$K_A = K_{GA} + K_{DA} = 750 + 45 = 795(MW/Hz)$$
$$K_B = K_{GB} + K_{DB} = 400 + 26 = 426(MW/Hz)$$

$\Delta P_A = 100MW$，$\Delta P_B = 0$，则

$$\Delta f = -\frac{\Delta P_A + \Delta P_B}{K_A + K_B} = -\frac{100}{795 + 426} = -0.082(Hz)$$

$$\Delta P_{AB} = \frac{K_A \Delta P_B - K_B \Delta P_A}{K_A + K_B} = \frac{-426 \times 100}{795 + 426} = -34.9(MW)$$

系统频率下降 0.082Hz，通过联络线的功率为由 B 向 A 输送。

（2）A、B 两系统都不参加一、二次调频时

$$\Delta P_{GA} = \Delta P_{GB} = \Delta P_{DB} = 0, \quad \Delta P_{DA} = 100(MW), \quad K_{GA} = K_{GB} = 0$$
$$K_A = K_{DA} = 45(MW/Hz)$$
$$K_B = K_{DB} = 26(MW/Hz), \quad \Delta P_A = 100(MW), \quad \Delta P_B = 0$$

则有
$$\Delta f = -\frac{\Delta P_A + \Delta P_B}{K_A + K_B} = -\frac{100}{45 + 26} = -1.41(Hz)$$

$$\Delta P_{AB} = \frac{K_A \Delta P_B - K_B \Delta P_A}{K_A + K_B} = \frac{-26 \times 100}{45 + 26} = -36.6(MW)$$

因此，这种情况下电力系统频率质量无法保证。

（3）两系统都参加一、二次调频，且都增发 50MW 时

$$\Delta P_{GA} = \Delta P_{GB} = 50(MW), \quad \Delta P_{DA} = 100(MW), \quad \Delta P_{DB} = 0$$

由于 $K_A = K_{GA} + K_{DA} = 795(MW/Hz)$，　$K_B = K_{GB} + K_{DB} = 426(MW/Hz)$

$$\Delta P_A = 100 - 50 = 50(MW), \quad \Delta P_B = -50(MW)$$

则有
$$\Delta f = -\frac{\Delta P_A + \Delta P_B}{K_A + K_B} = -\frac{50 - 50}{795 + 426} = 0(Hz)$$

$$\Delta P_{AB} = \frac{K_A \Delta P_B - K_B \Delta P_A}{K_A + K_B} = \frac{795 \times (-50) - 426 \times 50}{795 + 426} = -50(\text{MW})$$

这说明，由于进行了二次调频，发电机增发功率的总和与负荷增量相平衡，系统频率无偏移，系统 B 增发的功率全部通过联络线送往系统 A。

（4）两系统都参加一次调频，且仅系统 A 有部分机组参加二次调频，增发 60MW 时

$$\Delta P_{GA} = 60(\text{MW}), \quad \Delta P_{GB} = 0, \quad \Delta P_{DA} = 100(\text{MW}), \quad \Delta P_{DB} = 0$$

由于 $K_A = K_{GA} + K_{DA} = 795(\text{MW/Hz}), \quad K_B = K_{GB} + K_{DB} = 426(\text{MW/Hz})$

$$\Delta P_A = 100 - 60 = 40(\text{MW}), \quad \Delta P_B = 0$$

则有

$$\Delta f = -\frac{\Delta P_A + \Delta P_B}{K_A + K_B} = -\frac{40}{795 + 426} = -0.0328(\text{Hz})$$

$$\Delta P_{AB} = \frac{K_A \Delta P_B - K_B \Delta P_A}{K_A + K_B} = \frac{-426 \times 40}{795 + 426} = -14(\text{MW})$$

这种情况较理想，频率偏移很小，由系统 B 送往系统 A 的交换功率也较小。

思考题与习题

5-1 电力系统频率偏高或偏低有哪些危害性？

5-2 电力系统有功功率负荷变化的情况与电力系统频率的一、二、三次调整有何关系？

5-3 什么是电力系统有功功率的平衡？在何种状态下才有意义？其备用容量是如何考虑的？

5-4 各类电厂的特点是什么？如何合理地组织它们的运行方式？

5-5 何为耗量特性、比耗量、耗量微增率？简单系统最优分配负荷时的准则是什么？其与耗量函数极值的求解是何关系？若三次调频目标函数采用各机组的报价函数，如何计算最优分配负荷？

5-6 何为电力系统负荷的有功功率—频率静态特性？何为有功负荷的频率调节效应？

5-7 何为发电机组的有功功率—频率静态特性？发电机的单位调节功率是什么？

5-8 什么叫调差系数？它与发电机单位调节功率的标幺值有什么关系？

5-9 电力系统频率的一次调整（一次调频）的基本原理是什么？何为电力系统的单位调节功率？为什么它不能过大？

5-10 电力系统频率的二次调整（二次调频）的基本原理是什么？如何才能做到频率的无差调节？

5-11 互联电力系统怎样调频才为合理？为什么？

5-12 A、B 两系统由联络线相连如图 5-13 所示。已知系统 A，$K_{GA} = 800\text{MW/Hz}$，$K_{DA} = 50\text{MW/Hz}$，$\Delta P_{DA} = 100\text{MW}$；系统 B，$K_{GB} = 700\text{MW/Hz}$，$K_{DB} = 40\text{MW/Hz}$，$\Delta P_{DB} = 50\text{MW}$。试求 A、B 两系统都不参加二次调频，在下列情况下频率的变化量 Δf 和联络线功率的变化量 ΔP_{AB}：①当两系统机组都参加一次调频时；②当系统 A 机组参加一次调频，而系统 B 机组不参加一次调频时；③当两系统机组都不参加一次调频时。

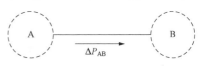

图 5-13 联合电力系统

5-13 仍按例 5-2 中已知条件，试计算下列情况下的频率变化量 Δf 和联络线上流过的功率 ΔP_{AB}：①A、B 两系统机组都参加一、二调频，A、B 两系统机组都增发 50MW；②A、B 两系统机组都参加一次调频，系统 A 并有机组参加二次调频，增发 60MW；③A、B 两系统都参加一次调频，系统 B 并有机组参加二次调频，增发 60MW。

5-14 某系统中容量为 100MW 的 4 台发电机并联运行，每台发电机的调差系数为 4%，系统频率为 50Hz，系统总负荷为 320MW。试求当负荷增加 50MW 时，在下列情况下系统频率值：（负荷的频率调节效

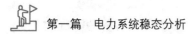

应系数为 1.5）？①机组平均分配负荷；②两台机组满载，余下的负荷由另两台机组承担；③两台机组各带 85MW，另两台机组各带 75MW；④一台机组满载，另 3 台机组平均分配其余负荷，但这 3 台机组因故只能各自承担 80MW；⑤4 台机组平均分配负荷，但 3 台机组因故只能各自承担 80MW。

5-15　某电力系统负荷的频率调节效应 $K_{D*}=2$。主调频电厂额定容量为系统负荷的 20%。当系统运行于负荷 $P_{D*}=1$，$f_N=50$Hz 时，主调频电厂输出功率为其额定值的 50%。如果负荷增加，而主调频电厂的调频器不动作，系统的频率就下降 0.3Hz，此时测得 $P_{D*}=1.1$（发电机组仍不满载）。现在调频器动作，使频率上升 0.2Hz。试求二次调频作用增加的功率是多少？

5-16　某火电厂三台机组并联运行，各机组的燃料消耗特性及功率约束条件如下：

$$F_1 = 4 + 0.3P_{G1} + 0.0007P_{G1}^2 \text{(t/h)}, \quad 100\text{MW} \leqslant P_{G1} \leqslant 200\text{MW}$$

$$F_2 = 3 + 0.32P_{G2} + 0.0004P_{G2}^2 \text{(t/h)}, \quad 120\text{MW} \leqslant P_{G2} \leqslant 250\text{MW}$$

$$F_3 = 3.5 + 0.3P_{G3} + 0.00045P_{G3}^2 \text{(t/h)}, \quad 120\text{MW} \leqslant P_{G3} \leqslant 250\text{MW}$$

试确定当总负荷分别为 400、700MW 和 600MW 时，发电厂间功率的经济分配（不计网损的影响），且计算总负荷为 600MW 时经济分配比平均分担节约多少煤？

第六章

电力系统无功功率的平衡和电压调整

　　电力系统中的有功功率电源大多是集中在各类发电厂中的发电机，供应有功功率必须消耗能源；正常稳态运行时，全系统频率相同，频率调整集中在发电厂，调频手段只有调整原动机功率。当然，必要情况下，还可以通过一定的负荷控制，进行有序供电，实现系统的功率平衡和频率调整。

　　而电力系统中的无功功率电源除发电机外，还有电容器、调相机和静止补偿器等，这些无功源分散在各变电站和用户端。根据运行状态的需要，可随时通过开关投切无功功率电源或者参数调整来使用无功设备和调整无功功率。电力系统中各个节点电压各不相同，而且电压调整可分散进行，调压手段也多种多样，使得电力系统无功功率和电压调整与有功功率和频率调整有极大不同。

　　由于电力系统网络结构复杂，负荷分布不均匀，各节点的负荷变动时，会引起各节点电压的波动，使各节点电压偏离额定值。为满足电压质量要求，当实际运行电压超出允许值时，必须对电压进行调整。电力系统调压的任务，就是在满足各负荷正常需求的条件下，使各节点的电压偏移在允许范围之内。

　　本章主要阐述电力系统中无功功率的平衡和电力系统的电压调整两个内容。前者详细介绍了消耗无功功率的设备特性以及发出无功功率的设备特性，并阐述了两者之间的平衡关系；后者着重分析了调压的措施与各个措施的适用范围。

第一节　电力系统中无功功率的平衡

一、无功功率负荷和无功功率损耗

1. 无功功率负荷

　　无功功率负荷（简称无功负荷）是指以滞后功率因数运行的用电设备所吸收的无功功率。各种用电设备中，除相对较少的白炽灯照明负荷和电热负荷只消耗有功功率外，大多数电力负荷还要消耗无功功率。此外，同步电动机在进相运行时可发出一定的无功功率。

　　异步电动机是电力系统中无功负荷占比较大的负荷，通常所说的综合负荷的无功功率—电压静态特性主要取决于异步电动机的静态特性。一般综合负荷的功率因数为 0.6～0.9。异步电动机的简化等效电路如图 6-1 所示，消耗的无功功率表达式为

$$Q_M = Q_m + Q_X = \frac{E_1^2}{X_m} + I_1^2 X_1 + I_2'^2 X_2' \qquad (6-1)$$

式中：Q_M 为异步电动机消耗的无功功率；Q_m 为励磁电抗 X_m 中的励磁功率；Q_X 为定子漏电

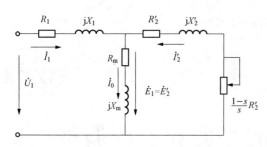

图 6-1 三相异步电动机的 T 形等效电路

抗 X_1 和转子漏电抗 X_2' 中的无功功率损耗。

当外加电压接近异步电动机的额定电压时，电动机铁心磁路的工作点刚好达到饱和状态位置，如图 6-2 曲线中的 A 点所示。

当外加电压高于异步电动机额定电压时，铁心磁路进入饱和区，励磁电流迅速增加。一方面会使励磁电抗 X_m 数值下降，从而使励磁无功功率 Q_m 按电压的高次方成比例地增加；另一方面电压升高，在负荷功率不变的情况下，定子绕组 I_1 电流减小，使 Q_X 减小。此时 Q_M 主要取决于励磁支路的无功功率，呈上升趋势。

当外加电压低于异步电动机额定电压时，铁心磁路进入线性区。励磁电抗 X_m 保持不变，会使 Q_m 按电压的平方成比例地减少。Q_X 的变化趋势如下：一方面在负荷功率不变的情况下，随着电压的降低，定子绕组电流增大；另一方面当电压降低很多时，转差率 s 增大，使得负载 $\dfrac{1-s}{s}R_2'$ 减小，定子绕组电流进一步增大。当 Q_X 的增加大于 Q_m 的减小时，Q_M 呈增加趋势。

综合 Q_m 和 Q_X 的变化特点，可得异步电动机无功功率—电压静态特性 Q_M-U（即综合无功负荷的电压静态特性 Q_{LD}-U），如图 6-3 所示。

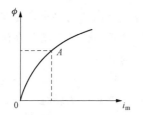

图 6-2 异步电动机磁化曲线

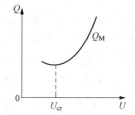

图 6-3 异步电机 Q-U 静态特性

由图 6-3 可见，在额定电压 U_N 附近，电动机消耗的无功功率 Q_M 主要取决于 Q_m，因此 Q_M 会随电压的升高而增加，随电压的降低而减少；当电压低于某一临界值 U_{cr} 时，漏磁电抗中的无功功率损耗 Q_X 将在 Q_M 中起主导作用，此时随着电压的下降（说明系统无功功率不足），Q_M 不但不减小，反而会增大。因此，电力系统在正常运行时，其负荷特性应工作在 $U > U_{cr}$ 的区域，这一点对电力系统运行的电压稳定性具有非常重要的意义。

2. 电力系统中的无功功率损耗

（1）变压器的无功功率损耗。变压器的无功功率损耗（简称无功损耗）包括两部分。一部分为励磁损耗，当励磁支路电压为额定电压时，其占额定容量的百分数基本上等于空载电流百分值 $I_0\%$，为 $1\% \sim 2\%$。励磁损耗为

$$\Delta Q_{TY} = U^2 B_T = U_N^2 \frac{I_0\% S_{TN}}{100 U_N^2} = \frac{I_0\%}{100} S_{TN} \quad (\text{Mvar}) \qquad (6-2)$$

另一部分为绕组漏抗中的无功损耗。在变压器满载时，其占额定容量的百分数基本上等于短路电压百分值 $U_k\%$，约为 10%。漏抗中的无功损耗为

$$\Delta Q_{TZ} = I^2 X_T = \left(\frac{S_{TN}}{U_N}\right)^2 \frac{U_k\%U_N^2}{100 S_{TN}} = \frac{U_k\%}{100} S_{TN} \quad (\text{Mvar}) \qquad (6-3)$$

由发电厂到用户，中间要经过多级变压，虽然每台变压器的无功损耗只占每台变压器容量的百分之十几，但对多级变压器无功损耗的总和就很可观了，有时可约达用户无功负荷的75%。变压器阻抗和导纳中无功损耗的计算与潮流计算中导纳和阻抗中无功损耗的计算是完全一致的。

（2）电力线路的无功功率损耗。电力线路上的无功功率损耗也分为两部分，即并联电纳和串联电抗中的无功损耗。并联电纳中的无功损耗又称充电功率，与电力线路电压的平方成正比，呈容性；串联电抗中的无功损耗与负荷电流的平方成正比，呈感性。电力线路的无功损耗为

$$\Delta Q_L = I^2 X_L + \left(-\frac{B_L}{2}U_1^2 - \frac{B_L}{2}U_2^2\right) \quad (\text{Mvar}) \qquad (6-4)$$

因此电力线路作为电力系统的一个元件，究竟是消耗容性无功功率还是感性无功功率，需根据线路长度和运行分析理论，计算而得。一般来说，110kV 及以下的线路，充电功率较小，线路无功损耗呈感性；220kV 线路若长度不超过 100km，则线路将消耗感性无功功率，长度为 300km 左右时，线路上消耗的感性无功功率和容性无功功率大体接近，因而呈电阻性；线路长度大于 300km 时，因充电功率较大，线路上总无功损耗为容性。500kV 及以上线路充电功率较大。

二、无功功率电源

无功功率电源（简称无功电源）是指可以发出感性无功功率的装置和设备。

电力系统的无功电源主要包括同步发电机、调相机、并联电容器、静止补偿器和进相运行的同步电动机等。

1. 同步发电机

发电机是电力系统中主要的有功功率电源（简称有功电源），同时也是基本的无功电源。发电机在正常运行时，其定子电流和转子电流都不应超过额定值。设发电机额定视在功率为 S_{GN}，额定有功功率为 P_{GN}，额定功率因数为 $\cos\varphi_N$，则额定无功功率 Q_{GN} 为

$$Q_{GN} = S_{GN}\sin\varphi_N = P_{GN}\tan\varphi_N \qquad (6-5)$$

发电机既能发出感性无功功率也能发出容性无功功率。一般来说，发电机运行时是发出感性无功功率的。图 6-4（a）所示一隐极机接在 U_N 为常数的系统母线上，图 6-4（b）为其等值电路，图 6-4（c）为额定运行时的相量图。AC 的长度代表电压降 $I_N X_d$，正比于额定视在功率 S_{GN}，它在纵轴上的投影正比于 P_{GN}，在横轴上的投影正比于 Q_{GN}，OC 的长度代表空载电动势 E_N，它正比于发电机的额定励磁电流。

当改变功率因数时，发电机发出的功率 P 和 Q 受到以下限制：

（1）受定子绕组温升（定子绕组电流）的限制，也就是取决于发电机的视在功率。即用图 6-4（c）中以 A 为圆心、以 AC 为半径的圆弧表示。

（2）受励磁绕组温升（励磁绕组电流）的限制，也就是取决于发电机的空载电动势。即用图 6-4（c）中以 O 为圆心、以 OC 为半径的圆弧表示。

（3）受原动机出力（额定有功功率）的限制。即用图 6-4（c）中的水平线 $P_{GN}C$ 表示。

所以发电机的 P-Q 极限曲线如图 6-4（c）中阴影线所示。从图中可以看到，发电机只

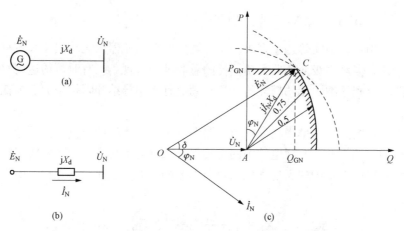

图 6-4　发电机的运行极限图

(a) 接线图；(b) 等值电路；(c) 相量图

有在额定的电压、电流和功率因数下运行时（即运行点 C），视在功率才能抵达额定值，其容量得到最充分的利用。

当系统中无功电源不足，而有功备用容量又较充裕时，可利用靠近负荷中心的发电机降低功率因数运行，多发无功功率以提高电力系统的电压水平。但是发电机的运行点不应越出 P-Q 极限曲线的范围。

发电机正常运行时，向系统提供有功功率的同时还提供无功功率，定子电流滞后于端电压一个角度，此种状态即迟相运行。当逐渐减少励磁电流，使发电机电动势减小，定子电流从滞后而变为超前发电机端电压一个角度（功率因数角变为超前），因此发电机向系统输送有功功率的同时还从系统吸收无功功率，此种状态即进相运行。发电机进相运行图如图 6-5 所示。

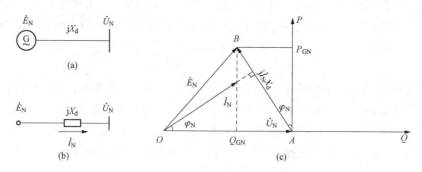

图 6-5　发电机的进相运行图

(a) 接线图；(b) 等值电路；(c) 相量图

所谓发电机的无功功率—电压静态特性，是指发电机向系统输出的无功功率与电压变化关系的曲线，简称电压静态特性。

某简单电力系统如图 6-6 所示。若图 6-6（a）中的发电机为隐极机，略去各元件电阻，用电抗 X 表示发电机电抗 X_d 与线路电抗 X_L 之和，则可得等值电路如图 6-6（b）所示。

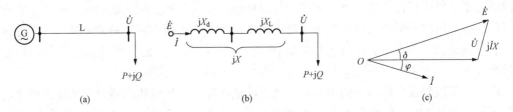

图 6-6 简单电力系统

(a) 原理图；(b) 等值电路图；(c) 相量图

如果线路中的传输电流为 $\dot{I}$，负荷端电压 $\dot{U}$ 和 $\dot{I}$ 间的相角为 φ，则发电机电动势 $\dot{E}$ 和 $\dot{U}$ 间的关系为

$$\dot{E} = \dot{U} + \dot{I}(R + jX)$$

其相量图如图 6-6（c）所示。

以标幺值表示时，由图 6-6（c）可得发电机输送到负荷节点的有功功率 P_G 和无功功率 Q_G 分别为

$$\left.\begin{aligned} P_G &= UI\cos\varphi \\ Q_G &= UI\sin\varphi \end{aligned}\right\} \tag{6-6}$$

且由图 6-6（c）可得

$$\left.\begin{aligned} E\sin\delta &= IX\cos\varphi \\ E\cos\delta - U &= IX\sin\varphi \end{aligned}\right\} \tag{6-7}$$

式中：δ 为 E 和 U 间的夹角，也称功率角，简称功角。

将式（6-7）代入式（6-6）可得

$$\left.\begin{aligned} P_G &= \frac{EU}{X}\sin\delta \\ Q_G &= \frac{EU}{X}\cos\delta - \frac{U^2}{X} \end{aligned}\right\} \tag{6-8}$$

将式（6-8）上下两式平方后相加，当发电机输送至负荷点的有功功率 P_G 不变时，则其输送至负荷点的无功功率 Q_G 为

$$Q_G = \sqrt{\left(\frac{EU}{X}\right)^2 - P_G^2} - \frac{U^2}{X} \tag{6-9}$$

若励磁电流不变，则发电机电动势 E 为常数，其输送至负荷点的无功功率就是电压 U 的二次函数，为开口向下的抛物线，其特性曲线如图 6-7 所示。图中的 U_{cr} 为临界运行电压。

当 $U > U_{cr}$ 时，发电机输送至负荷点的无功功率 Q_G 将随着电压的降低（说明系统无功功率不足）而增加；当 $U < U_{cr}$ 时，电压的降低非但不能增加发电机输送至负荷点的无功功率 Q_G，反而会使功率 Q_G 减少。因此，在正常运行时，发电机的无功特性工作在 $U > U_{cr}$ 的区域。

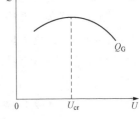

图 6-7 发电机电压静态特性

2. 调相机

调相机实质上就是只能发无功功率的发电机，它在过励运行

131

时向电力系统供给感性无功功率，欠励运行时从电力系统吸取感性无功功率。所以，改变调相机的励磁，可以平滑地改变它的无功功率大小及方向，因而它可以平滑地调节所在地区的电压。欠励运行时的容量为过励运行时容量的 $50\%\sim60\%$，这也是作为无功负荷的调相机的运行极限。

调相机可以装设自动调节励磁装置，能自动地在电力系统电压降低时增加输出的无功功率以维持系统的电压。特别是有强行励磁装置时，在系统故障情况下也能调整系统的电压，这对提高系统的稳定性是有利的。但是调相机是旋转机械，运行维护比较复杂。它的有功功率损耗较大，在满载时损失为额定容量的 $1.5\%\sim5\%$，容量越小，百分值越大。并且其响应速度较慢，投资较大，除特殊需要场合，现已逐渐被静止无功补偿装置所取代。

3. 并联电容器

并联电容器可按三角形和星形接法连接在变电站母线上，只能供给系统无功功率而不能吸收无功功率，它供给的无功功率 Q_C 值与所在节点的电压 U 的平方成正比，即

$$Q_C = \frac{U^2}{X_C} \tag{6-10}$$

式中：X_C 为并联电容器的容抗，$X_C = \frac{1}{\omega C}$。

电容器是电力系统中广为使用的一种无功补偿装置，既可集中使用，又可分散装设，就地供给无功功率，以降低电力线路上的功率损耗和电压损耗。它的优点是运行维护方便，有功功率损耗小（只占其额定容量的 $0.3\%\sim0.5\%$），单位容量投资小且与总容量的大小几乎无关。

但与调相机相比，并联电容器也存在如下不足：①无功功率调节性能差，由式（6-10）可见，当系统电压下降时，电容器不但不能增加无功功率输出以提高运行电压，而是按电压的平方减少无功功率输出；②因并联电容器是分成若干组连接在节点上，因而其调节方式为不连续调节，是阶跃式的。即在运行中根据负荷的变化，调节电容器的功率时，采用真空断路器分组投入或切除。一般最大负荷运行方式时，电容器组全部投入；最小负荷运行方式时，电容器组部分或全部切除。

4. 静止无功功率补偿器

为静止无功功率补偿器（static var compensator，SVC），简称静止补偿器，是一种动态无功补偿装置，由于其主要元件是可控电抗器与可控静止电容器，是非机械旋转设备，故冠以"静止"两字。其特点是电容器可发出无功功率，可控电抗器则可吸收无功功率，再配以调控电抗器的电力电子装置，即可成为平滑调节无功功率输出和吸收的装置。

按照电抗器调节方法的不同，目前有三种类型的静止补偿器：可控饱和电抗器，自饱和电抗器，晶闸管控制电抗器，如图 6-8 所示。图中：Q_D 为负荷无功功率；Q_C 为并联电容器组提供的无功功率（当母线电压一定时，可视为恒定不变）；Q_L 为电抗器吸收的无功功率，它可通过自饱和或晶闸管、直流励磁调节，使其吸收的无功功率 Q_L 在不同的无功负荷状况下作相应变化；Q_S 为电网供给的无功功率；与电容器 C 串联的电抗器 L_n 为 n 阶高次谐波调谐线圈电感，和电容器 C 组成滤波电路，可以根据需要滤去高次谐波，并且可以限制装置投入瞬间的涌流。

静止补偿器的优点：①能快速调节无功功率以适应动态无功补偿的要求；②调节连续平

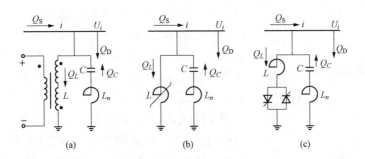

图 6 - 8　静止无功补偿器

（a）可控饱和电抗器；（b）自饱和电抗器；（c）晶闸管控制电抗器

滑，不致引起系统大的波动；③滤波电路可消除高次谐波对负荷的干扰；④运行维护方便，功率损耗小；⑤对不平衡的负荷变动有较高的补偿能力，可以实现分相补偿；⑥对冲击负荷的适应性较强。因此，目前已被广泛应用于输配电、冶金、工矿、新能源发电等领域。

三、 无功功率的平衡

由综合负荷的无功功率—电压静态特性分析可知，负荷消耗的无功功率是随电压的降低而减少的，要想保持负荷端电压水平，就得向负荷供应所需要的无功功率。电力系统无功功率平衡是保证电压水平的必要条件。所谓无功功率的平衡就是要使系统的无功电源所发出的无功功率与系统的无功负荷及网络中无功损耗相平衡，用公式表示为

$$\sum Q_{GC} = \sum Q_L + \Delta Q_\Sigma \tag{6 - 11}$$

式中：Q_{GC} 为电源供给的无功功率，它包括发电机供给的无功功率 Q_G 和补偿设备供给的无功功率 Q_C 两部分。Q_C 又分调相机供给的 Q_{C1}、并联电容器供给的 Q_{C2} 和静止补偿器供给的 Q_{C3}，因此有

$$\sum Q_{GC} = \sum Q_G + \sum Q_{C1} + \sum Q_{C2} + \sum Q_{C3} \tag{6 - 12}$$

负荷消耗的无功功率 Q_L 可按负荷的功率因数计算。我国现行规程规定，由 35kV 及以上电压级直接供电的工业负荷，功率因数不得低于 0.9；其他负荷，功率因数不得低于 0.85。

ΔQ_Σ 为无功损耗，包括三部分，即

$$\Delta Q_\Sigma = \Delta Q_T + \Delta Q_X - \Delta Q_B \tag{6 - 13}$$

式中：ΔQ_T 为变压器中的无功损耗；ΔQ_X 为电力线路电抗中的无功损耗；ΔQ_B 为电力线路电纳中的无功损耗（其属于容性），一般只计算电压为 110kV 及以上电力线路的充电功率。

电力系统的无功功率平衡计算，应分别在最大、最小负荷的运行方式下通过潮流分布计算获得无功功率平衡的计算结果。再根据无功功率平衡的计算结果，确定补偿设备的容量，并按就地平衡的原则进行补偿容量的分配。

像有功功率那样，系统中也应保持一定的无功功率备用，即无功电源的容量应大于无功电源发出的总无功功率 $\sum Q_{GC}$，否则负荷增大时，电压质量无法保证。这个无功功率备用容量一般可取最大无功功率负荷的 7%～8%。

下面讨论无功功率平衡对电力系统电压的影响。

如图 6 - 9 所示，综合无功负荷曲线为 Q_{LD}（含网络无功功率损耗），发电机和其他无功电源输送的无功功率曲线为 Q_{GC}，两特性曲线在点 1 相交，对应的电压为 U_1，即电力系统在

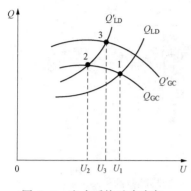

图 6-9 电力系统无功功率—
电压静态特性

电压 U_1 下运行时能达到无功功率的平衡。若无功负荷由 Q_{LD} 增加到 Q'_{LD}，而 Q_{GC} 不变（无功功率最大出力且没有备用），则 Q'_{LD} 与 Q_{GC} 两特性曲线将在点 2 相交，对应的电压为 U_2，即电力系统的运行电压将下降到 U_2。这说明无功负荷增加后，在电压为 U_1 时，发电机和其他无功电源输送的无功功率已不能满足综合无功负荷的需要，只能用降低运行电压的方法来取得无功功率的平衡。此时如能将发电机和其他无功电源输送的无功功率增加到 Q'_{GC}（无功功率未达到最大出力或者有无功功率备用），则系统可在点 3 处达到无功功率的平衡，运行电压即可上升为 U_3。

综上所述，影响电力系统运行电压水平的主要原因是系统的无功平衡关系。无功电源充足，电压水平正常，但节点电压偏移仍可能超出允许范围。为了提高运行电压质量，减小电压偏移，必须使电力系统无功功率在额定电压或其允许电压偏移范围内保持平衡。

第二节　电力系统的电压管理

一、中枢点电压管理

电力系统进行调压的目的，就是要采取各种措施，使用户处的电压偏移保持在规定的范围内。但由于电力系统结构复杂，负荷极多，如对每个用电设备电压都进行监视和调整，不仅不经济而且也无必要。因此，电力系统电压的监视和调整可通过监视、调整电压中枢点的电压来实现。

电压中枢点是指某些可以反映系统电压水平的主要发电厂或枢纽变电站母线。因为很多负荷都由这些中枢点供电，如能控制这些中枢点的电压偏移，也就控制了系统中大部分负荷的电压偏移。于是，电力系统电压调整问题也就转变为保证各中枢点的电压偏移不超出给定范围的问题。

1. 电压中枢点的选择

电压中枢点一般选择在区域性水、火电厂的高压母线，枢纽变电站二次母线，有大量地方负荷的发电厂母线。

电力系统运行部门的一项电压管理工作，就是要编制中枢点的电压曲线，即作出最大、最小负荷下，由中枢点供电的各负荷点的电压曲线；计及网络中的电压损耗后，推算出这个中枢点的电压范围，找出能同时满足这些负荷对电压要求的一个允许的电压变化范围。控制中枢点电压使之运行在电压曲线的公共部分（满足各负荷点电压的部分），由它供电的所有负荷的电压偏移则不会超出允许范围。但如果各电力线路电压损耗的大小和变化规律相差很悬殊，完全有可能出现在某些时间段内，中枢点的电压不论取什么值都不能同时满足这些负荷对电压质量要求的情况，则要采取调压措施。

做系统规划设计时，由于由它供电的较低电压等级的电网尚未完全建成，各负荷点对电压质量的要求还不明确，各低电压等级网络的电压损耗也无法计算，也就无法根据上述方法作出中枢点的电压曲线。但是可以根据电网的性质对中枢点的调压方式提出下述的原则性的要求，即大致确定一个中枢点电压的允许变动范围。

2. 中枢点的调压方式

中枢点的调压方式分为顺调压、逆调压和恒调压三类。

电力系统运行时，网络电压损耗的大小与负荷大小密切相关。负荷大，电压损耗也就大，电网各点的电压就偏低；负荷小，电压损耗也就小，电网各点的电压就偏高。

(1) 顺调压。顺应电力系统电压变化规律，大负荷时电网各点的电压偏低，则允许中枢点电压低一些，但在最大负荷时不得低于 $102.5\%U_N$；最小负荷时电网各点的电压偏高，则允许中枢点电压高一些，但在最小负荷时不得高于 $107.5\%U_N$。U_N 为电力线路额定电压。顺调压是调压要求最低的方式，一般不需要装设特殊的调压设备即可满足调压要求。但仅适用于供电距离较短、负荷变动甚小的用户或允许电压偏移较大的农业电网。

对于线路较长、损耗大、负荷变动也大（即最大负荷与最小负荷的差值较大）的电网中枢点，若采用顺调压往往不能满足负荷对电压偏移的要求。因为在这种电网中，在最大负荷时，电网损耗很大，如果中枢点电压随之降低，则远端负荷的电压就将过低；在最小负荷时，电压损耗不大，如果中枢点电压还要抬高，则近端负荷的电压就将过高。为此必须采取措施，在最大负荷时升高电压，最小负荷时降低电压，这种中枢点电压调整方式是下面将要介绍的"逆调压"。

(2) 逆调压。逆着电力系统电压变化规律，在大负荷时提高中枢点的电压以抵偿电力线路上因大负荷而增大的电压损耗，在小负荷时要适当降低中枢点电压以防止近端负荷点的电压过高。具体要求为：最大负荷时将中枢点电压升高至 $105\%U_N$，最小负荷时将其下降为 U_N。逆调压方式是一种要求较高的调压方式，一般要求中枢点具有较为充足的无功电源，否则需要在中枢点装设有载调压变压器、调相机或静止补偿器等特殊的调压设备。

(3) 恒调压。如负荷变动较小，电力线路上电压损耗也较小，则采用介于上述两种调压要求之间的调压方式——恒调压（常调压），即在任何负荷下，中枢点电压保持为大约恒定的数值，一般比电力线路额定电压高 $2\%\sim5\%$。

以上所述的都是电力系统正常运行时的调压要求。当系统发生事故时，对电压质量的要求允许降低一点。通常，事故时的电压偏移允许较正常时再增大 5%。

二、 电压调整的基本原理

电网中有可能出现无论中枢点电压取什么范围，都不能满足所有负荷对电压的要求。当发生这种情况时，只靠控制中枢点电压就不能保证由它供电的所有负荷点的电压偏移均不超出允许范围，因此必须采取其他调压措施来保障电压质量。现以图 6-10 所示为例，说明常用的各种调压措施所依据的基本原理。

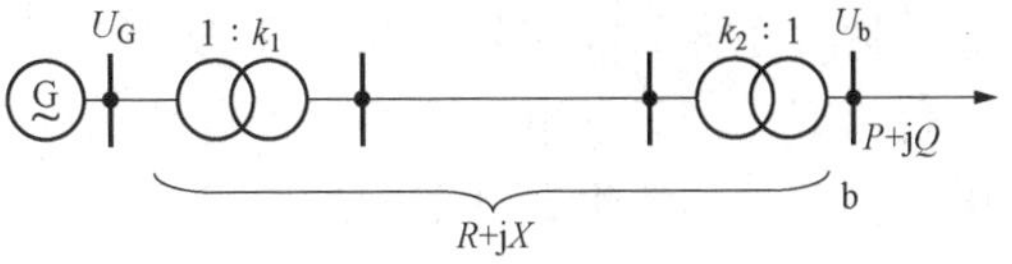

为简便起见，略去电力线路的电容功率、变压器的励磁功率和网络的功率损耗，变压器参数已归算到高压侧。负荷节点 b 的电压为

图 6-10 电压调整的基本原理

$$U_b = (U_G k_1 - \Delta U)/k_2 = \left(U_G k_1 - \frac{PR + QX}{k_1 U_G}\right)/k_2 \tag{6-14}$$

式中：k_1 和 k_2 分别为升压和降压变压器的变比（高压比低压）；R 和 X 分别为变压器和电力线路总电阻和总电抗。

由式（6-14）可见，为了调整用户端电压 U_b 可以采用以下措施：

（1）调节励磁电流以改变发电机端电压 U_G；

（2）适当选择变压器的变比 k_1、k_2；

（3）改善网络参数 X；

（4）改变无功功率 Q 分布；

（5）组合调压。

这些调压措施将在第三节进行讨论。

第三节　电力系统主要调压措施

一、改变发电机端电压调压

改变发电机端电压调压是一种不需耗费投资，且是最直接的调压方法，应首先考虑采用。现代同步发电机在端电压偏离额定值不超过 $\pm5\%$ 范围，能够以额定功率运行。大中型同步发电机都装有自动励磁调节装置，根据运行情况调节发电机励磁电流，以改变发电机机端电压，从而达到调压目的。

对于不同类型的供电网络，发电机调压所起的作用是不同的。

（1）对于由发电机不经升压直接供电的小型电力系统，供电线路不长，线路上电压损耗不大，借改变发电机端电压的方法，如实行逆调压，就可以满足负荷点的电压质量。

（2）对于由发电机经多级变压向负荷供电的大中型电力系统，线路较长，供电范围较大，从发电厂到最远处的负荷之间的电压损耗和变化幅度都很大。这时，单靠发电机调压是不能解决问题的。发电机调压主要是为了满足近处地方负荷的电压质量要求（发电机采用逆调压方式）。对于远处负荷的电压变动，只能靠其他调压方法来解决。

（3）对于有若干发电厂并列运行的大型电力系统，利用发电机调压，会出现新的问题。首先，当要提高发电机的电压时，则该发电机就要多输出无功功率，这就要求进行电压调整的电厂有相当充裕的无功容量储备。另外，电力系统内并联运行的发电厂中，调整个别发电厂的母线电压，会引起系统中无功功率的重新分配，有可能与无功功率的经济分配发生矛盾。所以，在大型电力系统中发电机调压一般只作为一种辅助的调压措施。

二、改变变压器变比调压

改变变压器变比调压是根据调压要求适当选择变压器的分接头电压。变压器低压绕组不设分接头，双绕组变压器的分接头设在高压绕组，三绕组变压器的分接头设在高、中压绕组。普通变压器只能在停电情况下改变分接头，有载调压变压器可带负载改变分接头。因此，普通变压器必须事先选好一个合适的分接头，同时满足运行中出现最大负荷与最小负荷时电压偏移均不超出允许范围的要求。

1. 普通降压变压器分接头的选择

图 6-11 中 Ti 为普通降压变压器，图中 I 为高压侧，i 为低压侧。高压母线实际电压为 U_I，变压器中的电压损耗为 ΔU_i，归算到高压侧的低压母线电压为 U'_i，低压母线要求

图 6-11　变压器分接头的选择

的实际电压（未归算至高压侧）为 U_i，则有

$$U_i = (U_I - \Delta U_i)/k_i \qquad (6\text{-}15)$$

$$k_i = U_{tI}/U_{iN} \qquad (6\text{-}16)$$

式中：K_i 为降压变压器的变比，即高压绕组分接头电压 U_{tI} 和低压绕组额定电压 U_{iN} 之比。

因此，高压绕组分接头电压为

$$U_{tI} = (U_I - \Delta U_i)U_{iN}/U_i \qquad (6\text{-}17)$$

由式（6-17）可求出满足低压侧电压要求应选择的高压侧分接头电压。

普通变压器的分接头只能在停电情况下改变，为保证供电可靠性，正常运行中无论负荷怎样变化只能使用一个固定的分接头。为满足不同负荷时的电压要求（兼顾最大与最小负荷的要求）可根据最大负荷和最小负荷时所要求的电压 $U_{i\cdot max}$ 和 $U_{i\cdot min}$ 分别求得应选择的分接头电压，取其算术平均值，即

$$\left.\begin{array}{l} U_{tI\cdot max} = \dfrac{U_{I\cdot max} - \Delta U_{i\cdot max}}{U_{i\cdot max}} U_{iN} \\[3mm] U_{tI\cdot min} = \dfrac{U_{I\cdot min} - \Delta U_{i\cdot min}}{U_{i\cdot min}} U_{iN} \\[3mm] U_{tI\cdot av} = \dfrac{1}{2}(U_{tI\cdot max} + U_{tI\cdot min}) \end{array}\right\} \qquad (6\text{-}18)$$

若计算结果与变压器分接头电压的实际值不相符，则选一个最接近计算值的分接头 $U_{tI\cdot s}$。选定分接头后，还要校验变压器低压侧的电压在最大、最小负荷运行中是否符合要求。

在选好分接头后，计算出变压器低压母线的实际运行电压

$$\left.\begin{array}{l} U_{i\cdot max\cdot s} = \dfrac{U_{I\cdot max} - \Delta U_{I\cdot max}}{U_{tI\cdot s}} U_{iN} \\[3mm] U_{i\cdot min\cdot s} = \dfrac{U_{I\cdot min} - \Delta U_{I\cdot min}}{U_{tI\cdot s}} U_{iN} \end{array}\right\} \qquad (6\text{-}19)$$

有时还需要校验变压器低压侧的电压偏移的百分数。在最大、最小负荷时其电压偏移的百分数为

$$\left.\begin{array}{l} \Delta U_{i\cdot max}\% = \dfrac{U_{i\cdot max\cdot s} - U_{iN}}{U_{iN}} \times 100\% \\[3mm] \Delta U_{i\cdot min}\% = \dfrac{U_{i\cdot min\cdot s} - U_{iN}}{U_{iN}} \times 100\% \end{array}\right\} \qquad (6\text{-}20)$$

式中：U_{iN} 为所连线路额定电压。

校验结果，如满足要求，则所选变压器分接头合格；如不满足要求，再选另一个接近的分接头，再进行校验。若无论怎样选择分接头，低压母线的实际电压均不满足调压要求，可使用有载调压变压器或采取其他调压措施。

【例 6-1】某降压变压器归算至高压侧的参数及负荷功率均标注于图 6-12 中。最大负荷时 $U_{1max} = 112\text{kV}$；最小负荷时，$U_{1min} = 113\text{kV}$。考虑变压器功率损耗，要求在变压器低压母线采用顺调压方式，试选择变压器分接

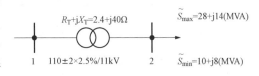

图 6-12　降压变压器分接头选择

头电压。

解　(1) 功率分布与电压损耗计算。

1) 变压器阻抗中的功率损耗

$$\Delta \widetilde{S}_{T\max} = \frac{P_{\max}^2 + Q_{\max}^2}{U_N^2}(R_T + jX_T) = \frac{28^2 + 14^2}{110^2} \times (2.4 + j40) = 0.19 + j3.24(\text{MVA})$$

$$\Delta \widetilde{S}_{T\min} = \frac{P_{\min}^2 + Q_{\min}^2}{U_N^2}(R_T + jX_T) = \frac{10^2 + 8^2}{110^2} \times (2.4 + j40) = 0.03 + j0.54(\text{MVA})$$

2) 变压器环节首端的功率

$$\widetilde{S}_{1\max} = \widetilde{S}_{\max} + \Delta \widetilde{S}_{T\max} = (28 + j14) + (0.19 + j3.24) = 28.19 + j17.24(\text{MVA})$$

$$\widetilde{S}_{1\min} = \widetilde{S}_{\min} + \Delta \widetilde{S}_{T\min} = (10 + j8) + (0.03 + j0.54) = 10.03 + j8.54(\text{MVA})$$

3) 变压器阻抗上的电压损耗

$$\Delta U_{1\max} = \frac{P_{1\max}R_T + Q_{1\max}X_T}{U_{1\max}} = \frac{28.19 \times 2.4 + 17.24 \times 40}{112} = 6.76(\text{kV})$$

$$\Delta U_{1\min} = \frac{P_{1\min}R_T + Q_{1\min}X_T}{U_{1\min}} = \frac{10.03 \times 2.4 + 8.54 \times 40}{113} = 3.24(\text{kV})$$

4) 节点 2 归算至高压侧的电压 $U_{2\max} = 112 - 6.76 = 105.24$ （kV），$U_{2\min} = 113 - 3.24 = 109.76$ （kV）。

(2) 计算分接头电压。按顺调压要求：$\dfrac{112 - 6.76}{10 \times 1.025} = k = \dfrac{U_{t1 \cdot \max}}{11}$ （顺调压要求在最大负荷时不得低于 $102.5\% U_N$，在最小负荷时不得高于 $107.5\% U_N$；10 为低压母线电压额定值），因此：

最大负荷时，高压侧分接头应至少选择在

$$U_{t1 \cdot \max} = \frac{U_{1\max} - \Delta U_{1\max}}{U_{2\max}}U_{2N} = \frac{112 - 6.76}{10 \times 1.025} \times 11 = 112.94(\text{kV})$$

最小负荷时，高压侧分接头应至少选择在

$$U_{t1 \cdot \min} = \frac{U_{1\min} - \Delta U_{1\min}}{U_{2\min}}U_{2N} = \frac{113 - 3.24}{10 \times 1.075} \times 11 = 112.31(\text{kV})$$

若考虑分接头不宜频繁调节，则可选择一相对固定的分接头在

$$U_{t1 \cdot av} = \frac{1}{2} \times (U_{t1 \cdot \max} + U_{t1 \cdot \min}) = \frac{1}{2} \times (112.94 + 112.31) = 112.63(\text{kV})$$

因此选最接近的标准分接头

$$U_{t1 \cdot s} = 110 \times (1 + 0.025) = 112.75(\text{kV})$$

(3) 校验。

1) 变压器低压母线的实际运行电压

$$U_{2\max \cdot s} = \frac{U_{1\max} - \Delta U_{1\max}}{U_{t1 \cdot s}}U_{2N} = \frac{112 - 6.76}{112.75} \times 11 = 10.27(\text{kV})$$

$$U_{2\min \cdot s} = \frac{U_{1\min} - \Delta U_{1\min}}{U_{t1 \cdot s}}U_{2N} = \frac{113 - 3.24}{112.75} \times 11 = 10.71(\text{kV})$$

2) 变压器低压母线的电压偏移

$$\Delta U_{2\max}\% = \frac{U_{2\max \cdot s} - U_{2LN}}{U_{2LN}} \times 100\%$$

$$\Delta U_{2\min}\% = \frac{U_{2\min\cdot s} - U_{2LN}}{U_{2LN}} \times 100\%$$

（U_{2LN}为低压母线电压额定值）

$$\Delta U_{2\max}\% = \frac{10.27 - 10}{10} \times 100\% = 2.7\% > 2.5\%$$

$$\Delta U_{2\min}\% = \frac{10.71 - 10}{10} \times 100\% = 7.1\% < 7.5\%$$

可见，变压器低压母线的运行电压能满足顺调压的要求，选择标准分接头电压112.75kV 是合适的。

2. 普通升压变压器分接头的选择

计算方法基本与降压变压器相同，但因升压变压器中功率 $\widetilde{S}$ 方向是从低压侧流向高压侧，如图 6-13 所示，因此公式中的电压损耗和高压侧电压相加，为低压侧归算至高压侧电压。那么在最大、最小负荷时所选变压器分接头电压为

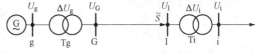

图 6-13　变压器分接头的选择

$$U_{tG\cdot\max} = \frac{U_{G\cdot\max} + \Delta U_{g\cdot\max}}{U_{g\cdot\max}} U_{gN}$$

$$U_{tG\cdot\min} = \frac{U_{G\cdot\min} + \Delta U_{g\cdot\min}}{U_{g\cdot\min}} U_{gN} \left.\begin{array}{c}\\ \\ \\ \\ \\ \\\end{array}\right\} \qquad (6-21)$$

$$U_{tG\cdot av} = \frac{1}{2}(U_{tG\cdot\max} + U_{tG\cdot\min})$$

式（6-21）中各符号的含义，可参照式（6-15）～式（6-18）。按计算结果选择一个最接近计算值的分接头电压 $U_{tG\cdot s}$，其他计算类似于降压变压器分接头选择计算。

3. 普通三绕组变压器分接头的选择

如上所述，三绕组变压器的高、中压绕组带有分接头可供选择，低压绕组没有分接头。上述双绕组变压器的分接头选择公式也适应于三绕组变压器。这时对高、中压绕组的分接头需经过两次计算来逐个选择。但三绕组变压器在网络中所接电源情况不同，其具体选择方法也有所不同。例如，高压侧有电源的三绕组降压变压器，在选择其分接头时，可首先根据低压母线对调压的要求，选择高压绕组的分接头。然后再根据中压侧所要求的电压和选定的高压绕组的分接头电压来确定中压绕组的分接头。又如，低压侧有电源的三绕组升压变压器，其他两侧分接头可以根据其电压和电源侧电压的情况分别进行选择，而不必考虑它们之间的影响，视为两台双绕组升压变压器进行分接头选择即可。

4. 有载调压变压器分接头的选择

普通变压器的分接头只能在变压器不带电的情况下进行切换，因此分接头位置的切换会影响可靠的持续供电。当按最大负荷和最小负荷要求的分接头电压相差过大时，则利用普通变压器不论怎样选择分接头，都将无法满足调压要求，这时可使用有载调压变压器。它可以在带负荷的条件下切换分接头，而且调节范围也比较大，一般在 15% 以上。目前我国110kV 级的有载调压变压器绝大多数有 17 个分接头，即 $U_N \times (1 \pm 8 \times 1.25\%)$，极个别有载调压变压器分接头是 5、7、9 个；有些 220kV 级的也有 17 个分接头，即 $U_N \times (1 \pm 8 \times 1.25\%)$。如有特殊需要，变压器制造厂家还可提供具有 15、27 级等多分接头的有载调压变

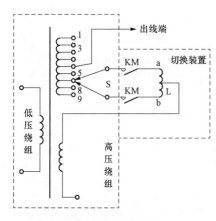

图 6-14　有载调压变压器接线图

压器。采用有载调压变压器时，可根据最大负荷时算得的 $U_{\text{tI.max}}$ 值和最小负荷时算得的 $U_{\text{tI.min}}$ 分别选择分接头。图 6-14 为有载调压变压器接线图，图中电抗器 L（或电阻器）用于在切换过程中限制两个分接头间的短路电流。

一般情况下，如系统中无功功率不缺乏，凡采用普通变压器不能满足调压要求的场合，如由长线路供电的、负荷变动很大的、系统间联络线两端的以及某些发电厂的变压器和城市直降变电站等场合，采用有载调压变压器后，都可满足调压要求。除此以外，还可以采用串联加压器，通常也可有载调节。

【例 6-2】　三绕组变压器的额定电压为 110/38.5/6.6kV，其等值电路如图 6-15 所示。不考虑支路损耗时各绕组流通的最大负荷已示于图中，最小负荷为最大负荷的 1/2；设与该变压器相连高压母线电压在最大、最小负荷时分别为 112、115kV；中、低压母线电压偏移在最大、最小负荷时分别允许为 0、+7.5%。试选择该变压器高、中压绕组的分接头。图中阻抗单位为 Ω，功率单位为 MVA，变压器电压变化范围为 110×(1±4×2.5%)/38.5×(1±2×2.5%)/6.6。

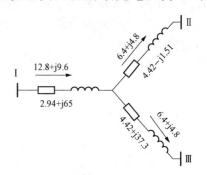

图 6-15　三绕组变压器等值电路

解　按给定条件，不考虑支路有功、无功损耗时，求得的各绕组中电压损耗见表 6-1，归算至高压侧的各母线电压见表 6-2。

表 6-1	各绕组电压损耗		（kV）
负荷水平	（Ⅰ）高压绕组	（Ⅱ）中压绕组	（Ⅲ）低压绕组
最大负荷	5.91	0.198	1.954
最小负荷	2.88	0.094	0.925

表 6-2	各母线电压		（kV）
负荷水平	（Ⅰ）高压绕组	（Ⅱ）中压绕组	（Ⅲ）低压绕组
最大负荷	112	105.892	104.136
最小负荷	115	112.026	111.195

表 6-1 和表 6-2 的数据详细计算过程如下：

(1) 求电压损耗，单位 kV。

高压绕组最大负荷时

$$\Delta U_{\text{I max}} = \frac{P_{\text{I max}} R_{\text{T}} + Q_{\text{I max}} X_{\text{T}}}{U_{\text{I max}}} = \frac{12.8 \times 2.94 + 9.6 \times 65}{112} = 5.91$$

高压绕组末端电压

$$U'_{\text{I max}} = 112 - \Delta U_{\text{I max}} = 112 - 5.91 = 106.09$$

高压绕组最小负荷时

$$\Delta U_{\text{I min}} = \frac{P_{\text{I min}}R_{\text{T}} + Q_{\text{I min}}X_{\text{T}}}{U_{\text{I min}}} = \frac{6.4 \times 2.94 + 4.8 \times 65}{115} = 2.88$$

高压绕组末端电压

$$U'_{\text{I min}} = 115 - \Delta U_{\text{I min}} = 115 - 2.88 = 112.12$$

中压绕组最大负荷时

$$\Delta U_{\text{II max}} = \frac{P_{\text{II max}}R_{\text{T}} + Q_{\text{II max}}X_{\text{T}}}{U''_{\text{II max}}} = \frac{6.4 \times 4.42 - 4.8 \times 1.51}{106.09} = 0.198$$

中压绕组最小负荷时

$$\Delta U_{\text{II min}} = \frac{P_{\text{II min}}R_{\text{T}} + Q_{\text{II min}}X_{\text{T}}}{U''_{\text{II min}}} = \frac{3.2 \times 4.42 - 2.4 \times 1.51}{112.12} = 0.094$$

低压绕组最大负荷时

$$\Delta U_{\text{III max}} = \frac{P_{\text{III max}}R_{\text{T}} + Q_{\text{III max}}X_{\text{T}}}{U''_{\text{III max}}} = \frac{6.4 \times 4.42 + 4.8 \times 37.3}{106.09} = 1.954$$

低压绕组最小负荷时

$$\Delta U_{\text{III min}} = \frac{P_{\text{III min}}R_{\text{T}} + Q_{\text{III min}}X_{\text{T}}}{U''_{\text{III min}}} = \frac{3.2 \times 4.42 + 2.4 \times 37.3}{112.12} = 0.925$$

（2）求母线电压，单位 kV。

最大负荷时：

高压 $\qquad\qquad\qquad\qquad U_{\text{I max}} = 112$

中压 $\quad U'_{\text{II max}} = 112 - \Delta U_{\text{I max}} - \Delta U_{\text{II max}} = 112 - 5.91 - 0.198 = 105.892$

低压 $\quad U'_{\text{III max}} = 112 - \Delta U_{\text{I max}} - \Delta U_{\text{III max}} = 112 - 5.91 - 1.954 = 104.136$

最小负荷时：

高压 $\qquad\qquad\qquad\qquad U_{\text{I min}} = 115$

中压 $\quad U'_{\text{II min}} = 115 - \Delta U_{\text{I min}} - \Delta U_{\text{II min}} = 115 - 2.88 - 0.094 = 112.026$

低压 $\quad U'_{\text{III min}} = 115 - \Delta U_{\text{I min}} - \Delta U_{\text{III min}} = 115 - 2.88 - 0.925 = 111.195$

（3）计算选择分接头，单位 kV。

1）由高低压两侧调压要求选高压绕组分接头。变压器低压绕组额定电压为 $U_{\text{III N}} = 6.6\text{kV}$；低压侧线路额定电压 $U_{\text{III LN}} = 6\text{kV}$。中、低压母线电压偏移在最大、最小负荷时分别允许为 0、$+7.5\%$，则低压母线调压要求为：

最大负荷时 $\qquad U_{\text{III max}} = U_{\text{III LN}}(1 + 0\%) = 6 \times 1 = 6$

最小负荷时 $\qquad U_{\text{III min}} = U_{\text{III LN}}(1 + 7.5\%) = 6 \times 1.075 = 6.45$

因此，根据变压器两侧电压之比

$$\frac{U'_{\text{III max}}}{U_{\text{III max}}} = \frac{U_{\text{t1} \cdot \text{max}}}{U_{\text{III N}}} = \frac{U_{\text{I N}}(1 \pm t_{\text{I max}} \times 2.5\%)}{U_{\text{III N}}}$$

则高压绕组分接头应选：

最大负荷 $\qquad U_{\text{t1} \cdot \text{max}} = U'_{\text{III max}} \dfrac{U_{\text{III N}}}{U_{\text{III max}}} = 104.136 \times \dfrac{6.6}{6} = 114.55$

同理，最小负荷

$$U_{t1 \cdot min} = U'_{\mathbb{II}\,min} \frac{U_{\mathbb{II}N}}{U_{\mathbb{II}\,min}} = 111.195 \times \frac{6.6}{6.45} = 113.781$$

或直接求出分接头位置：$t_{\mathbb{I}\,max} \approx +2$，$t_{\mathbb{I}\,min} = +1$。

若考虑变压器变比分接头不宜频繁调节时，则取其均值即选定一个分接头为 $U_{t1} = \frac{114.55+113.781}{2} = 114.166$，选最接近的分接头为 115.5kV。

校验低压母线电压：

最大负荷时

$$U_{\mathbb{II}\,max \cdot s} = U'_{\mathbb{II}\,max} \frac{U_{\mathbb{II}N}}{U_{t1 \cdot s}} = 104.136 \times \frac{6.6}{115.5} = 5.951(kV)$$

电压偏移

$$\Delta U_{\mathbb{II}\,max}\% = \frac{U_{\mathbb{II}\,max \cdot s} - U_{\mathbb{II}LN}}{U_{\mathbb{II}LN}} \times 100\% = \frac{5.951-6}{6} \times 100\% = -0.817\%$$

最小负荷时

$$U_{\mathbb{II}\,min \cdot s} = U'_{\mathbb{II}\,min} \frac{U_{\mathbb{II}N}}{U_{t1 \cdot s}} = 111.195 \times \frac{6.6}{115.5} = 6.35(kV)$$

电压偏移

$$\Delta U_{\mathbb{II}\,min}\% = \frac{U_{\mathbb{II}\,min \cdot s} - U_{\mathbb{II}LN}}{U_{\mathbb{II}LN}} \times 100\% = \frac{6.35-6}{6} \times 100\% = 5.833\%$$

高/低压分接头为 115.5/6.6kV，符合要求。

2）由高中压两侧调压要求确定中压绕组分接头。中压母线调压要求：

最大负荷时 $\quad U_{\mathbb{II}\,max} = U_{\mathbb{II}LN}(1+0\%) = 35 \times 1 = 35(kV)$

最小负荷时 $\quad U_{\mathbb{II}\,min} = U_{\mathbb{II}LN}(1+7.5\%) = 35 \times 1.075 = 37.625(kV)$

中压绕组分接头要求电压：

最大负荷时 $\quad U_{t2 \cdot max} = U_{\mathbb{II}\,max} \frac{U_{t1 \cdot s}}{U'_{\mathbb{II}\,max}} = 35 \times \frac{115.5}{105.892} = 38.176(kV)$

最小负荷时 $\quad U_{t2 \cdot min} = U_{\mathbb{II}\,min} \frac{U_{t1 \cdot s}}{U'_{\mathbb{II}\,min}} = 37.625 \times \frac{115.5}{112.026} = 38.792(kV)$

因此 $U_{t2} = \frac{38.176+38.792}{2} = 38.484kV$，选用最接近的 38.5kV[$35 \times (1+10\%)$] 分接头。

校验中压母线电压：

最大负荷时

$$U_{\mathbb{II}\,max \cdot s} = U'_{\mathbb{II}\,max} \frac{U_{t2 \cdot s}}{U_{t1 \cdot s}} = 105.892 \times \frac{38.5}{115.5} = 35.297(kV)$$

电压偏移

$$\Delta U_{\mathbb{II}\,max}\% = \frac{U_{\mathbb{II}\,max \cdot s} - U_{\mathbb{II}LN}}{U_{\mathbb{II}LN}} \times 100\% = \frac{35.297-35}{35} \times 100\% = 0.849\%$$

最小负荷时

$$U_{\mathbb{II}\,min \cdot s} = U'_{\mathbb{II}\,min} \frac{U_{t2 \cdot s}}{U_{t1 \cdot s}} = 112.026 \times \frac{38.5}{115.5} = 37.342(kV)$$

电压偏移

$$\Delta U_{\text{II min}}\% = \frac{U_{\text{II min}\cdot\text{s}} - U_{\text{II LN}}}{U_{\text{II LN}}} \times 100\% = \frac{37.342 - 35}{35} \times 100\% = 6.691\%$$

中压侧分接头选择符合要求。

因此，最终选用分接头为 115.5/38.5/6.6kV。

三、改变网络中无功功率分布调压

变压器为变换电压的设备，不是无功电源，所以当电力系统无功电源不足使电压水平不满足要求时，就不能单靠改变变压器的变比来调压，而需要在适当地点对所缺无功进行补偿，以调整负荷点电压水平。

在负荷点适当装设无功补偿装置，可以减少电力线路上的功率损耗和电压损耗，从而提高负荷点的电压。但由于网络中无功功率分点往往是电压最低的节点，可统一考虑按经济上最优和按调压要求确定无功功率补偿设备容量及其分布。而后者则应对前者起校核作用，例如，按调压要求确定的补偿设备容量大于经济上的补偿设备容量，则应按调压要求设置补偿设备，因为电压质量必须首先保证。

这里只从调压角度来讨论无功补偿问题。

设有系统接线如图 6-16 所示。如忽略电力线路导纳支路的充电功率及变压器的空载损耗，并忽略电压降落的横分量，当变电站没有无功补偿时有

$$U_1 = U_2 + \frac{PR + QX}{U_2}$$

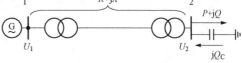

图 6-16　具有无功补偿的系统

式中：U_2 为归算至高压侧的变电站低压母线电压。

当变电站低压侧装有无功补偿，其容量为 Q_C 时，网络中传输的无功功率变成 $Q - Q_C$，则

$$U_1 = U_{2C} + \frac{PR + (Q - Q_C)X}{U_{2C}}$$

式中：U_{2C} 为有无功补偿时归算至高压侧的变电站低压母线所要求的电压。

在两种情况下，如 U_1 保持不变，则有

$$U_2 + \frac{PR + QX}{U_2} = U_{2C} + \frac{PR + (Q - Q_C)X}{U_{2C}}$$

可解得无功补偿容量为

$$Q_C = \frac{U_{2C}}{X}\left[(U_{2C} - U_2) + \left(\frac{PR + QX}{U_{2C}} - \frac{PR + QX}{U_2}\right)\right] \tag{6-22}$$

式中方括号内第二部分一般不大，因为 $U_{2C} \approx U_2$ 均与该点归算至高压侧的额定电压近似，可略去，则

$$Q_C = \frac{U_{2C}}{X}(U_{2C} - U_2) \tag{6-23}$$

由式（6-23）可知，为了调整节点电压而设置的无功补偿容量取决于调压要求。在已知 U_{2C}、U_2 的情况下，就可以求出装设的无功补偿容量 Q_C。但 U_{2C}、U_2 与变压器所选择的变比有关。因此，计算该无功补偿容量时还需考虑变压器变比。设 U_{2N} 为变压器低压绕组的额定电压；U_t 为变压器高压侧分接头的电压，则变压器变比为 $k = \dfrac{U_t}{U_{2N}}$，式（6-23）改写为

$$Q_C = \frac{U'_{2C}}{X}\left(U'_{2C} - \frac{U_2}{K}\right)k^2 \qquad (6\text{-}24)$$

式中：U'_{2C}是变电站低压母线要求满足的电压。

由此可见，补偿容量Q_C取决于调压要求$\left(U'_{2C} - \dfrac{U_2}{k}\right)$和变压器变比$k$，而变比的确定又与选用的补偿设备种类有关。选择变比的原则是在满足调压的条件下，无功补偿容量为最小。

1. 选用并联电容器

并联电容器不能吸收无功功率来降低电压，只能发出无功功率提高节点电压，且其发出的无功功率会随电压降低而减小（详见本章第一节）。故在大负荷时应将其全部投入，小负荷时应将其全部或部分切除。在选择电容器时，应分两步来考虑。

第一步是在最小负荷时电容器全部退出情况下选择变压器的分接头。在最小负荷时计算出低压侧归算至高压侧的电压$U_{2\min}$，再根据最小负荷时低压侧要求保持的电压$U'_{2\min}$，求得高压侧分接头电压为

$$U_{t\min} = U_{2\min}U_{2N}/U'_{2\min}$$

选一个与$U_{t\min}$接近的标准分接头电压（即$U_{t1} = U_{t\min}$），因而变比为$k = U_{t1}/U_{2N}$。

第二步是按最大负荷来计算变电站需要装设的无功补偿容量。在最大负荷时计算低压侧归算至高压侧的电压$U_{2\max}$，再根据最大负荷时低压侧要求保持的电压$U'_{2C\max}$，求得应装设的无功补偿容量为

$$Q_C = \frac{U'_{2C\cdot\max}}{X}\left(U'_{2C\cdot\max} - \frac{U_{2\max}}{k}\right)K^2 \qquad (6\text{-}25)$$

如此算得的电容器容量，是考虑了变压器调压结果的数值。

2. 选用调相机

调相机在最大负荷时可以过励运行发出无功功率，使电压升高；在最小负荷时又能欠励运行吸取感性无功功率，使电压降低。变压器变比的选择应兼顾这两种情况。为此，可设调相机欠励运行时的容量为过励运行时额定容量的$1/2$。在最大负荷时过励运行，作为无功电源，按额定容量运行时，其容量为

$$\begin{aligned}
Q_C &= \frac{U'_{2C\cdot\max}}{X}\left(U'_{2C\cdot\max} - \frac{U_{2\max}}{k}\right)k^2 \\
&= \frac{U'_{2C\cdot\max}}{X}(kU'_{2C\cdot\max} - U_{2\max})k
\end{aligned} \qquad (6\text{-}26)$$

最小负荷时欠励运行，作为无功负荷，其容量为$\dfrac{Q_C}{2}$，故有

$$\begin{aligned}
-\frac{1}{2}Q_C &= \frac{U'_{2C\cdot\min}}{X}\left(U'_{2C\cdot\min} - \frac{U_{2\min}}{k}\right)k^2 \\
&= \frac{U'_{2C\cdot\min}}{X}(kU'_{2C\cdot\min} - U_{2\min})k
\end{aligned} \qquad (6\text{-}27)$$

式中：$U'_{2C\cdot\min}$为最小负荷时变电站低压侧要求保持的电压（kV）；$U_{2\min}$为未采用无功补偿时，且为最小负荷情况下，变电站低压母线归算至高压侧电压（kV）。

式（6-26）和式（6-27）相除，可得

$$-2 = \frac{U'_{2C\cdot\max}(kU'_{2C\cdot\max} - U_{2\max})}{U'_{2C\cdot\min}(kU'_{2C\cdot\min} - U_{2\min})}$$

由上式可得出变比为

$$k = \frac{2U'_{2C\cdot min}U_{2min} + U'_{2C\cdot max}U_{2max}}{U'^2_{2C\cdot max} + 2U'^2_{2C\cdot min}} \qquad (6\text{-}28)$$

按求出的变比 k 计算分接头电压 $U_t = kU_{2N}$，然后选定标准分接头电压 U_{1t}，最后确定实际变比为 $k = U_{1t}/U_{2N}$，再代入式（6-26）即可求出需要的调相机容量；又根据产品目录选出与之相近的调相机，最后按选定的容量进行电压校验。

【例6-3】 系统接线如图6-17所示。降压变电站低压侧母线要求常调压，保持 10.5kV。试确定无功功率补偿设备容量：①补偿设备采用电容器；②补偿设备采用调相机。电压 $U_1 = 118$kV 和阻抗 $R_{12} + jX_{12} = 26.4 + j129.6(\Omega)$ 均为归算至高压侧的值，且 $\widetilde{S}_{1max} = 20 + j15$(MVA)，$\widetilde{S}_{1min} = 10 + j7.5$(MVA)。

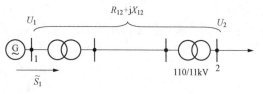

图6-17　系统接线图

解 设置补偿设备前，最大负荷时变电站低压侧归算至高压侧的电压为

$$U_{2max} = U_1 - \frac{P_{1max}R_{12} + Q_{1max}X_{12}}{U_1} = 118 - \frac{20 \times 26.4 + 15 \times 129.6}{118} = 97.1(\text{kV})$$

最小负荷时变电所低压侧归算至高压侧的电压为

$$U_{2min} = U_1 - \frac{P_{1min}R_{12} + Q_{1min}X_{12}}{U_1} = 118 - \frac{10 \times 26.4 + 7.5 \times 129.6}{118} = 107.5(\text{kV})$$

（1）选用电容器。方法一：因为变压器变比=已归算至高压侧电压/低压侧调压要求=高压侧分接头电压/低压侧额定电压，即 $\frac{U_{2min}}{U'_{2C\cdot min}} = \frac{U_{2tmin}}{U_{2N}} = K_{min}$，按常调压要求确定最小负荷时补偿设备全部退出运行条件下，应选用的分接头电压为

$$U_{2t\cdot min} = U_{2min}\frac{U_{2N}}{U'_{2C\cdot min}} = 107.5 \times \frac{11}{10.5} = 112.6(\text{kV})$$

选用 110+2.5% 即 112.75kV 分接头。按最大负荷时的调压要求确定电容器的容量 Q_C 为

$$Q_C = \frac{U'_{2C\cdot max}}{X_{12}}\left(U'_{2C\cdot max} - U_{2max}\frac{U_{2N}}{U_{1t}}\right)\frac{U^2_{1t}}{U^2_{2N}}$$

$$= \frac{10.5}{129.6} \times \left(10.5 - 97.1 \times \frac{11}{112.75}\right) \times \frac{112.75^2}{11^2} = 8.74(\text{Mvar})$$

方法二：

1）最小负荷时，无功补偿不投入。始末端电压降落（归算至高压侧）

$$\Delta U_{min} = \frac{P_{min}R + Q_{min}X}{U_1} = \frac{10 \times 26.4 + 7.5 \times 129.6}{118} = 10.47(\text{kV})$$

按调压要求选变比

$$k_{min} = \frac{U_1 - \Delta U_{min}}{U_{2N}} = \frac{U_{2t\cdot min}}{U_{2N}} = \frac{118 - 10.47}{10.5} = \frac{U_{2t\cdot min}}{11}$$

则

$$U_{2t\cdot min} = 112.65(\text{kV})$$

$$k_{min} = \frac{110 \times (1 + 2.5\%)}{11} = 10.25$$

2）最大负荷时，投补偿无功 Q_C

$$\Delta U_{\max,C} = \frac{P_{\max}R + (Q_{\max} - Q_C)X}{U_1} = \Delta U_{\max} - \frac{X}{U_1}Q_C$$

其中

$$\Delta U_{\max} = \frac{20 \times 26.4 + 15 \times 129.6}{118} = 20.95(\text{kV})$$

则

$$k_{\max} : k_{\min} = \frac{112.75}{11} = \frac{U_1 - \Delta U_{\max,C}}{10.5} = \frac{118 - \Delta U_{\max} + \frac{X}{U_1}Q_C}{10.5}$$

解得

$$Q_C = 9.63(\text{Mvar})$$

因方法一有省略项，所以方法一计算结果与方法二略有不同。

验算电压偏移。最大负荷时补偿设备全部投入，低压母线归算至高压侧的电压为

$$U_{2C\cdot\max} = U_1 - \frac{P_{1\max}R_{12} + (Q_{1\max} - Q_C)X_{12}}{U_1}$$

$$= 118 - \frac{20 \times 26.4 + (15 - 8.74) \times 129.6}{118} = 106.65(\text{kV})$$

低压母线实际电压为

$$U_{2C\cdot\max\cdot s} = 106.65 \times \frac{11}{112.75} = 10.4(\text{kV})$$

最小负荷时补偿设备全部退出，已求得 $U_{2\min} = 107.5(\text{kV})$，可得低压母线实际电压为

$$U_{2\cdot\min\cdot s} = 107.5 \times \frac{11}{112.75} = 10.49(\text{kV})$$

最大负荷时对低压母线要求电压的偏移为

$$\frac{10.4 - 10.5}{10.5} \times 100\% = -0.95\%$$

最小负荷时对低压母线要求电压的偏移为

$$\frac{10.49 - 10.5}{10.5} \times 100\% = -0.12\%$$

可见选择的电容器容量能满足常调压要求。

（2）选用调相机。首先确定应选用的变比

$$K = \frac{2U'_{2C\cdot\min}U_{2\min} + U'_{2C\cdot\max}U_{2\max}}{U'^2_{2C\cdot\max} + 2U'^2_{2C\cdot\min}} = \frac{2 \times 10.5 \times 107.5 + 10.5 \times 97.1}{10.5^2 + 2 \times 10.5^2} = 9.91$$

从而 $U_{2t} = 9.91 \times 11 = 108.99\text{kV}$，选用主接头电压为 110kV。之后，按最大负荷时的调压要求确定 Q_C，即

$$Q_C = \frac{U'_{2C\cdot\max}}{X_{12}}\left(U'_{2C\cdot\max} - U_{2\max}\frac{U_{2N}}{U_{2t}}\right)\frac{U^2_{2t}}{U^2_{2N}}$$

$$= \frac{10.5}{129.6} \times \left(10.5 - 97.1 \times \frac{11}{110}\right) \times \frac{110^2}{11^2} = 6.40(\text{Mvar})$$

选用容量 7.5Mvar 的调相机。

验算电压偏移。最大负荷时调相机过励满载运行，输出 7.5Mvar 感性无功功率，则

$$U_{2C\cdot\max} = U_1 - \frac{P_{1\max}R_{12} + (Q_{1\max} - Q_C)X_{12}}{U_1}$$

$$= 118 - \frac{20 \times 26.4 + (15 - 7.5) \times 129.6}{118} = 105.3(\text{kV})$$

低压母线实际电压为

$$U_{2C \cdot \max \cdot s} = 105.3 \times \frac{11}{110} = 10.53 (\text{kV})$$

最小负荷时，调相机欠励满载运行，吸取 3.75Mvar 感性无功功率，低压母线归算至高压侧电压为（最小负荷时欠励运行，作为无功负荷，其容量为 $\frac{Q_C}{2}$）

$$U_{2C \cdot \min} = 118 - \frac{10 \times 26.4 + (7.5 + 3.75) \times 129.9}{118} = 103.4 (\text{kV})$$

低压母线实际电压为

$$U_{2C \cdot \min \cdot s} = 103.4 \times \frac{11}{110} = 10.34 (\text{kV})$$

最大负荷时对低压母线要求的电压偏移为

$$\frac{10.53 - 10.5}{10.5} \times 100\% = 0.3\%$$

最小负荷时对低压母线要求的电压偏移为

$$\frac{10.34 - 10.5}{10.5} \times 100\% = -1.52\%$$

可见选用的调相机容量是恰当的。最小负荷时适当减少吸取的感性无功功率就可使低压母线电压达 10.5kV。换言之，选用的调相机容量还有一定裕度。

3. 选用静止补偿器

如前所述，见图 6 - 8，为了保证节点电压 U_i 不变，必须通过静止补偿器的调节，使 Q_S 保持恒定。各无功功率间的关系应为

$$Q_C + Q_S = Q_D + Q_L$$

如欲维持电网供给的无功功率恒定不变，则要求

$$Q_S = Q_D + Q_L - Q_C = \text{常数} \tag{6-29}$$

由于电压一定时 Q_C 可视为恒定值，故式（6-25）又可写成

$$Q_D + Q_L = \text{常数} \tag{6-30}$$

可见，只要调节电抗器 L 的无功功率，使之随负荷的改变能作相反方向的变化，就可维持 Q_S 恒定，因而可维持 U_i 为定值。

如果电网中无功功率的缺额引起节点电压下降，可调节电抗器，使 Q_L 减少，从而使节点成为无功电源点，以补偿电网中无功缺额，维持节点电压 U_i 恒定。

如选用静止补偿器作为无功补偿设备，假设补偿器的额定感性和额定容性无功功率之比为 n，则在最大负荷时发出的感性无功功率为

$$Q_C = \frac{U'_{2 \cdot \max}}{X} \left(U'_{2C \cdot \max} - \frac{U_{2\max}}{k} \right) k^2 = \frac{U'_{2C \cdot \max}}{X} (kU'_{2C \cdot \max} - U_{2\max}) k \tag{6-31}$$

最小负荷时吸收感性无功为

$$-\frac{1}{n} Q_C = \frac{U'_{2C \cdot \min}}{X} \left(U'_{2C \cdot \min} - \frac{U_{2\min}}{k} \right) k^2 = \frac{U'_{2C \cdot \min}}{X} (kU'_{2C \cdot \min} - U_{2\min}) k \tag{6-32}$$

式（6-31）、式（6-32）相除，可得

$$-n = \frac{U'_{2C \cdot \max} (kU'_{2C \cdot \max} - U_{2\max})}{U'_{2C \cdot \min} (kU'_{2C \cdot \min} - U_{2\min})} \tag{6-33}$$

按式（6-33）求得变比后即可选择分接头，而将与之对应的变比代入式（6-24），即可求得最小补偿设备的容量。

四、改善电力线路参数（串联电容器调压）

串联电容器也是一种无功补偿设备。通常串联在 330kV 及以上的超高压线路中，其主要作用是从补偿（减少）电抗的角度来改善系统电压，以减少电能损耗，提高系统的稳定性。串联电容器广泛应用于电力输配电系统中，特别是长距离、大容量的输电系统中，提高输送容量，提高系统的稳定性，改善系统的电压调整率，同时提高系统的功率因数，降低线路损耗。

在电力线路上串联电容器抵偿线路感抗，可以提高线路末端电压。一条架空输电线路如

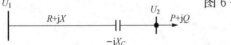

图 6-18　串联电容器补偿

图 6-18 所示，未串联电容器时的电压损耗为

$$\Delta U = \frac{PR + QX}{U_2}$$

串联电容器后，则有

$$\Delta U' = \frac{PR + Q(X - X_C)}{U_{2C}}$$

可见，串联电容器后，电力线路电压损耗减少了，也即提高了线路末端电压，提高的数值为两者之差，即

$$\Delta U - \Delta U' = \frac{PR + QX}{U_2} - \frac{PR + Q(X - X_C)}{U_{2C}} \approx \frac{QX_C}{U_N}$$

式中：U_2、U_{2C} 分别为串联电容器前、后线路末端电压，可以近似认为它们都等于线路额定电压 U_N，则由上式可得

$$X_C = \frac{(\Delta U - \Delta U')U_N}{Q} \tag{6-34}$$

式中：$\Delta U - \Delta U'$ 为要求利用串联电容器减少的电压损耗。

求得容抗 X_C 后，就可选择串联电容器的容量。实际中串联电容器是由若干单个电容器串、并联组成，如图 6-19 所示。每个电容器的额定电压 U_{NC} 和额定电流 I_{NC} 应满足如下的关系式

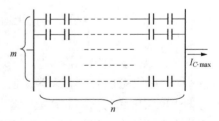

图 6-19　串并联电抗器组

$$\left.\begin{array}{l} nU_{NC} \geqslant I_{C \cdot max} X_C \\ mI_{NC} \geqslant I_{C \cdot max} \end{array}\right\} \tag{6-35}$$

式中：n、m 分别为每相电容器组串联的个数和并联的串数；$I_{C \cdot max}$ 为可能通过电容器组的最大工作电流。

若每个电容器的额定容量为 Q_{NC}，则 $Q_{NC} = U_{NC}I_{NC}$，因而三相电容器组的总容量为

$$Q_{C\Sigma} = 3mnQ_{NC} = 3mnU_{NC}I_{NC} \tag{6-36}$$

串联电容器设置地点与负荷和电源的分布有关。其一般原则是应使沿电力线路电压分布尽可能均匀，而且各负荷点电压都在允许范围内。根据这一原则，当负荷集中在电力线路末端时，串联电容器应装设在末端；沿电力线路有若干个负荷时，可将串联电容器装设在串联电容器以前其电压损耗为线路总电压损耗的 1/2 处。这两种情况下串联电容器前后沿线路的电压分布如图 6-20 所示。

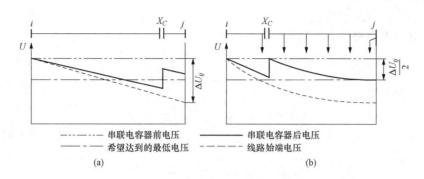

图 6-20　设置串联电容器前后沿电力线路的电压分布

(a) 负荷集中在线路末端；(b) 沿线有若干个负荷

补偿所需的容抗值 X_C 和被补偿电力线路原来的感抗值 X_L 之比，称为补偿度 K_C，即 $K_C = \dfrac{X_C}{X_L}$。在配电网络中以调压为目的串联电容器补偿，其补偿度常接近于 1 或大于 1，一般在 1～4 之间。

对采用并联电容器补偿和采用串联电容器补偿进行比较可知：

(1) 为减少同样大小的电压损耗，需设置的串联电容器容量仅为并联电容器容量的 17％～25％。

串联电容器可具有负值的电压降落 $\dfrac{QX_C}{U}$，起直接抵偿电力线路电压降落的作用。其调压效果是随无功负荷大小而变，即在无功负荷大时增大，无功负荷小时减少，恰好与调压要求一致。这是串联电容器调压的一个显著优点。但对负荷功率因数高（$\cos\varphi > 0.95$，Q 值较小，补偿的电压 $\dfrac{QX_C}{U}$ 也较小）或导线截面细（电阻 R 值较大，电抗 X 引起的电压损耗相对较小）的线路，串联补偿的调压效果很小。作为调压措施，串联补偿电容器由于设计、运行等方面的原因，目前应用得很少。

并联电容器利用减少电力线路上流通的无功功率来减少线路电压降落，在最大负荷时全部投入，最小负荷时又全部切除，需要时间过程。因此，并联电容器不适用于电压波动频繁的场合。

(2) 从功率角度，并联电容器可减少电力线路上流通的无功功率，直接起减少线路有功功率损耗的作用。串联电容器则主要借利用高电力线路的电压水平减少线路有功功率损耗。所以，如设置的电容器容量相等，并联电容器在减少电力线路有功功率损耗方面的作用较串联电容器大。

(3) 在超高压输电线路中串联电容器补偿可以提高输送容量和改善系统运行的稳定性。超高压输电线路较长、电压较高，线路电纳使其容性功率较大，所以一般不采用并联电容器进行补偿，而采用高压并联电抗器。

【例 6-4】　阻抗为 $R+jX = 13.5+j25(\Omega)$ 的 35kV 电力线路，输送有功功率 4MW，功率因数为 0.70，末端电压为 32kV。若希望将其提高到 35kV，试求：①串联电容器组的容量；②为达到同样调压要求所需设置的并联电容器容量，并比较两种补偿方案的功率损耗。

解　由于负荷集中在电力线路末端，因此并联电容器补偿也应设置在线路末端；串联电容器组也可设置在线路末端。

(1) 串联电容器补偿。补偿前线路电压损耗

$$\Delta U = U_1 - U_2 = \frac{PR+QX}{U} = \frac{4 \times 13.5 + (4/\cos\varphi)\sin\varphi \times 25}{32} = 4.88(\text{kV})$$

补偿前线路始端电压

$$U_1 = U_2 + \Delta U = 32 + 4.88 = 36.88(\text{kV})$$

串联补偿后对末端电压的要求为 $U_{2 \cdot C1} = 35\text{kV}$，假设始端电压不变，则串联补偿电抗 X_{C1} 后线路压降为

$$\Delta U_{C1} = U_1 - U_{2 \cdot C1} = \frac{PR+Q(X-X_{C1})}{U} = 36.88 - 35 = 1.88(\text{kV})$$

因此，可得 $X_{C1} = 22.1\Omega$。

补偿前线路末端的单相负荷电流为

$$I_{C \cdot \max} = \frac{P}{\sqrt{3}U_2\cos\varphi} = \frac{4000}{\sqrt{3} \times 32 \times 0.70} = 103(\text{A})$$

补偿后线路末端的单相负荷电流为

$$I_{C \cdot \max} = \frac{P}{\sqrt{3}U_N\cos\varphi} = \frac{4000}{\sqrt{3} \times 35 \times 0.70} = 94(\text{A})$$

因此，串联补偿电抗相应三相无功容量为

$$Q_{C1} = 3I_{C \cdot \max}^2 X_{C1} = 3 \times 0.094^2 \times 22.1 = 0.59(\text{Mvar})$$

所以，串联电容器补偿时，设备选择可据此总容量，分组选择合适电容器组设置补偿。

在电力系统中，采用串联电容器补偿时，对补偿度有一定限制。关于线路串联电容器补偿度的限制，将在后续章节介绍。

(2) 并联电容器补偿。并联电容器容量 Q_{C2}，按线路始末端压降

$$\Delta U_C = \frac{PR+(Q-Q_{C2})X}{U} = \frac{4 \times 13.5 + (4 \times 1.02 - Q_{C2}) \times 25}{35} = 1.88(\text{kV})$$

可求得并联补偿无功功率

$$Q_{C2} = (-1.88 \times 35 + 54 + 4 \times 1.02 \times 25)/25 = 3.61(\text{Mvar})$$

(3) 补偿后线路有功网损降低。补偿前电力线路的有功功率损耗

$$\Delta P_\Sigma = \left(\frac{P}{U_{2C}\cos\varphi}\right)^2 R = \left(\frac{4}{32 \times 0.7}\right)^2 \times 13.5 = 0.43(\text{MW})$$

设置串联电容器后电力线路的有功功率损耗

$$\Delta P_\Sigma = \left(\frac{P}{U_{2C}\cos\varphi}\right)^2 R = \left(\frac{4}{35 \times 0.7}\right)^2 \times 13.5 = 0.360(\text{MW})$$

设置并联电容器后电力线路的有功功率损耗

$$\Delta P_\Sigma = \frac{P^2+(P\tan\varphi-Q_C)^2}{U_{2C}^2} R = \frac{4^2+(4 \times 1.02 - 3.61)^2}{35^2} \times 13.5 = 0.18(\text{MW})$$

第四节　电力线路导线截面的选择

电力线路导线的投资在电力线路总投资中所占的比例较大，在一般 35～110kV 架空电力线路的投资中，导线投资约占 30%。如导线截面选择得过大，将进一步增加电力线路的

投资和有色金属的消耗量。导线截面选择得过小，在运行中将使网损增大，电网运行经济性变差，且电压损耗增大，致使网络中有些节点的电压不符合要求，电能质量变差。因此，正确选择电力线路的导线截面，对电网的经济运行和提高电能的质量至关重要。

本节将介绍电力线路导线截面选择的各种方法。

一、 按经济电流密度选择导线截面

根据经济条件选择导线截面，要考虑两方面的问题：①从降低功率损耗及电能损耗的条件出发，则导线截面积越大越有利；②从减少投资和节约有色金属出发，则导线截面积越小越好。电力线路投资和电能损耗都影响年运行费。综合考虑了各方面的因素，确定符合总的经济利益的导线截面积，即经济截面积；对应于经济截面积的电流密度，称为经济电流密度。

1. 电网的年运行费

衡量一个电网建造得经济与否，通常采用投资和年运行费两个综合经济指标。年运行费是指为维护电网正常运行每年所付出的费用，以及网络中电能损失的折价。

电网年运行费包括设备折旧费、小修费、维护管理费和电能损耗费四部分。

（1）设备的折旧费 M_{d1}。电网中各种设备在运行期间将逐渐陈旧、老化。每一种设备，过了一定的期限，就需要更换新设备，更换新设备所需的费用必须在原设备运行期间逐年积累，这一笔费用叫作折旧费，以设备投资的百分数来表示，称为折旧率。

（2）设备的小修费和维护管理费 M_{d2}。为保持电网中设备的技术质量，设备必须进行经常性的小修和运行中的维护管理。这方面所需要的费用称为小修费和维护管理费，以设备投资的百分数来表示。

（3）电能损耗费。电网的电能损耗费是由电网一年的网损电量乘以计算电价而决定的。此外在 220kV 以上的电网还包括电晕损耗。

这样电网的总年运行费为

$$M_s = M_{d1} + M_{d2} + M_R + M_A = M_d + M_R + M_A \qquad (6 - 37)$$

式中：M_d 为电网年折旧维修费；M_R 为电网的网损费；M_A 为电网电晕损耗费（对于 220kV 以下电网，$M_A = 0$）。电网折旧维修率可以从有关设计手册中查到。

2. 经济电流密度

导线经济电流密度的确定，目前有几种不同的观点，在此介绍一种常用的确定经济电流密度的方法，即根据年运行费最小来确定经济电流密度。

由于经济电流密度与最大负荷损耗时间 τ_{max} 有关系，即与年最大负荷利用小时数 T_{max} 有一定关系，所以经济电流密度对应于不同的 T_{max} 而有不同的值。

我国现行的经济电流密度见表 6 - 3。

表 6 - 3　　　　　　　　　　　　　　经济电流密度　　　　　　　　　　　　　（A/mm²）

导线的种类	T_{max}年最大负荷利用小时数（h）		
	3000 以下	3000～5000	5000 以上
裸铜线	3	2.25	1.75
裸铝线及钢芯铝绞线	1.65	1.15	0.9
铜芯电缆	2.5	2.25	2.0
铝芯电缆	1.92	1.73	1.54

3. 导线截面积选择

按经济电流密度选择导线截面积时，首先必须确定电力线路输送的最大负荷。电力线路负荷每年都在发展，如果将计算年度选得太近，几年之后负荷增加会导致电流密度过大；如果把计算年度选得太远，则又会造成在许多年内投资和材料的积压。一般是从建设电力线路之日算起，按 5 年预计输送的负荷。同时也应考虑电力线路 5 年以后的运行性质，所以应该采用一年内多次出现且有一定持续时间的线路最大负荷。但在系统发展还很不确定的情况下，确定设计输送最大负荷是很困难的。此时，应注意勿使所确定的最大负荷过小，否则会造成导线截面积选得太小。

然后根据负荷的性质，确定最大负荷利用小时数 T_{max}，由表 6-3 可查出所用导线材料的经济电流密度 J_j。最后计算导线截面积 S 为

$$S = \frac{I_{max}}{J_j} = \frac{P_{max}}{\sqrt{3}U_N J_j \cos\varphi} \quad (mm^2) \tag{6-38}$$

式中：I_{max} 为电力线路输送最大负荷电流，A；P_{max} 为电力线路输送三相最大有功功率，kW；$\cos\varphi$ 为电力线路输送最大负荷时的功率因数；U_N 为电力线路的额定电压，kV。

二、 按机械强度要求选择导线最小容许截面积

为了保证电力线路在运行中的安全，导线必须有必要的机械强度，这就要求导线截面积不能太小。所以，在《电力工程设计手册》[1] 中对各种不同电压等级的电力线路和不同的导线材料，按机械强度的要求规定了导线最小容许截面积，见表 6-4。

表 6-4　　　　按机械强度要求的最小容许截面积 （mm²） 或直径 （mm）

导线构造	导线材料	架空线路等级 Ⅰ级	架空线路等级 Ⅱ级	导线构造	导线材料	架空线路等级 Ⅰ级	架空线路等级 Ⅱ级
单股	铜	不许使用	10	多股	铜	16	10
	钢、铁	不许使用	φ3.5		钢、铁	16	10
	铝及铝合金	不许使用	不许使用		铝、铝合金及钢芯铝线	25	16

注　表中 φ 表示导线直径，其他为截面。

一般对架空电力线路等级的规定为：凡电压超过 110kV 的架空电力线路均属Ⅰ级；而电压为 1～20kV 的架空电力线路均属Ⅱ级；至于电压为 35～110kV 的架空电力线路视用户级别而定，向一级和二级用户供电的属Ⅰ级电力线路，向三级用户供电的属于Ⅱ级电力线路。

三、 按导线长期发热条件选择导线截面积

各类导线（裸线、各种绝缘线和电缆）都有其容许的最高温度。为了使用方便，工程上都预先根据各类导线的持续容许电流（或称安全电流）（见附表Ⅱ-1、附表Ⅱ-2），将与之对应的传输容量列成表 6-5，查表即可知某型号导线从长期发热的限制来看最大可以通过多少电流。导线长期发热问题是涉及电网安全运行的问题，所以不管在哪一种电网中，其导线

---

[1] 《电力工程设计手册　电力系统规划设计》，中国电力出版社于 2019 年出版。

中实际通过的电流都不应该超过持续容许电流表中所规定的数值。

表6-5　　　　　　　　　各电压等级常用导线热稳定输送容量　　　　　　　　（MVA）

电压等级（kV） 导线型号	35	60	110	154	220
LGJ-35	10.3	17.6			
LGJ-50	13.3	22.8			
LGJ-70	16.6	28.5	52.4		
LGJ-95	20.3	34.8	63.7	89.4	
LGJ-120	23	39.4	72.3	101	
LGJ-150	27	46.2	84.7	118.5	
LGJ-185	31.2	53.5	98	137	
LGJ-240	36.9	63.3	116	162.5	232
LGJ-300	42.4	72.6	133	186.5	266
LGJ-400		83	152	213	305
LGJQ-300					207
LGJQ-400					322
LGJQ-500					368

注　当实际环境温度不为25℃时，表中的数值应乘以附表Ⅱ-2中的温度修正系数。

四、按电晕临界电压选择导线截面积

电力线路的运行电压超过导线的电晕临界电压时，电力线路会出现电晕。这样，一方面会产生电晕损耗，使网损增大，运行的经济性变差；另一方面电晕放电会对无线电产生干扰。因此，应按晴天导线不出现电晕的条件下选择导线最小容许截面积或最小容许直径，见表6-6。

表6-6　　　　　　　可不必验算电晕的导线最小容许截面积和最小容许直径

额定电压（kV）	110	220	330	
			单导线	双分裂导线
导线外径（mm）	9.6	21.6	33.1	2×21.6
相应型号	LGJ-50	LGJ-240	LGJ-600	LGJ-240×2

对于60kV及以下的电力线路，因导线表面电场强度较低，一般在晴天不会出现电晕，故未规定按电晕要求的最小直径。

对于110kV及以上的架空电力线路，一般均应按电晕临界电压检验导线截面积，使之在晴天不出现电晕。

五、按容许电压损耗选择导线截面积

在地方电网中，电力线路导线截面积一般是按容许电压损耗来选择的。这是因为，一方面在地方电网中一般没有特殊的调压设备，只有依靠选择适当的导线截面积来保证电力线路的电压损耗不超出容许值，从而保证各用户端的电压偏移在容许范围之内；另一方面地方电网导线的电阻较大，也有可能通过选择适当的导线截面积降低电压损耗。以下仅介绍按照容

许电压损耗的原则选择各线段具有相同截面积时的导线截面积。

图 6-21 所示电力线路中接有 n 个负荷，其一相参数和三相负荷功率情况已标于图中。

由线路电压损耗 $\Delta U = \dfrac{PR+QX}{U_N}$ 可得：

$$\Delta U_{AB} = \frac{PR+QX}{U} = \sum_{m=1}^{n} \Delta U_m$$

$$= \sum_{m=1}^{n} \frac{P_m r_m + Q_m x_m}{U_N} = \sum_{m=1}^{n} \frac{P_m r_m}{U_N} + \sum_{m=1}^{n} \frac{Q_m x_m}{U_N} = \Delta U_r + \Delta U_x \qquad (6\text{-}39)$$

$$\Delta U_r = \frac{\sum_{1}^{n} P_m r_m}{U_N} = \frac{\sum_{1}^{n} p_m R_m}{U_N} \qquad (6\text{-}40)$$

$$\Delta U_x = \frac{\sum_{1}^{n} Q_m x_m}{U_N} = \frac{\sum_{1}^{n} q_m X_m}{U_N} \qquad (6\text{-}41)$$

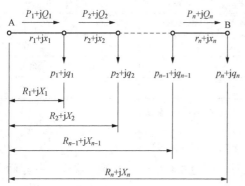

图 6-21 电力线路中接有 n 个负荷

式中：ΔU_r 为电力线路电阻中的电压损耗；ΔU_x 为电力线路电抗中的电压损耗；U_N 为网络的额定电压。

导线截面积对线路电抗的影响极小，对于由架空电力线路构成的地方电网，线路单位长度的电抗值为 $0.36\sim0.42\Omega/\mathrm{km}$，或者取平均值为 $0.38\sim0.40\Omega/\mathrm{km}$。因此，即使在电力线路导线截面积尚未确定时，也可以先确定各电力线路的电抗值。用式（6-41）先求出 ΔU_x，然后再求 ΔU_r 为

$$\Delta U_r = \Delta U_{\max} - \Delta U_x \qquad (6\text{-}42)$$

式中：$\Delta U_{\max}$ 为线路末端最大电压损耗。

根据 ΔU_r 就可以求出导线截面积。

对于沿线导线截面积相同时电力线路，假定单位长度线路的电阻为 r_1，则式（6-42）可写成

$$\Delta U_r = \frac{\sum_{1}^{n} P_m r_1 l_m}{U_N} = \frac{r_1 \sum_{1}^{n} P_m l_m}{U_N} = \frac{r_1 \sum_{1}^{n} p_m L_m}{U_N} \qquad (6\text{-}43)$$

式中：l_m、L_m 分别为与 r_m、R_m 相对应的电力线路长度，km；$r_1 = \rho/S$；ρ 为导线材料的电阻率（$\Omega \cdot \mathrm{mm}^2/\mathrm{km}$）。

因此，所求导线截面积为

$$S = \frac{\rho \sum_{1}^{n} P_m l_m}{U_N \Delta U_r} = \frac{\rho \sum_{1}^{n} p_m L_m}{U_N \Delta U_r} \qquad (6\text{-}44)$$

或

$$S = \frac{\sum_{1}^{n} P_m l_m}{\gamma U_N \Delta U_r} = \frac{\rho \sum_{1}^{n} p_m L_m}{\gamma U_N \Delta U_r} \qquad (6\text{-}45)$$

式中：γ 导线材料的电导率，$\gamma = 1/\rho(\mathrm{km}/\Omega \cdot \mathrm{mm}^2)$。

这样求得了导线截面积 S 后，再选一个与计算截面积相近的标称截面积。最后，按照所选定的导线标称截面积，求得实际的电压损耗，验算电压损耗是否超出规定的允许值。如果没超出，则导线截面积选择正确。如果电压损耗超出了允许值，则须换较大型号导线，再验算电压损耗。

【例 6-5】　有两个工厂，其负荷由一条 10kV 架空电力线路供电，导线采用钢芯铝绞线，按正三角形排列，线间距离是 100cm，容许的电压损耗是 5%，全线采用同一截面积的导线，其负荷 $\widetilde{S}_1 = 1000 + j700(\mathrm{kVA})$，$\widetilde{S}_2 = 500 + j300(\mathrm{kVA})$，线段长度如图 6-22 所示。求所需要的导线截面积。

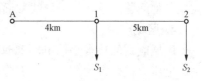

图 6-22　10kV 架空电力线路

解　设电力线路单位长度的电抗为 $0.38(\Omega/\mathrm{km})$，则由电抗引起的电压损耗为

$$\Delta U_x = \frac{\sum_1^n Q_m X_m}{U_N} = \frac{700 \times 0.38 \times 4 + 300 \times 0.38 \times 9}{10} = 209(\mathrm{V})$$

在电力线路电阻中的电压损耗为

$$\Delta U_r = 10000 \times 5\% - 209 = 291(\mathrm{V})$$

所求的导线截面积为

$$S = \frac{\rho \sum_1^n p_m L_m}{U_N \Delta U_r} = \frac{31.5 \times (1000 \times 4 + 500 \times 9)}{10 \times 291} = 92(\mathrm{mm}^2)$$

首先取相近的标称截面导线 LGJ-95 型，并验算其电压损耗。

LGJ-95 型导线 $r_1 = 0.33(\Omega/\mathrm{km})$，$x_1 = 0.334(\Omega/\mathrm{km})$，则

$$\Delta U_2 = \frac{r_1 \sum_1^n p_m L_m + x_1 \sum_1^n Q_m L_m}{U_N}$$

$$= \frac{0.33 \times (1000 \times 4 + 500 \times 9) + 0.334 \times (700 \times 4 + 300 \times 9)}{10}$$

$$= 464.2(\mathrm{V})$$

电压损耗的百分数为 4.642%，小于 5%，符合要求，故所选 LGJ-95 型导线合格。

六、 选择导线截面积基本方法的应用

上述介绍了电力线路导线截面积选择的几种方法，在实际中什么情况下应该使用哪一种方法，几种方法之间有什么关系，下面进行简单说明。

1. 工厂电网

工厂电网的特点是输电距离短，所以电压损耗不严重。一般是根据持续容许电流或经济电流密度来选择导线截面积。工厂电网的年最大负荷利用小时数较大，经济电流密度较小，所以根据经济电流密度选择的导线已经能满足长期发热的要求。但工厂电网常常用电缆，电缆的经济电流密度较高，且电缆的持续容许电流较裸导线小，因此有时按经济电流密度选的导线满足不了安全的要求。这时需要按持续容许电流来选。

2. 中、低压配电网

中、低压配电网的年最大负荷利用小时数一般比较小，所以导线截面积不按经济电流密度选。在电力线路较长的情况下按容许的电压损耗选；在电力线路很短的情况下按持续容许电流选。

3. 农村电网

农村电网由于负荷的密度不是很大（与工厂电力网相比），电力线路较长，一般电压损耗较其他问题严重，所以导线截面积往往根据容许的电压损耗来选。

4. 区域电网

区域电网的特点是输电距离远，输送功率大，年最大负荷利用小时数大。在这种电网中，电压损耗非常大。再者，因为这种电网中所用的导线截面积一般都很大，其电阻比起电抗来相对较小，因此对电压损耗起主要作用的是电抗，而不是电阻。所以在这样的电网中，要想通过导线截面积条件来解决电压质量问题是不可能的。通常在区域电网中都采用专门的调压措施来解决电压质量问题。因而区域电网中导线截面积一般根据经济电流密度或规划设计来选择，必要的时候以持续容许电流（在两回平行线中有一回故障切除的情况下）来校验，且进行电晕临界电压的校验。

【例 6-6】 设有一条长 90km 的 110kV 电力线路，考虑到 5 年发展的最大负荷为 32MW，功率因数为 0.85，最大负荷利用小时数约为 5500h。试选择导线截面积。

解 首先按经济电流密度 J_j，选择导线截面积。

由表 6-3，查得 $J_j = 0.9(A/mm^2)$，故得导线截面积为

$$S = \frac{P}{\sqrt{3}U_N\cos\varphi J_j} = \frac{32000}{\sqrt{3}\times 110\times 0.85\times 0.9} = 220(mm^2)$$

选用截面积与 220mm² 接近的导线，型号为 LGJ-185 型。

然后按机械强度、导线长期发热条件、电晕临界电压及电压损耗条件来校验。

钢芯铝绞线按机械强度校验的最小截面积为 25mm²，所以导线截面积远大于此值，满足安全要求。

该导线长期发热的持续容许极限容量为 98MVA（见表 6-5），已远远超过电力线路的输送容量。

按电晕条件选择的导线最小直径相当于 LGJ-50 型导线，所选的导线远远满足要求。

最后进行电压损耗的校验。LGJ-185 型导线的 $r_1 = 0.17(\Omega/km)$，$x_1 = 0.409(\Omega/km)$，全线路电压损耗（忽略了横分量）为

$$\Delta U = \frac{Pr_1 l + Qx_1 l}{U_N} = \frac{32\times 0.17\times 90 + 19.83\times 0.409\times 90}{110} = 11.086(kV)$$

$$\Delta U\% = \frac{11.086}{110}\times 100\% = 10\%$$

电压损耗基本上满足要求，故所选导线合乎要求。

思考题与习题

6-1 电力系统中无功功率与节点电压有什么关系？

6-2 如何进行电力系统无功功率的平衡？在何种状态下才有意义？

6-3 电力系统中无功负荷和无功功率损耗主要是指什么？

6-4 电力系统中无功功率电源有哪些？发电机的运行极限是如何确定的？

6-5 电压中枢点的调压方式有哪几种？哪一种方式容易实现，哪一种方式最不易实现，为什么？

6-6 电力系统电压调整的基本原理是什么？当电力系统无功功率不足时，是否可以只通过改变变压器的变比调压？为什么？

6-7 电力系统有哪几种主要调压措施？

6-8 推导变压器分接头电压的计算公式，并指出升降变压器分接头电压有何异同点。

6-9 有载调压变压器和普通变压器有何区别？当采用有载调压变压器时，分接头的选择是否还需要同时考虑最大、最小负荷状态？按最大、最小负荷运行状态计算分接头并取其均值的分接头选择方法是否还有意义？

6-10 在按调压要求选择无功补偿设备容量时，选用并联电容器和调相机是如何考虑的？

6-11 什么叫静止补偿器，其原理是什么？有何特点？目前一般可分几种类型？

6-12 比较并联电容器补偿和串联电容器补偿的特点及其在电力系统中的使用情况。

6-13 有一普通降压变压器归算至高压侧的阻抗为 $2.44+j40\Omega$，变压器的额定电压为 $110\pm2\times2.5\%/6.3kV$。在最大负荷时，变压器高压侧通过功率为 $28+j14MVA$，高压母线电压为 $113kV$，低压母线要求电压为 $6kV$；在最小负荷时，变压器高压侧通过功率为 $10+j6MVA$，高压母线电压为 $115kV$，低压母线要求电压为 $6.6kV$。试选该变压器的分接头。

6-14 有一普通降压变压器，$S_N=20MVA$，$U_N=110\pm2\times2.5\%/11kV$，$P_k=163kW$，$U_k\%=10.5$。变压器低压母线最大负荷为 $18MVA$，$\cos\varphi=0.8$；最小负荷为 $7MVA$，$\cos\varphi=0.7$。已知变压器高压母线在任何方式下均维持电压为 $107.5kV$，如果变压器低压侧要求顺调压，试选该变压器的分接头。

6-15 某变电站有一台普通降压变压器，变压器额定电压为 $110\pm2\times2.5\%/11kV$，已运行于 $115.5kV$ 抽头电压，在最大、最小负荷时，变压器低压侧电压的偏移为 -7% 和 -2%（相对于网络额定电压的偏移）。如果变压器低压侧要求顺调压，那么变压器的抽头电压 $115.5kV$ 能否满足调压的要求，应该如何处理？若变压器低压侧要求逆调压，则在设计阶段需要如何考虑变电站的设备配置？

6-16 水电厂通过 SFL-40000/110 型普通升压变压器与系统连接，变压器归算至高压侧阻抗为 $2.1+j38.5\Omega$，额定电压为 $121\pm2\times2.5\%/10.5kV$。系统在最大、最小负荷时高压母线电压分别为 $112.09kV$ 和 $115.92kV$；低压侧要求的电压，在系统最大负荷时不低于 $10kV$，在系统最小负荷时不高于 $11kV$。当在系统最大、最小负荷时水电厂输出功率均为 $28+j21MVA$，试选该变压器的分接头。若变电站改造后变压器为有载调压变压器，则如何选择分接头？

第二篇

电力系统故障分析与计算

第七章　电力系统三相短路分析计算

在电力系统长期运行中，当气象、人为、设备等出现问题时，会造成各种类型的故障。因此从本章开始，后续各章主要学习电力系统发生故障后电流、电压等变量的分析和计算。由于电力系统中主要设备为三相对称设备，当三相对称运行或三相对称故障时，仅分析和计算其中任何一相，即可得到三相的相关分析计算结果。因此，对电力系统故障的分析计算从三相短路的分析计算开始。

本章主要内容：介绍电力系统故障类型及其发生的原因和造成的危害；不考虑同步发电机内部物理过程，以理想的无限大容量电源供电系统计算和分析短路电流；列写同步发电机基本方程，通过派克变换，将定子电压方程和磁链方程变换成为常系数微分方程组；推导同步发电机正常运行的各等值电路，计算暂态或次暂态电流；电力系统三相短路实用计算，讲解直接计算和叠加原理计算方法；简介短路故障的计算机算法。

第一节　电力系统故障概述

一、电力系统故障的发生和分类

1. 故障类型

电力系统中的故障主要指短路故障、断线故障。在电力系统发输变配供电系统中，正常运行情况以外任意一点均可能发生相与相之间或相与地之间的连接即短路故障；或发生单相、两相断线故障即非全相运行，见表 7 - 1。其中 k 表示该节点号节点发生短路故障，d-d' 表示断相时断口的两个端点。k 与 d-d' 的上标表示不对称故障的名称。

表 7 - 1　　　　　　　　　　　电力系统故障描述及其简单示意

名　称	图　示		符　号
三相短路			$k^{(3)}$

续表

名　称	图　　示	符　号
两相短路	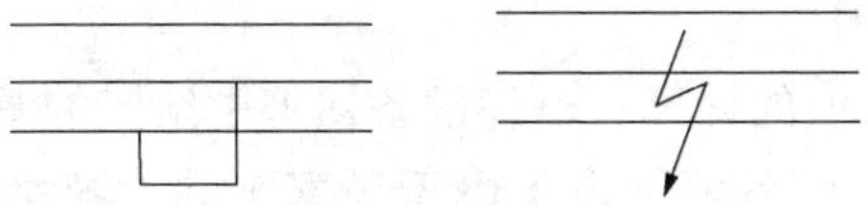	$k^{(2)}$
单相短路接地	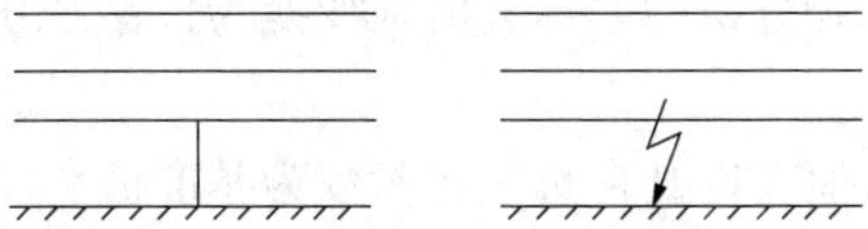	$k^{(1)}$
两相短路接地	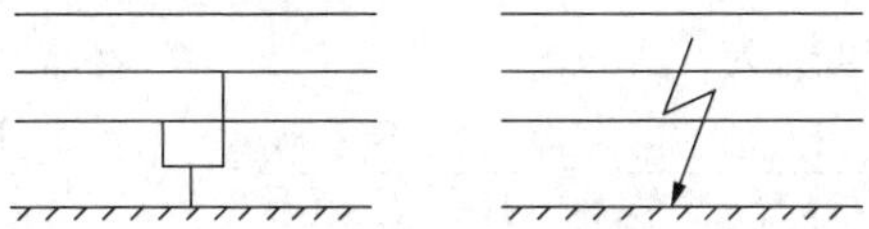	$k^{(1,1)}$
一相断线	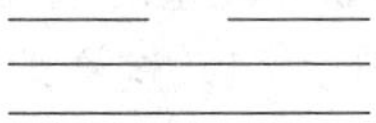	$d\text{-}d'^{(1)}$
两相断线	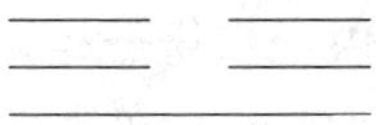	$d\text{-}d'^{(2)}$

2. 故障的原因和危害

短路故障又称为横向故障。据统计在所有短路故障中，不同短路故障发生的概率大约为：三相短路 5%，两相短路 10%，单相接地短路 65%，两相短路接地 20%。后三种短路又称为不对称短路。

短路产生的原因主要有绝缘损坏、气象条件恶化、人为事故（如带接地线合开关等）及其他原因（例如鸟兽危害等）。

短路产生的后果主要有短路点的电弧使设备烧坏，短路电流的热效应使电气设备绝缘老化甚至烧坏，短路电流的电动力效应使导体变形或损坏，电网电压大幅度下降使供电被破坏，电力系统失去并列运行的稳定性，不对称短路对通信系统产生干扰等。

在电力系统的规划、设计、建设、运行和控制中，须采取相应的减小短路电流对电力系统危害的措施，如限制短路电流的大小（限流电抗器）、继电保护装置切除故障等。

短路电流计算将为电气接线的选择、设备选择、运行方式选择、继电保护的配置和整定计算提供依据。

电力系统中发生断线故障（纵向故障）多数发生在采用分相控制断路器的线路上。不对称断线主要影响负序分量和零序分量。

电力系统中一次发生某一种故障时称为简单故障；在不同地点同时出现两种及以上故障时称为复杂故障。

3. 电力系统故障分析和计算的标幺值参数

（1）标幺值与基准值。电力系统故障计算中一般采用标幺值，相应基准值的选取与电力系统稳态分析中一致。工程中一般习惯选用容量基准 $S_B = 100\text{MVA}$ 或 $S_B = 1000\text{MVA}$，电压基准 $U_B = U_{Nav}$，且三相电路中基准值的基本关系也与稳态分析中计算方法相同，即

$$S_B = \sqrt{3}U_B I_B, \quad U_B = \sqrt{3}I_B Z_B$$

式中：S_B 表示三相功率；U_B 表示线电压；I_B 表示星形等值电路中的相电流；Z_B 表示单相阻抗；U_{Nav} 表示平均额定电压。

（2）基准值改变时标幺值的计算。电气设备铭牌中给定的基本参数均为以设备本身额定值为基准值的标幺值 X_{N*}，而各电气设备由于厂家不同、容量不同、额定电压不同，因此统一在同一等值网络的计算和分析中，标幺值须变换为以系统统一基准值 S_B、U_B 为基准的标幺值。

例如，变压器电抗标幺值在以其自身额定参数为基准值和以系统统一基准值的标幺值的改换计算：已知变压器短路电压百分比 $U_k\%$、变压器额定容量 S_{TN}、额定电压 U_{TN}，变换为系统基准容量 S_B 的标幺值电抗为

$$X_{TB*} = \frac{X_T}{Z_B} = \frac{X_{TN*}U_{TN}^2/S_{TN}}{U_B^2/S_B} = \frac{U_k\%}{100}\frac{S_B U_{TN}^2}{S_{TN}U_B^2} = X_{TN*}\frac{U_{TN}^2}{U_B^2}\frac{S_B}{S_{TN}} \approx X_{TN*}\frac{S_B}{S_{TN}}$$

电力系统故障计算中，取各段基准电压为相应段的平均额定电压，并忽略变压器分接头影响，即近似地取变压器变比为 1。这样即可大大简化计算过程，减少计算量，并能够满足故障计算对精度的要求。

二、 无限大容量电源供电系统三相短路分析与计算

电力系统发生三相短路时，短路电流主要由同步发电机供出。若不考虑发电机内部物理过程、磁链变化等电磁暂态过程，则产生电流的电源电动势在短路暂态过程中，可以近似看作是不变。这种状况即为由无限大容量电源供电的三相短路。

所谓无限大容量电源，是指当电力系统的电源距短路点的电气距离较远时，由短路而引起的电源送出功率的变化 ΔS（其矢量为 $\Delta \tilde{S} = \Delta P + j\Delta Q$）远小于电源的容量，即 $S \gg \Delta S$，此时视为 $S = \infty$，称该电源为无限大容量电源。无限大容量电源实质上是一种电压幅值和频率均不变的理想恒定电源。

此外，由于 $P \gg \Delta P$，则可认为在短路过程中无限大容量电源的频率是恒定的，又由于 $Q \gg \Delta Q$，所以可以认为在短路过程中无限大容量电源的端电压是恒定的。而电压恒定的电源，内阻抗必然为零，因此可以认为无限大容量电源的内阻抗 $Z_s = 0$。由此可见，无限大容量电源是相对概念，绝对意义上的无限大容量电源是不存在的。

电源的端电压和频率在短路后的暂态过程中保持不变，是无限大容量电源供电电路的重要特性。这样，在分析此种短路暂态过程中，就可以不考虑电源内部的暂态过程。

实际上，任何被视为恒定电动势源（电压幅值恒定、频率恒定）的大系统，都可设定为带有一定系统阻抗的等值无限大容量电源。

三、 无限大容量电源供电系统的三相短路暂态过程的分析

1. 含无限大容量电源系统等值电路的瞬时方程

图 7-1 所示为一由无限大容量电源供电的系统处于三相短路时的电路。由于三相电路是对称的，故任何一相（例如 a 相）的电压和电流的表达式为

$$\begin{cases} u_a = U_m \sin(\omega t + \theta_0) \\ i_a = I_m \sin(\omega t + \theta_0 - \varphi) \end{cases} \tag{7-1}$$

其中

$$I_m = \frac{U_m}{\sqrt{(R+R')^2 + \omega^2(L+L')^2}}$$

$$\varphi = \arctan\frac{\omega(L+L')}{(R+R')} \tag{7-2}$$

式中：$R+R'$ 和 $L+L'$ 分别为短路前每相的电阻和电感。

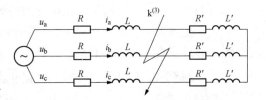

图 7-1　由无限大容量电源供电的三相短路电路

当三相电路中 $k^{(3)}$ 点发生短路时，这个电路被分成左右两个独立回路：一个有源回路，一个无源回路。在无源回路中，电流将从短路发生瞬间的初始值按指数规律衰减到零。在这一衰减过程中，该回路磁场中所储藏的能量将全部转化为热能。在有源回路中，每相阻抗由原来正常运行时的 $(R+R')+j\omega(L+L')$ 减少到 $R+j\omega L$。其中的电流将由正常工作时的电流逐渐变成由短路阻抗 $R+j\omega L$ 所决定的稳态短路电流。因此，有源回路在短路后的暂态过程可列写微分方程。

假定短路是在 $t=0$ 时发生，由于是三相短路，因此有源回路仍是对称的，故可以只研究其中的一相，其 a 相的微分方程式为

$$U_m\sin(\omega t + \theta_0) = Ri_a + L\frac{di_a}{dt} \tag{7-3}$$

式中：U_m 为电源电压的幅值；θ_0 为短路瞬间电压的相位角，一般称合闸相角。

式（7-3）是一个一阶常系数线性微分方程式，其为含无限大容量电源系统等值电路的瞬时值方程。

2. 含无限大容量电源系统三相短路电流解析表达

解微分方程式（7-3），可得无限大容量电源供电系统三相短路后 a 相电流表达式

$$i_a = I_{\omega m}\sin(\omega t + \theta_0 - \varphi_k) + [I_m\sin(\theta_0 - \varphi) - I_{\omega m}\sin(\theta_0 - \varphi_k)]e^{-\frac{t}{T_a}} \tag{7-4}$$

式（7-4）是微分方程（7-3）的通式解的具体解析，即包含一个稳态项和一个衰减项。由其可见，与无限大容量电源相连的有源回路电流暂态过程中包含有两个分量：周期分量和非周期分量。前者是随时间变化的交流电流，属强制电流，取决于电源电压和短路回路的阻抗，无限大容量电源的周期分量幅值在暂态过程中不变，它也是这个回路的稳态短路电流。后者称为非周期分量或直流分量，属于自由电流，是为了使电感回路中的磁链和电流不突变而出现的，其值在短路瞬间最大，而在暂态过程中以时间常数 T_a 按指数规律衰减，并在最后衰减为零。

周期分量是方程式（7-3）稳态解项，其中，短路电流周期分量幅值 $I_{\omega m} = \dfrac{U_m}{Z}$，$\varphi_k$ 为短路回路的阻抗角，$\varphi_k = \arctan\dfrac{\omega L}{R}$；非周期分量是按微分方程边界条件求解而得，即短路时电感电流不能突变，因此短路后电流瞬时值与短路前瞬时值相等而产生的直流分量，T_a 为由短路回路阻抗确定的时间常数，$T_a = \dfrac{L}{R}$。非周期分量的初值为

$$i_{\alpha 0} = I_m\sin(\theta_0 - \varphi) - I_{\omega m}\sin(\theta_0 - \varphi_k) \tag{7-5}$$

由于 I_m、φ、φ_k、$I_{\omega m}$ 都与回路中元件参数有关，因此对某一具体回路，它们的值都是

固定的。式中的 θ_0 则与故障时刻有关，不同时刻短路，θ_0 的值不同，从而非周期分量电流也不同。而且，由于三相电压的合闸相角不可能相同，每相中的非周期分量电流也不相同。

由于三相短路各相对称，因此，b、c 相电流与 a 相依次滞后 120°，所以以 $\theta_0-120°$ 和 $\theta_0+120°$ 代替式（7-4）中的 θ_0 就可分别得到 i_b 和 i_c 的表达式。

显然，无限大容量电源供电系统三相短路时，短路电流三相周期分量是对称的；短路电流非周期分量三相一般各不相同。

四、 短路的冲击电流、 短路电流的最大有效值和短路功率

1. 短路冲击电流

短路冲击电流是短路电流最大瞬时值，是在特定条件特定时刻下才可能出现的最大的瞬时值。短路电流由周期分量与非周期分量之和组成，如图 7-2 所示，其中将出现短路电流的最大瞬时值。每一相电流的最大瞬时值大小不同，且出现的时刻也不相同。电气设备中产生的最大机械应力与短路电流最大的瞬时值的平方成正比。为了校验所选择电气设备的机械强度（电动力稳定度），必须计算出这个最大的瞬时值，也就是计算最大非周期分量电流，但非周期分量电流与发生故障时的合闸相角有关。下面分析在什么情况下，什么时刻短路出现的非周期分量电流为最大值。

一般电力系统中，短路前后的电流都是滞后的，而且，在短路后一般阻抗角 $\varphi_k \approx 90°$。

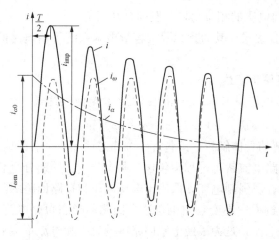

图 7-2　非周期分量最大情况下短路电流波形

以图 7-2 中的 a 相为例，设短路前为空载，即 $\dot{I}_a=0$。短路后 $\varphi_k=90°$，发生短路时 $\theta_0=0°$，则由于 $\dot{I}_{\omega am}$ 与 $t-t'$ 轴重合，$i_{\omega a0}=-I_{\omega m}$。周期分量电流由零跃增到负的最大值；那么，非周期分量电流则必由零跃增到与之大小相等，符号相反的正最大值，即最大非周期分量电流与周期分量幅值相等，即 $i_{\alpha 0}=\dot{I}_{\omega m}$。而出现这种情况的条件是短路前空载、短路后 $\varphi_k=90°$、$\theta=0°$。图 7-2 即为满足这些条件的短路电流的波形图。式（7-4）在直流分量出现最大初值时的任意时刻短路电流为

$$i_a=-I_{\omega m}\cos\omega t+I_{\omega m}\mathrm{e}^{-\frac{t}{T_a}} \tag{7-6}$$

通过如上分析可见，三相中只有一相可能出现上述情况。

短路电流的可能最大瞬时值称为短路冲击电流 i_{imp}。由图 7-2 可见，i_{imp} 将在短路后半个周期出现。当 $f=50\mathrm{Hz}$ 时，这时刻为短路后 0.01s，那么，以 $t=0.01s$ 代入式（7-6）中，可得

$$i_{imp}=I_{\omega m}+I_{\omega m}\mathrm{e}^{-\frac{0.01}{T_a}}=(1+\mathrm{e}^{-\frac{0.01}{T_a}})I_{\omega m}=K_{imp}I_{\omega m} \tag{7-7}$$

式中：K_{imp} 称冲击系数，$K_{imp}=1+\mathrm{e}^{-\frac{0.01}{T_a}}$。

冲击系数与 T_a 有关，也就是与短路回路中电抗与电阻的相对大小有关。当回路中只有

电阻 R 时，$X=0$，$T_a=\dfrac{X}{\omega R}=0$，则 $K_{imp}=1$；当回路中只有电抗 X 时，$R=0$，则 $T_a=\infty$，则 $K_{imp}=2$。因此，K_{imp} 的变动范围为 $1\leqslant K_{imp}\leqslant 2$。工程计算中，若取 $T_a=0.05s$，系数 $K_{imp}=1+e^{-\frac{0.01}{0.05}}=1.8$，则短路冲击电流为

$$i_{imp}=1.8\sqrt{2}I_\omega=2.55I_\omega \tag{7-8}$$

式中：I_ω 是短路电流周期分量的有效值。

当短路点位于电源近距离时也可取冲击系数为 1.9。

2. 短路电流的最大有效值

在校验电气设备的断流能力和耐力强度时，还要计算短路电流的最大有效值 I_{imp}。在暂态过程计算中，任何时刻短路电流的有效值 I_t 都可表达为

$$I_t=\sqrt{I_{\omega t}^2+I_{at}^2} \tag{7-9}$$

式中：$I_{\omega t}$ 为短路电流周期分量的有效值，在含无限大容量电源系统中由于电流周期分量不衰减，可以认为在所计算的周期内是恒定不变的，$I_{\omega t}$ 与时间 t 无关，即 $I_{\omega t}=I_\omega$；I_{at} 为短路电流非周期分量的有效值，$I_{at}=i_{at}$，随时间 t 的增大而减小，但在近似计算中，可设 t 秒前后半个周期内，这个电流就等于 t 秒的值，并保持不变。

由图 7-2 可见，短路后第一个周期内短路电流非周期分量的有效值最大。取第一个周期的中点，即 $t=\dfrac{T}{2}$ 时的瞬时值，亦即取 $i_{at}=I_{at}=(K_{imp}-1)\sqrt{2}I_\omega$，并代入式（7-9），可得短路电流的最大有效值为

$$I_{imp}=\sqrt{I_\omega^2+[(K_{imp}-1)\sqrt{2}I_\omega]^2}=I_\omega\sqrt{1+2(K_{imp}-1)^2} \tag{7-10}$$

当 $K_{imp}=1.9$ 时，$I_{imp}=1.62I_\omega$；当 $K_{imp}=1.8$ 时，$I_{imp}=1.51I_\omega$。

3. 短路功率（短路容量）

在选择电气设备时，需要用到短路功率的概念，短路功率定义为

$$S_k=\sqrt{3}U_N I_k \quad \text{（MVA）} \tag{7-11}$$

式中：U_N 为短路处网络的额定电压，kV；I_k 为短路电流周期分量有效值，kA。

短路功率主要用来校验断路器的切断能力。将短路功率定义为短路电流和网络额定电压的乘积，这是因为：一方面断路器要能切断短路电流；另一方面，在断路器触头长期运行和故障时均可承受额定电压。

用标幺值表示时，若取 $U_B=U_N$，则

$$S_{k*}=\dfrac{S_k}{S_B}=\dfrac{\sqrt{3}U_N I_k}{\sqrt{3}U_B I_B}=\dfrac{I_k}{I_B}=I_{k*} \tag{7-12}$$

这就是说，短路功率的标幺值和短路电流的标幺值相等。同理，短路电流的标幺值与短路阻抗标幺值之间在数值上存在的关系为

$$I_{k*}=\dfrac{1}{Z_{k*}} \tag{7-13}$$

在有名制的短路实用计算中，网络额定电压 U_N 一般可用平均额定电压 U_{av}，即 $U_N=U_{av}$；短路电流的有效值 $I_k=I_\omega$，则式（7-11）变为

$$S_k=\sqrt{3}U_{av}I_\omega \text{（MVA）} \tag{7-14}$$

【例 7 - 1】 图 7 - 3（a）所示电力系统，无限大容量电源电动势取 $E_* = 1$，当降压变电站 10.5kV 母线上发生三相短路时，试求此时短路点短路电流周期分量有效值 I_ω、冲击电流 i_{imp}、短路电流的最大有效值 I_{imp} 和短路功率 S_k。

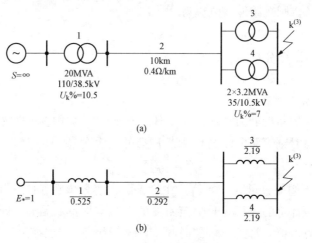

(a)

(b)

图 7 - 3　电力系统及其单相等值电路

（a）系统接线图；（b）等值网络图

解　取 $S_B = 100MVA$，$U_B = U_{Nav}$，变压器变比额定值近似取 1，忽略各个电气元件中的电阻和导纳近似计算等值电路中各元件参数的标幺值电抗

$$X_{1*} = \frac{U_k\% S_B}{100 S_N} = \frac{10.5}{100} \times \frac{100}{20} = 0.525$$

$$X_{2*} = x_1 l \frac{S_B}{U_{Nav}^2} = 0.4 \times 10 \times \frac{100}{37^2} = 0.292$$

$$X_{3*} = X_{4*} = \frac{U_k\%}{100} \times \frac{S_B}{S_N} = \frac{7}{100} \times \frac{100}{3.2} = 2.1$$

短路回路的等值电抗为

$$X_{\Sigma*} = 0.525 + 0.292 + \frac{1}{2} \times 2.19 = 1.912$$

短路电流周期分量的有效值为

$$I_{\omega*} = \frac{1}{X_{\Sigma*}} = \frac{1}{1.912} = 0.523$$

$$I_\omega = I_{\omega*} I_B = 0.523 \times \frac{100}{\sqrt{3} \times 10.5} = 2.88(kA)$$

若取冲击系数 $K_{imp} = 1.8$，则冲击电流为

$$i_{imp} = 1.8 \times \sqrt{2} I_\omega = 2.55 \times 2.88 = 7.34(kA)$$

短路电流的最大有效值为

$$I_{imp} = 1.52 I_\omega = 1.52 \times 2.88 = 4.38(kA)$$

短路功率为

$$S_k = I_{\omega*} S_B = 0.523 \times 100 = 52.3(MVA)$$

第二节　同步发电机的基本方程和派克变换

在电力系统发生短路故障时，电源电压的幅值和频率很难如无限大容量电源那样保持恒定。短路发生时，同步发电机内部存在电磁和机电暂态过程，发电机的内阻抗也不会如无限大容量电源那样为零。因此，分析和计算电力系统短路时，必须分析讨论同步发电机内部的暂态过程。其目的是通过分析、变换和推导，得出三相短路时短路电流的变化特点和解析表达。同步发电机内部电磁过程和物理分析与"电机学"课程讲述的相同，本书不再赘述，而将重点通过发电机各绕组电路电压方程和磁链方程的列写、变换、推导、求解，给出三相短路时同步发电机供出电流的解析描述和分析。

一、同步发电机的基本方程

1. 同步发电机电压方程和磁链方程

在"电机学"课程中曾经通过电磁过程的分析，给出了同步发电机稳态运行时的电压方程以及有关的参数。本章需要求解在电网出现故障状态时发电机提供的电流，因此需要列写发电机定子、转子回路的相关方程。下面将从电路的一般原理来推导同步发电机的基本方程。并从凸极式、有阻尼、带负载的同步发电机入手，推出其一般性结果。

（1）发电机定子、转子绕组回路和电流电压方向设定。发电机定子、转子各绕组位置如图7-4所示，定子绕组为三相a、b、c绕组，转子绕组含励磁绕组、直轴阻尼绕组和交轴阻尼绕组。为了列写电路方程，首先要选定磁链、电流和电压的正方向。

图中给出了同步发电机各绕组位置的示意图，标出了各相绕组的轴线a、b、c和转子绕组的轴线d、q。其中，转子的d轴（直轴）滞后于q轴（交轴）90°。选定定子各相绕组轴线的正方向作为各相绕组磁链的正方向，励磁绕组和直轴阻尼绕组磁链的正方向与d轴正方向相同，交轴阻尼绕组磁链的正方向与q轴正方向相同。各绕组电流、电压的正方向如图7-5所标示。

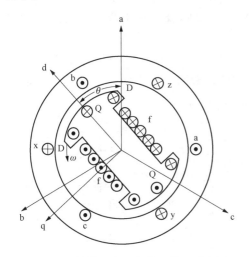

图7-4　同步发电机各绕组位置示意图

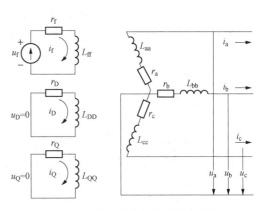

图7-5　同步发电机各回路电路图

（2）发电机各绕组回路电压方程和磁链方程。根据图7-5，假设三相绕组电阻相等，即

$r_\text{a} = r_\text{b} = r_\text{c} = r$，可列出六个回路的电压方程，并写成线性代数形式为

$$
\begin{bmatrix} u_\text{a} \\ u_\text{b} \\ u_\text{c} \\ u_\text{f} \\ 0 \\ 0 \end{bmatrix} = \begin{bmatrix} r & & & & & \\ & r & & & & \\ & & r & & & \\ & & & r_\text{f} & & \\ & & & & r_\text{D} & \\ & & & & & r_\text{Q} \end{bmatrix} \begin{bmatrix} -i_\text{a} \\ -i_\text{b} \\ -i_\text{c} \\ i_\text{f} \\ i_\text{D} \\ i_\text{Q} \end{bmatrix} + \begin{bmatrix} \dot{\psi}_\text{a} \\ \dot{\psi}_\text{b} \\ \dot{\psi}_\text{c} \\ \dot{\psi}_\text{f} \\ \dot{\psi}_\text{D} \\ \dot{\psi}_\text{Q} \end{bmatrix} \tag{7-15}
$$

式中：ψ 是各绕组磁链，$\dot{\psi}$ 是磁链对时间的导数 $\dfrac{\mathrm{d}\psi}{\mathrm{d}t}$，系数矩阵中仅写出了非零元素；发电机定子绕组端电压 u_a、u_b、u_c 为交流量，见式（7-1），并各滞后 $120°$；u_f 为励磁绕组电压。

同步发电机中各绕组的磁链是由本绕组的自感磁链和其他绕组与本绕组间的互感磁链组合而成。同步发电机的磁链方程为

$$
\begin{bmatrix} \psi_\text{a} \\ \psi_\text{b} \\ \psi_\text{c} \\ \psi_\text{f} \\ \psi_\text{D} \\ \psi_\text{Q} \end{bmatrix} = \begin{bmatrix} L_\text{aa} & M_\text{ab} & M_\text{ac} & M_\text{af} & M_\text{aD} & M_\text{aQ} \\ M_\text{ba} & L_\text{bb} & M_\text{bc} & M_\text{bf} & M_\text{bD} & M_\text{aQ} \\ M_\text{ca} & M_\text{cb} & L_\text{cc} & M_\text{cf} & M_\text{cD} & M_\text{cQ} \\ M_\text{fa} & M_\text{fb} & M_\text{fc} & L_\text{ff} & M_\text{fD} & M_\text{fQ} \\ M_\text{Da} & M_\text{Db} & M_\text{Dc} & M_\text{Df} & L_\text{DD} & M_\text{DQ} \\ M_\text{Qa} & M_\text{Qb} & M_\text{Qc} & M_\text{Qf} & M_\text{QD} & L_\text{QQ} \end{bmatrix} \begin{bmatrix} -i_\text{a} \\ -i_\text{b} \\ -i_\text{c} \\ i_\text{f} \\ i_\text{D} \\ i_\text{Q} \end{bmatrix} \tag{7-16}
$$

以上两组方程是求解发电机电流的基本方程。后续推导将重点关注发电机三相定子电流 i_a、i_b、i_c 的求解。

2. 磁链方程中的时变自感互感系数

（1）时变的自感互感系数。磁链方程中各绕组自感互感系数受转子旋转影响，首先分析定子各绕组的自感系数。定子绕组空间有转子在转动（见图 7-6），对于隐极机无论转子转到什么位置，某一定子绕组空间的磁阻都是一样的，所以隐极机定子绕组的自感系数是常数。

对于凸极机，转子转到不同位置时，某一定子绕组空间的磁阻是不一样的，所以凸极机定子绕组的自感系数是随着转子的转动而周期性变化的，如图 7-6 所示。其中，转子转动速度为 ω，设转子初相角为 θ_0，则转子转动位移为 $\theta = \omega t + \theta_0$。

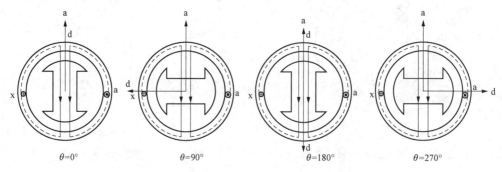

图 7-6　同步发电机定子、转子相对位置和磁路示意图

由图 7-7 可知 L_{aa} 是 θ 的函数，周期为 π，且为 θ 的偶函数，即转子轴线在 ±θ 位置时，L_{aa} 的大小相等。考虑理想电机，则凸极机定子绕组自感系数可表达为 $L_{aa}=L_0+L_2\cos2\theta$。

利用定子绕组自感系数分析方法，可进一步分析得知磁链方程中其他自感、互感系数的时变特点，此处不再赘述。

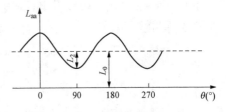

图 7-7　同步发电机定子绕组自感系数时变示意图

（2）时变系数的磁链方程。对于凸极机，大部分电感系数是随着转子的转动而周期性变化的，电感系数变化的原因是转子在直轴和交轴方向的磁路不对称。从而导致凸极机定子绕组的自感系数和互感系数随转子绕组的旋转而呈 2 倍周期性变化；转子各绕组随转子一起转动，故转子各绕组自感系数和互感系数为常数，且 Q 绕组与 f、D 绕组相互垂直，它们之间的互感为零；定子和转子之间的相对运动，导致定子绕组和转子绕组之间相对位置的周期性变化，从而导致定子绕组与转子绕组之间的互感系数随转子旋转而呈周期性变化。

对于隐极式同步发电机（简称隐极机），转子在直轴和交轴方向磁路对称，因此，隐极机定子绕组的自感系数和互感系数与转子旋转位置无关，因此不呈周期性变化；转子绕组的自感系数和互感系数也是常数；定子绕组与转子绕组之间的互感系数随转子旋转而呈周期性变化。

将分析所得各时变的自感、互感系数计入式（7-16），得磁链方程

$$
\begin{bmatrix}
\psi_a \\ \psi_b \\ \psi_c \\ \psi_f \\ \psi_D \\ \psi_Q
\end{bmatrix}
=
\begin{bmatrix}
l_0+l_2\cos2\theta & -m_0-m_2\cos2(\theta+30°) & -m_0-m_2\cos2(\theta+150°) & M_{af} & M_{aD} & M_{aQ} \\
-m_0-m_2\cos2(\theta+30°) & l_0+l_2\cos2(\theta-120°) & -m_0-m_2\cos2(\theta-90°) & M_{bf} & M_{bD} & M_{bQ} \\
-m_0-m_2\cos2(\theta+150°) & -m_0-m_2\cos2(\theta-90°) & l_0+l_2\cos2(\theta+120°) & M_{cf} & M_{cD} & M_{cQ} \\
m_{af}\cos\theta & m_{af}\cos(\theta-120°) & m_{af}\cos(\theta+120°) & L_f & m_\tau & 0 \\
m_{aD}\cos\theta & m_{aD}\cos(\theta-120°) & m_{aD}\cos(\theta+120°) & m_\tau & L_D & 0 \\
m_{aQ}\cos\theta & m_{aQ}\cos(\theta-120°) & m_{aQ}\cos(\theta+120°) & 0 & 0 & L_Q
\end{bmatrix}
\begin{bmatrix}
-i_a \\ -i_b \\ -i_c \\ i_f \\ i_D \\ i_Q
\end{bmatrix}
$$

$$(7-17)$$

其中，$\theta=\omega t+\theta_0$。定子与转子绕组的互感子矩阵和转子与定子绕组的互感子矩阵相等，例如 $M_{af}=M_{fa}$。通过求解方程式（7-15）和式（7-17），可得发电机各绕组电流 i_a、i_b、i_c、i_f、i_D、i_Q。但是，这组方程为系数时变的微分方程，直接求解困难，因此需要进行相应的变换，变为常系数后再求解。

二、同步发电机基本方程的派克变换

1. 派克变换的数学描述和物理意义

（1）派克变换矩阵。对于式（7-15）和式（7-16）所需要的变换，目前已有多种坐标转换，最常用的一种是由美国工程师派克（Park）在 1929 年首先提出的，一般称为派克变换。

定义一个 **P** 矩阵

$$
\boldsymbol{P}=\frac{2}{3}
\begin{bmatrix}
\cos\theta & \cos(\theta-120°) & \cos(\theta+120°) \\
-\sin\theta & -\sin(\theta-120°) & -\sin(\theta+120°) \\
1/2 & 1/2 & 1/2
\end{bmatrix}
\tag{7-18}
$$

其中，$\theta=\omega t+\theta_0$。可以看出，$\boldsymbol{P}$ 矩阵中的元素与转子旋转速度 ω 有关。

$\boldsymbol{P}$ 矩阵与定子电流 i_a、i_b、i_c 列向量相乘，得到变换后新的定子电流 i_d、i_q、i_0，即

$$\begin{bmatrix} i_d \\ i_q \\ i_0 \end{bmatrix} = \frac{2}{3} \begin{bmatrix} \cos\theta & \cos(\theta-120°) & \cos(\theta+120°) \\ -\sin\theta & -\sin(\theta-120°) & -\sin(\theta+120°) \\ 1/2 & 1/2 & 1/2 \end{bmatrix} \begin{bmatrix} i_a \\ i_b \\ i_c \end{bmatrix} \tag{7-19}$$

同理，可变换定子三相电压和定子三相磁链，简写为

$$\left.\begin{array}{l} i_{dq0} = \boldsymbol{P} i_{abc} \\ u_{dq0} = \boldsymbol{P} u_{abc} \\ \psi_{dq0} = \boldsymbol{P} \psi_{abc} \end{array}\right\} \tag{7-20}$$

派克变换就是将定子 a、b、c 的量变换成定子 d、q、0 的量。

（2）派克变换逆矩阵。由式（7-18）不难解出其逆变关系

$$\boldsymbol{P}^{-1} = \begin{bmatrix} \cos\theta & -\sin\theta & 1 \\ \cos(\theta-120°) & -\sin(\theta-120°) & 1 \\ \cos(\theta+120°) & -\sin(\theta+120°) & 1 \end{bmatrix} \tag{7-21}$$

逆变换关系可以简写为

$$\left.\begin{array}{l} i_{abc} = \boldsymbol{P}^{-1} i_{dq0} \\ u_{abc} = \boldsymbol{P}^{-1} u_{dq0} \\ \psi_{abc} = \boldsymbol{P}^{-1} \psi_{dq0} \end{array}\right\} \tag{7-22}$$

【例 7-2】　设发电机转子速度为 ω，定子 a、b、c 三相对称电流瞬时值分别为 $\begin{bmatrix} i_a \\ i_b \\ i_c \end{bmatrix} =$

$I_m \begin{bmatrix} \cos(\omega t+\alpha_0) \\ \cos(\omega t+\alpha_0-120°) \\ \cos(\omega t+\alpha_0+120°) \end{bmatrix}$，求经派克变换后的 $\begin{bmatrix} i_d \\ i_q \\ i_0 \end{bmatrix}$。

解　因 $\theta=\omega t+\theta_0$，则

$$\begin{bmatrix} i_d \\ i_q \\ i_0 \end{bmatrix} = \frac{2}{3} \begin{bmatrix} \cos(\omega t+\theta_0) & \cos(\omega t+\theta_0-120°) & \cos(\omega t+\theta_0+120°) \\ -\sin(\omega t+\theta_0) & -\sin(\omega t+\theta_0-120°) & -\sin(\omega t+\theta_0+120°) \\ 1/2 & 1/2 & 1/2 \end{bmatrix} \times$$

$$I_m \begin{bmatrix} \cos(\omega t+\alpha_0) \\ \cos(\omega t+\alpha_0-120°) \\ \cos(\omega t+\alpha_0+120°) \end{bmatrix}$$

$$= I_m \begin{bmatrix} \cos(\theta_0-\alpha_0) \\ -\sin(\theta_0-\alpha_0) \\ 0 \end{bmatrix} = I_m \begin{bmatrix} \cos(\theta_0-\alpha_0) \\ \cos(\theta_0-\alpha_0+90°) \\ 0 \end{bmatrix}$$

由此可见，经过派克变换后，原本随时间交变的定子 a、b、c 三相电流变换为非时变的定子 d、q、0 形式表达的电流，且 d、q 两电流分量中 i_q 超前 i_d 90°。又因定子 a、b、c 三相电流对称，因此其瞬时值之和 i_0 为零。

（3）派克变换的物理意义。

1）派克变换是一种数学变换，利用 P 矩阵，通过式（7-18）～式（7-22），实现了定子各个变量的变换和反变换。

2）派克变换是一种坐标变换，将原本的定子 a、b、c 坐标，变换为新的定子 d、q、0 坐标；或者相当于将定子的原本静止 a、b、c 参考轴，变换为定子的同步旋转的 d、q、0 参考轴。

3）派克变换是一种参数物理变换，将以定子 a、b、c 为参考轴的变量，变换成以定子 d、q、0 参考轴的变量。

派克变换是一种等效变换，可将空间上静止的定子 a、b、c 参考轴上的时变变量，变换为旋转的定子 d、q、0 参考轴上的相应变量。因 P 矩阵中的元素与转子旋转速度 ω、时间 t 有关，因此定子 d、q、0 参考轴也与 ω 和 t 有关，相当于与转子绕组同速度、同方向旋转，即定子 d、q、0 参考轴与转子相对静止。

2. 派克变换后的 d、q、0 坐标系统的发电机基本方程

（1）派克变换的磁链方程。为了书写方便，将式（7-17）简写为

$$\begin{bmatrix} \psi_{abc} \\ \psi_{fDQ} \end{bmatrix} = \begin{bmatrix} L_{SS} & L_{SR} \\ L_{RS} & L_{RR} \end{bmatrix} \begin{bmatrix} -i_{abc} \\ i_{fDQ} \end{bmatrix} \tag{7-23}$$

式中：L 表示各类电感系数；下标 SS 表示定子侧各量，RR 表示转子侧各量，SR 和 RS 表示定子和转子间各量。

将此方程进行派克变换，则可将 ψ_{abc}、i_{abc} 转换为 ψ_{dq0}、i_{dq0}。

方程两边同乘矩阵，则

$$\begin{bmatrix} \boldsymbol{P} & 0 \\ 0 & \boldsymbol{U} \end{bmatrix} \begin{bmatrix} \psi_{abc} \\ \psi_{fDQ} \end{bmatrix} = \begin{bmatrix} P & 0 \\ 0 & U \end{bmatrix} \begin{bmatrix} L_{SS} & L_{SR} \\ L_{RS} & L_{RR} \end{bmatrix} \begin{bmatrix} -i_{abc} \\ i_{fDQ} \end{bmatrix}$$

式中：P 矩阵是派克变换矩阵；U 矩阵是单位对角矩阵。

因此方程左侧相当于将定子 a、b、c 磁链变换为定子 d、q、0 磁链，转子绕组磁链不变；方程右侧做相应矩阵乘除，可得

$$\begin{bmatrix} \psi_{dq0} \\ \psi_{fDQ} \end{bmatrix} = \begin{bmatrix} \boldsymbol{P} & 0 \\ 0 & \boldsymbol{U} \end{bmatrix} \begin{bmatrix} L_{SS} & L_{SR} \\ L_{RS} & L_{RR} \end{bmatrix} \begin{bmatrix} \boldsymbol{P}^{-1} & 0 \\ 0 & \boldsymbol{U} \end{bmatrix} \begin{bmatrix} \boldsymbol{P} & 0 \\ 0 & \boldsymbol{U} \end{bmatrix} \begin{bmatrix} -i_{abc} \\ i_{fDQ} \end{bmatrix}$$

因此

$$\begin{bmatrix} \psi_{dq0} \\ \psi_{fDQ} \end{bmatrix} = \begin{bmatrix} \boldsymbol{P}L_{SS}\boldsymbol{P}^{-1} & \boldsymbol{P}L_{SR} \\ L_{RS}\boldsymbol{P}^{-1} & L_{RR} \end{bmatrix} \begin{bmatrix} -i_{dq0} \\ i_{fDQ} \end{bmatrix}$$

利用式（7-17）中各时变系数与 P 矩阵代入上式进一步化简得

$$\begin{bmatrix} \psi_d \\ \psi_q \\ \psi_0 \\ \psi_f \\ \psi_D \\ \psi_Q \end{bmatrix} = \begin{bmatrix} l_0 + m_0 + \frac{3}{2}l_2 & 0 & 0 & m_{af} & m_{aD} & 0 \\ 0 & l_0 + m_0 - \frac{3}{2}l_2 & 0 & 0 & 0 & m_{aQ} \\ 0 & 0 & l_0 - 2m_0 & 0 & 0 & 0 \\ \frac{3}{2}m_{af} & 0 & 0 & L_f & m_r & 0 \\ \frac{3}{2}m_{aD} & 0 & 0 & m_r & L_D & 0 \\ 0 & \frac{3}{2}m_{aQ} & 0 & 0 & 0 & L_Q \end{bmatrix} \begin{bmatrix} -i_d \\ -i_q \\ -i_0 \\ i_f \\ i_D \\ i_Q \end{bmatrix}$$

并定义

$$L_\mathrm{d} = l_0 + m_0 + \frac{3}{2}l_2, \quad L_\mathrm{q} = l_0 + m_0 - \frac{3}{2}l_2, \quad L_0 = l_0 - 2m_0$$

这样经过派克变换后的磁链方程为

$$
\begin{bmatrix} \psi_\mathrm{d} \\ \psi_\mathrm{q} \\ \psi_0 \\ \psi_\mathrm{f} \\ \psi_\mathrm{D} \\ \psi_\mathrm{Q} \end{bmatrix} =
\begin{bmatrix}
L_\mathrm{d} & 0 & 0 & m_\mathrm{af} & m_\mathrm{aD} & 0 \\
0 & L_\mathrm{q} & 0 & 0 & 0 & m_\mathrm{aQ} \\
0 & 0 & L_0 & 0 & 0 & 0 \\
\frac{3}{2}m_\mathrm{af} & 0 & 0 & L_\mathrm{f} & m_\mathrm{r} & 0 \\
\frac{3}{2}m_\mathrm{aD} & 0 & 0 & m_\mathrm{r} & L_\mathrm{D} & 0 \\
0 & \frac{3}{2}m_\mathrm{aQ} & 0 & 0 & 0 & L_\mathrm{Q}
\end{bmatrix}
\begin{bmatrix} -i_\mathrm{d} \\ -i_\mathrm{q} \\ -i_0 \\ i_\mathrm{f} \\ i_\mathrm{D} \\ i_\mathrm{Q} \end{bmatrix}
\tag{7-24}
$$

变换后的磁链方程式（7-24）中的电感系数矩阵不对称。因此，需将变换 $\boldsymbol{P}$ 矩阵略加改造，使之成为一个正交矩阵，并将各量改为标幺值且适当选取基准值即可解决系数不对称问题。取 $\omega_* = 1$，电感的标幺值等于相应电抗的标幺值，即 $X_* = w_* L_* = L_*$，互感亦然。

为了书写方便略去下标 $*$，则磁链方程标幺值可写为

$$
\begin{bmatrix} \psi_\mathrm{d} \\ \psi_\mathrm{q} \\ \psi_0 \\ \psi_\mathrm{f} \\ \psi_\mathrm{D} \\ \psi_\mathrm{Q} \end{bmatrix} =
\begin{bmatrix}
X_\mathrm{d} & 0 & 0 & X_\mathrm{ad} & X_\mathrm{ad} & 0 \\
0 & X_\mathrm{q} & 0 & 0 & 0 & X_\mathrm{aq} \\
0 & 0 & X_0 & 0 & 0 & 0 \\
X_\mathrm{ad} & 0 & 0 & X_\mathrm{f} & X_\mathrm{ad} & 0 \\
X_\mathrm{ad} & 0 & 0 & X_\mathrm{ad} & X_\mathrm{D} & 0 \\
0 & X_\mathrm{aq} & 0 & 0 & 0 & X_\mathrm{Q}
\end{bmatrix}
\begin{bmatrix} -i_\mathrm{d} \\ -i_\mathrm{q} \\ -i_0 \\ i_\mathrm{f} \\ i_\mathrm{D} \\ i_\mathrm{Q} \end{bmatrix}
\tag{7-25}
$$

式中：X_d、X_q、X_0 分别为同步发电机 d 轴电抗、q 轴电抗、零序电抗；X_f、X_D、X_Q 分别为励磁绕组、直轴和交轴阻尼绕组电抗；X_{ad}、X_{aq} 分别为直轴和交轴的电枢反应电抗。

因此，派克变换后的磁链方程式（7-25）变为常系数线性方程，其中定子绕组的磁链和电流变量由定子 a、b、c 参考坐标，变换到定子 d、q、0 参考坐标。

（2）派克变换的电压方程。电压方程可简写为（设已为标幺值模式）

$$
\begin{bmatrix} u_\mathrm{abc} \\ u_\mathrm{fDQ} \end{bmatrix} =
\begin{bmatrix} R_\mathrm{S} & 0 \\ 0 & R_\mathrm{R} \end{bmatrix}
\begin{bmatrix} -i_\mathrm{abc} \\ i_\mathrm{fDQ} \end{bmatrix} +
\begin{bmatrix} \dot{\psi}_\mathrm{abc} \\ \dot{\psi}_\mathrm{fDQ} \end{bmatrix}
\tag{7-26}
$$

将式（7-26）进行派克变换，方程两边同时乘以矩阵 $\begin{bmatrix} \boldsymbol{P} & 0 \\ 0 & \boldsymbol{U} \end{bmatrix}$。

方程左侧

$$
\begin{bmatrix} \boldsymbol{P} & 0 \\ 0 & \boldsymbol{U} \end{bmatrix}
\begin{bmatrix} u_\mathrm{abc} \\ u_\mathrm{fDQ} \end{bmatrix} =
\begin{bmatrix} u_\mathrm{dq0} \\ u_\mathrm{fDQ} \end{bmatrix}
$$

方程右侧

$$
\begin{bmatrix} \boldsymbol{P} & 0 \\ 0 & \boldsymbol{U} \end{bmatrix}
\begin{bmatrix} R_\mathrm{S} & 0 \\ 0 & R_\mathrm{R} \end{bmatrix}
\begin{bmatrix} -i_\mathrm{abc} \\ i_\mathrm{fDQ} \end{bmatrix} +
\begin{bmatrix} \boldsymbol{P} & 0 \\ 0 & \boldsymbol{U} \end{bmatrix}
\begin{bmatrix} \dot{\psi}_\mathrm{abc} \\ \dot{\psi}_\mathrm{fDQ} \end{bmatrix} =
\begin{bmatrix} R_\mathrm{S} & 0 \\ 0 & R_\mathrm{R} \end{bmatrix}
\begin{bmatrix} -i_\mathrm{dq0} \\ i_\mathrm{fDQ} \end{bmatrix} +
\begin{bmatrix} \boldsymbol{P}\dot{\psi}_\mathrm{abc} \\ \dot{\psi}_\mathrm{fDQ} \end{bmatrix}
$$

其中，还需将 $P\dot{\psi}_{abc}$ 变换为关于 ψ_{dq0} 的坐标表达，因此对磁链基本派克变换式 $\psi_{dq0} = P\psi_{abc}$ 两侧求导

$$\dot{\psi}_{dq0} = \dot{P}\psi_{abc} + P\dot{\psi}_{abc}$$

于是

$$P\dot{\psi}_{abc} = \dot{\psi}_{dq0} - \dot{P}\psi_{abc} = \dot{\psi}_{dq0} - \dot{P}P^{-1}P\psi_{abc} = \dot{\psi}_{dq0} - \dot{P}P^{-1}\psi_{dq0}$$

将派克变换矩阵 P 各元素代入上式，经过运算，可得

$$\dot{P}P^{-1} = \begin{bmatrix} 0 & \omega & 0 \\ -\omega & 0 & 0 \\ 0 & 0 & 0 \end{bmatrix}$$

式中：ω 为转子角速度。

因此

$$\dot{P}P^{-1}\psi_{dq0} = \begin{bmatrix} 0 & \omega & 0 \\ -\omega & 0 & 0 \\ 0 & 0 & 0 \end{bmatrix} \begin{bmatrix} \psi_d \\ \psi_q \\ \psi_0 \end{bmatrix} = \begin{bmatrix} \psi_q \\ -\omega\psi_d \\ 0 \end{bmatrix}$$

并简写为

$$\dot{P}P^{-1}\psi_{dq0} = S$$

于是电压方程（7-26）经派克变换后变为

$$\begin{bmatrix} u_{dq0} \\ u_{fDQ} \end{bmatrix} = \begin{bmatrix} R_S & 0 \\ 0 & R_R \end{bmatrix} \begin{bmatrix} -i_{dq0} \\ i_{fDQ} \end{bmatrix} + \begin{bmatrix} \dot{\psi}_{dq0} \\ \dot{\psi}_{fDQ} \end{bmatrix} - \begin{bmatrix} S \\ 0 \end{bmatrix}$$

将其展开，则经过派克变换后同步发电机电压方程为

$$\begin{bmatrix} u_d \\ u_q \\ u_0 \\ u_f \\ 0 \\ 0 \end{bmatrix} = \begin{bmatrix} r & & & & & \\ & r & & & & \\ & & r & & & \\ & & & r_f & & \\ & & & & r_D & \\ & & & & & r_Q \end{bmatrix} \begin{bmatrix} -i_d \\ -i_q \\ -i_0 \\ i_f \\ i_D \\ i_Q \end{bmatrix} + \begin{bmatrix} \dot{\psi}_d \\ \dot{\psi}_q \\ \dot{\psi}_0 \\ \dot{\psi}_f \\ \dot{\psi}_D \\ \dot{\psi}_Q \end{bmatrix} - \begin{bmatrix} \omega\psi_q \\ -\omega\psi_d \\ 0 \\ 0 \\ 0 \\ 0 \end{bmatrix} \qquad (7\text{-}27)$$

经过派克变换后，同步发电机基本方程如式（7-25）和式（7-27）所示，若不考虑发电机转速变化，则 ω 为常数，其标幺值取 1，该方程组就是一组常系数线性微分方程。用此方程组将可求解同步发电机的 d、q、0 坐标系统定子电流和转子电流 i_d、i_q、i_0、i_f、i_D、i_Q。

三、同步发电机内电动势

1. 派克方程的展开和整理

具有阻尼绕组的同步电机经过坐标转换—派克变换而得到的基本方程即派克方程，见式（7-25）和式（7-27），其可以展开为 12 个方程。若研究三相对称问题，则由派克变换公式（7-20）可以得出，三相对称时 $u_0 = 0$，$\psi_0 = 0$，$i_0 = 0$。并设发电机转速为同步转速，因此派克方程可展开为如下 10 个方程

$$u_d = -Ri_d + \dot{\psi}_d - \psi_q$$
$$u_q = -Ri_q + \dot{\psi}_q + \psi_d$$
$$u_f = R_f i_f + \dot{\psi}_f$$
$$0 = R_D i_D + \dot{\psi}_D$$
$$0 = R_Q i_Q + \dot{\psi}_Q$$
$$\psi_d = -X_d i_d + X_{ad} i_f + X_{ad} i_D$$
$$\psi_q = -X_q i_q + X_{aq} i_Q$$
$$\psi_f = -X_{ad} i_d + X_f i_f + X_{ad} i_D$$
$$\psi_D = -X_{ad} i_d + X_{ad} i_f + X_D i_D$$
$$\psi_Q = -X_{aq} i_q + X_Q i_Q$$

$$(7-28)$$

方程中的运行变量均是瞬时值。将方程化简并做相应处理，因希望获得电流、电压关系以利于求解发电机供出电流的函数，因此整理方程消去方程中的磁链变量。为了推导简便，暂时忽略各绕组电阻，即 r、r_f、r_D、r_Q 近似视为零。

2. 有阻尼绕组发电机次暂态电动势

（1）有阻尼发电机 q 轴次暂态电动势和电压方程。首先考虑式（7-28）中的 d 轴方向方程，将 ψ_f、ψ_D 所在行代入 ψ_d 行，整理得

$$\psi_d = -\left(\frac{1}{1/X_{ad} + 1/X_{f\sigma} + 1/X_{D\sigma}} + x_\sigma\right)i_d + \frac{\psi_f/X_{f\sigma} + \psi_D/X_{D\sigma}}{1/X_{ad} + 1/X_{f\sigma} + 1/X_{D\sigma}}$$

与"电机学"课程中相同，其中

$$\begin{cases} X_\sigma = X_d - X_{ad} \\ X_{f\sigma} = X_f - X_{ad} \\ X_{D\sigma} = X_D - X_{ad} \end{cases}$$

进一步设定

$$\left.\begin{array}{l} \dfrac{1}{1/X_{ad} + 1/X_{f\sigma} + 1/X_{D\sigma}} + X_\sigma = X_d'' \\[3mm] \dfrac{\psi_f/X_{f\sigma} + \psi_D/X_{D\sigma}}{1/X_{ad} + 1/X_{f\sigma} + 1/X_{D\sigma}} = E_q'' \end{array}\right\}$$

$$(7-29)$$

则 ψ_d 行可写为

$$\psi_d = -X_d'' i_d + E_q''$$

对于 u_q 行，方程 $u_q = -Ri_q + \dot{\psi}_q + \psi_d$，若用其稳态形式描述交流分量有效值，则磁链变化量 $\dot{\psi}_q = 0$；若同时暂忽略电阻 R，则 u_q 行方程的稳态简化描述为 $u_q = \psi_d$。进而 ψ_d 行变为

$$u_q = -X_d'' i_d + E_q''$$

将变量 u_q、i_d 均表示为交流量的稳态有效值形式 U_q、I_d，则

$$E_q'' = U_q + X_d'' I_d \tag{7-30}$$

分析式（7-29）、式（7-30）可见，所设定的发电机定子 d 轴电抗 X_d'' 是定子绕组漏抗 X_σ 与直轴电枢反应电抗 X_{ad}、励磁绕组漏抗 $X_{f\sigma}$、直轴阻尼绕组漏抗 $X_{D\sigma}$ 的串并联关系，X_d'' 与发电机直轴方向各绕组结构气隙等相关，是发电机设备铭牌给定参数之一，被称为发电机直轴次暂态电抗；所设定的发电机内电动势 E_q'' 被称为次暂态电动势，其与转子绕组磁链相

关，因而也与各绕组电流相关。

（2）有阻尼发电机 d 轴次暂态电动势和电压方程。考虑 d 轴方向方程 $\psi_q = -X_q i_q + X_{aq} i_Q$ 和 $\psi_Q = -X_{aq} i_q + X_Q i_Q$，同理

$$\psi_q = -X_q i_q + X_{aq} \frac{\psi_Q + X_{aq} i_q}{X_Q} = \left(-X_q + \frac{X_{aq}^2}{X_Q}\right) i_q + \frac{X_{aq}}{X_Q} \psi_Q$$

其中设定

$$X_q'' = X_q - \frac{X_{aq}^2}{X_Q} = X_\sigma + X_{aq} - \frac{X_{aq}^2}{X_{aq} + X_{Q\sigma}} = X_\sigma + \frac{X_{aq} X_{Q\sigma}}{X_{aq} + X_{Q\sigma}} = X_\sigma + \frac{1}{1/X_{aq} + 1/X_{Q\sigma}}$$

并设定

$$\frac{X_{ad}}{X_Q} \psi_Q = -E_d'' \tag{7-31}$$

则有

$$\psi_q = -X_q'' i_q + \frac{X_{aq}}{X_Q} \psi_Q = -X_q'' i_q - E_d''$$

即

$$E_d'' = -\psi_q - X_q'' i_q$$

对于 u_d 行，方程 $u_d = -R i_d + \dot{\psi}_d - \psi_q$，若用其稳态形式描述，则磁链变化量 $\dot{\psi}_d = 0$；若同时忽略电阻 R，则 $u_d = -\psi_q$。因此，有 $E_d'' = u_d - X_q'' i_q$。

将变量 u_d、i_q 均表示为交流量的稳态有效值形式 U_d、I_q，则方程相应为

$$E_d'' = U_d - X_q'' I_q \tag{7-32}$$

3. 无阻尼绕组发电机暂态电动势

在无阻尼绕组发电机三相对称短路分析中，其派克方程式（7-29）中仅有定子 dq 和转子励磁绕组方程。如上同理，可化简得到相应电动势和电压方程 $E_q' = u_q + X_d' i_d$，并表示为交流量的稳态有效值形式

$$E_q' = U_q + X_d' I_d \tag{7-33}$$

其中，类似地，令

$$\frac{\psi_f / X_{f\sigma}}{1/X_{ad} + 1/X_{f\sigma}} = \frac{X_{ad}}{X_f} \psi_f = E_q' \tag{7-34}$$

励磁绕组无 q 轴分量，因此无阻尼绕组发电机中不存在 q 轴暂态电动势方程和相应电压方程。

4. 发电机稳态电动势

发电机稳态电动势是发电机稳态运行过程中由励磁电流产生的发电机内电动势。由派克方程中的第二个方程 $u_q = -R i_q + \dot{\psi}_q + \psi_d$，并考虑其稳态时 $\dot{\psi}_q = 0$，忽略电阻 R，则 $u_q = \psi_d$。而其第六个方程有 $\psi_d = -X_d i_d + X_{ad} i_f + X_{ad} i_D$，稳态时阻尼电流为 0，并令

$$X_{ad} i_f = E_q \tag{7-35}$$

则 $u_q = -X_d i_d + E_q$，表示为交流量的稳态有效值形式可写为

$$E_q = U_q + X_d I_d \tag{7-36}$$

同理，由派克方程（7-28）中的第一个 $u_d = -R i_d + \dot{\psi}_d - \psi_q$ 和第七个方程 $\psi_q = -X_q i_q + X_{aq} i_Q$，考虑其稳态时 $\dot{\psi}_d = 0$，阻尼 Q 轴 $i_Q = 0$，忽略电阻 R，可得 $0 = u_d - X_q i_q$，表示为交

流量的稳态有效值形式 U_d、I_q，则方程相应为

$$0 = U_d - X_q I_q \tag{7-37}$$

5. 同步发电机暂态电动势和次暂态电动势的不突变特点

同步发电机暂态电动势和次暂态电动势具有短路前后不变的特点，这是因为，由式（7-29）、式（7-31）、式（7-34）的 E''_q、E''_d 或 E'_q 的设定可以看出，它们由各电抗和磁链组成，因磁链不突变，所以 E''_q、E''_d、E'_q 也不突变，则意味着短路前和短路后瞬间相等。

由式（7-35）可以看出，发电机稳态电动势 E_q 是励磁电流的线性关系，当短路发生时，励磁电流有可能变化，因此 E_q 在短路瞬间前后不相等，但短路后随着时间推移达到稳态后，其值与短路前稳态运行时的数值相等。

同步发电机电动势电压方程式（7-30）、式（7-32）、式（7-33）中，各电抗 X''_d、X''_q、X'_d 是发电机铭牌中的已知参数，各电流、电压是发电机在不同运行状态下的运行参数，因此，方程既可以用于正常运行时的计算，也可以用于短路状态的计算，只是不同运行状态时电流、电压不同而已。所以，可以根据正常运行时的电流、电压，利用式（7-30）、式（7-32）、式（7-33），求取内电动势 E''_q、E''_d、E'_q。并在短路后，利用这些不突变的电动势，求取短路后瞬间电流周期分量有效值。

6. 同步发电机方程及其不同条件的描述

以上分析推导均从发电机一般条件入手，推导结果适用于发电机在凸极机、有阻尼、带负载条件的情况，是通用形式。当发电机在不同条件、不同结构、不同状态时，则仅需对方程和变量参数等进行简化即可。例如，对于隐极机，$X_d = X_q$；对于无阻尼，不存在 d 分量和 q 分量，因此没有 E''_q、E''_d、X''_d、X''_q；对于空载时，短路前正常运行电流为零，因此，E''_q、E'_q、E_q 均等于短路前各节点电压。

第三节　同步发电机三相短路电流解析计算

电力系统中任何一点发生三相短路，其短路电流均按其各自的规律变化，观察和求解变化的短路电流，是电力系统故障分析中的重要内容。

一、同步发电机定子突然三相短路后的电流波形及其分析

1. 三相短路后的电流波形

图 7-8 为同步发电机在转子励磁绕组有励磁、定子回路开路运行下，定子三相绕组端突然三相短路后实测的电流波形图，其中图 7-8（a）为定子三相电流，即短路电流；图 7-8（b）为励磁回路电流。

2. 三相短路后的电流波形分析

由定子三相短路电流波形分析可知，电流中均有直流分量。图 7-8（a）为三相短路电流包络线的均分线，即短路电流中的直流分量。三相直流分量大小不等，但均按相同的指数规律衰减，最终衰减至零。

由定子三相短路电流波形分析可知，电流中三相周期分量有效值存在衰减，衰减的规律和衰减时间常数还需进一步分析。

由三相短路中励磁回路电流波形分析可知，励磁电流中不仅存在直流分量，而且出现了周期分量，其周期分量的衰减规律还需进一步分析。

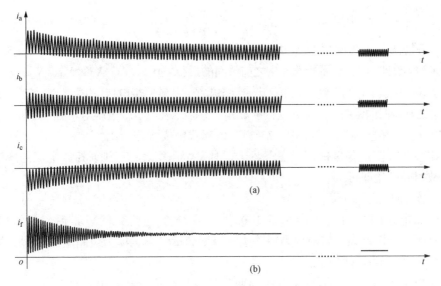

图 7 - 8 同步发电机三相短路后实测波形

(a) 三相定子电流；(b) 励磁回路电流

通过实测的三相短路电流波形图可知，发电机提供的短路电流有其各个分量。但是各个分量的解析表达还需要通过列写相关方程推导而得。

二、 同步发电机方程的求解和三相短路电流解析表达

1. 同步发电机方程的求解方法与思路

当同步发电机基本方程经过派克变换，变为常系数微分方程式（7-25）和式（7-27）后，求解这种微分方程并不困难，可采用一般的微分方程求解方法，如拉氏变换和拉氏反变换。

首先对方程式（7-25）和式（7-27）进行拉氏变换，将时域方程组变为象函数形式的代数方程组。解该代数方程组得到象函数的解，再进行拉式反变换，则获得该微分方程组的解，即求得了 d、q、0 坐标系下定子电流和转子电流 i_d、i_q、i_0、i_f、i_D、i_Q。

对此 d、q、0 坐标系下的电流 i_d、i_q、i_0，再实施派克反变换 $\boldsymbol{P}^{-1}$，则可得到 a、b、c 坐标的定子电流，即求得了定子电流 i_a、i_b、i_c。

如上所述同步发电机供出电流的方程推导和求解过程，篇幅较大，细节繁杂，为了篇幅简洁，在此不对过程进行详细描述。仅将推导所得到结果和参数做简单介绍。

2. 三相短路电流解析表达

将同步发电机基本方程按照如上方法，经过派克变换（方程变为 dq0 坐标常系数微分方程）、拉式变换（方程变为象函数代数方程）、求解变量函数（求得电流的象函数表达）、拉式反变换（求得 dq0 电流的时域函数表达）、派克反变换（求得 abc 坐标电流的时域函数表达），可得到同步发电机供电系统发生三相短路时发电机电流的解析函数。方程推导和求解过程不再详细描述，在此仅列出所获得推导结果，有阻尼绕组的凸极发电机带负载情况下突然三相短路时定子 a 相电流解析函数为

$$i_a = \left[\left(\frac{E_q''}{X_d''} - \frac{E_q'}{X_d'} \right) e^{-\frac{t}{T_d''}} + \left(\frac{E_q'}{X_d'} - \frac{E_q}{X_d} \right) e^{-\frac{t}{T_d'}} + \frac{E_q}{X_d} \right] \cos(\omega t + \theta_0) + \left(\frac{E_d''}{X_q''} - \frac{0}{X_q} \right) e^{-\frac{t}{T_q''}} \sin(\omega t + \theta_0)$$

$$-\frac{U_{|0|}}{2}\left(\frac{1}{X_d''}+\frac{1}{X_q''}\right)e^{-\frac{t}{T_a}}\cos(\delta_0-\theta_0)-\frac{U_{|0|}}{2}\left(\frac{1}{X_d''}-\frac{1}{X_q''}\right)e^{-\frac{t}{T_a}}\cos(2\omega t+\delta_0+\theta_0) \quad (7\text{-}38)$$

式中：E_q''、E_d''、E_q'、E_q 分别为同步发电机 q 轴次暂态电动势、d 轴次暂态电动势、q 轴暂态电动势、q 轴稳态电动势；$U_{|0|}$ 表示短路发生之前瞬间的运行电压；X_d''、X_q''、X_d'、X_d 分别为同步发电机 d 轴次暂态电抗、q 轴次暂态电抗、d 轴暂态电抗、d 轴同步电抗；T_d''、T_d'、T_q''、T_a 分别表示相应分量的衰减时间常数；θ_0 表示短路初相角；δ_0 表示发电机端电压与 q 轴的夹角。

同理，b、c 相电流函数需在式（7-38）各项式中依次滞后 120°。

若发电机为无阻尼隐极机，或在空载运行时发生三相短路，则对短路电流的解析函数式（7-38）做相应简化即可。

3. 三相短路电流各分量分析

（1）短路电流组成分量。同步发电机供电系统在三相突然短路后，对短路电流式（7-38）分项式分析可知，前两项为短路电流周期分量，第三项为短路电流直流分量，第四项为短路电流两倍频率交流分量。

（2）短路电流周期分量。短路电流周期分量也称交流分量，由式（7-38）可见，其分为 d 直轴分量和 q 交轴分量两部分，均随时间而衰减，其有效值分别为

$$I_d(t)=\left(\frac{E_q''}{X_d''}-\frac{E_q'}{X_d'}\right)e^{-\frac{t}{T_d''}}+\left(\frac{E_q'}{X_d'}-\frac{E_q}{X_d}\right)e^{-\frac{t}{T_d'}}+\frac{E_q}{X_d}$$

$$I_q(t)=\frac{E_d''}{X_q''}e^{-\frac{t}{T_q''}}$$

对于有阻尼绕组同步发电机，式中当 $t=0$ 时，周期分量电流初始值即为次暂态电流，次暂态电流由次暂态电动势和次暂态电抗决定，即 $\dfrac{E_q''}{X_d''}=I_d''$ 和 $\dfrac{E_d''}{X_q''}=I_q''$。

对于无阻尼绕组同步发电机，周期分量电流初始值即为暂态电流，由暂态电动势和暂态电抗的决定，即 $\dfrac{E_q'}{X_q'}=I_d'$。

周期分量初始值较大，按时间常数 T_d''、T_q'' 或 T_d'，经过衰减而到稳态值。短路电流周期分量稳态值总是由电动势稳态值和 X_d 决定，即当 $t=\infty$ 时，周期电流稳态有效值为 $\dfrac{E_{q|0|}}{X_d}$。

衰减时间常数可通过同步发电机基本方程及其变换和推导求解，并根据发电机固有特点近似得出。其中，励磁绕组时间常数 $T_f=L_f/r_f$、直轴阻尼绕组时间常数 $T_D=L_D/r_D$、交轴阻尼绕组时间常数 $T_Q=L_Q/r_Q$，为转子绕组自感和自阻的自绕组时间常数；定子绕组中各个电流分量衰减的时间常数分别为 $T_d''\approx T_{d0}''X_d''/X_d'=[(X_D-X_{ad}^2/X_f)/\omega/r_D](X_d''/X_d')$，$T_d'\approx T_fX_d'/X_d$，$T_q''\approx T_QX_q''/X_q$。

（3）短路电流直流分量和两倍频率交流分量。同步发电机短路电流直流分量是一种自由分量，因绕组电流不能突变而产生，其数值大小与短路时刻和短路前运行状态有关，且三相直流电流一般不相等。两倍频率交流分量很小，可以忽略不计。其衰减时间常数为

$$T_a=\frac{2X_d''X_q''}{\omega r(X_d''+X_q'')}$$

由以上分析可以看出，同步发电机供电系统在突然三相短路后，短路电流计算中的重点

是短路电流周期分量初始值的计算，因此其计算是后续重点内容。

三、 同步发电机负载下三相短路电流周期分量初始值

在短路电流式（7-38）中，对短路电流周期分量初始值（一般为标幺制有效值或幅值）的计算，即为计算有阻尼绕组同步发电机次暂态电流 $\dfrac{E''_q}{X''_d}=I''_d$ 和 $\dfrac{E''_d}{X''_q}=I''_q$，或为计算无阻尼绕组同步发电机暂态电流 $\dfrac{E'_q}{X'_q}=I'_d$。因同步发电机设备铭牌中均给定 X''_d、X''_q、X'_d、X_d、X_q 等参数，因此只要根据发电机运行状态求出内电动势 E''_q、E''_d、E'_q、E_q 等，即可计算出短路电流周期分量初始值。

1. 正常运行时发电机内电动势方程和等值电路

根据发电机运行状态，利用式（7-30）、式（7-32）、式（7-33）、式（7-36），求取发电机内电动势 E''_q、E''_d、E'_q、E_q 时，还需要首先得到发电机运行状态的电压电流数值 U_q、U_d、I_q、I_d。这些电流、电压在方程中是交流分量有效值。为了与电力系统运行中交流电流、电压关系对应，需做相应一致的矢量关系处理。

同步发电机的发电功率（以标幺值表示时）为 $\widetilde{S}=P+jQ=\dot{U}\dot{I}^*$。由于电力系统中一般为感性负荷，所以电流滞后于电压功率因数角 φ。发电机正常运行时的交流电压和交流电流，在不同的运行状态和输出功率下，具有不同的电流相量有效值 $\dot{I}$ 和电压相量有效值 $\dot{U}$，并存在一定的相量关系

$$\begin{cases} \dot{I}=\dot{I}_d+\dot{I}_q \\ \dot{U}=\dot{U}_d+\dot{U}_q \end{cases} \tag{7-39}$$

在此，关键是找到 d、q 参考轴，便可算得交流电流、电压相量在参考轴上的投影，从而得到 I_d、I_q、U_d、U_q。这里，I_d、I_q、U_d、U_q 是交流电流、电压有效值在 d、q 轴上的投影分量，是式（7-30）～式（7-36）的稳态方程的相量在 d、q 轴上的描述形式。

因此，派克变换后所得方程式（7-30）～式（7-36）中变量均表示为交流量的稳态有效值形式。

对于交轴方向电压方程（忽略电阻），有

$$E''_q=U_q+X''_d I_d \quad 或 \quad \dot{E}''_q=\dot{U}_q+jX''_d\dot{I}_d \tag{7-40}$$

$$E'_q=U_q+X'_d I_d \quad 或 \quad \dot{E}'_q=\dot{U}_q+jX'_d\dot{I}_d \tag{7-41}$$

$$E_q=U_q+X_d I_d \quad 或 \quad \dot{E}_q=\dot{U}_q+jX_d\dot{I}_d \tag{7-42}$$

对于直轴方向电压方程（忽略电阻），有

$$E''_d=U_d-X''_q I_q, \quad \dot{E}''_d=\dot{U}_d+jX''_q\dot{I}_q \tag{7-43}$$

$$0=U_d-X_q I_q, \quad 0=\dot{U}_d+jX_q\dot{I}_q \tag{7-44}$$

式（7-40）～式（7-44）均可视为发电机端口看进去的内电动势和相应电抗的等值电路方程，且为了分析直观起见，这里暂时未计电阻。根据电路理论中方程与电路一一对应的关系，发电机忽略电阻的等值电路可以表示为图 7-9。

2. 同步发电机 d、q 坐标轴矢量的确定

若要得到式（7-40）～式（7-44）中同步发电机电流、电压的 d、q 分量。需首先确定

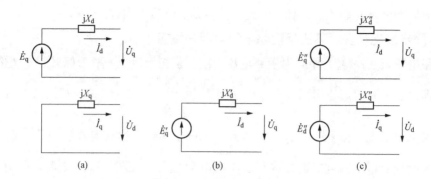

图 7 - 9　凸极机以不同内电动势和内电抗表示的等值电路和参数

(a) 稳态电动势和稳态电抗；(b) 暂态电动势和暂态电抗；(c) 次暂态电动势和次暂态电抗

d、q 坐标轴。与《电机学》教材中完全一致。在此按需要简单推导如下：

因式（7 - 42）是 q 轴上的方程，式（7 - 44）是 d 轴上的方程，d 轴滞后于 q 轴 90°，因此，将两方程写为矢量

$$\left.\begin{aligned}\dot{E}_q &= \dot{U}_q + jX_d\dot{I}_d \\ 0 &= \dot{U}_d + jX_q\dot{I}_q\end{aligned}\right\}$$

相加后合成为

$$\dot{E}_q = (\dot{U}_q + jX_d\dot{I}_d) + (\dot{U}_d + jX_q\dot{I}_q) = (\dot{U}_q + \dot{U}_d) + (jX_d\dot{I}_d + jX_q\dot{I}_q)$$
$$= \dot{U} + j(X_d\dot{I}_d + X_q\dot{I}_q)$$

对于隐极机，有 $X_d = X_q$，则

$$\dot{E}_q = \dot{U} + j(X_d\dot{I}_d + X_q\dot{I}_q) = \dot{U} + jX_d(\dot{I}_d + \dot{I}_q) = \dot{U} + jX_d\dot{I} \qquad (7 - 45)$$

所以，隐极机 q 轴即为 $\dot{E}_q$ 所在方向。

对于凸极机有

$$\dot{E}_q = \dot{U} + j(X_d\dot{I}_d + X_q\dot{I}_q) = \dot{U} + j(X_d\dot{I}_d + X_q\dot{I}_q + X_q\dot{I}_d - X_q\dot{I}_d)$$
$$= \dot{U} + j[(X_q\dot{I}_q + X_q\dot{I}_d) + (X_d\dot{I}_d - X_q\dot{I}_d)] = \dot{U} + jX_q(\dot{I}_q + \dot{I}_d) + j(X_d - X_q)\dot{I}_d$$
$$= \dot{U} + jX_q\dot{I} + j(X_d - X_q)\dot{I}_d = \dot{E}_Q + j(X_d - X_q)\dot{I}_d$$

令

$$\dot{E}_Q = \dot{U} + jX_q\dot{I} \qquad (7 - 46)$$

所以，凸极机 q 轴即为 $\dot{E}_Q$ 所在方向。式（7 - 45）、式（7 - 46）用来确定发电机 q 轴方向，其对应的等值电路如图 7 - 10 (a) 所示，对应的相量图如图 7 - 10 (b) 所示。相量图 7 - 11 (a)、(b) 分别与隐极机、凸极机的 $\dot{E}_q$ 推导式一一对应，并且均暂时忽略电阻。

确定 q 轴所在方向后，d 轴方向即可确定，即其滞后 q 轴 90°。由此可得

$$\delta = \sin^{-1}\frac{X_d I\cos\varphi}{E_q} \quad 或 \quad \delta = \sin^{-1}\frac{X_q I\cos\varphi}{E_Q}$$

发电机正常运行时电压、电流的 d、q 投影，即为式（7 - 39）的电流、电压的 d、q 分量 I_d、I_q、U_d、U_q，如图 7 - 12 所示。

当考虑发电机暂态过程时，需用发电机暂态、次暂态参数，因此，对应于等值电路图

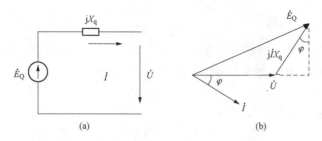

图 7-10　同步发电机确定 q 轴的等值电路和参数

（a）隐极机或凸极机 q 轴电动势和等值电路；（b）同步发电机确定 q 轴方程相量图

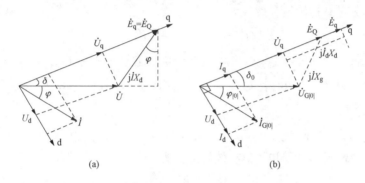

图 7-11　同步发电机 d、q 轴电流、电压相量图

（a）隐极机；（b）凸极机

7-9 和方程式（7-40）～式（7-44），发电机正常运行时 d、q 分量的相量图经整理后标示如图 7-12 所示。

3. 三相短路电流周期分量初始值

由短路前运行状态计算而得发电机内电动势 E''_q、E''_d 或 E'_q，在电力系统中发生三相短路时，按式（7-29）、式（7-31）、式（7-34）可知其不突变。因此，按正常运行时发电机等值电路图 7-5 或式（7-40）～式（7-44）均可求取其数值，并且其可用于短路后瞬间的计算。三相短路发生后，如果是直接短路，则故障节点的电压为零；如果考虑电弧等故障阻抗，则故障点电压等于故障电流在故障阻抗上的压降。此时三相短路电流周期分量初始值的计算，按照发电机不突变的内电动势和系统网络等值电路，计算出其周期分量的有效值。

（1）不计阻尼回路时的周期分量初始值 I'。短路时，短路点电压为零，因此式（7-41）或图 7-5 中的电压 q 轴分量为零，$U_q=0$，电流 d 轴分量有变化，表示为 I'_d，方程变为 $E'_q=X'_d I'_d$，所以直轴暂态电流 $I'_d=E'_q/X'_d$。

由式（7-44）同理可得 $U_d=0$，$I'_q=0$，因此暂态电流（$\dot{I}'=\dot{I}'_d+\dot{I}'_q$）只有直轴分

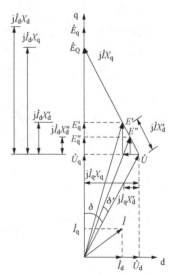

图 7-12　同步发电机正常运行时 d、q 轴分量相量图

179

量，即

$$I' = I'_\mathrm{d} = E'_\mathrm{q}/X'_\mathrm{d} \qquad (7\text{-}47)$$

（2）计及阻尼回路时的周期分量初始值 I''。与上同理，计及阻尼回路后，短路发生时计故障电压分量为零，则由交轴方向电压方程（7-40）可得

$$I''_\mathrm{d} = E''_\mathrm{q}/X''_\mathrm{d} \qquad (7\text{-}48)$$

由直轴方向电压方程（7-43）可得

$$I''_\mathrm{q} = E''_\mathrm{d}/X''_\mathrm{q} \qquad (7\text{-}49)$$

则次暂态电流为

$$\dot{I}'' = \dot{I}''_\mathrm{d} + \dot{I}''_\mathrm{q} \qquad (7\text{-}50)$$

即短路电流周期分量有初始值有效值为

$$I'' = \sqrt{(I''_\mathrm{d})^2 + (I''_\mathrm{q})^2} \qquad (7\text{-}51)$$

在实际计算过程中，若 $X''_\mathrm{d} \approx X''_\mathrm{q}$，可近似计算令 $\dot{E}'' = \dot{E}_\mathrm{q} + \dot{E}'_\mathrm{d}$。

正常运行时，因式（7-39），有 $\dot{I}_{|0|} = \dot{I}_{\mathrm{d}|0|} + \dot{I}_{\mathrm{q}|0|}$ 和 $\dot{U}_{|0|} = \dot{U}_{\mathrm{q}|0|} + \dot{U}_{\mathrm{d}|0|}$，则可有 $\dot{E}'' = \dot{U}_{|0|} + \mathrm{j}X''_\mathrm{d}\dot{I}_{|0|}$；

短路后瞬间，$\dot{E}''$ 不突变，$\dot{U}'' = 0$，则有 $\dot{E}'' = \mathrm{j}X''_\mathrm{d}\dot{I}''$，所以 $\dot{I}'' = \dot{E}''/\mathrm{j}X''_\mathrm{d}$。

因此，短路电流周期分量初始值有效值近似为

$$I'' = E''/X''_\mathrm{d}$$

（3）短路电流稳态值的计算。随着短路电流的衰减，周期分量有效值也逐渐衰减，直至达到短路稳态电流，因此由式（7-42）、式（7-44）可得短路电流周期分量稳态值为

$$I = I_\mathrm{d} = E_\mathrm{q}/X_\mathrm{d} \qquad (7\text{-}52)$$

【例 7-3】　以发电机额定参数值为基准的隐极发电机参数为 $P_\mathrm{N} = 10\mathrm{MW}$，$U_\mathrm{N} = 10.5\mathrm{kV}$，$\cos\varphi_\mathrm{N} = 0.8$，$X''_\mathrm{d} = X''_\mathrm{q} = 0.2$，$X'_\mathrm{d} = 0.5$，$X_\mathrm{d} = 2$；正常运行时端电压、端电流标幺值、功率因数分别为 $U_{|0|} = 1$，$I_{|0|} = 1$，$\cos\varphi_{|0|} = 0.8$（滞后）。若发电机的励磁电压不变，试计算发电机机端短路时短路电流周期分量起始有效值和稳态有效值的有名值。

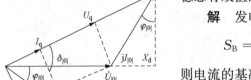

图 7-13　发电机正常运行时
d、q 轴分量相量图

解　发电机额定电压和额定容量作为基准值

$$S_\mathrm{B} = \frac{10}{0.8} = 12.5(\mathrm{MVA}), \quad U_\mathrm{B} = 10.5(\mathrm{kV})$$

则电流的基准值为

$$I_\mathrm{B} = \frac{12.5}{\sqrt{3} \times 10.5} = 0.687(\mathrm{kA})$$

为逐渐习惯标幺值计算，以下变量标幺值均不再标注下标 *。作出发电机正常运行时 d、q 轴分量相量图如图 7-13 所示。

正常运行时发电机的同步电动势为

$$\begin{aligned}
E_{\mathrm{q}|0|} &= \sqrt{(U_{|0|} + I_{|0|}X_\mathrm{d}\sin\varphi_{|0|})^2 + (I_{|0|}X_\mathrm{d}\cos\varphi_{|0|})^2} \\
&= \sqrt{(1 + 1 \times 2 \times 0.6)^2 + (1 \times 2 \times 0.8)^2} = 2.72
\end{aligned}$$

功率因数角为

$$\varphi_{|0|} = \arccos 0.8 = 36.9°$$

q 轴与电压初始值夹角

$$\delta_{|0|} = \sin^{-1}\frac{X_d I\cos\varphi}{E_q} = \arcsin\frac{2\times1\times0.8}{2.72} = \sin^{-1}0.588 = 36°$$

电流、电压的 d、q 分量分别为

$$\left.\begin{array}{l} I_d = I\sin(\delta_{|0|}+\varphi_{|0|}) = 1\times\sin(36°+36.9°) = 0.956 \\ I_q = I\cos(\delta_{|0|}+\varphi_{|0|}) = 1\times\cos(36°+36.9°) = 0.294 \end{array}\right\}$$

$$\left.\begin{array}{l} U_d = U\sin\delta_{|0|} = 1\times\sin36° = 0.588 \\ U_q = U\cos\delta_{|0|} = 1\times\cos36° = 0.809 \end{array}\right\}$$

由式（7-40）得次暂态电动势的标幺值为

$$E_q'' = U_q + X_d''I_d = 0.809 + 0.2\times0.956 = 1.0002$$
$$E_d'' = U_d - X_d''I_q = 0.588 - 0.2\times0.294 = 0.53$$

同理，由 $E_q = U_q + X_d I_d$ 可算得与如上方法相等的 2.72。同理可得暂态电动势

$$E_q' = U_q + X_d'I_d = 0.809 + 0.5\times0.956 = 1.287$$

各次暂态电流的标幺值为

$$I_d'' = \frac{E_q''}{X_d''} = \frac{1.0002}{0.2} = 5.001$$

$$I_q'' = \frac{E_d''}{X_q''} = \frac{0.53}{0.2} = 2.65 \sqrt{b^2-4ac}$$

$$I'' = \sqrt{I_d''^2 + I_q''^2} = \sqrt{5.001^2 + 2.65^2} = 5.66$$

同理得暂态电流

$$I_d' = \frac{E_q'}{X_d'} = \frac{1.287}{0.5} = 2.57$$

或近似按 $\dot{E}'' = \dot{U}_{|0|} + jX_d''\dot{I}_{|0|}$ 计算

$$E'' = \sqrt{(U_{|0|} + I_{|0|}X_d''\sin\varphi_{|0|})^2 + (I_{|0|}X_d''\cos\varphi_{|0|})^2}$$
$$= \sqrt{(1+1\times0.2\times0.6)^2 + (1\times0.2\times0.8)^2} = 1.131$$

近似地

$$I'' = \frac{E''}{X_d''} = \frac{1.131}{0.2} = 5.655$$

短路电流周期分量经过衰减后，稳态短路电流有效值标幺值

$$I_\infty = \frac{E_{q|0|}}{X_d} = \frac{2.72}{2} = 1.36$$

短路电流周期分量有效值的初始和稳态有名值分别为

$$I'' = 5.66\times0.687 = 3.89(\text{kA})$$
$$I_\infty = 1.36\times0.687 = 0.934(\text{kA})$$

【例 7-4】　有阻尼凸极发电机系统如图 7-14 所示。发电机、变压器和线路等参数已折算至同一基准下标幺值（忽略导纳支路和电阻），$X_d=1.00$，$X_q=0.60$，$X_d'=0.3$，$X_d''\approx X_q''=0.2$，$X_T=X_L=0.05$；正常运行时发电机机端电压标幺值 $U_{G|0|}=1$。试求以下两种情况下发生短路时在故障点处的暂态电流、次暂态电流和稳态电流（标幺值）：（1）发电机空

载时；（2）负载标幺值为 $P+jQ=0.848+j0.53$。

解 由题意画出图 7-15 所示等值电路。

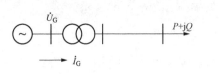

图 7-14 ［例 7-4］图

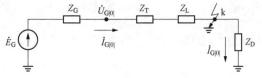

图 7-15 ［例 7-4］等值电路图

图中，发电机 $Z_G=R_G+jX_G$，变压器 $Z_T=R_T+jX_T$，线路 $Z_L=R_L+jX_L$，忽略电阻，阻抗中仅计算电抗。发电机内电动势和内电抗 d、q 轴分量，有阻尼凸极机各分量在相量图中 d、q 轴分量见表 7-2。

表 7-2   **各 分 量 对 应 表**

参数和电路	次暂态	次暂态	暂态	同步	确定 q 轴
内电动势 E_G	E_q''	E_d''	E_q'	E_q	E_Q
内电抗 X_G	X_d''	X_q''	X_d'	X_d	X_q

（1）发电机空载运行时发生三相短路。

$$I_{|0|}=0,\quad E_q''=E_q'=E_q=U_{G|0|}=1,\quad E_d''=0,\quad \delta_0=0$$

$$I''=\frac{E_q''}{X_{d\Sigma}''}=\frac{1}{0.3}=3.333,\quad I'=\frac{E_q'}{X_{d\Sigma}'}=\frac{1}{0.4}=2.5,\quad I_\infty=\frac{E_q}{x_{d\Sigma}}=\frac{1}{1.1}=0.909$$

（2）负载运行时发生三相短路。

1）按正常运行参数，确定 d、q 轴位置，即首先需确定 δ 角。

发电机正常运行时

$$P+jQ=0.848+j0.53=1e^{j32°}=\widetilde{S}=\dot{U}_{G|0|}\dot{I}_{G|0|}^*=1\times1\angle32°$$

正常运行电流有效值标幺值

$$\dot{I}_{G|0|}=1\angle-32°$$

q 轴位置虚拟电动势

$$\dot{E}_Q=\dot{U}_{G|0|}+j\dot{I}_{G|0|}X_q=1+j\angle-32°\times0.6=1.4\angle21.12°$$

电压、电流在 d、q 轴上的投影分别为

$$U_{d|0|}=U_{G|0|}\sin\delta_0=1\times\sin21.12°=0.3603$$
$$U_{q|0|}=U_{G|0|}\cos\delta_0=0.93$$
$$I_{d|0|}=I_{G|0|}\sin(\delta_0+\varphi_{|0|})=0.8$$
$$I_{q|0|}=I_{G|0|}\cos(\delta_0+\varphi_{|0|})=1\times\cos(21°+32°)=0.602$$

2）发电机内电动势计算。

正常运行时内电动势

$$E_q=U_{q|0|}+X_dI_{d|0|}=0.93+1\times0.8=1.73$$
$$E_d=U_{d|0|}-X_qI_{q|0|}=0.3603-0.6\times0.602\approx0$$

正常运行且短路后不突变的内电动势

$$E_q''=U_{q|0|}+X_d''I_{d|0|}=0.93+0.2\times0.8=1.09$$

$$E'_q = U_{q|0|} + X'_d I_{d|0|} = 0.93 + 0.3 \times 0.8 = 1.17$$
$$E''_d = U_{d|0|} - X''_q I_{q|0|} = 0.358 - 0.2 \times 0.602 = 0.2376$$

3）等值网络图中发电机到故障点等值电抗参数（忽略电阻和导纳）

$$X''_{d\Sigma} = X''_d + X_T + X_L = 0.2 + 0.05 + 0.05 = 0.3$$
$$X''_{q\Sigma} = X''_q + X_T + X_L = 0.2 + 0.1 = 0.3$$
$$X'_{d\Sigma} = X'_d + X_T + X_L = 0.3 + 0.1 = 0.4$$
$$X_{d\Sigma} = X_d + X_T + X_L = 1 + 0.1 = 1.1$$

4）发电机带负载时故障点短路的暂态电流、次暂态电流和稳态电流有效值。

故障点发生三相短路的次暂态电流

$$I''_d = \frac{E''_q}{X''_{d\Sigma}} = \frac{1.09}{0.3} = 3.633$$

$$I''_q = \frac{E''_d}{X''_{q\Sigma}} = \frac{0.4784}{0.3} = 1.595$$

$$I'' = \sqrt{I''^2_d + I''^2_q} = \sqrt{3.633^2 + 1.595^2} = 3.97$$

短路暂态电流

$$I'_d = \frac{E'_q}{X'_{d\Sigma}} = \frac{1.17}{0.4} = 2.925$$

短路电流衰减后的稳态有效值

$$I_d = \frac{E_q}{X_d} = \frac{1.73}{1.1} = 1.573$$

对照短路电流解析函数式（7-38），如上计算所得即为式中周期分量的各分项有效值。

第四节　电力系统三相短路实用计算

电力系统三相短路的实用计算，主要是计算非无限大容量电源供电时电力系统三相短路电流，重点计算周期分量有效值，该有效值随时间而衰减。因此其计算主要分为两个方面：一方面是计算短路瞬间 $t=0$ 时短路电流周期分量的有效值，该电流如上节所述，有阻尼发电机为其起始次暂态电流（无阻尼发电机为其暂态电流），以 I'' 表示；另一方面是考虑周期分量衰减时，在三相短路的暂态过程中不同时刻短路电流周期分量有效值的计算。前者用于校验断路器的断开容量和继电保护整定计算，后者用于电气设备的热稳定校验和继电保护整定计算。短路电流的这些主要用途，使其计算不必非常精确，所以与潮流计算中的精确要求不同，短路计算常常为计算方便而尽可能采取近似计算，例如忽略阻抗中的电阻，忽略线路和变压器导纳，变压器变比近似取平均额定变比等。

一、短路电流周期分量初始值的实用计算

发电机供电系统发生三相短路时，短路电流的解析描述见本章第三节中式（7-38），对其周期分量有效值的精确计算，见相关公式（7-47）～式（7-52）和［例7-2］、［例7-3］。这样的计算虽然较为精确，但是对于短路电流的计算目的来看，这样的精确没有必要且计算工作量大，因此，在工程使用计算中，常常需要更进一步的简化和近似。

1. 近似考虑负荷和发电机内电动势的实用计算

在电力系统三相短路后第一个周期内认为短路电流周期分量不衰减，此时求得的短路电

流周期分量的有效值即为起始次暂态电流 I''，也称 0 秒时短路电流周期分量有效值。考虑负荷和发电机内电动势计算时，一般可认为 $X''_d = X''_q$。这个假设对于隐极式发电机和有阻尼绕组凸极式发电机是接近实际的，对于无阻尼绕组的凸极式发电机较为近似，所引起的误差在允许范围内。

起始次暂态电流的一般计算步骤：

（1）系统元件参数计算（标幺值）。取基准容量 S_B，基准电压 $U_B = U_{Nb}$（基本级的额定电压），按变压器的实际变比计算系统元件参数的标幺值。

（2）发电机次暂态电动势 $\dot{E}''_G$ 的近似计算。作系统在短路前瞬间正常运行时的近似等值网络，由故障前瞬间正常运行状态，以 X''_d 作为发电机次暂态电抗近似求取发电机次暂态电动势 $\dot{E}''_{G|0|} = \dot{U}_{|0|} + j\dot{I}_{|0|} X''_d$。

（3）网络的化简。作三相短路时等值网络，并进行网络化简。

（4）短路点 k 起始次暂态电流 $\dot{I}''_k$ 的计算。

电力系统中一般有多台发电机供电，发生三相短路时，也是有多台发电机提供短路电流，每台发电机均按如上方法近似计算其内电动势。若系统中存在大型异步电动机，由于电动机因惯性保持旋转，且内部的电磁过程使其也同发电机相似，故向故障点提供短路电流周期分量和直流分量，并逐渐衰减为零。

【例 7 - 5】　电力系统各节点电压等级如图 7 - 16（a）所示，系统各元件的参数如下。发电机 G1：125MW，$X''_d = 0.183$，$\cos\varphi = 0.85$；G2，50MW，$X''_d = 0.141$，$\cos\varphi = 0.8$；变压器 T1：150MVA，$U_k\% = 14.2$；T2：63MVA，$U_k\% = 14.5$；线路 L1/L2 均为：长 120km，单位长度电抗 0.4Ω/km；负荷总量 LD，100+j60MVA。当运行方式为发电机 G1 承担全部负荷，发电机 G2 已并网运行但所带负荷为零，短路点 k 运行电压 230kV，忽略网损和所有元件电阻、导纳。试完成：

（1）画出等值电路，求取电路参数；

（2）求两发电机次暂态电动势；

（3）k 点发生三相短路时发电机次暂态电流和冲击电流；

（4）何时需要考虑和计算负荷提供的短路电流？若归算至同一基准的电动机启动电抗标幺值为 $X''_D = 0.3$，求电动机提供的短路电流周期分量有效值。

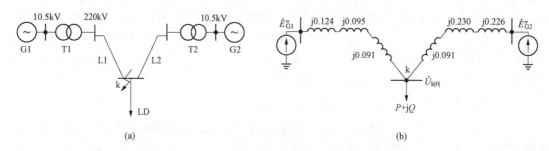

图 7 - 16　某电力系统三相短路及其等值网络

(a) 某电力系统三相短路示意图；(b) 三相短路等值网络

解　（1）选取 $S_B = 100\text{MVA}$ 和平均额定电压为 U_B，计算等值网络如图 7 - 16（b）所示，各标幺值参数如下：

发电机 G1

$$X_1'' = 0.183 \times \frac{100}{125/0.85} = 0.124$$

发电机 G2

$$X_2'' = 0.141 \times \frac{100}{50/0.8} = 0.226$$

变压器 T1

$$X_4 = 0.142 \times \frac{100}{150} = 0.095$$

变压器 T2

$$X_5 = 0.145 \times \frac{100}{63} = 0.230$$

线路 L1/L2

$$X_6 = X_7 = 0.4 \times 120 \times \frac{100}{230^2} = 0.091$$

负荷 LD

$$S = P + jQ = \frac{100 + j60}{100} = 1 + j0.6$$

$$X''_{\Sigma G1} = X_1'' + X_4 + X_6 = 0.124 + 0.095 + 0.091 = 0.31$$
$$X''_{\Sigma G2} = X_2'' + X_5 + X_7 = 0.226 + 0.230 + 0.091 = 0.547$$

（2）正常运行时，k 点电压为

$$\dot{U}_{k|0|} = \frac{230}{230} = 1$$

供给负荷 LD 的正常运行总电流为

$$\dot{I}_D = \left(\frac{\dot{S}}{\dot{U}}\right)^* = \left(\frac{1 + j0.6}{1}\right)^* = 1 - j0.6$$

若将负荷表示为阻抗元件，则

$$Z_D = \frac{1}{1 - j0.6} = 0.735 + j0.441$$

发电机次暂态电动势

$$\dot{E}_{G1}'' = \dot{U}_{k|0|} + j\dot{I}_D X''_{\Sigma G1} = 1 + j(1 - j0.6) \times 0.31 = 1.186 + j0.31 = 1.226\angle 14.65°$$

$$\dot{E}_{G2}'' = \dot{U}_{k|0|} + j\dot{I}_{G2} X''_{\Sigma G2} = 1 + j0 \times 0.547 = 1$$

（3）发电机次暂态电动势在发电机带负载正常运行和短路瞬间不突变，因此由发电机提供的起始次暂态电流（短路瞬间短路电流周期分量有效值）标幺值分别为

$$I_{G1}'' = \frac{E_{G1}''}{X_{G1}''} = \frac{1.226}{0.31} = 3.95$$

$$I_{G2}'' = \frac{E_{G2}''}{X''_{\Sigma G2}} = \frac{1}{0.547} = 1.83$$

故障点总电流周期电流有效值为

$$I_k'' = I_{G1}'' + I_{G2}'' = 3.95 + 1.83 = 5.78$$

短路点基准电流

$$I_B = \frac{S_B}{\sqrt{3}U_B} = \frac{100}{\sqrt{3} \times 230} = 0.251(\text{kA})$$

故障点总电流周期电流有效值有名值

$$I''_k = (I''_{G1} + I''_{G2})I_B = 5.78 \times 0.251 = 1.45(\text{kA})$$

这时，发电机 G1 机端的电流有名值

$$I''_{G1} = 3.95 \times \frac{100}{\sqrt{3} \times 10.5} = 21.72(\text{kA})$$

发电机 G2 机端的电流有名值

$$I''_{G2} = 1.83 \times \frac{100}{\sqrt{3} \times 10.5} = 10.06(\text{kA})$$

（4）在短路点附近存在大功率电动机，由于短路时它仍在旋转，所具有的动能使其能提供交流电流，其内电动势作为电源，向短路点输送电流。

若负荷是大型异步电动机负荷时，已知其归算至同一基准的电动机启动电抗标幺值为 $X''_{st} = 0.3$，则

$$\dot{E}''_{st} = \dot{U}_{k|0|} - j\dot{I}_D X''_{st} = 1 - j(1 - j0.6) \times 0.3 = 0.82 - j0.3 = 0.87\angle -20.1°$$

电动机提供的短路电流周期分量有效值

$$I''_{st} = \frac{E''_{st}}{X''_{st}} = \frac{0.87}{0.3} = 2.9$$

其有名值

$$I''_{st} = 2.9 \times 0.251 = 0.73(\text{kA})$$

所以当考虑电动机提供短路电流时，故障点总短路电流交流分量有名值为

$$I''_f = (I''_{G1} + I''_{G2} + I''_{st})I_B = (3.95 + 1.83 + 2.9) \times 0.251 = 2.18(\text{kA})$$

2. 忽略一般负荷及其电流的短路电流实用计算

三相短路电流实用计算中，对周期分量初始值的计算，如果忽略正常运行所带负荷的电流，则近似认为运行电流为零，因此视为发电机空载，内电动势与端电压相等。由于电力系统在正常运行时各个节点必须满足电能电压质量合格，因此各节点正常运行电压值均近似于额定电压，即电压标幺值近似等于 1。

所以，在忽略一般负荷时，发电机内电动势与短路点 k 正常运行电压均近似于电力系统运行的电压标幺值，即 $E_G = U_{k|0|} = 1$；当电力负荷为大容量电动机时，其对短路点馈送短路电流一般不可忽略，计算其短路电流时与发电机提供短路电流计算方法相同。

【例 7-6】　电力系统及其相关参数同［例 7-5］，不计负荷和电动机。

该系统以 $S_B = 100\text{MVA}$ 和平均额定电压为 U_B 为基准的等值电路及其标幺值电抗参数如图 7-16（b）所示，k 点正常运行时电压标幺值为 1，忽略网损和所有电力元件的电阻、导纳。

当近似认为空载，即负荷支路开路时发生三相短路，求三相短路电流；并与［例 7-5］的计算结果进行对比和分析。

解　（1）当近似认为空载运行时发电机输出电流可视为 0，发电机内电动势等于短路点正常运行电压值 $\dot{E}''_G = \dot{U}_{k|0|} = 1$。

由网络参数可得

$$E''_{G1} = E''_{G2} = U_{k|0|} = 1, \quad \sum X_D = \infty, \quad I_D = 0$$

且 $$I''_{\text{G1}} = \frac{E''_{\text{G1}}}{X''_{\Sigma\text{G1}}} = \frac{1}{0.31} = 3.23, \quad I''_{\text{G2}} = \frac{E''_{\text{G2}}}{X''_{\Sigma\text{G2}}} = \frac{1}{0.547} = 1.83$$

故障点总故障电流的周期分量有效值标幺值为

$$I''_{\text{k}} = I''_{\text{G1}} + I''_{\text{G2}} = 3.23 + 1.83 = 5.06$$

（2）与［例7-5］所得故障点总电流周期电流有效值标幺值 $I''_{\text{k}} = 5.78$ 相比，本例题所得短路电流较小。这是因为，本例中发电机不考虑 d、q 分量，按等值电路图中电流、电压关系近似计算，且忽略了负荷，故其次暂态电动势 E''_{G1} 与 $U_{\text{k}|0|}$ 相等并等于1。考虑负荷及发电机内电动势的较精确计算与忽略负荷的近似计算，所得两个计算结果虽不同，但在按短路电流计算结果进行设备选型等应用中，其误差属于可接受范围。

二、利用戴维南定理、叠加原理计算短路电流周期分量初始值

1. 利用戴维南定理计算短路电流周期分量初始值

三相短路周期分量的计算，也可采用戴维南定理，求取等值网络的故障支路的短路电流。

（1）利用戴维南定理化简等值网络。将该网络化简，按照戴维南定理，可将从故障点观察的整个网络化简为一等值电动势和等值阻抗的一端口等值网络。网络化简可采用电路的串并联或星三角电路变换，变换后一端口等值网络的等值电动势等于故障点故障前电压，等值阻抗为网络中所有电源电动势短接时的阻抗；从故障点端口看入整个网络的等值网络，即为利用戴维南定理化简所得网络。

（2）短路电流周期分量初始值的计算。等值网络在端口处的三相短路电流等于网络等值内电动势或该点短路前瞬间的正常运行电压除以从该点看进去等值电路的短路阻抗。

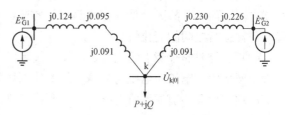

图7-17　［例7-7］等值网络

【**例7-7**】　电力系统及其等值电路及其标幺值电抗参数如图7-17所示。系统 $S_{\text{B}} = 100\text{MVA}$ 和平均额定电压 U_{B} 为基准，忽略网损和所有电力元件的电阻、导纳。负荷 LD 为 $100 + \text{j}60\text{MVA}$。

试利用戴维南定理计算故障点总电流（即发电机 G1、G2 联合提供的周期分量初始值）

解　对电路中多个电源和负荷支路化简等效为一个等值电源和等值负荷。

负荷 LD 的标幺值

$$S = P + \text{j}Q = \frac{100 + \text{j}60}{100} = 1 + \text{j}0.6$$

负荷表示为阻抗

$$Z_{\text{D}} = \frac{1}{1 - \text{j}0.6} = 0.735 + \text{j}0.441$$

发电机 G1 至故障点的支路电抗。

由戴维南等值计算式

$$Z_{\text{k}\Sigma} = \frac{1}{\sum\limits_{i=1}^{n} \dfrac{1}{Z_{i\text{k}}}}, \quad \dot{E}_{\Sigma} = Z_{\text{k}\Sigma} \sum\limits_{i=1}^{n} \frac{\dot{E}_i}{Z_{i\text{k}}}$$

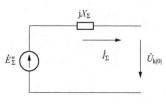

图 7 - 18 戴维南等效电路

得系统戴维南等效电路如图 7 - 18 所示。

其等效电动势为

$$E''_\Sigma = U_{k|0|} = 1$$

等效阻抗为

$$Z''_\Sigma = \cfrac{1}{\cfrac{1}{j0.31} + \cfrac{1}{j0.547} + \cfrac{1}{0.735 + j0.441}}$$

所以，按此戴维南等效定理和等效电路，短路时 k 点故障电压为 0，得短路电流

$$I''_k = \frac{E_\Sigma}{Z''_\Sigma} = \frac{1}{Z''_\Sigma} \approx 5.78$$

与［例 7 - 5］计算结果 $I''_k = 5.78$ 对比可见，戴维南等效所得故障点总电流周期电流有效值标幺值相等。

2. 利用叠加原理计算短路电流周期分量初始值

（1）利用叠加原理化简等值网络。利用叠加原理描述电力系统发生三相短路的等值网络，即在故障点与回路地间串联一正一负两电动势，其和为零，即为短路状态。将所串联电动势选择等于故障点正常运行电压值，则此短路等值网络分解成正常运行的等值网络与故障分量的等值网络，分别计算上述两等值网络中的电流，叠加后即可得故障点或全网中任意一点的短路电流。

（2）利用故障分量等值网络计算故障电流。由故障分量的等值网络，可以求出短路点的短路电流；而且，故障分量等值电路中的各节点电压和各支路电流，即为故障分量，也是故障与正常运行之间的变化量。

（3）故障时非故障点的电流、电压。故障发生时，非故障点的电流、电压，可由正常运行等值网络中的电流、电压与故障分量等值网络的电流、电压计算结果叠加而得。这种采用叠加原理的计算与前述等值电路化简、利用戴维南定理等值化简等方法计算短路电流所得结果一致。

【例 7 - 8】 电力系统及其相关参数如图 7 - 19 所示。发电机额定电压 10.5kV，短路点额定电压 220kV。系统以 $S_B = 100$MVA 和平均额定电压为基准，忽略网损和所有电力元件的电阻、导纳。负荷 LD 为 $100 + j60$MVA。试完成：

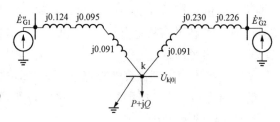

图 7 - 19 ［例 7 - 8］等值网络

（1）利用叠加原理，计算故障点总电流；

（2）分别求发电机 G1、G2 机端及 k 点短路电流周期分量初始值（有名值）。

解 （1）利用叠加原理，求取故障电流。

根据叠加原理，图 7 - 20 （a）是图 7 - 20 （b）和图 7 - 20 （c）的叠加，图 7 - 20 （b）为系统正常运行等值网络，简称为正常分量网络；图 7 - 20 （c）为故障分量网络。

在图 7 - 20 （b）正常分量网络中，所有支路电流（或功率）和节点电压均与正常运行时潮流计算一致，即

$$\dot{I}_{G1} = \dot{I}_D = \left(\frac{\dot{S}}{\dot{U}}\right)^* = \left(\frac{1 + j0.6}{1}\right)^* = 1 - j0.6, \quad \dot{I}_{G2} = 0$$

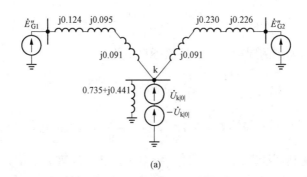

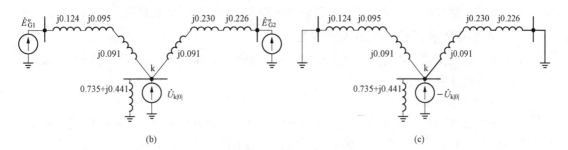

图 7 - 20　电力系统三相短路叠加原理等值网络

（a）三相短路等值网络叠加原理示意图；（b）叠加原理中的正常分量等值网络图；（c）等值网络叠加原理的故障分量图

由图 7 - 20（c）故障分量网络可得短路点短路电流标幺值

$$X''_{\Sigma G1} = X''_1 + X_4 + X_6 = 0.124 + 0.095 + 0.091 = 0.31$$

$$X''_{\Sigma G2} = X''_2 + X_5 + X_7 = 0.226 + 0.230 + 0.091 = 0.547$$

$$\dot{I}''_k = \frac{\dot{U}_{k|0|}}{jX''_{\Sigma G12}} = \frac{1}{jX''_{\Sigma G1}} + \frac{1}{jX''_{\Sigma G2}} = \frac{1}{j0.31} + \frac{1}{j0.547} = -j5.06$$

可以看出，如上故障点总故障电流的周期分量有效值标幺值与［例 7 - 6］的计算结果相同。

（2）发电机机端短路电流周期分量初始值是其故障分量初始值和正常分量的叠加。

由图 7 - 20（c）故障分量网络可得发电机 G1 提供的故障分量初始值

$$\Delta \dot{I}''_{G1} = \frac{0 - (-\dot{U}_{k|0|})}{jX''_{\Sigma G1}} = \frac{1}{j0.31} = -j3.226$$

同理，发电机 G2 提供的故障分量初始值

$$\Delta \dot{I}''_{G2} = \frac{\dot{U}_{k|0|}}{jX''_{\Sigma G2}} = \frac{1}{j0.547} = -j1.828$$

因此，故障后发电机 G1 机端电流为其正常分量和故障分量的和

$$\dot{I}''_{G1} = (1 - j0.6) + (-j3.226) = 1 - j3.826 = 3.95 \angle -75.4°$$

其有名值为

$$I''_{G1} I_B = 3.95 \times \frac{S_B}{\sqrt{3}U_B} = 3.95 \times \frac{100}{\sqrt{3} \times 10.5} = 21.72(kA)$$

发电机 G2 有名值为

$$I''_{G2}I_B = 1.828 \times \frac{100}{\sqrt{3} \times 10.5} = 10.05(\text{kA})$$

故障点总故障电流的周期分量有效值标幺值为

$$\dot{I}''_k = \dot{I}''_{G1} + \dot{I}''_{G2} = 5.78\angle - 80°$$

其有名值为

$$I''_k I_B = 5.78 \times \frac{100}{\sqrt{3} \times 230} = 1.45(\text{kA})$$

现代电力系统利用计算机计算短路，常常采用叠加原理。其中，正常分量可取自稳态分析的潮流计算结果；网络导纳矩阵、阻抗矩阵等也与潮流计算中的相同；仅需计算故障分量，并与正常分量叠加，即可得到较为精确的故障电流和故障时各支路电流。

三、冲击电流和短路电流最大有效值

通过如上实用计算，获得短路电流周期分量初始值。在电气设备选择和校验中，常常还需要计算相应的冲击电流和最大有效值。

1. 冲击电流的计算

（1）同步发电机的冲击电流。同步发电机的冲击电流是发生短路后，短路电流中周期分量和非周期分量叠加后产生的电流最大瞬时值，如本章第一节所述，其计算公式为

$$i_{\text{imp}\cdot G} = \sqrt{2}K_{\text{imp}\cdot G}I''_G \tag{7-53}$$

式中：$K_{\text{imp}\cdot G}$ 为同步发电机回路的冲击系数，一般取值为 1.8 或 1.9；I''_G 为同步发电机供出的起始次暂态电流，即短路电流周期分量有效值初始值。

（2）异步电动机的冲击电流。由于异步电动机电阻较大，在三相突然短路时，由异步电动机供出的短路电流周期分量和非周期分量迅速衰减，而且衰减的时间常数也很小，其数值约为百分之几秒。在实用计算中异步电动机（或综合负荷）供出的冲击电流的表示式为

$$i_{\text{imp}\cdot M} = \sqrt{2}K_{\text{imp}\cdot M}I''_M \tag{7-54}$$

式中：I''_M 为异步电动机（或综合负荷）供出的起始次暂态电流；$K_{\text{imp}\cdot M}$ 为异步电动机（或综合负荷）的冲击系数。

异步电动机（或综合负荷）的冲击系数可以近似地表示为

$$K_{\text{imp}\cdot M} = e^{-\frac{0.01}{T_a}} + e^{-\frac{0.01}{T_a}} = 2e^{-\frac{0.01}{T_a}}$$

也就是说，异步电动机短路电流的周期分量和非周期分量均按其定子回路时间常数 T_a 衰减。

在实用计算中，异步电动机（或综合负荷）的冲击系数可选用表 7-3 的数值，同步电动机和调相机冲击系数之值与同容量的同步发电机大约相等。

表 7-3　异步电动机（或综合负荷）冲击系数

异步电动机（或综合负荷）容量（kW）	200 以下	200～500	500～1000	1000 以上
冲击系数 $K_{\text{imp}\cdot M}$	1	1.3～1.5	1.5～1.7	1.7～1.8

当计及异步电动机（或综合负荷）对短路影响时，短路点的冲击电流为

$$i_{\text{imp}} = \sqrt{2}K_{\text{imp}\cdot G}I''_G + \sqrt{2}K_{\text{imp}\cdot M}I''_M \tag{7-55}$$

式（7-55）中第一项是由同步发电机供出的冲击电流，第二项为异步电动机（或综合

负荷）供出的冲击电流。

2. 短路电流最大有效值

（1）同步发电机供出的短路电流最大有效值。同步发电机短路电流最大有效值是发生短路后，短路电流中周期分量和非周期分量叠加后产生的最大瞬时电流的有效值，如本章第一节所述，其计算为

$$I_{\text{imp}\cdot\text{G}} = \sqrt{1 + 2(K_{\text{imp}\cdot\text{G}} - 1)^2}\, I''_{\text{G}} \tag{7-56}$$

（2）异步电动机短路电流最大有效值。供出的短路电流的最大有效值为

$$I_{\text{imp}\cdot\text{M}} = \sqrt{(I''_{\text{M}}e^{-\frac{0.01}{T_a}})^2 + (\sqrt{2}I''_{\text{M}}e^{-\frac{0.01}{T_a}})^2} = \sqrt{3}I''_{\text{M}}e^{-\frac{0.01}{T_a}} = \frac{\sqrt{3}}{2}K_{\text{imp}\cdot\text{M}}I''_{\text{M}} \tag{7-57}$$

式中：$K_{\text{imp}\cdot\text{M}}$ 为异步电动机冲击系数，$K_{\text{imp}\cdot\text{M}} = 2e^{-\frac{0.01}{T_a}}$。

四、 电流分布系数、 转移阻抗和计算电抗

1. 电流分布系数

（1）电流分布系数定义及其与等值阻抗关系。在电力系统的实际设计和运行工作中，在短路点总短路电流周期分量计算出之后，有时还需要计算短路时通过网络任一支路的电流和任一节点的电压，或电源点至短路点间的直接阻抗即转移阻抗等，这些均可能用到电流分布系数的概念。

所谓电流分布系数，是指在线性网络中，n 个电源分支，在对短路点提供的总电流中所占的比例系数。如图 7-21（a）所示，当各电源内电动势分别为 $\dot{E}_1, \dot{E}_2, \cdots, \dot{E}_n$ 时，第 i 个电源供出的短路电流也就是该电源支路的电流 $\dot{I}_i$。电流 $\dot{I}_i$ 与短路点总电流 $\dot{I}_k$ 之比用 C_i 表示，称为 i 支路电流的分布系数，计算式为

$$C_i = \frac{\dot{I}_i}{\dot{I}_k} = \frac{\dfrac{\dot{E}_i}{Z_{ik}}}{\dfrac{\dot{E}_1}{Z_{1k}} + \dfrac{\dot{E}_2}{Z_{2k}} + \cdots + \dfrac{\dot{E}_n}{Z_{nk}}} = \frac{\dfrac{\dot{E}_i}{Z_{ik}}}{\displaystyle\sum_{i=1}^{n}\dfrac{\dot{E}_i}{Z_{ik}}} \tag{7-58}$$

$$\sum_{i=1}^{n} C_i = \sum_{i=1}^{n} \frac{\dot{I}_i}{\dot{I}_k} = 1 \tag{7-59}$$

图 7-21（a）可化简为图 7-21（b），则

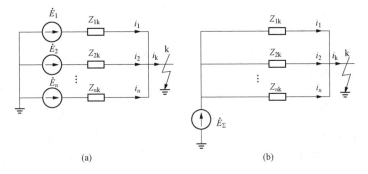

图 7-21 电流分布系数示意图

$$Z_{k\Sigma} = \frac{1}{\sum_{i=1}^{n} \frac{1}{Z_{ik}}} = \frac{1}{\frac{1}{Z_{1k}} + \frac{1}{Z_{2k}} + \cdots + \frac{1}{Z_{nk}}} \tag{7-60}$$

$$\dot{E}_{\Sigma} = Z_{k\Sigma} \sum_{i=1}^{n} \frac{\dot{E}_i}{Z_{ik}} = Z_{k\Sigma} \left(\frac{\dot{E}_1}{Z_{1k}} + \frac{\dot{E}_2}{Z_{2k}} + \cdots + \frac{\dot{E}_i}{Z_{ik}} + \frac{\dot{E}_n}{Z_{nk}} \right) \tag{7-61}$$

可以看出，式（7-60）、式（7-61）是戴维南等值计算公式所得总等值阻抗和总等值电动势。

在电力系统近似短路计算中，由前述计算可知所有电源的电动势均可近似相等，近似等于正常运行电压，即 $\dot{E}_1 = \dot{E}_2 = \cdots = \dot{E}_n = \dot{E}$，则

$$C_i = \frac{\dot{I}_i}{\dot{I}_k} = \frac{Z_{k\Sigma}}{Z_{ik}}$$

即说明支路电流分布系数等于网络对短路点的总等值阻抗同该支路对短路点的分支阻抗之比。

（2）求取电流分布系数的单位电流法。电流分布系数是说明网络中电流分布情况的一种参数，因电力系统中各发电机内电动势均可近似视为相等，因此电流分布系数只与短路点的位置、网络的结构和参数有关。例如图7-22所示放射形供电网络，三个电源点的支路电流分布系数仅与各个支路阻抗数值有关，因此由图7-22（a）、（b）计算所得电流分布系数应完全一致。因此，对图7-22（b）采用单位电流法计算其分布系数较为直接简便。

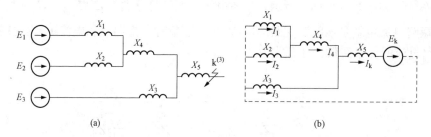

图 7-22　用单位电流法求电流分布系数

（a）网络图；（b）等值网络

所谓单位电流法，是指设定图7-22（b）中第一个支路的电流值为1，即单位电流

$$I_1 = 1$$

相应地可得第二个支路的电流

$$I_2 = I_1 X_1 / X_2 = X_1 / X_2$$

同理，其他支路电流

$$I_4 = I_1 + I_2 = 1 + X_1 / X_2$$

$$I_3 = (I_1 X_1 + I_4 X_4) / X_3 = [X_1 + (1 + X_1 / X_2) X_4] / X_3$$

$$I_k = I_4 + I_3 = (1 + X_1 / X_2) + [X_1 + (1 + X_1 / X_2) X_4] / X_3$$

这里求得的各支路电流仅与支路阻抗相关。根据电流分布系数的定义，各支路的电流分布系数为

$$C_1 = I_1 / I_k$$

$$C_2 = I_2 / I_k$$

$$C_3 = I_3/I_k$$

将上述所求的各支路电流代入，则可算得分布系数。可以看出，这样按单位电流 $I_1=1$ 得到的各个支路电流分布系数，也是仅与各个支路阻抗有关。这种单位电流法的计算，可以比较方便地求得开式网络各支路的电流，大大减少了网络化简中的支路变换的计算工作量。同时，也为复杂电网中转移电抗的计算，提供了便捷思路。

【例 7 - 9】 电力系统及其相关参数如图 7 - 23 所示。系统以 $S_B = 100MVA$ 和平均额定电压 U_B 为基准，忽略网损和所有电力元件的电阻、导纳。

试求发电机 G1、G2 至短路点 k 的电流分布系数。

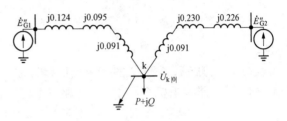

图 7 - 23 [例 7 - 9] 等值网络

解 由图 7 - 23 所示等值网络得两电源到短路点的等值电抗分别为

$$X''_{\Sigma G1} = X''_1 + X_4 + X_6 = 0.124 + 0.095 + 0.091 = 0.31$$
$$X''_{\Sigma G2} = X''_2 + X_5 + X_7 = 0.226 + 0.230 + 0.091 = 0.547$$

设发电机 G1 所在支路 1 通有单位电流 $I_1 = 1$，则 G2 到 k 点的支路电流

$$I_2 = \frac{1 \times X''_{\Sigma G1}}{X''_{\Sigma G2}} = \frac{0.31}{0.547}$$

总电流

$$I = I_1 + I_2 = 1 + \frac{0.3}{0.547} = 1.548$$

发电机 G1 至短路点 k 的电流分布系数
$$C_1 = I_1/I = 1/1.548 = 0.646$$

发电机 G2 至短路点 k 的电流分布系数
$$C_2 = I_2/I = 0.548/1.548 = 0.354$$

2. 转移阻抗和计算阻抗

（1）转移阻抗。转移阻抗就是当网络简化到只保留电源点到短路点时，电源点与短路点直接相连支路的阻抗，即如图 7 - 21 （a）中的 $Z_{ik}(i = 1,2,3)$。转移阻抗可通过网络化简获取，也可通过上述已有电流分布系数转换求得 $Z_{ik} = \dfrac{Z_{k\Sigma}}{C_i}$。

（2）计算阻抗。电力系统在短路电流任意时刻周期分量的计算中曾使用运算曲线方法作为实用工具，其与设备容量相关，短路电流衰减的任意时刻电流值与发电机到故障点的转移阻抗相关，也与发电机本身的额定容量有关，因此有必要根据转移电抗变换求取其计算电抗。

转移电抗来源于等值网络及其化简，所以其是等值网络统一基准 S_B 和 U_B 的标幺值参数。计算电抗是归算到发电机额定参数的标幺值，因此任一电源到短路点的计算电抗为

$$X_{js,i} = X_{ik}(S_{N\Sigma Gi}/S_B) \quad (i = 1,\cdots,G)$$

式中：$X_{js,i}$、X_{ik}、$S_{N\Sigma i}$、G 分别表示第 i 组电源到 k 点的计算电抗、转移电抗、电源组 i 的总容量、电源总组数。

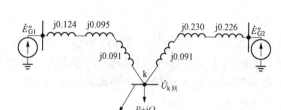

图 7-24 [例 7-10] 等值网络

【例 7-10】 电力系统及其相关参数如图 7-24 所示。发电机 G1 额定容量 125MW，额定功率因数 0.85；发电机 G2 额定容量 50MW，额定功率因数 0.8。以 $S_B=100MVA$ 和平均额定电压 U_B 为基准，忽略网损和所有电力元件的电阻和导纳。试求：

（1）发电机 G1、G2 至短路点 k 的转移电抗；

（2）发电机 G1、G2 至短路点 k 的计算电抗。

解 （1）求发电机 G1、G2 至短路点 k 的转移电抗

$$X_{G1k} = X_1 + X_4 + X_6 = 0.124 + 0.095 + 0.091 = 0.31$$
$$X_{G2k} = X_2 + X_5 + X_7 = 0.226 + 0.230 + 0.091 = 0.547$$

（2）求发电机 G1、G2 至短路点 k 的计算电抗

$$X_{js,G1} = 0.31 \times \frac{125/0.85}{100} = 0.456$$

$$X_{js,G2} = 0.547 \times \frac{50/0.8}{100} = 0.342$$

【例 7-11】 电力系统如图 7-25 所示，母线 3 发生三相短路，为确定断路器的断开容量和继电保护的整定数据，试完成以下计算：（1）母线 3 的故障电流和短路容量；（2）故障电流在网络中的分布；（3）故障后母线 1、2、3 的电压。

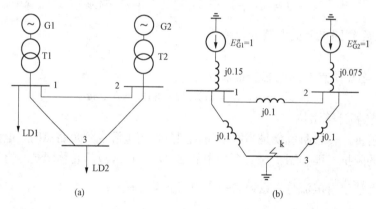

图 7-25 电力系统网络图
（a）电力系统原始接线图；（b）忽略负荷阻抗的等值电路图

已知各元件的参数如下：发电机 G1 的容量为 100MVA，G2 为 200MVA，额定电压均为 10.5kV，次暂态电抗 X_d'' 均为 0.2；变压器 T1 的容量为 100MVA，T2 为 200MVA，变比均为 10.5/115kV，短路电压百分数均为 10；三条电力线路（L1、L2、L3）的参数均为 115kV，60km，电容 $C_1 = 0.008 \times 10^{-6} F/km$，电抗 $x_1 = 0.44\Omega/km$；负荷 LD1 为 50MW，$\cos\varphi = 0.985$；负荷 LD2 为 100MW，$\cos\varphi = 1$。

解 （1）元件参数和等值电路计算。取 $S_B = 50MVA$，$U_B = U_{Nav}$，各元件阻抗和导纳的标幺值为

$$X''_{G1} = 0.2 \times \frac{50}{100} = 0.1, \quad X''_{G2} = 0.2 \times \frac{50}{200} = 0.05$$

$$X_{T1} = 0.1 \times \frac{50}{100} = 0.05, \quad X_{T2} = 0.1 \times \frac{50}{200} = 0.025$$

$$X_1 = 0.44 \times 60 \times \frac{50}{115^2} = 0.1$$

$$\frac{1}{2} Y_1 = j \frac{1}{2} \times 314 \times 0.008 \times 10^{-6} \times \frac{115^2}{50} = j0.02$$

$$Z_{D1} = R_{D1} + jX_{D1} = \frac{U_{D1}^2}{S_{D1}^2} P_{L1} \frac{S_B}{U_{Nav}^2} + j \frac{U_{D1}^2}{S_{D1}^2} Q_{L1} \frac{S_B}{U_{Nav}^2}$$

$$= \frac{P_{D1}}{S_{D1}^2} S_B + j \frac{Q_{D1}}{S_{D1}^2} S_B$$

$$= \frac{50}{50.76^2} \times 50 + j \frac{8.75}{50.76^2} \times 50 = 1 + j0.17$$

$$Z_{D2} = R_{D2} + jX_{D2} = \frac{P_{D2}}{S_{D2}^2} S_B + j \frac{Q_{D2}}{S_{D2}^2} S_B = \frac{100}{100^2} \times 50 + j0 = 0.5$$

（2）作三相短路等值网络，并进行网络的化简。

1）忽略负荷的等值网络如图 7-25（b）所示。

2）不计线路的并联电纳，不计线路、变压器等设备的电阻。

3）近似计算不计负荷影响，令电源电动势标幺值为 1，将 Z_{D1}、Z_{D2} 略去；化简后的等值网络如图 7-26（a）所示；按照叠加原理，其是图 7-26（b）、（c）的叠加；其中，图 7-26（b）是正常运行网络，图 7-26（c）是故障分量网络。

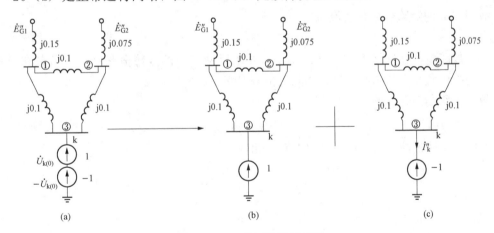

图 7-26　三相短路等值网络

（a）忽略负荷的故障等值网络；（b）正常运行情况；（c）故障分量图

4）利用故障分量网络进行化简，经过图 7-27（a）～（e）所示的化简步骤，将网络化简为对故障点 k 的等值阻抗和等值电动势的一端口等值电路，即戴维南定理的等效网络。并有 $\dot{E}''_{\Sigma} = \dot{U}_{k|0|} \approx 1$，即短路点看进去，其等值电动势等于故障点短路前正常运行电压。

（3）近似计算。忽略负荷后按照戴维南定理将等值电路图 7-27 化简后等值电动势和等值电抗分别为

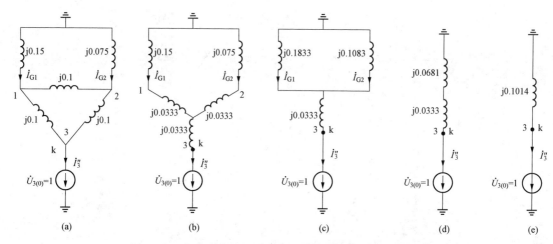

图 7 - 27　忽略负荷阻抗后的故障分量网络图及其化简步骤

$$\dot{E}''_{\Sigma} = \dot{U}_{k|0|} \approx 1, \quad Z_{\Sigma} = \text{j}0.1014$$

因此，故障点的故障分量次暂态电流为 $\dot{I}''_k$，其物理意义是短路瞬间即 0 秒时刻短路电流周期分量有效值，以相量表达为

$$\dot{I}''_k = \frac{\dot{E}''_{\Sigma}}{Z_{\Sigma}} = \frac{1}{\text{j}0.1014} = -\text{j}9.86$$

（4）短路容量。短路容量与短路电流标幺值相等，即

$$S''_k = I''_k$$

故障点 k 的短路容量有名值为

$$S_k = 9.86 \times 50 = 493\text{(MVA)}$$

（5）故障电流在网络中的分布。图 7 - 26 所示网络中的故障分量计算，若忽略负荷影响，则网络中负荷电流为零，网络中仅有故障分量。

故障支路的短路故障电流为

$$\dot{I}''_k = -\text{j}9.86$$

发电机支路的故障电流由图 7 - 21（c）可得

$$\dot{I}_{G1} = \frac{\text{j}0.1083}{\text{j}0.1833 + \text{j}0.1083} \dot{I}''_3 = \frac{\text{j}0.1083}{\text{j}0.2916} \times (-\text{j}9.86) = -\text{j}3.66$$

$$\dot{I}_{G2} = \frac{\text{j}0.1833}{\text{j}0.2916} \times (-\text{j}9.86) = -\text{j}6.20$$

由图 7 - 27（b）可得故障后母线 1、2 的电压故障分量

$$\Delta\dot{U}_1 = -\dot{U}_{f|0|} + \text{j}0.0333\dot{I}''_f + \text{j}0.0333\dot{I}''_{G1}$$

$$= -1 + \text{j}0.0333 \times (-\text{j}9.86) + \text{j}0.0333 \times (-\text{j}3.66) = -0.549$$

$$\Delta\dot{U}_2 = -\dot{U}_{f|0|} + \text{j}0.0333\dot{I}''_f + \text{j}0.0333\dot{I}''_{G2}$$

$$= -1 + \text{j}0.0333 \times (-\text{j}9.86) + \text{j}0.0333 \times (-\text{j}6.2) = -0.465$$

其中，为了区分与正常运行电压的不同，这里将故障分量表示为 $\Delta\dot{U}_1$、$\Delta\dot{U}_2$。

由图 7 - 27（a）可得故障后母线 1、2 之间线路的电流故障分量

$$\dot{I}_{21}=\frac{\Delta\dot{U}_2-\Delta\dot{U}_1}{\mathrm{j}X_{12}}=\frac{-0.465-(-0.549)}{\mathrm{j}0.1}=-\mathrm{j}0.84$$

由此又可得故障后电力线路中的相电流故障分量分别为

$$\dot{I}_{13}=\frac{\Delta\dot{U}_1-\Delta\dot{U}_3}{\mathrm{j}0.1}=\frac{-0.549-(-1)}{\mathrm{j}0.1}=-\mathrm{j}4.51$$

$$\dot{I}_{23}=\frac{\Delta\dot{U}_2-\Delta\dot{U}_3}{\mathrm{j}0.1}=\frac{-0.465-(-1)}{\mathrm{j}0.1}=-\mathrm{j}5.35$$

由于略去了正常工作电流，以上求得的各支路电流中只有故障支路电流较为准确，其他各支路电流由于没有考虑正常运行时的网络电流，因此都是近似值。

（6）故障后母线 1、2、3 的电压。根据叠加原理，故障后母线 1、2、3 的电压等于图 7-26（b）、（c）所示等值网络中的节点电压的叠加。由于正常运行并忽略负荷影响时，各节点电压均近似等于 1，因此可得母线 3 故障时各母线的电压为

$$\dot{U}_1=1+\dot{U}_{1\mathrm{k}}=1-0.549=0.451$$

$$\dot{U}_2=1+\dot{U}_{2\mathrm{k}}=1-0.465=0.535$$

$$\dot{U}_3=1+\dot{U}_{3\mathrm{k}}=1-1=0$$

（7）若考虑负荷影响，可得更为精确的计算结果，即计负荷 Z_{D1}、Z_{D1}，化简后的故障分量的等值网络如图 7-28 所示。

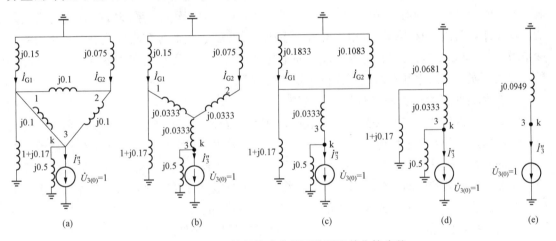

图 7-28　含阻抗的故障分量网络图及其化简步骤

因此，按照戴维南定理等效网络后，等效电动势 $\dot{E}''_{\Sigma}=\dot{U}_{\mathrm{k}|0|}\approx1$；

等效阻抗 $Z_{\Sigma}=[\mathrm{j}0.0681/(1+\mathrm{j}0.17)+\mathrm{j}0.0333]/0.5=\mathrm{j}0.0949$。

精确等值后的等值阻抗 $\mathrm{j}0.0949$ 与忽略负荷计算所得等值阻抗 $\mathrm{j}0.1014$ 近似。

故障点故障电流 $\dot{I}''_{\mathrm{k}}=\dot{E}''_{\Sigma}/Z_{\Sigma}=1/\mathrm{j}0.0949=-\mathrm{j}10.54$，与近似计算所得故障电流 $-\mathrm{j}9.86$ 相比，短路计算误差可接受。

故障分量图中各分支故障电流、各节点故障电压分量等计算方法同上；而正常运行的电流、电压值，均可由第一篇电力系统稳态分析中潮流计算精确获得，因此将正常分量和故障分量叠加后，即可得短路电流精确计算结果。

相比而言，正常运行电流远远小于短路电流，针对于短路电流计算目的，对短路电流的计算不要求其过于精确，因此常常忽略负荷的近似计算，大大减少了计算量。

五、任意时刻短路电流的计算

短路电流的计算分析是电力系统电气设备选择及设计、继电保护的合理配置及定值整定和运行方式分析等问题的重要依据。在复杂系统中精确计算任意时刻短路电流若采用解微分方程和代数方程组的求解则计算太过复杂。在工程计算中，则需寻求一些既满足基本原理又适于工程应用，避免繁琐的解算过程。

对于无限大电源系统，在实用算法中，一般认为无限大电源所提供的短路电流周期分量不衰减；对于有限大电源系统，短路电流周期分量衰减，其衰减过程由次暂态、暂态及稳态过程构成。非周期分量的衰减时间常数受电源外接电路性质的影响。短路电流任意时刻的计算重点仍是周期分量的计算。

1. 应用运算曲线计算任意时刻短路电流周期分量

应用运算曲线计算电力系统短路电流时，首先画出系统等值网络，不计网络中负荷并化简，得到只含有发电机电动势节点和短路点的简化网络，求得各电源对短路点间的转移阻抗。等值网络中所有阻抗是按统一的基准功率值进行归算的，应将各电源与短路点间的转移阻抗分别归算到各电源的额定容量，得到各电源的计算电抗，利用计算电抗查运算曲线求得各电源到短路点的某时刻的短路电流标幺值。短路点的总电流则为由各电源对短路点的短路电流标幺值换算得到的有名值之和。随着发电机单机容量的增大、系统接线方式的日益复杂，制订计算曲线法时的典型发电机参数、系统接线方式、负荷分布与现代电力系统的差异逐步增大，计算曲线法的工程计算精度不断下降。该方法既费用户过多的精力，又使计算结果有较大的误差，已逐渐不适应当代技术发展的需要。

2. 应用计算函数计算任意时刻短路电流

随着计算机和计算技术的发展，根据如上短路电流计算的基本方程、基本原理和所得电流的解析描述，开发和采用电力系统短路的工程计算软件，可方便进行基于电机过渡理论的任意时刻短路电流计算。在本章第三节式（7-38）已给出三相短路电流的解析描述，各电流分量按相应的衰减时间函数衰减。在大系统中，短路电流计算需做简化，计算相当于发电机经外阻抗后短路，发电机到短路点的等值阻抗即为转移阻抗，转移阻抗中包含了发电机内阻抗和系统各等值阻抗，则相应的衰减时间常数的求取所用阻抗也应计入这些转移阻抗。基于电机过渡理论的任意时刻短路电流计算及其相关软件应用大大减轻了计算工作量，且具有较高的便捷性、准确性、适用性等。

第五节　三相短路计算机算法

大型电力系统由于网络结构复杂，其短路电流的计算一般均采用计算机计算。计算机程序应有较强的计算功能，在系统运行方式变化的情况下，能够很方便地计算出网络中任一点发生三相短路后，某一时刻的短路电流周期分量的有效值 I''（或 I'），以及此时网络中电流和电压的分布情况。计算程序还应具有需用内存小、计算速度快的特点。现有短路电流计算程序多种多样，这里仅介绍基本计算原理。

一、三相短路的计算模型

1. 叠加原理网络

图 7-29 给出了计算三相短路时短路电流 I'' 及其分布的网络模型。在该图中 G 代表发电机节点，大容量电动机在短路时刻视为提供短路电流的电源。发电机等值参数为 $\dot{E}''$ 和 jX''_d；LD 代表负荷节点，负荷以恒定阻抗 Z_D 表示；$k^{(3)}$ 表示短路点 k 发生三相短路。应用叠加原理，图 7-29（a）中 $k^{(3)}$ 点短路网络模型可以分解为正常运行网络模型和故障分量网络模型。其中 $\dot{U}_{k|0|}$ 为三相短路点 k 在短路前瞬间正常运行的电压，该值可通过正常运行网络图 7-29（b）求得，由于正常运行时各节点电压均近似于额定值，因此在近似实用计算中取 $\dot{U}_{k(0)} = 1$，见故障分量网络模型图 7-29（c）。

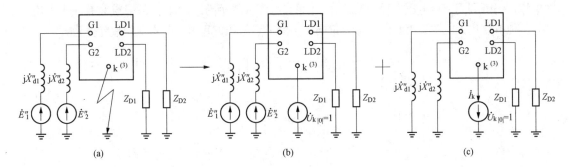

图 7-29　短路电流网络计算模型

（a）短路时网络模型；（b）正常运行网络模型；（c）故障分量网络模型

2. 故障分量网络

由图 7-29（c）可见，三相短路计算网络与潮流计算时的网络相同，只是在潮流计算中电源和负荷以功率形式描述；在短路电流计算中电源和负荷以内电动势和阻抗描述。因此在短路计算网络中发电机节点有发电机次暂态电抗 X''_d，负荷节点有负荷阻抗 Z_D，且在短路电流实用计算中常常忽略线路电阻、导纳等。又由于负荷阻抗一般来说远远大于所有电源点对短路点的总等值阻抗，因此短路电流计算的等值网络中经常忽略负荷阻抗的影响，将负荷节点近似视为开路。

二、采用节点阻抗矩阵的计算

1. 三相短路的短路点故障电流

由第四章可知，对于图 7-29 所示电力网络，以节点阻抗矩阵描述的节点电压方程为

$$
\begin{bmatrix} \dot{U}_1 \\ \vdots \\ \dot{U}_i \\ \vdots \\ \dot{U}_k \\ \vdots \\ \dot{U}_n \end{bmatrix} = \begin{bmatrix} Z_{11} & \cdots & Z_{1i} & \cdots & Z_{1j} & \cdots & Z_{1n} \\ \vdots & & \vdots & & \vdots & & \vdots \\ Z_{i1} & \cdots & Z_{ii} & \cdots & Z_{ij} & \cdots & Z_{in} \\ \vdots & & \vdots & & \vdots & & \vdots \\ Z_{k1} & \cdots & Z_{ki} & \cdots & Z_{kk} & \cdots & Z_{kn} \\ \vdots & & \vdots & & \vdots & & \vdots \\ Z_{n1} & \cdots & Z_{ni} & \cdots & Z_{nj} & \cdots & Z_{nn} \end{bmatrix} \begin{bmatrix} \dot{I}_1 \\ \vdots \\ \dot{I}_i \\ \vdots \\ \dot{I}_j \\ \vdots \\ \dot{I}_n \end{bmatrix}
\tag{7-62}
$$

其中，节点阻抗矩阵的任一对角元素 Z_{kk} 就是从 k 点看进去的等值阻抗。因此，根据图 7-29（c）或直接利用戴维南定理求得短路点的三相短路电流（从短路点流出）为

$$\dot{I}_k = \frac{\dot{U}_{k|0|}}{Z_k + Z_{kk}} \approx \frac{1}{Z_k + Z_{kk}} \tag{7-63}$$

式中：Z_k 为三相短路时，短路点接地阻抗或电弧阻抗。

所以，一旦算得网络节点阻抗矩阵，任一点三相短路时的三相短路电流即为该点自阻抗与弧阻抗之和的倒数。

2. 各节点电压故障分量

由式（7-63）计算得到故障点 k 的故障电流 $\dot{I}_k$，即为故障分量图 7-29（c）中故障点 k 的接地电流，也可视为故障分量图中故障点等值电源的电流源值。该电流在网络中其他分支上的电流，仍可利用节点电压方程变换计算。如图 7-29（c）所示网络，除故障点 k 有注入电流 $\dot{I}_k$ 外，其他节点均无电源，因此由故障分量网络图的节点电压方程得各节点电压故障分量

$$\begin{bmatrix} \Delta\dot{U}_1 \\ \vdots \\ \Delta\dot{U}_k \\ \vdots \\ \Delta\dot{U}_n \end{bmatrix} = \begin{bmatrix} Z_{11} & \cdots & Z_{1k} & \cdots & Z_{1n} \\ \vdots & & \vdots & & \vdots \\ Z_{k1} & \cdots & Z_{kk} & \cdots & Z_{kn} \\ \vdots & & \vdots & & \vdots \\ Z_{n1} & \cdots & Z_{nk} & \cdots & Z_{nn} \end{bmatrix} \begin{bmatrix} 0 \\ \vdots \\ -\dot{I}_k \\ \vdots \\ 0 \end{bmatrix} = \begin{bmatrix} -Z_{1k}\dot{I}_k \\ \vdots \\ -Z_{kk}\dot{I}_k \\ \vdots \\ -Z_{nk}\dot{I}_k \end{bmatrix} \tag{7-64}$$

因该节点电压列向量为叠加原理中故障分量图中的电压，故采用增量形式描述该分量 $\Delta\dot{U}_i$，$i = 1, 2, \cdots, n$。

3. 三相短路后各节点电压

将上述故障分量 $\Delta\dot{U}_i$ 与正常运行网络图 7-29（b）中各节点正常运行电压 $\dot{U}_{i|0|}$（$i=1$，$2, \cdots, n$）相叠加，则得到 k 点发生三相短路后各节点电压

$$\begin{bmatrix} \dot{U}_1 \\ \vdots \\ \dot{U}_k \\ \vdots \\ \dot{U}_n \end{bmatrix} = \begin{bmatrix} \dot{U}_{1|0|} \\ \vdots \\ \dot{U}_{k|0|} \\ \vdots \\ \dot{U}_{n|0|} \end{bmatrix} + \begin{bmatrix} \Delta\dot{U}_1 \\ \vdots \\ \Delta\dot{U}_k \\ \vdots \\ \Delta\dot{U}_n \end{bmatrix} = \begin{bmatrix} \dot{U}_{1|0|} - Z_{1k}\dot{I}_k \\ \vdots \\ \dot{U}_{k|0|} - Z_{kk}\dot{I}_k \\ \vdots \\ \dot{U}_{n|0|} - Z_{nk}\dot{I}_k \end{bmatrix} \tag{7-65}$$

与式（7-63）一致，即当 k 点发生三相短路时，$\dot{U}_k = 0 (Z_k = 0)$，可得 $\dot{I}_k = \dfrac{\dot{U}_{k|0|}}{Z_{kk}} \approx \dfrac{1}{Z_{kk}}$。

4. 故障后任意支路电流

任意支路 i-j 的电流为

$$\dot{I}_{ij} = \frac{\dot{U}_i - \dot{U}_j}{Z_{ij}} \tag{7-66}$$

式中：z_{ij} 为 i-j 支路阻抗。如果对支路电流作近似计算（忽略负荷，即近似正常运行时无电流、无压降，$\dot{U}_{i|0|} = \dot{U}_{j|0|}$），则有

$$\dot{I}_{ij} = \frac{\Delta\dot{U}_i - \Delta\dot{U}_j}{Z_{ij}} \tag{7-67}$$

利用节点阻抗矩阵，计算任一点短路电流、短路后各点电压及电流的分布是很容易的，计算工作量很小。但节点阻抗矩阵是满阵，所需数据存储量大，且其求取比节点导纳矩阵繁琐，故需进一步通过节点导纳矩阵分解或计算。

三、利用节点导纳矩阵计算节点自阻抗、互阻抗

由第四章潮流计算的计算机算法可知，电力网络的节点导纳矩阵是很容易形成的。当网络结构变化时也易修改，而且是稀疏矩阵。应用它来计算短路电流不像节点阻抗那样直接，所以需要分解或变换。下面介绍利用节点导纳矩阵计算节点阻抗。

对于复杂电力网络，根据潮流计算中的方法可得如式（7-68）中的导纳矩阵 $\boldsymbol{Y}$，$\boldsymbol{Y}$ 的逆矩阵即为阻抗矩阵 $\boldsymbol{Z}$。但是，由于电力系统节点数成百上千，直接求取大规模矩阵的逆矩阵很不现实，因此采用求逆矩阵的思路，求取阻抗矩阵的短路点所在列向量，即

$$
\begin{bmatrix}
Y_{11} & \cdots & Y_{1n} \\
\cdots & \cdots & \cdots \\
Y_{k1} & \cdots & Y_{kn} \\
\cdots & \cdots & \cdots \\
Y_{n1} & \cdots & Y_{nn}
\end{bmatrix}
\begin{bmatrix}
\dot{U}_1 \\
\vdots \\
\dot{U}_k \\
\vdots \\
\dot{U}_n
\end{bmatrix}
=
\begin{bmatrix}
0 \\
\vdots \\
1 \\
\vdots \\
0
\end{bmatrix}
\leftarrow \text{第 k 点}
\qquad (7\text{-}68)
$$

假设在节点 k 注入单位电流 1，则导纳矩阵表示的节点电压方程见式（7-68）。因导纳矩阵 $\boldsymbol{Y}$ 已知，因此计算机求解该一次线性方程组，可得各节点电压 $\dot{U}_1 \sim \dot{U}_n$。

这时的 $\dot{U}_1 \sim \dot{U}_n$，即为该 k 点的自阻抗、互阻抗（$Z_{1k}, \cdots, Z_{kk}, \cdots, Z_{nk}$）。简单说明如下：
若在方程（7-68）两边同时乘以节点阻抗矩阵 $\boldsymbol{Z}$，则有

$$
\begin{bmatrix}
Z_{11} & \cdots & Z_{1k} & \cdots & Z_{1n} \\
\vdots & & \vdots & & \vdots \\
Z_{k1} & \cdots & Z_{kk} & \cdots & Z_{kn} \\
\vdots & & \vdots & & \vdots \\
Z_{n1} & \cdots & Z_{nk} & \cdots & Z_{nn}
\end{bmatrix}
\begin{bmatrix}
Y_{11} & \cdots & Y_{1n} \\
\cdots & \cdots & \cdots \\
Y_{k1} & \cdots & Y_{kn} \\
\cdots & \cdots & \cdots \\
Y_{n1} & \cdots & Y_{nn}
\end{bmatrix}
\begin{bmatrix}
\dot{U}_1 \\
\vdots \\
\dot{U}_k \\
\vdots \\
\dot{U}_n
\end{bmatrix}
=
\begin{bmatrix}
Z_{11} & \cdots & Z_{1k} & \cdots & Z_{1n} \\
\vdots & & \vdots & & \vdots \\
Z_{k1} & \cdots & Z_{kk} & \cdots & Z_{kn} \\
\vdots & & \vdots & & \vdots \\
Z_{n1} & \cdots & Z_{nk} & \cdots & Z_{nn}
\end{bmatrix}
\begin{bmatrix}
0 \\
\vdots \\
1 \\
\vdots \\
0
\end{bmatrix}
$$

进而方程左式和右式为

$$
\begin{bmatrix}
\dot{U}_1 \\
\vdots \\
\dot{U}_k \\
\vdots \\
\dot{U}_n
\end{bmatrix}
=
\begin{bmatrix}
Z_{1k} \\
\vdots \\
Z_{kk} \\
\vdots \\
Z_{nk}
\end{bmatrix}
$$

这样，应用节点导纳矩阵和注入单位电流的节点电压线性方程组求解，可计算任一短路点的自阻抗、互阻抗。此外，将节点导纳矩阵三角分解，或将部分网络简化等，也可获得节点阻抗矩阵。

四、三相短路电流计算原理框图

【例 7-12】采用计算机算法求解（原理见图 7-30）。电力系统等值电路及标幺值参数如

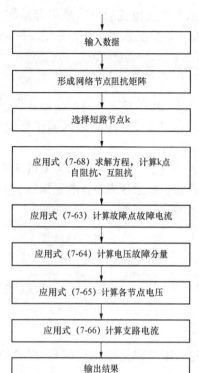

图 7 - 30 三种短路电流计算
机算法原理框图

图 7 - 25 所示（同［例 7 - 11］），其基准为 $S_B=50$MVA，$U_B=U_{Nav}$，节点 1、2、3 的平均额定电压为 115kV。当节点 3 发生三相短路，为确定断路器的断开容量和继电保护的整定数据，试完成以下计算：

（1）节点 3 短路电流和短路容量；

（2）节点 3 故障后节点 1、2、3 的电压。

解 首先，根据图 7 - 25（b）所示的简化等值网络形成节点导纳矩阵。

$$Y_{11} = \frac{1}{j0.15} + \frac{1}{j0.1} + \frac{1}{j0.1} = -j26.667$$

$$Y_{22} = \frac{1}{j0.075} + \frac{1}{j0.1} + \frac{1}{j0.1} = -j33.333$$

$$Y_{33} = \frac{1}{j0.1} + \frac{1}{j0.1} = -j20$$

$$Y_{12} = Y_{21} = -\frac{1}{j0.1} = j10$$

$$Y_{13} = Y_{31} = -\frac{1}{j0.1} = j10$$

$$Y_{23} = Y_{32} = -\frac{1}{j0.1} = j10$$

网络节点导矩阵为

$$Y = \begin{bmatrix} -j26.667 & j10 & j10 \\ j10 & -j33.333 & j10 \\ j10 & j10 & -j20 \end{bmatrix}$$

其次，对 Y 求逆，或针对节点 1、2、3 分别解式（7 - 68）线性方程组，得节点阻抗矩阵为

$$Z = \begin{bmatrix} j0.0730 & j0.0386 & j0.0558 \\ j0.0386 & j0.0558 & j0.0472 \\ j0.0558 & j0.0472 & j0.1014 \end{bmatrix}$$

节点 3 处短路时短路电流为

$$\dot{I}_3 = \frac{1}{Z_{33}} = \frac{1}{j0.1014} = -j9.86$$

短路电流有名值为

$$I_3 = 9.86 \times \frac{50}{\sqrt{3} \times 115} = 2.48(\text{kA})$$

节点 3 处短路时短路容量为 9.86，短路阻抗为 0.1014。

各点电压为

$$\dot{U}_1 = \dot{U}_{1|0|} - Z_{13} \dot{I}_3 = 1 - j0.0558 \times (-j9.86) = 0.45$$

$$\dot{U}_2 = \dot{U}_{2|0|} - Z_{23} \dot{I}_3 = 1 - j0.0472 \times (-j9.86) = 0.535$$

$$\dot{U}_3 = 0$$

由于已形成了网络的节点阻抗矩阵，可以方便地计算其他节点三相短路时短路电流，例如节点 1 三相短路时的短路电流为

$$\dot{I}_1 = \frac{1}{Z_{11}} = \frac{1}{\mathrm{j}0.073} = -\mathrm{j}13.7$$

节点 2 三相短路电流为

$$\dot{I}_2 = \frac{1}{Z_{22}} = \frac{1}{\mathrm{j}0.0588} = -\mathrm{j}17.9$$

思考题与习题

7-1　电力系统故障如何分类？

7-2　无限大容量电源的含义是什么？

7-3　无限大容量电源供电的三相短路暂态过程中，在有源回路中的电流包括几种分量，表达式如何？在无源回路中是否有电流分量存在？

7-4　对称三相电力系统中发生三相短路，在 $t=0$ 时，电流的周期分量和非周期分量是否对称，为什么？

7-5　什么是短路的冲击电流 i_{imp} 和冲击系数 K_{imp}？

7-6　什么是短路电流的最大有效值，它与冲击系数有何关系？

7-7　什么是短路功率？在三相短路计算时，对于某一短路点，短路功率的标幺值与短路电流的标幺值有何关系，与短路阻抗有何关系？

7-8　短路电流计算推导过程中，为什么对同步发电机基本方程进行派克变换？该变换针对的是发电机的定子绕组还是转子绕组？派克变换前后同步发电机基本方程中磁链方程的系数各有何特点？变换后定子绕组方程的参考轴系有何特点？

7-9　发电机暂态电动势和次暂态电动势在短路前与短路后瞬间有何特点？

7-10　凸极式同步发电机空载情况下机端突然发生三相短路时，定子电流中有哪些分量？

7-11　分析有阻尼凸极式同步发电机带负载时发生三相短路的短路电流解析函数，其中哪些项是非周期分量、二倍频分量、交直轴方向周期分量？哪些内电动势在短路前后不突变？

7-12　如果三相短路近距离点有大型异步电动机，其冲击电流和短路电流最大有效值如何考虑？

7-13　三相短路时的网络如何应用叠加原理？分解后的故障分量网络有何特殊意义？

7-14　图 7-31 所示简单电缆网络中，$\mathrm{k}^{(3)}$ 点三相短路时，6.3kV 母线电压保持不变。如果设计要求冲击电流不得超过 20kA，试确定可平行敷设的电缆线路数。已知电抗器的参数为 6kV，200A，$X\% = 4$，额定功率 1.68kW/相；电缆 L 的长度为 1250m，$x_1 = 0.083\Omega/\mathrm{km}$，$r_1 = 0.37\Omega/\mathrm{km}$。

7-15　某电力系统如图 7-32 所示。已知参数：发电机 G，$S_{\mathrm{NG}} = 60\mathrm{MVA}$，$E''_{\mathrm{G}} = 1.08$，$X''_{\mathrm{d}} = 0.12$；同期调相机 C，$S_{\mathrm{NC}} = 5\mathrm{MVA}$，$E''_{\mathrm{C}} = 1.2$，$X''_{\mathrm{C}} = 0.20$；负荷 LD1，$S_{\mathrm{ND1}} = 30\mathrm{MVA}$，$E''_{\mathrm{D3}} = 0.8$，$X''_{\mathrm{D3}} = 0.35$；LD2，$S_{\mathrm{ND2}} = 18\mathrm{MVA}$，$E''_{\mathrm{D2}} = 0.8$，$X''_{\mathrm{D2}} = 0.35$；LD3，$S_{\mathrm{ND3}} = 6\mathrm{MVA}$，$E''_{\mathrm{D3}} = 0.8$，$X''_{\mathrm{D3}} = 0.35$。变压器 T1，$S_{\mathrm{NT1}} = 31.5\mathrm{MVA}$，$U_{\mathrm{k}}\% = 10.5$；

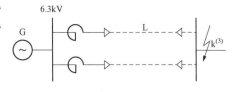

图 7-31　简单电缆网络

T2，$S_{\mathrm{NT2}} = 20\mathrm{MVA}$，$U_{\mathrm{k}}\% = 10.5$；T3，$S_{\mathrm{NT3}} = 7.5\mathrm{MVA}$，$U_{\mathrm{k}}\% = 10.5$；电力线路型号相同，单位长度电抗 $x_1 = 0.4\Omega/\mathrm{km}$，L1 长 60km，L2 长 20km，L3 长 10km。当在 k 点发生三相短路时，采用如下方法求短路冲击电流：

（1）直接化简电路；　（2）单位电流法。

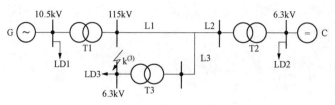

图 7-32 某电力系统

7-16 图 7-33 所示电力系统中，有一个容量和内电抗不详的系统 C；发电机 G 的额定容量为 200MW，$\cos\varphi=0.8$，$X_d''=0.12$；变压器 T 的额定容量为 240MVA，$U_k\%=10.5$；电力线路 L1 长度为 20km，$x_1=0.4\Omega/km$；L2 长度为 10km，$x_1=0.4\Omega/km$。在下述三种情况下，分别求 k 点三相短路时短路电流：

（1）系统 C 是无限大容量电力系统。

（2）系统 C 的变电站 115kV 母线三相短路时，由系统 C 供给的短路电流为 1.5kA。

（3）系统 C 的 115kV 母线上，断路器 QF 的断开容量为 1000MVA。

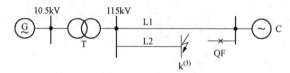

图 7-33 简单电力系统

7-17 异步电动机的启动电流为额定电流的 6.5 倍，额定功率因数为 0.9。计算其次暂态电抗和在额定条件下运行时的次暂态电动势。

第八章

电力系统各元件的序参数和等值电路

在对称三相系统中，三相阻抗相同，三相电压和电流的有效值相等，角度依次滞后 $120°$。因此对于对称三相系统三相短路的分析与计算，可只分析和计算其中一相。

实际电力系统中的短路故障大多数是不对称的，为了保证电力系统及各种电气设备的安全运行，必须进行各种不对称故障的分析和计算。单相接地短路、两相短路、两相接地短路，以及单相断线和两相断线均为不对称故障。电力系统发生不对称故障时，三相阻抗不同，三相电压和电流的有效值不等，相与相间的相位差也不相等。对于这样的不对称三相系统就不能只分析其中一相，通常是用对称分量法，将一组不对称三相系统分解为正序、负序、零序三组对称的三相系统，来分析不对称故障问题。在此分析中必须先求出系统中各元件的正序、负序、零序参数。本书前面所涉及的实际上都是正序参数，因为正常运行和三相短路时只有正序分量，而没有负序和零序分量。本章中将主要讨论电力系统各元件的负序和零序参数。

第一节 对称分量法

设 $\dot{I}_a$、$\dot{I}_b$、$\dot{I}_c$ 为不对称三相系统的三相电流相量，可以按下列关系分解出三相系统的正序、负序、零序三组电流相量（不对称三相电压相量也可分解为正序、负序、零序三组电压相量）。图 8-1 (a)、(b)、(c) 表示三相系统的正序、负序、零序三组相量，图 8-1 (d) 表示合成后的三相电流相量。其中，第一组 $\dot{I}_{a1}$、$\dot{I}_{b1}$、$\dot{I}_{c1}$ 幅值相等，a 相相位超前 b 相 $120°$，b 相相位超前 c 相 $120°$，称为三相电流正序相量；第二组 $\dot{I}_{a2}$、$\dot{I}_{b2}$、$\dot{I}_{c2}$ 幅值相等，但相序与正序相反，称为三相电流负序相量；第三组 $\dot{I}_{a0}$、$\dot{I}_{b0}$、$\dot{I}_{c0}$ 幅值和相位均相同，称为三相电流零序相量。不对称的三相电流可表达为三组相量的合成，即

$$\left.\begin{array}{l} \dot{I}_a = \dot{I}_{a1} + \dot{I}_{a2} + \dot{I}_{a0} \\ \dot{I}_b = \dot{I}_{b1} + \dot{I}_{b2} + \dot{I}_{b0} = \alpha^2 \dot{I}_{a1} + \alpha \dot{I}_{a2} + \dot{I}_{a0} \\ \dot{I}_c = \dot{I}_{c1} + \dot{I}_{c2} + \dot{I}_{c0} = \alpha \dot{I}_{a1} + \alpha^2 \dot{I}_{a2} + \dot{I}_{a0} \end{array}\right\} \qquad (8-1)$$

式 (8-1) 中，$\alpha = e^{j120°} = -\dfrac{1}{2} + j\dfrac{\sqrt{3}}{2}$，$\alpha^2 = e^{j240°} = -\dfrac{1}{2} - j\dfrac{\sqrt{3}}{2}$ 且 $1 + \alpha + \alpha^2 = 0$。

变换式 (8-1) 可得

$$\left.\begin{array}{l} \dot{I}_{a1} = \dfrac{1}{3}(\dot{I}_a + \alpha \dot{I}_b + \alpha^2 \dot{I}_c) \\[2mm] \dot{I}_{a2} = \dfrac{1}{3}(\dot{I}_a + \alpha^2 \dot{I}_b + \alpha \dot{I}_c) \\[2mm] \dot{I}_{a0} = \dfrac{1}{3}(\dot{I}_a + \dot{I}_b + \dot{I}_c) \end{array}\right\} \qquad (8\text{-}2)$$

由式（8-1）和式（8-2）可见，不对称的三相相量可以分解出三组对称的正序、负序、零序相量，从而可以以其中任何一相（称为参考相，如 a 相）的正序、负序、零序分量作相应的代数之和；反之由三组对称的正序、负序、零序相量也可合成一组不对称的三相相量，这就是对称分量法。

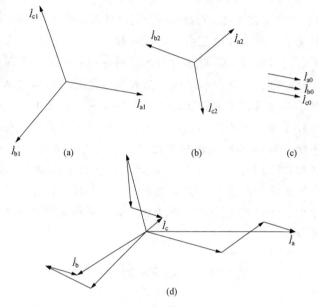

图 8-1 对称分量法

(a) 正序分量；(b) 负序分量；(c) 零序分量；(d) 三序分量的合成

将式（8-1）可写成矩阵形式

$$\begin{bmatrix} \dot{I}_a \\ \dot{I}_b \\ \dot{I}_c \end{bmatrix} = \begin{bmatrix} 1 & 1 & 1 \\ \alpha^2 & \alpha & 1 \\ \alpha & \alpha^2 & 1 \end{bmatrix} \begin{bmatrix} \dot{I}_{a1} \\ \dot{I}_{a2} \\ \dot{I}_{a0} \end{bmatrix} \qquad (8\text{-}3)$$

进而可简写为三相电流 I_P 与三序电流 I_S 的转换关系

$$\boldsymbol{I}_P = \boldsymbol{T}\boldsymbol{I}_S \qquad (8\text{-}4)$$

式中：T 为对称分量变换矩阵，$\boldsymbol{T} = \begin{bmatrix} 1 & 1 & 1 \\ \alpha^2 & \alpha & 1 \\ \alpha & \alpha^2 & 1 \end{bmatrix}$；$I_P$ 为不对称三相电流列向量，$\boldsymbol{I_P} = \begin{bmatrix} \dot{I}_a & \dot{I}_b & \dot{I}_c \end{bmatrix}^T$；$I_S$ 为参考相 a 相的正序、负序、零序三序电流列向量，$\boldsymbol{I_S} = \begin{bmatrix} \dot{I}_{a1} & \dot{I}_{a2} & \dot{I}_{a0} \end{bmatrix}^T$。

对式（8-4）左乘 $\boldsymbol{T}^{-1}$，可得

$$\boldsymbol{I}_{\mathrm{S}} = \boldsymbol{T}^{-1}\boldsymbol{I}_{\mathrm{P}} \tag{8-5}$$

对 $\boldsymbol{T}$ 求逆后得

$$\boldsymbol{T}^{-1} = \frac{1}{3}\begin{bmatrix} 1 & \alpha & \alpha^2 \\ 1 & \alpha^2 & \alpha \\ 1 & 1 & 1 \end{bmatrix}$$

同样，对电压也可以进行相同的变换

$$\boldsymbol{U}_{\mathrm{P}} = \boldsymbol{T}\boldsymbol{U}_{\mathrm{S}} \tag{8-6}$$
$$\boldsymbol{U}_{\mathrm{S}} = \boldsymbol{T}^{-1}\boldsymbol{U}_{\mathrm{P}} \tag{8-7}$$

第二节　同步发电机的负序电抗和零序电抗

一、同步发电机的负序电抗

同步发电机对称运行时，只有正序电流存在，相应的发电机的参数就是正序参数。稳态时的同步电抗 X_{d}、X_{q}，暂态过程中的 X_{d}'、X_{d}'' 和 X_{q}'、X_{q}''，都属于正序电抗。

同步发电机的负序电抗定义为：发电机端点的负序电压的基频分量与流入定子绕组负序电流的基频分量的比值。按这样的定义，在不同的情况下，同步发电机的负序电抗有不同的值。经严格的数学分析表明，因发电机机端短路种类不同，同步发电机的负序电抗有如表8-1所示的三种不同形式。

表 8-1　　　　　　　　　　　　同步发电机的负序电抗 X_2

短路种类	负序电抗
两相短路	$\sqrt{X_{\mathrm{d}}''X_{\mathrm{q}}''}$
单相接地短路	$\sqrt{(X_{\mathrm{d}}''+X_0/2)(X_{\mathrm{q}}''+X_0/2)} - X_0/2$
两相接地短路	$\dfrac{X_{\mathrm{d}}''X_{\mathrm{q}}'' + \sqrt{X_{\mathrm{d}}''X_{\mathrm{q}}''(X_{\mathrm{d}}''+2X_0)(X_{\mathrm{q}}''+2X_0)}}{X_{\mathrm{d}}''+X_{\mathrm{q}}''+2X_0}$

表8-1中 X_0 为同步发电机的零序电抗。由表8-1可见，若 $X_{\mathrm{d}}''=X_{\mathrm{q}}''$，则负序电抗 $X_2 = X_{\mathrm{d}}''$，与同步发电机的短路种类无关。当同步发电机经外电抗 X 短路时，表中所有 X_{d}''、X_{q}''、X_0 都应以 $X_{\mathrm{d}}''+X$、$X_{\mathrm{q}}''+X$、X_0+X 代替。此时同步发电机转子不对称的影响将被削弱。电力系统短路一般发生在电力线路上，所以在短路电流计算中，同步发电机本身的负序电抗，可以当作与短路种类无关，并取 X_{d}'' 和 X_{q}'' 的算术平均值，即

$$X_2 \approx \frac{1}{2}(X_{\mathrm{d}}'' + X_{\mathrm{q}}'') \tag{8-8}$$

在近似计算中，对于汽轮发电机及有阻尼绕组的水轮发电机，也可采用 $X_2 = 1.22X_{\mathrm{d}}''$。对于没有阻尼绕组的水轮发电机，可采用 $X_2 = 1.45X_{\mathrm{d}}''$。

如果对于同步发电机的参数缺乏了解，其负序电抗也可按表8-2取值。

二、同步发电机的零序电抗

同步发电机的零序电抗通常定义为施加在发电机端的零序电压的同步频率分量与流入定

子绕组的零序电流的同步频率分量的比值。当三相定子绕组通以同步频率的零序电流时，在定子三相绕组中产生了同步频率的零序磁通势，各相磁通势大小相等，相位相同，且在空间互差120°电角度，故它们在空气隙中的合成磁通势为零。所以同步发电机的零序电抗，只由定子绕组的漏抗确定。但零序电流产生的漏磁通势与正、负序电流所产生的漏磁通势不同，它们之间的差别要依绕组的结构型式而定。零序电抗的变化范围大致是 $(0.15 \sim 0.6)X''_d$。

由于定子三相绕组的零序电流通过定子三相绕组，且不受转子的影响，因此发电机的零序电阻 R_0 就和定子三相绕组每一相电阻 R 相等，即 $R_0 = R$。

表 8-2 中列出了不同类型同步发电机的负序电抗 X_2 和零序电抗值 X_0。

表 8-2 同步发电机的负序电抗 X_2 和零序电抗 X_0

类型 电抗	水轮发电机		汽轮机组	调相机
	有阻尼机组	无阻尼机组		
X_2	0.15~0.35	0.32~0.55	0.134~0.18	0.24
X_0	0.04~0.125	0.04~0.125	0.036~0.08	0.08

第三节 异步电动机的参数和等值电路

一、 异步电动机的次暂态参数和等值电路

异步电动机的等值电路在"电机学"课程中已讲过，如图 8-2 所示。图中参数均已归算至定子侧，其中 s 为转差率，$s = \dfrac{\omega_N - \omega}{\omega_N}$，式中 ω_N、ω 分别为同步转速和异步转速；电阻 $\dfrac{1-s}{s}R_r$ 则是对应于电动机机械功率的等值电阻，而 $1-s$ 为异步电动机的转速。

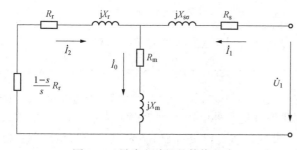

当系统发生三相短路时，根据磁链守恒定律，短路瞬间电动机各绕组应保持短路瞬间前的合成磁链不变，绕组中将出现各种磁链和电流的自由分量。其中，定子电流将包含直流分量和同步频率交流分量，但不包含两倍同步频率交流分量，这是因为电动机的转子是对称的。

图 8-2 异步电动机的等值电路

如果短路发生在电动机端，这些电流分量都将迅速衰减为零。且由于它衰减很快，相当于同步发电机次暂态电流的衰减，其参数一般称为次暂态参数。

1. 异步电动机的次暂态电抗 X''

异步电动机的次暂态电抗是转子绕组短接，并略去所有绕组的电阻时由定子侧观察到的等值电抗。这样可将图 8-2 演变为图 8-3（a），如再考虑 $X_m \gg X_{r\sigma}$，又可进一步简化为图 8-3（b）所示。由此可得异步电动机的次暂态电抗为

$$X'' = X_{s\sigma} + X_{r\sigma} \tag{8-9}$$

图 8-3 所示的等值电路，也是异步电动机转子不动并略去各绕组电阻时的情况，也就

是它在启动时的简化等值电路。从而，电动机的次暂态电抗就近似等于它的启动电抗 X_{st}。在以标幺值表示时，异步电动机的启动电抗为启动电流 I_{st} 的倒数。那么，异步电动机次暂态电抗的标幺值为

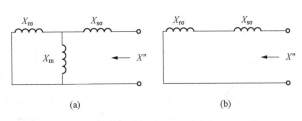

图 8-3　异步电动机次暂态电抗的等值电路

(a) 简化等值电路；(b) 进一步简化等值电路

$$X'' = X_{st} = \frac{1}{I_{st}} \qquad (8-10)$$

2. 异步电动机的次暂态电动势 E''

异步电动机正常运行的电压方程式为

$$\dot{E}''_{(0)} = \dot{U}_{(0)} - j\dot{I}_{(0)}X'' \qquad (8-11)$$

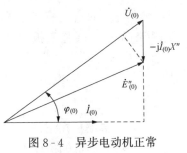

图 8-4　异步电动机正常
运行时的相量图

由此作出正常运行时异步电动机的相量图如图 8-4 所示。图中，$\dot{U}_{(0)}$ 为正常运行时异步电动机端相电压；$\dot{I}_{(0)}$ 为正常运行时定子相电流；$\varphi_{(0)}$ 为正常运行时的功率因数角。从图 8-4 中可求异步电动机的次暂态电动势为

$$\dot{E}''_{(0)} = \sqrt{[U_{(0)}\cos\varphi_{(0)}]^2 + [U_{(0)}\sin\varphi_{(0)} - I_{(0)}X'']^2}$$
$$\approx U_{(0)} - I_{(0)}X''\sin\varphi_{(0)} \qquad (8-12)$$

3. 自由分量衰减的时间常数

异步电动机定子回路同步频率交流自由分量衰减的时间常数为 T''，它是定子回路短接时转子回路直流自由分量衰减的时间常数。由图 8-5 可以求得 T''，其表达式为

$$T'' = \frac{X_{r\sigma} + X_{s\sigma}}{R_r} \qquad (8-13)$$

异步电动机定子直流自由分量衰减的时间常数 T_a，它是转子回路短接时定子回路直流自由分量衰减的时间常数。由图 8-6 可以求取 T_a，其表达式为

$$T_a = \frac{X_{s\sigma} + X_{r\sigma}}{R_s} \qquad (8-14)$$

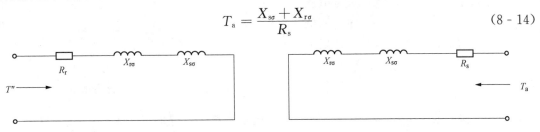

图 8-5　求 T'' 的等值电路

图 8-6　求 T_a 的等值电路

4. 定子电流自由分量衰减的幅度

为了确定暂态过程中定子电流的变化规律，除确定各自由分量衰减的时间常数外，还要确定各自由分量衰减的幅度。异步电动机定子电流的直流自由分量和同步频率交流自由分量都要衰减到零，因此它们在短路瞬间的值就分别对应于它们衰减的幅度。短路瞬间同步频率交流自由分量值 $i''_0 = \sqrt{2}I''_{(0)} = \sqrt{2}E''_{(0)}/X''$，直流自由分量 $i_{a0} = i_{(0)} - i''_0$。将计及衰减后两分量的瞬时值相加，可得定子电流的变化规律。图 8-7 是异步电动机端突然三相短路时定子

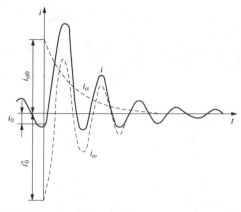

图 8-7　异步电动机端突然三相短路时
定子电流波形图

电流的波形图。由图可见，定子电流的两个自由分量衰减都很快，它们只在短路后几个周期存在，且只在第一个周期内才有明显的影响。

5. 异步电动机反馈电流的考虑

电力系统三相短路后，异步电动机能否向系统供出短路电流（亦称反馈电流），取决于短路后异步电动机的端电压 U_0 与短路瞬间异步电动机次暂态电动势 $E_0'' = E_{(0)}''$ 的相对大小。当短路点距异步电动机端较远时，如果 $U_0 > E_{(0)}''$，则电动机仍作电动机运行，从系统中吸取电流；当短路点距异步电动机端较近时，如果 $U_0 < E_{(0)}''$，异步电动机改作发电机运行，将向系统供出反馈电流。在实用计算中，只对三相短路点附近的大容量异步电动机才考虑向系统供出反馈电流的问题，且只在计算暂态过程的初期，即三相短路后半个周期出现最大（冲击）电流时，才考虑异步电动机的反馈电流。

二、异步电动机的负序和零序参数

异步电动机是旋转元件，它的负序阻抗不等于正序阻抗。假设异步电动机在正常运行情况下转差率为 s，那么转子对定子负序磁场的转差为 $2-s$。因此，异步电动机的负序参数可以按转差率 $2-s$ 来确定。图 8-8 示出了异步电动机的负序等值电路。图中是以转差率 $2-s$ 代替正序等值电路中的 s；对应于电动机机械功率的等值电阻也由正序等值电路中的 $\frac{1-s}{s}R_r$ 改变为 $-\frac{1-s}{2-s}R_r$，其中，负号说明在正序系统中对应于这个机械功率的是驱动转矩，而在负序系统中，对应于它的则是制动转矩。

当系统发生不对称短路时，使电动机端三相电压不对称，可将这三相电压分解为正、负、零序电压。正序电压低于正常运行时的值，电动机驱动转矩减小；负序电压又导致产生制动转矩。这就使电动机的转速下降，甚至失速、停

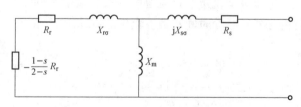

图 8-8　异步电动机的负序等值电路

转。转速下降，使 s 增大，停转时则 $s=1$。转速下降越多，等值电路中 $-\frac{1-s}{2-s}R_r$ 越接近于零，此时相当于将转子绕组短接。在略去所有绕组电阻，并设励磁电抗 $X_m=\infty$ 时，异步电动机的负序电抗为

$$X_2 = X_{s\sigma} + X_{r\sigma} = X'' \tag{8-15}$$

也就是异步电动机的负序电抗等于它的次暂态电抗。

异步电动机定子三相绕组通常接成三角形或不接地星形，当在异步电动机端加零序电压时，定子绕组没有零序电流流通。也就是，异步电动机的零序电抗 $X_0=\infty$，因此没必要建立异步电动机的零序等值电路。

第四节　变压器的零序参数和等值电路

变压器三相是对称的，绕组是静止的，故负序电抗与正序电抗相等。稳态运行时变压器的等值电抗（双绕组变压器即为两个绕组的漏抗之和）就是它的正序或负序电抗。变压器的零序电抗则与正序、负序电抗不相同。当变压器端点施加零序电压时，其绕组中有无零序电流和零序电流的大小与变压器三相绕组的接线方式和变压器的结构密切相关。现就各类变压器分别讨论如下。

变压器的电阻一般较小，因此在故障计算时常予忽略不计。

一、双绕组变压器的零序参数和等值电路

当零序电压加在变压器绕组连接成三角形或中性点不接地的星形一侧时，无论另一侧绕组的接线方式如何，变压器中都没有零序电流流通。此时，变压器的零序电抗 $X_0 = \infty$。

当零序电压加在变压器绕组连接成中性点接地的星形一侧时，随着另一侧绕组接法不同，零序电流在各绕组中的分布情况亦不同，变压器的零序电抗也就不同。以下将讨论不同类型的变压器，各种绕组接线方式的零序电抗。

1. YNd(Y_0/△) 接线变压器

如图 8-9 （a）所示，X'_{II}、$i'_{0\text{II}}$ 是未归算值。变压器 YN 侧中性点直接接地，当零序电压加于变压器 YN 侧时，零序电流 $3\dot{I}_{0\text{I}}$ 由 I 侧绕组中性点入地形成回路。

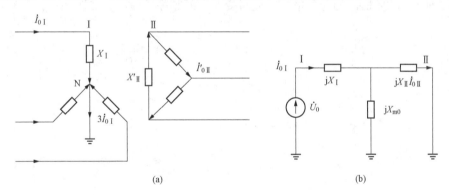

(a)　　　　　　　　　　　　　　(b)

图 8-9　YNd 接线变压器的零序电流回路及其等值电路
(a) 零序电流回路；(b) 零序等值电路

由于 I 侧和 II 侧绕组间有耦合关系，I 侧三个绕组中的零序电流将会在 II 侧的三个绕组中感应出三个大小相等、相位相同的零序电动势，如图 8-10 所示。由图可见，a、b、c 三点在电路中具有对称性。在三角形环路中，依基尔霍夫第二定律有 $e_{a0}+e_{b0}+e_{c0}=u_{a0}+u_{b0}+u_{c0}$，且 $e_{a0}=e_{b0}=e_{c0}=e_0$，$u_{a0}=u_{b0}=u_{c0}=u_0$，则有 $e_0=u_0$，便有 $u_a=u_b=u_c$，亦即 a、b、c 三点是等电位。这样在 e_{a0}、e_{b0}、e_{c0} 三个电动势作用下只能在三角形（d 连接）绕组中形成零序环流 $i'_{0\text{II}}$（i' 均为未归算值），而不可能流到绕组外面的线路上。

由图 8-10 可见，在 I 侧加入零序电流 $\dot{I}_{0\text{I}}$ 时，在 II 侧 d 连接绕组的情况和变压器 II 侧三相短路完全一样，绕组 II 中的电动势完全被电流 $i'_{0\text{II}}$ 在 II 侧绕组漏抗 X_{II} 上的电压降所平

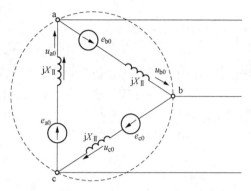

图 8-10　三角形（d 连接）绕组中的
零序电动势和电流

衡。因此，其零序等值电路就和变压器Ⅱ侧三相短路时一样，即在零序网络中把Ⅱ绕组的末端当作变压器中性点电位，并与外电路断开。其等值电路示于图 8-9（b）。应当指出，$X_{\text{Ⅱ}}$ 的一端接中性点电位，并不表示绕组Ⅱ的一端一定接地，而是表明该支路完成了零序电流的闭合回路，并且在 $X_{\text{Ⅱ}}$ 上的电压降与零序励磁电抗 X_{m0} 上的电压降相等而已。

根据零序等值电路图 8-9（b），其参数 $X_{\text{Ⅱ}}$ 和电流 $\dot{I}_{0\text{Ⅱ}}$ 均为归算至Ⅰ侧值，可求其零序等值电抗为

$$X_0 = X_{\text{Ⅰ}} + \frac{X_{\text{Ⅱ}} X_{\text{m0}}}{X_{\text{Ⅱ}} + X_{\text{m0}}} \approx X_{\text{Ⅰ}} + X_{\text{Ⅱ}} = X_1 \qquad (8\text{-}16)$$

式中：$X_{\text{Ⅰ}}$、$X_{\text{Ⅱ}}$ 分别为 YN 侧和 d 侧一相绕组的漏电抗；X_{m0} 为变压器的零序励磁电抗，且认为 $X_{\text{m0}} \gg X_{\text{Ⅱ}}$；$X_1$ 为变压器的正序电抗。

当变压器 YN 侧中性点经电抗 X_{n} 接地时，如图 8-11（a）所示，则将有 $3\dot{I}_{0\text{Ⅰ}}$ 电流流过 X_{n}。因此中性点电位已不等于零，其值 $U_{\text{N}} = 3I_{0\text{Ⅰ}} X_{\text{n}}$。又因等值电路是以一相表示的，每相电流为 $\dot{I}_{0\text{Ⅰ}}$，为了在等值电路中能表示其值为 $3I_{0\text{Ⅰ}} X_{\text{n}}$ 的中性点电位，那么在图中的中性点与零电位点间应连接 $3X_{\text{n}}$ 的等值电抗。此时变压器的零序等值电路如图 8-11（b）所示。

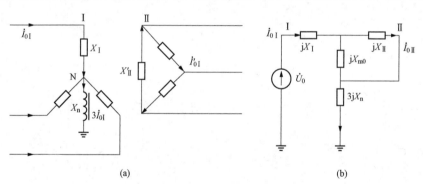

图 8-11　中性点经电抗接地的 YNd 接线变压器的零序电流回路及其等值电路
（a）零序电流回路；（b）零序等值电路

由图 8-11（b）可以得出其零序等值电抗为

$$X_0 = X_{\text{Ⅰ}} + \frac{X_{\text{Ⅱ}} X_{\text{m0}}}{X_{\text{Ⅱ}} + X_{\text{m0}}} + 3X_{\text{n}} \approx X_{\text{Ⅰ}} + X_{\text{Ⅱ}} + 3X_{\text{n}} = X_1 + 3X_{\text{n}} \qquad (8\text{-}17)$$

式中，$X_{\text{m0}} \gg X_{\text{Ⅱ}}$。

2. YNy 接线变压器

当变压器 YN 侧流过零序电流 $\dot{I}_{0\text{Ⅰ}}$ 时，在 y 侧三相绕组中将感应出零序电动势。但 y 侧中性点不接地，在其中没有零序电流通路，则 $\dot{I}'_{0\text{Ⅱ}} = 0$，变压器二次侧零序电路开路，二次侧零序阻抗无穷大，如图 8-12（a）所示。这种情况下，其零序等值电路如图 8-12（b）所

示。那么它的零序等值电抗为

$$X_0 = X_{\mathrm{I}} + X_{\mathrm{m0}} \tag{8-18}$$

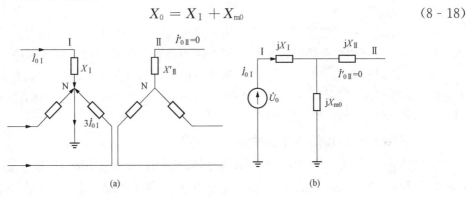

图 8-12　YNy 接线变压器的零序电流回路及其等值电路

(a) 零序电流回路；(b) 零序等值电路

3. YNyn 接线变压器

YNyn 接线变压器 I 侧流过零序电流 $\dot{I}_{0\mathrm{I}}$ 时，II 侧三相绕组中将感应出零序电动势。X'_{II}、X' 为未归算值。

如果与 II 侧相连的电路中还有其他接地中性点，则 II 侧绕组中将有零序电流流通，如图 8-13（a）所示，变压器的零序等值电路如图 8-13（b）所示，其中 X 为归算至 I 侧外电路电抗；如果 II 侧的其他电路中没有接地中性点，则 II 绕组中的零序电流 $\dot{I}'_{0\mathrm{II}} = 0$，其零序等值电抗与 YNy 接线变压器相同。

由图 8-13（b）可得该变压器零序等值电抗为

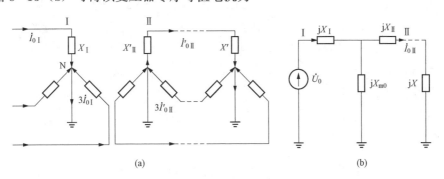

图 8-13　YNyn 接线变压器的零序等值电路

(a) 零序电流回路；(b) 零序等值电路

$$X_0 = X_{\mathrm{I}} + \frac{(X_{\mathrm{II}} + X)X_{\mathrm{m0}}}{X_{\mathrm{II}} + X + X_{\mathrm{m0}}} \approx X_{\mathrm{I}} + X_{\mathrm{II}} + X = X_{\mathrm{I}} + X \tag{8-19}$$

式中　　　　　　　　　　　　$X_{\mathrm{m0}} \gg X_{\mathrm{II}} + X$

下面将讨论变压器结构对其零序励磁电抗 X_{m0} 和对变压器零序电抗的影响。由三个单相变压器组成的三相变压器组，各相磁路独立，正序、负序、零序磁通都按相在其本身的铁芯中形成回路，因而各序励磁电抗相等。由于磁通主要是在铁芯内闭合，磁导很大，励磁电抗也很大，远大于变压器的漏抗，因此可近似认为零序励磁电抗 X_{m0} 为无限大。对于三相四柱式或壳式变压器，零序磁通可通过没有绕组的铁芯部分形成回路，零序励磁电抗也相当大，可以近似认为 $X_{m0}=\infty$。

但对于三相三柱式变压器，由于各相零序磁通不能在铁芯内形成回路，被迫通过铁芯外，如与变压器油和油箱等形成回路。因为磁通路径上的磁导较小，零序电抗不再为无限大，其值可用试验方法求得。在近似计算时，仍可认为 $X_{m0}\gg X_{\mathbb{I}}$，将 X_{m0} 视为无限大。当然这样会有些误差。如对 YNd 接线变压器试验结果为 $X_0\approx(0.75\sim0.85)X_1$。而与 $X_{m0}=\infty$ 时，$X_0\approx X_1$ 的情况相比较，两者有 15%～25% 的误差。

二、三绕组变压器的零序参数和等值电路

和双绕组变压器相同，当零序电压加在变压器绕组连接成三角形或不接地星形一侧时，无论其他两侧绕组的接线方式如何，变压器中都没有零序电流流通，变压器的零序电抗 $X_{m0}=\infty$。

当零序电压加在绕组连接成星形中性点接地一侧时，零序电流通过 YN 侧的三相绕组并经中性点入地，构成回路。其他两侧零序电流的流通情况则与各绕组的接线方式有关。为提供 3 次谐波电流的通路，使磁通为正弦形，感应电动势也为正弦形，三绕组变压器一般都设有 d 形连接绕组，使三相中 3 次谐波电流（该 3 次谐波电流具有三相零序电流性质）在 d 接绕组中形成环流，并使零序励磁电抗 X_{m0} 较大，可以认为 $X_{m0}=\infty$。因此在用一相表示的三绕组变压器的零序等值电路中，将励磁支路开路，而由三个绕组电抗组成星形电路。这时，单独计算三绕组变压器的零序电抗已无意义，必须将该零序等值电路接入系统零序网络中相应位置一起考虑。

1. YNdd 接线三绕组变压器

YNdd 接线三绕组变压器零序电流回路及零序等值电路如图 8 - 14 所示。

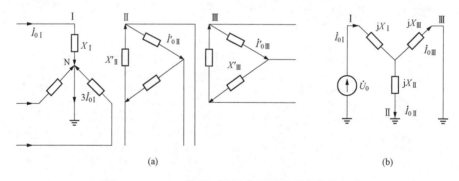

图 8 - 14　YNdd 接线三绕组变压器的零序等值电路
(a) 零序电流回路；(b) 零序等值电路

由图 8 - 14（b）可求其零序等值电抗为

$$X_0 = X_{\mathbb{I}} + \frac{X_{\mathbb{II}}X_{\mathbb{III}}}{X_{\mathbb{II}}+X_{\mathbb{III}}} \tag{8-20}$$

其中，认为 $X_{m0}=\infty$。

2. YNdy 接线三绕组变压器

其零序电流回路及零序等值电路如图 8 - 15 所示。

由图 8 - 15（b）可求其零序等值电抗为

$$X_0 = X_{\mathbb{I}} + X_{\mathbb{II}} \tag{8-21}$$

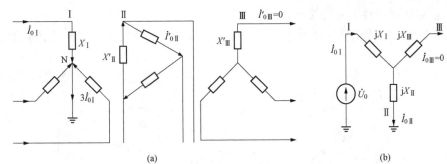

图 8-15 YNdy 接线三绕组变压器的零序电流回路及其等值电路

（a）零序电流回路；（b）零序等值电路

其中，认为 $X_{m0}=\infty$。

3. YNdyn 接线三绕组变压器

其零序电流回路和零序等值电路如图 8-16 所示，图中 $X_{m0}\approx\infty$。

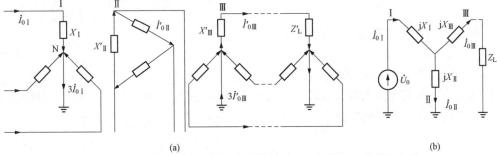

图 8-16 YNdyn 接线三绕组变压器的零序电流回路及其等值电路

（a）零序电流回路；（b）零序等值电路

由图 8-16（b）可求其零序等值电抗为

$$X_0 = X_{\mathrm{I}} + \frac{(X_{\mathrm{III}} + X)X_{\mathrm{II}}}{X_{\mathrm{III}} + X + X_{\mathrm{II}}} \tag{8-22}$$

应当指出，在三绕组变压器零序等值电路中的电抗 X_{I}、X_{II}、X_{III} 与双绕组变压器等值电路中的漏抗 X_{I}、X_{II} 从性质上看有所不同，X_{I}、X_{II}、X_{III} 是各绕组的自感和互感的组合电抗，即等值电抗，而不是漏电抗。

X_{I}、X_{II}、X_{III} 一般通过短路试验由下式求得

$$\left.\begin{aligned} X_{\mathrm{I}} &= \frac{1}{2}(X_{\mathrm{I-II}} + X_{\mathrm{I-III}} - X_{\mathrm{II-III}}) \\ X_{\mathrm{II}} &= \frac{1}{2}(X_{\mathrm{I-II}} + X_{\mathrm{II-III}} - X_{\mathrm{I-III}}) \\ X_{\mathrm{III}} &= \frac{1}{2}(X_{\mathrm{I-III}} + X_{\mathrm{II-III}} - X_{\mathrm{I-II}}) \end{aligned}\right\} \tag{8-23}$$

式中：$X_{\mathrm{I-II}}$、$X_{\mathrm{I-III}}$、$X_{\mathrm{II-III}}$ 分别是由短路试验中两绕组短路电压百分数求得的等值电抗。

三、自耦变压器的零序参数和等值电路

自耦变压器一般用以联系两个中性点直接接地的电力系统。为了避免当高压侧发生单相接地短路时，自耦变压器中性点电位升高引起中压侧或低压侧过电压，通常将自耦变压器中性点直接接地，也可经电抗接地，且均认为 $X_{m0}=\infty$。

1. 自耦变压器中性点直接接地

双绕组 YNyn 接线自耦变压器中性点直接接地时，其零序电流回路和零序等值电路如图 8-17 所示。

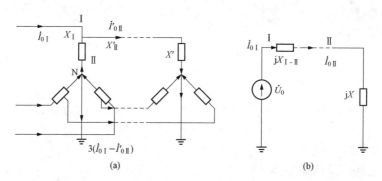

图 8-17　YNyn 接线自耦变压器的零序电流回路及其等值电路
(a) 零序电流回路；(b) 零序等值回路

由图 8-17 (b) 可求其零序等值电抗为

$$X_0 = X_{I-II} + X = X_1 + X \tag{8-24}$$

式中：$X_1 = X_I + X_{II}$ 为高低压绕组总的正序电抗。

可见其零序等值电路和零序等值电抗与普通相同接线的双绕组变压器相同。但中性点入地零序电流应等于 I、II 侧零序电流实际有名值（未归算）之差的 3 倍，即

$$\dot{I}_0 = 3(\dot{I}_{0I} - \dot{I}'_{0II}) \tag{8-25}$$

三绕组 YNynd 接线自耦变压器中性点直接接地时，其零序电流回路和零序等值电路如图 8-18 所示。

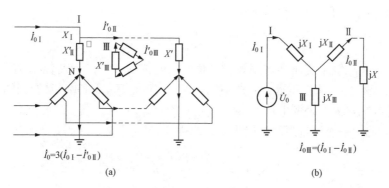

图 8-18　YNynd 接线自耦变压器的零序电流回路及其等值电路
(a) 零序电流回路；(b) 零序等值电路

由图 8-18 (b) 可求其零序等值电抗为

$$X_0 = X_I + \frac{(X_{II} + X)X_{III}}{X_{III} + X + X_{II}} \tag{8-26}$$

其中性点入地电流仍为

$$\dot{I}_0 = 3(\dot{I}_{0I} - \dot{I}'_{0II})$$

2. 自耦变压器中性点经电抗接地

（1）双绕组自耦变压器。对于双绕组 YNyn 接线自耦变压器，当中性点经电抗 X_n 接地时，其零序电流回路如图 8-19（a）所示。由于接地电抗 X_n 的存在，使其等值电路不同于中性点直接接地的情况。如按有名值计算时，设中性点对地电位 $\dot{U}_n$，则 I、II 绕组端点对地电位 $\dot{U}_I$、$\dot{U}_{II}$ 分别为

$$\left.\begin{aligned}\dot{U}_I &= \dot{U}_n + \dot{U}_{In} \\ \dot{U}_{II} &= \dot{U}_n + \dot{U}_{IIn}\end{aligned}\right\}$$

式中：$\dot{U}_{In}$、$\dot{U}_{IIn}$ 分别为 I、II 绕组端对中性点的电压。

于是可写出归算至 I 侧的 I、II 绕组间的零序等值电抗 X'_{I-II} 为

$$\begin{aligned}jX'_{I-II} &= \frac{\dot{U}_I - \dot{U}'_{II}}{\dot{I}_{0I}} = \frac{(\dot{U}_n + \dot{U}_{In}) - (\dot{U}_n + \dot{U}_{IIn})\frac{U_I}{U_{II}}}{\dot{I}_{0I}} = \frac{\dot{U}_{In} - \dot{U}_{IIn}\frac{U_I}{U_{II}}}{\dot{I}_{0I}} + \frac{\dot{U}_n\left(1 - \frac{U_I}{U_{II}}\right)}{\dot{I}_{0I}} \\ &= jX_{I-II} + j3X_n\left(1 - \frac{\dot{I}'_{0II}}{\dot{I}_{0I}}\right)\left(1 - \frac{U_I}{U_{II}}\right) = jX_{I-II} + j3X_n\left(1 - \frac{U_I}{U_{II}}\right)^2\end{aligned} \tag{8-27}$$

式中：U_I、U_{II} 分别为 I、II 侧绕组实际运行分接头电压；X_{I-II} 为中性点直接接地时（$X_n = 0$）归算至 I 侧的自耦变压器的零序等值电抗；$\dot{I}_{0I}$、$\dot{I}'_{0II}$ 为 I、II 绕组未归算值的实际电流。

其零序等值电路如图 8-19（b）所示。

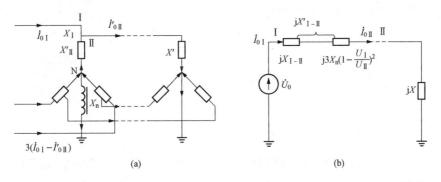

图 8-19　中性点经电抗接地时 YNyn 接线双绕组自耦变压器的零序电流回路及其等值电路
（a）零序电流回路；（b）零序等值电路

由图 8-19（b）可求其零序等值电抗为

$$X_0 = X'_{I-II} + X = X_{I-II} + 3X_n\left(1 - \frac{U_I}{U_{II}}\right)^2 + X \tag{8-28}$$

中性点入地电流仍为 $3(\dot{I}_{0I} - \dot{I}'_{0II})$。

（2）三绕组自耦变压器。对于中性点经电抗接地的三绕组 YNynd 接线自耦变压器，其零序电流回路和零序等值电路如图 8-20 所示。

同样由于有了中性点接地电抗 X_n，致使归算至 I 侧的等值电抗 X'_I、X'_{II}、X'_{III} 与图 8-18（b）中各支路电抗不同。

将 III 绕组开路，归算至 I 侧的 I、II 绕组的零序等值电抗与式（8-27）所求的 X'_{I-II}

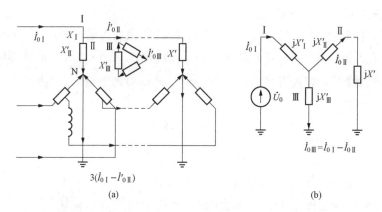

图 8-20　中性点经电抗接地 YNynd 接线三绕组自耦变压器的零序电流回路及其等值电路
(a) 零序电流回路；(b) 零序等值电路

相同。

将Ⅱ绕组开路，就相当于一台普通 YNd 接线的双绕组变压器。当 $X_{m0}\approx\infty$ 时，其归算至Ⅰ侧的零序等值电路如图 8-21 所示。依此很容易写出归算至Ⅰ侧的Ⅰ、Ⅲ绕组的零序等值电抗为

$$X'_{I-III} = X_I + X_{III} + 3X_n \qquad (8-29)$$

式中：X_I、X_{III} 为当中性点直接接地时，归算至Ⅰ侧的Ⅰ、Ⅲ绕组的等值电抗。

当Ⅰ绕组开路，$X_{m0}\approx\infty$ 时，其归算至Ⅱ侧的零序等值电路如图 8-22 所示。依此等值电路可求归算至Ⅱ侧Ⅱ、Ⅲ绕组的零序等值电抗为

$$X'''_{II-III} = X''_{II} + X''_{III} + 3X_n \qquad (8-30)$$

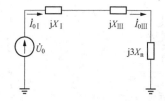

图 8-21　绕组开路时的零序等值电路　　　图 8-22　Ⅰ绕组开路时的零序等值电路

按照求三绕组变压器各绕组等值电抗的计算公式，可求得星形零序等值电路中折算到一次侧的各电抗为

$$X'_I = \frac{1}{2}(X'_{I-II} + X'_{I-III} - X'_{II-III}) = X_I + 3X_n\left(1 - \frac{U_I}{U_{II}}\right) \qquad (8-31)$$

$$X'_{II} = \frac{1}{2}(X'_{I-II} + X'_{II-III} - X'_{I-III}) = X_{II} + 3X_n\frac{(U_I - U_{II})U_I}{U_{II}^2} \qquad (8-32)$$

$$X'_{III} = \frac{1}{2}(X'_{I-III} + X'_{II-III} - X'_{I-II}) = X_{III} + 3X_n\frac{U_I}{U_{II}} \qquad (8-33)$$

【例 8-1】　一台三绕组自耦变压器，额定容量为 120MVA，电压为 220/121/11kV，短路电压百分数为 $U_{kI-II}\%=10.6$，$U_{kII-III}\%=36.4$，$U_{kI-III}\%=23$。若将其高压侧直接接地，中压侧施加三相零序电压 10kV，如图 8-23 (a) 所示。试计算：

(1) 中性点直接接地时各侧的零序电流；

218

（2）中性点经 12.5Ω 电抗接地时各侧零序电流以及中性点电位。

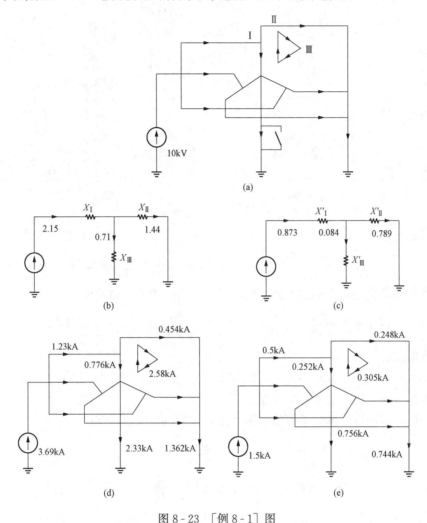

图 8-23　［例 8-1］图

（a）原电路；（b）中性点直接接地的等值电路；（c）中性点经电抗接地的等值电路；

（d）中性点直接接地的电流分布；（e）中性点经电抗接地的电流分布

解　（1）中性点直接接地时等值电路如图 8-23（b）所示。变压器高中低压侧绕组编号可按照计算方便或设备铭牌参数上的习惯分别设定为Ⅰ/Ⅱ/Ⅲ侧绕组。令中压侧为Ⅰ，高压侧为Ⅱ，低压侧为Ⅲ，则 $U_{kⅠ-Ⅱ}\%=10.6$、$U_{kⅡ-Ⅲ}\%=36.4$、$U_{kⅠ-Ⅲ}\%=23$

$$X_1 = \frac{1}{2}(U_{kⅠ-Ⅱ}\% + U_{kⅠ-Ⅲ}\% - U_{kⅡ-Ⅲ}\%)/100 = \frac{1}{2}(10.6 + 23 - 36.4)/100 = -0.014$$

$$X_Ⅱ = \frac{1}{2}(U_{kⅠ-Ⅱ}\% + U_{kⅡ-Ⅲ}\% - U_{kⅠ-Ⅲ}\%)/100 = \frac{1}{2}(10.6 + 36.4 - 23)/100 = 0.12$$

$$X_Ⅲ = \frac{1}{2}(U_{kⅡ-Ⅲ}\% + U_{kⅠ-Ⅲ}\% - U_{kⅠ-Ⅱ}\%)/100 = \frac{1}{2}(23 + 36.4 - 10.6)/100 = 0.224$$

Ⅰ侧所施加的零序电压标幺值为

$$U_{(0)} = \frac{U_0}{U_{N0}} = 10 \Big/ \frac{121}{\sqrt{3}} = 0.143$$

所以Ⅰ侧电流的标幺值为

$$I_1' = \frac{U_{(0)}}{X_1 + (X_{\text{Ⅱ}} /\!/ X_{\text{Ⅲ}})} = \frac{0.143}{-0.014 + (0.12 /\!/ 0.224)} = 2.15$$

其有名值为

$$I_1 = I_1' \frac{S_N}{\sqrt{3}U_{1N}} = 2.15 \times \frac{120}{\sqrt{3} \times 121} = 1.23(\text{kA})$$

Ⅱ侧电流的标幺值为

$$I_2' = I_1' \frac{X_{\text{Ⅲ}}}{X_{\text{Ⅱ}} + X_{\text{Ⅲ}}} = 2.15 \times \frac{0.224}{0.12 + 0.224} = 1.44$$

其有名值为

$$I_2 = I_2' \frac{S_N}{\sqrt{3}U_{2N}} = 1.44 \times \frac{120}{\sqrt{3} \times 220} = 0.454(\text{kA})$$

Ⅲ侧电流的标幺值为

$$I_3' = I_1' \frac{X_{\text{Ⅱ}}}{X_{\text{Ⅱ}} + X_{\text{Ⅲ}}} = 2.15 \times \frac{0.12}{0.12 + 0.244} = 0.71$$

此电流是Ⅲ侧的等值星形一相中电流，所以Ⅲ侧三角形中实际电流为

$$I_{3\Delta} = I_3' \frac{S_N}{\sqrt{3}U_{3N}} \times \frac{1}{\sqrt{3}} = 0.71 \times \frac{120}{\sqrt{3} \times 11} \times \frac{1}{\sqrt{3}} = 2.58(\text{kA})$$

流过中性点电流为

$$I_n = 3(I_1 - I_2) = 3 \times (1.23 - 0.454) = 2.33(\text{kA})$$

各侧流过电流分布如图8-23（d）所示。

（2）中性点经电抗接地时的等值电路如图8-23（c）所示，其中

$$X_{\text{Ⅰ}}' = X_{\text{Ⅰ}} + 3 \times 12.5\left(1 - \frac{U_{1N}}{U_{2N}}\right) \cdot \frac{S_N}{U_{1N}^2}$$

$$= -0.014 + 3 \times 12.5 \times \left(1 - \frac{121}{220}\right) \times \frac{120}{121^2} = 0.124$$

$$X_{\text{Ⅱ}}' = X_{\text{Ⅱ}} + 3 \times 12.5 \frac{(U_{1N} - U_{2N})U_{1N}}{U_{2N}^2} \cdot \frac{S_N}{U_{1N}^2}$$

$$= 0.12 + 3 \times 12.5 \times \frac{(121 - 220) \times 121}{220^2} \times \frac{120}{121^2} = 0.044$$

$$X_{\text{Ⅲ}}' = X_{\text{Ⅲ}} + 3 \times 12.5 \frac{U_{1N}}{U_{2N}} \cdot \frac{S_N}{U_{1N}^2} = 0.244 + 3 \times 12.5 \times \frac{121}{220} \times \frac{120}{121^2} = 0.413$$

Ⅰ侧零序电流的标幺值为

$$I_1' = \frac{U_{(0)}}{X_{\text{Ⅰ}}' + (X_{\text{Ⅱ}}'/X_{\text{Ⅲ}}')} = \frac{0.143}{0.124 + (0.044 /\!/ 0.413)} = 0.873$$

其有名值为

$$I_1 = I_1' \frac{S_N}{\sqrt{3}U_{1N}} = 0.873 \times \frac{120}{\sqrt{3} \times 121} = 0.5(\text{kA})$$

Ⅱ侧零序电流的标幺值为

$$I_2' = I_1' \frac{X_{\text{Ⅲ}}'}{X_{\text{Ⅱ}}' + X_{\text{Ⅲ}}'} = 0.873 \times \frac{0.413}{0.044 + 0.413} = 0.789$$

其有名值为

$$I_2 = I_2' \frac{S_N}{\sqrt{3}U_{2N}} = 0.789 \times \frac{120}{\sqrt{3} \times 220} = 0.248(\text{kA})$$

Ⅲ侧三角形实际零序电流为

$$I_{3\Delta} = \left(I_1' \frac{X_{\text{II}}}{X_{\text{II}} + X_{\text{III}}} \right) \frac{S_N}{\sqrt{3}U_{3N}} \times \frac{1}{\sqrt{3}}$$

$$= \left(0.873 \times \frac{0.044}{0.044 + 0.413} \right) \times \frac{120}{\sqrt{3} \times 11} \times \frac{1}{\sqrt{3}} = 0.305(\text{kA})$$

流过中性线的零序电流为

$$I_n = 3(I_1 - I_2) = 3 \times (0.5 - 0.248) = 0.756(\text{kA})$$

中性点电位为

$$U_n = 12.5 I_n = 12.5 \times 0.756 = 9.45(\text{kV})$$

各侧电流分布如图 8-23（e）所示。

第五节　电力线路的零序阻抗和等值电路

三相输电线路的零序阻抗，是当三相线路流过完全相同的三相交流电流时每相的等值阻抗。这时三相电流之和不为零，不能像三相流过正序、负序电流那样，三相线路互为回路，三相零序电流必须另有回路。

下面主要介绍架空输电线路的零序阻抗。为便于进行讨论，先介绍单根导线以地为回路时的阻抗。

一、导线—大地回路的阻抗

1. 单根导线—大地回路的自阻抗

因三相架空电力线路的零序电流必须通过大地形成回路，所以首先研究单根导线——大地回路的自阻抗，这是进一步研究三相架空电力线路零序阻抗的基础。

图 8-24（a）示出了一个架空单根导线以大地作为回路时的交流电流回路。在该回路中，电流经过导线之后从大地返回。电流在大地中要流经相当大的范围，分析表明，在导线垂直下方大地表面的电流密度较大，越往大地纵深电流密度越小，而且这种倾向随着电流频率和土壤电导系数的增大而逐渐显著。这种回路阻抗参数的计算与分析较为复杂。20 世纪 90 年代，卡森（J. R. Carson）根据电磁波的理论，曾经比较精确地求得了这种导线—大地回路的阻抗。计算结果表明，这种导线—大地回路中的大地可以用一根虚拟的导线来代替，如图 8-24（b）所示。其中 D_{ag} 为实际导线与虚构导线之间的距离。

假设半径为 r 的导线 aa' 与大地平行，R_1 表示单位长度的电阻，导线中流过电流 $\dot{I}_a$ 经大地构成回路，这一导线—

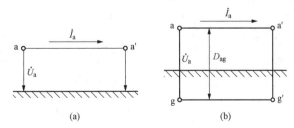

图 8-24　单根导线—大地回路

（a）交流回路；（b）等值导线模型

大地回路，可以用一等值半径为 R_g 的卡森线 gg′ 代替大地作为地中电流的返回导线。该虚拟导线 gg′ 位于架空线 aa′ 下面，与 aa′ 相距为 D_{ag}。D_{ag} 是大地电阻率的函数，调整 D_{ag} 值，使得用这种线路计算所得的电感值与试验测得的电感值相等。用 R_g 表示虚拟导线 gg′ 的单位长度的等值电阻，它可用卡森推出的经验公式计算

$$R_g = \pi^2 \times 10^{-4} \times f \quad (\Omega/\text{km}) \tag{8-34}$$

对于电流频率 $f = 50\text{Hz}$ 时

$$R_g = \pi^2 \times 10^{-4} \times f = 0.05 \quad (\Omega/\text{km}) \tag{8-35}$$

下面分析回路的对抗。当一根导线（严格说应为无限长导线）中通以电流 I 时，沿导线单位长度，从导线中心线到距导线中心线距离为 D 处，交链导线的磁链（包括导线内部的磁链）公式为

$$\psi = I \times 2 \times 10^{-7} \times \ln \frac{D}{r'} \quad (\text{Wb/m}) \tag{8-36}$$

式中：r' 为计及导线内部电感后的导线的等值半径。若 r 为单根导线的实际半径，则对非铁磁材料的圆形实心线，$r' = 0.799r$；对铜或铝的绞线 r' 与绞线股数有关，一般 $r' = 0.724 \sim 0.771r$；钢芯铝线取 $r' = 0.81r$；若为分裂导线，r' 应为导线的相应等值半径 r_{eq}，$r_{eq} = \sqrt[n]{r'd_{12}d_{13}\cdots d_{1n}}$，其中 n 为分裂导线根数，$d_{12}, d_{13}, \cdots, d_{1n}$ 为同一相中一根导体与其余 $n-1$ 根导体之间的距离。

应用式（8-36）可得到图中 aa′g′g 回路所交链的磁链为

$$\psi = I_a \times 2 \times 10^{-7} \times \ln \frac{D_{ag}}{r'} + I_a \times 2 \times 10^{-7} \times \ln \frac{D_{ag}}{r_g} \quad (\text{Wb/m}) \tag{8-37}$$

式中：r_g 为虚构导线的等值半径。

回路的单位长度电抗为

$$X = \frac{\omega\psi}{I_a} = 2\pi f \times 2 \times 10^{-7} \times \ln \frac{D_{ag}^2}{r'r_g} = 0.1445 \lg \frac{D_{ag}^2}{r'r_g} = 0.1445 \lg \frac{D_g}{r'} \quad (\Omega/\text{km}) \tag{8-38}$$

式中：D_g 称为等值深度。

根据卡尔逊的推导，D_g 计算式为

$$D_g = \frac{D_{ag}^2}{r_g} = \frac{660}{\sqrt{f/\rho}} = \frac{660}{\sqrt{f\gamma}} \quad (\text{m}) \tag{8-39}$$

式中：ρ 为土壤电阻率，Ω/m；γ 为土壤电导率，S/m。

当土壤电导率不明确时，在一般计算中可取 $D_g = 1000\text{m}$。

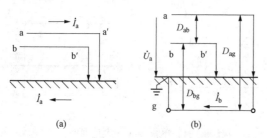

图 8-25　两根导线—大地回路

(a) 交流回路；(b) 等值导线模型

综上所述，单根导线—大地回路单位长度的自阻抗为

$$Z_s = R_a + R_g + j0.1445 \lg \frac{D_g}{r'} \quad (\Omega/\text{km}) \tag{8-40}$$

2. 两根导线—大地回路的互阻抗

图 8-25（a）示出两根导线均与大地形成回路的交流回路，图 8-25（b）为其等值

导线模型，其中两根地线回路是重合的。

当在图 8 - 25 中的回路通过电流 $\dot{I}_b$ 时，会在 ag 回路产生电压 $\dot{U}_a$ (V/km)，于是两个回路之间的互阻抗为

$$Z_{ab} = \frac{\dot{U}_a}{\dot{I}_b} = R_g + jX_{ab} \quad (\Omega/\text{km}) \qquad (8 - 41)$$

为了确定互感抗 X_{ab}，先分析两个回路磁链的交链情况。当在 bg 回路中流过电流 $\dot{I}_b$ 时，在 ag 回路所产生的磁链由两部分组成，一部分是由 bb′ 中 $\dot{I}_b$ 产生，另一部分由 gg′ 中的 $\dot{I}_b$ 产生。已知在一根导线中流过电流 I 时，沿导线单位长度、在距离导线中心为 D_1 和 D_2 之间的磁链为

$$\psi = I \times 2 \times 10^{-7} \times \ln \frac{D_2}{D_1} \quad (\text{Wb/m})$$

应用式 (8 - 42) 可求得图 8 - 25 (b) 中 a、b 两回路的互磁链为

$$\psi_{ab} = 2 \times 10^{-7} \times \left(I_b \ln \frac{D_{bg}}{D_{ab}} + I_b \ln \frac{D_{ag}}{r_g} \right) = 2 \times 10^{-7} \times I_b \ln \frac{D_{bg} D_{ag}}{D_{ab} r_g} \quad (\text{Wb/m}) \quad (8 - 42)$$

因为 $D_{bg} \approx D_{ag}$，所以 $D_{bg} D_{ag}/r_g \approx D_g$，代入式 (8 - 42) 后，得到两回路之间的互感抗为

$$X_{ab} = \frac{\omega \psi_{ab}}{I_b} = 2 \times 10^{-7} \times 2\pi f \ln \frac{D_g}{D_{ab}} \quad (\Omega/\text{km}) \qquad (8 - 43)$$

所以，两回路间单位长度的互阻抗为

$$Z_m = R_g + j0.1445 \lg \frac{D_g}{D_{ab}} \quad (\Omega/\text{km}) \qquad (8 - 44)$$

二、 单回路无避雷线三相架空电力线路的零序阻抗

图 8 - 26 示出了以大地为回路的无避雷线三相架空电力线路，所有地中电流返回路径仍可用一根虚拟导线来表示，这样就形成了三个平行的导线—大地回路。若每相导线的半径都是 r，每相导线单位长度的电阻为 R_1，而且三相导线实现了完整的循环换位。Z_s 为每一相导线—大地回路的自阻抗，三个平行导线—大地回路的互阻抗认为相等，即

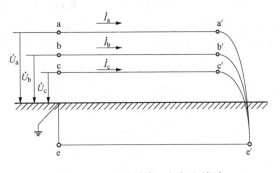

图 8 - 26　无避雷线三相架空线路

$$Z_{ab} = Z_{bc} = Z_{ca} = Z_m \qquad (8 - 45)$$

当电力线路通以三相零序电流时，在 a 相回路单位长度的零序电压降为

$$\dot{U}_{a0} = Z_s \dot{I}_{a0} + Z_m \dot{I}_{b0} + Z_m \dot{I}_{c0} = (Z_s + 2Z_m) \dot{I}_{a0} \quad (\text{V/km}) \qquad (8 - 46)$$

因此三相架空电力线路每相单位长度的等值零序阻抗为

$$Z_0 = \frac{\dot{U}_{a0}}{\dot{I}_{a0}} = Z_s + 2Z_m \quad (\Omega/\text{km}) \qquad (8 - 47)$$

将 Z_s、Z_m 表达式 (8 - 40)、式 (8 - 44) 代入式 (8 - 47) 中，并注意到用三相导线的几何平均距离 D_m 代替式 (8 - 43) 中的 D_{ab}，便可得

$$Z_0 = R_1 + 3R_e + j0.1445\lg\frac{D_g^3}{r'D_m^2}$$

$$= R_1 + 0.15 + j0.4335\lg\frac{D_g}{\sqrt[3]{r'D_m^2}}$$

$$= R_1 + 0.15 + j0.4335\lg\frac{D_g}{D_s} \quad (\Omega/\text{km}) \qquad (8\text{-}48)$$

式中：$D_s = \sqrt[3]{r'D_m^2}$ 为三相导线的几何平均半径。

当上述三相线路通以正序电流时，在 a 相回路单位长度的正序电压降为

$$\dot{U}_{a1} = Z_s \dot{I}_{a1} + Z_m(\dot{I}_{b1} + \dot{I}_{c1}) \quad (\text{V/km}) \qquad (8\text{-}49)$$

又由于 $\dot{I}_{b1} + \dot{I}_{c1} = -\dot{I}_{a1}$，将此式代入式（8-49）得

$$\dot{U}_{a1} = (Z_s - Z_m)\dot{I}_{a1} \quad (\text{V/km}) \qquad (8\text{-}50)$$

电力线路单位长度的正序阻抗为

$$Z_1 = \frac{\dot{U}_{a1}}{\dot{I}_{a1}} = Z_s - Z_m = R_1 + j0.1445\lg\frac{D_m}{r} \quad (\Omega/\text{km}) \qquad (8\text{-}51)$$

同理，电力线路单位长度的负序阻抗 $Z_2 = Z_1$。

比较式（8-47）、式（8-51）可见，单回路无避雷线三相架空电力线路的零序阻抗比正序阻抗或者负序阻抗大。这是因为三相零序电流同相位，每相导线中零序电流产生的自感磁通与另两相零序电流产生的互感磁通方向是相同的，且互感产生了助磁作用，故每相的等值电抗增大。

三、双回路无避雷线三相架空电力线路的零序阻抗

当平行相近架设的双回路无避雷线三相架空电力线路中，通过方向相同的零序电流时，不仅第一回路的任意两相对第三相的互感产生助磁作用，而且第二回路的所有三相对第一回路第三相的互感也产生了助磁作用，这就使这种线路的零序阻抗进一步增大。

在确定这种线路的零序阻抗时，首先要确定两相近的平行回路间的互阻抗。这个互阻抗可参照式（8-44）求取，但应考虑到一回路有三根导线，回路之间零序磁通的互感影响应为一根导线对另一根导线间互感的 3 倍。而导线间的几何平均距离则应取两个回路的六根导线之间的几何平均距离，即

$$D_{I\text{-}II} = \sqrt[9]{D_{aa'}D_{ab'}D_{ac'}D_{ba'}D_{bb'}D_{bc'}D_{ca'}D_{cb'}D_{cc'}} \qquad (8\text{-}52)$$

然后套用式（8-44），得平行回路之间的零序互阻抗为

$$Z_{(I\text{-}II)0} = 0.15 + j0.4335\lg\frac{D_g}{D_{I\text{-}II}} \quad (\Omega/\text{km}) \qquad (8\text{-}53)$$

如果双回路是由两个参数不同的回路所组成，每一回路的零序自阻抗分别为 Z_{I0} 和 Z_{II0}，则由图 8-27（a）可列出这种双回路的电压方程为

$$\left.\begin{array}{l} \Delta\dot{U}_0 = Z_{I0}\dot{I}_{I0} + Z_{(I\text{-}II)0}\dot{I}_{II0} \\ \Delta\dot{U}_0 = Z_{II0}\dot{I}_{II0} + Z_{(I\text{-}II)0}\dot{I}_{I0} \end{array}\right\} \qquad (8\text{-}54)$$

式（8-54）又可改写为

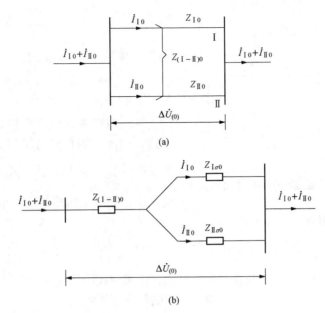

图 8-27　平行双回路线路的零序电流回路及其等值电路

(a) 双回线路一相零序电流回路；(b) 零序等值电路

$$\left.\begin{aligned}
\Delta \dot{U}_0 &= [Z_{\mathrm{I}0} - Z_{(\mathrm{I}-\mathrm{II})0}]\dot{I}_{\mathrm{I}0} + Z_{(\mathrm{I}-\mathrm{II})0}(\dot{I}_{\mathrm{I}0} + \dot{I}_{\mathrm{II}0}) \\
&= Z_{\mathrm{I}\sigma0}\dot{I}_{\mathrm{I}0} + Z_{(\mathrm{I}-\mathrm{II})0}(\dot{I}_{\mathrm{I}0} + \dot{I}_{\mathrm{II}0}) \\
\Delta \dot{U}_0 &= [Z_{\mathrm{II}0} - Z_{(\mathrm{I}-\mathrm{II})0}]\dot{I}_{\mathrm{II}0} + Z_{(\mathrm{I}-\mathrm{II})0}(\dot{I}_{\mathrm{I}0} + \dot{I}_{\mathrm{II}0}) \\
&= Z_{\mathrm{II}\sigma0}\dot{I}_{\mathrm{II}0} + Z_{(\mathrm{I}-\mathrm{II})0}(\dot{I}_{\mathrm{I}0} + \dot{I}_{\mathrm{II}0})
\end{aligned}\right\} \qquad (8\text{-}55)$$

其中

$$Z_{\mathrm{I}\sigma0} = Z_{\mathrm{I}0} - Z_{(\mathrm{I}-\mathrm{II})0} = R_{1,\mathrm{I}} + \mathrm{j}0.4335\lg\frac{D_{\mathrm{I}-\mathrm{II}}}{D_{\mathrm{sI}}} \quad (\Omega/\mathrm{km}) \qquad (8\text{-}56)$$

$$Z_{\mathrm{II}\sigma0} = Z_{\mathrm{II}0} - Z_{(\mathrm{I}-\mathrm{II})0} = R_{1,\mathrm{II}} + \mathrm{j}0.4335\lg\frac{D_{\mathrm{I}-\mathrm{II}}}{D_{\mathrm{sII}}} \quad (\Omega/\mathrm{km}) \qquad (8\text{-}57)$$

按式（8-55）可作出平行双回路无避雷线三相架空电力线路的零序等值电路，如图 8-27（b）所示，它们的零序等值阻抗为

$$Z_{0(2)} = Z_{(\mathrm{I}-\mathrm{II})0} + \frac{[Z_{\mathrm{I}0} - Z_{(\mathrm{I}-\mathrm{II})0}][Z_{\mathrm{II}0} - Z_{(\mathrm{I}-\mathrm{II})0}]}{[Z_{\mathrm{I}0} - Z_{(\mathrm{I}-\mathrm{II})0}] + [Z_{\mathrm{II}0} - Z_{(\mathrm{I}-\mathrm{II})0}]} \quad (\Omega/\mathrm{km}) \qquad (8\text{-}58)$$

如果两个回路完全相同，则 $Z_{\mathrm{I}0} = Z_{\mathrm{II}0} = Z_0$，那么它们的等值零序阻抗为

$$Z_{0(2)} = \frac{1}{2}[Z_0 + Z_{(\mathrm{I}-\mathrm{II})0}] \quad (\Omega/\mathrm{km}) \qquad (8\text{-}59)$$

则每一回路的等值零序阻抗为

$$Z_{0(\mathrm{I})} = Z_0 + Z_{(\mathrm{I}-\mathrm{II})0} \quad (\Omega/\mathrm{km}) \qquad (8\text{-}60)$$

四、单回路有避雷线三相架空电力线路的零序阻抗

对于单回路有避雷线三相架空电力线路，每相导线中通过三相零序电流 $\dot{I}_0$ 时，它的一部分电流 $\dot{I}_\mathrm{w}$ 经接地避雷线返回，另一部分电流 $\dot{I}_\mathrm{e}$ 经大地返回，如图 8-28 所示。它们之间

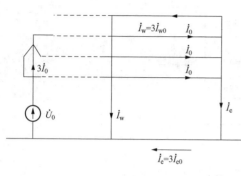

图 8-28　单回路有避雷线时零序电流回路

的关系为 $\dot{I}_w + \dot{I}_e = 3\dot{I}_0$，即 $\frac{1}{3}\dot{I}_w + \frac{1}{3}\dot{I}_e = \dot{I}_0$，或者写成 $\dot{I}_{w0} + \dot{I}_{e0} = \dot{I}_0$，其中 $\dot{I}_{w0} = \frac{1}{3}\dot{I}_w$，$\dot{I}_{e0} = \frac{1}{3}\dot{I}_e$。

接地避雷线也可以看作是一个导线—大地回路，因此它的自阻抗可用式（8-38）表示，但由于 $\dot{I}_{w0} = \frac{1}{3}\dot{I}_w$，因此在以一相表示的等值电路中，它的阻抗应扩大 3 倍，那么具有单接地避雷线的零序自阻抗为

$$Z_{w0} = 3R_{1w} + 0.15 + j0.4335\lg\frac{D_g}{r'_w} \quad (\Omega/\text{km}) \tag{8-61}$$

式中：R_{1w} 为避雷线单位长度的电阻，Ω/km；r'_w 为避雷线的几何平均半径，mm。

与式（8-53）相似，三相导线和避雷线间的零序互阻抗为

$$Z_{cw0} = 0.15 + j0.4335\lg\frac{D_g}{D_{c\text{-}w}} \quad (\Omega/\text{km}) \tag{8-62}$$

式中：$D_{c\text{-}w} = \sqrt[3]{D_{aw}D_{bw}D_{cw}}$ 为三相导线和避雷线间的几何平均距离。

以一相表示的具有单接地避雷线的单回路的零序电流回路，如图 8-29（a）所示。

由图 8-29（a）可得出其零序电压方程式为

$$\left.\begin{array}{l} \Delta\dot{U}_0 = Z_0\dot{I}_0 - Z_{cw0}\dot{I}_{w0} \\ 0 = Z_{w0}\dot{I}_{w0} - Z_{cw0}\dot{I}_0 \end{array}\right\} \tag{8-63}$$

由式（8-63）第二式可得

$$\dot{I}_{w0} = \frac{Z_{cw0}}{Z_{w0}}\dot{I}_0 = \frac{Z_{cw0}}{(Z_{w0} - Z_{cw0}) + Z_{cw0}}\dot{I}_0 \tag{8-64}$$

将式（8-64）前一个等号部分代入式（8-56）第一式中可得

$$\Delta\dot{U}_0 = \left(Z_0 - \frac{Z_{cw0}^2}{Z_{w0}}\right)\dot{I}_0 \tag{8-65}$$

由此可得具有单避雷线的单回路的零序等值阻抗为

$$\begin{aligned} Z_0^{(w)} &= Z_0 - \frac{Z_{cw0}^2}{Z_{w0}} = (Z_0 - Z_{cw0}) + \left(Z_{cw0} - \frac{Z_{cw0}^2}{Z_{w0}}\right) \\ &= (Z_0 - Z_{cw0}) + \frac{Z_{cw0}(Z_{w0} - Z_{cw0})}{Z_{w0} + (Z_{w0} - Z_{cw0})} \quad (\Omega/\text{km}) \end{aligned} \tag{8-66}$$

由式（8-64）和式（8-66）可作出其零序等值电路如图 8-29（b）所示。

由式（8-66）可见 $|Z_0^{(w)}| < |Z_0|$。这是由于避雷线中零序电流去磁的作用，使线路的零序阻抗减小。避雷线距导线越近，这种去磁作用越大。

如果线路有两根避雷线，可以用一根等值避雷线来代替实际的两根避雷线，然后再按上述方法计算线路的零序阻抗。设线路的导线和两根避雷线的排列如图 8-30 所示。

由图 8-30 可见，等值避雷线的几何平均半径为

$$D_{sw} = \sqrt{r'_w D_w} \tag{8-67}$$

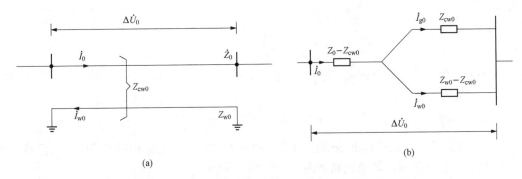

(a)

(b)

图 8-29　具有单接地避雷线的单回线路的零序等值电路

(a) 零序电流的回路；(b) 零序等值电路

式中：D_w 为两根避雷线间的距离。

两根避雷线（W_{I} 和 W_{II}）与三相导线间的几何平均距离为

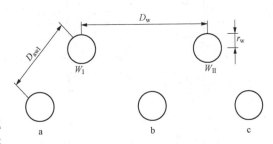

图 8-30　有两根避雷线的单回线路

$$D_{\mathrm{c\text{-}w}} = \sqrt[6]{D_{\mathrm{aw\,I}} D_{\mathrm{aw\,II}} D_{\mathrm{bw\,I}} D_{\mathrm{bw\,II}} D_{\mathrm{cw\,I}} D_{\mathrm{cw\,II}}} \tag{8-68}$$

与式（8-61）相似，以一个导线—大地回路表示的等值避雷线，在用一相表示的等值电路中，等值避雷线的零序自阻抗为

$$Z_{\mathrm{w0}} = 3 \times \frac{R_{\mathrm{1w}}}{2} + 0.15 + \mathrm{j}0.4335 \lg \frac{D_{\mathrm{g}}}{D_{\mathrm{cw}}} \quad (\Omega/\mathrm{km}) \tag{8-69}$$

三相导线和等值避雷线间的零序互阻抗为

$$Z_{\mathrm{cw0}} = 0.15 + \mathrm{j}0.4335 \lg \frac{D_{\mathrm{g}}}{D_{\mathrm{cw}}} \quad (\Omega/\mathrm{km}) \tag{8-70}$$

两根避雷线单回架空电力线路的零序阻抗 $Z_0^{(\mathrm{w})}$ 的表示仍为式（8-66），其零序等值电路仍如图 8-29（b）所示。

五、双回路有避雷线三相架空电力线路的零序阻抗

同杆双回架空线路，带有两根避雷线时，会形成由两个单回路三相线路和一个两根避雷线三部分组成的磁耦系统。这三部分的零序自阻抗为 $Z_{\mathrm{I}0}$、$Z_{\mathrm{II}0}$、Z_{w0}，它们两两之间的零序互阻抗 $Z_{\mathrm{(I-II)0}}$、$Z_{\mathrm{(I-w)0}}$、$Z_{\mathrm{(II-w)0}}$，都可由上列方程式求出，于是可组成图 8-31（a）所示的零序电流回路。由此可列出零序电压方程式

$$\left. \begin{aligned} \Delta \dot{U}_0 &= Z_{\mathrm{I}0} \dot{I}_{\mathrm{I}0} + Z_{\mathrm{(I-II)0}} \dot{I}_{\mathrm{II}0} - Z_{\mathrm{(I-w)0}} \dot{I}_{\mathrm{w0}} \\ \Delta \dot{U}_0 &= Z_{\mathrm{II}0} \dot{I}_{\mathrm{II}0} + Z_{\mathrm{(I-II)0}} \dot{I}_{\mathrm{I}0} - Z_{\mathrm{(II-w)0}} \dot{I}_{\mathrm{w0}} \\ 0 &= Z_{\mathrm{w0}} \dot{I}_{\mathrm{w0}} - Z_{\mathrm{(I-w)0}} \dot{I}_{\mathrm{I}0} - Z_{\mathrm{(II-w)0}} \dot{I}_{\mathrm{II}0} \end{aligned} \right\} \tag{8-71}$$

式（8-71）中消去 $\dot{I}_{\mathrm{w0}}$，可得

$$\left. \begin{aligned} \Delta \dot{U}_0 &= Z_{\mathrm{I}0}^{(\mathrm{w})} \dot{I}_{\mathrm{I}0} + Z_{\mathrm{(I-II)0}}^{(\mathrm{w})} \dot{I}_{\mathrm{II}0} \\ \Delta \dot{U}_0 &= Z_{\mathrm{II}0}^{(\mathrm{w})} \dot{I}_{\mathrm{II}0} + Z_{\mathrm{(I-II)0}}^{(\mathrm{w})} \dot{I}_{\mathrm{I}0} \end{aligned} \right\} \tag{8-72}$$

其中

$$Z_{\text{I}0}^{(\text{w})} = Z_{\text{I}0} - \frac{Z_{(\text{I}-\text{w})0}^2}{Z_{\text{w}0}}$$

$$Z_{\text{II}0}^{(\text{w})} = Z_{\text{II}0} - \frac{Z_{(\text{II}-\text{w})0}^2}{Z_{\text{w}0}}$$

$$Z_{(\text{I}-\text{II})0}^{(\text{w})} = Z_{(\text{I}-\text{II})0} - \frac{Z_{(\text{I}-\text{w})0}Z_{(\text{II}-\text{w})0}}{Z_{\text{w}0}}$$

(8 - 73)

它们分别为考虑了避雷线的去磁作用后，回路 Ⅰ、Ⅱ 的自阻抗和两回路间的互阻抗。由式（8-72）可作出其零序等值电路如图 8-31（b）所示。

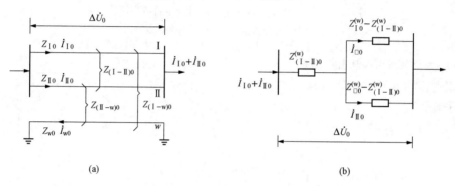

图 8-31　有避雷线双回路的零序电流回路及其等值电路
（a）零序电流电路；（b）零序等值电路

由图 8-31（b）可得有避雷线双回线路的零序等值阻抗为

$$Z_{0(2)}^{(\text{w})} = Z_{(\text{I}-\text{II})0}^{(\text{w})} + \frac{[Z_{\text{I}0}^{(\text{w})} - Z_{(\text{I}-\text{II})0}^{(\text{w})}][Z_{\text{II}0}^{(\text{w})} - Z_{(\text{I}-\text{II})0}^{(\text{w})}]}{Z_{\text{I}0}^{(\text{w})} + Z_{\text{II}0}^{(\text{w})} - 2Z_{(\text{I}-\text{II})0}^{(\text{w})}}$$

(8 - 74)

如果两个回路完全相同，$Z_{\text{I}0} = Z_{\text{II}0} = Z_0$，$Z_{(\text{I}-\text{w})0} = Z_{(\text{II}-\text{w})0} = Z_{\text{cw}0}$，则双回路的零序等值阻抗为

$$Z_{0(2)}^{(\text{w})} = Z_{(\text{I}-\text{II})0}^{(\text{w})} + \frac{1}{2}[Z_0^{(\text{w})} - Z_{(\text{I}-\text{II})0}^{(\text{w})}] = \frac{1}{2}[Z_0^{(\text{w})} + Z_{(\text{I}-\text{II})0}^{(\text{w})}]$$

$$= \frac{1}{2}\Big[Z_0 + Z_{(\text{I}-\text{II})0} - 2\frac{Z_{\text{cw}0}^2}{Z_{\text{w}0}}\Big]$$

$$= \frac{1}{2}[Z_0 + Z_{(\text{I}-\text{II})0}] - \frac{Z_{\text{cw}0}^2}{Z_{\text{w}0}}$$

$$= \frac{1}{2}Z_{0(\text{I})} - \frac{Z_{\text{cw}0}^2}{Z_{\text{w}0}}$$

(8 - 75)

式（8-75）中 $Z_{0(\text{I})} = Z_0 + Z_{(\text{I}-\text{II})0}$ 为没有避雷线、两回路参数相同时，每一回路的零序等值阻抗，其中两回间的零序互阻抗 $Z_{(\text{I}-\text{II})0}$ 表达式见式（8-53）。那么每一回路的零序等值阻抗为

$$Z_{0(\text{I})}^{(\text{w})} = 2Z_{0(2)}^{(\text{w})} = Z_{0(\text{I})} - 2\frac{Z_{\text{cw}0}^2}{Z_{\text{w}0}}$$

$$= Z_0 + Z_{(\text{I}-\text{II})0} - 2\frac{Z_{\text{cw}0}^2}{Z_{\text{w}0}}$$

(8 - 76)

由式（8-76）可见，避雷线的去磁作用使双回线路每一回线的零序阻抗 $Z_{0(1)}$ 减少了 $2\dfrac{Z_{cw0}^2}{Z_{w0}}$。

在近似计算中，架空电力线路可以忽略电阻，各序电抗的平均值可选用表8-3所列数据。

表 8-3　　　　　　　　　　　架空电力线路各序电抗平均值

架空电力线路种类		正、负序电抗 （Ω/km）	零序电抗 （Ω/km）	备注
无避雷线	单回路		$x_0 = 3.5x_1$	
	双回路		$x_0 = 5.5x_1$	每回路数值
有钢质避雷线	单回路	$x_1 = x_2 = 0.4$	$x_0 = 3x_1$	
	双回路		$x_0 = 5x_1$	每回路数值
有良导体避雷线	单回路		$x_0 = 2x_1$	
	双回路		$x_0 = 3x_1$	每回路数值

六、电缆线路的零序阻抗

在敷设电缆时，通常在终端头和中间头处将其铅（铝）包护层接地。由于返回的零序电流在大地和包护层间分配，与包护层本身的阻抗及其接地阻抗有关，而后者又因电缆的敷设方式、施工工艺水平等因素而异。因此准确计算电缆线路的零序阻抗比较困难，通常只考虑以下两个极端情况。

（1）铅（铝）包护层各处都有良好的接地，认为沿线各处的接地阻抗都可以忽略不计，大地和包护层都有零序电流流通。

（2）铅（铝）包护层在各处都经相当大的阻抗接地，因此可以认为零序电流只通过包护层返回。

上述情况（1）表明，零序电流经大地和包护层返回时，电缆线路如同有接地避雷线的架空电力线路，其保护层就相当于避雷线。所不同的是，包护层将三芯完全包围，其中流过的零序电流产生的磁通全部与芯线匝链。因此包护层的零序自电抗也就是它和芯线间的零序互电抗，换言之，包护层没有漏电抗。在这种情况下，地中电流达到可能的最大值，而电缆包护层中电流达到其最小值。这是由于包护层中电流的去磁作用最小，电缆零序阻抗达到可能的最大值。而上述情况（2）表明，当零序电流只通过包护层返回时，此时包护层中电流达到最大值，去磁作用最大，因而电缆的零序阻抗达到可能的最小值。

以上两种极端情况，电缆零序阻抗数值相差很大，对于电缆的 r_0、x_0 很难找到适当的平均值，在近似计算中，三芯电缆可采用 $r_0 \approx 10r_1$，$x_0 \approx (3.5 \sim 4.6)x_1$。

在实用计算时，电缆电抗可取表8-4所列的平均值。

表 8-4　　　　　　　　　　　电缆电抗的平均值

元件名称	电缆电抗的平均值		元件名称	电缆电抗的平均值	
	$x_1 = x_2$ （Ω/km）	x_0 （Ω/km）		$x_1 = x_2$ （Ω/km）	x_0 （Ω/km）
1kV 三芯电缆	0.06	0.7	6~10kV 三芯电缆	0.08	$x_0 = 3.5$ $x_1 = 0.28$

续表

元件名称	电缆电抗的平均值		元件名称	电缆电抗的平均值	
	$x_1=x_2$ (Ω/km)	x_0 (Ω/km)		$x_1=x_2$ (Ω/km)	x_0 (Ω/km)
1kV 四芯电缆	0.066	0.17	35kV 三芯电缆	0.12	$x_0=3.5$ $x_1=0.42$

第六节　电力系统故障运行的等值网络

前面已经讨论了电力系统主要元件的参数和其等值电路，这是建立各种不同运行方式下等值网络的基础。而对于电力系统的故障分析和计算，首先要建立电力系统故障时的等值网络。

一、短路故障的等值网络

1. 三相短路的等值网络

电力系统三相短路为对称短路，三相等值网络是相同的，故可只作一相的等值网络。该等值网络为由电力系统中各有关元件正序阻抗所形成，基本上与电力系统正常运行的等值网络相同，如变压器、电力线路、电抗器等静止元件与正常运行时完全相同。但应对正常运行的等值网络加以修正，要考虑发电机的次暂态电动势 E'_G 及次暂态电抗 X''_d，以及负荷的电动势 E''_0 和电抗 X''，并适当考虑异步电动机反馈电流的影响，同时三相短路时短路点的电压为零。所以，三相短路的等值网络可以从正常运行的等值网络修正而得。

依上述特点，可将电力系统三相短路的原始等值网络化简后，最后作出三相短路的等值

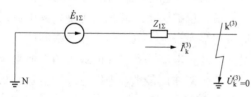

图 8 - 32　三相短路的等值网络

网络。该网络从电源中性点 N（包括所考虑的电动机的中性点）开始，作其等值电动势 $\dot{E}_{1\Sigma}$，并经等值阻抗 $Z_{1\Sigma}$ 至三相短路点 $k^{(3)}$ 止，就形成了电力系统三相短路的等值网络，如图 8 - 32 所示。

等值网络中 $\dot{E}_{1\Sigma}$ 为所计算电力系统所有电源电动势的等值电动势；$Z_{1\Sigma}$ 为所计算电力系统所有有关元件正序阻抗的等值阻抗，即所有电源中性点对三相短路点的等值阻抗。

2. 不对称短路的等值网络

当电力系统发生不对称短路时，对于电压、电流的一组不对称三相系统，可以用对称分量法分解出正序、负序、零序三组对称三相系统的量。那么，就需要建立彼此独立的正序、负序、零序等值网络。

（1）正序等值网络。不对称短路的正序等值网络与三相短路的等值网络基本相同，不同点只是短路点的正序电压不为零。与此相对应，正序等值网络中各点正序电压较三相短路时高，因此可以忽略异步电动机向短路点供出的反馈电流。这样由所计算的电力系统有关元件

正序参数组成了原始正序等值网络，经简化后即可得不对称短路时的正序等值网络，如图 8-33（a）所示。其中 n_1 为发电机正序中性点；$\dot{E}_{1\Sigma}$ 为正序等值电动势；$Z_{1\Sigma}$ 为正序等值阻抗；$\dot{U}_{k1}$ 为短路点 k1 正序电压。

（2）负序等值网络。负序等值网络与正序等值网络基本相同：对于静止元件 $Z_1 = Z_2$，对于旋转元件 Z_2 虽不等于 Z_1，但在计算次暂态短路电流时，可以认为 $Z_2 \approx Z_1 \approx Z''$；短路点的负序电压也不为零。不同点是：负序网络中无电源电动势，即 $E_2 = 0$。这样由所计算电力系统有关元件负序参数组成了原始负序等值网络，经简化后可得负序等值网络，如图 8-33（b）所示。其中，n_2 为电源的负序中性点，$Z_{2\Sigma}$ 为负序等值阻抗，$\dot{U}_{k2}$ 为短路点的负序电压。

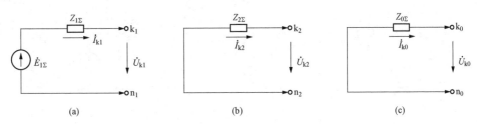

图 8-33　不对称短路的各序等值网络

（a）正序等值网络；（b）负序等值网络；（c）零序等值网络

（3）零序等值网络。零序等值网络与正、负序等值网络有很大差异。零序等值网络是由不对称短路时短路点的零序电压分量所产生的零序电流通过电力元件的零序阻抗所组成的网络。因此零序等值阻抗与正、负序等值阻抗大小不同。但短路点的零序电压不为零，并且零序网络也是无源网络。

为确定零序等值网络的结构，首先要弄清零序电流的路径。一般是在不对称短路点三相施以零序电压，并从该点出发由近及远观察零序电流所经之路，从而可逐一确定电力元件的零序阻抗，并组成原始零序等值网络，精简化后可得零序等值网络，如图 8-33（c）所示。其中，$Z_{0\Sigma}$ 为零序等值阻抗；$\dot{U}_{k0}$ 为短路点的零序电压；N_0 为零序中性点，它一般是中性点直接接地 YNd 连接变压器的 d 接绕组末端，或 YNd 连接变压器中性点经电抗 X_n 接地时的 $3X_n$ 的末端，或是星形接线的发电机、负荷的接地中性点。

二、非全相运行的等值网络

三相电力系统断开一相或两相的运行称为非全相运行。非全相运行是系统在断口处发生的纵向不对称的运行状态，而不对称短路是系统在短路点处发生的横向不对称的运行状态。对非全相运行的分析、计算也是采用对称分量法，将不对称的三相系统分解为正序、负序、零序三组对称的三相系统，因此要作出各序网等值网络图。这时，各元件的序参数和等值电路也与不对称短路相同。所不同的是，不对称短路时，各序电压施加在中性点（零电位点）与短路点之间，即各序网络的始末端之间；而非全相运行时，各序电压则施加在断口上，因这时断口两侧就是各序网络的始端和末端。根据以上分析作出图 8-34（a）所示网络，在 d、d′ 间发生断相时的各序等值网络，如图 8-34（b）、（c）、（d）所示。

【例 8-2】　电力系统接线如图 8-35 所示，在 k 点发生接地短路时，试作出系统零序等

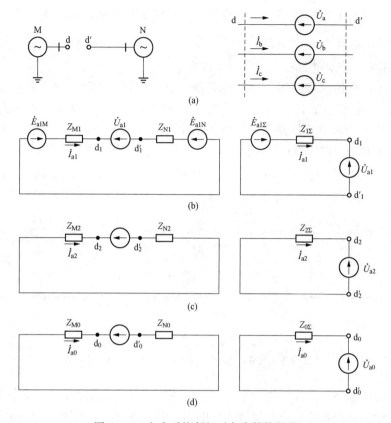

图 8-34 电力系统断相时各序等值网络

(a) 网络在 dd′ 断相；(b) a 相正序等值网络；(c) a 相负序等值网络；(d) a 相零序等值网络

值网络图。图中 1～17 为元件编号。

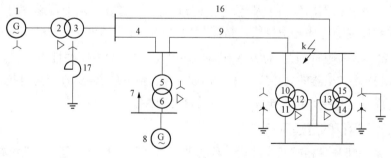

图 8-35 系统接线图

解 零序网络如图 8-36 所示。

【例 8-3】 电力系统接线如图 8-37 所示，试画出 k 点发生接地短路时的零序等值网络。

解 系统 k 点发生接地短路时的零序等值网络如图 8-38 所示。

【例 8-4】 电力系统接线如图 8-39 所示，试画出 k 点发生接地短路时的零序等值网络。

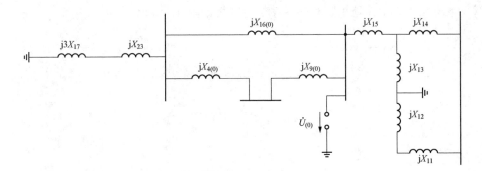

图 8-36　零序网络图

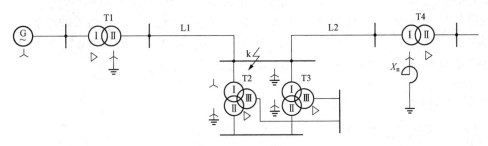

图 8-37　系统接线图

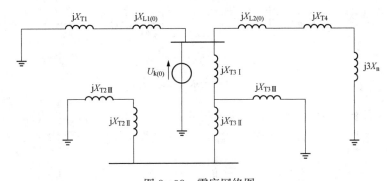

图 8-38　零序网络图

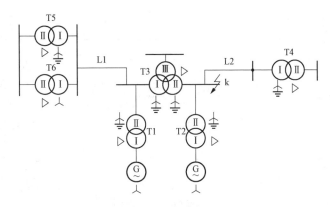

图 8-39　系统接线图

解 系统 k 点发生接地短路时的零序等值网络如图 8-40 所示。

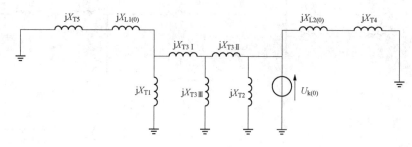

图 8-40 零序网络图

【例 8-5】 如图 8-41 所示输电系统，在 k 点发生接地短路，试绘制出各序网络，并计算等值电动势 E_{eq} 和短路点的各序输入电抗 $X_{kk(1)}$、$X_{kk(2)}$、$X_{kk(0)}$。系统各参数如下：

发电机 G，$S_N=120MVA$，$U_N=10.5kV$，$E_1=1.67$，$X_1=0.9$，$X_2=0.45$；

变压器 T1，$S_N=60MVA$，$U_k\%=10.5$，$k_{T1}=10.5/115$；

变压器 T2，$S_N=60MVA$，$U_k\%=10.5$，$k_{T2}=115/6.3$；

线路 L 每回路，$l=105km$，$x_1=0.4\Omega/km$，$x_0=3x_1$；

负荷 LD1，$S_N=60MVA$，$X_1=1.2$，$X_2=0.35$；

负荷 LD2，$S_N=40MVA$，$X_1=1.2$，$X_2=0.35$。

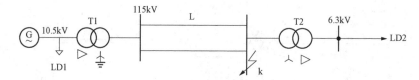

图 8-41 系统接线图

解 （1）参数标幺值的计算。选取基准功率 $S_B=120MVA$ 和基准电压 $U_B=U_{av}$，计算出各元件的各序电抗的标幺值（计算过程略）。计算结果标于各序网络图中，见图 8-42。

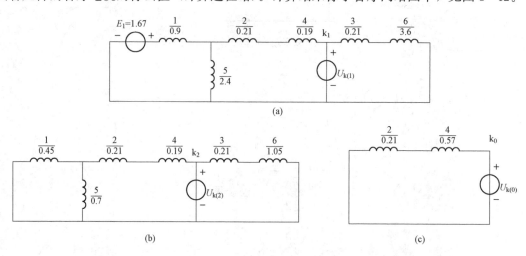

图 8-42 系统各序等值网络图

（a）正序网络；（b）负序网络；（c）零序网络

（2）制定各序网络。正序和负序网络，包括了图中所有元件［见图 8 - 42（a）、（b）］。因零序电流仅在线路 L 和变压器 T1 中流通，所以零序网络只包含这两个元件［见图 8 - 42（c）］。

（3）进行网络化简，求正序等值电动势和各序输入电抗。正序和负序网络的化简过程如图 8 - 43 所示。对于正序网络，先将支路 1 和支路 5 并联得支路 7，它的电动势和电抗分别为

$$E_7 = \frac{E_1 X_5}{X_1 + X_5} = \frac{1.67 \times 2.4}{0.9 + 2.4} = 1.22, \quad X_7 = \frac{X_1 X_5}{X_1 + X_5} = \frac{0.9 \times 2.4}{0.9 + 2.4} = 0.66$$

将支路 7、2 和 4 串联的支路 9，其电抗和电动势分别为

$$X_9 = X_7 + X_2 + X_4 = 0.66 + 0.21 + 0.19 = 1.06, \quad E_9 = E_7 = 1.22$$

将支路 3 和支路 6 串联得支路 8，其电抗为

$$E_{eq} = \frac{E_9 X_8}{X_9 + X_8} = \frac{1.22 \times 3.81}{1.06 \times 3.81} = 0.95, \quad X_{kk(1)} = \frac{X_8 X_9}{X_8 + X_9} = \frac{3.81 \times 1.06}{3.81 + 1.06} = 0.83$$

对于负序网络

$$X_7 = \frac{X_1 X_5}{X_1 + X_5} = \frac{0.45 \times 0.7}{0.45 + 0.7} = 0.27, \quad X_9 = X_7 + X_2 + X_4 = 0.27 + 0.21 + 0.19 = 0.67$$

$$X_8 = X_3 + X_6 = 0.21 + 1.05 = 1.26, \quad X_{kk(2)} = \frac{X_8 X_9}{X_8 + X_9} = \frac{1.26 \times 0.67}{1.26 + 0.67} = 0.44$$

对于零序网络

$$X_{kk(0)} = X_2 + X_4 = 0.21 + 0.57 = 0.78$$

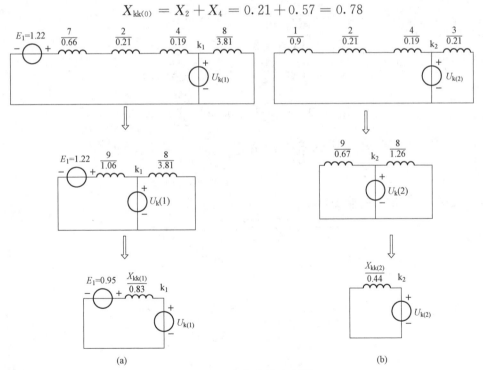

图 8 - 43　网络化简流程图

（a）正序网络化简流程；（b）负序网络化简流程

【例 8 - 6】　系统接线如图 8 - 44 所示，各元件参数如下：

发电机 G，$S_N = 30\text{MVA}$，$X''_d = X_2 = 0.2$；

变压器 T1，$S_N = 30\text{MVA}$，$U_k\% = 10.5$，中性点接地阻抗 $Z_n = \text{j}10\Omega$；

变压器 T2，$S_N = 30 \text{MVA}$，$U_k \% = 10.5$；

线路 L，$l = 60 \text{km}$，$x_1 = 0.4 \Omega/\text{km}$，$x_0 = 3x_1$；

负荷，$S_D = 25 \text{MVA}$。

试计算各元件电抗的标幺值，并作出各序网络图。

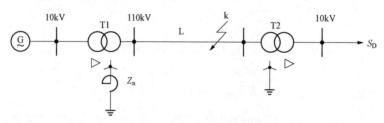

图 8 - 44　系统接线图

解　（1）求各元件参数标幺值，选 $S_B = 30 \text{MVA}$，$U_B = U_{av}$，则

$$X_2 = X''_d = 0.2 \frac{S_B}{S_{GN}} = 0.2 \times \frac{30}{30} = 0.2$$

$$X_{T1} = \frac{U_{k1}\%}{100} \frac{S_B}{S_{TN}} = \frac{10.5}{100} \times \frac{30}{30} = 0.105$$

$$X_{L1} = X_{L2} = x_1 l \frac{S_B}{U_B^2} = 0.4 \times 60 \times \frac{30}{115 \times 115} = 0.0544$$

$$X_{L0} = 3 X_{L1} = 3 \times 0.0544 = 0.1633$$

$$X_{D1} = 1.2 \times \frac{S_B}{S_D} = 1.2 \times \frac{30}{25} = 1.44$$

$$X_{D2} = 0.35 \times \frac{S_B}{S_D} = 0.35 \times \frac{30}{25} = 0.42$$

$$Z_n = j10 \times \frac{S_B}{U_B^2} = j10 \times \frac{30}{115 \times 115} = j0.0227$$

$$3Z_n = 3 \times j0.0227 = j0.06805$$

（2）各序网络如图 8 - 45 所示。

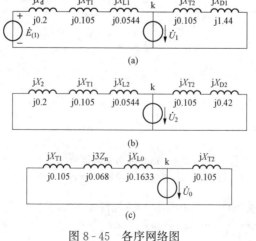

图 8 - 45　各序网络图

（a）正序网络；（b）负序网络；（c）零序网络

思考题与习题

8-1 什么是对称分量法，有何用处？写出对称分量法的变换公式，并与各序电流相量组成不对称三相电流的相量图进行对应分析。

8-2 同步发电机的负序和零序电抗的定义是什么？这种电抗在何种情况下能显示出来？

8-3 异步电动机的正序和负序等值电路有什么区别？

8-4 异步电动机的反馈电流应如何考虑？

8-5 YNd 接线变压器的零序等值电路和零序等值电抗如何推导？

8-6 对于 YNd 接线变压器，在 YN 侧加入零序电压 $\dot{U}_0$ 时，变压器零序等值电路中 d 侧绕组末端为什么是接 N 点（变压器中性点），而不能一概说短路接地？

8-7 在变压器的 Y 或 D 接线一侧加入 $\dot{U}$ 时，其零序阻抗为多少？为什么？

8-8 试推导 YNyn 接线且中性点经电抗 X_n 接地变压器的零序等值电抗，并作出其零序等值电路。

8-9 变压器的零序励磁电抗 X_{m0} 是如何考虑的？

8-10 自耦变压器的中性点为什么多为直接接地？

8-11 何为导线—大地回路的自阻抗、互阻抗？试推导。

8-12 证明电力线路的 $|Z_0| > |Z_1| = |Z_2|$。

8-13 当流过双回路架空电力线路的零序电流方向相反时，试推导该电力线路的零序等值阻抗和零序等值电路。

8-14 准确计算电力电缆线路的零序阻抗为什么比较困难？实际应用中应如何处理？

8-15 电力系统故障的等值网络是怎样的？是如何得来的？

8-16 原始的零序等值网络是如何确定的？

8-17 非全相运行时的网络与不对称短路的网络有何区别？

8-18 在图 8-46 所示简单电路中，c 相断开，则 $\dot{I}_c = 0$，a、b 两相电流为 $\dot{I}_a = 10\angle 0°$，$\dot{I}_b = 10\angle 180°$。试以 a 相电流为参考相量，计算线电流的对称分量。

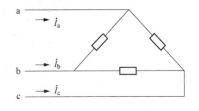

图 8-46 题 8-18 图

8-19 降压变电站中两台双绕组变压器并列运行，低压侧总负荷为 40+j30MVA。变压器参数均为额定容量 50MVA，额定电压 110/11kV，短路电压 10%，绕组接线分别为 YNd、Yd，变压器导纳参数、分接头对变比参数的影响等均可忽略。试求从变压器高压侧看入的正序、零序等值电路及其标幺值参数。

8-20 有一台三相三绕组自耦变压器，中性点直接接地，绕组的额定电压为 220/121/11kV，各绕组归算至 220kV 侧等值电抗的有名值为 $X_{\mathrm{I}} = 40\Omega$，$X_{\mathrm{II}} = 0$，$X_{\mathrm{III}} = 60\Omega$。如果在 220kV 侧加零序电压 $U_0 = 20$kV，试求下列各情况下自耦变压器各绕组和中性点流过的电流值：①Ⅲ绕组开路，且Ⅱ绕组三相直接接地；②Ⅲ绕组接成三角形，Ⅱ绕组三相直接接地；③Ⅲ绕组接成三角形，Ⅱ绕组开路。

8-21 单回路无避雷线三相架空电力线路，导线采用 LGJ-150 型钢芯铝绞线，导线等值半径 $r' = 0.85$cm，电阻 $r_1 = 0.21\Omega$/km，三相导线水平排列，相间距离为 3m。计算其零序阻抗与正序阻抗的比值、零序电抗与正序电抗的比值、零序电阻与正序电阻之比。

8-22 在图 8-47 所示的电力系统中，k 点发生了单相接地短路。试绘制其原始零序等值网络图。其中 T3 为自耦变压器，L 为单回路有避雷线架空电力线路，T1、T2 完全相同。

8-23 在图 8-48 所示电力系统中 k 点发生了两相接地短路，试绘制其原始的零序网络图。

8-24 在图 8-49 所示电力系统中，k_1、k_2 点不同时发生了接地性不对称短路，试分别作出其原始零序网络图。

　　8-25　在图 8-50 所示电力系统中，当电力线路中点 k 发生了接地性不对称短路时，试作出下列情况的原始零序网络图：①不计两回路间的互感影响；②计及两回路间的互感影响。

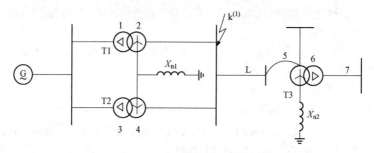

图 8-47　题 8-22 图

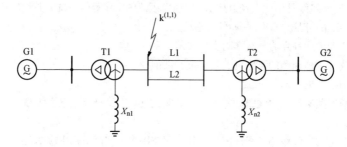

图 8-48　题 8-23 图

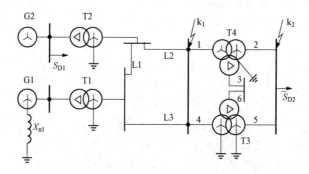

图 8-49　题 8-24 图

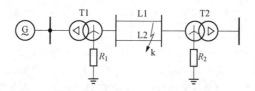

图 8-50　题 8-25 图

第九章

电力系统不对称故障分析与计算

　　电力系统不对称故障是指三相系统中的某相或某两相发生故障，包括单相接地短路、两相短路、两相短路接地、单相断开和两相断开等。不对称故障会导致电力系统三相电流电压不对称，且与三相短路相似，会造成电压降低、设备损坏和短路电流过大等问题。因此，需要分析并计算各种不对称故障的电流、电压。

　　当电力系统发生不对称故障时，故障处三相状态及参数不同，三相电压和电流的有效值不等，三相相位差也不相等。对于这样的不对称三相系统，由于三相间存在互感，也不能对三相分别计算。因此通常采用对称分量法，将不对称三相系统分解为对称的正序、对称的负序、相等的零序，来分析不对称故障问题。分析不对称故障问题时，需要利用第八章知识，求出系统中各元件的正序、负序、零序参数，进而求解不对称短路时短路点故障电流和电压、非故障处电流和电压；并简介了不对称故障的计算机算法。

第一节　不对称短路时短路点故障电流和电压

　　电力系统中发生不对称短路时，无论是单相接地短路、两相短路还是两相接地短路，系统各个电气元件结构是三相对称的，只是在短路点出现故障或运行状态的不对称。根据对称分量法的理论，将短路点的不对称三相电压和不对称三相电流分别用其中某相的正序、负序、零序分量做对称分量变换，将这样的三相不对称系统运行状态分解为对称的正序、对称的负序、相等的零序。从而相应地形成正序、负序、零序三个等值网络，系统中各序网络各自独立，即正序网络中所有的电流、电压变量和阻抗导纳参数均为正序值，负序中均为负序，零序亦然。

　　电力系统如图 9-1（a）所示，仅画出其发电机和故障节点，系统其他部分描述为一网络整体。短路点处如图 9-1（b）所示，若三相不对称，则各相电流相电压分别为其各序分量的合成。该电力系统的正、负、零序网络如图 9-1（c）、（e）、（g），并根据戴维南定理作出等值网络如图 9-1（d）、（f）、（h），由此戴维南等效电路可列出故障点 k 处看入的等值回路的各序电压方程式

$$\left. \begin{array}{l} \dot{U}_{k1} = \dot{E}_\Sigma - Z_{\Sigma 1} \dot{I}_{k1} \\ \dot{U}_{k2} = 0 - Z_{\Sigma 2} \dot{I}_{k2} \\ \dot{U}_{k0} = 0 - Z_{\Sigma 0} \dot{I}_{k0} \end{array} \right\} \tag{9-1}$$

其中，所有电源的等值电动势 $\dot{E}_\Sigma$ 等于 k 点短路前的正常电压 $\dot{U}_{k|0|}$，即

$$\dot{E}_\Sigma = \dot{U}_{\mathrm{k|0|}}$$

$\dot{U}_{\mathrm{k|0|}}$ 的下标中的 |0| 表示短路之前正常运行时刻，由于电力系统正常运行时应保证提供合格电压，因此 $\dot{U}_{\mathrm{k|0|}}$ 的数值应近似于标幺值 1。

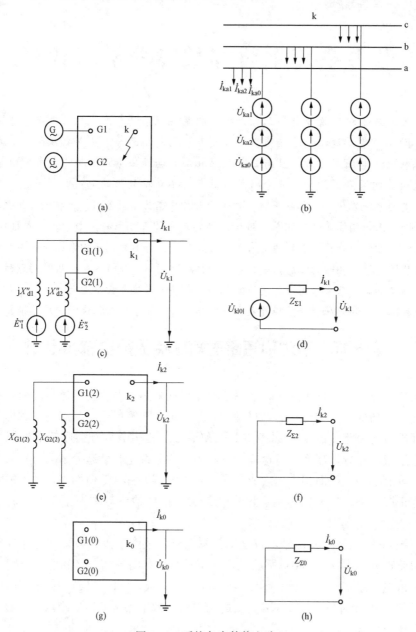

图 9-1　系统各序等值电路

(a) 复杂系统示意图；(b) 故障点电流、电压的对称分量；(c)、(d) 正序网络及等值电路；
(e)、(f) 负序网络及等值电路；(g)、(h) 零序网络及等值电路

$Z_{\Sigma 1}$、$Z_{\Sigma 2}$、$Z_{\Sigma 0}$ 分别表示戴维南等效后的正序、负序、零序等值阻抗；$\dot{U}_{\mathrm{k1}}$、$\dot{U}_{\mathrm{k2}}$、$\dot{U}_{\mathrm{k0}}$、$\dot{I}_{\mathrm{k1}}$、$\dot{I}_{\mathrm{k2}}$、$\dot{I}_{\mathrm{k0}}$ 表示故障点 k 网络端口处电压和故障电流的正序、负序、零序分量。各参数和

变量下标中的 1、2、0 表示正序、负序、零序，一般取 a 相为参考相。因此方程式（9-1）为 a 相各序参数之间的关系，并略写了下标 a。**注意：$\dot{U}_{k|0|}$ 与 $\dot{U}_{k(0)}$ 的物理意义完全不同。**

无论在 k 点发生何种短路故障，该系统的各序网络均如图 9-1 所示。求解短路故障发生时的故障电流和电压，则需求解其相应的方程式（9-1）。但是，方程中存在六个待求未知量 $\dot{U}_{k1}$、$\dot{U}_{k2}$、$\dot{U}_{k0}$、$\dot{I}_{k1}$、$\dot{I}_{k2}$、$\dot{I}_{k0}$，还需要三个方程，方可解得故障电流和电压。因此，需结合各种不对称短路故障处的边界条件，列写出三个对应的边界条件短路电流和电压关系。

一、单相接地短路

由于正序三相对称、负序三相对称、零序三相相等，因此仅需不失一般性地描述 a 相或某相，并在不对称故障的分析计算中，取 a 相为故障时三相中的特殊相。图 9-2 为单相接地短路时短路点故障部分的电路图，与短路点相连的电力系统其他部分未示于图中。在短路点 k，a 相经阻抗 z_k 接地，b、c 两相未发生故障。因此这里 a 相为三相中发生不对称故障时的特殊相。

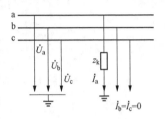

图 9-2　单相接地短路
故障点电流电压

1. 边界条件的序分量方程

故障点 k 发生单相接地短路，标识为 k[(1)]，由图 9-2 可列出故障点 k 单相接地短路的边界条件为

$$\left.\begin{array}{l} \dot{I}_b = \dot{I}_c = 0 \\ \dot{U}_a = z_k \dot{I}_a \end{array}\right\} \tag{9-2}$$

将单相接地短路的相变量边界条件式（9-2）转化为用对称分量表示的边界条件

$$\begin{bmatrix} \dot{I}_{a1} \\ \dot{I}_{a2} \\ \dot{I}_{a0} \end{bmatrix} = \frac{1}{3} \begin{bmatrix} 1 & \alpha & \alpha^2 \\ 1 & \alpha^2 & \alpha \\ 1 & 1 & 1 \end{bmatrix} \begin{bmatrix} \dot{I}_a \\ \dot{I}_b \\ \dot{I}_c \end{bmatrix} = \frac{1}{3} \begin{bmatrix} 1 & \alpha & \alpha^2 \\ 1 & \alpha^2 & \alpha \\ 1 & 1 & 1 \end{bmatrix} \begin{bmatrix} \dot{I}_a \\ 0 \\ 0 \end{bmatrix} = \frac{\dot{I}_a}{3} \begin{bmatrix} 1 \\ 1 \\ 1 \end{bmatrix} \tag{9-3}$$

可见单相接地短路时，短路点故障电流的各序分量相等，都等于故障相电流的 1/3，即在短路点 k 有

$$\dot{I}_{a1} = \dot{I}_{a2} = \dot{I}_{a0} = \frac{1}{3} \dot{I}_a \tag{9-4}$$

单相短路故障相电压 $\dot{U}_a = z_k \dot{I}_a$ 以各序分量表达

$$\dot{U}_a = \dot{U}_{a1} + \dot{U}_{a2} + \dot{U}_{a0} = 3z_k \dot{I}_{a1} \tag{9-5}$$

式（9-4）和式（9-5）就是单相接地短路时用对称分量（序分量）表示的边界条件。式（9-4）是两个独立方程，式（9-5）是第三个独立方程，与式（9-1）的三个独立方程联立，则为六个方程六个变量的简单线性方程组。在数学上求解此方程组，即可得到故障点 k 处的各序故障分量 $\dot{U}_{k1}$、$\dot{U}_{k2}$、$\dot{U}_{k0}$、$\dot{I}_{k1}$、$\dot{I}_{k2}$、$\dot{I}_{k0}$。

2. 边界条件对应的复合序网络图

由电路理论中电路方程的一一对应关系，画出上述 6 个方程相对应的电路网络图。式（9-1）对应的是各序网络图，基于式（9-4）、式（9-5）的边界条件，将各序网络图复合在一起，以 a 相为特殊相，且为参考相，并略去下标 a，则形成单相接地短路的复合序网络

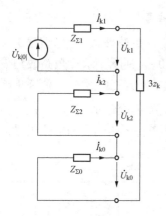

图 9-3 单相短路边界
条件复合序网

图，如图 9-3 所示。

复合序网等值网络实际上是一种计算电路，是为了计算如上六个方程组成的方程组而绘制出的电路图。在该复合序网中计算 $\dot{U}_{k1}$、$\dot{U}_{k2}$、$\dot{U}_{k0}$、$\dot{I}_{k1}$、$\dot{I}_{k2}$、$\dot{I}_{k0}$ 六个电流、电压的序分量非常便捷。

3. 故障处故障序分量的求取

解方程组或解图 9-3 所示单相短路复合序网，可解得故障点 k 发生单相短路时故障分量三序电流

$$\dot{I}_{k1} = \dot{I}_{k2} = \dot{I}_{k0} = \frac{\dot{U}_{k|0|}}{Z_{\Sigma 1} + Z_{\Sigma 2} + Z_{\Sigma 0} + 3z_k} \quad (9-6)$$

故障处各序电压由式（9-1）或者从复合序网求得，即

$$\left.\begin{array}{l} \dot{U}_{k1} = \dot{U}_{k|0|} - \dot{I}_{k1} Z_{\Sigma 1} \\ \dot{U}_{k2} = 0 - \dot{I}_{k2} Z_{\Sigma 2} \\ \dot{U}_{k0} = 0 - \dot{I}_{k0} Z_{\Sigma 0} \end{array}\right\}$$

4. 故障处故障相分量的求取

按照对称分量法计算公式，将上述已求得的各序分量变换计算，则得故障点各相故障电流、电压分别为

$$\begin{bmatrix} \dot{I}_{ka} \\ \dot{I}_{kb} \\ \dot{I}_{kc} \end{bmatrix} = \begin{bmatrix} 1 & 1 & 1 \\ \alpha^2 & \alpha & 1 \\ \alpha & \alpha^2 & 1 \end{bmatrix} \begin{bmatrix} \dot{I}_{k1} \\ \dot{I}_{k2} \\ \dot{I}_{k0} \end{bmatrix} = \begin{bmatrix} 3\dot{I}_{k1} \\ 0 \\ 0 \end{bmatrix} \quad (9-7)$$

$$\begin{bmatrix} \dot{U}_{ka} \\ \dot{U}_{kb} \\ \dot{U}_{kc} \end{bmatrix} = \begin{bmatrix} 1 & 1 & 1 \\ \alpha^2 & \alpha & 1 \\ \alpha & \alpha^2 & 1 \end{bmatrix} \begin{bmatrix} \dot{U}_{k1} \\ \dot{U}_{k2} \\ \dot{U}_{k0} \end{bmatrix} = \begin{bmatrix} \dot{U}_{k1} + \dot{U}_{k2} + \dot{U}_{k0} \\ \alpha^2 \dot{U}_{k1} + \alpha \dot{U}_{k2} + \dot{U}_{k0} \\ \alpha \dot{U}_{k1} + \alpha^2 \dot{U}_{k2} + \dot{U}_{k0} \end{bmatrix} \quad (9-8)$$

式（9-7）、式（9-8）对应的短路点电流、电压相量合成如图 9-4 所示。图 9-4（a）画出了单相短路接地（以 a 相为参考相）时故障点各相各序电流相量，以及由各相各序电流合成所得的各相电流，图中的合成关系与式（9-7）等价，相量合成与电路理论中的三序相量合成一致，而采用公式计算则便于计算机函数的编程；图 9-4（b）画出了各序电压及其合成各相电压的相量图，合成关系与式（9-8）等价。此外，图 9-4（a）、（b）中三序电流与三序电压的关系与式（9-1）中三序等值电路和方程对应。图中由于忽略了各序电阻，即各序阻抗为纯电抗，因此电流滞后于电压 90°。

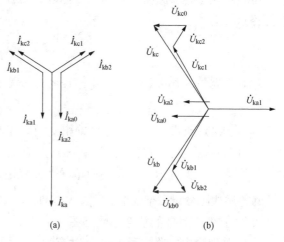

图 9-4 a 相短路接地故障处相量图
(a) 电流相量图；(b) 电压相量图

如果单相短路不计阻抗接地，则 $z_k = 0$。其他计算同理。

二、两相短路

1. 两相短路边界条件

故障点 k 发生两相短路，标识为 $k^{(2)}$，仍取 a 相为特殊相。图 9-5 表示 k 点发生两相（b、c 相）短路，该点三相故障电压及故障相电流（短路电流）具有下列边界条件

$$\dot{I}_{ka} = 0, \quad \dot{I}_{kb} = -\dot{I}_{kc}, \quad \dot{U}_{kb} = \dot{U}_{kc} \tag{9-9}$$

将它们转换为用参考相 a 相的对称分量表示的各序电流、电压的边界条件，并略写下标 a，则

$$\begin{bmatrix} \dot{I}_{k1} \\ \dot{I}_{k2} \\ \dot{I}_{k0} \end{bmatrix} = \frac{1}{3} \begin{bmatrix} 1 & \alpha & \alpha^2 \\ 1 & \alpha^2 & \alpha \\ 1 & 1 & 1 \end{bmatrix} \begin{bmatrix} 0 \\ \dot{I}_{kb} \\ -\dot{I}_{kb} \end{bmatrix} = \frac{j\dot{I}_{kb}}{\sqrt{3}} \begin{bmatrix} 1 \\ -1 \\ 0 \end{bmatrix} \tag{9-10}$$

即为

$$\left.\begin{array}{l} \dot{I}_{k0} = 0 \\ \dot{I}_{k1} = -\dot{I}_{k2} \end{array}\right\} \tag{9-11}$$

说明两相短路故障点没有零序电流，因为故障点不与地相连，零序电流没有通路。

故障相电压以参考相各序分量表示时

$$\dot{U}_{kb} = \alpha^2 \dot{U}_{k1} + \alpha \dot{U}_{k2} + \dot{U}_{k0}$$

$$\dot{U}_{kc} = \alpha \dot{U}_{k1} + \alpha^2 \dot{U}_{k2} + \dot{U}_{k0}$$

由式（9-9）中电压关系 $\dot{U}_{kb} = \dot{U}_{kc}$ 可得

$$\dot{U}_{k1} = \dot{U}_{k2} \tag{9-12}$$

式（9-11）和式（9-12）为两相短路的三个边界条件，即

$$\dot{I}_{k0} = 0, \quad \dot{I}_{k1} = -\dot{I}_{k2}, \quad \dot{U}_{k1} = \dot{U}_{k2} \tag{9-13}$$

2. 两相短路复合序网

通过式（9-1）和式（9-13）联立公式，可求出两相短路时故障分量参考相各序电流和电压。同理，为了计算方便，按电路与方程一一对应关系，将该六个联立方程对应画出其等值的计算网络，即复合序网。

根据边界条件式（9-13）得两相短路复合序网如图 9-6 所示，即正序网络和负序网络在故障点并联，零序网络断开，两相短路时没有零序分量。

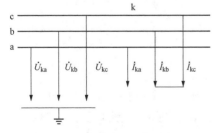

图 9-5　两相短路故障点电流、电压

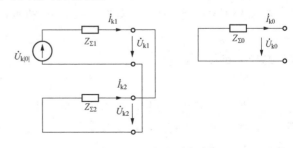

图 9-6　两相短路复合

3. 两相短路故障相电流、电压

(1) 两相短路故障序电流、序电压的求解。联立方程式（9-1）和式（9-13）或直接由复合序网图 9-6 解得

$$\dot{I}_{k1} = -\dot{I}_{k2} = \frac{\dot{U}_{k|0|}}{Z_{\Sigma 1} + Z_{\Sigma 2}} \tag{9-14}$$

$$\dot{U}_{k1} = \dot{U}_{k|0|} - \dot{I}_{k1} Z_{\Sigma 1} = \dot{U}_{k2} = -\dot{I}_{k2} Z_{\Sigma 2} \tag{9-15}$$

(2) 两相短路故障相电流、相电压的对称分量合成。按照对称分量法计算公式，将上述已求得的各序分量合成得故障点各相故障电流、电压。

$$\begin{bmatrix} \dot{I}_{ka} \\ \dot{I}_{kb} \\ \dot{I}_{kc} \end{bmatrix} = \begin{bmatrix} 1 & 1 & 1 \\ \alpha^2 & \alpha & 1 \\ \alpha & \alpha^2 & 1 \end{bmatrix} \begin{bmatrix} \dot{I}_{k1} \\ \dot{I}_{k2} \\ \dot{I}_{k0} \end{bmatrix} = \begin{bmatrix} 0 \\ \alpha^2 \dot{I}_{k1} + \alpha \dot{I}_{k2} \\ \alpha \dot{I}_{k1} + \alpha^2 \dot{I}_{k2} \end{bmatrix} = \begin{bmatrix} 0 \\ -j\sqrt{3}\,\dfrac{\dot{U}_{k|0|}}{Z_{\Sigma 1} + Z_{\Sigma 2}} \\ j\sqrt{3}\,\dfrac{\dot{U}_{k|0|}}{Z_{\Sigma 1} + Z_{\Sigma 2}} \end{bmatrix} \tag{9-16}$$

$$\begin{bmatrix} \dot{U}_{ka} \\ \dot{U}_{kb} \\ \dot{U}_{kc} \end{bmatrix} = \begin{bmatrix} 1 & 1 & 1 \\ \alpha^2 & \alpha & 1 \\ \alpha & \alpha^2 & 1 \end{bmatrix} \begin{bmatrix} \dot{U}_{k1} \\ \dot{U}_{k2} \\ \dot{U}_{k0} \end{bmatrix} = \begin{bmatrix} \dot{U}_{k1} + \dot{U}_{k2} \\ \alpha^2 \dot{U}_{k1} + \alpha \dot{U}_{k2} \\ \alpha \dot{U}_{k1} + \alpha^2 \dot{U}_{k2} \end{bmatrix} \tag{9-17}$$

由此可见，当 $Z_{\Sigma 1} = Z_{\Sigma 2}$ 时，两相短路电流是三相短路电流的 $\sqrt{3}/2$ 倍；两相短路时非故障相电压等于短路前该点正常运行电压，故障相电压是非故障相电压的一半。

(3) 两相短路故障各序各相相量图。图 9-7 给出 b、c 相短路时，故障点各序电流、电压相量以及合成式（9-16）与式（9-17）而得的各相的量。图中假设 $Z_{\Sigma 1} = Z_{\Sigma 2}$。

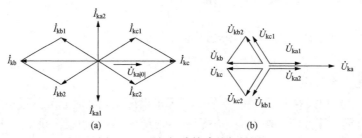

图 9-7 两相短路故障处相量图

(a) 电流相量图；(b) 电压相量图

4. 考虑故障阻抗的边界条件和复合序网

如果两相通过阻抗短路，如图 9-8 (a) 所示，则边界条件为

$$\dot{I}_{k0} = 0, \quad \dot{I}_{kb} = -\dot{I}_{kc}, \quad \dot{U}_{kb} - \dot{U}_{kc} = z_k \dot{I}_{kb} \tag{9-18}$$

转换为对称分量为

$$\dot{I}_{k0} = 0, \quad \dot{I}_{k1} = -\dot{I}_{k2}, \quad \dot{U}_{k1} - \dot{U}_{k2} = z_k \dot{I}_{k1} \tag{9-19}$$

此边界条件与网络方程联立求解即得故障处电流、电压。边界条件与网络方程联立可求解，也可由方程画出对应用的复合序网作为等值计算电路，如图 9-8 (b) 所示。根据该复合序网，可得各序电流

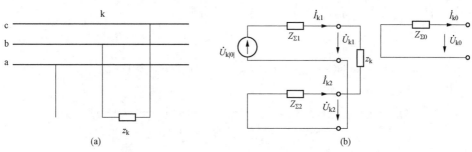

图 9 - 8　两相经阻抗短路复合序网

（a）两相经阻抗短路；（b）复合序网

$$\dot{I}_{k1} = -\dot{I}_{k2} = \frac{\dot{U}_{k|0|}}{Z_{\Sigma1} + Z_{\Sigma2} + z_k}, \quad \dot{I}_{k0} = 0 \qquad (9 - 20)$$

因此，可根据各等值序网和式（9 - 1）得各序电压 $\dot{U}_{k1}$、$\dot{U}_{k2}$、$\dot{U}_{k0}$。

同理，按照对称分量法，将上述已求得的特殊相表示的各序分量合成，可得故障点各相故障电流、电压

$$\begin{bmatrix} \dot{I}_{ka} \\ \dot{I}_{kb} \\ \dot{I}_{kc} \end{bmatrix} = \begin{bmatrix} 1 & 1 & 1 \\ \alpha^2 & \alpha & 1 \\ \alpha & \alpha^2 & 1 \end{bmatrix} \begin{bmatrix} \dot{I}_{k1} \\ \dot{I}_{k2} \\ \dot{I}_{k0} \end{bmatrix}$$

$$\begin{bmatrix} \dot{U}_{ka} \\ \dot{U}_{kb} \\ \dot{U}_{kc} \end{bmatrix} = \begin{bmatrix} 1 & 1 & 1 \\ \alpha^2 & \alpha & 1 \\ \alpha & \alpha^2 & 1 \end{bmatrix} \begin{bmatrix} \dot{U}_{k1} \\ \dot{U}_{k2} \\ \dot{U}_{k0} \end{bmatrix}$$

也可将上式按照各个分量的方向和大小，画出类似于图 9 - 7 所示的两相短路故障时的故障电流电压关系相量图。

三、两相接地短路

1. 两相接地短路边界条件

故障点 k 发生两相接地短路，也可称为两相短路接地，标识为 k$^{(1,1)}$，如图 9 - 9 所示。考虑一般性则 b、c 两相各经 z_k 阻抗短接，并共同经接地阻抗 z_g 接地，a 相未发生故障。其在故障点 k 的边界条件为

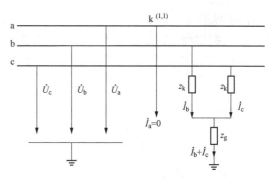

$$\left. \begin{array}{l} \dot{I}_a = 0 \\ \dot{U}_b = \dot{I}_b z_k + (\dot{I}_b + \dot{I}_c) z_g \\ \dot{U}_c = \dot{I}_c z_k + (\dot{I}_b + \dot{I}_c) z_g \end{array} \right\} \quad (9 - 21)$$

图 9 - 9　两相短路接地故障点边界条件

将其转化为用对称分量表示的边界条件。由式（9 - 21）第一式可见，仍以 a 相为特殊相、参考相，其故障三序电流之和为零，即

$$\dot{I}_k = \dot{I}_{k1} + \dot{I}_{k2} + \dot{I}_{k0} = 0 \qquad (9 - 22)$$

由 $\dot{U}_b - \dot{U}_c = z_k(\dot{I}_b - \dot{I}_c)$，并变换为序分量，则为

$$(\alpha^2 \dot{U}_{a1} + \alpha \dot{U}_{a2} + \dot{U}_{a0}) - (\alpha \dot{U}_{a1} + \alpha^2 \dot{U}_{a2} + \dot{U}_{a0})$$
$$= z_k[(\alpha^2 \dot{I}_{a1} + \alpha \dot{I}_{a2} + \dot{I}_{a0}) - (\alpha \dot{I}_{a1} + \alpha^2 \dot{I}_{a2} + \dot{I}_{a0})]$$

化简后可得

$$(\alpha^2 - \alpha)\dot{U}_{a1} - (\alpha^2 - \alpha)\dot{U}_{a2} = z_k[(\alpha^2 - \alpha)\dot{I}_{a1} - (\alpha^2 - \alpha)\dot{I}_{a2}]$$
$$\dot{U}_{a1} - \dot{U}_{a2} = z_k(\dot{I}_{a1} - \dot{I}_{a2})$$

写作以特殊相 a 表示的故障处序分量电压方程为

$$\dot{U}_{k1} - z_k \dot{I}_{k1} = \dot{U}_{k2} - z_k \dot{I}_{k2} \tag{9-23}$$

由 $\dot{U}_b + \dot{U}_c = (z_k + 2z_g)(\dot{I}_b + \dot{I}_c)$，并变换为序分量，则为

$$(\alpha^2 \dot{U}_{a1} + \alpha \dot{U}_{a2} + \dot{U}_{a0}) + (\alpha \dot{U}_{a1} + \alpha^2 \dot{U}_{a2} + \dot{U}_{a0})$$
$$= (z_k + 2z_g)[(\alpha^2 \dot{I}_{a1} + \alpha \dot{I}_{a2} + \dot{I}_{a0}) + (\alpha \dot{I}_{a1} + \alpha^2 \dot{I}_{a2} + \dot{I}_{a0})]$$

化简后可得

$$(\alpha^2 + \alpha)(\dot{U}_{a1} + \dot{U}_{a2}) + 2\dot{U}_{a0} = (z_k + 2z_g)[(\alpha^2 + \alpha)(\dot{I}_{a1} + \dot{I}_{a2}) + 2\dot{I}_{a0}]$$

且因 $\alpha^2 + \alpha = -1$，上式可写作

$$2\dot{U}_{a0} - (\dot{U}_{a1} + \dot{U}_{a2}) = (z_k + 2z_g)[2\dot{I}_{a0} - (\dot{I}_{a1} + \dot{I}_{a2})]$$

进一步改写为

$$2\dot{U}_{a0} - 2z_k \dot{I}_{a0} - 4z_g \dot{I}_{a0} + 2z_g(\dot{I}_{a1} + \dot{I}_{a2}) = \dot{U}_{a1} + \dot{U}_{a2} - z_k(\dot{I}_{a1} + \dot{I}_{a2})$$

因此有

$$\dot{U}_{a0} - z_k \dot{I}_{a0} - 3z_g \dot{I}_{a0} = \dot{U}_{a1} - z_k \dot{I}_{a1} = \dot{U}_{a2} - z_k \dot{I}_{a2}$$

整理后以特殊相 a 表示的故障点序分量电压方程

$$\dot{U}_{k1} - z_k \dot{I}_{k1} = \dot{U}_{k2} - z_k \dot{I}_{k2} = \dot{U}_{k0} - z_k \dot{I}_{k0} - 3z_g \dot{I}_{k0} \tag{9-24}$$

式（9-22）～式（9-24）就是考虑故障阻抗和接地阻抗后，两相接地短路用对称分量表示的边界条件。

2. 两相接地短路故障复合序网和序电流、序电压

（1）复合序网。满足两相接地短路故障边界条件式（9-22）～式（9-24）的各序电流、电压计算关系的复合序网如图 9-10 所示。

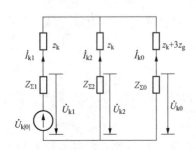

图 9-10　两相接地短路复合序网

（2）故障序电流、序电压。由图 9-10 直接可求得正序电流

$$\dot{I}_{k1} = \frac{\dot{U}_{k|0|}}{(Z_{\Sigma 1} + z_k) + \dfrac{(Z_{\Sigma 2} + z_k)(Z_{\Sigma 0} + z_k + 3z_g)}{(Z_{\Sigma 2} + z_k) + (Z_{\Sigma 0} + z_k + 3z_g)}} \tag{9-25}$$

负序、零序故障电流 $\dot{I}_{k2}$、$\dot{I}_{k0}$ 和故障点各序电压 $\dot{U}_{k1}$、$\dot{U}_{k2}$、$\dot{U}_{k0}$ 均可由该复合序网中相对应的图中求出，在此不再赘述。

当不考虑短路阻抗和接地阻抗，即 $z_k = z_g = 0$ 时，两相接地短路的复合序网求取及其计算更加简便。

3. 两相接地短路故障相电流、相电压

（1）故障相电流。当求得故障点各序电流后，各相故障电流依然是用对称分量法将序电流组合变换即

$$\begin{bmatrix} \dot{I}_{ka} \\ \dot{I}_{kb} \\ \dot{I}_{kc} \end{bmatrix} = \begin{bmatrix} 1 & 1 & 1 \\ \alpha^2 & \alpha & 1 \\ \alpha & \alpha^2 & 1 \end{bmatrix} \begin{bmatrix} \dot{I}_{k1} \\ \dot{I}_{k2} \\ \dot{I}_{k0} \end{bmatrix} = \begin{bmatrix} 0 \\ \alpha^2 \dot{I}_{k1} + \alpha \dot{I}_{k2} + \dot{I}_{k0} \\ \alpha \dot{I}_{k1} + \alpha^2 \dot{I}_{k2} + \dot{I}_{k0} \end{bmatrix} \tag{9-26}$$

（2）故障序电压、相电压。由两相短路接地复合序网图 9-10 求得故障各序电流后，根据复合序网或各个序网可求得短路处电压的各序分量，从而继续通过对称分量法，计算得到各相电压，方法如前所述。

【例 9-1】 在 [例 7-11] 的系统中（见图 7-25），已知两台发电机中性点均不接地；两台变压器均为 YNd11 连接，发电机侧为三角形连接，YN 侧中性点直接接地；三回电力线路的零序电抗均为 0.20（以 50MVA 为基准值）。

当节点 3 分别发生 a 相接地短路 $k^{(1)}$、b、c 两相短路 $k^{(2)}$ 和 b、c 两相接地短路 $k^{(1,1)}$ 时，计算故障点的短路电流和电压（设故障阻抗和接地阻抗 $z_k = z_g = 0$）。

解 （1）画出系统正、负、零序网络图，并求参数：忽略负荷的正序网络见图 7-13；负序网络见图 9-11（a），其中发电机负序电抗近似等于 X''_d，负序网络除了没有电源外，网络结构和参数与正序网络一样；零序网络图和参数见图 9-11（b）。

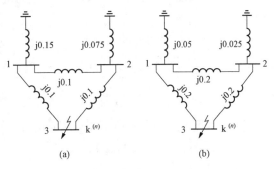

图 9-11　负序、零序网络图
(a) 负序网络图；(b) 零序网络图

（2）计算各序网络对故障点 3 的等值阻抗。在图 7-15（e）中求得正序等值为 $Z_{\Sigma 1} = $ j0.1014，则负序等值阻抗 $Z_{\Sigma 2} = $ j0.1014。零序网络的化简过程示于图 9-12 中，由此 $Z_{\Sigma 0} = $ j0.1179。

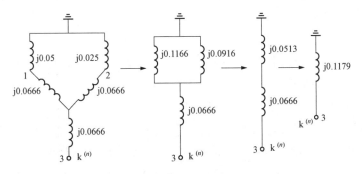

图 9-12　零序网络的化简过程

（3）计算故障点各序电流。设 $\dot{U}_{k|0|} = 1$，则按各种短路复合序网计算：

1）a 相接地短路 $k^{(1)}$ 时，非接地短路零序电流为 0，特殊相 a 在故障 k 点正序、负序故障电流为

$$\dot{I}_{ka(1)}^{(1)} = \dot{I}_{ka(2)}^{(1)} = \dot{I}_{ka(0)}^{(1)} = \frac{\dot{U}_{k|0|}}{Z_{\Sigma 1} + Z_{\Sigma 2} + Z_{\Sigma 0}} = \frac{1}{j0.1014 + j0.1014 + j0.1197} = -j3.12$$

2）b、c 两相短路 $k^{(2)}$ 时，零序电流为 0，特殊相 a 在故障点 k 的正序、负序故障电流为

$$\dot{I}_{ka(1)}^{(2)} = -\dot{I}_{ka(2)}^{(2)} = \frac{\dot{U}_{k|0|}}{Z_{\Sigma 1} + Z_{\Sigma 2}} = \frac{1}{j0.1014 + j0.1014} = -j4.93$$

3）b、c 两相接地短路 $k^{(1,1)}$ 时，特殊相 a 在故障点 k 各序故障电流为

$$\dot{I}_{ka(1)}^{(1,1)} = \frac{\dot{U}_{k|0|}}{Z_{\Sigma 1} + \dfrac{Z_{\Sigma 2} Z_{\Sigma 0}}{Z_{\Sigma 2} + Z_{\Sigma 0}}} = \frac{1}{j0.1014 + \dfrac{j0.1014 \times j0.1179}{j0.1014 + j0.1179}} = -j6.41$$

$$\dot{I}_{ka(2)}^{(1,1)} = -\frac{Z_{\Sigma 0}}{Z_{\Sigma 2} + Z_{\Sigma 0}} \dot{I}_{ka1}^{(1,1)} = -\frac{j0.1179}{j0.1014 + j0.1179} \times (-j6.41) = j3.44$$

$$\dot{I}_{ka(0)}^{(1,1)} = -\frac{Z_{\Sigma 2}}{Z_{\Sigma 2} + Z_{\Sigma 0}} \dot{I}_{ka1}^{(1,1)} = \frac{j0.1014}{j0.1014 + j0.1179} \times (-j6.41) = j2.97$$

（4）计算故障点三相电流。将特殊相各序电流，按对称分量法计算各相电流，并求其有名值。

1）a 相接地短路时，故障点相电流

$$\dot{I}_{ka}^{(1)} = 3\dot{I}_{ka1}^{(1)} I_B = 3 \times (-j3.12) \times \frac{50}{\sqrt{3} \times 115} = -j2.34 (kA)$$

$$\dot{I}_{kb}^{(1)} = \dot{I}_{kc}^{(1)} = 0 kA$$

2）b、c 两相短路时，故障点相电流为

$$\dot{I}_{kb}^{(2)} = -j\sqrt{3}\dot{I}_{ka1}^{(2)} I_B = -j\sqrt{3} \times (-j4.93) \times 0.25 = -2.13 (kA)$$

$$\dot{I}_{kc}^{(2)} = -\dot{I}_{kb}^{(2)} = 2.13 (kA)$$

$$\dot{I}_{ka}^{(2)} = 0 kA$$

3）b、c 两相接地短路时，故障点相电流为

$$\dot{I}_{kb}^{(1,1)} = [\alpha^2 \dot{I}_{ka1}^{(1,1)} + \alpha \dot{I}_{ka2}^{(1,1)} + \dot{I}_{ka0}^{(1,1)}] \dot{I}_B$$
$$= [(-0.5 - j0.866) \times (-j6.41) + (-0.5 + j0.866) \times (j3.44) + j2.97] \times 0.25$$
$$= -2.13 + j1.11 (kA)$$

$$\dot{I}_{kc}^{(1,1)} = [\alpha \dot{I}_{ka1}^{(1,1)} + \alpha^2 \dot{I}_{ka2}^{(1,1)} + \dot{I}_{ka0}^{(1,1)}] \dot{I}_B$$
$$= (8.53 + j4.45) \times 0.25$$
$$= 2.13 + j1.11 (kA)$$

$$I_{kb}^{(1,1)} = I_{kc}^{(1,1)} = \sqrt{2.13^2 + 1.11^2} = 2.4 (kA)$$

（5）计算故障点各相电压标幺值。

1）a 相接地短路时，由各等值序网故障端口方程求得故障点特殊相各序电压标幺值为

$$\dot{U}_{ka(1)}^{(1)} = \dot{U}_{ka(0)}^{(1)} - Z_{\Sigma 1} \dot{I}_{ka(1)}^{(1)} = 1 - j0.1014 \times (-j3.12) = 0.683$$

$$\dot{U}_{ka(2)}^{(1)} = -Z_{\Sigma 2} \dot{I}_{ka(2)}^{(1)} = -j0.1014 \times (-j3.12) = -0.317$$

$$\dot{U}_{ka(0)}^{(1)} = -Z_{\Sigma 0} \dot{I}_{ka(0)}^{(1)} = -j0.1179 \times (-j3.12) = -0.368$$

将特殊相各序电压，按对称分量法计算各相电流、电压

$$\dot{U}_{kb}^{(1)} = a^2\dot{U}_{ka(1)}^{(1)} + a\dot{U}_{ka(2)}^{(1)} + \dot{U}_{ka(0)}^{(1)}$$
$$= (-0.5 - j0.866) \times 0.683 + (-0.5 + j0.866)(-0.317) - 0.368$$
$$= -0.551 - j0.886$$

$$\dot{U}_{kc}^{(1)} = -0.551 + j0.886$$

即

$$U_{kb}^{(1)} = U_{kc}^{(1)} = 1.03$$
$$U_{ka}^{(1)} = 0$$

2）b、c 两相短路时，同理可得故障点 k 各序各相电压

$$\dot{U}_{ka(1)}^{(2)} = \dot{U}_{ka(2)}^{(2)} = \dot{I}_{ka(1)}^{(2)} Z_{\Sigma 2} = -j4.93 \times j0.1014 = 0.5$$

$$\dot{U}_{ka}^{(2)} = \dot{U}_{ka(1)}^{(2)} + \dot{U}_{ka(2)}^{(2)} = 0.5 + 0.5 = 1$$

$$\dot{U}_{kb}^{(2)} = (a^2 + a)\dot{U}_{ka(1)}^{(2)} = -0.5$$

$$\dot{U}_{kc}^{(2)} = (a + a^2)\dot{U}_{ka(1)}^{(2)} = -0.5$$

3）b、c 两相接地短路时，同理可得故障点 k 各序各相电压

$$\dot{U}_{ka(1)}^{(1,1)} = \dot{U}_{ka(2)}^{(1,1)} = \dot{U}_{ka(0)}^{(1,1)} = -\dot{I}_{ka(2)}^{(1,1)} Z_{\Sigma 2} = -j3.44 \times j0.1014 = 0.35$$

$$\dot{U}_{ka}^{(1,1)} = 3\dot{U}_{ka(1)}^{(1,1)} = 3 \times 0.35 = 1.05$$

$$\dot{U}_{kb}^{(1,1)} = \dot{U}_{kc}^{(1,1)} = 0$$

四、正序等效定则

1. 运用正序等效定则计算不对称短路正序电流

观察思考可见，以上三种简单不对称短路所得的短路电流正序分量的通式为

$$\dot{I}_{k1}^{(n)} = \frac{\dot{U}_{k|0|}}{Z_{\Sigma 1} + Z_{su}^{(n)}} \tag{9-27}$$

式中：$Z_{su}^{(n)}$ 称附加阻抗，直接短路时（$z_k = z_g = 0$），它仅与 $Z_{\Sigma 2}$、$Z_{\Sigma 0}$ 有关；经阻抗短接时，它还与故障阻抗 z_{k1} 和接地阻抗 z_g 有关。上注角"n"代表短路类型的符号。各种类型短路时的 $Z_{su}^{(n)}$ 值见表 9-1。

表 9-1　　　　　　　　　　　各种类型短路时附加阻抗 $Z_{su}^{(n)}$ 值

代表符号 $k^{(n)}$	短路种类	直接短接 $Z_{su}^{(n)}$	经阻抗短接 $Z_{su}^{(n)}$
$k^{(1)}$	单相接地短路	$Z_{\Sigma 2} + Z_{\Sigma 0}$	$Z_{\Sigma 2} + Z_{\Sigma 0} + 3z_k$
$k^{(2)}$	两相短路	$Z_{\Sigma 2}$	$Z_{\Sigma 2} + z_k$
$k^{(1,1)}$	两相接地短路	$\dfrac{Z_{\Sigma 2} Z_{\Sigma 0}}{Z_{\Sigma 2} + Z_{\Sigma 0}}$	$z_k + \dfrac{(Z_{\Sigma 2} + z_k)(Z_{\Sigma 0} + z_k + 3z_g)}{(Z_{\Sigma 2} + z_k) + (Z_{\Sigma 0} + z_k + 3z_g)}$
$k^{(3)}$	三相短路	0	z_k

式（9-27）表明了一个很重要的概念：在简单不对称路的情况下，短路点故障电流的正序分量，与在短路点后每一相中加入附加阻抗 $Z_{su}^{(n)}$ 而发生三相短路的电流相等，这个结论称为正序等效定则。

2. 不对称短路正序电流和故障电流

从短路故障相电流的计算可以看出，故障相短路点短路电流的绝对值与它的正序分量的绝对值成正比，即

$$I_k^{(n)} = m^{(n)} I_{k1} \tag{9-28}$$

式中：$m^{(n)}$ 是比例系数，其值视短路的种类而异。各种简单短路的 $m^{(n)}$ 值见表 9 - 2。

表 9 - 2　　　　　　　　　　各种类型短路的 $m^{(n)}$ 值

代表符号 $k^{(n)}$	短路种类	直接短接 $m^{(n)}$	经阻抗短接 $m^{(n)}$
$k^{(1)}$	单相接地短路	3	3
$k^{(2)}$	两相短路	$\sqrt{3}$	$\sqrt{3}$
$k^{(1,1)}$	两相接地短路	$\sqrt{3}\sqrt{1 - \dfrac{X_{\Sigma2}X_{\Sigma0}}{(X_{\Sigma2}+X_{\Sigma0})^2}}$	略
$k^{(3)}$	三相短路	1	1

注　表中两相接地短路时的 $m^{(1,1)}$ 值，在直接短接时，系忽略各元件电阻后的表示式；经阻抗短接时，则与 z_k、z_g 有关，表中从略。

根据以上讨论，可以得到一个结论：简单不对称短路电流的计算，归根结底，不外乎先求出系统对短路点正序、负序和零序等值阻抗（或电抗）；再根据短路阻抗的不同而组成附加阻抗 $Z_{su}^{(n)}$，将它接入短路点的正序等值阻抗；随后就像计算三相短路那样，计算出短路点的正序电流，从而可以算出其他各序电流、电压，及短路点的三相电流、电压。这样三相短路电流的各种计算方法，也适用于不对称短路时正序电流的计算。

3. 运用正序等效定则计算不对称短路的步骤

（1）电力系统元件各序参数的计算。

（2）计算正常运行情况下，各电源的次暂态电动势 E'' 或短路点短路前瞬间正常工作电压 $\dot{U}_{k|0|}$（或称短路点的开路电压）。但如采取近似计算，这一步可以省略，而直接取 $\dot{U}_{k|0|}$ 的标幺值为 1。

（3）绘出不对称短路时的正序、负序、零序等值网络，从而求出 $Z_{\Sigma1}$、$Z_{\Sigma2}$、$Z_{\Sigma0}$，及附加阻抗 $Z_{su}^{(n)}$。

（4）将 $Z_{su}^{(n)}$ 串联在正序网络的短路点之后，利用式（9 - 27）按照计算三相短路的方法，计算经 $Z_{su}^{(n)}$ 后发生三相短路的电流。该电流就是不对称短路时短路点特殊相的正序电流 $\dot{I}_{k1}$。

（5）根据复合序网各序电流间的关系求取负序和零序电流 $\dot{I}_{a2}$、$\dot{I}_{a0}$，并求取各序电压 $\dot{U}_{a1}$、$\dot{U}_{a2}$、$\dot{U}_{a0}$。

（6）用对称分量法，将短路点各序电流、序电压变换为短路点的不对称三相电流和三相电压。也可利用式（9 - 28）直接求取短路点故障电流的绝对值，这在实用计算中常用。

4. 利用正序等效定则分析不对称短路故障电流

（1）单相接地短路与三相短路的故障电流、电压。故障点 k 发生单相接地短路 $k^{(1)}$，当各序阻抗为纯电抗时，由表 9 - 1、表 9 - 2 正序等效定则可得故障相短路电流的有效值为

$$I_k^{(1)} = 3I_{k1}^{(1)} = 3\frac{U_{k|0|}}{Z_{\Sigma1}+Z_{\Sigma2}+Z_{\Sigma0}} \tag{9-29}$$

一般近似有 $Z_{\Sigma2}=Z_{\Sigma1}$，并令 $k_0 = Z_{\Sigma0}/Z_{\Sigma1}$，则

$$I_{\mathrm{k}}^{(1)} = 3\frac{U_{\mathrm{k}|0|}}{(2+k_0)Z_{\Sigma 1}} = \frac{3}{2+k_0}I_{\mathrm{k}}^{(3)} \tag{9-30}$$

式中：$I_{\mathrm{k}}^{(3)}$ 为 k 点三相短路时短路电流。

当 $k_0=0$ 时，$I_{\mathrm{k}}^{(1)}=\frac{3}{2}I_{\mathrm{k}}^{(3)}$；当 $k_0=1$ 时，$I_{\mathrm{k}}^{(1)}=I_{\mathrm{k}}^{(3)}$；当 $k_0=\infty$ 时，$I_{\mathrm{k}}^{(1)}=0\times I_{\mathrm{k}}^{(3)}=0$。

由此可以看出，发生单相接地短路时，与三相短路相比，故障电流的大小与零序回路相关。当零序等值阻抗比正序等值阻抗小时，单相短路故障电流大于三相短路故障电流；当零序回路开路，即零序等值阻抗为无穷大时，单相短路故障电流为零，零序电流无法从中性点流过，这时只有线路充电电容、变压器励磁回路等对地导纳作为其流通路径，此时故障电流较小。

相应地分析单相短路发生时故障相和非故障相电压。同样考虑近似有 $Z_{\Sigma 2}=Z_{\Sigma 1}$，并令 $k_0=Z_{\Sigma 0}/Z_{\Sigma 1}$，若不考虑接地阻抗，则故障相电压 $\dot{U}_{\mathrm{ka}}^{(1)}=0$。

非故障相电压由式（9-8）可得

$$\dot{U}_{\mathrm{kb}}^{(1)} = \dot{U}_{\mathrm{k}|0|}\left(\frac{1-k_0}{2+k_0}+\alpha^2\right) = \dot{U}_{\mathrm{k}|0|}\left(\frac{1-k_0}{2+k_0}-\frac{1}{2}-\mathrm{j}\frac{\sqrt{3}}{2}\right) \tag{9-31}$$

当 $k_0=0$ 时，$\dot{U}_{\mathrm{kb}}^{(1)}=\frac{\sqrt{3}}{2}U_{\mathrm{k}|0|}$；当 $k_0=1$ 时，$\dot{U}_{\mathrm{kb}}^{(1)}=U_{\mathrm{k}|0|}$；当 $k_0=\infty$ 时，$\dot{U}_{\mathrm{kb}}^{(1)}=\sqrt{3}U_{\mathrm{k}|0|}$。

可以看出，对于中性点不接地系统，非故障相电压升高最多，为正常电压的 $\sqrt{3}$ 倍。

（2）两相接地短路与三相短路的故障电流、电压。故障点 k 发生两相接地短路 $k^{(1,1)}$，当各序阻抗为纯电抗时，由表 9-1、表 9-2 正序等效定则可得故障相短路电流的有效值为

$$I_{\mathrm{kb}}^{(1,1)} = I_{\mathrm{kc}}^{(1,1)} = \sqrt{3}\sqrt{1-\frac{X_{\Sigma 2}X_{\Sigma 0}}{(X_{\Sigma 2}+X_{\Sigma 0})^2}}I_{\mathrm{k}}^{(1,1)} \tag{9-32}$$

一般近似有 $X_{\Sigma 1}=X_{\Sigma 2}$，并令 $k_0=X_{\Sigma 0}/X_{\Sigma 1}$，则

$$I_{\mathrm{kb}}^{(1,1)} = I_{\mathrm{kc}}^{(1,1)} = \sqrt{3}\sqrt{1-\frac{k_0}{(1+k_0)^2}\frac{1+k_0}{1+2k_0}}I_{\mathrm{k}}^{(3)} \tag{9-33}$$

式中：$I_k^{(3)}$ 为 k 点三相短路时短路电流。

当 $k_0=0$ 时，$I_{\mathrm{kb}}=I_{\mathrm{kc}}=\sqrt{3}I_k^{(3)}$；当 $k_0=1$ 时，$I_{\mathrm{kb}}=I_{\mathrm{kc}}=I_k^{(3)}$；当 $k_0=\infty$ 时，$I_{kb}=I_{kc}=\frac{\sqrt{3}}{2}I_k^{(3)}$。

由此可以看出，发生两相接地短路与三相短路相比，故障电流的大小与零序回路相关。

分析非故障相电压

$$\dot{U}_{\mathrm{ka}} = 3\dot{U}_{\mathrm{ka}|0|}\frac{k_0}{1+2k_0} \tag{9-34}$$

当 $k_0=0$ 时，$\dot{U}_{\mathrm{ka}}=0$；当 $k_0=1$ 时，$\dot{U}_{\mathrm{ka}}=\dot{U}_{\mathrm{ka}|0|}$；当 $k_0=\infty$ 时，$\dot{U}_{\mathrm{ka}}=1.5\dot{U}_{\mathrm{ka}|0|}$。

即对于中性点不接地系统，非故障相电压升高最多，为正常电压的 1.5 倍，但仍小于单相接地时电压的升高。

【例 9-2】 条件如［例 9-1］，试用正序等效定则计算，在节点 3 即故障点 k 发生 a 相接地短路、b、c 两相短路和 b、c 两相接地短路时故障点故障相短路电流的绝对值。

解 由［例 9-1］中可知，$Z_{\Sigma 1}=Z_{\Sigma 2}=\mathrm{j}0.1014$，$Z_{\Sigma 0}=\mathrm{j}0.1179$。且 $I_{\mathrm{B}}=0.25\mathrm{kA}$。

（1）对于 a 相接地短路，附加阻抗 $Z_{su}^{(1)}$ 和 $m^{(n)}$ 值分别为

$$Z_{su}^{(1)} = Z_{\Sigma 2} + Z_{\Sigma 0} = j0.1014 + j0.1179 = j0.2193$$

$$m^{(1)} = 3$$

因此，a 相接地短路时，故障点 k 正序电流为

$$\dot{I}_{ka1}^{(1)} = \frac{\dot{U}_{3a0}}{Z_{\Sigma 1} + Z_{su}^{(1)}} = \frac{1}{j0.1014 + j0.2193} = -j3.12$$

k 点单相短路故障相电流为

$$I_{ka}^{(1)} = m^{(1)} I_{ka1}^{(1)} I_B = 3 \times 3.12 \times 0.25 = 2.34(kA)$$

（2）对于 b、c 两相短路，有

$$Z_{su}^{(2)} = Z_{\Sigma 2} = j0.1014, \quad m^{(2)} = \sqrt{3}$$

则故障点正序电流为

$$\dot{I}_{ka1}^{(2)} = \frac{\dot{U}_{k|0|}}{Z_{\Sigma 1} + Z_{su}^{(2)}} = \frac{1}{j0.1014 + j0.1014} = -j4.93$$

两相短路故障相电流

$$I_{kb}^{(2)} = I_{kc}^{(2)} = m^{(2)} \dot{I}_{ka1}^{(2)} I_B = \sqrt{3} \times 4.93 \times 0.25 = 2.13(kA)$$

（3）对于 b、c 两相接地短路，有

$$Z_{su}^{(1.1)} = \frac{Z_{\Sigma 2} Z_{\Sigma 0}}{Z_{\Sigma 2} + Z_{\Sigma 0}} = \frac{j0.1014 \times j0.1179}{j0.1014 + j0.1179} = j0.055$$

$$m^{(1,1)} = \sqrt{3} \times \sqrt{1 - \frac{X_{\Sigma 2} Z_{\Sigma 0}}{(X_{\Sigma 2} + Z_{\Sigma 0})^2}} = \sqrt{3} \times \sqrt{1 - \frac{0.1014 \times 0.1179}{(0.1014 + 0.1179)^2}} = 1.5$$

则故障点正序电流

$$\dot{I}_{ka1}^{(1,1)} = \frac{\dot{U}_{k|0|}}{Z_{\Sigma 1} + Z_{su}^{(1,1)}} = \frac{1}{j0.1014 + j0.055} = -j6.40$$

因此，故障点 k 故障相电流为

$$I_{kb}^{(1,1)} = I_{kc}^{(1,1)} = m^{(1,1)} I_{ka1}^{(1,1)} I_B = 1.5 \times 6.40 \times 0.25 = 2.4(kA)$$

和［例 9-1］中计算结果完全相同。本例计算方法较多应用于不对称短路实用计算。

第二节　非故障点电流和电压的计算

前节的分析只解决了不对称短路时故障点短路电流和电压的计算。若要分析计算网络中任意处的电流和电压，必须先在各序网中求得该处电流和电压的各序分量，再合成为三相电流和电压。

一、变压器两侧电压和电流对称分量的相位关系

1. 电流、电压各序分量在变压器两侧的相位变化

电压、电流对称分量经变压器后，不但用有名值表示的数值大小要发生变化，而且它们的相位也可能发生变化。变压器两侧电压、电流对称分量的大小由变压器的变比决定，而相位关系则与变压器的连接组别有关，即与变压器的复数变比有关。

由电机学知识可知，变压器的连接组别可用钟面定则表示。以高压侧相电压作分针固定在 12 点位置，以中压或低压侧电压作为旋转时针，每旋转 30°为一个钟点，因此变压器常常

有 Yyn0、Yd11 等连接组别。

对于图 9 - 13 所示的 Yd11（Y/△ - 11）变压器，其两侧正序电压相位关系如图 9 - 14（a）所示，两侧负序电压相位关系则如图 9 - 14（b）所示。以标幺值表示两侧电压大小时，正序、负序电压两侧关系式可表达为

$$\left. \begin{array}{l} \dot{U}_{a1} = \dot{U}_{A1}\, e^{j30°} \\ \dot{U}_{a2} = \dot{U}_{A2}\, e^{-j30°} \end{array} \right\} \tag{9-35}$$

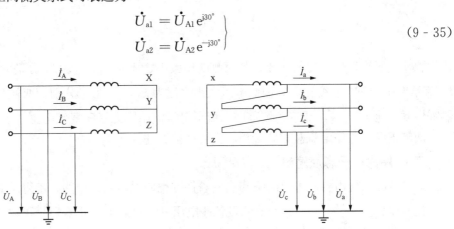

图 9 - 13　Yd11 变压器两侧电压和电流示意图

即对于正序分量三角形侧电压较星形侧超前 30°（即 11 点钟），对于负序分量则正好相反，即落后 30°。

显然，两侧电流标幺值也有相同的关系，即

$$\left. \begin{array}{l} \dot{I}_{a1} = \dot{I}_{A1}\, e^{j30°} \\ \dot{I}_{a2} = \dot{I}_{A2}\, e^{-j30°} \end{array} \right\} \tag{9-36}$$

电流和电压转相同的相位是不难理解的，因为两侧功率相等，则功率因数角必须相等。

对于星形/三角形的其他不同连接方式，若表示为 YdN（Y/△ - N，N 为正序时三角形侧电压相量作为短时针所代表的钟点数），则式（9 - 35）、式（9 - 36）可以推广为

$$\left. \begin{array}{l} \dot{U}_{a1} = \dot{U}_{A1}\, e^{-j30°N} \\ \dot{U}_{a2} = \dot{U}_{A2}\, e^{j30°N} \end{array} \right\} \tag{9-37}$$

电流关系式为

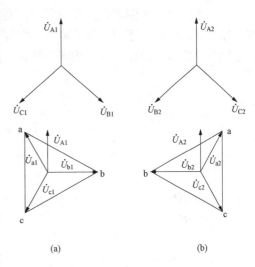

图 9 - 14　Yd11 变压器两侧电压对称
分量的相位关系

（a）两侧正序电压相位关系；（b）两侧负序
电压相位关系

$$\left. \begin{array}{l} \dot{I}_{a1} = \dot{I}_{A1}\, e^{-j30°N} \\ \dot{I}_{a2} = \dot{I}_{A2}\, e^{j30°N} \end{array} \right\} \tag{9-38}$$

零序电流不可能经星形/三角形接法的变压器流出，所以不存在转相位问题。

若变压器为 Yy0（Y/Y - 12）连接，则变压器两侧正负零序分量不必转相位。显然，两侧电流相量也是同相位的。

2. 变压器的复变比

由式（9-37）可得，变压器正序、负序复变比

$$\dot{k}_1 = \frac{\dot{U}_{A1}}{\dot{U}_{a1}} = k\mathrm{e}^{\mathrm{j}30°N} \tag{9-39}$$

$$\dot{k}_2 = \frac{\dot{U}_{A2}}{\dot{U}_{a2}} = k\mathrm{e}^{-\mathrm{j}30°N} \tag{9-40}$$

式中：$\dot{k}_1$ 表示变压器正序复变比，其两侧电压大小之比为 k；$\dot{U}_{A1}$、$\dot{U}_{a1}$ 分别为两侧正序电压；$\dot{k}_2$ 表示变压器负序复变比，其两侧电压大小之比为 k；$\dot{U}_{A2}$、$\dot{U}_{a2}$ 分别为两侧负序电压；变压器零序复变比 $\dot{k}_0 = k$，或三角侧零序电流不可能流出则无零序复变比。

两侧正序、负序电流对称分量相位变换如前所述。

二、序网中任意点序电流、序电压

通过故障点处由各序等值网络和边界条件方程所得的复合序网，求得从故障点流出的故障电流各序分量 $\dot{I}_{k1}$、$\dot{I}_{k2}$、$\dot{I}_{k0}$ 和故障点各序电压分量 $\dot{U}_{k1}$、$\dot{U}_{k2}$、$\dot{U}_{k0}$ 后，可以进而计算各序网中任一处的序电流、序电压。

1. 序网络中各支路序电流

由于通过复合序网求得的各序电流、电压均为故障点的故障分量，因此为了求得任意处的各序电流、电压，还需要再求取网络中各支路的序电流。求取各支路电流的方法与求取传统电路中分支电流的计算方法相同。例如，任一支路电流的各序分量为

$$\left.\begin{array}{l} \dot{I}_{ij1} = \dfrac{\dot{U}_{i1} - \dot{U}_{j1}}{z_{ij1}} \\[2mm] \dot{I}_{ij2} = \dfrac{\dot{U}_{i2} - \dot{U}_{j2}}{z_{ij2}} \\[2mm] \dot{I}_{ij0} = \dfrac{\dot{U}_{i0} - \dot{U}_{j0}}{z_{ij0}} \end{array}\right\} \tag{9-41}$$

式中：ij 表示任意节点 i、j 之间的支路；Z_{ij1}、Z_{ij2}、Z_{ij0} 分别为 i、j 之间支路的正序、负序、零序阻抗。

2. 序网中各节点序电压

各序网络中某一节点的序电压，等于短路点的序电压加上该点与短路点的一段电路上相应的序电流产生的序电压降。例如图 9-15 所示网络中节点 h，在正序、负序和零序网络中，h 与 k 之间的正序、负序、零序等值阻抗分别为 Z_{hk1}、Z_{hk2} 和 Z_{hk0}，则 h 点的各序电压分别为

$$\left.\begin{array}{l} \dot{U}_{h1} = \dot{U}_{k1} + Z_{hk1}\dot{I}_{hk1} \\[1mm] \dot{U}_{h2} = \dot{U}_{k2} + Z_{hk2}\dot{I}_{hk2} \\[1mm] \dot{U}_{h0} = \dot{U}_{k0} + Z_{hk0}\dot{I}_{hk0} \end{array}\right\} \tag{9-42}$$

式中：$\dot{I}_{hk1}$、$\dot{I}_{hk2}$、$\dot{I}_{hk0}$ 是从 h 点流向 k 点的支路电流各序分量。

由于各序电流的流动方向和矢量叠加，网络中 h 点或其他节点的负序电压和零序电压都比短路点要低。距离短路点越远，节点的负序电压和零序电压就越低。在电源点负序电压等

于零。而零序电压一般在 YNd 接线变压器的
d 绕组末端或 YN 接线中性点经电抗 X_n 接地
时的 $3X_n$ 末端为零，或者 YN 接线的发电机
或负荷的中性点为零。

为了说明各序电压的分布情况，在图
9-15 中画出了某一简单网络在发生各种不对
称短路时各序电压的分布情况（$z_k = z_g = 0$）。

从各序网络可以看出，这种电压分布具
有普遍性。由图 9-15 可见，电源点的正序
电压最高为 E_1，随着对短路点的接近，正序
电压逐渐降低，到短路点时即等于短路点的
正序电压。而短路点的负序和零序电压最高，
电源点的负序电压为零，而零序电压在 YNd
接线中已降为零，变压器 d 侧出线端无零序。

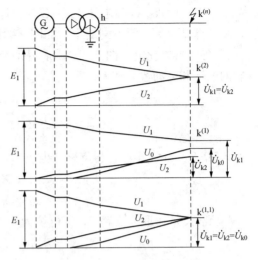

图 9-15 不对称短路时各序电压分布（$z_k = z_g = 0$）

三、 非故障点的相电流和相电压

在电力系统接线图中经过变压器后，各
序等值网络中的正序、负序、零序电压、电流，需按照式（9-37）、式（9-38）变换相位，
方为电力网络中各序分量电压、电流。

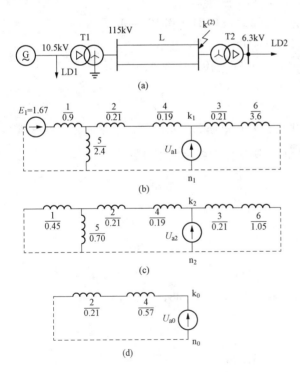

图 9-16 电力系统接线图及各序等值网络
(a) 接线图；(b) 正序网络；(c) 负序网络；(d) 零序网络

电力系统中发生非对称故障时，非
故障点的各相电流和相电压也是不对称
的，因此，所有节点的相电压、所有支
路的相电流均为电力网络中其所在节点
或支路的各序分量电压、电流的对称分
量之合成。

【例 9-3】 图 9-16（a）所示的电力
系统中，$k^{(2)}$ 点发生了 b、c 两相短路，试
计算发电机母线各相电压和各相电流。
系统中各元件参数：发电机，额定视在
功率 120MVA，10.5kV，$E_1 = 1.67$，
$X_1 = 0.9$，$X_2 = 0.45$。变压器 T1，额定
容量 60MVA，10.5/115kV，$U_k\% =
10.5$，连接组别为 YNd11；T2，额定容
量 60MVA，115/6.3kV，$U_k\% = 10.5$。线
路 L 为双回路，105km，$x_1 = 0.4\Omega/km$，
$x_0 = 3x_1$。负荷 LD1 为 60MVA，$X_1 =
1.2$，$X_2 = 0.35$；LD2 为 40MVA，$X_1 =
1.2$，$X_2 = 0.35$。

解 （1）元件参数计算。选取基准

功率 $S_B=120\text{MVA}$，基准电压 $U_B=U_{Nav}$，计算出各元件各序电抗的标幺值（计算过程从略），将计算结果标于等值网络中，如图 9 - 16 （b）、（c）、（d）所示。

（2）各序网络化简。图 9 - 16 （b）中，将支路 1 和支路 5 并联（以符号//表示）得支路 7，它的电抗和电动势分别为

$$X_{7(1)}=X_{1(1)} \text{ // } X_{5(1)}=0.9 \text{ // } 2.4=0.66$$

$$E_7=\frac{E_1X_{5(1)}}{X_{1(1)}+X_{5(1)}}=\frac{1.67\times2.4}{0.9+2.4}=1.22$$

将支路 7、2、4 串联，得支路 9 电抗为

$$X_{9(1)}=X_{7(1)}+X_{2(1)}+X_{4(1)}$$
$$=0.66+0.21+0.19=1.06$$

将支路 3、6 串联得支路 8，其电抗为

$$X_{8(1)}=X_{3(1)}+X_{6(1)}=0.21+3.6$$
$$=3.81$$

将支路 8、9 并联得

$$X_{\Sigma1}=X_{8(1)} \text{ // } X_{9(1)}=3.81 \text{ // } 1.06=0.83$$

$$E_{\Sigma1}=\frac{E_7X_{8(1)}}{X_{8(1)}+X_{9(1)}}=\frac{1.22\times3.81}{3.81+1.06}=0.95$$

由图 9 - 16 （c）求负序网络对 k_2 点的等值电抗，其步骤与上述相似。

$$X_{7(2)}=X_{1(2)} \text{ // } X_{5(2)}=0.45 \text{ // } 0.7=0.27$$
$$X_{9(2)}=X_{7(2)}+X_{2(2)}+X_{4(2)}=0.27+0.21+0.19=0.67$$
$$X_{8(2)}=X_{3(2)}+X_{6(2)}=0.21+1.05=1.26$$
$$X_{\Sigma2}=X_{9(2)} \text{ // } X_{8(2)}=0.67 \text{ // } 1.26=0.44$$

同理得零序等值电抗

$$X_{\Sigma0}=X_{2(0)}+X_{4(0)}=0.21+0.57=0.78$$

（3）计算在 k 点发生两相短路时发电机母线各相电压和各相电流。短路前故障点电压等于如上计算等值电动势 $\dot{U}_{ka|0|}=\dot{E}_{\Sigma1}=\text{j}0.95$，则短路点各序电流分别为

$$\dot{I}_{ka1}=\frac{\dot{U}_{ka|0|}}{\text{j}[X_{\Sigma1}+X_{su}^{(2)}]}=\frac{\text{j}0.95}{\text{j}(0.83+0.44)}=0.75$$

$$\dot{I}_{ka2}=-\dot{I}_{ka1}=-0.75$$

$$\dot{I}_{ka0}=0$$

短路点各序电压为

$$\dot{U}_{ka1}=\dot{U}_{ka2}=\text{j}X_{\Sigma2}\dot{I}_{ka1}=\text{j}0.44\times0.75=\text{j}0.33, \quad \dot{U}_{ka0}=0$$

从线路流向 k 点的正、负序电流为

$$\dot{I}_{La1}=\frac{\dot{E}_7-\dot{U}_{ka1}}{\text{j}X_{9(1)}}=\frac{\text{j}(1.22-0.33)}{\text{j}1.06}=0.84$$

$$\dot{I}_{La2}=\frac{\dot{X}_{\Sigma2}}{X_{9(2)}}\dot{I}_{ka2}=-\frac{0.44}{0.67}\times0.75=-0.49$$

未经相位变换前的发电机端电压的各序分量为

$$\dot{U}_{Ga1}^{Y} = \dot{U}_{ka1} + j[X_{2(1)} + X_{4(1)}]\dot{I}_{La1} = j0.33 + j0.4 \times 0.84 = j0.67$$

$$\dot{U}_{Ga2}^{Y} = \dot{U}_{ka2} + j[X_{2(2)} + X_{4(2)}]\dot{I}_{La2} = j0.33 + j0.4 \times (-0.49) = j0.13$$

未经相位变换时变压器 d 侧电流的各序分量，在用标幺值表示时，就是前面标出的线路上的电流，即

$$\dot{I}_{Ta1}^{Y} = \dot{I}_{La1} = 0.84, \quad \dot{I}_{Ta2}^{Y} = \dot{I}_{La2} = -0.49$$

经过 YNd11 连接线的变压器后，d 侧正序电压分量和电流应超前 YN 侧 30°，即逆时针转过 30°；d 侧负序分量的电压和电流应落后 YN 侧 30°，即顺时针转过 30°。因此，发电机端电压和变压器三角侧电流的各序分量为

$$\dot{U}_{Ga1}^{d} = \dot{U}_{Ga1}^{Y} e^{j30°} = j0.67 e^{j30°} = 0.67 e^{j120°}$$

$$\dot{U}_{Ga2}^{d} = \dot{U}_{Ga2}^{Y} e^{-j30°} = j0.13 e^{-j30°} = 0.13 e^{j60°}$$

$$\dot{I}_{Ta1}^{d} = \dot{I}_{Ta1}^{Y} e^{j30°} = 0.84 e^{j30°}$$

$$\dot{I}_{Ta2}^{d} = \dot{I}_{Ta2}^{Y} e^{-j30°} = -0.49 e^{-j30°}$$

应用对称分量法合成为各相量的算式，可得变压器 d 侧（发电机母线）各相电压和电流的标幺值为

$$\dot{U}_{Ga} = \dot{U}_{Ga1}^{d} + \dot{U}_{Ga2}^{d} = 0.67 e^{j120°} + 0.13 e^{j60°} = -0.27 + j0.69 = 0.74 e^{j111°}$$

$$\dot{U}_{Gb} = \alpha^2 \dot{U}_{Ga1}^{d} + \alpha \dot{U}_{Ga2}^{d} = \alpha^2 \times 0.67 e^{j120°} + \alpha \times 0.13 e^{j60°} = 0.67 - 0.13 = 0.54$$

$$\dot{U}_{Gc} = \alpha \dot{U}_{Ga1}^{d} + \alpha^2 \dot{U}_{Ga2}^{d} = \alpha \times 0.67 e^{j120°} + \alpha^2 \times 0.13 e^{j60°} = -0.27 - j0.69 = 0.74 e^{j111°}$$

$$\dot{I}_{Ga} = \dot{I}_{Ta1}^{d} + \dot{I}_{Ta2}^{d} = 0.84 e^{j30°} - 0.49 e^{-j30°} = 0.302 + j0.665 = 0.73 e^{j65.6°}$$

$$\dot{I}_{Gb} = \alpha^2 \dot{I}_{Ta1}^{d} + \alpha \dot{I}_{Ta2}^{d} = \alpha^2 \times 0.84 e^{j30°} - \alpha \times 0.49 e^{-j30°} = -j0.84 - j0.49 = -j1.33$$

$$\dot{I}_{Gc} = \alpha \dot{I}_{Ta1}^{d} + \alpha^2 \dot{I}_{Ta2}^{d} = \alpha \times 0.84 e^{j30°} - \alpha^2 \times 0.49 e^{-j30°} = -0.302 + j0.665 = 0.73 e^{j114.4°}$$

若需计算电流、电压有名值，则将各标幺值分别乘以其基准值即可。

发电机母线（变压器 d 侧）的相电压及相电流的相量图如图 9-17 所示。

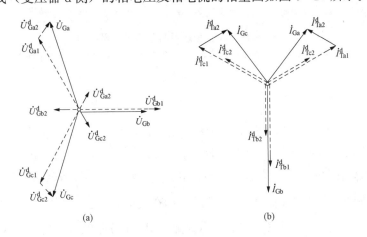

(a)　　　　　　　　(b)

图 9-17　发电机母线的相电压和相电流的相量图

（a）相电压；（b）相电流

第三节 非全相运行

电力系统非全相运行包括单相断线和两相断线两种，如图 9 - 18 所示。非全相运行时，系统的结构只在断口处出现了纵向三相不对称，其他部分的结构仍然是对称的，故也称为纵向不对称故障。与不对称短路（横向不对称故障）相似，可应用对称分量法进行分析。在故障口的两个端点 dd′，以断口处的不对称电压和电流表达不对称运行状态；将这组不对称的相电流、相电压分解成正序、负序和零序分量，它们分别在彼此间相互独立的正序、负序和零序网络中的故障端点处，如图 9 - 19 所示。

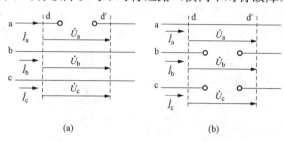

图 9 - 18 电力系统非全相运行示意图
（a）单相断线；（b）两相断线

与不对称短路时一样，在故障的两个端点处可列写出各序等值网络的序电压方程式

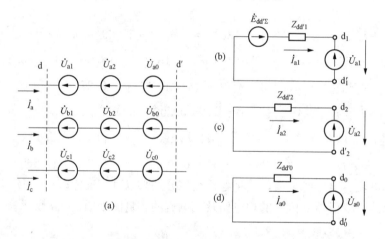

图 9 - 19 非全相运行时各序等值网络
（a）断口示意；（b）正序等值网络；（c）负序等值网络；（d）零序等值网络

$$
\left.
\begin{aligned}
\dot{U}_{a1} &= \dot{E}_{dd'\Sigma} - Z_{dd'1}\dot{I}_{a1} \\
\dot{U}_{a2} &= 0 - Z_{dd'2}\dot{I}_{a2} \\
\dot{U}_{a0} &= 0 - Z_{dd'0}\dot{I}_{a0}
\end{aligned}
\right\}
\tag{9 - 43}
$$

式中：仍以 a 相作为故障特殊相，$Z_{dd'1}$、$Z_{dd'2}$、$Z_{dd'0}$ 分别为正序、负序和零序网络从故障端口 dd′ 看进去的等值阻抗。$\dot{E}_{dd'\Sigma}$ 表示从故障口 dd′ 看进去的正序等值网络中的等值内电动势，也等于 dd′ 两点间的三相断开时，由于电源的作用在端口 dd′ 处产生的电压；$\dot{U}_{a1}$、$\dot{U}_{a2}$、$\dot{U}_{a0}$ 表示故障端口 dd′ 各序电压，$\dot{I}_{a1}$、$\dot{I}_{a2}$、$\dot{I}_{a0}$ 表示故障端口 dd′ 各序电流，是方程式（9 - 43）中的 6 个未知量，还必须根据非全相运行的具体边界条件列出另外三个方程才能求解。以下分别讨论单相断线和两相断线。

一、单相断线

1. 单相断线边界条件和复合序网

取 a 相为断开相，如图 9-18（a）所示，故障处的边界条件为

$$\left.\begin{array}{l} \dot{I}_a = 0 \\ \dot{U}_b = \dot{U}_c = 0 \end{array}\right\} \quad (9-44)$$

将此以相分量表示的边界条件转化为用对称分量表示的边界条件

$$\left.\begin{array}{l} \dot{I}_{a1} + \dot{I}_{a2} + \dot{I}_{a0} = 0 \\ \dot{U}_{a1} = \dot{U}_{a2} = \dot{U}_{a0} \end{array}\right\} \quad (9-45)$$

以此边界条件和式（9-43）的三个方程联立，即可解得六个序分量。

也可按照前述电网络电流、电压一一对应关系作出其复合序网如图 9-20 所示。

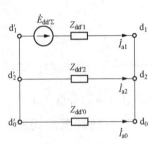

图 9-20　单相断线复合序网

2. 断口序电流序电压和相电流相电压

解如上六个方程或其复合序网，可以直接求出单相（a 相）断线时各序电流表示式

$$\left.\begin{array}{l} \dot{I}_{a1} = \dfrac{\dot{E}_{dd'\Sigma}}{Z_{dd'1} + \dfrac{Z_{dd'2} Z_{dd'0}}{Z_{dd'2} + Z_{dd'0}}} \\[4mm] \dot{I}_{a2} = -\dfrac{Z_{dd'0}}{Z_{dd'2} + Z_{dd'0}} \dot{I}_{a1} \\[4mm] \dot{I}_{a0} = -\dfrac{Z_{dd'2}}{Z_{dd'2} + Z_{dd'0}} \dot{I}_{a1} \end{array}\right\} \quad (9-46)$$

故障相的断口序电压为

$$\dot{U}_{a1} = \dot{U}_{a2} = \dot{U}_{a0} = \frac{Z_{dd'2} Z_{dd'0}}{Z_{dd'2} + Z_{dd'0}} \dot{I}_{a1} \quad (9-47)$$

故障断口处各相电流、相电压依然用以上各序分量通过对称分量法求得。

其中单相断线故障相的断口电压为

$$\dot{U}_a = 3\dot{U}_{a1} = 3\frac{Z_{dd'2} Z_{dd'0}}{Z_{dd'2} + Z_{dd'0}} \dot{I}_{a1} \quad (9-48)$$

二、两相断线

1. 两相断线边界条件和复合序网

仍以 a 相为特殊相，因此两相断线为 b、c 两相断开，如图 9-18（b）所示，故障处的边界条件为

$$\left.\begin{array}{l} \dot{I}_b = \dot{I}_c = 0 \\ \dot{U}_a = 0 \end{array}\right\} \quad (9-49)$$

将相电流、相电压表示的边界条件转化为用对称分量表示的边界条件

$$\left.\begin{array}{l} \dot{I}_{a1} = \dot{I}_{a2} = \dot{I}_{a0} \\ \dot{U}_{a1} + \dot{U}_{a2} + \dot{U}_{a0} = 0 \end{array}\right\} \quad (9-50)$$

由此可得两相断开时的复合序网，如图9-21所示。

2. 断口序电流、序电压和相电流、相电压

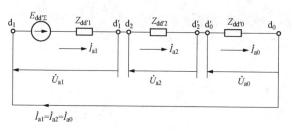

图 9-21 两相断线复合序网

由复合序网可以直接求得两相断线时断口处序电流

$$\dot{I}_{a1} = \dot{I}_{a2} = \dot{I}_{a0} = \frac{\dot{U}_{a0}}{Z_{dd'1} + Z_{dd'2} + Z_{dd'0}}$$

$$(9-51)$$

故障断口处各序电压也同样可从复合序网中求得。

各相电流、相电压依然用以上各序分量通过对称分量法求得。

三、 考虑断口间阻抗的非全相运行边界条件和复合序网

1. 非全相运行时考虑断口间阻抗的等值网络

电力系统中，发生非全相运行时，故障的两个端点即断线处 dd′两断口间，一般存在故障相断口电压和断口间阻抗 $z_{dd'}$，以简单网络示意考虑断口间阻抗的单相断线如图9-22所示。断口发生在线路两端（例如在发生单相故障线路两端开关断开后），线路单相阻抗为 $z_{dd'}$，断口两侧到各电源点等值阻抗分别为 Z_M、Z_N，网络中各电源内电动势为 $\dot{E}_M$、$\dot{E}_N$。

对于图9-22所示网络，其正序等值网络中等值电动势为

$$\dot{E}_{dd'\Sigma} = \dot{E}_M - \dot{E}_N \qquad (9-52)$$

正序、负序和零序等值网络中故障端点处各序等值阻抗为

图 9-22 简单电力网络单相断线示意图

$$\begin{cases} Z_{dd'1} = Z_{M1} + Z_{N1} \\ Z_{dd'2} = Z_{M2} + Z_{N2} \\ Z_{dd'0} = Z_{M0} + Z_{N0} \end{cases} \qquad (9-53)$$

故障处考虑断口间阻抗的单相断线和两相断线的非全相运行如图9-23所示。

2. 考虑断口间阻抗的单相断线

单相断线时考虑断口间阻抗的故障处边界条件为

$$\left. \begin{array}{l} \dot{I}_a = 0 \\ \dot{U}_b = z_{dd'} \dot{I}_b \\ \dot{U}_c = z_{dd'} \dot{I}_c \end{array} \right\} \qquad (9-54)$$

将此以相分量表示的边界条件转化为用对称分量表示的边界条件

$$\left. \begin{array}{l} \dot{I}_{a1} + \dot{I}_{a2} + \dot{I}_{a0} = 0 \\ \dot{U}_{a1} - z_{dd'} \dot{I}_{a1} = \dot{U}_{a2} - z_{dd'} \dot{I}_{a2} = \dot{U}_{a0} - z_{dd'} \dot{I}_{a0} \end{array} \right\} \qquad (9-55)$$

以此边界条件和式（9-43）的三个方程联立，即可解得六个序分量。

也可按照前述电网络电流、电压——对应关系作出考虑断口间阻抗的单相断线复合序网

如图 9 - 24 所示。

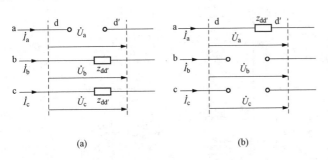

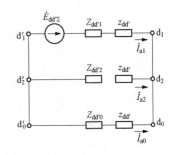

图 9 - 23　考虑断口间阻抗的非全相运行示意图

(a) 单相断线；(b) 两相断线

图 9 - 24　单相断线阻抗复合序网

3. 考虑断口间阻抗的两相断线

同理可得，考虑断口间阻抗的两相断线故障处的边界条件

$$\left.\begin{array}{l} \dot{I}_b = \dot{I}_c = 0 \\ \dot{U}_a = \dot{I}_a z_{dd'} \end{array}\right\} \tag{9-56}$$

因此有

$$\left.\begin{array}{l} \dot{I}_{a1} = \dot{I}_{a2} = \dot{I}_{a0} \\ \dot{U}_{a1} + \dot{U}_{a2} + \dot{U}_{a0} = z_{dd'}(\dot{I}_{a1} + \dot{I}_{a2} + \dot{I}_{a0}) \end{array}\right\} \tag{9-57}$$

以此边界条件和式（9 - 43）的三个方程联立，即可解得六个序分量。

也可按照前述电网络电流、电压——对应关系作出考虑断口间阻抗的两相断线复合序网如图 9 - 25 所示。

【例 9 - 4】　在图 9 - 26 所示电力系统中，平行输电线中的线路 I 首端 a 相单相断开，试计算断开处的断口电压和非断开相的电流。系统各元件参数与〔例 9 - 3〕相同。每回输电线本身的零序电抗为 $0.8\Omega/\text{km}$，两回平行线路间的零序互感抗为 $0.4\Omega/\text{km}$。

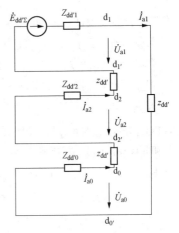

图 9 - 25　考虑断口间阻抗的两相断线复合序网

解　首先计算各序参数，绘制各序等值网络。正序、负序网络的元件参数直接取自〔例 9 - 3〕。零序中性接地点 n_0 在网络中不构成回路，对于零序网络，采用星形等值电路（消去互感的等值电路），有

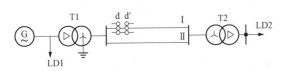

图 9 - 26　电力系统单相断线故障示意图

$$X_{3(0)} = X_{4(0)} = X_{I0} - X_{(I-II)0}$$
$$= (0.8 - 0.4) \times 105 \times \frac{120}{115^2} = 0.38$$

$$X_{8(0)} = X_{(I-II)0} = 0.4 \times 105 \times \frac{120}{115^2} = 0.38$$

其各序等值网络及连接成的复合序网如图 9 - 27 所示。

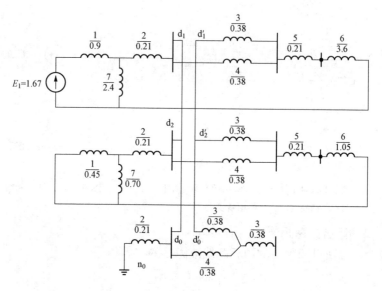

图 9-27 单相断线各序网络和复合序网

计算各序网对于断口 dd′ 间的等值电抗

$$X_{dd'1} = [(X_{1(1)} \; // \; X_{7(1)}) + X_{2(1)} + X_{5(1)} + X_{6(1)}] \; // \; X_{4(1)} + X_{3(1)}$$
$$= [(0.9 \; // \; 2.4) + 0.21 + 0.21 + 3.6] \; // \; 0.38 + 0.38 = 0.734$$
$$X_{dd'2} = [(0.45 \; // \; 0.70) + 0.21 + 0.21 + 1.05] \; // \; 0.38 + 0.38 = 0.692$$
$$X_{dd'0} = X_{3(0)} + X_{4(0)} = 0.38 + 0.38 = 0.76$$

故障口的开路电压 $\dot{U}_{dd'a|0|}$ 等于线路 I 断开时断口两侧的电压降，线路 II 首末端电压降。先将发电机同负荷 LD2 这两条支路合并，得

$$E_{eq} = \frac{\dfrac{1.67}{0.9}}{\dfrac{1}{0.9} + \dfrac{1}{2.4}} = 1.215, \quad X_{eq} = \frac{1}{\dfrac{1}{0.9} + \dfrac{1}{2.4}} = 0.655$$

$$\dot{U}_{dd'|0|} = \frac{E_{eq}}{X_{eq} + X_{2(1)} + X_{4(1)} + X_{5(1)} + X_{6(1)}} X_{4(1)}$$
$$= \frac{1.215}{0.655 + 0.21 + 0.38 + 0.21 + 3.6} \times 0.38$$
$$= 0.0914$$

计算故障口各序电流

$$\dot{I}_{a1} = \frac{\dot{U}_{dd'|0|}}{j(X_{dd'1} + X_{dd'2} \; // \; X_{dd'0})} = \frac{j0.0914}{j(0.734 + 0.692 \; // \; 0.76)} = 0.0835$$

$$\dot{I}_{a2} = -\frac{X_{dd'0}}{X_{dd'2} + X_{dd'0}} \dot{I}_{a1} = -\frac{0.76}{0.692 + 0.76} \times 0.0835 = -0.0438$$

$$\dot{I}_{a0} = -\frac{X_{dd'2}}{X_{dd'2} + X_{dd'0}} \dot{I}_{a1} = -\frac{0.692}{0.692 + 0.76} \times 0.0835 = -0.0398$$

计算故障相断口电压和非故障相电流标幺值

$$\dot{U}_a = 3\dot{U}_{a1} = 3 \times j(X_{dd'2} \; // \; X_{dd'0}) \dot{I}_{a1}$$

$$= 3 \times j(0.692 /\!/ 0.76) \times 0.0835 = 0.09$$

$$\dot{I}_b = \frac{-3X_{dd'2} - j\sqrt{3}(X_{dd'2} + 2X_{dd'0})}{2(X_{dd'2} + X_{dd'0})} \dot{I}_{a1}$$

$$= \frac{-3 \times 0.692 - j\sqrt{3} \times (0.692 + 2 \times 0.76)}{2(0.692 + 0.76)} \times 0.0835$$

$$= -0.125 e^{-j61.6°}$$

同样可以计算出

$$\dot{I}_c = -0.1251 e^{-j61.6°}$$

第四节　不对称故障计算机算法

一、不对称故障计算的各序网络模型和参数

1. 不对称短路各序等值网络及参数

在大型电力系统中，若故障点发生如图 9 - 1（a）所示不对称短路，则均可用图 9 - 1（c）、（e）、（g）描述其故障点处正序、负序、零序网络，从故障点 k 处看进去的等值网络和参数如图 9 - 1（d）、（f）、（h）所示，等值电动势 $\dot{E}_\Sigma$ 等于短路点 k 短路前瞬间的正常电压 $\dot{U}_{k|0|}$。$Z_{\Sigma 1}$、$Z_{\Sigma 2}$、$Z_{\Sigma 0}$ 分别表示等效正序、负序、零序等值阻抗，可根据各序网络采用第七章第五节中节点阻抗矩阵方法求得。

2. 不对称断相各序等值网络及参数

在大型电力系统中，若故障点发生如图 9 - 18 所示的非全相运行，则均可用图 9 - 19（b）、（c）、（d）描述其从故障断口 dd′ 处看进去的正序、负序、零序等值网络和参数。等值电动势和化简后正序、负序、零序等值阻抗可根据各序网络采用节点阻抗矩阵方法以及式（9 - 52）、式（9 - 53）求得，为后续方便统一描述为 $\dot{E}_\Sigma = \dot{E}_{dd\Sigma}$，$Z_{\Sigma 1} = Z_{dd'1}$，$Z_{\Sigma 2} = Z_{dd'2}$，$Z_{\Sigma 0} = Z_{dd'0}$。

二、简单不对称故障的计算通式

综上所述各种故障的复合序网和正序等效定则，无论是发生横向 $k^{(n)}$ 还是纵向 $dd'^{(n)}$ 简单不对称故障，故障口正序电流的计算式都可写成

$$\dot{I}_{k-dd'1} = \frac{\dot{E}_\Sigma}{Z_{\Sigma 1} + Z_{su}} \tag{9 - 58}$$

而负序和零序电流分别为

$$\begin{cases} \dot{I}_{k-dd'2} = K_2 \dot{I}_{k-dd'1} \\ \dot{I}_{k-dd'0} = K_0 \dot{I}_{k-dd'1} \end{cases} \tag{9 - 59}$$

对应各种不对称故障的故障附加阻抗 Z_{su} 和系数 K_2、K_0 的计算式见表 9 - 3。

表 9 - 3　　　　　　　　各种不对称故障时的 Z_{su}、K_2 和 K_0

故障类型	Z_{su}	K_2	K_0
单相短路	$Z_{\Sigma 2} + Z_{\Sigma 0} + 3z_k$	1	1

续表

故障类型	Z_{su}	K_2	K_0
两相短路接地	$z_k + \dfrac{(Z_{\Sigma2}+z_k)(Z_{\Sigma0}+z_k+3z_g)}{Z_{\Sigma2}+Z_{\Sigma0}+2z_k+3z_g}$	$-\dfrac{Z_{\Sigma0}+z_k+3z_g}{Z_{\Sigma2}+Z_{\Sigma0}+2z_k+3z_g}$	$-\dfrac{Z_{\Sigma2}+z_k}{Z_{\Sigma2}+Z_{\Sigma0}+2z_k+3z_g}$
两相短路	$Z_{\Sigma2}+2z_{dd'}$	-1	0
单相断线	$z_{dd'} + \dfrac{(Z_{\Sigma2}+z_{dd'})(Z_{\Sigma0}+z_{dd'})}{Z_{\Sigma2}+Z_{\Sigma0}+2z_{dd'}}$	$-\dfrac{Z_{\Sigma0}+z_{dd'}}{Z_{\Sigma2}+Z_{\Sigma0}+2z_{dd'}}$	$-\dfrac{Z_{\Sigma2}+z_{dd'}}{Z_{\Sigma2}+Z_{\Sigma0}+2z_{dd'}}$
两相断线	$Z_{\Sigma2}+Z_{\Sigma0}+3z_{dd'}$	1	1

三、 不对称故障计算原理框图（见图 9-28）

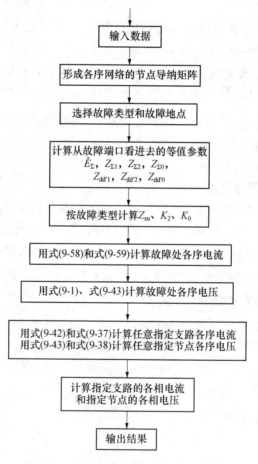

图 9-28 简单不对称故障计算原理框图

9-1 电力系统不对称短路的分析与计算方法是什么？

9-2 电力系统中发生单相接地、两相短路、两相接地短路的边界条件是什么？如何转化为用对称分量表示的边界条件？怎样用对称分量表示的边界条件作复合序网？复合序网有何用处？

9-3 两相短路是否有零序电流分量？为什么？

9-4 什么是正序等效定则？各种类型短路的附加阻抗是什么？

9-5 不对称短路时，故障相短路点短路电流的绝对值与它们的正序分量的绝对值有何关系？各种类型短路的 $m^{(n)}$ 值是什么？

9-6 如图 9-29 所示简单电力系统，在下述四种情况下，k 点发生了单相接地短路，分别作出复合序网图：

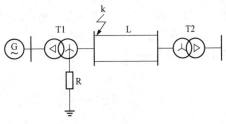

(1) 系统末端 T2 低压侧接有限容量的发电机；

(2) T2 低压侧接无限大容量电力系统；

(3) T2 低压侧接一个星形接线中性点接地的负荷；

(4) T2 末端为空载。

9-7 如图 9-30 所示简单电力系统。其中发电机 G 的

图 9-29 题 9-6 图

额定容量为 38.5MVA，$X''_d = X_2 = 0.28$；变压器 T 的额定容量为 40.5MVA，$U_k\% = 10.5$。求在变压器中性点接地电抗 $X_p = 0$ 和 $X_p = 46\Omega$ 两种情况下，故障点 k 处 $t=0$s 时的各序电流和各相电流。并考虑接地电抗中是否有正序、负序电流通过？X_p 的大小对正序、负序电流大小有无影响？负荷近似开路（即忽略负荷），k 点发生单相短路。

9-8 在图 9-31 所示电力系统中，当距母线 M 20km 处发生 b、c 两相接地短路时，求故障点两侧线路中的各相电流、母线 M 上的各相电压、变压器 Tl 低压侧各相电流及各相电压。

系统中各元件的参数：发电机 G1，$S_{NG1} = 30$MVA，$X''_d = X_2 = 0.13$；发电机 G2，$S_{NG2} = 60$MVA，$X''_d = X_2 = 0.125$；变压器 T1，$S_{NT1} = 31.5$MVA，$U_k\% = 10.5$；变压器 T2，$S_{NT2} = 60$MVA，$U_k\% = 10.5$；电力线路 L 长度为 80km，$x_1 = 0.4\Omega/km$，$x_0 = 3.5x_1$。

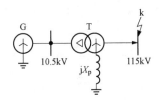

图 9-30 题 9-7 图

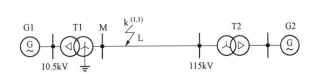

图 9-31 题 9-8 图

9-9 如图 9-32 所示，系统中节点 k 处有并联电抗 X_k，并发生单相接地短路。若已知 $X_k = 1$，$U_{k|0|} = 1$，由 k 点看入系统的 $X_{\Sigma 1} = X_{\Sigma 2} = 1$，系统内无中性点接地。试计算 $\dot{I}_{ka}$、$\dot{I}_{kb}$、$\dot{I}_{kc}$。

9-10 图 9-33 所示电力系统，发电机 G 的 $E'_G = 1$，$X''_d = X_2 = 0.10$；变压器电抗 $X_{T1} = 0.05$；电力线路 $X_{L1} = 0.1$，$X_{L0} = 0.2$；负荷 LD 星形中性点接地，单相电抗 $X_D = 2$。系统中所有的元件电抗已化为同一基准值下的标幺值。不同故障分别发生在电力线路末端。试完成：

(1) 比较不对称短路和非全相运行时的各序网络图；分别计算不对称短路、非全相运行各序等效电动势和等效电抗；

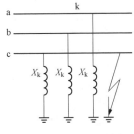

图 9-32 题 9-9 图

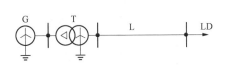

图 9-33 题 9-10 图

（2）计算两相短路时，故障点故障相电流和电压；

（3）计算 a 相断线时，b、c 两相电流和 a 相断口间电压。

9-11　简单电力系统如图 9-34 所示，其中，发电机 $E''_G=1.2$，$X''_d=0.2$，LD 点处为等值电动机负荷 $E''_D=0.8$，$X''_D=0.1$。变压器 T1 为 Y0d11，T2 为 Y0d1，结构均为三相五芯柱，两变压器电抗均为 $X_T=0.1$。各设备参数均已归算至容量基准为 100MVA、电压基准为平均额定的标幺值参数。线路单回正序电抗 0.1，零序电抗 0.2。故障点位于近 T1 高压母线的线路上，分别发生两相接地短路和两相断相。求以下电流、电压有名值：

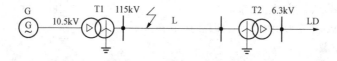

图 9-34　题 9-11 图

（1）故障点处故障电流、电压；

（2）故障点两侧的各相电流、电压（即由发电机和电动机分别提供的各相电流）；

（3）发电机出口母线处各相电流、电压；6.3kV 母线处各相电流、电压。

第三篇

电力系统稳定性分析

第十章 机组的机电特性

电力系统机电暂态过程属于电力系统稳定性问题，所谓电力系统的稳定性，就是电力系统受到一定的扰动后能否继续运行的能力。电力系统中的扰动主要有负荷变化、新能源功率波动等小扰动，和短路故障、断相故障等大扰动。根据扰动的大小，电力系统的稳定性问题可分为静态稳定性和暂态稳定性。

在研究电力系统的稳定性问题时，还需考虑自动调节励磁系统和自动调节转速系统等自动装置对电力系统稳定性的作用。电力系统的稳定性问题又可分电源稳定性、负荷稳定性等，主要是指同步发电机运行的稳定性、异步电动机运行的稳定性和电压稳定等。

分析电力系统的稳定性问题，首先需了解同步发电机和异步电动机的机电特性，即机组的转子运动方程式和同步发电机的功角特性方程式。其中，由于同步发电机是当前电力系统中主要的电源，对电力系统的稳定性起了主导的作用。因此对电力系统稳定性的研究主要从同步发电机运行的稳定性入手。

第一节 同步发电机转子运动方程式

一、 机械转矩方程式

根据旋转物体的力学定律，可列出同步发电机转子运动的机械转矩方程式

$$\Delta M = J\alpha = J\frac{\mathrm{d}\Omega}{\mathrm{d}t} = J\frac{\mathrm{d}^2\Theta}{\mathrm{d}t^2} \tag{10-1}$$

式中：α 为机组转子的机械角加速度，$\mathrm{rad/s^2}$；Ω 为机组转子的机械角速度，$\mathrm{rad/s}$；Θ 为机组转子机械角位移，rad；机械位移与速度关系为 $\Omega=\dfrac{\mathrm{d}\Theta}{\mathrm{d}t}$；$J$ 为机组转子的转动惯量，$\mathrm{kg \cdot m^2}$；t 为时间，s；ΔM 为作用在机组转子轴上的不平衡转矩，或称净加速转矩，$\mathrm{N \cdot m}$。

对于同步发电机组，当忽略了转子转动时的风阻和摩擦阻力时，ΔM 就是原动机的机械转矩 M_m 和发电机的电磁转矩 M_e 之差。前者属于加速驱动转矩，后者属于制动转矩。因

此，作用在同步发电机组转子轴上的不平衡转矩即净加速转矩为

$$\Delta M = M_{m} - M_{e} \tag{10-2}$$

式（10-1）是同步发电机组转子运动的机械转矩方程式，还必须将其转化为用电气量表示的、分析系统稳定问题常用的同步发电机运动方程式。

二、同步发电机组的基本方程式

先将机械角度、机械角速度转化为电角度和电角速度。它们之间的关系为

$$\left.\begin{array}{l} \theta = p\Theta \\ \omega = p\Omega \end{array}\right\} \tag{10-3}$$

式中：θ、ω 分别为电角度和电角速度，它们之间关系为 $\omega = \dfrac{d\theta}{dt}$；$p$ 为同步发电机的磁极对数。

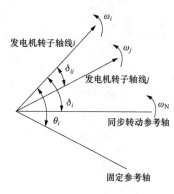

图 10-1　同步发电机组转子的
点角位移

同步发电机组转子的电角位移可用图 10-1 来表示。图中取某一参考轴，以不同形式表示电角位移。如选固定参考轴，则同步发电机 i 的转子轴线与该参考轴之间的夹角，就是发电机 i 的转子的绝对电角位移 θ_i。如这参考轴在空间以同步速转动，则同步发电机 i 的转子轴线与参考轴之间的夹角就是转子的相对电角位移 δ_i，也就是发电机电动势的相位角或功率角（因发电机电动势落后于其转子轴线 90°）。如取系统中某发电机 j 的转子轴线作参考轴，则发电机 i 的转子轴线与这参考轴之间的夹角就是 i、j 转子间的相对电角位移 δ_{ij}，它也是发电机的电动势间的相对位移角或相对功率角 δ_{ij}。在以后用到的均是电角位移，简称角位移。若不考虑角速度 ω_i、ω_j 的变化，则上述三种角位移的表达式为

$$\left.\begin{array}{l} \theta_i = \omega_i t \\ \delta_i = \omega_i t - \omega_N t = (\omega_i - \omega_N)t \\ \delta_{ij} = \omega_i t - \omega_j t = (\omega_i - \omega_j)t \end{array}\right\} \tag{10-4}$$

式中：ω_N 为同步电角速度；ω_i、ω_j 分别为发电机 i、j 的电角速度。

但是，由于在稳定性分析计算中，发电机转子轴的旋转角速度是一个状态变量，角速度 ω_i 可表示为随时间 t 变化的函数 $\omega_i = f(t)$，所以发电机转子轴线与固定参考轴之间的角度 $\theta_i = \int_0^t \omega_i dt + \theta_0$；同步参考轴是以同步角速度 ω_N 在空间旋转的轴线，其中同步转速 ω_N 为一定值，转子轴线的角位移为 $\theta_i - \delta_i = \omega_N t$。即可得出，发电机转子轴线与同步参考轴之间的角度为

$$\delta_i = \theta_i - \omega_N t = \int_0^t \omega_i dt + \theta_0 - \omega_N t$$

因此，考虑发电机角速度的变化时，式（10-4）应写为

$$\left.\begin{array}{l} \theta_i = \int_0^t \omega_i dt + \theta_0 \\ \delta_i = \int_0^t \omega_i dt + \theta_0 - \omega_N t \\ \delta_{ij} = \int_0^t \omega_i dt - \int_0^t \omega_j dt \end{array}\right\}$$

略去式中变量的下标 i，并将其对时间求导数，可得转子的相对电角速度为

$$\frac{\mathrm{d}\delta}{\mathrm{d}t} = \omega - \omega_\mathrm{N} = \Delta\omega = \frac{\mathrm{d}\theta}{\mathrm{d}t} - \omega_\mathrm{N} \tag{10-5}$$

再将式（10-5）对时间求导数，又可得

$$\frac{\mathrm{d}^2\delta}{\mathrm{d}t^2} = \frac{\mathrm{d}\omega}{\mathrm{d}t} = \frac{\mathrm{d}^2\theta}{\mathrm{d}t^2} = \frac{\mathrm{d}\Delta\omega}{\mathrm{d}t} \tag{10-6}$$

由式（10-6）可见，转子的相对电角加速度与绝对电加速度相等。

将式（10-3）、式（10-6）代入式（10-1）中，可得到以电角度表示的同步发电机组转子的运动方程式

$$\Delta M = J\frac{\mathrm{d}^2\Theta}{\mathrm{d}t^2} = J\frac{\mathrm{d}^2(\theta/p)}{\mathrm{d}t^2} = \frac{J}{p}\frac{\mathrm{d}^2\theta}{\mathrm{d}t^2} = \frac{J}{p}\frac{\mathrm{d}^2\delta}{\mathrm{d}t^2} = J\frac{\Omega_\mathrm{N}}{\omega_\mathrm{N}}\frac{\mathrm{d}^2\delta}{\mathrm{d}t^2} \tag{10-7}$$

式中：p 为发电机极对数，$p=\omega_\mathrm{N}/\Omega_\mathrm{N}$。

由于转矩与速度的乘积等于功，因此可将转矩基准值取为 $M_\mathrm{B}=S_\mathrm{B}/\Omega_\mathrm{N}$，并用其去除式（10-7）两侧，则可得式（10-7）的标幺值形式

$$\frac{\Delta M}{M_\mathrm{B}} = J\frac{\Omega_\mathrm{N}}{\omega_\mathrm{N}}\frac{\mathrm{d}^2\delta}{\mathrm{d}t^2}\frac{\Omega_\mathrm{N}}{S_\mathrm{B}}$$

即

$$\Delta M_* = J\frac{\Omega_\mathrm{N}^2}{S_\mathrm{B}}\frac{1}{\omega_\mathrm{N}}\frac{\mathrm{d}^2\delta}{\mathrm{d}t^2} \tag{10-8}$$

式中：t 为时间，s；δ 为角位移，rad 或（°）；ω_N 为同步电角速度，rad/s 或（°）/s；S_B 为功率基准值，MVA；ΔM_* 为不平衡转矩标幺值；其他符号意义与式（10-1）相同。

定义 $T_\mathrm{J}=J\Omega_\mathrm{N}^2/S_\mathrm{B}$，则式（10-8）写为

$$\Delta M_* = \frac{T_\mathrm{J}}{\omega_\mathrm{N}}\frac{\mathrm{d}^2\delta}{\mathrm{d}t^2} \tag{10-9}$$

式中：T_J 为归算到功率基准值 S_B 的发电机组的惯性时间常数，s。

由于 $\Delta M_* \cdot \omega_* = \Delta P_*$，如果机组的转速偏离同步转速不大，$\omega \approx \omega_\mathrm{N}$，则 $\omega_* \approx 1$，因此 $\Delta M_* \approx \Delta P_*$，即不平衡转矩的标幺值近似等于不平衡功率的标幺值。那么，式（10-9）可写为

$$\Delta P_* \approx \frac{T_\mathrm{J}}{\omega_\mathrm{N}}\frac{\mathrm{d}^2\delta}{\mathrm{d}t^2} \tag{10-10}$$

式（10-10）就是同步发电机转子运动的基本方程式。其中，相对角位移 δ 的单位可以是 rad，也可以是（°）。

由电气角速度与角位移的相互关系式（10-6），可将式（10-10）在近似同步转速时变换为

$$\Delta P_* = \frac{T_\mathrm{J}}{\omega_\mathrm{N}}\frac{\mathrm{d}\delta^2}{\mathrm{d}t^2} = \frac{T_\mathrm{J}}{\omega_\mathrm{N}}\frac{\mathrm{d}\omega}{\mathrm{d}t} = T_\mathrm{J}\frac{\mathrm{d}\omega_*}{\mathrm{d}t} \tag{10-11}$$

发电机转子运动方程式（10-10）也可表示为两个一阶线性微分方程，即转子运动状态方程

$$\begin{cases} \dfrac{\mathrm{d}\delta}{\mathrm{d}t} = \omega - \omega_\mathrm{N} = \omega_\mathrm{N}(\omega_* - 1) \\[2mm] \dfrac{\mathrm{d}\omega_*}{\mathrm{d}t} = \dfrac{1}{T_\mathrm{J}}\Delta P_* = \dfrac{1}{T_\mathrm{J}}(P_\mathrm{m} - P_\mathrm{e}) \end{cases} \tag{10-12}$$

其中，以弧度单位或角度单位表示的转速分别可写为

$$\omega_N = 2\pi f_N \quad \text{或} \quad \omega_N = 360° f_N \tag{10-13}$$

在同步发电机组转子运动方程式（10-10）或式（10-12）中，ΔP_* 为标幺值；T_J、t 的单位为 s，δ 的单位为（°）或 rad；f_N 的单位为 Hz。在有些场合使用时，往往还将 T_J、t、δ 的单位均化为 rad，即把式（10-11）和式（10-12）化为全标幺值的形式。下面进行这种单位的变换。

*三、　将同步发电机组运动方程式化为全标幺值形式

1. 对于角度 δ 的变换

由于 $\delta(°)/\delta(\text{rad}) = 360°/2\pi(\text{rad})$，所以有

$$\delta(°) = \delta(\text{rad}) \frac{360°}{2\pi(\text{rad})} = \delta(\text{rad}) \frac{360° f_N}{\omega_N(\text{rad/s})} \tag{10-14}$$

2. 对于时间 t 的变换

取时间的基准值 $t_B = \dfrac{1}{\omega_N}$（s/rad），即 t_B 为发电机以同步转速转过 1rad 时所需的时间（s）定为时间的基准值。那么，时间的标幺值形式为

$$t_* = \frac{t(\text{s})}{t_B(\text{s/rad})} = t\omega_N \quad (\text{rad})$$

则

$$t(\text{s}) = \frac{t_*(\text{rad})}{\omega_N(\text{rad/s})} \tag{10-15}$$

3. 对于惯性时间常数 $T_J(\text{s})$ 的变换

与时间有名值 $t(\text{s})$ 的变换相同，取 $T_{JB} = t_B(\text{s/rad})$，则惯性时间常数的标幺值形式为

$$T_{J*} = \frac{T_J(\text{s})}{T_{JB}(\text{s/rad})} = T_J\omega_N \quad (\text{rad})$$

其有名值形式为

$$T_J(\text{s}) = \frac{T_{J*}(\text{rad})}{\omega_N(\text{rad/s})} \tag{10-16}$$

将式（10-15）、式（10-16）代入式（10-11）中得到发电机转子运动方程式的全标幺值形式为

$$\Delta P_* = T_{J*} \frac{\text{d}\delta_*^2}{\text{d}t_*} \tag{10-17}$$

式中：ΔP_*、T_{J*}、t_*、δ_* 均为标幺值。

如设定 T_J、t、δ 的基准值，并均以角度（°）表示其标幺值单位时，则全标幺值形式的同步发电机组转子运动方程式与式（10-17）完全相同。

四、　惯性时间常数 T_J 及其物理意义

在讨论同步发电机组转子的运动方程式中，有一个很重要的参数，就是同步发电机组的惯性时间常数 $T_J(\text{s})$。下面介绍其物理意义。

由式（10-8）和式（10-9）可见，T_J 的定义为 $T_J = \dfrac{J\Omega_N^2}{S_B}(\text{s})$，该式是将 T_J 归算至基准功率 S_B。对于单机组，取 $S_B = S_N$，因此单机组的惯性时间常数在以本机组额定容量为基准

时的表示式为

$$T_J = \frac{J\Omega_N^2}{S_N} = 2\frac{\frac{1}{2}J\Omega_N^2}{S_N} = 2\frac{W_K}{S_N} = 2H \quad (s) \tag{10-18}$$

式中：W_K 为同步发电机组转子在额定转速时所具有的动能，$W_K = \frac{1}{2}J\Omega_N^2$；$H = W_K/S_N$ 为在额定转速时，机组单位容量所具有的动能（在英国、美国也称为惯性时间常数，并以 H 表示）。

这样 T_J 的物理意义首先可理解为在额定转速时，机组单位容量所具有动能的 2 倍。这反映了发电机组转子在额定转速时的机械转动的惯性。

此外，因 $\Delta M_* \approx \Delta P_*$，由式（10-11）变化后，对两边积分得

$$\int_0^t \Delta M_* \, dt = \int_0^1 T_J d\omega_* \tag{10-19}$$

当 $\Delta M_* = 1$ 时，可求发电机的转速 ω 从 0 上升至 ω_N 时所需的时间（s），即由

$$\int_0^t 1 dt = T_J \int_0^1 d\omega_*$$

得

$$t = T_J \quad (s) \tag{10-20}$$

由式（10-20）可见，惯性时间常数 T_J 的另一个物理意义是：当机组输出的电磁转矩 $M_e = 0$，输入的机械转矩 $M_m = 1$，则不平衡转矩 $\Delta M_* = M_m - M_e = 1$ 时，机组从静止升速至额定转速所需的时间（s）。

惯性时间常数 T_J 一般不易从手册中查得，但可从手册中查得机组相关参数从而得到单个机组的惯性时间常数 T_{JN}。在电力系统稳定的计算中，当已选好全系统统一的基准功率时，必须将各发电机的惯性时间常数归算成统一基准功率下，即

$$T_{JB} = T_{JN}\frac{S_N}{S_B} \tag{10-21}$$

式中：T_{JN} 为以机组容量 S_N 为基准的惯性时间常数，s；T_{JB} 为以基准功率 S_B 为基准的惯性时间常数，s。

那么，将 n 台并列运行的发电机组合并成一台等值发电机组时，合并后等值发电机的惯性时间常数为

$$T_{JB\Sigma} = T_{JN1}\frac{S_{N1}}{S_B} + T_{JN2}\frac{S_{N2}}{S_B} + \cdots + T_{JNn}\frac{S_{Nn}}{S_B} = \sum_{i=1}^n T_{JNi}\frac{S_{Ni}}{S_B} \tag{10-22}$$

一般情况下，汽轮发电机组的惯性时间常数为 8～16s，水轮发电机组的惯性时间常数为 4～8s，同期调相机的惯性时间常数为 2～4s。

同步发电机组转子的运动方程式，是电力系统稳定性分析和计算中最基本的方程式，可以描述电力系统受扰后发电机间或发电机与系统间的相对运动，也是用来判断电力系统受扰动后能否保持稳定性的最直接根据。由式（10-1）和式（10-2）可见，发电机组转子的运动状态取决于作用在其轴上的不平衡转矩（或功率）。而不平衡转矩（或功率）又取决于原动机输入的机械转矩（或功率）与发电机输出的电磁转矩（或功率）的差值。原动机输入的机械转矩又取决于原动机及其调速系统的特性。一般情况下，认为原动机输入的机械转矩在机电暂态过程中保持不变。发电机输出的电磁转矩（或功率）与自身的电磁特性、转子运动

特性、负荷特性、网络结构等有关，因而它是电力系统稳定的分析和计算中最为复杂的部分。可以这样说，电力系统稳定计算的复杂程度和工作量大小，取决于发电机电磁转矩（或功率）的描述和计算。

第二节　发电机的功角特性方程式

发电机输出的电磁功率和功率角的关系，称为发电机的功角特性，这是分析电力系统稳定性问题的另一个重要基础方程式。以下章节中，如无特殊说明，图、表、公式中的变量均为标幺值。

一、隐极机的功角特性方程式

隐极机的转子是对称的，因而它的直轴同步电抗和交轴同步电抗是相等的，即 $X_d = X_q$。考虑这个特点，并略去定子绕组的电阻，由方程式 $\dot{E}_q = \dot{U} + j\dot{I}X_d$ 可作出隐极机正常运行时相量图，如图 10-2 所示。由这个相量图就可以导出以不同的电动势、电抗表示隐极机的功角特性方程式。

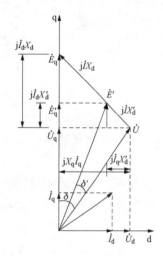

图 10-2　隐极机相量图

1. 以空载电动势 E_q 和同步电抗 X_d 表示发电机

由图 10-2 可得 d 轴和 q 轴方向的方程分别为

$$\left. \begin{array}{l} E_q = U_q + I_d X_d \\ 0 = U_d - I_q X_d \end{array} \right\} \tag{10-23}$$

发电机输出的有功功率为视在功率取实部，即

$$\begin{aligned} P_{Eq} &= \mathrm{Re}(\dot{U}\dot{I}^*) = \mathrm{Re}[(U_d + jU_q)(I_d - jI_q)] \\ &= \mathrm{Re}[(U_d I_d + U_q I_q) + j(U_q I_d - U_d I_q)] \\ &= U_d I_d + U_q I_q \end{aligned} \tag{10-24}$$

将式（10-23）代入式（10-24）可得

$$P_{Eq} = U_d \frac{E_q - U_q}{X_d} + U_q \frac{U_d}{X_d} = \frac{E_q U_d}{X_d} = \frac{E_q U}{X_d}\sin\delta \tag{10-25}$$

式中

$$U_d = U\sin\delta$$

将式（10-23）代入无功功率的表示式，则发电机端输出的无功功率为实在功率取虚部

$$Q_{Eq} = \mathrm{Im}(\dot{U}\dot{I}^*) = U_q I_d - U_d I_q = U_q \frac{E_q - U_q}{X_d} - U_d \frac{U_d}{X_d}$$

$$= \frac{E_q U_q}{X_d} - \frac{U_d^2 + U_q^2}{X_d} = -\frac{U^2}{X_d} + \frac{E_q U}{X_d}\cos\delta \tag{10-26}$$

式中

$$U_q = U\cos\delta$$

设发电机与无限大容量母线相连，"无限大容量电源"的概念除第七章所定义的之外，还应加上的一点是系统等值发电机组的惯性时间常数为无限大。那么，发电机与无限大容量母线相连时，母线电压 U = 定值。如再设发电机没有自动调节励磁装置，并保持 E_q = 定值，则式（10-25）、式（10-26）中将只有一个变量——功率角 δ。取不同的 δ 值代入式（10-25）中，可作出有功功率的功角特性曲线，如图 10-3 所示。由图可见，隐极机有功功

率的功角特性曲线为一正弦曲线，其最大值 $P_{Eq \cdot max} = \dfrac{E_q U}{X_d}$，也称为功率极限。该功角特性曲线多运用于电力系统正常运行及故障后稳态运行稳定性的分析和计算。

2. 以交轴暂态电动势 E'_q 和直轴暂态电抗 X'_d 表示发电机

在分析暂态稳定或近似地分析某些有自动调节励磁装置的静态稳定时，往往以交轴暂态电动势 E'_q 和直轴暂态电抗 X'_d 表示发电机。在这种情况下，由图 10-2 可见

$$\left.\begin{array}{l} E'_q = U_q + I_d X'_d \\ 0 = U_d - I_q X_d \end{array}\right\} \tag{10-27}$$

将式（10-27）代入式（10-24）中，可得

$$\begin{aligned} P_{E'_q} &= U_d I_d + U_q I_q = U_d \frac{E'_q - U_q}{X'_d} + U_q \frac{U_d}{X_d} \\ &= \frac{E'_q U_q}{X'_d} - U_d U_q \left(\frac{1}{X'_d} - \frac{1}{X_d} \right) \\ &= \frac{E'_q U_d}{X'_d} - \frac{X_d - X'_d}{X_d X'_d} U^2 \sin\delta\cos\delta \\ &= \frac{E'_q U_d}{X'_d} \sin\delta - \frac{U^2}{2} \left(\frac{X_d - X'_d}{X_d X'_d} \right) \sin 2\delta \end{aligned} \tag{10-28}$$

式中 $\qquad\qquad\qquad U_q = U\cos\delta, \quad U_d = U\sin\delta$

当发电机与无限大容量母线相连时，$U=$ 定值，且发电机装有自动调节励磁装置，并能保持 $E'_q=$ 定值。然后取不同的 δ 值代入式（10-28）中，可绘制出这种情况下发电机与无限大容量母线相连时有功功率的功角特性曲线，如图 10-4 所示。

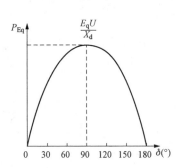

图 10-3 以 E_q 表示的隐极机
有功功率功角特性曲线

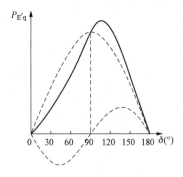

图 10-4 以 E'_q 表示的隐极机
有功功率功角特性曲线

由图 10-4 可见，由于直轴暂态电抗和其同步电抗不等，即 $X'_d \neq X_d$，出现了一个按 2 倍功率角正弦 $\sin 2\delta$ 变化的功率分量，一般称暂态磁阻功率。它的存在使功角特性曲线发生了畸变，而使功率极限略有增加，并出现在功率角大于 90°处。

暂态磁阻功率的出现带来了功角特性计算的复杂化，以致在很多场合下不得不采取如下的简化：以直轴暂态电抗 X'_d 后的电动势 E' 代替交轴暂态电动势 E'_q；以相量 E' 与 $\dot{U}$ 的夹角（即 $\dot{E}'$ 的相位角）δ' 代替实际的功率角 δ。这样就可以用式（10-29）代替实际的功角特性方程式（10-28），即

$$P_{E'} = \frac{E'U}{X'_d}\sin\delta' \qquad (10\text{-}29)$$

这样，功角关系又简化为正弦关系，但这时的功率角 δ' 已不再是实际的功率角 δ。

二、凸极机的功角特性方程式

当略去定子绕组的电阻，由式 $\dot{E}_Q = \dot{U} + j\dot{I}X_q$ 及 $E_q = E_Q + (X_d - X_q)I_d$ 可以作出凸极机正常运行时相量图如图 10-5 所示。由该相量图就可以导出不同电动势和电抗表示的凸极机的功角特性方程。

1. 以空载电动势 E_q 和同步电抗 X_d、X_q 表示的凸极机功角特性

由图 10-5 可见，凸极机以同步电动势和同步电抗计算时

$$\left.\begin{array}{l} E_q = U_q + I_d X_d \\ 0 = U_d - I_q X_q \end{array}\right\} \qquad (10\text{-}30)$$

此式（10-30）代入式（10-24）中，可得

$$P_{E_q} = U_d I_d + U_q I_q = \frac{E_q U_d}{X_d} + U_d U_q \left(\frac{1}{X_q} - \frac{1}{X_d}\right) = \frac{E_q U_d}{X_d} + \frac{X_d - X_q}{X_d X_q}U^2\sin\delta\cos\delta$$

$$= \frac{E_q U}{X_d}\sin\delta + \frac{U^2}{2}\frac{X_d - X_q}{X_d X_q}\sin2\delta \qquad (10\text{-}31)$$

对于无自动调节励磁装置的发电机与无限大容量电力系统母线相连时，则有 $E_q = $ 定值，$U = $ 定值。取不同的 δ 值代入式（10-31）中，可以绘制出此种状态下发电机有功功率的功角特性曲线，如图 10-6 所示。由图可见，由于直、交轴同步电抗不相等，即 $X_d \neq X_q$，出现了一个按 2 倍功率角的正弦 $\sin2\delta$ 变化的功率分量，即为磁阻功率。磁阻功率的存在使功角特性曲线畸变，从而使功率极限有所增加，但这时功率极限出现在功率角小于 90° 处。

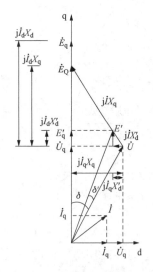

图 10-5　凸极机相量图

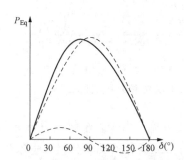

图 10-6　以 E_q 表示的凸极机有功功率功角特性

磁阻功率的出现也将使功角特性的计算复杂化，以致在某些场合，可以采取一定的简化。其一是以发电机的交轴同步电抗和这个电抗后的虚构电动势 E_Q 表示发电机；其二是以其等值同步电抗 X_f 和这个电抗后的等值空载电动势 E_f 表示发电机。与这两个简化方案相对的有功功率的功角特性方程式分别为

$$P_{EQ} = \frac{E_Q U}{X_q}\sin\delta \tag{10 - 32}$$

$$P_{Ef} = \frac{E_f U}{X_f}\sin\delta_f \tag{10 - 33}$$

式中：等值同步电抗 $X_f = 0.85X_d$。

2. 以交轴暂态电动势 E_q' 和直轴暂态电抗 X_d' 表示的凸极机有功功率的功角特性

由图 10 - 5 可见

$$\left.\begin{array}{l} E_q' = U_q + I_d X_d' \\ 0 = U_d - I_q X_q \end{array}\right\} \tag{10 - 34}$$

将式（10 - 34）代入式（10 - 24）中可得

$$P_{E'q} = \frac{E_q' U}{X_d'}\sin\delta - \frac{U^2}{2}\frac{X_q - X_d'}{X_q X_d'}\sin2\delta \tag{10 - 35}$$

按式（10 - 35）可以绘制凸极机与无限大容量母线相连，且 $E_q' =$ 定值时有功功率的功角特性曲线，如图 10 - 7 所示。

由图可见，这时也出现了暂态磁阻功率分量。但凸极机的交轴同步电抗 X_q 使暂态磁阻功率分量的最大值往往小于隐极机相应分量的最大值。

同样地，也可以直轴暂态电抗 X_d' 后的电动势 E' 代替 E_q'，以 E' 的相位角 δ' 代替实际功率角 δ，以简化功角特性的计算。显然，这种情况下的功角特性方程式也如式（10 - 29）所示。

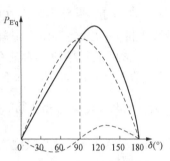

图 10 - 7　以 E_q' 表示的凸极机
有功功率功角特性曲线

三、 多机系统中发电机的功角特性方程式

假设电力系统中有 n 台发电机，用 $1,2,3,\cdots,n$ 表示发电机节点，每一台发电机以一个等值电抗 X_i 和该电抗后的电动势 E_i 表示。该电力系统最后简化为 N 网络，该网络除了保留发电机节点以外，已消去了网络中全部联络节点。该多机系统及其等值网络，如图 10 - 8 所示。

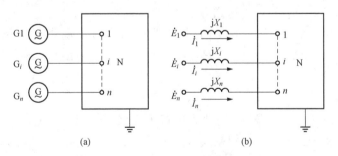

图 10 - 8　多机系统及其等值网络
（a）接线图；（b）等值网络

任一发电机 i 输出的有功功率为

$$P_{Ei} = \mathrm{Re}(\dot{E}_i \dot{I}_i^{\,*}) = \mathrm{Re}\left(\dot{E}_i \sum_{j=1}^{n}\dot{E}_j^{\,*}\dot{Y}_{ij}^{\,*}\right)$$

$$= \mathrm{Re}\Big[E_i \mathrm{e}^{\mathrm{j}\delta_i} \sum_{j=1}^{n} E_j \mathrm{e}^{-\mathrm{j}\delta_j}(G_{ij} - \mathrm{j}B_{ij})\Big]$$

$$= E_i \sum_{j=1}^{n} E_j(G_{ij}\cos\delta_{ij} + B_{ij}\sin\delta_{ij})$$

$$= E_i^2 G_{ii} + E_i \sum_{\substack{j=1 \\ j \neq i}}^{n} E_j(-G_{ij}\cos\delta_{ij} + B_{ij}\sin\delta_{ij})$$

$$= E^2 G_{ii} + E_i \sum_{\substack{j=1 \\ j \neq i}}^{n} E_j |Y_{ij}|(|Y_{ij}|\sin\alpha_{ij}\cos\delta_{ij} + |Y_{ij}|\cos\alpha_{ij}\sin\delta_{ij})$$

$$= E_i^2 |Y_{ii}|\sin\alpha_{ii} + E_i \sum_{\substack{j=1 \\ j \neq i}}^{n} E_j |Y_{ij}|\sin(\delta_{ij} + \alpha_{ij}) \tag{10-36}$$

式中：$\dot{E}_i = E_i \mathrm{e}^{\mathrm{j}\delta_i}$ 为发电机 i 电动势相量；$\dot{E}_j^* = E_j \mathrm{e}^{-\mathrm{j}\delta_j}$ 为发电机 j 电动势相量的共轭值；I_i^* 为发电机 i 供出电流相量的共轭值；$Y_{ij}^* = G_{ij} + \mathrm{j}B_{ij}$ 为在 N 网络中的节点导纳矩阵中，发电机节点 i、j 之间的互导纳元素的共轭值；n 为系统中发电机的总台数，也是 N 网络的节点数（除地节点以外）；G_{ii} 为在 N 网络的节点导纳矩阵中，发电机节点 i 的自电导元素；$\delta_{ij} = \delta_i - \delta_j$ 为 $\dot{E}_i$ 和 $\dot{E}_j$ 电动势相量间的相角差，即发电机 i、j 之间的相对功率角；$\alpha_{ij} = \arctan\dfrac{G_{ij}}{B_{ij}} = \arctan\dfrac{R_{ij}}{X_{ij}}$ 为网络元件互阻抗三角形中互阻抗 z_{ij} 与互电抗 x_{ij} 之间的夹角；$\alpha_{ii} = \arctan\dfrac{G_{ii}}{B_{ii}} = \arctan\dfrac{R_{ii}}{X_{ii}}$ 为网络元件自阻抗三角形中自阻抗 z_{ii} 与自电抗 x_{ii} 之间的夹角。

式（10-36）表明，任一发电机发出的有功功率是该发电机电动势相量相对于其他发电机电动势相量间的相差角 δ_{ij} 的函数，也即发电机 i、j 之间相对功率角 δ_{ij} 的函数。这个函数也就是多机系统中发电机有功功率功角特性。在电力系统中含有三台及以上发电机的情况下，发电机的功角特性无法用曲线来表示。

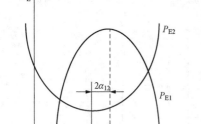

图 10-9　两机系统有功功率
功角特性曲线

而对于电力系统中有两台发电机时，其有功功率的表达式为

$$\left.\begin{aligned} P_{\mathrm{E1}} &= E_1^2 |Y_{11}|\sin\alpha_{11} + E_1 E_2 |Y_{12}|\sin(\delta_{12} + \alpha_{12}) \\ P_{\mathrm{E2}} &= E_2^2 |Y_{22}|\sin\alpha_{22} + E_2 E_1 |Y_{21}|\sin(\delta_{21} + \alpha_{21}) \\ &= E_2^2 |Y_{22}|\sin\alpha_{22} - E_1 E_2 |Y_{12}|\sin(\delta_{12} - \alpha_{12}) \end{aligned}\right\} \tag{10-37}$$

当发电机电动势 E_1、E_2 一定，且系统接线不变时，根据式（10-37）可作出 P_{E1}、P_{E2} 与 δ_{12} 关系的有功功率功角特性曲线，如图 10-9 所示，其中 $\alpha_{12} = \alpha_{21}$。

四、　网络接线及参数对有功功率功角特性的影响

了解电力网络接线及其参数对有功功率功角特性的影响，对于定性分析和估计电力系统的稳定性是很有用的。为了简单起见，以发电机通过简单网络与无限大容量母线相连，来说明其基本概念和特点，以及所产生的影响。

1. 串联电抗的影响

电力系统接线及其计及串联电抗的等值电路如图 10 - 10（a）、（b）所示。设发电机为隐极机，$X_\mathrm{d}=X_\mathrm{q}$，$E_\mathrm{Q}=E_\mathrm{q}$；且无自动调节励磁装置；变压器、电力线路只计电抗，不计电阻；末端所接为无限大容量电力系统母线。

由图 10 - 10（b）可知 $\alpha=\arctan\dfrac{R_\Sigma}{X_{\mathrm{d}\Sigma}}=0$，则有

$$Y = Y_{11} = Y_{22} = Y_{12} = Y_{21}$$

$$= |Y|\,\mathrm{e}^{-\mathrm{j}(90°-\alpha)} = \frac{1}{X_{\mathrm{d}\Sigma}}\mathrm{e}^{-\mathrm{j}90°} = \frac{1}{\mathrm{j}X_{\mathrm{d}\Sigma}}$$

式中

$$X_{\mathrm{d}\Sigma} = X_\mathrm{d} + X_{\mathrm{T}1} + \frac{1}{2}X_\mathrm{L} + X_{\mathrm{T}2}$$

由式（10 - 37）可得

$$P_{E\mathrm{q}} = P_\mathrm{U} = E_\mathrm{q}U|Y|\sin\delta = \frac{E_\mathrm{q}U}{X_{\mathrm{d}\Sigma}}\sin\delta \tag{10 - 38}$$

由此可见，功率极限 $P_{E\mathrm{q}\cdot\max}=\dfrac{E_\mathrm{q}U}{X_{\mathrm{d}\Sigma}}$，因而发电机端串联电抗与无限大容量母线相连时，功率极限下降了，$P_{E\mathrm{q}\cdot\max}$ 的大小与 $X_{\mathrm{d}\Sigma}$ 成反比。此外，在单机对无限大容量电力系统中，式（10 - 38）的 δ 为 δ_{12}。

根据式（10 - 38）可作 $P_{E\mathrm{q}}$、P_U 与 δ 的功角特性曲线，如图 10 - 10（c）所示。

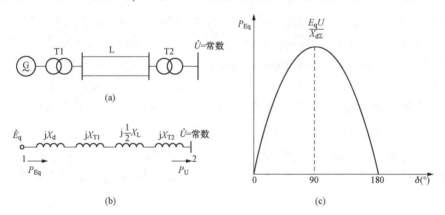

图 10 - 10　串联电抗的影响

（a）电力系统接线；（b）等值电路；（c）功角特性曲线

2. 串联电阻的影响

电力系统接线及其计及串联电阻的等值电路如图 10 - 11（a）、（b）所示。设发电机为隐极机，$X_\mathrm{d}=X_\mathrm{q}$，$E_\mathrm{Q}=E_\mathrm{q}$，且无自动调节励磁装置。

由等值电路可知

$$Y = Y_{11} = Y_{22} = Y_{12} = Y_{21} = |Y|\,\mathrm{e}^{-\mathrm{j}(90°-\alpha)} = \frac{1}{|Z|\mathrm{e}^{\mathrm{j}(90°-\alpha)}} = \frac{1}{R_\Sigma + \mathrm{j}X_{\mathrm{d}\Sigma}}$$

其中，$\alpha=\arctan\dfrac{R_\Sigma}{X_{\mathrm{d}\Sigma}}$，因而由式（10 - 37）可得

$$P_{\mathrm{Eq}} = E_{\mathrm{q}}^2 |Y| \sin\alpha + E_{\mathrm{q}} U |Y| \sin(\delta - \alpha) \atop P_{\mathrm{U}} = -U^2 |Y| \sin\alpha + E_{\mathrm{q}} U |Y| \sin(\delta + \alpha) \Bigg\} \qquad (10\text{-}39)$$

式（10-39）中，在单机对无限大容量电力系统时，$\delta = \delta_{12}$，取不同的功率角 δ 值代入式（10-39）中，可作有功功率的功角特性曲线，如图 10-11（c）所示。

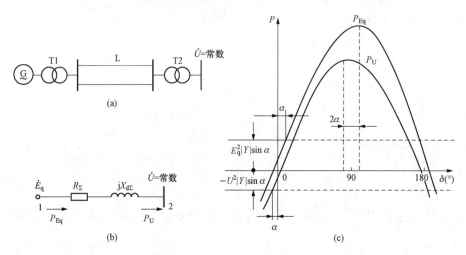

图 10-11　串联电阻的影响
(a) 电力系统接线；(b) 等值电路；(c) 功角特性曲线

由图 10-11（c）可见，这时有功功率的功角特性曲线有两条，在同一 δ 值下它们的差值就是串联电阻 R_Σ 中的有功功率损耗。P_{Eq} 曲线是发电机输出有功功率的功角特性曲线，P_{U} 曲线是送向末端系统母线有功功率的功角特性曲线。由于串联电阻的存在，发电机的功角特性曲线 P_{Eq} 由简单的正弦曲线 $E_{\mathrm{q}} U |Y| \sin\delta$ 向上移动了 $E_{\mathrm{q}}^2 |Y| \sin\alpha$，向右移动了 α 角所致。而送到末端系统母线的功角特性曲线 P_{U} 正好相反，是将正弦曲线 $E_{\mathrm{q}} U |Y| \sin\delta$ 向下移动了 $E_{\mathrm{q}}^2 |Y| \sin\alpha$，向左移动了 α 角所致。

由图还可看出，$0° \sim 180°$ 范围内，随着发电机电动势 $\dot{E}_{\mathrm{q}}$ 和系统母线电压 $\dot{U}$ 之间夹角 δ 的增大，通过线路的功率（或电流）也增大，从而使串联电阻的有功功率损耗增大。有功功率损耗为

$$\Delta P = P_{\mathrm{Eq}} - P_{\mathrm{U}} = (E_{\mathrm{q}}^2 + U^2 - 2E_{\mathrm{q}} U \cos\delta) |Y| \sin\alpha = I^2 R_\Sigma \qquad (10\text{-}40)$$

由式（10-40）可以看出，发电机的功率极限出现在 $\delta - \alpha = 90°$，即 $\delta = 90° + \alpha$ 处，其值为

$$P_{\mathrm{Eq\cdot max}} = E_{\mathrm{q}}^2 |Y| \sin\alpha + E_{\mathrm{q}} U |Y| \qquad (10\text{-}41)$$

一般比不计电阻时的功率极限（$P_{\mathrm{Eq\cdot max}} = E_{\mathrm{q}} U |Y|$）要大。这是因为计及电阻后，增加了一项 $E_{\mathrm{q}}^2 |Y| \sin\alpha$，该项通常称为固有功率。

3. 并联电阻的影响

电力系统接入并联电阻 R_{K} 的情况如图 10-12（a）所示，其等值电路见图 10-12（b）。设发电机为隐极机，且无自动调节励磁装置。根据式（10-37）有

$$P_{\mathrm{Eq}} = E_{\mathrm{q}}^2 |Y_{11}| \sin\alpha_{11} + E_{\mathrm{q}} U |Y_{12}| \sin(\delta - \alpha_{12}) \atop P_{\mathrm{U}} = -U^2 |Y_{22}| \sin\alpha_{22} + E_{\mathrm{q}} U |Y_{21}| \sin(\delta + \alpha_{12}) \Bigg\} \qquad (10\text{-}42)$$

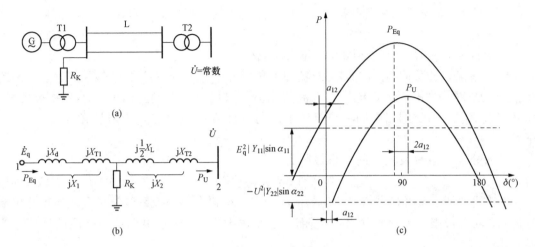

图 10 - 12 并联电阻的影响

(a) 电力系统接线；(b) 等值电路；(c) 功角特性曲线

将式（10 - 42）中的导纳绝对值变成阻抗绝对值后，可有

$$
\left.
\begin{aligned}
P_{Eq} &= \frac{E_q^2}{|Z_{11}|}\sin\alpha_{11} + \frac{E_q U}{|Z_{12}|}\sin(\delta - \alpha_{12}) \\
P_U &= -\frac{U^2}{|Z_{22}|}\sin\alpha_{22} + \frac{E_q U}{|Z_{21}|}\sin(\delta + \alpha_{21})
\end{aligned}
\right\}
\tag{10 - 43}
$$

其输入阻抗 Z_{11}、Z_{22} 表示式为

$$
Z_{11} = jX_1 + \frac{jX_2 R_K}{jX_2 + R_K} = R_{11} + jX_{11} = |Z_{11}|e^{j(90° - \alpha_{11})} = \frac{1}{Y_{11}}
$$

$$
Z_{22} = jX_2 + \frac{jX_1 R_K}{jX_1 + R_K} = R_{22} + jX_{22} = |Z_{22}|e^{j(90° - \alpha_{22})} = \frac{1}{Y_{22}}
$$

其中

$$
\alpha_{11} = \arctan\frac{R_{11}}{X_{11}} > 0, \quad \alpha_{22} = \arctan\frac{R_{22}}{X_{22}} > 0
$$

而转移阻抗为

$$
Z_{12} = Z_{21} = jX_1 + jX_2 + \frac{jX_1 jX_2}{R_K} = jX_{d\Sigma} - \frac{X_1 X_2}{R_K} = -\frac{X_1 X_2}{R_K} + jX_{d\Sigma}
$$

$$
= R_{21} + jX_{12} = |Z_{12}|e^{j(90° - \alpha_{12})} = |Z_{21}|^{j(90° - \alpha_{21})} = \frac{1}{Y_{12}} = \frac{1}{Y_{21}}
$$

其中

$$
\alpha_{12} = \alpha_{21} = \arctan\left(-\frac{X_1 X_2 / R_K}{X_{d\Sigma}}\right) < 0
$$

由以上分析可绘制出功角特性曲线如图 10 - 12（c）所示。与串联电阻的影响不同，由于 $\alpha_{12} < 0$，所以发电机的功角特性曲线 P_{Eq} 是由简单的正弦曲线 $\dfrac{E_q U}{|Z_{12}|}\sin\delta$ 向上移动了 $E_q^2|Y_{11}|\sin\alpha_{11}$，并向左移动了 $|\alpha_{12}|$ 的角度所致；而 P_U 曲线则是向下移动了 $U^2|Y_{22}|\sin\alpha_{22}$，并向右移动了 $|\alpha_{12}|$ 的角度所致。

同一 δ 值下的 P_{Eq} 与 P_U 之差为并联电阻上所消耗的有功功率。由图 10 - 12（c）可见，与串联电阻时不同，在 0°～180°范围内，并联电阻上的有功功率损耗是随功率角 δ 的增大而减小的。这也可以从式（10 - 44）看出

$$\Delta P = P_{Eq} - P_U = E_q^2 |Y_{11}| \sin\alpha_{11} + U^2 |Y_{22}| \sin\alpha_{22} - 2E_qU |Y_{12}| \sin\alpha_{12}\cos\delta$$

$$(10 - 44)$$

由于 $\alpha_{12} < 0$，所以 ΔP 的值将随 δ 增大而减小。

应该指出，转移阻抗 Z_{12} 或 Z_{21} 的实部为负值并不意味着网络中存在着负电阻，因为转移阻抗是网络中不同节点电压与电流的比值，只反映了它们之间的大小和相位关系。输入阻抗 Z_{11}、Z_{22} 是网络中同一节点的电压与其注入电流之比，则阻抗角 α_{11}、α_{22} 均为正值。

接入并联电阻后发电机的功率极限为

$$P_{Eq\cdot max} = E_q^2 |Y_{11}| \sin\alpha_{11} + E_qU |Y_{12}| \qquad (10 - 45)$$

由于增加了一项固有功率 $E_q^2 |Y_{11}| \sin\alpha_{11}$，若发电机电动势及系统母线电压与不接电阻时相同，功率极限一般比不接并联电阻时的功率极限大，而且出现功率极限的功率角为 $90° - |\alpha_{12}|$ 处。

4. 并联电抗的影响

如果并联接入的是电抗，其接线和等值电路如图 10 - 13（a）、（b）所示。并联接入电抗 X_K 后有

$$Z_{11} = jX_1 + \frac{jX_2 jX_K}{jX_2 + jX_K} = jX_{11}, \quad \alpha_{11} = 0°$$

$$Z_{22} = jX_2 + \frac{jX_1 jX_K}{jX_1 + jX_K} = jX_{22}, \quad \alpha_{22} = 0°$$

$$Z_{12} = Z_{21} = jX_1 + jX_2 + \frac{jX_1 jX_2}{jX_K}$$

$$= jX_{d\Sigma} + j\frac{X_1 X_2}{X_K} = jX_{12}, \quad \alpha_{12} = \alpha_{21} = 0°$$

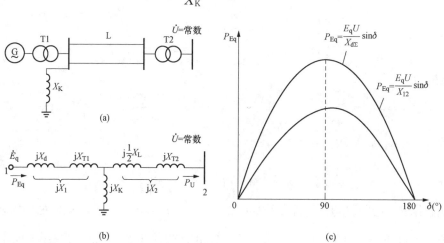

图 10 - 13 并联电抗的影响

（a）电力系统接线；（b）等值电路；（c）功角特性曲线

将上式各值代入式（10 - 42）中，得

$$P_{Eq} = P_U = E_q U |Y_{12}| \sin\delta$$
$$\text{或}$$
$$P_{Eq} = P_U = \frac{E_q U}{X_{12}} \sin\delta$$

$$(10 - 46)$$

其功角特性为正弦关系，功率极限为

$$P_{Eq \cdot max} = \frac{E_q U}{X_{12}}$$

$$(10 - 47)$$

并联电抗对功角特性的影响，如图 10 - 13（c）所示。与未接电抗 X_K 的功率极限 $P_{Eq \cdot max} = \dfrac{E_q U}{X_{d\Sigma}}$ 相比，由于 $X_{d\Sigma} < X_{12}$，所以在电动势和电压相同时，接入并联电抗后功率极限下降了。下降的幅度与转移电抗增大的幅度成比例。转移电抗增加部分为 $\dfrac{X_1 X_2}{X_K}$，X_K 越小，X_{12} 增加越多，功率极限就越小。极端情况 $X_K = 0$，相当于发生三相短路，转移电抗 $X_{12} = \infty$，发电机输出功率为零。

五、同步发电机的等值电路

对于同步发电机，并不是任何情况下都可以简单地用一个电抗和电动势表示。对于隐极机，只有以空载电动势 E_q 和同步电抗 $X_d = X_q$ 或以直轴暂态电抗后的电动势 E' 和直轴暂态电抗 X'_d 表示发电机时，才能在等值网络中绘出发电机的等值电路，如图 10 - 14（a）所示。对于凸极机，只有以虚构电动势 E_Q 和交轴同步电抗 X_q、以等值空载电动势 E_f 和等值同步电抗 X_f 或以直轴暂态电抗后的电动势 E' 和直轴暂态电抗 X'_d 表示发电机时，才能在等值网络中绘出发电机的等值电路，如图 10 - 14（b）所示。换言之，只有电抗后的电动势和相应电抗可组成发电机的等值电路，而发电机以这种方式表示时，这些电动势的相位角，严格来说，并不总等于发电机的功率角。

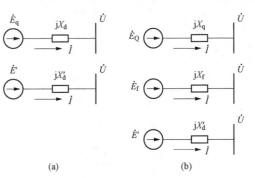

图 10 - 14　发电机等值电路
（a）隐极机；（b）凸极机

至于这些电抗的数值，一般应取它们的饱和值。发电机同步电抗 X_d 的饱和值为其不饱和值的 $70\% \sim 90\%$，直轴暂态电抗 X'_d 的饱和值约为其不饱和值的 80%。

【例 10 - 1】　简单电力系统接线图如图 10 - 15（a）所示，简化后的等值网络如图 10 - 15（b）所示。试在以下三种情况下作出输送到无限大容量母线处有功功率的功角特性曲线。

（1）发电机为隐极机 $X_d = 1.8$；

（2）发电机为凸极机 $X_d = 1.8$，$X_q = 1.1$；

（3）发电机为等值隐极机 $X_f = 0.85$，$X_d = 1.53$。

解　（1）设发电机为隐极机。其直轴电抗 $X_d = 1.8$，则得

$$X_{d\Sigma} = X_d + X = 1.8 + 0.65 = 2.45$$

$$E_q = \sqrt{\left(U + \frac{Q X_{d\Sigma}}{U}\right)^2 + \left(\frac{P X_{d\Sigma}}{U}\right)^2}$$

$$= \sqrt{\left(1.0 + \frac{0.4 \times 2.45}{1.0}\right)^2 + \left(\frac{0.53 \times 2.45}{1.0}\right)^2} = \sqrt{1.98^2 + 1.3^2} = 2.37$$

$$\delta = \arctan\left[\frac{PX_{d\Sigma}}{U} \Big/ \left(U + \frac{QX_{d\Sigma}}{U}\right)\right] = \arctan\frac{1.3}{1.98} = 33.3°$$

那么
$$\dot{E}_q = 2.37e^{j33.3°}$$

有功功率和无功功率的功角特性方程式为

$$P_{Eq} = \frac{E_q U}{X_{d\Sigma}}\sin\delta = \frac{2.37 \times 1.0}{2.45}\sin\delta = 0.97\sin\delta$$

$$Q_{Eq} = \frac{E_q U}{X_{d\Sigma}}\cos\delta - \frac{U^2}{X_{d\Sigma}} = \frac{2.37 \times 1.0}{2.45}\cos\delta - \frac{1.0^2}{2.45} = 0.97\cos\delta - 0.408$$

以 $\delta = 33.3°$ 代入，得

$$P_{Eq} = 0.97\sin33.3° = 0.53$$

$$Q_{Eq} = 0.97\cos33.3° - 0.408 = 0.4$$

可见上列计算无误。然后取不同的 δ 值代入，可作功角特性曲线，如图 10-16 所示。

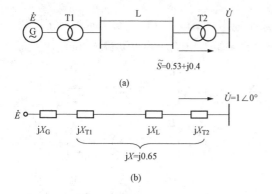

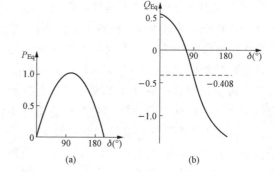

图 10-15　简单电力系统　　　　　图 10-16　隐极机有功功率和无功功率功角特性曲线
（a）接线图；（b）等值电路　　　　　　　（a）有功功率；（b）无功功率

（2）设发电机为凸极机。凸极机的 $X_d = 1.8$，$X_q = 1.1$，则

$$X_{q\Sigma} = X_q + X = 1.1 + 0.65 = 1.75$$

$$E_Q = \sqrt{(U + QX_{q\Sigma}/U)^2 + (PX_{q\Sigma}/U)^2}$$

$$= \sqrt{(1.0 + 0.4 \times 1.75/1.0)^2 + (0.53 \times 1.75/1.0)^2}$$

$$= \sqrt{1.7^2 + 0.925^2} = 1.935$$

$$\delta = \arctan\left[\frac{PX_{q\Sigma}}{U} \Big/ \left(U + \frac{QX_{q\Sigma}}{U}\right)\right] = \arctan\frac{0.925}{1.7} = 28.55°$$

则
$$\dot{E}_Q = 1.935e^{j28.55°}$$

又由 $E_Q = U_q + I_d X_{q\Sigma}$ 得 $I_d = \dfrac{E_Q - U_q}{X_{q\Sigma}}$，将其代入下式中得

$$E_q = E_Q + I_d(X_{d\Sigma} - X_{q\Sigma}) = E_Q + \frac{E_Q - U_q}{X_{q\Sigma}}(X_{d\Sigma} - X_{q\Sigma})$$

$$= E_Q\frac{X_{d\Sigma}}{X_{q\Sigma}} - \frac{X_{d\Sigma} - X_{q\Sigma}}{X_{q\Sigma}}U\cos\delta$$

$$=1.935 \times \frac{2.45}{1.75} - \frac{2.45-1.75}{1.75} \times 1.0 \times \cos 28.55° = 2.36$$

那么，有功功率功角特性方程式为

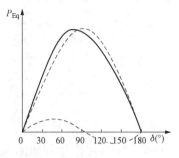

$$\begin{aligned} P_{Eq} &= \frac{E_q U}{X_{d\Sigma}} \sin\delta + \frac{U^2}{2} \frac{X_{d\Sigma} - X_{q\Sigma}}{X_{d\Sigma} X_{q\Sigma}} \sin 2\delta \\ &= \frac{2.36 \times 1.0}{2.45} \sin\delta + \frac{1.0^2}{2} \times \frac{2.45-1.75}{2.45 \times 1.75} \sin 2\delta \\ &= 0.96\sin\delta + 0.082\sin 2\delta \end{aligned}$$

依此作出有功功率的功角特性曲线，如图 10-17
所示。

图 10-17　凸极机有功功率功角特性曲线

（3）设发电机为等值隐极机。其 $X_f = 0.85 X_d = 1.53$，则

$$X_{f\Sigma} = 0.85 X_d + X = 1.53 + 0.65 = 2.18$$

$$\begin{aligned} E_f &= \sqrt{(U + Q X_{f\Sigma}/U)^2 + (P X_{f\Sigma}/U)^2} \\ &= \sqrt{(1.0 + 0.4 \times 2.18/1.0)^2 + (0.53 \times 2.18/1.0)^2} \\ &= \sqrt{1.872^2 + 1.155^2} = 2.20 \end{aligned}$$

$$\delta_f = \arctan\left[\frac{P X_{f\Sigma}}{U} \Big/ \left(U + \frac{Q X_{f\Sigma}}{U}\right)\right] = \arctan\frac{1.155}{1.872} = 31.67°$$

$$\dot{E}_f = 2.20 e^{j31.67°}$$

有功功率功角特性方程式为

$$P_{Ef} = \frac{E_f U}{X_{f\Sigma}} \sin\delta_f = \frac{2.20 \times 1.0}{2.18} \sin\delta_f = 1.01\sin\delta_f$$

依此作有功功率功角特性曲线，如图 10-18 所示。

（4）三种情况的相量图。为了进行比较，作出三种情况下的相量图，如图 10-19 所示。

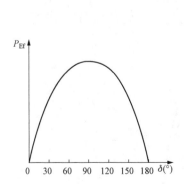

图 10-18　等值隐极机有功功率功角特性

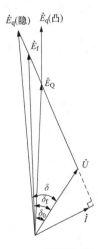

图 10-19　三种情况下的相量图

【例 10-2】　设［例 10-1］中的发电机为凸极机，$X_d = 1.8$，$X_q = 1.1$，$X'_d = 0.55$；并设发电机的交轴暂态电动势 E'_q 可保持恒定，试作输送至无限大容量母线处有功功率功角特

性曲线。

解 由系统等值电路图 10 - 20 (a) 可得

$$X'_{d\Sigma} = X'_d + X = 0.55 + 0.65 = 1.2$$

$$E' = \sqrt{(U + QX'_{d\Sigma}/U)^2 + (PX'_{d\Sigma}/U)^2}$$

$$= \sqrt{(1.0 + 0.4 \times 1.2/1.0)^2 + (0.53 \times 1.2/1.0)^2}$$

$$= \sqrt{1.48^2 + 0.635^2} = 1.62$$

$$\delta' = \arctan\left[\frac{PX'_{d\Sigma}}{U} \Big/ \left(U + \frac{QX'_{d\Sigma}}{U}\right)\right] = \arctan\frac{0.635}{1.48} = 23.22°$$

作如〔例 10 - 1〕中相似的推导可得

$$E'_q = E_Q \frac{X'_{d\Sigma}}{X_{q\Sigma}} - U\cos\delta \frac{X'_{d\Sigma} - X_{q\Sigma}}{X_{q\Sigma}}$$

$$= 1.935 \times \frac{1.2}{1.75} - 1.0 \times \cos 28.55° \times \frac{1.2 - 1.75}{1.75}$$

$$= 1.61$$

由图 10 - 20 (b) 还可得

$$E'_q = E'\cos(\delta - \delta') = 1.62 \times \cos(28.55° - 23.22°) = 1.61$$

有功功率的功角特性方程式为

$$P_{E'q} = \frac{E'_q U}{X'_{d\Sigma}}\sin\delta - \frac{U^2}{2}\frac{X_{q\Sigma} - X'_{d\Sigma}}{X_{q\Sigma} X'_{d\Sigma}}\sin 2\delta$$

$$= \frac{1.61 \times 1.0}{1.2}\sin\delta - \frac{1.0^2}{2} \times \frac{1.75 - 1.2}{1.75 \times 1.2}\sin 2\delta$$

$$= 1.34\sin\delta - 0.131\sin 2\delta$$

依此可作出有功功率功角特性曲线，如图 10 - 21 (a)所示。

也可以用 E'、δ' 近似表示有功功率功角特性方程式为

$$P_{E'} = \frac{E'U}{X'_{d\Sigma}}\sin\delta' = \frac{1.62 \times 1.0}{1.20}\sin\delta'$$

$$= 1.35\sin\delta'$$

依此可作出有功功率功角特性曲线，如图 10 - 21 (b)所示。

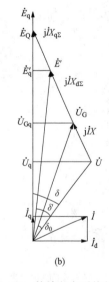

图 10 - 20 简单电力系统的
等值电路及相量图
(a) 等值电路；(b) 相量图

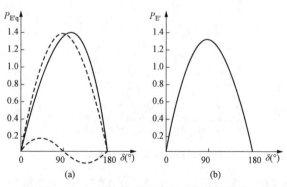

图 10 - 21 发电机有功功率功角特性曲线
(a) 以 E'_q 表示；(b) 以 E' 表示

第三节 异步电动机的机电特性

电力系统中负荷的特性不仅对系统运行的稳定性有影响，而且在一定条件下，负荷本身也会产生不稳定问题。这些负荷多是各类型的异步电动机，因此在分析系统的稳定性之前，对异步电动机的机电特性进行简单介绍。

一、异步电动机的运动方程式

与同步发电机类似，异步电动机也有相似的转子运动方程，即

$$\Delta M_* = T_J \frac{\mathrm{d}\omega_*}{\mathrm{d}t} \tag{10-48}$$

式中：T_J 为以秒表示的异步电动机的惯性时间常数，一般约为 2s。

但由于习惯上，对异步电动机的转速标幺值形式常表示为

$$\omega_* = \frac{\omega}{\omega_N} = 1 - \frac{\omega_N - \omega}{\omega_N} = 1 - s \tag{10-49}$$

式中：s 为以标幺值表示的转差率。

则式（10-48）将变为

$$\Delta M_* = T_J \frac{\mathrm{d}(1-s)}{\mathrm{d}t} = -T_J \frac{\mathrm{d}s}{\mathrm{d}t} \tag{10-50}$$

而转矩和有功功率的关系为

$$\Delta M_* = \frac{\Delta P_*}{\omega_*} = \frac{\Delta P_*}{1-s} \tag{10-51}$$

还应注意，对于异步电动机而言，转子轴上的不平衡转矩（净加速转矩）应为它的电磁转矩 M_e（也为驱动转矩）与被驱动机械的机械转矩 M_m（也为制动转矩）的差值，即

$$\Delta M_* = M_{e*} - M_{m*} \tag{10-52}$$

二、异步电动机的电磁转矩

异步电动机稳态运行时，以标幺值表示的等值电路如图 10-22（a）所示，为了书写方便，图中"$*$"省略，且以下相同。按此等值电路，可得异步电动机的阻抗为

$$Z = (R_s + \mathrm{j}X_{s\sigma}) + \frac{(R_m + \mathrm{j}X_m)(R_r/s + \mathrm{j}X_{r\sigma})}{(R_m + \mathrm{j}X_m) + (R_r/s + \mathrm{j}X_{r\sigma})} \tag{10-53}$$

由图 10-22（a）可简化为图 10-22（b），由图 10-22（b）可得通过空气隙传递到转子侧的有功功率为

$$P_{ea} = I^2 \frac{R_r}{s} = \frac{U^2 R_r}{(R_s + R_r/s)^2 + (X_{s\sigma} + X_{r\sigma})^2} \frac{1}{s}$$

转子绕组中的有功功率损耗为

$$\Delta P_e = I^2 R_r = \frac{U^2 R_r}{(R_s + R_r/s)^2 + (X_{s\sigma} + X_{r\sigma})^2}$$

由此可得，可转换为机械功率的电磁功率为

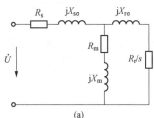

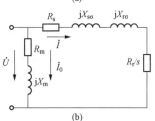

图 10-22 异步电动机的
等值电路

（a）等值电路；（b）简化等值电路

$$P_e = P_{ea} - \Delta P_e = \frac{U^2 R_r}{(R_s + R_r/s)^2 + (X_{s\sigma} + X_{r\sigma})^2} \frac{1-s}{s}$$

那么，转子轴上的电磁转矩为

$$M_e = \frac{P_e}{\omega} = \frac{P_e}{1-s} = \frac{U^2 R_r}{(R_s + R_r/s)^2 + (X_{s\sigma} + X_{r\sigma})^2} \frac{1}{s} \tag{10-54}$$

设 $R_s = 0$，求 M_e 对转差率 s 的偏导数，并令 $\dfrac{\partial M_e}{\partial s} = 0$，即

$$\frac{\partial M_e}{\partial s} = -\frac{U^2 R_r \left[-R_r^2/s^2 + (X_{s\sigma} + X_{r\sigma})^2 \right]}{R_r^2/s + s(X_{s\sigma} + X_{r\sigma})^2} = 0$$

则有

$$-R_r^2/s^2 + (X_{s\sigma} + X_{r\sigma})^2 = 0$$

于是得

$$s = s_{cr} = \frac{R_r}{X_{s\sigma} + X_{r\sigma}} \tag{10-55}$$

式中：s_{cr} 称为临界转差率。

与之对应的最大转矩为

$$M_{e\cdot max} = \frac{U^2}{2(X_{s\sigma} + X_{r\sigma})} \tag{10-56}$$

设 $R_s = 0$，将式（10-55）和式（10-56）代入式（10-54）中，可得

$$\begin{aligned}
M_e &= \frac{U^2 R_r}{\left[(R_r/s)^2 + (X_{s\sigma} + X_{r\sigma})^2 \right] s} = \frac{U^2 R_r}{R_r^2/s + s(X_{s\sigma} + X_{r\sigma})^2} \\[2mm]
&= \frac{\dfrac{U^2 R_r}{(X_{s\sigma} + X_{r\sigma})R_r}}{\dfrac{R_r^2}{s(X_{s\sigma} + X_{r\sigma})R_r} + \dfrac{s(X_{s\sigma} + X_{r\sigma})^2}{(X_{s\sigma} + X_{r\sigma})R_r}} \\[2mm]
&= \frac{\dfrac{U^2}{X_{s\sigma} + X_{r\sigma}}}{\dfrac{R_r}{s(X_{s\sigma} + X_{r\sigma})} + \dfrac{s(X_{s\sigma} + X_{r\sigma})}{R_r}} \\[2mm]
&= \frac{2M_{e\cdot max}}{s_{cr}/s + s/s_{cr}} \tag{10-57}
\end{aligned}$$

取不同的转差率 s 代入式（10-57），可作异步电动机转矩—转差率特性曲线，如图 10-23所示。由式（10-55）、式（10-56）可见，临界转差率 s_{cr} 仅与电动机的参数有关；而与这个临界转差率对应的最大转矩 $M_{e\cdot max}$，则与电动机端电压的平方成正比。

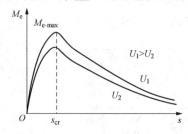

图 10-23　异步电动机转矩—转差率特性曲线

第四节 自动调节励磁系统对功角特性的影响

现代电力系统的同步发电机，通常都装有灵敏的自动调节励磁系统，它可以在运行情况变化时自动改变发电机的励磁电流，以维持发电机的端电压。

一、无自动调节励磁系统时发电机端电压的变化

当不调节发电机的励磁电流而保持发电机的空载电动势 E_q 不变时，随着发电机输出有功功率的增加，功率角 δ 也要增大，因而发电机端电压 U_G 会下降。图 10 - 24 所示为含隐极机的简单电力系统的相量图。

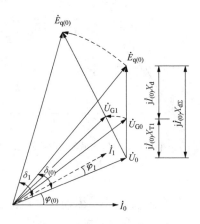

图 10 - 24 功率角增加时
发电机基端电压的变化

在某一给定运行条件下，发电机端电压相量 U_{G0} 端点位于电压降 $jI_{(0)}X_{d\Sigma}$ 上，其大小按 X_{T1} 与 X_d 的比例确定。当输送功率增大时，功率角由 $\delta_{(0)}$ 增大到 δ_1；输出电流的相位角由感性向容性变化，其相位角由 $\varphi_{(0)}$ 变化至 φ_1；发电机端电压相量 $\dot{U}_{G1}$ 的端点，应位于电压降 $jI_1X_{d\Sigma}$ 之上，其大小仍由 X_{T1} 和 X_d 的比值确定。由于 $E_q = E_{q(0)} = $ 常数，随着 $\dot{E}_{q(0)}$ 逆时针的转动，相量 $\dot{U}_{G1}$ 也随着逆时针转动，且数值在减小。

很明显，对于 $\dot{E}_{q(0)}$ 和 $\dot{U}_{G1}$ 之间的系统中任一点的电压，上述结论也是适用的。换句话说，直接连接两个保持不变的电动势（或电压）节点间的电力系统中任一点的电压随着两个电动势相位角的增大（$0°\sim180°$之间），其值均要下降。下降的程度取决于该点与两个不变电动势节点间的电气距离。当两个不变电动势大小相等时，两个不变电动势间电气距离的中点电压下降最多。若两个不变电动势为两个相互失步（或大幅度振荡）的等值发电机的电动势，则两个电动势间的相角由于输出功率 P 的变化将随时间由小到大不断变化，电气中点的电压也将由大到小不断变化。当两个电动势间相角为 $0°$ 或 $360°$ 时，电气中点的电压最高；当两个电动势间相角为 $180°$ 时，电气中点的电压下降到最小（两个电动势相等时为零）。当两个不变电动势相角为 $180°$ 时，电压下降到零的电气中心点，称为系统振荡中心。

二、自动调节励磁系统对功角特性的影响

当发电机装有自动调节励磁系统时，在功率和功率角增大，U_G 下降时，自动调节励磁系统将自动增大发电机的励磁电流，使发电机空载电动势 E_q 增大，直到发电机端电压恢复到原来的整定值 $U_{G(0)}$ 为止。

由功角特性方程式 $P_{Eq} = \dfrac{E_q U}{X_{d\Sigma}} \sin\delta$ 可以看出，自动调节励磁系统的作用使空载电动势 E_q 随功率角 δ 的增大而增大，从而使 P_{Eq} 与 δ 不再是正弦关系。为了定性分析自动调节励磁系统对功角特性的影响，对于不同电动势 E_q 值，作出了组正弦功角特性曲线族，它们的幅值与空载电动势 E_q 成正比，如图 10 - 25 所示。

由图 10 - 25 可见，当发电机由某一给定的运行条件 [对应的 $P_{(0)}$、$\delta_{(0)}$、$U_{(0)}$、$E_{q(0)}$、$U_{G(0)}$ 等] 开始增加输送功率 P 时，如果自动调节励磁系统能保持 $U_G = U_{G(0)} = $ 常数，则随 δ

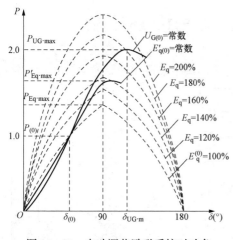

图 10 - 25　自动调节励磁系统对功角
特性的影响

增大，空载电动势 E_q 也增大。因而发电机的工作点在 δ 增大时，将从空载电动势 E_q 较小的一条正弦曲线过渡到空载电动势 E_q 较大的另一条正弦曲线上，于是便得到一条保持 $U_{G(0)}$ ＝常数的功角特性曲线。这时的功角特性曲线与保持 E_q ＝常数的功角特性曲线 $P_{Eq}(\delta)$ 不同，它在 $\delta > 90°$ 以外的某一范围内，功角特性曲线仍具有上升的性质。这可由功角特性方程式（正弦形式）看到，在 $\delta > 90°$ 附近，当 δ 增大时，E_q 的增大超过 $\sin\delta$ 的减小所致。同时，保持 $U_{G(0)}$ ＝常数时的功率极限 $P_{UG \cdot max}$ 比无自动调节励磁时的 $P_{Eq \cdot max}$ 大得多，并且功率极限对应的角度 $\delta_{UG \cdot m} > 90°$。还应指出，当发电机输送的功率由给定的运行条件减小，随着 δ 的减小，为保持 $U_{G(0)}$ ＝常数，自动调节励磁系统将使 E_q 减小，因而发电机的工作点将向 E_q 较小的正弦曲线过渡，如图 10 - 25 所示。

在实际电力系统中，由于一般的自动调节励磁系统并不能完全保持发电机的端电压 U_G 不变，一般 U_G 将随功率 P 及功率角 δ 的增大而有所下降。但发电机的空载电动势 E_q 仍将随 P、δ 的增大而增大。在实际计算中，可以近似地认为自动调节励磁系统能够保持发电机内某一个电动势（如 E'_q、E' 等）为恒定，并以此作为计算功角特性的条件，通常也称为发电机的计算条件。$E'_q = E'_{q(0)}$ ＝常数的功角特性曲线，介于 $U_{G(0)}$ ＝常数和 $E_{q(0)}$ ＝常数的功角特性曲线之间，此时功率极限为 $P_{Eq' \cdot max}$，如图 10 - 25 所示。

思考题与习题

10 - 1　什么是电力系统的稳定性？如何分类？

10 - 2　发电机组转子运动方程如何变换为全标幺值形式？

10 - 3　发电机组的惯性时间常数及物理意义是什么？

10 - 4　什么是发电机的功角特性？隐极机和凸极机的功角特性方程是如何推导的？

10 - 5　隐极机在以 E'_q、X_d 表示时，以及凸极机以 E_q、X_d、X_q 表示时的功角特性曲线形态上相比正弦函数有何现象？

10 - 6　无限大容量电源的全部含义是什么？

10 - 7　多机系统中发电机的功角特性方程式如何推导的？该公式是以元件阻抗 $R+jX$ 为感性而推导出来的，如果元件阻抗 $R-jX$ 为容性时，该公式又变成什么样子？试推导。

10 - 8　在两机系统中如果以 P_E 和 δ_{21} 为坐标轴，P_{E1}、P_{E2} 与 δ_{21} 的关系曲线又是什么样子？

10 - 9　发电机串联电抗、串联电阻、并联电阻和并联电抗后对功角特性有何影响？

10 - 10　自动调节励磁对发电机的功角特性有何影响？

10 - 11　某简单电力系统如图 10 - 26 所示。各元件的参数是：发电机 G，$P_N = 300MW$，$\cos\varphi_N = 0.85$，$U_N = 10.5kV$，$X_d = 1.0$，$X_q = 0.60$，$X'_d = 0.25$，$X_2 = 0.20$，$T_{JN} = 8s$；变压器 T1，$S_N = 360MVA$，$U_k\% = 14$，U_N 为 10.5/242kV；变压器 T2，$S_N = 360MVA$，$U_k\% = 14$，U_N 为 220/121kV；电力线路 L 长 250km，$x_1 = 0.41\Omega/km$；系统输送功率 $P_0 = 250MW$，$\cos\varphi_0 = 0.95$，末端电压 $U_0 = 115kV$。

试分别计算出发电机保持 E_q、E_q'、E' 不变时有功功率功角特性关系及其功率极限值。

10-12　如图 10-26 所示简单电力系统中，若发电机改为隐极机，$X_d = X_q = 1.7$，试比较下列四种情况下发电机的功角特性和功率极限：①仅考虑电力系统中的电抗；②计及电力线路的电阻 $r_1 = 0.017\Omega/$km；③不计电力线路的电阻，但在 T1 高压侧母线并联接入电阻为 1000Ω；④不计电力线路的电阻，但在 T1 高压侧母线并联接入电抗为 500Ω。

计算中均以 E_q＝常数为计算条件。

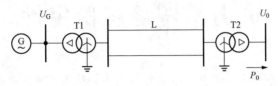

图 10-26　题 10-11 和题 10-12 图

第十一章

电力系统静态稳定性

　　电力系统的静态稳定性是指正常运行的电力系统承受微小的、瞬间出现但又立即消失的扰动后，不发生周期或非周期失步，继续运行在起始运行点或转移到一个相近的稳定运行点。这就是电力系统在微小扰动下的稳定性，而这种扰动可理解为任意不等于零的无限小扰动。正因为如此，任意描述电力系统运行状态的非线性方程式，都可在原始运行点附近线性化。换言之，电力系统静态稳定性涉及的数学问题将是解线性化的机电暂态过程方程组的问题。

　　本章介绍电力系统静态稳定性的基本概念，应用运动稳定性理论阐述静态稳定的判据，并采用小扰动法研究电力系统静态稳定。分析了调节励磁对电力系统静态稳定性的影响，总结了保证和提高电力系统的静态稳定性的主要措施。简介了电力系统电压、频率及负荷的静态稳定性。如无特别说明，以下内容所有变量均为标幺值。

第一节　电力系统静态稳定性的基本概念

一、电力系统静态稳定的定性分析

1. 静态稳定性分析计算方程和曲线

（1）系统功角特性关系曲线。设有简单电力系统如图 11-1（a）所示，送端发电机为隐极机，受端为无限大容量电力系统母线，等值电路中略去了所有元件的电阻和导纳。该系统的等值网络如图 11-1（b）所示。如不考虑发电机励磁调节，设其空载电动势 E_q 为恒定值，则发电机对大系统的功角特性关系如前章所述为

$$P_{Eq} = \frac{E_q U}{X_{d\Sigma}} \sin\delta \tag{11-1}$$

其中　　　　　　　　　$X_{d\Sigma} = X_d + X_{T1} + \frac{1}{2}X_L + X_{T2}$

　　由此可得这个系统的功角特性曲线，如图 11-1（c）所示。

　　设原动机的机械功率 P_m 不可调，并略去摩擦、风阻等损耗，按输入机械功率与输出电磁功率相平衡 $P_m = P_{Eq(0)}$ 的条件，在功角特性曲线上将有两个运行点 a、b，与其相对应的功率角为 δ_0、δ_b。后面将分析在这两点运行时受到微小扰动后的静态稳定和不稳定情况。

　　（2）发电机转子电角速度和电角度变化的转子运动方程。当忽略发电机内部损耗等，发电机单机对无限大系统的转子运动方程可近似表示为如下式的电角位移变量 δ 的二次微分方程

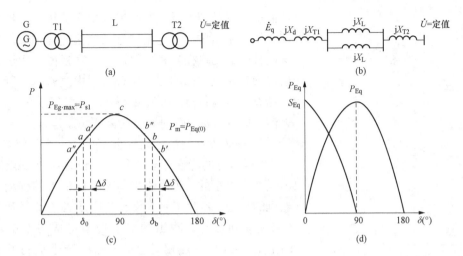

图 11-1　简单电力系统

(a) 接线图；(b) 等值网络；(c) 功角特性曲线；(d) 整步功率系数

$$\Delta P = \frac{T_J}{\omega_N} \frac{d^2\delta}{dt^2} = T_J \frac{d\omega_*}{dt}$$

也可以表示为如下式的电角速度和电角位移两变量的一阶微分方程组

$$\begin{cases} \dfrac{d\delta}{dt} = \omega - \omega_N = \omega_N(\omega_* - 1) \\[2mm] \dfrac{d\omega_*}{dt} = \dfrac{1}{T_J} \Delta P_* = \dfrac{1}{T_J}(P_m - P_e) \end{cases}$$

方程组中的电功率 P_e 即为发电机供到系统中的电磁功率，对于隐极同步发电机不考虑励磁时则如式（11-1）中 P_{Eq}。在分析和计算电力系统稳定性过程中，发电机转子转速的变化、相对电角位移的变化，均遵循该运动方程。由方程组可以看出，发电机转子机械驱动功率与其电制动功率之差 $\Delta P_* = P_m - P_e$ 为正时，转子转速增加；而当驱动功率 P_m 小于制动功率 P_e 时，转子转速降低。当转子转速 ω 低于同步转速 ω_N 时，角位移 δ 减小；当转子转速 ω 高于同步转速 ω_N 时，角位移 δ 增加。

2. 静态稳定运行的分析

首先分析系统在 a 点的运行情况，假设系统在 a 点运行时出现一个微小的、瞬时但又立即消失的扰动，则发电机的功角 δ 会产生了一个微小的增量 $\Delta\delta$，系统运行点从 a 点偏移到 a' 点，a 点输出的电磁功率将从与 a 点相对应的值 $P_{Eq(0)}$，增加到与 a' 相对应的值 $P_{E'qa}$。但因原动机的机械功率与功角无关，仍保持 $P_m = P_{Eq(0)}$ 不变，使系统在 a' 点输出的电磁功率 $P_{E'qa}$ 大于摄入的机械功率 P_m，发电机转子上产生了制动性的不平衡转矩。从而当这个扰动消失后，在不平衡转矩作用下机组将减速，发电机转速开始下降，因而功率角 δ 将减小，直至过 a 点后，电磁功率小于机械功率 P_m，则开始加速；但由于前期减速后此时速度低于同步转速，因此角位移继续减小，直至速度加到同步速度；继续加速时，则角度增大；电功率角 δ 如此在 a 点附近振荡，考虑发电机转子的功率损耗和阻尼影响，振荡逐渐衰减，运行点将渐渐回到 a 点，如图 11-2（a）中实线所示。如果系统在 a 点运行时出现的微小扰动使功率角 δ 减小一个微量 $\Delta\delta$ 时，情况相反，输出功率将减小到 a'' 对应的值 $P_{E'qa}$，且 $P_{E'qa} < P_m$。

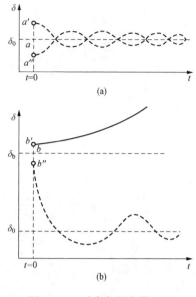

图 11-2 功率角的变化过程
(a) 在 a 点运行；(b) 在 b 点运行

从而这个扰动消失后，在净加速功率的作用下机组将加速，使功率角增大。电角位移的变化过程相似。考虑发电机转子的功率损耗和阻尼影响，衰减振荡后运行点渐渐地回到 a 点，如图 11-2 (a) 中虚线所示。所以 a 点是静态稳定运行点。同理可得，在图 11-1 (c) 中 c 点以前，即 $0° < \delta < 90°$ 时，皆为静态稳定运行点。

3. 静态不稳定运行的分析

b 点运行的特性完全不同。假设系统在 b 点运行时出现一个微小的、瞬时出现但又立即消失的扰动，使发电机的功角 δ 产生了一个微小的增量 $\Delta\delta$，系统运行点从 b 点偏移到 b' 点，输出的电磁功率将从与 b 点对应的 $P_{Eq(0)}$ 减小到与 b' 点相对应的 $P_{E'qb}$，产生负的电磁功率增量 $\Delta P_E = P_{E'qb} - P_{Eq(0)}$。因此，发电机转子在加速性不平衡转矩作用下开始加速，使功率角增大。而功率角增大时，与之对应输出的电磁功率将继续减小，发电机转速继续增加。这样继续下去，运行点不再能回到 b 点，即系统失去稳定，如图 11-2 (b) 中实线所示。功率角 δ 不断增大，标志着两个电源之间将失去同步，电力系统将不能并联运行而瓦解。如果这个微小扰动使功率角减小一个微量 $\Delta\delta$，情况又不同，输出的电磁功率将增加到与 b'' 点相对应的值 $P_{E'qb}$，发电机转子上产生制动性的不平衡转矩。从而当这个扰动消失后，在制动功率的作用下机组将减速，功率角将继续减小，一直减小到 δ_0，渐渐稳定在 a 点运行，如图 11-2 (b) 中虚线所示，所以 b 点不是静态稳定运行点。从而在图 11-1 (c) 中的 c 点以后，都不是静态稳定运行点。

二、 电力系统静态稳定的实用判据

由以上分析可见，对于上述简单电力系统，当功率角 δ 为 $0° \sim 90°$ 时，电力系统可以保持静态稳定运行，在此范围内有 $\dfrac{\mathrm{d}P_{Eq}}{\mathrm{d}\delta} > 0$；而 $\delta > 90°$ 时，电力系统不能保持静态稳定运行，此时有 $\dfrac{\mathrm{d}P_{Eq}}{\mathrm{d}\delta} < 0$。由此，可以得出电力系统静态稳定的实用判据为

$$S_{Eq} = \frac{\mathrm{d}P_{Eq}}{\mathrm{d}\delta} > 0 \tag{11-2}$$

式中：S_{Eq} 称整步功率系数，如图 11-1 (d) 所示。

根据 $S_{Eq} > 0$，可以判断同步发电机对无限大容量系统的功角静态稳定性。它是静态稳定的必要条件，可用作静态稳定的基本判据，是一种实用判据。后述的严格数学分析表明，仅根据这个条件还不足以判定电力系统的静态稳定性，还需要进一步的静态稳定定量分析和理论判据。

根据 $S_{Eq} > 0$ 这一实用判据，图 11-1 (c) 中隐极发电机以同步电动势表示的功角特性曲线上，所有与 $\delta < 90°$ 对应的运行点，是静态稳定的；与 $\delta > 90°$ 对应的点是不稳定的；与 $\delta = 90°$ 对应的点则是静态稳定临界点，此点 $S_{Eq} = 0$，严格说，该点是不能保持系统静态稳

定运行的。这里 $\delta = 90°$ 为静态稳定临界点的情况只在机组为隐极发电机以同步电动势时成立。

三、静态稳定的储备

c 点所对应的功率是系统传输的最大功率，称为静态稳定极限，以 P_{sl} 表示。在这个特殊情况下，它恰等于发电机可能输出的最大功率，即发电机的功率极限 $P_{Eq \cdot max}$。

当然，电力系统不应经常在接近静态稳定极限的情况下运行，而应保持一定的储备。静态稳定储备系数的定义为

$$K_p\% = \frac{P_{sl} - P_{Eq(0)}}{P_{Eq(0)}} \times 100\% \tag{11-3}$$

在正常运行时，$K_p\%$ 一般为 $15\% \sim 20\%$；事故后 $K_p\%$ 不应小于 10%。

电力系统静态稳定性，是电力系统正常运行的必备条件，是必须保证的。

第二节　小扰动法的基本原理及其在电力系统静态稳定性分析中的应用

一、小扰动法的基本原理

所谓小扰动法是指当一个非线性系统受到的扰动较小时，为判断其运动的稳定性，可将非线性系统在初始运行点线性化，并利用线性系统理论，由其特征根在复平面上的位置判断系统稳定与否以及稳定形式的一种方法。用数学语言表达为：非线性动力系统，其运动特性可以用一阶非线性微分方程组来描述，即

$$\frac{dX(t)}{dt} = F[X(t)] \tag{11-4}$$

假设 X_0 是系统的一个平衡状态，当系统受到一个小扰动后，$X = X_0 + \Delta X$，将其代入式（11-4）中，并将该式右端展开成泰勒级数后略去 ΔX 二次及以上的高次项，可得

$$\frac{d(X_0 + \Delta X)}{dt} = F(X_0 + \Delta X) = F(X_0) + \left(\frac{dF(X)}{dX}\right)_{(X=X_0)} \cdot \Delta X \tag{11-5}$$

因在初始运行点 X_0 处于平衡状态，$\left(\frac{dX}{dt}\right)_{X_0} = F(X_0) = 0$，从而式（11-5）为

$$\frac{d(\Delta X)}{dt} = \left(\frac{dF(X)}{dX}\right)_{(X=X_0)} \cdot \Delta X \tag{11-6}$$

令 $\left(\frac{dF(X)}{dX}\right)_{(X=X_0)} = A$，可得

$$\frac{d(\Delta X)}{dt} = A\Delta X \tag{11-7}$$

这就是原非线性方程的线性近似方程，或者称为线性化的小扰动方程，其中矩阵 A 称为雅可比矩阵，也称为线性化后线性系统的系统矩阵。

李雅普诺夫于 1892 年提出非线性动力学系统在小扰动下的稳定性，可由矩阵 A 的特征根确定，这就是小扰动法的基本原理。

由上述介绍可知，用扰动法研究系统稳定性的步骤为：

（1）列写描述系统特性的状态方程；

（2）将状态方程线性化，得到系统矩阵 A；

（3）由矩阵 A 的特征根判断系统稳定性。若矩阵 A 所有特征值的实部均为负值，则系统是稳定的；若矩阵 A 有零值或实部为零的特征值，则系统处于稳定的边界；若至少有一个实部为正值的特征值，则系统是不稳定的。

二、 用小扰动法分析简单电力系统的静态稳定性

简单电力系统的接线和等值电路如图 11 - 1 (a)、(b) 所示。在稳定的运行情况下，发电机输出的功率为 $P_{Eq(0)}$，原动机的机械功率为 $P_m = P_{Eq(0)}$，$\omega = \omega_0$（同步角速度）。假设原动机的功率 P_m 为定值，且发电机的励磁不可调，即它的空载电动势 E_q 为恒定值，并略去摩擦、风阻等损耗，则功角特性曲线如图 11 - 1 (c) 所示。

1. 系统的线性微分方程

简单电力系统中无自动励磁调节隐极机单机对系统的功角特性方程式为

$$P_{Eq} = \frac{E_q U}{X_{d\Sigma}} \sin\delta$$

电力系统正常运行于稳定运行点 a（$P_{Eq(0)}$，δ_0），该点是小扰动发生前的运行点，也是扰动发生瞬间的起始运行点，则此时功角特性方程式在 $\delta = \delta_0$ 初始点的数值为

$$P_{Eq(0)} = \frac{E_q U}{X_{d\Sigma}} \sin\delta_0$$

假定系统受一微小的扰动，使其功率角 δ_0 有一微小增量 $\Delta\delta$，则功率角变为 $\delta = \delta_0 + \Delta\delta$，那么系统输送的有功功率为

$$P_{Eq}(\delta) = \frac{E_q U}{X_{d\Sigma}} \sin(\delta_0 + \Delta\delta) \tag{11 - 8}$$

由于发电机的调速系统来不及动作，因此发电机输入的机械功率 P_m 视为不变，则该系统中发电机组的转子运动方程式为

$$T_J \frac{d^2\delta}{dt^2} = P_m - P_{Eq}(\delta) \tag{11 - 9}$$

或写为

$$T_J \frac{d^2(\delta_0 + \Delta\delta)}{dt^2} = P_m - \frac{E_q U}{X_{d\Sigma}} \sin(\delta_0 + \Delta\delta) \tag{11 - 10}$$

其中 P_{Eq} 与 δ 为非线性关系，因此这是一个非线性微分方程式。而当扰动为无限小时，则 $\Delta\delta \to 0$，可将微分方程式在 δ_0 附近线性化。线性化的方法就是将扰动后的参变量 $\delta = \delta_0 + \Delta\delta$ 代入微分方程式中，再在 δ_0 附近按泰勒级数展开，并略去微量的高次方项，取其一次近似式。

同步发电机转子运动微分方程式（11 - 10）中左式化简为

$$T_J \frac{d^2(\delta_0 + \Delta\delta)}{dt^2} = T_J \frac{d^2\Delta\delta}{dt^2} \tag{11 - 11}$$

考虑电力系统中多种发电机类型和励磁调节系统，功角特性以通用函数形式 $P_{Eq}(\delta) = P_{Eq}(\delta_0 + \Delta\delta)$ 表示更具通用性，因此将式（11 - 10）或式（11 - 9）右式在 δ_0 附近按泰勒级数展开可写为

$$P_m - P_{Eq}(\delta) = P_m - P_{Eq}(\delta_0 + \Delta\delta)$$

$$= P_{\mathrm{m}} - P_{\mathrm{Eq}}(\delta_0) - \left(\frac{\mathrm{d}P_{\mathrm{Eq}}}{\mathrm{d}\delta}\right)_{\delta=\delta_0} \cdot \Delta\delta - \frac{1}{2}\left(\frac{\mathrm{d}^2 P_{\mathrm{Eq}}}{\mathrm{d}\delta^2}\right)_{\delta=\delta_0} \cdot \Delta\delta^2 - \cdots \qquad (11\text{-}12)$$

略去微量 $\Delta\delta$ 的高次项，并计及 $P_{\mathrm{m}} = P_{\mathrm{Eq}}(\delta_0) = P_{\mathrm{Eq}(0)}$，可得

$$T_{\mathrm{J}} \frac{\mathrm{d}^2 \Delta\delta}{\mathrm{d}t^2} + \left(\frac{\mathrm{d}P_{\mathrm{Eq}}}{\mathrm{d}\delta}\right)_{\delta=\delta_0} \cdot \Delta\delta = 0 \qquad (11\text{-}13)$$

这就是同步发电机组受小扰动运动的二阶线性微分方程式，也称微振荡方程式，又可写成

$$T_{\mathrm{J}} \frac{\mathrm{d}^2 \Delta\delta}{\mathrm{d}t^2} + S_{\mathrm{Eq}}\Delta\delta = 0 \qquad (11\text{-}14)$$

式中，S_{Eq} 为空载电动势 E_{q} 为定值且 $\delta=\delta_0$ 时的整步功率系数，$S_{\mathrm{Eq}} = \left(\frac{\mathrm{d}P_{\mathrm{Eq}}}{\mathrm{d}\delta}\right)_{\delta=\delta_0}$。

由式（11-14）可得微振荡方程式的特征方程式为

$$T_{\mathrm{J}}p^2 + S_{\mathrm{Eq}} = 0 \qquad (11\text{-}15)$$

它的解即为特征根

$$p_{1,2} = \pm\sqrt{-S_{\mathrm{Eq}}/T_{\mathrm{J}}} \qquad (11\text{-}16)$$

而与之对应的同步发电机组线性微分方程式的解为

$$\Delta\delta = C_1 \mathrm{e}^{p_1 t} + C_2 \mathrm{e}^{p_2 t} \qquad (11\text{-}17)$$

式中：C_1、C_2 为积分常数。

2. 判断系统的静态稳定性

以下利用式（11-17）来判断简单电力系统的静态稳定性。

（1）非周期性失去静态稳定性。惯性时间常数 $T_{\mathrm{J}}>0$，当整步功率系数 $S_{\mathrm{Eq}}<0$ 时，有 $S_{\mathrm{Eq}}/T_{\mathrm{J}}<0$，特征方程式有正、负实根 $p_{1,2}=\pm\alpha$，其中 $\alpha^2=|S_{\mathrm{Eq}}/T_{\mathrm{J}}|$，微分方程式的解为

$$\Delta\delta = C_1 \mathrm{e}^{\alpha t} + C_2 \mathrm{e}^{-\alpha t} \qquad (11\text{-}18)$$

式（11-18）表明，当特征方程式具有正、负实根时，$\Delta\delta$ 随 t 增大而增大，致使系统非周期性失去静态稳定性。式（11-18）的关系曲线如图 11-3（a）所示。

（2）周期性等幅振荡。在 $T_{\mathrm{J}}>0$，$S_{\mathrm{Eq}}>0$ 时，有 $S_{\mathrm{Eq}}/T_{\mathrm{J}}>0$，则特征方程式有共轭虚根 $p_{1,2}=\pm\mathrm{j}\beta$，其中 $\beta^2=|S_{\mathrm{Eq}}/T_{\mathrm{J}}|$，那么微分方程式的解为

$$\begin{aligned}
\Delta\delta &= C_1 \mathrm{e}^{\mathrm{j}\beta t} + C_2 \mathrm{e}^{-\mathrm{j}\beta t} \\
&= C_1(\cos\beta t + \mathrm{j}\sin\beta t) + C_2(\cos\beta t - \mathrm{j}\sin\beta t) \\
&= (C_1 + C_2)\cos\beta t + \mathrm{j}(C_1 - C_2)\sin\beta t
\end{aligned} \qquad (11\text{-}19)$$

但是，由于 $\Delta\delta$ 不可能有虚数部分，这就要求 C_1、C_2 为共轭复数。令 $C_1=A+\mathrm{j}B$，$C_2=A-\mathrm{j}B$，则

$$\begin{aligned}
\Delta\delta &= 2A\cos\beta t - 2B\sin\beta t \\
&= 2\sqrt{A^2+B^2}\left(\frac{A}{\sqrt{A^2+B^2}}\cos\beta t - \frac{B}{\sqrt{A^2+B^2}}\sin\beta t\right) \\
&= 2\sqrt{A^2+B^2}(\sin\varphi\cos\beta t - \cos\varphi\sin\beta t) \\
&= 2\sqrt{A^2+B^2}\sin(\varphi-\beta t) \\
&= C\sin(\beta t - \varphi)
\end{aligned} \qquad (11\text{-}20)$$

式中

$$C = -2\sqrt{A^2+B^2}, \quad \varphi = \arctan\frac{A}{B}$$

由式（11-20）可见，当特征方程式只有共轭虚根时，功率角增量 $\Delta\delta$ 随时间 t 按正弦变化，且为无阻尼的等幅振荡，这是一种静态稳定的临界状态，如图 11-3（b）所示。

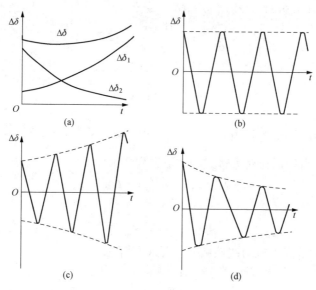

图 11-3　电力系统静态稳定性的判定

(a) 非周期性关系；(b) 等幅振荡；(c) 增幅振荡；(d) 减幅振荡

（3）负阻尼的增幅振荡。当发电机具有阻尼时，应在同步发电机组受扰动的微分方程式（11-14）中加入阻尼功率 $P_D = D_\Sigma \omega$ 项，则式（11-14）变为

$$T_J \frac{\mathrm{d}^2 \delta}{\mathrm{d}t^2} = P_m - D_\Sigma(\delta)\omega - P_{Eq}(\delta) \tag{11-21}$$

因此按泰勒级数展开后，得

$$T_J \frac{\mathrm{d}^2 \Delta\delta}{\mathrm{d}t^2} + D_\Sigma \frac{\mathrm{d}\Delta\delta}{\mathrm{d}t} + S_{Eq} \Delta\delta = 0$$

它的特征方程式为

$$T_J p^2 + D_\Sigma p + S_{Eq} = 0 \tag{11-22}$$

其根为

$$p_{1,2} = -\frac{D_\Sigma}{2T_J} \pm \sqrt{\frac{D_\Sigma^2 - 4T_J S_{Eq}}{4T_J^2}} \tag{11-23}$$

当系统具有负阻尼时，即 $D_\Sigma < 0$，且满足 $D_\Sigma^2 - 4T_J S_{Eq} < 0$，其中 $S_{Eq} > 0$。此时特征方程式的根是实部为正值的共轭复根，即 $p_{1,2} = \alpha \pm \mathrm{j}\beta$，其中 $\alpha = -\dfrac{D_\Sigma}{2T_J} > 0$，$\beta^2 = \dfrac{D_\Sigma^2 - 4T_J S_{Eq}}{4T_J^2}$。那么微分方程式的解为

$$\begin{aligned} \Delta\delta &= C_1 e^{(\alpha + \mathrm{j}\beta)t} + C_2 e^{(\alpha - \mathrm{j}\beta)t} \\ &= (C_1 e^{\mathrm{j}\beta t} + C_2 e^{-\mathrm{j}\beta t}) e^{\alpha t} \\ &= C\sin(\beta t - \varphi) e^{\alpha t} \end{aligned} \tag{11-24}$$

由式（11-24）可见，$\Delta\delta$ 随 t 的增长而增幅振荡，即周期性地失去静态稳定性，如图 11-3（c）所示。可见，具有负阻尼的电力系统（$D_\Sigma < 0$）是不能保持静态稳定运行的。

（4）正阻尼的减幅振荡。当系统具有正阻尼时，$D_\Sigma>0$，$D_\Sigma^2<4T_J S_{Eq}$，且 $S_{Eq}>0$。此时特征方程式的根是实部为负值的共轭复根，即 $p_{1,2}=-\alpha\pm j\beta$，其中 $\alpha=\dfrac{D_\Sigma}{2T_J}>0$，$\beta^2=\dfrac{D_\Sigma^2-4T_J S_{Eq}}{4T_j^2}$。那么微分方程式的解为

$$\Delta\delta=C_1 e^{(-\alpha+j\beta)t}+C_2 e^{(-\alpha-j\beta)t}$$
$$=(C_1 e^{j\beta t}+C_2 e^{-j\beta t})e^{-\alpha t}$$
$$=C\sin(\beta t-\varphi)e^{-\alpha t} \tag{11-25}$$

此时，$\Delta\delta$ 将随 t 的增大而减幅振荡，周期性地保持电力系统的静态稳定性，如图 11-3（d）所示。这是系统具有正阻尼情况。可见，只有正阻尼系统（$D_\Sigma>0$），且 $S_{Eq}>0$ 时，才能保持系统的静态稳定性。故上述两个条件为电力系统静态稳定性的判据。

三、小扰动法理论的实质

综上所述，对一个 n 阶的特征方程式

$$a_0 p^n+a_1 p^{n-1}+a_2 p^{n-2}+\cdots+a_{n-1}p+a_n=0$$

只要它的 n 个根中有一个正实根或一对实数部分为正值的共轭复根，即只要有一个根位于复数平面上虚轴（j 轴）的右侧，系统就不能保持静态稳定性。而当特征方程式只有正实根时，系统静态稳定性的丧失是非周期性的；特征方程式有实部为正的共轭复根时，系统稳定性的丧失是周期性的；特征方程式只有共轭虚根时，其根在虚轴（j 轴）上，系统为等幅振荡，是静态稳定的临界状态。当特征方程式皆为负实根或实部为负的复根时，即其根位于复数平面上虚轴左侧，系统才能保持静态稳定性。其复数平面的静态稳定区如图 11-4 所示。

因此，小扰动法是根据受扰动运动的线性化微分方程组的特征方程式的根，来判断未受扰动的运动是否稳定的方法。这种方法的理论指出：如果受扰动运动的线性化微分方程式组的特征方程式仅有实数部分为负值的根，未受扰动运动是稳定运动，而且如果扰动很小，受扰动运动就趋于未受扰动的运动；如果受扰动运动的线性化微分方程组的特征方程式有实部为正的根，未受扰动的运动就是不稳定运动。

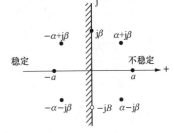

图 11-4　复数平面上的静态稳定区

换言之，如果特征方程式的根都位于复数平面上虚轴的左侧，未受扰动的运动是稳定运动；反之，只要有一个根位于虚轴的右侧，未受扰动的运动就是不稳定运动。

对于电力系统，所谓"未受扰动的运动"可以理解为系统在稳态运行时的运动；"受扰动的运动"，对于电力系统的静态稳定而言，可以理解为系统承受了瞬时出现的微小扰动后的运动。这种瞬时出现的微小扰动，可以使系统参数或各类变量产生瞬时、微小变化，如功率角的瞬时、微小变化量 $\Delta\delta$ 等。

第三节　调节励磁对电力系统的静态稳定性的影响

计及自动调节励磁系统作用时电力系统的暂态过程是非常复杂的。为了理解调节励磁对电力系统静态稳定性的影响，本节先介绍如图 11-1（a）所示最简单电力系统中发电机的不

连续调节励磁系统的作用,且发电机为隐极机;再简单介绍按电压偏差比例调节励磁对静态稳定性的影响;然后,对电力系统的静态稳定性作以简单总结。

一、 不连续调节励磁对静态稳定性的影响

手动调节或机械调节器的励磁调节过程是不连续的,如图 11-5 所示。当不调节励磁时,E_q 不变。随着传输功率 P 的增大,一是导致功率角 δ 增大,见式(11-1);二是传输电流 I_G 增大,发电机端电压 U_G 下降。端电压 U_G 下降超出一定范围时,发电机励磁增大,从而空载电动势 E_q 增大,运行点从一条功角特性曲线过渡到另一条,如图 11-5(a)中 a-a'-b 段。传输功率继续增大,功率角继续增大,发电机端电压又下降。当电压下降又一次超出给定的范围时,又一次增大发电机的励磁,从而增大它的空载电动势 E_q,运行点又从第二条功角特性曲线过渡到第三条,如图 11-5(a)b-b'-c 段。依此类推。可见采用这类调节励磁方式时,发电机功角特性中运行点的转移如图 11-15(a)中 a-a'-b-b'-c-c'-d-d'-e,发电机端电压和空载电动势按图 11-5(b)中两条折线逐点变化。

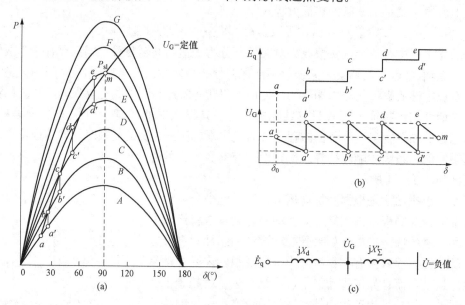

图 11-5 不连续调节励磁

(a)功角特性曲线;(b)发电机端电压和空载电动势的变化;(c)发电机接无限大系统简化等值网络

当传输功率增大到静态稳定极限功率 P_{sl}、功率角 $\delta=90°$ 对应的 m 点时,传输功率不能再继续增大了。因 $\delta > 90°$ 时,所有按 $E_q=$ 定值的功角特性曲线 A、B、C、D、E、F、G 等都有下降的趋势,所以在 m 点运行时,功率角的微增将使发电机组的机械功率大于电磁功率,发电机组将加速。虽然与之同时,发电机端电压下降,但在还没有来得及采取措施增大发电机的励磁之前,系统已丧失了稳定。换言之,采用这一类不连续调节的、有失灵区的调节励磁方式时,静稳定的极限就是图 11-5 中的 P_{sl},与这个稳定极限相对应的功率角 $\delta_{sl}=90°$。

应该指出,这类目前已不多见的调节励磁方式虽不能使稳定运行范围超出 $\delta=90°$,但就提高静态稳定极限功率的数值而言,作用仍很显著。

【例 11-1】 简单电力系统如图 11-1(a)所示,系统参数为:$X_d=X_q=0.982$,$X_d'=0.344$,$X_l=0.504$;$X_{q\Sigma}=X_{d\Sigma}=1.486$,$X_{d\Sigma}'=0.848$;$T_J=7.5\mathrm{s}$,$T_d'=0.85\mathrm{s}$,$T_e=2\mathrm{s}$;

$P_{Eq(0)}=1.0$，$E_{q(0)}=1.972$，$\delta_0=49°$，$U=1.0$。试计算：

（1）励磁不可调时的静态稳定极限和静态稳定储备系数；

（2）励磁不连续调节时的静态稳定极限和静态稳定储备系数。

解　（1）励磁不可调。由已知 $E_q=E_{q(0)}=1.972$，$U=1.0$，$X_{d\Sigma}=1.486$ 可得

$$P_{Eq}=\frac{E_q U}{X_{d\Sigma}}\sin\delta=\frac{1.972\times1.0}{1.486}\sin\delta=1.325\sin\delta$$

按此可作图 11-6 中的功角特性曲线 Ⅰ。当 $\delta=\delta_{sl}=90°$时，静态稳定极限 $P_{sl}=1.325$。

静态稳定的储备系数为

$$K_P\%=\frac{P_{sl}-P_{Eq(0)}}{P_{Eq(0)}}\times100\%=\frac{1.325-1.0}{1.0}\times100\%=32.5\%$$

（2）励磁不连续调节。

$$I_d=\frac{E_q-U\cos\delta}{X_{d\Sigma}}=\frac{1.972-1.0\times\cos49°}{1.486}=0.885$$

$$I_q=\frac{U\sin\delta}{X_{q\Sigma}}=\frac{1.0\times\sin49°}{1.486}=0.506$$

$$U_{Gq}=U\cos\delta+I_d X_1=1.0\times\cos49°+0.885\times0.504=1.102$$

$$U_{Gd}=I_q X_d=0.506\times0.982=0.498$$

$$U_G=\sqrt{U_{Gq}^2+U_{Gd}^2}=\sqrt{1.102^2+0.498^2}=1.21=U_{G(0)}$$

由图 11-7 还可见

$$U_{Gq}=E_q-I_d X_d=E_q-\frac{X_d}{X_{d\Sigma}}(E_q-U\cos\delta)$$

$$U_{Gd}=I_q X_q=\frac{X_d}{X_{q\Sigma}}U\sin\delta$$

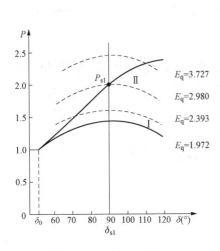

图 11-6　功角特性曲线

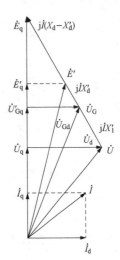

图 11-7　简单电力系统相量图

因此由 $U_G^2=U_{Gq}^2+U_{Gd}^2$ 可列出

$$\left[E_q-\frac{X_d}{X_{d\Sigma}}(E_q-U\cos\delta)\right]^2+\left(\frac{X_d}{X_{q\Sigma}}U\sin\delta\right)^2=U_G^2=U_{G(0)}^2$$

于是有
$$E_q\left(1-\frac{X_d}{X_{d\Sigma}}\right)=\sqrt{U_{G(0)}^2-\left(\frac{X_d}{X_{q\Sigma}}U\sin\delta\right)^2}-\frac{X_d}{X_{d\Sigma}}U\cos\delta$$

则
$$E_q=\frac{X_{d\Sigma}}{X_l}\sqrt{U_{G(0)}^2-\left(\frac{X_d}{X_{q\Sigma}}U\sin\delta\right)^2}-\frac{X_d}{X_l}U\cos\delta$$

以不同的 δ 值代入上式，可得不同的与之对应的 E_q。例如，当 $\delta=100°$ 时，可得

$$E_q=\frac{1.486}{0.504}\times\sqrt{1.21^2-\left(\frac{0.982}{1.486}\times1.0\times\sin100°\right)^2}-\frac{0.982}{0.504}\times\cos100°=3.338$$

此时输出的电磁功率为

$$P_{Eq}=\frac{E_qU}{X_{d\Sigma}}\sin\delta=\frac{3.338\times1.0}{1.486}\times\sin100°=2.21$$

依此类推，取一个 δ 便可求一个 P_{Eq}，最终可作出图 11-6 所示的功角特性曲线Ⅱ。
由图 11-6 可得，$\delta_{sl}=90°$ 时，$P_{sl}=2.01$（静态稳定的极限值）。
那么，静态稳定的储备系数为

$$K_P\%=\frac{P_{sl}-P_{Eq(0)}}{P_{Eq(0)}}\times100\%=\frac{2.01-1.0}{1.0}=101\%$$

由本例可见，不连续调节励磁对提高电力系统静态稳定性的作用仍相当显著。它可使稳定极限由图 11-6 中曲线Ⅰ上的最大值 1.325 提高为曲线Ⅱ上的 2.01。

二、 按电压偏差比例调节励磁对静态稳定性的影响

1. 列写系统的状态方程

简单电力系统如图 11-1 所示，发电机采用直流励磁系统。由于励磁系统比较复杂，这里采用自动调节励磁系统的简化模型，自动调节励磁系统的简化框图如图 11-8 所示。

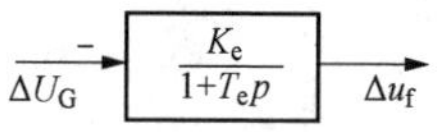

图 11-8 自动调节励磁系统简化框图

其数学表达式为

$$-\Delta U_G\frac{K_e}{1+T_ep}=\Delta u_f$$

即
$$-K_e\Delta U_G=(1+T_ep)\Delta u_f \tag{11-26}$$

式中：负号表示端电压下降时励磁电压增加；K_e 和 T_e 分别为等值的放大倍数和时间常数。

由于励磁电压 u_f 和强制空载电动势 E_{qe} 为线性关系，即 $E_{qe}=(X_{ad}/R_f)u_f$，在标幺制中若取它们的基准值满足此比例关系，则 u_f 和 E_{qe} 的标幺值相等。式（11-26）可写成

$$-K_e\Delta U_G=(1+T_ep)\Delta E_{qe} \tag{11-27}$$

为了简化，在分析中忽略调节系统和励磁机电系统中的暂态过程，即忽略式中的 T_e，则

$$-K_e\Delta U_G=\Delta E_{qe} \tag{11-28}$$

发电机的电动势变化方程为

$$E_{qe}=E_q+T'_{d0}\frac{dE'_q}{dt} \tag{11-29}$$

改为偏移量方程为

$$\Delta E_{qe}=\Delta E_q+T'_{d0}\frac{d\Delta E'_q}{dt} \tag{11-30}$$

将式（11-28）代入式（11-30）后的计及调节励磁作用后的电动势变化方程为

$$-K_e \Delta U_G = \Delta E_q + T'_{d0} \frac{\mathrm{d}\Delta E'_q}{\mathrm{d}t} \qquad (11-31)$$

以偏差量表示的发电机转子方程式（10-12），在 δ_0 处泰勒级数展开并取一阶项，以微增量 $\Delta\delta$ 表示的转子运动方程可以改写为

$$\left. \begin{aligned} \frac{\mathrm{d}\Delta\delta}{\mathrm{d}t} &= \Delta\omega\omega_0 \\ \frac{\mathrm{d}\Delta\omega}{\mathrm{d}t} &= \frac{-1}{T_J}\Delta P_e \end{aligned} \right\} \qquad (11-32)$$

式（11-31）和式（11-32）一起组成了描述系统运动特性的偏差量状态方程，状态变量有 $\Delta E'_q$、$\Delta\delta$、$\Delta\omega$，其中还包含了其他非状态变量 ΔE_q、ΔU_G 和 ΔP_e，必须找到非状态变量与状态变量的关系。

（1）ΔE_q 与 $\Delta E'_q$、$\Delta\delta$ 的关系。由发电机的功角特性方程可知

$$E_q = \frac{X_{d\Sigma}}{X'_{d\Sigma}}E'_q - \frac{X_{d\Sigma} - X'_{d\Sigma}}{X'_{d\Sigma}}U\cos\delta \qquad (11-33)$$

则

$$\Delta E_q = \left(\frac{\partial E_q}{\partial E'_q}\right)_{\delta=\delta_0}\Delta E'_q + \left(\frac{\partial E_q}{\partial\delta}\right)_0 \Delta\delta = \frac{1}{K_3}\Delta E'_q + K_4\Delta\delta \qquad (11-34)$$

其中

$$\left. \begin{aligned} K_3 &= \frac{X'_{d\Sigma}}{X_{d\Sigma}} \\ K_4 &= \frac{X_{d\Sigma} - X'_{d\Sigma}}{X'_{d\Sigma}}U\sin\delta_0 \end{aligned} \right\} \qquad (11-35)$$

（2）ΔP_e 与 $\Delta E'_q$、$\Delta\delta$ 的关系。在式（11-12）中，$\Delta P_e = \left(\frac{\mathrm{d}P_{Eq}}{\mathrm{d}\delta}\right)_{\delta=\delta_0}\Delta\delta$。不计励磁调节时，$\Delta P_e$ 仅是 $\Delta\delta$ 的函数；计及励磁调节时，ΔP_e 为 $\Delta\delta$ 和 $\Delta E'_q$ 的函数。

以暂态电动势和暂态电抗表示发电机，有

$$P_{E'q} = \frac{E'_q U}{X'_{d\Sigma}}\sin\delta - \frac{U^2}{2}\frac{X_{q\Sigma} - X'_{d\Sigma}}{X'_{d\Sigma}X_{q\Sigma}}\sin2\delta \qquad (11-36)$$

所以

$$\Delta P_e = \left(\frac{\partial P_{E'q}}{\partial\delta}\right)_{\delta=\delta_0}\Delta\delta + \left(\frac{\partial P_{E'q}}{\partial E'_q}\right)_{\delta=\delta_0}\Delta E'_q = K_1\Delta\delta + K_2\Delta E'_q \qquad (11-37)$$

其中

$$\left. \begin{aligned} K_1 &= S_{E'q} = \left(\frac{\partial P_{E'q}}{\partial\delta}\right)_{\delta=\delta_0} = \frac{E'_q U}{X'_{d\Sigma}}\cos\delta_0 + U^2\frac{X'_{d\Sigma} - X_{q\Sigma}}{X'_{d\Sigma}X_{q\Sigma}}\cos2\delta_0 \\ K_2 &= \left(\frac{\partial P_{E'q}}{\partial E'_q}\right)_{\delta=\delta_0} = \frac{U}{X'_{d\Sigma}}\sin\delta_0 \end{aligned} \right\} \qquad (11-38)$$

（3）ΔU_G 与 $\Delta E'_q$、$\Delta\delta$ 的关系。图 11-9 为发电机端电压相量图，由图可得

$$U_{Gd} = I_q X_q = U_d \frac{X_q}{X_{q\Sigma}} = U \frac{X_d}{X_{q\Sigma}}\sin\delta \qquad (11-39)$$

$$U_{Gq} = U_q + I_d(X_{d\Sigma} - X_d) \qquad (11-40)$$

其中

$$I_d = \frac{E'_q - U_q}{X'_{d\Sigma}} = \frac{E_q - U_q}{X_{d\Sigma}} \qquad (11-41)$$

代入式（11-41）后

$$U_{Gq} = \frac{E'_q}{X'_{d\Sigma}} X_e + \frac{X'_d}{X'_{d\Sigma}} U\cos\delta$$

$$= \frac{E_q}{X_{d\Sigma}} X_e + \frac{X_d}{X_{d\Sigma}} U\cos\delta \qquad (11-42)$$

式中：X_e 为发电机外部电抗，$X_e = X_{d\Sigma} - X_d = X'_{d\Sigma} - X'_d$。
由于

$$U_G^2 = U_{Gd}^2 + U_{Gq}^2 \qquad (11-43)$$

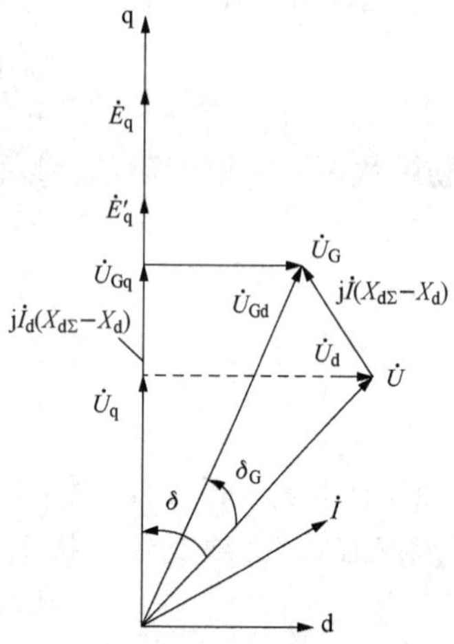

所以，U_G 也是 E'_q 和 δ 的函数，即

$$\Delta U_G = \left(\frac{\partial U_G}{\partial \delta}\right)_{\delta = \delta_0} \Delta\delta + \left(\frac{\partial U_G}{\partial E'_q}\right)_{\delta = \delta_0} \Delta E'_q = K_5\Delta\delta + K_6\Delta E'_q$$

$$(11-44)$$

图 11-9　发电机端电压相量图

K_6 可由等式（11-43）两边同时对 δ 取偏导数求得，即

$$U_{G(0)}\left(\frac{\partial U_G}{\partial \delta}\right)_{\delta = \delta_0} = U_{Gd(0)}\left(\frac{\partial U_{Gd}}{\partial \delta}\right)_{\delta = \delta_0} + U_{Gq(0)}\left(\frac{\partial U_{Gq}}{\partial \delta}\right)_{\delta = \delta_0} \qquad (11-45)$$

则

$$K_5 = \left(\frac{\partial U_G}{\partial \delta}\right)_{\delta = \delta_0} = \frac{U_{Gd(0)}UX_q\cos\delta_0}{U_{G(0)}X_{q\Sigma}} - \frac{U_{Gq(0)}UX'_d\sin\delta_0}{U_{G(0)}X'_{d\Sigma}} \qquad (11-46)$$

K_5 可由等式（11-43）两边同时对 E'_q 取偏导数求得，即

$$U_{G(0)}\left(\frac{\partial U_G}{\partial E'_q}\right)_{\delta = \delta_0} = U_{Gd(0)}\left(\frac{\partial U_{Gd}}{\partial E'_q}\right)_{\delta = \delta_0} + U_{Gq(0)}\left(\frac{\partial U_{Gq}}{\partial E'_q}\right)_{\delta = \delta_0} \qquad (11-47)$$

则

$$K_6 = \left(\frac{\partial U_G}{\partial E'_q}\right)_{\delta = \delta_0} = \frac{U_{Gq(0)}(X_{d\Sigma} - X_d)}{U_{G(0)}X'_{d\Sigma}} \qquad (11-48)$$

$$-K_e\Delta U_G = -K_eK_5\Delta\delta - K_eK_6\Delta E'_q = \frac{1}{K_3}\Delta E'_q + K_4\Delta\delta + T'_{d0}\frac{d\Delta E'_q}{dt} \qquad (11-49)$$

求得

$$\frac{d\Delta E'_q}{dt} = \frac{1}{T'_{d0}}\left[(K_4 + K_eK_5)\Delta\delta + \left(\frac{1}{K_3} + K_eK_6\right)\Delta E'_q\right] \qquad (11-50)$$

将式（11-37）代入式（11-32），则式（11-32）和式（11-50）组成的系统状态方程组的矩阵形式为

$$\begin{bmatrix} \Delta\dot{\omega} \\ \Delta\dot{\delta} \\ \Delta\dot{E}'_q \end{bmatrix} = \begin{bmatrix} 0 & \dfrac{-K_1}{T_J} & \dfrac{-K_2}{T_J} \\ \omega_0 & 0 & 0 \\ 0 & \dfrac{-1}{T'_{d0}}(K_4 + K_eK_5) & \dfrac{-1}{T'_{d0}}\left(\dfrac{1}{K_3} + K_eK_6\right) \end{bmatrix} \begin{bmatrix} \Delta\omega \\ \Delta\delta \\ \Delta E'_q \end{bmatrix} \qquad (11-51)$$

式（11-51）系数矩阵的特征方程为

$$\begin{vmatrix} -p & \dfrac{-K_1}{T_J} & \dfrac{-K_2}{T_J} \\[2mm] \omega_0 & -p & 0 \\[2mm] 0 & \dfrac{-1}{T'_{d0}}(K_4+K_eK_5) & \dfrac{-1}{T'_{d0}}\left(\dfrac{1}{K_3}+K_eK_6\right)-p \end{vmatrix}=0 \qquad (11\text{-}52)$$

整理后得

$$p^3+p^2\frac{1+K_3K_eK_6}{T'_{d0}K_3}+p\frac{\omega_0K_1}{T_J}+\frac{\omega_0}{T'_{d0}T_J}\left[\left(\frac{K_1}{K_3}-K_2K_4\right)+K_e(K_1K_6-K_2K_5)\right]=0$$

$$(11\text{-}53)$$

2. 稳定判据的分析

对于式（11-53），已经不能用简单的代数方法求得其根，但可以由特征方程的系数间接判断特征值实部的符号，这里采用劳斯判据判断其根的性质。

式（11-53）的劳斯阵列为

$$1 \qquad\qquad\qquad \frac{\omega_0K_1}{T_J} \qquad\qquad 0$$

$$\frac{1+K_eK_3K_6}{T'_{d0}K_3} \qquad\qquad \frac{\omega_0}{T'_{d0}T_J}\left[\left(\frac{K_1}{K_3}-K_2K_4\right)+K_e(K_1K_6-K_2K_5)\right] \qquad 0$$

$$\frac{\omega_0}{T_J}\left(\frac{K_2K_3K_4+K_eK_2K_3K_5}{1+K_eK_3K_6}\right) \qquad\qquad 0 \qquad\qquad 0$$

$$\frac{\omega_0}{T'_{d0}T_J}\left[\left(\frac{K_1}{K_3}-K_2K_4\right)+K_e(K_1K_6-K_2K_5)\right] \qquad\qquad 0 \qquad\qquad 0$$

根据劳斯判据，系统的稳定判据为

$$\left. \begin{array}{l} \dfrac{\omega_0K_1}{T_J}>0;\quad \dfrac{1+K_eK_3K_6}{T'_{d0}K_3}>0;\quad \dfrac{\omega_0}{T_J}\left(\dfrac{K_2K_3K_4+K_eK_2K_3K_5}{1+K_eK_3K_6}\right)>0 \\[3mm] \dfrac{\omega_0}{T'_{d0}T_J}\left[\left(\dfrac{K_1}{K_3}-K_2K_4\right)+K_e(K_1K_6-K_2K_5)\right]>0 \end{array} \right\} \quad(11\text{-}54)$$

根据各个系数的定义，K_e、K_2、K_3、K_4、K_6 总是大于零，K_5 一般小于零。又因为 ω_0、T_J 和 T'_{d0} 均为正值，上述判据转化为

$$K_1>0 \qquad (11\text{-}55)$$

$$K_4+K_eK_5>0 \qquad (11\text{-}56)$$

$$\left(\frac{K_1}{K_3}-K_2K_4\right)+K_e(K_1K_6-K_2K_5)>0 \qquad (11\text{-}57)$$

（1）判据一：$K_1>0$。说明加装了励磁调节器后稳定极限角 δ_{sl} 可扩展到大于 $90°$，即对应于 E'_q 保持定值的功率特性最大值的角度（$K_1=0$），一般能约为 $110°$，因此扩大了稳定运行的范围。

（2）判据二：$K_4+K_eK_5>0$。由于 K_4 总大于零，K_5 一般小于零，此判据限定了放大倍数的最大值，即

$$K_e\leqslant-\frac{K_4}{K_5}=K_{e\cdot max} \qquad (11\text{-}58)$$

若近似认为 $U_{Gq(0)}=U_{G(0)}$，忽略式（11-45）中的第一项，则

$$K_{e\cdot max}\approx\frac{X_{d\Sigma}-X'_{d\Sigma}}{X'_d}=\frac{X_d-X'_d}{X'_d} \qquad (11\text{-}59)$$

如果 K_e 取上列最大值，可以由电动势变化方程式（11 - 31）观察电动势的变化情况。将式（11 - 34）和式（11 - 44）代入方程式（11 - 31）得

$$-K_e(K_5\Delta\delta + K_6\Delta E_q') = \frac{1}{K_3}\Delta E_q' + K_4\Delta\delta + T_{d0}'\frac{\mathrm{d}\Delta E_q'}{\mathrm{d}t} \tag{11 - 60}$$

由于 $K_4 + K_e K_5 = 0$，且

$$-K_e K_6 - \frac{1}{K_3} \approx \frac{X_d - X_d'}{X_d'}\left(\frac{X_{d\Sigma} - X_d}{X_{d\Sigma}'}\right) - \frac{X_{d\Sigma}}{X_{d\Sigma}'} = -\frac{X_d}{X_d'}$$

所以

$$T_{d0}'\frac{\mathrm{d}\Delta E_q'}{\mathrm{d}t} + \frac{X_d}{X_d'}\Delta E_q' = 0 \tag{11 - 61}$$

即

$$\Delta E_q' = 0 \tag{11 - 62}$$

这表明在 $K_e = K_{e\cdot\max} \approx (X_d - X_d')/X_d'$ 情况下，暂态电动势 E_q' ＝定值，则发电机的功率特性为 E_q' ＝定值的功率特性。结合判据一，说明系统的稳定极限即为 E_q' ＝定值的功率特性的功率极限，相比没有励磁调节器时的稳定极限 $S_{Eq} = 0$，即 E_q ＝定值的功率特性的功率极限而言，有较大提高。

（3）判据三：$(K_1/K_3 - K_2K_4) + K_e(K_1K_6 - K_2K_5) > 0$。由于 $K_1 - K_2K_3K_4 = S_{Eq}$，代入判据三可得

$$\frac{S_{Eq}}{K_3} + K_e(K_1K_6 - K_2K_5) > 0 \tag{11 - 63}$$

由于第二项一般大于零，而 S_{Eq} 可能小于零，因此此判据限定了 K_e 的最小值，即

$$K_e \geqslant \frac{-S_{Eq}}{K_3(K_1K_6 - K_2K_5)} = K_{e\cdot\min} \tag{11 - 64}$$

K_e 若小于 $K_{e\cdot\min}$，劳斯阵列第一列最后一项为负，系统将非周期性地失去稳定。

总之，比例式励磁调节器可以提高静态稳定，即扩大了稳定范围（$\delta_{s1} > 90°$）以及增大了功率极限，但调节器放大倍数是一个需要特别注意的问题。

三、对电力系统静态稳定性的简单总结

由以上分析可知，自动调节励磁能够提高电力系统的静态稳定性。当电力系统中的同步发电机（或同期调相机）装设有自动调节励磁装置时，电力系统的静态稳定性与无自动调节励磁装置时是不同的。以下以简单电力系统为例，对电力系统的静态稳定性进行简单综述。

（1）励磁不调节。无自动调节励磁装置的发电机，在运行情况缓慢变化时，发电机的励磁电流保持不变，发电机的空载电动势 E_q 为定值，即 $E_q = E_{q(0)}$ ＝定值。当发电机输送的功率，从原始运行条件 $P_{(0)}$ 慢慢增加，功率角 δ 逐渐增大时，发电机工作点将沿 $E_{q(0)}$ ＝定值的曲线变化。电力系统静态稳定的极限，将由 $S_{Eq} = 0$ 确定，它与功率极限 $P_{Eq\cdot\max}$ 相等，即由图 11 - 10 中的 a 点确定。电力系统失去静态稳定的形式为非周期性的，即功率角 δ 将随时间 t 单调地增大，如图 11 - 10 中 $\delta(t)$ 曲线所示。功率角从 δ_0 开始，随着 P 慢慢增加而增大，当达 $S_{Eq} = 0$ 时对应的功率角为 $\delta_{Eq\cdot\max}$（隐极机的简单电力系统为 $90°$），即图中的 i 点，电力系统将非周期性失去静态稳定性，功率角将沿 i - j - k 单调增大。在简化计算中发电机采用 E_q ＝定值。

（2）励磁不连续调节。发电机装有不连续调节励磁装置时，静态稳定极限仍与 $S_{Eq}=0$ 的条件相对应。但如励磁的调节可维持端电压恒定，则静态稳定极限是设端电压 U_G 为定值时所作功角特性曲线上与 $S_{Eq}=0$ 相对应的功率，如图 11-10 中曲线Ⅲ上的 b 点。

（3）励磁按某一个变量偏移调节。按偏移调节励磁时，如按 U_G、I_G、δ 三个变量中任意一个变量的偏移调节励磁电流时，静态稳定极限一般与 $S_{E'q}=0$ 的条件相对应。其值为设交轴暂态电动势 E'_q 为定值时所作功角特性曲线上的最大值 $P_{E'q \cdot max}$，如图 11-10 中曲线Ⅱ上的 c 点。在简化计算中发电机均采用 $E'_q=$ 定值的模型。

（4）励磁按变量偏移复合调节。按几个变量的偏移复合调节时，静态稳定极限仍与 $S_{E'q}=0$ 的条件相对应。但如按电压偏移调节的单元可维持端电压恒定，则静态稳定极限为设端电压 U_G 为定值时所作功角特性曲线上与 $S_{E'q}=0$ 相对应的功率值，如图 11-10 中曲线Ⅲ上的 d 点。

（5）励磁按变量导数调节。按导数调节励磁时，静态稳定极限一般可与 $S_{UG}=0$ 的条件相对应。当发电机装有强励式调节励磁装置时，可以维持发电机端电压 U_G 为定值，静态稳定极限可以提高到 $U_G=U_{G(0)}=$ 定值的功率极限 $P_{UG \cdot max}$，如图 11-10 中曲线Ⅲ上的 e 点。在简化计算中，发电机可以用 $U_G=$ 定值的模型。

（6）励磁按变量导数调节，但不限发电机端电压。如按功率角或定子电流的导数调节时，由于不控制发电机的端电压，在传输功率增大时，功率极限可能超过 e 点，而抵达曲线Ⅳ上的 f 点。在简化计算中可以认为 f 点电压保持不变。

自动调节励磁后，不论它的调节方式如何，都可能非周期性地，也可能周期性地丧失稳定性，而且后者的可能性还相当大。

综上所述，自动调节励磁装置可以等效地减少发电机的电抗。当无调节励磁时，对于隐极机的空载电动势 $E_q=$ 定值，其等值电抗为 X_d。当按变量的偏移调节励磁时，可使发电机的暂态电动势 $E'_q=$ 定值，其等值电抗为 X'_d。如按导数调节励磁时，且可维持发电机端电压 $U_G=$ 定值，则发电机的等值电抗变为零。如最后可调至 f 点电压为定值，此时相当于发电机的等值电抗为负值。如果 f 为变压器高压母线上一点，则此时相当于把发电机和变压器的电抗都调为零。

由此可见，发电机的自动调节励磁在提高发电机并列运行的稳定性和系统电压稳定性方面都有显著的作用。

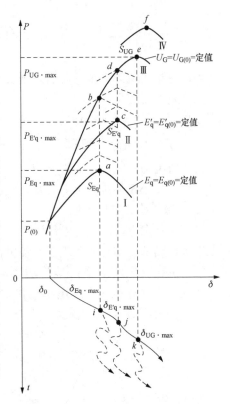

图 11-10　调节励磁对静态稳定的影响

第四节 电力系统电压、频率及负荷的稳定性

前面讨论了电力系统中同步发电机组并列运行的静态稳定性问题。它是电力系统静态稳定性的主要问题，但不是唯一问题。电力系统静态稳定性的另一方面问题是电力系统电压、频率及负荷（异步电动机）的静态稳定性问题。

一、 电力系统电压的静态稳定性

要分析电力系统电压的静态稳定性，首先必须了解电力系统中电源和负荷的静态电压特性，然后再以小扰动法分析电力系统电压的静态稳定性。

1. 电源的静态电压特性

（1）同步发电机的静态电压特性。如不计发电机定子绕组中相对很小的有功功率损耗，则发电机输出的有功功率取决于原动机输入的机械功率 P_m。因此，当输入的机械功率不变时，发电机端电压的下降只是使功率角 δ 增大，不会使输出的有功功率发生变化，如图 11-11 所示。也就是说，发电机输出的有功功率不随电压变化而变化，而是一个恒定值，如图 11-12 中的水平线 P。

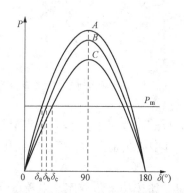

图 11-11 发电机端电压下降时功率角的增大
曲线 A：$E_{q(0)}$、U_{GA}；曲线 B：$E_{q(0)}$、U_{GB}；
曲线 C：$E_{q(0)}$、U_{GC}；$U_{GA}>U_{GB}>U_{GC}$

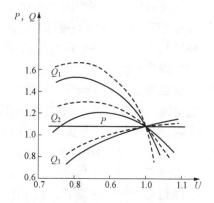

图 11-12 同步发电机的静态电压特性
Q_1、Q_2、Q_3对应不同电抗：$X_{d1}<X_{d2}<X_{d3}$

隐极机端输出的无功功率为

$$Q_{Eq}=-\frac{U_G^2}{X_d}+\frac{E_{q(0)}U_G}{X_d}\cos\delta$$

上式第二部分将因发电机端电压 U_G 下降，以及由此引起的功率角 δ 增大而减小；而第一部分则随端电压 U_G 的下降按平方关系增大。因此，发电机端输出的无功功率究竟是增大还是减小还不能确定，还要看它的同步电抗 X_d 和空载电动势 $E_{q(0)}$ 的大小而定。一般来说，端电压下降时，同步电抗大的发电机输出的无功功率将减小；同步电抗小的发电机输出的无功功率增大，如图 11-12 中实线所示。而有自动调节励磁装置的发电机则由于端电压下降时空载电动势将有所增加，使 Q_{Eq} 的表示式中第二部分略小，以致端点输出的无功功率将比没有自动调节励磁装置时大，如图 11-12 中虚线所示。

（2）调相机。如不计相对很小的有功功率损耗，可以近似认为调相机既无有功功率输

出，也无输入。可将其看成是一个功率角为零的发电机，它所输出的无功功率为

$$Q_{Eq} \approx \frac{E_{q(0)}U_G}{X_d} - \frac{U_G^2}{X_d} \tag{11-65}$$

而 Q_{Eq} 随电压 U_G 的变化率则为

$$\frac{\partial Q_{Eq}}{\partial U_G} = \frac{E_{q(0)}}{X_d} - \frac{2U_G}{X_d} \tag{11-66}$$

由式（11-66）可见，过励磁运行 $E_{q(0)} > 2U_G$ 时，$\frac{\partial Q_{Eq}}{\partial U_G} > 0$，调相机输出的无功功率将随端电压的下降而减小；过励磁运行 $U_G < E_{q(0)} < 2U_G$ 时，$\frac{\partial Q_{Eq}}{\partial U_G} < 0$，调相机输出的无功功率将随端电压的下降而增大；欠励磁运行 $E_{q(0)} < U_G$ 时，$\frac{\partial(-Q_{Eq})}{\partial U_G} > 0$，调相机输入的无功功率将随端电压的下降而减小，如图 11-13 所示。

（3）电容器。并联补偿用的电容器输出的无功功率为

$$Q_C = \frac{U^2}{X_C} \tag{11-67}$$

因此，它的静态电压特性曲线为一过原点的抛物线。电容器中几乎没有有功功率损耗。

2. 负荷的静态电压特性

电力系统中的负荷除异步电动机和同步电动机以外，还有电炉、整流设备、照明等负荷统称为综合负荷。电力系统中综合负荷的静态电压特性曲线如图 11-14 所示。

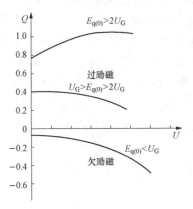

图 11-13　调相机的静态电压特性

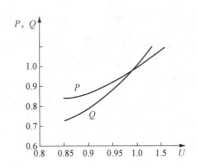

图 11-14　综合负荷的静态电压曲线

3. 电力系统的电压的静态稳定性

设电力系统接线如图 11-15（a）所示。图中变电站的高压母线为一电压中枢点。设由该母线供电的负荷无功功率静态电压特性曲线如图11-15（b）中曲线 Q_L 所示；向该母线供电的电源无功功率静态电压特性曲线如图中曲线 Q_G 所示。且 $\Delta Q = Q_G - Q_L$，也示于该图中。

正常运行时，中枢点母线上输入、输出的无功功率应该平衡。那么，该系统正常运行点应该是 Q_G 与 Q_L 曲线的两个交点 a、b。或者说是 ΔQ 曲线上 $\Delta Q = 0$ 的两点，上述两点所对应的电压分别为 U_a、U_b。系统在这两点是否稳定运行都有待于分析。以下用小扰动法进行分析。

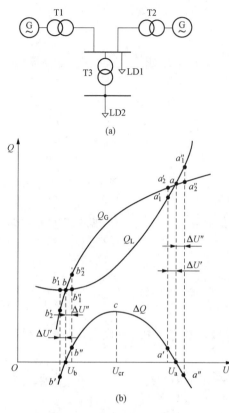

图 11-15 电力系统的电压稳定性
(a) 系统接线图；(b) 电压稳定性

设有一个微小的、瞬时出现但又立即消失的扰动，来分析小扰动产生的后果。

先分析 a 点，对应电压为 U_a 时系统的运行情况。系统运行 a 点，此时所对应的电压为 U_a，当系统中出现一个微小扰动使电压上升一个微增量 $\Delta U''$ 时，负荷需求的无功功率将改变到与 a_1'' 点对应的值，电源供给的无功功率将改变到与 a_2'' 点对应的值，因此中枢点母线处无功功率将有缺额，$\Delta Q < 0$。这样迫使各发电厂向中枢点输送更多的无功功率，以平衡 ΔQ 值。随着输送无功功率的增加，输电系统中电压降落增大，中枢点电压又自动恢复到原始值 U_a。当系统出现的微小扰动使电压下降一个微量 $\Delta U'$ 时，负荷需求的无功功率将改变到与 a_1' 对应的值，电源供给的无功功率将改变到与 a_2' 对应的值。这时 $\Delta Q > 0$，中枢点母线处的无功功率将有过剩，各发电厂向中枢点输送的无功功率将减少，那么输电系统中的电压降落也减小，中枢点电压又恢复到原始值 U_a。

然后再分析 b 点运行情况。在 b 点，电压为 U_b，当小扰动使电压上升一个微量 $\Delta U''$ 时，负荷需求的无功功率将改变到与 b_1'' 对应的值，电源供给的无功功率改变到与 b_2'' 对应的值。中枢点母线处无功功率将有过剩，$\Delta Q > 0$，各发电厂向中枢点输送的无功功率减小，输电系统中电压降落也将减小，中枢点电压进一步上升，且循环不止，运行点最终会稳定在 a 点，而不会回到原工作点 b。当小扰动使 U_b 电压下降一个微量 $\Delta U'$ 时，负荷需求的无功功率将改变到与 b_1' 对应的值，电源供给的无功功率将改变到与 b_2' 对应的值。因而中枢点母线处无功功率将有缺额，$\Delta Q < 0$，迫使各发电厂向中枢点输送更多的无功功率以平衡无功缺额。并使输电系统中电压降落将增加，中枢点电压进一步下降，循环不止，顷刻之间出现了系统的电压崩溃现象，发电厂之间失步，系统中电压、电流和功率大幅度振荡，系统瓦解。电压崩溃现象如图 11-16 所示。

因此，在 a 点运行时，电压为 U_a，系统电压是静态稳定的；在 b 点运行时，电压为 U_b，系统电压不能保持静态稳定性。

最后再比较 a、b 两点的异同。在 a 点，电压为 U_a，电压处于较高的水平，电压上升时，ΔQ 向负方向增大，电压下降时 ΔQ 向正方向增大；在 b 点，电压为 U_b，电压处于较低

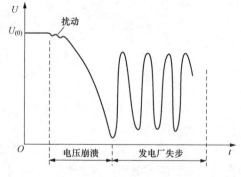

图 11-16 电压崩溃现象

水平，电压上升时 ΔQ 向正方向增大，电压下降时，ΔQ 向负方向增大。也就是说，在 a 点，电压为 U_a，$\dfrac{\mathrm{d}\Delta Q}{\mathrm{d}U}<0$；在 b 点，电压为 U_b，$\dfrac{\mathrm{d}\Delta Q}{\mathrm{d}U}>0$。而在 a 点时静态稳定的，在 b 点时静态不稳定的。因此，电力系统电压静态稳定的判据为

$$\frac{\mathrm{d}\Delta Q}{\mathrm{d}U}=\frac{\mathrm{d}(Q_\mathrm{G}-Q_\mathrm{L})}{\mathrm{d}U}<0 \tag{11-68}$$

图 11-15 中 ΔQ 曲线上的 c 点为 $\dfrac{\mathrm{d}\Delta Q}{\mathrm{d}U}=0$ 点，所以 c 点是临界点，与这个临界点对应的电压称电压静态稳定极限，又称临界电压，以 U_cr 表示。但应指出，这样确定的临界电压是近似的，因不同的原始运行状态所对应的负荷静态电压特性曲线是不相同的。

电压静态稳定的储备系数为

$$K_\mathrm{U}\%=\frac{U_{(0)}-U_\mathrm{cr}}{U_{(0)}}\times100\% \tag{11-69}$$

$K_\mathrm{U}\%$ 的数值，正常时应取 $10\%\sim15\%$；故障后，应不小于 8%。

电压稳定计算，关键在于求取临界电压 U_cr，而 U_cr 的计算主要是通过常规的潮流计算可得。

二、电力系统频率的静态稳定性

1. 电源的静态频率特性

同步发电机组是系统中唯一的有功功率电源。而运行情况缓慢变化时，发电机输出的电磁功率和电动机输入的机械功率相平衡。因此所谓电源的静态频率特性实际上就是电动机的静态频率特性，在不计频率二次调整时，如图 11-17 中线段 1-2-3 所示。发电厂中不少重要厂用机械，如水泵、风机等的输出功率由于系统频率的下降而有所下降，因此在较低的频率范围内，电源有功功率随频率下降得更加迅速，如图 11-17 线段 2-3′所示。

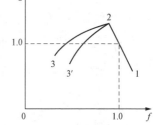

图 11-17　电源有功功率的静态特性曲线

2. 负荷的静态频率特性

电力系统综合负荷中的电热、电炉和整流设备消耗的有功功率与频率无关，照明负荷则相对关系很小。因此，电力系统中综合负荷有功功率的静态频率特性主要是异步电动机起主导作用。其次是当有同步电动机时，同步电动机的有功功率的静态频率特性也起一定作用。那么，电力系统综合负荷有功功率的静态频率特性多半有如图 11-18 所示形状。图中还附带作出了无功功率的静态频率特性。

3. 电力系统频率的静态稳定性

设电力系统中所有电源综合的有功功率的静态频率特性如图 11-19 中曲线 P_G（1-2-3），所有综合负荷的有功功率的静态频率特性如图中曲线 P_L。

正常运行时，电源和负荷的有功功率应该平衡，曲线 P_L 与 P_G 应相交于 0 点，与该点相对应的频率和有功功率分别为 $f_{(0)}$、$P_{(0)}$。负荷逐渐上移增大至 P'_L，以致与曲线 P_G 的线段 2-3′同时交于 a、b 两点。当系统中有功功率过剩，即 $\Delta P=P_\mathrm{G}-P_\mathrm{L}>0$ 时；频率将上升；而有功功率不足，即 $\Delta P=P_\mathrm{G}-P_\mathrm{L}<0$ 时，频率则下降。因此，用分析电压稳定时运用的方

法，不难发现 a、b 两点中只有在 a 点是可以稳定运行的，b 点不能稳定运行。从而可得电力系统频率的静态稳定的判据是

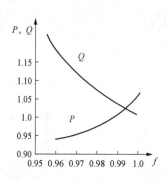

图 11-18 工业城市综合负荷的静态频率特性

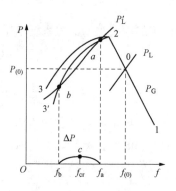

图 11-19 频率的稳定性

$$\frac{\mathrm{d}\Delta P}{\mathrm{d}f} = \frac{\mathrm{d}(P_\mathrm{G}-P_\mathrm{L})}{\mathrm{d}f} < 0 \tag{11-70}$$

图中的 c 点是稳定的临界点，与 c 点对应的频率就是频率静态稳定的极限或临界频率 f_cr。系统运行中，如果 $f < f_\mathrm{cr}$，就不能稳定运行，将会出现频率崩溃现象。

三、 电力系统负荷的静态稳定性

这里介绍应用异步电动机转矩—转差率特性来分析电力系统负荷的静态稳定性。电力系统负荷的稳定性主要是指异步电动机运行的稳定性。异步电动机转矩—转差率特性曲线示于 11-20 中，这在前面章节已讲过了。图中还作出了电动机拖动的机械转矩特性（M_m 与 s 的关系），且假设机械转矩不随转速而变化。

如图 11-20 所示，电动机可能有两个运行点 a 和 b。首先分析 a 点运行情况，如果有小

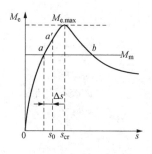

图 11-20 异步电机的转矩特性

扰动使转差率 s_0 有一个很小的增量 Δs，则电动机的电磁转矩变化为曲线上的 a' 点，这时电磁转矩大于被拖动的机械转矩，转子轴上出现正的驱动转矩，并使转子加速，s 将减小，运行点将仍回到 a 点。同样，当小扰动使转差率有一个很小的负增量时，电磁转矩将小于机械转矩，在制动转矩作用下转子将减速，s 便增大，电动机仍回到原来的运行点 a，可见 a 点是静态稳定运行点。与 a 点的情况相反，b 点的运行状态在受到小扰动后，或是转移到 a 点稳定运行，或是转差率 s 不断增大，直到 $s=1$，电动机停转，失去了运行的稳定性，所以 b 点不是稳定运行点。

由此可知，电动机静态稳定运行的转矩—转差率的判据是

$$\frac{\mathrm{d}M_\mathrm{e}}{\mathrm{d}s} > 0 \tag{11-71}$$

其稳定极限与转矩极限也是一致的，即当机械转矩 $M_\mathrm{m} = M_\mathrm{e.max}$ 时（图 11-20 中虚线），其对应的转差率为临界转差率 s_cr。在这种情况下，只要有一点小扰动，电动机就可能失去静态稳定运行状态。

第五节　保证和提高电力系统静态稳定性的措施

随着电力系统的发展和扩大、输电距离和输送容量的增加，输电系统的稳定问题更显突出。可以说，电力系统稳定性是限制交流输电能力的一个决定性因素。因此，提高电力系统的稳定性显得极为必要。本节主要阐述提高稳定性的一般原则，介绍一些提高电力系统静态稳定性的措施，并分析其效果。

一、提高稳定性的一般原则

从静态稳定分析可知，不发生自发振荡时，电力系统具有较高的功率极限，一般也就具有较高的运行稳定度。从这些概念出发，可以得到提高电力系统稳定性和输送能力的一般原则：尽可能地提高电力系统的功率极限，抑制自发振荡的发生以提高系统的静态稳定；尽可能减少发电机相对运行的振荡幅度以提高系统的暂态稳定。

从简单电力系统极限的表达式 $P_m = EU/X$ 可以看到，要提高电力系统的功率极限，应从提高发电机的电动势 E、减少系统电抗 X 和提高稳定系统电压 U 等方面入手；而自发振荡的抑制要根据系统的实际情况选择合适的励磁调节系统类型；减少发电机相对运动的振荡幅度，提高暂态稳定，应从减少发电机转轴上的不平衡功率、减少转子相对加速度以及减少转子相对能动变化量等方面着手。

此外，无论采用哪种措施来提高电力系统的稳定性，除了考虑技术上实现的可能性之外，还必须考虑经济上的合理性，通过技术经济的比较来选择具体方案。

本节主要介绍提高电力系统静态稳定性的措施，提高电力系统暂态稳定性的具体措施将在第十二章介绍。保证和提高电力系统静态稳定性的根本措施就是缩短"电气距离"，缩短"电气距离"就是减少各电气元件的阻抗，主要是电抗。下面将从采用自动调节励磁装置、减少元件电抗、改善系统结构三方面介绍提高电力系统静态稳定性的具体措施。

二、采用自动调节励磁装置

按同步发电机运行状态变量（如 U_G、δ）的偏移自动调节励磁时，可使 $E'_q =$ 定值。这相当于使发电机所呈现的电抗由同步电抗 X_d 减小为暂态电抗 X'_d。如果按运行状态变量的导数调节，则可以维持发电机端电压为定值，这相当于发电机的电抗减小为零。因此，发电机装设先进的励磁调节装置就相当于缩短发电机和系统间的电气距离，从而提高了电力系统静态稳定性。因为自动调节励磁装置在电力系统建设的总投资中所占的比例很小，发电机采用先进的调节励磁装置所增加的投资远小于采用其他措施所需的投资。所以，在各种保证和提高静态稳定的措施中，自动调节励磁装置往往是被优先考虑的。

三、减小元件电抗

1. 采用分裂导线

采用分裂导线可以减小架空电力线路的电抗。对于电压为 $330kV$ 及以上的输电线路，一般均采用分裂导线。这样既可减小线路电抗，又加强了系统之间的联系，从而提高了电力系统的静态稳定性。

2. 提高电力线路的额定电压

在电力线路始末端电压间相位角 δ 保持不变的前提下，沿电力线路传输的有功功率将近似地与电力线路额定电压的平方成正比。换言之，提高电力线路的额定电压相当于减小电力线路的电抗。因此，提高电力线路的额定电压，可以大大地提高电力系统的静态稳定性。

3. 采用串联电容补偿器

电力线路串联电容器补偿除了可以降低电力线路电压降落并用于调压外，还可以通过减少电力线路的电抗来提高电力系统的静态稳定性。但由于这两种补偿的目的不同，使用的场合不同，考虑问题的角度也有很大不同。

采用串联电容器补偿以提高电力系统的静态稳定性时，首先要解决的是补偿度的问题。串联电容器补偿度的定义为

$$K_c = \frac{X_c}{X_L}$$

式中：X_c 为串联电容器的容抗；X_L 为不计串联电容器补偿时电力线路的感抗。

一般讲，串联电容器的补偿度 K_c 越大，对提高电力系统的静态稳定性越有利。因 K_c 越大，越接近 1 时，电力线路补偿后的总电抗越小，从而可以提高电力线路输送的功率极限值，提高了电力系统的静态稳定性。

但 K_c 受以下条件限制，不可能无限制增大。

（1）短路电流不能过大。如补偿度 K_c 过大时，当在串联电容器后发生短路，其短路电流可能大于发电机端头短路时的短路电流。

（2）K_c 过大时（$K_c > 1$），电力线路呈电容性，当在电容器后短路时，其电流为电容性电流。这种短路时电流、电压相位关系的紊乱将引起某些保护装置的误动作。

（3）K_c 过大时，电力系统中可能出现低频的自发振荡现象。这是由于采用了串联电容器补偿后，电力系统中阻尼和感抗的比值将增大，在 $\delta = 20° \sim 30°$ 时，同步发电机励磁绕组和直轴阻尼绕组的阻尼功率系数 D_f、D_D 将有负值，如当交轴阻尼绕组的阻尼功率系数 D_Q 很小或为零时，同步发电机的阻尼功率系数 $D_\Sigma = D_f + D_D + D_Q$ 将为负值。在系统阻尼为负值的情况下，系统会出现周期性的低频振荡现象，严重时会使系统失步。

（4）K_c 过大将会出现同步发电机的自励磁现象。由于 K_c 过大的补偿后，发电机的外部电路电抗可能呈电容性，同步发电机的电枢反应可能起助磁作用，使发电机的电流、电压无法控制地迅速上升至它的磁路饱和为止。

考虑以上限制条件，为提高电力系统的静态稳定性而采用的串联电容器补偿度 K_c，一般小于 0.5 为宜。

至于调压用的串联电容器补偿度之所以允许大些，主要是因为这类串联补偿多设置在远离电源的较低电压级的电路上。

串联电容器一般采用集中补偿，对于两侧都有电源的电力线路，一般设置在中间；一侧有电源时，串联电容器一般设置在末端。这样可以避免发生短路电流过大的问题。

四、改善电力系统的结构

改善电力系统结构的方法较多，对于提高电力系统静态稳定性作用较明显的有以下几个方面：

（1）增加电力线路的回路数，减小电力线路的电抗加强系统的联系，使电力系统有坚强的网架，从而提高了电力系统的静态稳定性。

（2）加强电力线路两端系统各自内部的联系。

（3）在电力系统中间接入中间调相机或接入中间电力系统，如图 11-21 所示。

当这些调相机和发电机配有比较先进的自动调节励磁装置时，可以维持机组交轴暂态电动势 E_q' 或端电压 U_G 恒定，或维持中间系统变压器的高压母线电压 U_1、U_2 恒定，则电力系统就等值地被分割为若干段（$E_G U_2$、$U_2 U_1$、$U_1 U$），每一段的电气距离将远小于整个电力系统的电气距离，电力系统的静态稳定性可以大大提高。

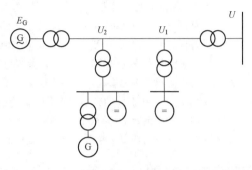

图 11-21 中间调相机和中间电力系统的接入

因此，电力线路经过的地区若有地方电力系统或发电厂时，应尽可能地联合起来成为较大的联合电力系统，对于提高整个电力系统的静态稳定性是有一定好处的。

思考题与习题

11-1 什么是电力系统静态稳定性？电力系统静态稳定的实用判据是什么？为什么？

11-2 电力系统静态稳定的储备系数和整步功率系数是什么？

11-3 什么是小扰动法的基本理论，其实质是什么？

11-4 用小扰动法如何分析简单电力系统的静态稳定性？

11-5 什么是电力系统静态稳定的判据？

11-6 具有负阻尼的电力系统为什么不能稳定运行？

11-7 调节励磁对电力系统的静态稳定性有何影响？

11-8 何为电力系统的电压稳定性？其判据是什么？

11-9 何为电力系统的频率稳定性？其判据是什么？

11-10 异步电动机稳定运行的转矩—转差率的判据是什么？为什么？

11-11 保证和提高电力系统静态稳定性的措施有哪些？

11-12 有一隐极机向系统送电，如图 11-22 所示。若其高压母线为无限大容量系统母线 $U_t=1.0$，额定运行时输送功率 $P_N=1.0$，$\cos\varphi_N=0.85$；元件参数标幺值 $X_d=1.0$，$X_T=0.1$。试求输送功率极限 P_{sl}、额定运行时的功率角 δ_0 及静态稳定储备系数 $K_P\%$。

11-13 如上题，保持 U_t 处电压和功率不变，经 $X_L=0.3$ 的电力线路送到无限大容量系统母线电压 U_s，如图 11-23 所示。问此时 U_s 的数值是多少？此时的功率极限 P_{sl}、运行的功率角 δ_0 及静态稳定的储备系数 $K_P\%$ 各是多少？

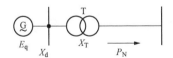
图 11-22 隐极发电机系统

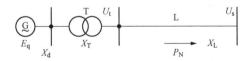
图 11-23 由隐极发电机组成的电力系统

11-14 一台汽轮发电机经变压器和电力线路向系统送电，如图 11-24 所示。已知汽轮发电机参数为 $X_d=X_q=1.1$，$X_d'=0.23$，$X_d''=0.12$，$X_q''=0.15$。试完成：

（1）若 $X_T+X_L=0.3$，汽轮发电机运行在额定容量、额定电压和额定功率因数 $\cos\varphi_N=0.8$ 时，求运行的功率角 δ_0 为多少？

(2) 若 E_q 保持不变，问在（1）条件下的功率极限 P_{sl} 是多少？

(3) 若 E_q' 保持不变，问在（1）条件下的功率极限 P_{sl} 又是多少？

(4) 条件同（2），但 $X_T + X_L = 0.5$，求静态稳定的储备系数 $K_P\%$。

(5) 条件同（3），但 $X_T + X_L = 0.5$，求静态稳定的储备系数 $K_P\%$。

11-15 简单电力系统如图 11-25，其参数为 $X_{d\Sigma} = 1.5$，$E_q = 1.07$，$U_s = 1.0$，$T_J = 15s$。试完成：

(1) 不考虑阻尼功率的影响，用小扰动法判断系统在 δ_0 为 0°、60°、90° 和 100° 时静态稳定性，求出在上述 δ_0 值的情况下系统振荡的频率和周期，并绘出功率角变量对时间的变化曲线。

(2) 当阻尼功率系数 $D_\Sigma = 60$ 时，判断系统在 δ_0 为 0°、60°、90° 和 100° 时静态稳定性，求出系统振荡的频率和周期，并绘出功率角变量对时间的变化曲线。

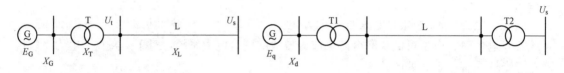

图 11-24 汽轮机发电系统　　　　　　　图 11-25 简单电力系统

第十二章

电力系统暂态稳定性

　　电力系统的暂态稳定性，是指正常运行的电力系统承受一定大小的、瞬时出现但又立即消失的扰动后，恢复到近似它原有的运行状况的能力；或者，这种扰动虽不消失，但系统可从原有的运行状况安全地过渡到新的运行状况的可能性。也就是，电力系统在急剧扰动下的稳定性。以致使描述电力系统运行状态的非线性微分方程式不允许线性化，只能分段求数值解。

　　本章讲解电力系统暂态稳定性，介绍了电力系统暂态稳定性的基本概念，讲述了暂态稳定的定性和定量分析方法，以简单电力系统为例，介绍了暂态稳定计算的常用方法，给出了提高电力系统暂态稳定性的措施。

第一节　电力系统暂态稳定性概述

一、引起电力系统大扰动的主要原因

　　电力系统暂态稳定性是研究电力系统受到较大扰动后各发电机是否能继续保持同步运行的问题。引起电力系统大扰动的原因很多，归纳起来，主要有以下几种。

　　（1）负荷的突然变化，如切除或投入大容量的用户会引起较大的扰动。

　　（2）切除或投入系统的主要元件，如切除或投入较大容量的发电机、变压器和较重要的线路等会引起较大的扰动。

　　（3）电力系统的短路故障，对电力系统的扰动最为严重。在短路故障中，虽然三相短路故障电流的大小不一定大于单相短路，但三相短路故障引起的扰动最大，对电力系统稳定性影响最严重，系统暂态稳定性常常遭受破坏。但这种严重故障发生的次数最少，据统计，在高压电力系统中发生三相短路的次数一般约占总短路次数的 6%。

　　两相接地短路和两相短路对于电力系统的扰动也较大，其中两相接地短路对电力系统稳定性的危害程度仅次于三相短路。但在一般高压系统中发生这两种短路的次数约为总短路次数的 24%，比三相短路发生的次数要多。

　　单相短路在高压系统中发生的次数最多，一般可占 70% 左右。但单相短路对系统的扰动在短路故障中是最小的，其中瞬时性雷击单相短路又占单相短路的 70% 左右。

　　当电力系统受到大扰动时，表征系统运行状态的各种电磁变量，如线路的电流、节点电压、发电机输出的功率等都会发生急剧的变化。但是原动机的调速系统是有相当大的惯性的，它必须经过一定时间后，才能改变原动机的功率。这样作用在发电机转子轴上输出的电磁功率与输入的机械功率之间的平衡遭到破坏，使发电机转子轴上作用一个不平衡转矩。在

这个转矩作用下，发电机转子转速开始变化，使发电机的功率角改变，从而使发电机各转子间产生了相对运动，即发电机间产生了摇摆或振荡。发电机转子相对角度的变化，反过来又将影响电力系统中电流、电压及发电机输出功率的变化。所以，由大扰动引起的电力系统暂态过程是一个由电磁暂态过程和发电机组转子机械运动暂态过程交织在一起的复杂过程，即机电暂态过程。

准确地确定电力系统所有电磁变量和机械运动变量在暂态过程中的变化，是非常复杂和困难的，从解决实际工程问题来说，往往是不必要的。而暂态稳定性分析计算的目的在于确定电力系统在给定的大扰动下各发电机组能否继续保持同步运行，因此只需要确定表征发电机间是否同步的发电机组转子运动特性即可。抓住这个要点之后，就可以对暂态过程中各种复杂的现象进行具体的分析，找出其中对机组转子运动起主要影响的因素，在分析计算中加以考虑，而对于影响不大的因素加以忽略或作近似考虑。这样做不仅大大地简化了分析计算工作，而且也更便于获得有关研究对象的更加明确清晰的概念。事实上，在忽略某些次要因素后，计算所得结果与实际结果很接近，其误差在允许范围内。

下面分析在暂态稳定计算中经常采用的一些基本假设。

二、暂态稳定计算中的基本假设

（1）忽略发电机定子电流的非周期分量。采取这个假设的理由，首先是因为定子电流的非周期分量衰减的时间常数 T_a 是很小的，一般只有百分之几秒，因此它很快就衰减到零。其次，定子电流的非周期分量产生的磁场在空间是静止不动的，由于转子是旋转的，这个不动的磁场与转子绕组的直流电流所产生的转矩，是以同步频率作周期性变化，而其平均值接近于零。由于转子机械惯性较大，因而它对转子间相对运动的影响是相当小的。即它对发电机以至电力系统的机电暂态过程影响是很小的，可以忽略不计，因而也就可以略去产生这种转矩的衰减得很快的定子回路非周期性分量电流和磁链。这也就意味着定子回路交流分量的电流和与之对应的磁链可以突变，电感电路的电流可以突变，闭合绕组的合成磁链不再守恒，系统中的电压和电磁功率也可以突变。

（2）忽略暂态过程中发电机的附加损耗。发电机中的附加损耗对机组转子的加速运动有一定的制动作用，忽略这些附加损耗的影响，使计算结果偏于保守和可靠，并且不改变功率角 δ 随时间变化的性质，也即不影响系统受大扰动后是否能保持暂态稳定的结论。

（3）当发生不对称短路时，不计负序和零序电流对机组转子运动的影响。负序分量电流产生的磁场在空间以同步速度反转子方向旋转，它和转子的相对速度为两倍同步转速。因此它和转子绕组中直流电流相互作用所产生的转矩，是以两倍同步频率作周期性变化，其平均转矩接近于零。加上转子的机械惯性较大，转子的速度变化跟不上这周期性变化的转矩，所以负序分量电流对转子运动的影响，可以忽略不计。

至于零序分量电流，一方面如果短路发生在高压网络中，由于升压变压器一般采用YNd 接线，发电机接在 d 侧，因此零序电流并不通过发电机，对发电机组转子运动没有任何影响。另一方面，即使零序分量电流有可能通过发电机，由于三相定子绕组在空间互差 $120°$，所以零序分量电流产生的合成磁场为零，对机组转子运动也无影响，因此零序分量电流对发电机乃至电力系统的机电暂态过程没有任何影响，完全可以不计。

略去定子回路电流和磁链的负序分量和零序分量，相当于只考虑定子回路电流和磁链以及电压和功率的正序分量，大大地简化了不对称短路时暂态稳定的计算。

不对称短路时，网络中正序分量电流的计算，可以应用正序等效定则和复合序网。不对称短路时的复合序网是在正序网络的短路点接入一个因短路类型而不同的附加阻抗 $Z_{su}^{(n)}$。由于附加阻抗 $Z_{su}^{(n)}$ 与负序和零序的参数有关，因此不对称短路时正序电流、电压和功率，除与网络的正序参数有关外，也与网络的负序和零序参数有关。所以网络的负序和零序参数一般会影响系统的暂态稳定性。

（4）不考虑频率变化对电力系统参数的影响。由于在暂态的过程中，发电机转速的变化偏离同步速度很小，因而可以不考虑频率变化对电力系统参数的影响，元件参数仍按额定频率计算。此外，在用标幺值计算中，如果选基准角速度 ω_B 等于同步速度 ω_N，则因发电机的转速 $\omega \approx \omega_N$，那么 $\omega_* \approx 1$。所以功率的标幺值和转矩的标幺值近似相等，即 $P_* \approx M_*$。

除了上述基本假设之外，根据所研究问题的性质和对计算精度要求的不同，有时还可以作一些简化规定。

三、有关计算的简化规定

（1）发电机采用简化的数学模型。在暂态过程中，由于时间常数 T_d'' 很小，只有百分之几秒，因此次暂态分量电流衰减得很快，它们对转子运动影响很小，则在暂态计算中可以不计次暂态分量电流的影响。这个假定就意味着发电机的阻尼绕组是开路的。

在大扰动瞬间，励磁绕组的合成磁链 ψ 守恒，则与之成正比的交轴暂态电动势 E_q' 也就保持不变，相应的电抗为 X_d'。对于交轴而言，由于转子上没有闭合绕组（已假定阻尼绕组开路），因此在暂态过程中发电机交轴电抗将为 X_q。

按照上述发电机的模型，在计算上仍较复杂，因此还可以进一步简化。在一般的暂态稳定计算中，在自动调节励磁的作用下，可以近似地认为 E' 恒定，并以这个电动势的相位角 δ' 取代发电机的实际功率角 δ。发电机的电抗用直轴暂态电抗 X_d' 或取其不饱和值的 $0.6 \sim 0.8$ 倍作为饱和值，即 $(0.6 \sim 0.8)X_d'$。此时，发电机有功功率的功角特性方程式为式（10-29），即

$$P_{E'} = \frac{E'U}{X_d'}\sin\delta'$$

（2）不考虑原动机自动调速系统的作用。由于原动机的自动调速系统，一般需要在发电机转速变化后才能起作用，加上调速器本身的惯性非常大，所以一般在暂态稳定计算中，假定原动机输入的机械功率为恒定不变，即 $P_m =$ 常数（或 $M_m =$ 常数）。

（3）电力系统负荷采用简化的数学模型。一般负荷可以用随端电压而变化的功率来表示，并且用负荷的静态电压特性代替负荷的动态电压特性。在进一步简化计算中负荷简化的数学模型可以用恒定阻抗或导纳表示。

第二节　简单电力系统暂态稳定的定性分析

图 12-1（a）为简单电力系统接线图。若在一回电力线路的始端发生短路故障，我们来分析其暂态稳定性。

一、各种运行情况下的功角特性

电力系统在短路瞬间前的正常运行情况下的等值网络如图 12-1（b）所示。系统总的电抗为

$$X_{\mathrm{I}} = X_{\mathrm{d}}' + X_{\mathrm{T1}} + \frac{1}{2}X_{\mathrm{L}} + X_{\mathrm{T2}} \tag{12-1}$$

根据给定的运行条件和正常的潮流计算，可以计算出短路瞬间暂态电抗 X_{d}' 后的电动势 E'，并假定 E' 恒定，于是正常运行时的功角特性方程式为

$$P_{\mathrm{I}} = \frac{E'U}{X_{\mathrm{I}}}\sin\delta' \tag{12-2}$$

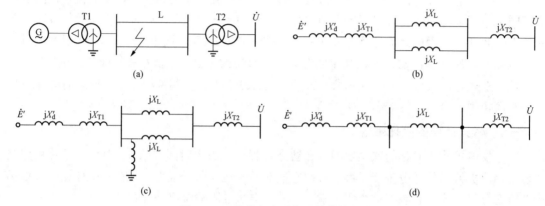

图 12-1　简单电力系统及其等值电路

（a）简单电力系统；（b）正常运行时等值网络；（c）短路时等值网络；（d）短路故障切除后等值网络

作功角特性曲线如图 12-2 所示。

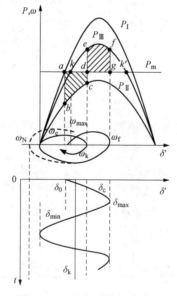

图 12-2　电力系统暂态稳定

当发生短路故障时，相当于在短路点接入一个短路附加阻抗 $Z_{\mathrm{su}}^{(n)}$ ［或附加电抗 $X_{\mathrm{su}}^{(n)}$］，此时系统的等值网络如图 12-1（c）所示。那么 $\dot{E}'$、$\dot{U}$ 之间的转移电抗为

$$X_{\mathrm{II}} = X_{\mathrm{I}} + \frac{(X_{\mathrm{d}}' + X_{\mathrm{T1}})\left(\frac{1}{2}X_{\mathrm{L}} + X_{\mathrm{T2}}\right)}{X_{\mathrm{su}}^{(n)}} \tag{12-3}$$

由于，短路种类的不同，附加电抗 $X_{su}^{(n)}$ 值是不同的。$X_{su}^{(n)}$ 的数值见表 12 - 1。

表 12 - 1 　　　　　　　　　　　**不同种类短路的附加电抗**

短路种类 $k^{(n)}$	$k^{(1)}$	$k^{(2)}$	$k^{(1,1)}$	$k^{(3)}$
附加阻抗 $X_{su}^{(n)}$	$X_{0\Sigma}+X_{2\Sigma}$	$X_{2\Sigma}$	$\dfrac{X_{0\Sigma}X_{2\Sigma}}{X_{0\Sigma}+X_{2\Sigma}}$	0

表 12 - 1 中 $X_{2\Sigma}$、$X_{0\Sigma}$ 是系统对于短路点的负序、零序等值电抗。由表 12 - 1 可知不同种类短路时，附加电抗 $X_{su}^{(n)}$ 的大小是不同的。它们的大小比较为

$$X_{su}^{(1)} > X_{su}^{(2)} > X_{su}^{(1,1)} > X_{su}^{(3)} = 0 \tag{12 - 4}$$

因此不同种类短路时的转移电抗大小为

$$X_{\mathrm{II}}^{(1)} < X_{\mathrm{II}}^{(2)} < X_{\mathrm{II}}^{(1,1)} < X_{\mathrm{II}}^{(3)} = \infty \tag{12 - 5}$$

短路故障时功角特性方程式为

$$P_{\mathrm{II}} = \frac{E'U}{X_{\mathrm{II}}}\sin\delta' \tag{12 - 6}$$

由于 $X_{\mathrm{II}} > X_{\mathrm{I}}$，所以短路时功角特性曲线要比正常时低，如图 12 - 2 所示。并且在不同种类短路情况下，输送功率极限大小比较为

$$P_{sl}^{(1)} > P_{sl}^{(2)} > P_{sl}^{(1,1)} > P_{sl}^{(3)} = 0 \tag{12 - 7}$$

当短路故障线路被切除后，系统的等值网络如图 12 - 1（d）所示，此时系统总电抗为

$$X_{\mathrm{III}} = X_d' + X_{T1} + X_L + X_{T2} \tag{12 - 8}$$

于是它的功角特性方程式为

$$P_{\mathrm{III}} = \frac{E'U}{X_{\mathrm{III}}}\sin\delta' \tag{12 - 9}$$

一般情况下，$X_{\mathrm{I}} < X_{\mathrm{III}} < X_{\mathrm{II}}$，因此曲线 P_{III} 是介于 P_{I} 和 P_{II} 之间，如图 12 - 2 所示。

二、 单机无穷大系统暂态稳定的定性分析

在正常运行情况下，若原动机输入的机械功率为 P_m，发电机输出的电磁功率就与原动机输入的机械功率相平衡，发电机的工作点应由 P_{I} 和 P_m 线的交点确定，即为 a 点，与此对应的功率角为 δ_0，如图 12 - 2 所示。图中虚线所示为不计阻尼作用的曲线，实线所示为计及阻尼作用的曲线。

在发生短路瞬间，由于不考虑定子回路的非周期分量，因此周期分量的功率是可以突变的，于是发电机运行点由 P_{I} 突然降到 P_{II}。又由于发电机转子机械运动的惯性所致，功率角 δ 不可能突变，仍为 δ_0。那么运行点由 a 点跃降到短路时功角特性曲线 P_{II} 上的 b 点。达 b 点后，输入的机械功率 P_m 大于输出的电磁功率 $P_{\mathrm{II}b}$，不平衡净加速功率大于零。依转子运动方程式，于是转子开始加速，即 $\Delta\omega > 0$，功率角 δ 开始增大，$\Delta\delta > 0$，运行点将沿功角特性曲线 P_{II} 移动，设经过一段时间，当功率角增大至 δ_c 时，此时运行在 c 点，速度达最大 ω_{max}。若在 c 点时切除线路故障，在切除故障线路瞬间，仍由于不考虑定子回路电流的非周期分量及机组转子的机械惯性，δ 为 δ_c，运行点从 P_{II} 上的 c 点突升到 P_{III} 上的 e 点，此时速度仍为 ω_{max}。在达到 e 点后，机械功率 $P_m < P_{\mathrm{III}e}$（电磁功率），转子开始减速。由于 $\omega_e > \omega_N$ 及机组转子的惯性作用，所以功率角 δ 还在增大，运行点沿 P_{III} 由 e 点向 f 移动，当达 f 点时，其转速 $\omega_e = \omega_N$（同步转速），功率角 δ 不再继续增大，这时的功率角为最大功率角 δ_{max}。

但在 f 点，$P_\mathrm{m} < P_{\mathrm{III}f}$，转子将继续减速，功率角 δ 开始减小，运行点则仍将沿功角特性曲线 P_{III} 从 f 点向 e、k 点移动。在 k 点时有 $P_\mathrm{m} = P_{\mathrm{III} \cdot k}$，减速停止，则速度达最小为 $\omega_{\min}$。但由于转子机械惯性作用，功率角 δ 将继续减小，当过 k 点时 $P_\mathrm{m} < P_{\mathrm{III}}$，在不平衡功率为正值的

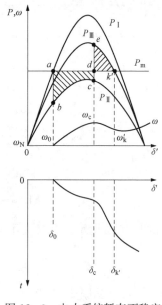

作用下，转子开始加速，最后达同步转速 ω_N 时为止，功率角 δ 不再减小，此时功率角为最小值 $\delta_{\min}$。然后又开始第二次振荡，功率角 δ 由小到大，运行点沿功角特性曲线 P_{III} 越过 k 点又达 f 点。如果振荡过程中没有任何阻尼作用，这种振荡将一直振荡下去。但事实上振荡过程中总有一定的阻尼作用，振荡逐步衰减，系统最后终于停留在一个新的运行点 k 继续同步运行，即为系统在大的扰动后可保持暂态稳定性。电力系统暂态稳定的过程如图 12-2 所示。

当短路故障切除得迟些，δ_c 更大时，在故障切除后，运行点沿曲线 P_{III} 不断向功率角增大的方向移动过程中，虽然转子在不断减速，但运行点到达曲线 P_{III} 上的 k' 点时，转子的转速仍大于同步转速。于是，运行点就要越过 k' 点，过了 k' 点后，情况发生了逆转。由于 $P_\mathrm{m} > P_{\mathrm{III}}$，发电机组转子又开始加速，而且加速度越来越大，功率角 δ 无限增大，发电机与系统之间将失去同步，系统暂态不稳定。其情况如图 12-3 所示。

图 12-3 电力系统暂态不稳定

第三节 简单电力系统暂态稳定性的定量分析[❶]

一、等面积定则

对于电力系统暂态稳定性的定性分析，如图 12-2 中，功率角由 δ_0 变到 δ_c 的过程中，原动机输入的机械功率 P_m 大于发电机输出的电磁功率 P_e。也就是，原动机输入的能量大于发电机输出的能量，多余的能量将使发电机转速上升，转化为转子的动能储存入转子中。而在功率角由 δ_c 变到 $\delta_{\max}$ 的过程中，$P_\mathrm{m} < P_\mathrm{e}$，原动机输入的能量小于发电机输出的电磁能量，缺少的电磁能部分是由发电机转速降低，将转子中储存的动能转化为电磁能来补充。

由于发电机的转速 $\omega \approx \omega_\mathrm{N}$，$\omega_* \approx 1$，则有 $P_* = \omega_* M_* \approx M_*$，而功率的标幺值与转矩的标幺值相等。因此，在图 12-4 所示简单电力系统的功角特性曲线中

$$S_{\delta_0 ad \delta_\mathrm{c}} = P_\mathrm{m}(\delta_\mathrm{c} - \delta_0) \approx M_\mathrm{m}(\delta_\mathrm{c} - \delta_0) \qquad (12\text{-}10)$$

可代表发电机在加速过程中原动机机械转矩所作的功。

$$S_{\delta_0 bc \delta_\mathrm{c}} = \int_{\delta_0}^{\delta_\mathrm{c}} P_{\mathrm{II}}\, \mathrm{d}\delta \approx \int_{\delta_0}^{\delta_\mathrm{c}} M_{\mathrm{II}}\, \mathrm{d}\delta \qquad (12\text{-}11)$$

可代表发电机组在加速过程中发电机输出的电磁功率所做的

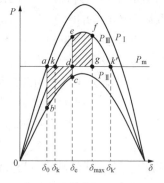

图 12-4 简单电力系统的
功角特性曲线

[❶] 本节对简单电力系统暂态稳定性的定量分析，是不计及自动调节系统作用的。

功。两者之差即代表在加速过程中转子储存的动能，也就是增加的动能，即

$$S_{\delta_0 \mathrm{ad}\delta_c} - S_{\delta_0 \mathrm{bc}\delta_c} = S_{abcd} = \int_{\delta_0}^{\delta_c} (P_m - P_{\mathrm{II}})\mathrm{d}\delta \tag{12-12}$$

可代表在加速过程中转子增加的动能（相对于同步转速 ω_N 时的动能），该面积也称为加速面积。

相似地，可以导出转子在减速过程中损失的动能，也就是消耗的动能，即

$$S_{\delta_c \mathrm{ef}\delta_{max}} - S_{\delta_c \mathrm{dg}\delta_{max}} = S_{defg} = \int_{\delta_c}^{\delta_{max}} (P_{\mathrm{III}} - P_m)\mathrm{d}\delta \tag{12-13}$$

可代表机组在减速过程中转子消耗的动能（相对于同步转速的动能），该面积也称减速面积。

只有转子在减速过程中将它在加速过程中增加的动能全部消耗完，转子转速才能再一次回到同步速度，或者说，功率角才不再继续增大，而有减小的趋势。也就是说，必须满足加速面积 S_{abcd} 等于减速面积 S_{defg} 的条件，转子才能再一次回到同步速度，功率角才不再继续增大，而且有减小的趋势。因此，加速面积与减速面积相等是保持暂态稳定的临界条件，这就是"等面积定则"。

二、极限切除角

根据等面积定则就可以寻找系统暂态稳定的临界条件，很方便地确定最大摇摆角 δ_{max}，并判断电力系统的暂态稳定性。在本章第二节分析中曾指出，功率角增大到 $\delta_{k'}$ 时，如转速仍大于同步转速 ω_N，系统就不能保持暂态稳定性。因而，决定暂态稳定临界点的条件是 $\delta_{max} = \delta_{k'}$。也就是说，当功率角增大到 $\delta_{k'}$ 时，转子转速应恰恰再一次回到同步速度 ω_N。于是可按等面积定则反过来求在保持暂态稳定的前提下最大允许的切除角——极限切除角 $\delta_{c\cdot cr}$。

按等面积定则有

$$\int_{\delta_0}^{\delta_{c\cdot cr}} (P_m - P_{\mathrm{II}\cdot max}\sin\delta)\mathrm{d}\delta = \int_{\delta_{c\cdot cr}}^{\delta_{max} = \delta_{k'}} (P_{\mathrm{III}\cdot max}\sin\delta - P_m)\mathrm{d}\delta$$

式中：$P_{\mathrm{II}\cdot max}$、$P_{\mathrm{III}\cdot max}$ 分别为短路时和短路切除后的功角特性曲线的最大值，其值分别为 $\dfrac{E'U}{X_{\mathrm{II}}}$、$\dfrac{E'U}{X_{\mathrm{III}}}$。

将上式作积分运算，可得

$$P_m(\delta_{c\cdot cr} - \delta_0) + P_{\mathrm{II}\cdot max}(\cos\delta_{c\cdot cr} - \cos\delta_0) = -P_{\mathrm{III}\cdot max}(\cos\delta_{k'} - \cos\delta_{c\cdot cr}) - P_m(\delta_{k'} - \delta_{c\cdot cr})$$

从而求出极限切除角的余弦为

$$\cos\delta_{c\cdot cr} = \frac{P_m(\delta_{k'} - \delta_0) + P_{\mathrm{III}\cdot max}\cos\delta_{k'} - P_{\mathrm{II}\cdot max}\cos\delta_0}{P_{\mathrm{III}\cdot max} - P_{\mathrm{II}\cdot max}} \tag{12-14}$$

式中：$P_m = P_{m(0)} = P_{e(0)}$ 为短路故障前瞬间正常运行时传输的有功功率；δ_0 为短路故障前瞬间正常运行时的功率角，rad；$\delta_{k'} = \pi - \delta_k = \pi - \sin^{-1}\dfrac{P_m}{P_{\mathrm{III}\cdot max}}$（rad），其中，$P_m = P_{\mathrm{III}\cdot max}\sin\delta_k$，且 $\delta_{k'} + \delta_k = \pi$。

注意，由于推导上式时，所有变量都用标幺值表示，因而式中 δ_0、δ_k 等角度也应以 rad 表示。

应用式（12-14）即可求出极限切除角 $\delta_{c\cdot cr}$。为了保持系统的暂态稳定性，必须在功率角抵达 $\delta_{c\cdot cr}$ 前切除短路故障。

但是问题到此并没有真正解决，因为在实际工程中需要知道的是为保持系统暂态稳定性应该在什么时间内切除短路故障，也就是与极限切除角相对应的极限切除时间 $t_{c \cdot cr}$。而要解决这个问题必须求解转子运动方程式，也就是求解通常所谓的转子摇摆方程式，因为正是这个方程式给出了功率角与时间的关系。

第四节　发电机转子运动方程式的数值解法

发电机转子运动方程式是非线性的常微分式方程式。在一般情况下不能求得解析解，因此只能用数值方法求近似解。非线性的常微分方程式的数值解法，是计算数学的研究课题之一，目前已有各种不同精确度的算法。在此以简单电力系统为例，介绍暂态稳定计算中两种常用的方法。

一、分段计算法

分段计算法是多年来一直使用的求解转子运动方程式数值解的计算方法，该方法计算步骤简单，物理概念清楚，可以使读者对计算过程有比较具体的概念。

在计算中习惯于用角度数表示 δ，另外将 ω 换成 $\Delta\omega = \omega - \omega_N$，由式（10-5）、式（10-6）、式（10-10）将转子运动方程式改写为用状态方程式表示的形式

$$\left.\begin{array}{l} \dfrac{\mathrm{d}\delta}{\mathrm{d}t} = \omega - \omega_N = \Delta\omega \\[3mm] \dfrac{\mathrm{d}\Delta\omega}{\mathrm{d}t} = \dfrac{\omega_N}{T_J}\Delta P_* = \dfrac{\omega_N}{T_J}\big[P_{m(0)} - P_{\mathrm{II}}\big] \end{array}\right\}$$

$$(12\text{-}15)$$

式中：ΔP_* 为标幺值，ω、$\Delta\omega$ 单位为 $(°)/s$，T_J 单位为 s，δ 单位为 $(°)$。

分段计算法的基本思想是将转子运动过程分成一系列很小的时间段，并且假设：

（1）从一个时间段中点至下一个时间段中点的一段时间内不平衡功率 ΔP 保持不变，并等于下一个时间开始时的不平衡功率。如图 12-5（a）中，从第 $n-1$ 时间段中点至第 n 时间段中点的不平衡功率就等于第 n 时间开始时、或第 $n-1$ 时间结束时不平衡功率 $\Delta P_{(n-1)}$，并保持不变。

（2）每个时间段内的相对角速度 $\Delta\omega = \omega - \omega_N$ 不变，就等于这个时间段中点的相对角速度。如图 12-5（b）中，第 $n-1$ 时间段内相对角速度就等于这个时间段中点的相对角速度 $\Delta\omega_{(n-\frac{3}{2})}$，第 n 时间内 $\Delta\omega$ 就等于 $\Delta\omega_{(n-\frac{1}{2})}$，并在这时间段内保持不变。

显然这种假定与实际情况是不一致的，因为

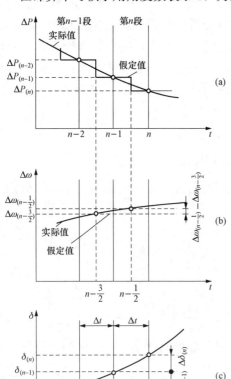

图 12-5　分段计算法

（a）ΔP 与 t 的关系曲线；（b）$\Delta\omega$ 与 t 的关系曲线；
（c）δ 与 t 的关系曲线

连续变化的实际值是用阶梯形变化的假定值代替了。但如果时间段取得足够小，误差并不大。在暂态稳定计算中，一般取时间段 $\Delta t = (0.05 \sim 0.1)$s，如要求计算精确度高的场合，可取 $\Delta t = 0.02$s。下面就介绍用分段计算法求作 δ 与 t 的关系曲线（转子运动过程）的具体步骤和方法。

假设 $n-1$ 时间段结束时功率角 $\delta_{(n-1)}$ 已知，则可求这时输出的电磁功率为

$$P_{e(n-1)} = P_{\mathbb{I}(n-1)} = P_{\mathbb{I} \cdot \max} \sin \delta_{(n-1)} \tag{12-16}$$

并可求出不平衡功率为

$$\Delta P_{(n-1)} = P_{m(0)} - P_{e(n-1)} \tag{12-17}$$

由式（12-15）的第二式可得相对角速度的变化量为

$$\mathrm{d}\Delta\omega = \Delta\omega_{\left(n-\frac{1}{2}\right)} - \Delta\omega_{\left(n-\frac{3}{2}\right)} = \frac{\omega_N}{T_J}\Delta P_{(n-1)}\Delta t \tag{12-18}$$

由式（12-15）第一式可知每个时间段内功率角的变化量 $\Delta\delta$ 等于这个时间段内相对角速度 $\Delta\omega$ 与时间 Δt 之积。对于第 $n-1$ 时间段则有

$$\Delta\delta_{(n-1)} = \delta_{(n-1)} - \delta_{(n-2)} = \Delta\omega_{\left(n-\frac{3}{2}\right)}\Delta t \tag{12-19}$$

对于第 n 时间段则有

$$\Delta\delta_{(n)} = \delta_{(n)} - \delta_{(n-1)} = \Delta\omega_{\left(n-\frac{1}{2}\right)}\Delta t \tag{12-20}$$

由式（12-20）减去式（12-19）得

$$\Delta\delta_{(n)} - \Delta\delta_{(n-1)} = \left[\Delta\omega_{\left(n-\frac{1}{2}\right)} - \Delta\omega_{\left(n-\frac{3}{2}\right)}\right]\Delta t$$

将式（12-18）代入上式后可得

$$\Delta\delta_{(n)} = \Delta\delta_{(n-1)} + 360° f_N \frac{\Delta t^2}{T_J}\Delta P_{(n-1)} = \Delta\delta_{(n-1)} + K\Delta P_{(n-1)} \tag{12-21}$$

式中：$\Delta\delta_{(n)}$、$\Delta\delta_{(n-1)}$ 的单位为（°）；ΔP 为标幺值；T_J、Δt 的单位为 s；$K = 360° \times 50 \times \dfrac{\Delta t^2}{T_J} = 1.8 \times 10^4 \dfrac{\Delta t^2}{T_J}$ 是常数。

求得第 n 段功率角增量后，第 n 段末的功率角为

$$\delta_{(n)} = \delta_{(n-1)} + \Delta\delta_{(n)} \tag{12-22}$$

在求得 $\Delta\delta_{(n)}$ 后又可求 $\Delta P_{(n)}$、$\Delta\delta_{(n+1)}$ 以及 $\delta_{(n+1)}$。继续逐点计算下去，最后可作出 δ 与 t 的关系曲线，如图 12-5（c）所示。这个 δ 与 t 的关系曲线称发电机转子的摇摆曲线。

在发生故障或切除故障瞬间，由于运行点跃变，不平衡功率也有跃变。计算这个瞬间相对角速度的变量时，应当用跃变前后两个不平衡功率的平均值，因此在故障发生后的第一个时间段内的不平衡平均功率应为

$$\Delta P_{(0)\mathrm{av}} = \frac{1}{2}\Delta P_{(0)} \tag{12-23}$$

在第一个时间段内功率角的增量

$$\Delta\delta_{(1)} = K\Delta P_{(0)\mathrm{av}} = \frac{1}{2}K\Delta P_{(0)} \tag{12-24}$$

如果在第 k 时间段结束时切除故障，则在第 k 时间段末的不平衡功率为

$$\Delta P_{(k)\mathrm{av}} = \frac{\Delta P'_{(k)} + \Delta P''_{(k)}}{2} \tag{12-25}$$

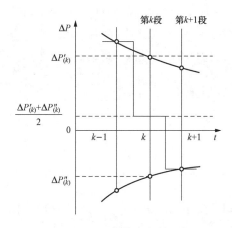

图 12 - 6　不平衡功率的跃变

在第 $k+1$ 时间段内功率角的增量为

$$\Delta\delta_{(k+1)} = \Delta\delta_{(k)} + K\Delta P_{(k)\mathrm{av}}$$
$$= \Delta\delta_{(k)} + K\frac{\Delta P'_{(k)} + \Delta P''_{(k)}}{2} \quad (12 - 26)$$

式中：$\Delta P'_{(k)}$、$\Delta P''_{(k)}$ 分别为切除故障前后的不平衡功率，如图 12 - 6 所示。

最后在图 12 - 5（c）所示的 δ 与 t 关系的摇摆曲线中，由按等面积定则所确定的极限切除角 $\delta_{\mathrm{c \cdot cr}}$，可以求得与 $\delta_{\mathrm{c \cdot cr}}$ 相对应的极限切除时间 $t_{\mathrm{c \cdot cr}}$。从而可以对继电保护及断路器提出要求，或者与现用的继电保护的整定值和断路器的断路时间进行比较来判断电力系统的暂态稳定性。

【例 12 - 1】　简单电力系统的接线如图 12 - 7 所示。设电力线路某一回路的始端发生两相接地短路，试计算保持暂态稳定而要求的极限切除时间。已知各元件参数如下（已折算至统一容量基准 $S_\mathrm{B}=220\mathrm{MVA}$，平均额定电压基准 U_B）：发电机 G，$X'_{\mathrm{d}*}=0.295$，$X_{2*}=0.432$，$T_{\mathrm{JB}}=8.18\mathrm{s}$；变压器 T1，$X_{\mathrm{T1}*}=0.138$，$X_{\mathrm{T10}*}=X_{\mathrm{T1}*}$；变压器 T2，$X_{\mathrm{T2}*}=0.122$，$X_{\mathrm{T20}*}=X_{\mathrm{T2}*}$；电力线路 L，$X_{\mathrm{L}*}=X_{\mathrm{L2}*}=0.487$，$X_{\mathrm{L0}*}=4X_{\mathrm{L}*}=4\times0.487=1.948$；输送到末端的有功功率 $P_{(0)}=220\mathrm{MW}$，功率因数 $\cos\varphi_{(0)}=0.98$；末端电压 $U=115\mathrm{kV}=$ 定值。

解　（1）正常运行时情况。用各元件正序参数作电力系统正常运行时等值电路如图 12 - 8 所示。图中电力系统总电抗为

$$X_\mathrm{I} = X'_{\mathrm{d}*} + X_{\mathrm{T1}*} + X_{\mathrm{L}*}/2 + X_{\mathrm{T2}*} = 0.295 + 0.138 + 0.244 + 0.122 = 0.799$$

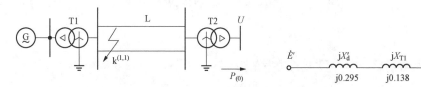

图 12 - 7　简单电力系统接线图

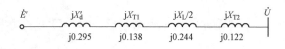

图 12 - 8　电力系统正常运行时等值电路

发电机直轴暂态电抗 X'_d 相关的电动势 E' 为

$$E' = \sqrt{\left[U + \frac{Q_{*(0)}X_\mathrm{I}}{U}\right]^2 + \left[\frac{P_{*(0)}X_\mathrm{I}}{U}\right]^2}$$
$$= \sqrt{(1.0 + 0.2 \times 0.799)^2 + (1.0 \times 0.799)^2}$$
$$= \sqrt{1.16^2 + 0.799^2} = 1.41$$

式中

$$P_{*(0)} = \frac{P_{(0)}}{S_\mathrm{B}} = \frac{220}{220} = 1.0$$

$$Q_{*(0)} = P_{(0)}\tan\varphi_{(0)}/S_\mathrm{B} = 220 \times \tan 11.478° / 220 = 0.2$$

$$U = 1.0（标幺值）$$

且

$$\delta_0 = \arctan\frac{0.799}{1.16} = 34.53°$$

正常运行时功角特性方程式为

$$P_{\text{I}} = \frac{E'U}{X_{\text{I}}}\sin\delta = \frac{1.41 \times 1.0}{0.799}\sin\delta = 1.765\sin\delta$$

（2）短路故障情况。两相接地短路在 $k^{(1,1)}$ 时，电力系统的负序、零序网络如图 12-9 所示。

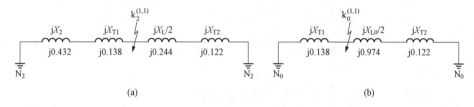

图 12-9　$k^{(1,1)}$ 时负序、零序网络

(a) 负序网络；(b) 零序网络

由图 12-9 可得

$$X_{2\Sigma} = \frac{(X_2 + X_{\text{T1}})(X_{\text{L/2}} + X_{\text{T2}})}{(X_2 + X_{\text{T1}}) + (X_{\text{L/2}} + X_{\text{T2}})} = \frac{(0.432 + 0.138) \times (0.244 + 0.122)}{(0.432 + 0.138) + (0.244 + 0.122)} = 0.222$$

$$X_{0\Sigma} = \frac{X_{\text{T1}}(X_{\text{L0/2}} + X_{\text{T2}})}{X_{\text{T1}} + (X_{\text{L0/2}} + X_{\text{T2}})} = \frac{0.138 \times (0.974 + 0.122)}{0.138 + (0.974 + 0.122)} = 0.123$$

两相接地短路 $k^{(1,1)}$ 时附加电抗为

$$X_{\text{su}}^{(1,1)} = \frac{X_{2\Sigma}X_{0\Sigma}}{X_{2\Sigma} + X_{0\Sigma}} = \frac{0.222 \times 0.123}{0.222 + 0.123} = 0.079$$

于是 $k^{(1,1)}$ 时正序等效网络将如图 12-10 所示。由图 12-10 得 $\dot{E}'$、$\dot{U}$ 之间的转移电抗为

$$X_{\text{II}} = X_{\text{I}} + \frac{(X'_{\text{d}} + X_{\text{T1}})\left(\frac{X_{\text{L}}}{2} + X_{\text{T2}}\right)}{X_{\text{su}}^{(1,1)}}$$

$$= 0.799 + \frac{(0.295 + 0.138) \times (0.244 + 0.122)}{0.079} = 2.804$$

那么，$k^{(1,1)}$ 时的功角特性方程式为

$$P_{\text{II}} = \frac{E'U}{X_{\text{II}}}\sin\delta = \frac{1.41 \times 1.0}{2.804}\sin\delta = 0.502\sin\delta$$

（3）短路故障切除后的情况。短路故障切除后的等值网络如图 12-11 所示。由此可得

$$X_{\text{III}} = X'_{\text{d}} + X_{\text{T1}} + X_{\text{L}} + X_{\text{T2}} = 0.295 + 0.138 + 0.488 + 0.122 = 1.043$$

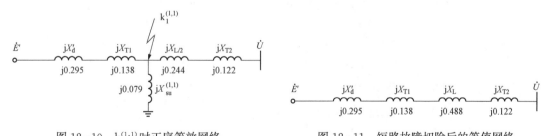

图 12-10　$k^{(1,1)}$ 时正序等效网络　　　　图 12-11　短路故障切除后的等值网络

短路故障切除后功角特性方程式为

$$P_{\text{III}} = \frac{E'U}{X_{\text{III}}}\sin\delta = \frac{1.41 \times 1.0}{1.043}\sin\delta = 1.35\sin\delta$$

（4）作功角特性曲线，求极限切除角。由上面所得各种运行情况下功角特性方程式，可作出图 12 - 12 所示的各种情况下的功角特性曲线。其中 δ_0 在本例中已计算出，$\delta_0 = 34.53°$。

$$\delta_{k'} = 180° - \delta_k = 180° - \sin^{-1}\frac{P_m}{P_{\text{III} \cdot \max}}$$

$$= 180° - \sin^{-1}\frac{1.0}{1.35} = 180° - 47.7° = 132.30°$$

除了计算得 δ_0、$\delta_{k'}$ 值外，还可从图 12 - 12 上直接由作图法得两功率角。于是可按式（12 - 14）计算极限切除角度

$$\cos\delta_{c \cdot cr} = \frac{P_m(\delta_{k'} - \delta_0) + P_{\text{III} \cdot \max}\cos\delta_{k'} - P_{\text{II} \cdot \max}\cos\delta_0}{P_{\text{III} \cdot \max} - P_{\text{II} \cdot \max}}$$

$$= \frac{1.0 \times (132.30° - 34.53°) \times \frac{\pi}{180°} + 1.35 \times \cos132.30° - 0.502 \times \cos34.53°}{1.35 - 0.502}$$

$$= 0.458$$

$$\delta_{c \cdot cr} = \cos^{-1}0.458 = 62.70°$$

（5）用分段计算法求极限切除时间。取 $\Delta t = 0.05s$。式（12 - 21）中的 K 值为

$$K = 1.8 \times 10^4 \times \frac{\Delta t^2}{T_J} = 1.8 \times 10^4 \times \frac{0.05^2}{8.18} = 5.5$$

那么按式（12 - 21）可有

$$\Delta\delta_{(n)} = \Delta\delta_{(n-1)} + K\Delta P_{(n-1)} = \Delta\delta_{(n-1)} + 5.5\Delta P_{(n-1)}$$

短路瞬间，$t = 0s$，$\delta_0 = 34.53°$，代入 P_{II} 表达式，可得

$$P_{\text{II}(0)} = P_{\text{II} \cdot \max}\sin\delta_0 = 0.502\sin34.53° = 0.285$$

第一个时间段开始时的加速不平衡功率为

$$\Delta P_{(0)} = P_{m(0)} - P_{\text{II}(0)} = 1.0 - 0.285 = 0.715$$

第一个时间段内功率角变量为

$$\Delta\delta_{(1)} = \frac{1}{2}K\Delta P_{(0)} = \frac{1}{2} \times 5.5 \times 0.715 = 1.97°$$

第一个时间段结束时功率角为

$$\delta_{(1)} = \delta_0 + \Delta\delta_{(1)} = 34.53° + 1.97° = 36.5°$$

第一个时间段结束，也就是第二个时间段开始时发电机输出的电磁功率为

$$P_{\text{II}(1)} = P_{\text{II} \cdot \max}\sin\delta_{(1)} = 0.502\sin36.5° = 0.30$$

第二时间段内加速不平衡功率为

$$\Delta P_{(1)} = P_{m(0)} - P_{\text{II}(1)} = 1.0 - 0.30 = 0.70$$

第二个时间段内功率角变量为

$$\Delta\delta_{(2)} = \Delta\delta_{(1)} + K\Delta P_{(1)} = 1.97° + 5.5 \times 0.70 = 5.82°$$

第二个时间段结束时，也就是第三个时间段开始时功率角为

$$\delta_{(2)} = \delta_{(1)} + \Delta\delta_{(2)} = 36.5° + 5.82° = 42.32°$$

依此类推，可作出的 δ 与 t 关系的摇摆曲线，如图 12 - 13 所示。由此按 $\delta_{c \cdot cr} = 62.7°$ 可求得极限切除时间 $t_{c \cdot cr} = 0.19s$。

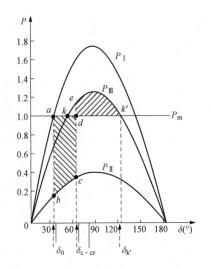

图 12-12　各种运行情况下功角特性曲线

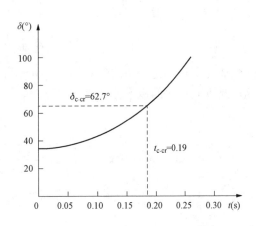

图 12-13　δ 与 t 关系的摇摆曲线

二、改进欧拉法

欧拉法是一种常用的求解非线性微分方程组数值解的方法，又称欧拉折线法，也经常用于计算电力系统的暂态稳定性。

1. 欧拉法（又称欧拉折线法）

设 $t=t_0$ 时，δ_0 已知，由此可得

$$\left.\frac{\mathrm{d}\delta}{\mathrm{d}t}\right|_0 = f(\delta_0, t_0)$$

于是 $t=t_1=t_0+\Delta t$ 时功率角为

$$\delta_{(1)} = \delta_0 + \left.\frac{\mathrm{d}\delta}{\mathrm{d}t}\right|_0 \Delta t$$

依此类推，欧拉法的递推公式为

$$\delta_{(n)} = \delta_{(n-1)} + \left.\frac{\mathrm{d}\delta}{\mathrm{d}t}\right|_{n-1} \Delta t \tag{12-27}$$

这是一种将非线性圆滑曲线用分段线性折线来代替的近似求解方法。当时间段 Δt 取得无限小时，结果是趋于真值的。依此方法可以作出 δ 与 t 关系的摇摆曲线。显然这一方法计算过程比较简单计算量少，但精度较差。为了减少误差，若取 Δt 为很小值，即减少步长，但增加了计算工作量和累计误差，所以该方法一般不能满足工程计算的精度要求。欧拉法几何解释如图 12-14 所示。

2. 改进欧拉法

改进欧拉法和欧拉法不同点在于用欧拉法求得的 $\delta_{(1)} = \delta_0 + \left.\frac{\mathrm{d}\delta}{\mathrm{d}t}\right|_0 \Delta t$ 后，并不认为它就是待求的最终结果，而只认为是 $\delta_{(1)}$ 的近似值，以 $\delta_{(1)}^{(0)}$ 表示。然后将 $\delta_{(1)}^{(0)}$ 和 t_1 再一次代入并求得 t_1 点的一个斜率 $\left.\frac{\mathrm{d}\delta}{\mathrm{d}t}\right|_1^{(0)} =$

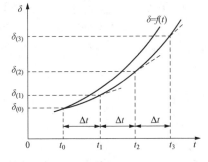

图 12-14　欧拉法的几何解释

$f(\delta_{(1)}^{(0)},t_1)$，取 $\left.\dfrac{\mathrm{d}\delta}{\mathrm{d}t}\right|_0$ 和 $\left.\dfrac{\mathrm{d}\delta}{\mathrm{d}t}\right|_1^{(0)}$ 曲线上两点斜率的平均值，即 $\dfrac{1}{2}\left[\left.\dfrac{\mathrm{d}\delta}{\mathrm{d}t}\right|_0+\left.\dfrac{\mathrm{d}\delta}{\mathrm{d}t}\right|_1^{(0)}\right]$，并以此求得 $\delta_{(1)}$ 的终值 $\delta_{(1)}^{(1)}$，其表示式为

$$\delta_{(1)}^{(1)}=\delta_0+\frac{1}{2}\left[\left.\frac{\mathrm{d}\delta}{\mathrm{d}t}\right|_0+\left.\frac{\mathrm{d}\delta}{\mathrm{d}t}\right|_1^{(0)}\right]\Delta t \qquad (12\text{-}28)$$

一般情况下，进行一次改进就已足够精确了，即认为 $\delta_{(1)}^{(1)}$ 是 $\delta_{(1)}$ 的最终结果，也称终值。因此，改进欧拉法的递推公式为

$$\left.\begin{array}{l}\left.\dfrac{\mathrm{d}\delta}{\mathrm{d}t}\right|_{n-1}=f(\delta_{(n-1)},t_{(n-1)})\\[3mm]\delta_{(n)}^{(0)}=\delta_{(n-1)}+\left.\dfrac{\mathrm{d}\delta}{\mathrm{d}t}\right|_{(n-1)}\Delta t\\[3mm]\left.\dfrac{\mathrm{d}\delta}{\mathrm{d}t}\right|_n^{(0)}=f(\delta_{(n)}^{(0)},t_{(n)})\\[3mm]\delta_n=\delta_{(n)}^{(1)}=\delta_{(n-1)}+\dfrac{1}{2}\left[\left.\dfrac{\mathrm{d}\delta}{\mathrm{d}t}\right|_{n-1}+\left.\dfrac{\mathrm{d}\delta}{\mathrm{d}t}\right|_n^{(0)}\right]\Delta t\end{array}\right\} \qquad (12\text{-}29)$$

由于改进欧拉法改进了曲线的斜率，因此改进后的欧拉折线比没有改进的欧拉折线更接近于真值，这样就提高了计算精度。改进欧拉法的几何解释如图 12-15 所示。

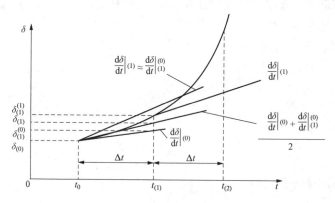

图 12-15　改进欧拉法的几何解释

比较图 12-14 和图 12-15 可见，在相同的时间段内改进欧拉法比欧拉法精确。在图 12-15 中，$\delta_{(1)}^{(0)}$ 为欧拉法在 t_1 点时近似值，$\delta_{(1)}^{(1)}$ 为改进欧拉法在 t_1 点的近似值（终值），而 $\delta_{(1)}$ 为在 t_1 点的真值，可见在相同的时间段内改进欧拉法的终值更接近于真值。

3. 用改进欧拉法计算电力系统暂态稳定问题

运用改进欧拉法计算简单电力系统中以 $P_\mathrm{m}=$ 定值和 $E'=$ 定值为计算条件的暂态稳定问题时，要求取两个微分方程式的数值解。它们是用状态方程式表示的发电机转子运动方程式 (12-15)，即

$$\left.\begin{array}{l}\dfrac{\mathrm{d}\delta}{\mathrm{d}t}=\omega-\omega_\mathrm{N}=\Delta\omega\\[3mm]\dfrac{\mathrm{d}\Delta\omega}{\mathrm{d}t}=\dfrac{\omega_\mathrm{N}}{T_\mathrm{J}}\Delta P_*=\dfrac{\omega_\mathrm{N}}{T_\mathrm{J}}\left[P_{\mathrm{m}(0)}-P_\mathrm{II}\right]\end{array}\right\}$$

式中：$\sin\delta P_\mathrm{II}$ 为由网络方程所确定的发电机输出的电磁功率，$P_\mathrm{II}=P_{\mathrm{II}\cdot\max}$。

用改进欧拉法计算电力系统暂态稳定问题时，它的递推公式和计算步骤如下：

当第 $n-1$ 时间段内结束时的相对角速度 $\Delta\omega_{(n-1)}$ 和功率角 $\delta_{(n-1)}$ 已知时，则可知第 n 时间段初发电机输出的电磁功率为

$$P_{\mathbb{I}(n-1)} = P_{\mathbb{I}\cdot\max}\sin\delta_{(n-1)}$$

第 n 时间段开始时不平衡功率为

$$\Delta P_{(n-1)} = P_{m(0)} - P_{\mathbb{I}(n-1)}$$

那么，$\delta_{(n)}$、$\Delta\omega_n$ 的近似值的递推公式为

$$\left.\begin{aligned}
\delta_{(n)}^{(0)} &= \delta_{(n-1)} + \left.\frac{\mathrm{d}\delta}{\mathrm{d}t}\right|_{n-1}\Delta t \\
\Delta\omega_{(n)}^{(0)} &= \Delta\omega_{(n-1)} + \left.\frac{\mathrm{d}\Delta\omega}{\mathrm{d}t}\right|_{n-1}\Delta t \\
\left.\frac{\mathrm{d}\delta}{\mathrm{d}t}\right|_{n-1} &= \Delta\omega_{(n-1)} \\
\left.\frac{\mathrm{d}\Delta\omega}{\mathrm{d}t}\right|_{n-1} &= \frac{\omega_{\mathrm{N}}}{T_{\mathrm{J}}}[P_{m(0)} - P_{\mathbb{I}(n-1)}] = \frac{\omega_{\mathrm{N}}}{T_{\mathrm{J}}}\Delta P_{(n-1)}
\end{aligned}\right\}
\tag{12 - 30}$$

将解得的 $\delta_{(n)}^{(0)}$ 代入发电机输出电磁功率表达式，可得

$$P_{\mathbb{I}(n)}^{(0)} = P_{\mathbb{I}\cdot\max}\sin\delta_{(n)}^{(0)} \tag{12 - 31}$$

由此即可求第 n 时间段末的改进值（也称终值）为

$$\left.\begin{aligned}
\delta_{(n)}^{(1)} &= \delta_{(n-1)} + \frac{1}{2}\left[\left.\frac{\mathrm{d}\delta}{\mathrm{d}t}\right|_{n-1} + \left.\frac{\mathrm{d}\delta}{\mathrm{d}t}\right|_{n}^{(0)}\right]\Delta t \\
\Delta\omega_{(n)}^{(1)} &= \Delta\omega_{(n-1)} + \frac{1}{2}\left[\left.\frac{\mathrm{d}\Delta\omega}{\mathrm{d}t}\right|_{n-1} + \left.\frac{\mathrm{d}\Delta\omega}{\mathrm{d}t}\right|_{n}^{(0)}\right]\Delta t \\
\left.\frac{\mathrm{d}\delta}{\mathrm{d}t}\right|_{n}^{(0)} &= \Delta\omega_{(n)}^{(0)} \\
\left.\frac{\mathrm{d}\Delta\omega}{\mathrm{d}t}\right|_{n}^{(0)} &= \frac{\omega_{\mathrm{N}}}{T_{\mathrm{J}}}[P_{m(0)} - P_{\mathbb{I}(n)}^{(0)}] = \frac{\omega_{\mathrm{N}}}{T_{\mathrm{J}}}\Delta P_{(n)}^{(0)}
\end{aligned}\right\}
\tag{12 - 32}$$

这样就可结束第 n 时间段的计算，而进入第 $n+1$ 时间段的计算。

从递推算式可以看出，用改进欧拉法计算暂态稳定的过程，实际上是把时间分成一个个小段，按匀速运动和匀加速运动进行转子运动状态微分方程式（12-15）和网络方程式交替求解，从而求得发电机转子摇摆曲线。

应该指出，用改进欧拉法计算时，在计算发生故障和故障切除的第一个时间段时，与分段计算法不同。所计算电磁功率仅用故障后和故障切除后的网络方程式来求得，而不必求发生故障前后和故障切除前后的平均值。这是因为改进欧拉法的递推公式中，实际上计及了故障前瞬间和故障切除瞬间电磁功率的影响。

由此可见，对于简单电力系统的计算，分段计算法的计算量比改进欧拉法要少得多。

【例 12 - 2】 试运用改进欧拉法作［例 12 - 1］中的摇摆曲线，并确定极限切除时间 $t_{\mathrm{c}\cdot\mathrm{cr}}$。

解 设短路瞬间 $t=0\mathrm{s}$，时间段 $\Delta t=0.05\mathrm{s}$，此时功率角 $\delta_0 = 34.53°$，从而可得

$$P_{\mathbb{I}(0)} = P_{\mathbb{I}\cdot\max}\sin\delta_0 = 0.502\sin34.53° = 0.285$$

第一个时间段开始时不平衡加速功率为

$$\Delta P_{(0)} = \Delta P_{m(0)} - P_{\mathbb{I}(0)} = 1.0 - 0.285 = 0.715$$

计算第一个时间段结束时功率角和相对角速度的近似值 $\delta_{(1)}^{(0)}$、$\Delta\omega_{(1)}^{(0)}$。由

$$\left.\frac{\mathrm{d}\delta}{\mathrm{d}t}\right|_0 = \Delta\omega_0 = 0$$

$$\left.\frac{\mathrm{d}\Delta\omega}{\mathrm{d}t}\right|_0 = \frac{\omega_{\mathrm{N}}}{T_{\mathrm{J}}}\Delta P_{(0)} = \frac{18000}{8.18}\times0.715 = 1573.4[(°)/\mathrm{s}^2]$$

可得
$$\delta_{(1)}^{(0)} = \delta_0 + \left.\frac{\mathrm{d}\delta}{\mathrm{d}t}\right|_0\Delta t = 34.53° + 0° = 34.53°$$

$$\Delta\omega_{(1)}^{(0)} = \Delta\omega_0 + \left.\frac{\mathrm{d}\Delta\omega}{\mathrm{d}t}\right|_0\Delta t = 0 + 1573.4\times0.05 = 78.66[(°)/\mathrm{s}^2]$$

于是有
$$P_{\mathrm{II}(1)}^{(0)} = P_{\mathrm{II}\cdot\max}\sin\delta_{(1)}^{(0)} = 0.502\sin34.53° = 0.285$$
$$\Delta P_{(1)}^{(0)} = P_{\mathrm{m}(0)} - P_{\mathrm{II}(1)}^{(0)} = 1.0 - 0.285 = 0.715$$

计算第一个时间段结束时功率角和相对角速度的改进值（终值）$\delta_{(1)}^{(1)}$、$\Delta\omega_{(1)}^{(1)}$。由

$$\left.\frac{\mathrm{d}\delta}{\mathrm{d}t}\right|_1^{(0)} = \Delta\omega_{(1)}^{(0)} = 78.66[(°)/\mathrm{s}^2]$$

$$\left.\frac{\mathrm{d}\Delta\omega}{\mathrm{d}t}\right|_1^{(0)} = \frac{\omega_{\mathrm{N}}}{T_{\mathrm{J}}}\Delta P_{(1)}^{(0)} = \frac{18000}{8.18}\times0.715 = 1573.4[(°)/\mathrm{s}^2]$$

可得
$$\delta_{(1)}^{(1)} = \delta_0 + \frac{1}{2}\left[\left.\frac{\mathrm{d}\delta}{\mathrm{d}t}\right|_0 + \left.\frac{\mathrm{d}\delta}{\mathrm{d}t}\right|_1^{(0)}\right]\Delta t$$
$$= 34.53° + \frac{1}{2}(0 + 78.66)\times0.05 = 36.5°$$

$$\Delta\omega_{(1)}^{(1)} = \Delta\omega_0 + \frac{1}{2}\left[\left.\frac{\mathrm{d}\Delta\omega}{\mathrm{d}t}\right|_0 + \left.\frac{\mathrm{d}\Delta\omega}{\mathrm{d}t}\right|_1^{(0)}\right]\Delta t$$
$$= 0 + \frac{1}{2}\times(1573.4 + 1573.4)\times0.05 = 78.66[(°)/\mathrm{s}]$$

由此可计算第二个时间段开始时发电机输出的电磁功率为
$$P_{\mathrm{II}(1)} = P_{\mathrm{II}\cdot\max}\sin\delta_{(1)}^{(1)} = 0.502\sin36.5° = 0.30$$
第二个时间段开始时不平衡加速功率为
$$\Delta P_{(1)} = \Delta P_{\mathrm{m}(0)} - P_{\mathrm{II}(1)} = 1.0 - 0.3 = 0.7$$
计算第二个时间段时功率角和相对角速度的近似值 $\delta_{(2)}^{(0)}$、$\Delta\omega_{(2)}^{(0)}$。由

$$\left.\frac{\mathrm{d}\delta}{\mathrm{d}t}\right|_1 = \Delta\omega_{(1)} = 78.66[(°)/\mathrm{s}]$$

$$\left.\frac{\mathrm{d}\Delta\omega}{\mathrm{d}t}\right|_1 = \frac{\omega_{\mathrm{N}}}{T_{\mathrm{J}}}\Delta P_{(1)} = \frac{18000}{8.18}\times0.7 = 1540.3[(°)/\mathrm{s}]$$

可得
$$\delta_{(2)}^{(0)} = \delta_{(1)} + \left.\frac{\mathrm{d}\delta}{\mathrm{d}t}\right|_1\Delta t = 36.5 + 78.66\times0.05 = 40.43°$$

$$\Delta\omega_{(2)}^{(0)} = \Delta\omega_{(1)} + \left.\frac{\mathrm{d}\Delta\omega}{\mathrm{d}t}\right|_1\Delta t = 78.66 + 1540.3\times0.05 = 155.68[(°)/\mathrm{s}]$$

于是有
$$P_{\mathrm{II}(2)}^{(0)} = P_{\mathrm{II}\cdot\max}\sin\delta_{(2)}^{(0)} = 0.502\sin40.43° = 0.326$$
$$\Delta P_{(2)}^{(0)} = P_{\mathrm{m}(0)} - P_{\mathrm{II}(2)}^{(0)} = 1.0 - 0.326 = 0.674$$

计算第二个时间段结束时功率角和相对角速度的改进值 $\delta_{(2)}^{(1)}$、$\Delta\omega_{(2)}^{(1)}$。由

$$\left.\frac{\mathrm{d}\delta}{\mathrm{d}t}\right|_2^{(0)} = \Delta\omega_{(2)}^{(0)} = 155.68[(°)/\mathrm{s}]$$

$$\frac{\mathrm{d}\Delta\omega}{\mathrm{d}t}\Big|_2^{(0)} = \frac{\omega_N}{T_J}\Delta P_{(2)}^{(0)} = \frac{18000}{8.18} \times 0.674 = 1483.1[(°)/s]$$

可得

$$\delta_{(2)}^{(1)} = \delta_{(1)} + \frac{1}{2}\left[\frac{\mathrm{d}\delta}{\mathrm{d}t}\Big|_1 + \frac{\mathrm{d}\delta}{\mathrm{d}t}\Big|_2^{(0)}\right]\Delta t$$

$$= 36.5° + \frac{1}{2} \times (78.66 + 155.68) \times 0.05$$

$$= 42.36°$$

$$\Delta\omega_{(2)}^{(1)} = \Delta\omega_{(1)} + \frac{1}{2}\left[\frac{\mathrm{d}\Delta\omega}{\mathrm{d}t}\Big|_1 + \frac{\mathrm{d}\Delta\omega}{\mathrm{d}t}\Big|_2^{(0)}\right]\Delta t$$

$$= 78.66 + \frac{1}{2} \times (1540.3 + 1483.1) \times 0.05$$

$$= 154.3[(°)/s^2]$$

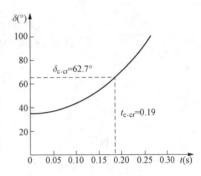

图 12-16　摇摆曲线

由此又可计算第三个时间段，依此类推，可作出图 12-16 所示的摇摆曲线。依图 12-16，当 $\delta_{c\cdot cr} = 62.7°$ 时，可以求得极限切除时间 $t_{c\cdot cr} = 0.19$s。与 [例 12-1] 中分段计算法结果完全相同。

事实上，在最初几个时间段内，分段计算法和改进欧拉法计算结果相差极微，整个计算结果比较接近。

第五节　提高电力系统暂态稳定性的措施

提高电力系统暂态稳定的措施和提高静态稳定时不同，不是从缩短电气距离的基本措施出发，而是从转子转速趋于同步和转子旋转能量增减的调控技术措施出发。这一方面是由于急剧扰动下机械与电磁、负荷与电源的功率或能量差额比微小扰动大得多，另一方面是由于这种扰动往往是暂时性的。

提高电力系统暂态稳定性的措施比提高电力系统静态稳定性的措施更多。因为，对于同一个电力系统，保持急剧扰动下的暂态稳定比保持微小扰动下的静态稳定更需要各技术领域的配合与协同控制。

一、 快速切除故障和自动重合闸

快速切除故障和自动重合闸两种措施常常配合在一起使用，借减少功率或能量的差额提高暂态稳定性，经济而有效，应首先考虑。

1. 快速切除故障

快速切除故障在提高暂态稳定性方面起着首要的决定性的作用。快速切除故障，减少了加速面积，增加了减速面积，提高了发电厂之间并列运行的稳定性，如图 12-17 所示。另外，快速切除故障，使电动机的端电压迅速回升，减少了电动机失速、停顿的危险，提高了负荷的稳定性，如图 12-18 所示。图 12-18 中，M_I 为正常运行时异步电动机的电磁转矩，M_{II} 为故障时异步电动机的电磁转矩，M_m 为电动机所带负载的机械转矩，s 为异步电动机的转差率，$s = \dfrac{\omega_N - \omega}{\omega_N}$。

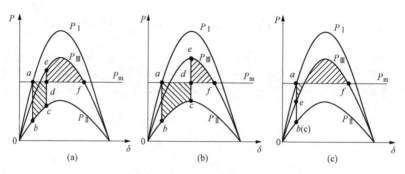

图 12-17　快速切除故障提高发电厂并列运行的稳定性

（a）快速切除（稳定）；（b）慢速切除（不稳定）；（c）瞬时切除

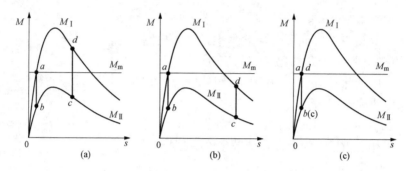

图 12-18　快速切除故障提高了电动机负荷的稳定性

（a）快速切除（稳定）；（b）慢速切除（不稳定）；（c）瞬时切除

目前，已可能做到在短路发生后 0.06s 切除故障，其中 0.02s 为保护装置动作时间，0.04s 为断路器动作时间。

2. 自动重合闸

电力系统中的故障，特别是高压电力线路的故障，大多是瞬时性短路故障。采用自动重合闸装置不仅可以提高系统供电的可靠性，而且可以大大提高系统的暂态稳定性。下面介绍双回路的三相重合闸和单回线路单相重合闸，以及它们在提高电力系统暂态稳定方面的作用。

（1）双回路的三相重合闸。图 12-19（a）为简单电力系统的接线图，设这个系统中双回线路中的一回线路发生了瞬时性短路故障，有无三相自动重合闸运行情况的变化分别如图 12-19（b）、（c）所示。由图可见，不装三相自动重合闸时，系统不能保持暂态稳定；而装设三相自动重合闸装置后，在运行点运动到 k 点时，如三相重合闸成功，则运行点将从 P_{III} 上的 k 点跃升到 P_{I} 上的 g 点，增加了减速面积 S_{kghfk}，很可能使减速面积大于加速面积，而保持电力系统的暂态稳定性。但重合闸时间不能过早，过早重合将会因原来产生电弧处的气体尚未去游离而再度重燃，不仅使重合闸失败，甚至会扩大故障。这个去游离时间主要取决于线路的额定电压等级和故障电流的大小，电压越高，故障电流越大，去游离时间越长。

（2）单回线路的单相重合闸。对于超高压电力线路的故障，90% 以上是单相接地短路，而且大多为瞬时性的单相接地短路。对此可采用按相断开和按相重合的单相重合闸。这种自动重合闸装置可以自动地选择出故障相，切除故障，并完成重合闸。由于是切除了故障相而非三相，因此在切除故障至重合闸前的一段时间里，即使是单回线路，送端发电厂和受端系统也没有完全失去联系。因而，大大减小了加速面积，明显提高了电力系统的暂态稳定性，降低对切除故障和重合闸速度的要求，如图 12-20 所示。图中 $P_{\text{Ⅲ}}$ 为切除一相线路时功角特性曲线。

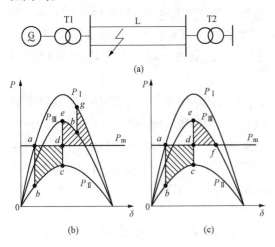

图 12-19　自动重合闸提高发电厂并列
运行的稳定性

（a）接线图；（b）有三相重合闸；（c）无重合闸

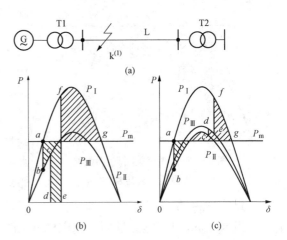

图 12-20　单回线路单相重合闸与
三相重合闸比较

（a）接线图；（b）三相重合闸；（c）单相重合闸

显然，单相重合闸对提高负荷的稳定性也是有利的。因重合成功会使系统电源充足，易满足负荷的要求，从而保证了负荷运行的稳定性。

二、强行励磁和快速关闭汽门

强行励磁和快速关闭汽门两种措施是从自动调节系统入手，通过减少功率或能量的差额来提高电力系统的暂态稳定性，经济有效。

1. 强行励磁

发电机都备有强行励磁装置，以保证当系统发生故障而使发电机端电压 U_{G} 低于 85％的额定电压时，迅速大幅度地增加发电机的励磁电流 i_{f}，从而使发电机空载电动势 E_{q} 和发电机端电压 U_{G} 增加，一般可保持发电机端电压 U_{G} 为恒定值。这样也增加了发电机输出的电磁功率。因此强行励磁对提高发电机并列运行和负荷的暂态稳定性都是很有利的。强行励磁的效果与强励的倍数（最大可能的励磁电压与发电机在额定条件下运行时的励磁电压之比）有关，强励倍数越大，效果就越好。此外，强行励磁的效果还与强行励磁的速度有关，强励速度越快，效果就越好。

由于强行励磁作用，可使发电机的励磁电流 i_{e} 增大 3～5 倍，时间长了会使发电机转子励磁绕组过热。此外，强励时还增大了短路电流。这些都应给予足够的重视。

2. 快速关闭汽门

由于水轮机油动机时间常数不能过小，以及在迅速关闭或打开导水叶片时，导管中水压迅速上升或下降而产生的水锤影响比较突出，因此水轮发电机组借调速系统以提高系统的暂态稳定是不大可能的。这样对水轮发电机组在暂态稳定中可认为机械功率 P_{m}＝定值。

对于汽轮机，可以考虑快速关闭汽门。按目前的技术水平油动机的时间常数 T_{s} 大致上

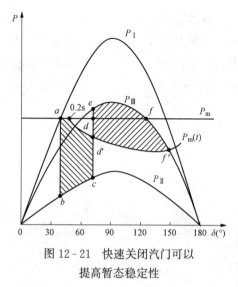

图 12-21　快速关闭汽门可以
提高暂态稳定性

不大于 0.1s，汽容时间常数 T_{ch} 也不大于 0.1s。汽轮机第一级喷嘴与调节汽门之间有一定空间，当汽门改变开度时至第一级喷嘴压力改变需要滞后一段时间，这段时间称为汽容时间常数。由于上述原因，快速关闭汽门使汽轮发电机组输入的机械功率 $P_m(t)$ 的改变最少要滞后 0.2s，因此也可提高电力系统的暂态稳定性，对于简单电力系统如图 12-21 所示。

三、电气制动和变压器中性点经小电阻接地

电气制动和变压器中性点经小电阻接地两种措施都是用消耗能量的办法减少能量的不平衡，以提高电力系统暂态稳定性。采用这些措施要增加消耗能量的设施，从而增加投资。

1. 电气制动

当电力系统中发生短路时，发电机输出的有功功率急剧减少，发电机组因功率过剩而加速，如能迅速投入制动电阻，消耗发电机的有功功率以制动发电机，使发电机不失步，仍能同步运行，从而提高了电力系统的暂态稳定性。

电气制动的接线如图 12-22（a）所示。正常运行时断路器 QF 处于断开状态，当短路故障发生后，立即闭合 QF 而投入制动电阻 R。这样就可以消耗发电机组中过剩的有功功率，限制发电机组的加速，使其能同步运行，提高了发电机并列运行的暂态稳定性。电气制动的作用也可用等面积定则来解释。图 12-22（b）、（c）比较了有无电气制动的情况。在作此图时，假设短路故障发生后瞬时投入制动电阻切除故障，同时切除电阻。

由图 12-22（b）、（c）可见，在切除故障角 δ_c 不变时，由于有了电气制动，减少了加速面积 $S_{bb_1 c_1 cb}$，使原来不能保持的暂态稳定性，变为可以保持暂态稳定性。在图 12-22（c）中 P'_{II} 是无制动时故障后功角特性曲线，P_{II} 是有电气制动时故障后功角特性曲线。P_{II} 也就是简单电力系统并联电阻后的功角特性曲线，是将 P'_{II} 向上移动一个距离，向左移动一个相位角的结果。

运用电气制动提高暂态稳定性时，制动电阻的大小及其投切时间要选择恰当。否则，可能会发生欠制动，即制动作用过小，发电机仍要失步；也可能会发生过制动，即制动过大，发电机虽在第一次振荡中没有失步，却在切除故障和切除制动电阻后的第二次振荡中或以后失步了。过制动现象也可用等面积定则来解释。如图 12-22（d）所示，故障过程中运行点转移的顺序为 a-b-d-e-d，即第一次振荡过程中发电机没有失步，在 d 点切除故障，同时切除了制动电阻，运行点转移的顺序为 d-c-g-h，即在第二次振荡过程中发电机失步了。因此在考虑某个具体电力系统中如何使用电气制动时，应通过一系列计算，求出不同输送功率下制动电阻的上下限和投切时间，然后选择一个恰当的方案。

2. 变压器中性点经小电阻接地

变压器中性点经小电阻接地就是对接地性短路故障的电气制动。变压器中性点经小电阻接地的接线图，如图 12-23（a）所示，在 k 点分别发生接地性不对称短路 $k^{(1)}$ 或 $k^{(1,1)}$ 时，短路电流的零序分量回路如图 12-23（b）所示。短路电流的零序分量通过变压器中性点所

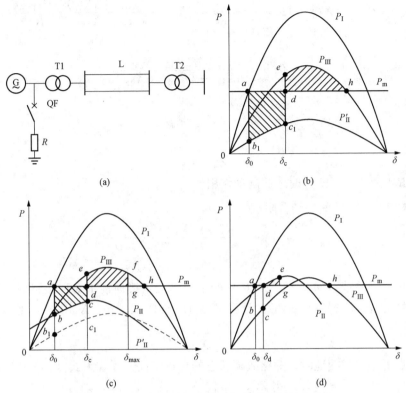

图 12-22　电气制动提高发电机并列运行的稳定性

（a）电力制动接线图；（b）无电气制动；（c）有电气制动；（d）过制动

接电阻 R 时，将产生有功功率损耗。在短路靠近送电端时，它主要由送电端发电厂供给；靠近受电端时，则主要由受电端系统供给。送电端发电机由于要供给这部分功率损耗，短路时它们的加速就要减缓，或者说这些电阻中的功率损耗起了制动作用，因而提高了系统的暂态稳定性。所以，对于不是无限大容量母线的实际电力系统，一般只在送端变压器中性点接入小电阻。如果在受端变压器接小电阻，则由于电阻上的功率消耗，大部分将由受端发电机负担，使本来处于减速的受端发电机加重负担，恶化了系统的暂态稳定性。

对于不同类型短路时，附加阻抗分别为：

$k^{(1)}$ 时

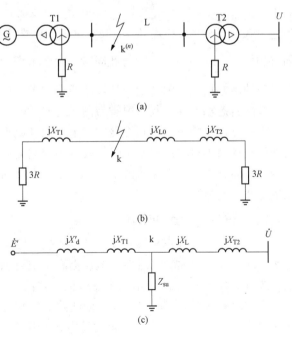

图 12-23　变压器中性点经小电阻接地

（a）接线图；（b）零序网络；（c）正序等效网络

$$Z_{su}^{(1)} = Z_{2\Sigma} + Z_{0\Sigma} = jX_{2\Sigma} + (R_{0\Sigma} + jX_{0\Sigma}) = jX_{2\Sigma} + \frac{(3R+jX_{T1})(3R+jX_{T2}+jX_{10})}{(3R+jX_{T1})+(3R+jX_{T2}+jX_{10})}$$

$k^{(1,1)}$时

$$Z_{su}^{(1.1)} = \frac{jX_{2\Sigma}(R_{0\Sigma}+jX_{0\Sigma})}{jX_{2\Sigma}+(R_{0\Sigma}+jX_{0\Sigma})}$$

$k^{(2)}$时

$$Z_{su}^{(2)} = Z_{2\Sigma} = jX_{2\Sigma}$$

$k^{(3)}$时

$$Z_{su}^{(3)} = 0$$

由上可见，R 只在 $k^{(1)}$、$k^{(1,1)}$时才起制动作用。

短路故障时，$\dot{E}'$、$\dot{U}$ 间的转移阻抗为

$$Z_{\mathrm{II}}^{(n)} = jX_{\mathrm{I}} + \frac{j(X_d'+X_{T1})j(X_L+X_{T2})}{Z_{su}^{(n)}} \tag{12-33}$$

其中

$$X_{\mathrm{I}} = X_d' + X_{T1} + X_L + X_{T2}$$

对于简单电力系统，如图 12-23（a）所示，当发生接地性不对称短路时，短路故障状态的功角特性方程式为式（10-46），且将 E_q、δ、x_{12} 用 E'、δ'、X_{II} 代替，则得

$$P_{\mathrm{II}} = \frac{E'U}{X_{\mathrm{II}}}\sin\delta' \tag{12-34}$$

当中性点经小电阻接地时，短路故障状态的功角特性方程式为式（10-43）第一式，在此将其中 E_q、δ 用 E'、δ' 代替，用 Z_{11}、Z_{12} 代替 $Z_{11\cdot\mathrm{II}}$、$Z_{12\cdot\mathrm{II}}$，则得

$$P_{\mathrm{II}} = \frac{E'^2}{|Z_{11\cdot\mathrm{II}}|}\sin\alpha_{11\cdot\mathrm{II}} + \frac{E'U}{|Z_{12\cdot\mathrm{II}}|}\sin(\delta'-\alpha_{12}) \tag{12-35}$$

式中

$$Z_{11\cdot\mathrm{II}} = Z_{11}, \quad Z_{12\cdot\mathrm{II}} = Z_{12} = Z_{\mathrm{II}}^{(n)}$$

由式（12-34）和式（12-35）可见，中性点经小电阻接地时，功角特性中增加了一项固有功率 $\frac{E'^2}{|Z_{11\cdot\mathrm{II}}|}\sin\alpha_{11\cdot\mathrm{II}}$。与此同时，由于 R 使 $Z_{\mathrm{II}}^{(n)}$ 减小，$|Z_{12\cdot\mathrm{II}}|$ 也减小，则式（12-35）第二项的增幅增大，因此功角特性曲线将向上、向左移动，功率极限也提高了，这有利于提高系统的暂态稳定性。其情况类似图 12-12 所示。

中性点连接的小电阻和连接三相上的制动电阻则不完全相同，中性点经小电阻接地的制动作用仅针对不对称短路发生时的稳定性，它的制动作用因短路点距离送、受端的远近及短路的种类而异。因此，在考虑某个具体系统中如何使用这一措施时，也应通过一系列计算方能确定适当的电阻值。

四、采用单元接线方式

采用单元接线方式是不需要增加设备投资便可提高电力系统暂态稳定性的措施。这种措施运用的范围有很大的局限性，但在提高系统暂态稳定性方面有一定的效果。单元接线和并联接线方式如图 12-24 所示，由图可见，它们的差别在于断路器 QF 的闭合和断开。

采用单元接线方式时，在某一回线路的始端发生短路时，与这一回线同一单元的发电机固然要受很大扰动，但另一单元的发电机却因距短路点的电气距离相当远，基本上不受扰动。故障线路切除后，与故障线路同一单元的、故障时受很大扰动的发电机与系统解列，自然不存在暂态稳定问题；另一单元的发电机因在故障时基本上没有受扰动，也不存在丧失暂

态稳定的问题。所以可以认为采用单元
接线方式时，基本上防止了发电厂之间
并列运行暂态稳定的破坏。

但是采用单元接线方式时，故障线
路切除后，电力系统丧失了连接在故障
单元上的所有发电机容量。如果整个系
统有功备用容量不足，将导致故障后系
统频率的下降，严重时会引起系统频率
的崩溃，同样使系统稳定破坏。

五、联锁切机和切除部分负荷

联锁切机是由单元接线方式派生
的，介于并联接线和单元接线之间的一
种提高暂态稳定的措施，可以提高电力
系统的暂态稳定性。当电力系统中备用

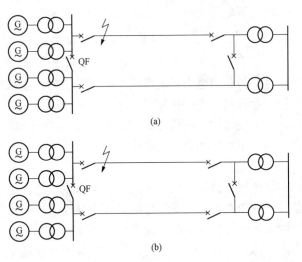

图 12 - 24　并联接线和单元接线方式
(a) 并联接线；(b) 单元接线

容量不足，难以采用单元接线方式而必须采用并连接线方式时，为了提高系统的暂态稳定
性，可以采用联锁切机。所谓联锁切机，就是在某一回线路发生故障而切除这回线的同时，
联锁切除送端发电厂的部分发电机。例如在图 12 - 24 (a) 中，切除送端发电厂的一台发电
机。采用联锁切机后，切除故障后的系统总阻抗虽较不采用联锁切机时略大，以致功角特性
曲线的最大值略小，但故障切除后原动机的机械功率却因联锁切机而大幅度地减少。例如图
12 - 25 中，若切除一台发电机，原动机的机械功率将减小 $\frac{1}{4}$。从而，采用联锁切机后，暂态
过程中的减速面积将大大增加，以致使原来不能保持暂态稳定的电力系统变为可以保持暂态
稳定了。

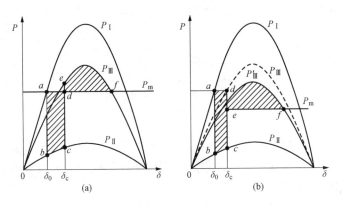

图 12 - 25　联锁切机提高发电厂并列运行的稳定性
(a) 不联锁切机；(b) 联锁切机

上述单元接线方式和联锁切机的措施都是以提高发电厂并列运行的稳定性为着眼点，它
们对提高负荷的稳定性并无好处，甚至会带来不良后果。如果系统中有功、无功电源备用不
足，会引起系统频率和电压的下降，严重时可能会出现"频率崩溃"或"电压崩溃"，最终
导致系统失去稳定。为了防止这种情况发生，在切除部分发电机后，或者是故障后，根据频

率、电压下降的情况，切除系统中部分不重要的负荷，以保证整个系统的暂态稳定性。

六、 系统解列、 异步运行和再同步

虽然采取了一系列提高暂态稳定的措施，能够保证系统在某些规定的运行条件下的暂态稳定性。但是当电力系统出现了超过规定的严重故障，或者出现事先未预料的严重扰动时，系统仍会有可能失去稳定性。稳定性的破坏，涉及整个电力系统，会造成极大的损失。为此，应事先考虑一些可能的应急措施，如系统解列、异步运行和再同步等措施，以减少损失，尽快恢复对用户的正常供电。

1. 系统解列

系统解列是指将已失去同步的电力系统，在适当的地点（或称解列点），手动或自动地断开某些断路器，把系统分解成几个独立的、各自保持同步运行的部分。这样各部分可以继续同步运行，保证对用户的供电。图 12-26 中绘出了正确或错误地选择解列点所造成的后果。正确选择解列点，可使得解列后各子系统的电压、频率和功角等趋于稳定运行；反之，解列点选择不当，解列后电压、频率或功角等不能趋于稳定数值，系统失稳。但在实际电力系统中，一般很难找到理想的解列点。在复杂电力系统中，解列点也不止一个，随着运行方式的改变，解列点也应作相应的改变。

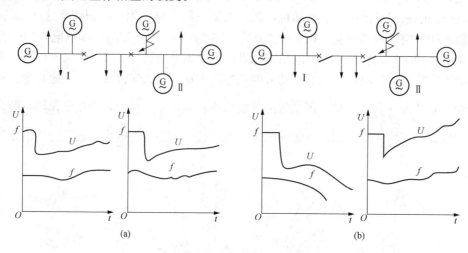

图 12-26 解列点的选择
(a) 正确；(b) 错误

解列的操作：对于分散控制方式，可以采用比较功率或检测系统振荡情况等办法来发出操作命令；对于集中控制方式，可以由中心调度所计算机或调度人员发出操作命令。

2. 异步运行和再同步

如果系统稳定的破坏不是由发电机本身的故障而引起的，可以考虑允许因稳定破坏而转入异步运行的汽轮发电机继续留在系统中工作，并且采取措施促使发电机恢复同步运行。但这种短期异步运行方式主要适用于有功功率储备较欠缺、无功功率储备较充裕的电力系统中的隐极机（汽轮发电机）。在发电机异步运行时，仍可向系统送出一部分有功功率，但要从系统中吸收无功功率。这样必将大大地改变系统中无功功率的平衡关系，降低系统的电压水平，这也是应该引起重视的。

当个别汽轮发电机因励磁系统故障而失磁时，只要故障并不危及发电机组的继续运行，并且系统中无功电源充足，也可以不必立即切除失磁的发电机，而让它在系统中异步运行一段短时间，待励磁系统故障消除后，重新投入励磁，使之又拖入同步，恢复正常工作。

将已失步（异步）运行的发电机强行拖入同步，一般称为再同步。

思考题与习题

12-1　什么是电力系统暂态稳定性？

12-2　引起电力系统产生较大扰动的原因有哪些？

12-3　在电力系统暂态稳定性的分析和计算中有哪些基本假设？

12-4　简单电力系统发生不同类型不对称短路时，附加电抗、转移电抗及输送功率极限大小有何不同？

12-5　试对简单电力系统的暂态稳定性进行定性分析。

12-6　什么是加速面积、减速面积和等面积定则？

12-7　什么是极限切除角？它是如何确定的？

12-8　用分段计算法求解转子运动方程式时有何基本假设？

12-9　在用分段计算法计算时，在发生故障和切除故障的瞬间，不平衡功率应如何考虑？

12-10　什么是同步发电机组转子的摇摆曲线？有何用处？

12-11　什么是欧拉法和改进欧拉法？它们的几何意义是什么？

12-12　提高电力系统暂态稳定性有哪些主要措施？各种措施的原理是什么？

12-13　电力系统的解列点是如何选择的？

12-14　同步发电机在电力系统中异步运行的条件是什么？

12-15　简单电力系统如图 12-27 所示。其中 $X_1=0.4$，$X_2=0.2$，$X_3=0.2$，$U_s=1.0$，$E'=1.2$，$X'_d=0.2$，原动机输入机械功率 $P_m=1.5$，机组惯性时间常数 $T_J=30s$，且系统为无限大电力系统。试完成：

（1）当双回线运行时，求运行功率角 δ_0；

（2）当系统在双回线运行时将断路器 QF1 跳开，系统是否可保持暂态稳定性？如若稳定，求其最大的摇摆角度；

（3）系统在双回线运行时，k 点发生了三相短路，若三相短路是永久性的，QF1、QF2 不跳开，系统是否稳定？

（4）系统在双回线运行时，k 点发生三相短路，求极限切除角 $\delta_{c \cdot cr}$，及对应的极限切除时间 $t_{c \cdot cr}$。

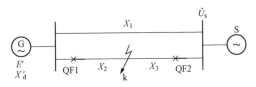

图 12-27　题 12-15 图

附录 Ⅰ 有关的法定计量单位名称与符号

量 的 名 称	量 的 符 号	单 位 名 称	单 位 符 号
长度	l，L	米	m
		千米（公里）	km
质量	m	千克	kg
时间	t	秒	s
		分	min
		时	h
面积	A，S	平方米	m²
		平方厘米	cm²
		平方毫米	mm²
体积	V	立方米	m³
角度	α、β、γ、θ、δ、φ	弧度	rad
		度	(°)
角速度	ω	弧度每秒	rad/s
		度每秒	(°)/s
转速	n	转每分	r/min
频率	f，γ	赫［兹］	Hz
功	W，A	焦［耳］	J
能［量］	E，W	瓦［特］时	Wh
		千瓦［特］时	kWh
		兆瓦［特］时	MWh
有功功率	P	瓦［特］	W
		千瓦［特］	kW
		兆瓦［特］	MW
无功功率	Q	乏	var
		千乏	kvar
		兆乏	Mvar
视在功率	S	伏安	VA
		千伏安	kVA
		兆伏安	MVA
电位	V	伏［特］	V
电压	U		
电动势	E	千伏［特］	kV

续表

量 的 名 称	量 的 符 号	单 位 名 称	单 位 符 号
电流	I	安［培］	A
		千安［培］	kA
电流密度	J，σ	安［培］每平方米	A/m²
		安［培］每平方毫米	A/mm²
电容	C	法［拉］	F
		微法［拉］	μF(10^{-6}F)
		皮［克］法［拉］	pF(10^{-12}F)
介电常数	ε	法［拉］每米	F/m
磁通［量］密度	B	特［斯拉］	T
		高斯	Gs，G
磁通［量］	Φ	韦［伯］	Wb
电感	L，M	亨［利］	H
磁场强度	H	安［培］每米	A/m
磁导率	μ	亨［利］每米	H/m
电阻、电抗、阻抗	R，X，Z	欧［姆］	Ω
电阻率	ρ	欧［姆］米	$\Omega \cdot$ m
单位长度导线电阻率	ρ	欧［姆］平方毫米每千米	$\Omega \cdot$ mm²/km
电导率	γ	西［门子］每米	S/m
电导、电纳、导纳	G，B，Y	西［门子］	S
摄氏速度	t	摄氏度	℃
角加速度	α	弧度每二次方秒	rad/s²
		度每二次方秒	(°)/s²
转动惯量	J	千克平方米	kg·m²
转矩	M	牛顿米	N·m
大气压力	p	帕［斯卡］	Pa

附录Ⅱ 常用电气参数

表Ⅱ-1 　　　　　　　　　　各种常用架空导线的规格

额定截面 (mm²)	导线型号									
	TJ型		LJ、HLJ、HL₂J型		LGJ、HL₂GJ型		LGJQ型		LGJJ型	
	计算外径 (mm)	安全电流 (A)	计算外径 (mm)	安全电流 (A)	计算外径 (mm)	安全电流 (A)	计算外径 (mm)	安全电流 (A)	计算外径 (mm)	安全电流 (A)
10	4.00		4.00		4.4					
16	5.04	130	5.1	105	5.4	105				
25	6.33	180	6.4	135	6.6	135				
35	7.47	220	7.5	170	8.4	170				
50	8.91	270	9.0	215	9.6	220				
70	10.7	340	10.7	265	11.4	275				
95	12.45	415	12.4	325	13.7	335				
120	14.00	485	14.0	375	15.2	380			15.5	
150	15.75	570	15.8	440	17.0	445	16.6		17.5	464
185	17.43	645	17.5	500	19.0	515	18.4	510	19.6	543
240	19.88	770	20.0	610	21.6	610	21.6	610	22.4	629
300	22.19	890	22.4	680	24.2	770	23.5	710	25.2	710
400	25.62	1085	25.8	830	28.0	800	27.2	845	29.0	965
500			29.1	980			30.2	966		
600			32.0	1100			33.1	1090		
700							37.1	1250		

注　1. TJ：铜绞线；LJ：裸铝绞线；HLJ：热处理型铝镁硅合金绞线；HL₂J：非热处理型铝镁硅合金绞线；LGJ：钢芯铝绞线；HL2GJ：钢芯非热；LGJQ：轻型钢芯铝绞线；LGJJ：加强型钢芯铝绞线。

　　2. 对 LHJ、LGJQ 及 LGJJ 型钢芯铝线的额定截面积系指导电部分（不包括钢芯截面）。

　　3. 安全电流系当周围空气温度为25℃时的数值。

表Ⅱ-2 　　　　　　　　　　电流修正系数

周围空气温度（℃）	−5	0	5	10	15	20	25	30	35	40	45	50
电流修正系数	1.29	1.24	1.20	1.15	1.11	1.05	1.00	0.94	0.88	0.81	0.74	0.67

注　当导线周围气温异于25℃时，应将安全电流乘以表Ⅱ-2的电流修正系数。

表Ⅱ-3　　　　　　　　LJ、TJ 型架空线路导线的电阻及正序电抗　　　　　　　　（Ω/km）

几何均距（m）	0.6	0.8	1.0	1.25	1.5	2.0	2.5	3.0	3.5	4.0	几何均距（m）	
导线型号	导线电阻	导线正序电抗										导线型号	导线电阻
LJ-16	1.98	0.358	0.377	0.391	0.405	0.416	0.435	0.499	0.460	—	—	TJ-16	1.20
LJ-25	1.28	0.345	0.363	0.377	0.391	0.402	0.421	0.435	0.446	—	—	TJ-25	0.74
LJ-35	0.92	0.336	0.352	0.366	0.380	0.391	0.410	0.424	0.435	0.445	0.453	TJ-35	0.54
LJ-50	0.64	0.325	0.341	0.355	0.365	0.380	0.398	0.413	0.423	0.433	0.441	TJ-50	0.39
LJ-70	0.46	0.315	0.331	0.345	0.359	0.370	0.388	0.399	0.410	0.420	0.428	TJ-70	0.27
LJ-95	0.34	0.303	0.319	0.334	0.347	0.358	0.377	0.390	0.401	0.411	0.419	TJ-95	0.20
LJ-120	0.27	0.297	0.313	0.327	0.341	0.352	0.368	0.382	0.393	0.403	0.411	TJ-120	0.158
LJ-150	0.21	0.287	0.312	0.319	0.333	0.344	0.363	0.377	0.388	0.398	0.406	TJ-150	0.123

表Ⅱ-4　　　　　　　　LGJ 型架空线路导线的电阻及正序电抗　　　　　　　　（Ω/km）

几何均距（m）	1.0	1.5	2.0	2.5	3.0	3.5	4.0	4.5	5.0	5.5	6.0	6.5	7.0	7.5	8.0
导线型号	导线电阻	导线正序电抗													
LGJ-35	0.85	0.366	0.385	0.403	0.417	0.429	0.438	0.446							
LGJ-50	0.65	0.353	0.374	0.392	0.406	0.418	0.427	0.435							
LGJ-70	0.45	0.343	0.364	0.382	0.396	0.408	0.417	0.425	0.433	0.440	0.466				
LGJ-95	0.33	0.334	0.353	0.371	0.385	0.397	0.406	0.414	0.422	0.429	0.435	0.44	0.445		
LGJ-120	0.27	0.326	0.347	0.365	0.379	0.391	0.400	0.408	0.416	0.423	0.429	0.433	0.438		
LGJ-150	0.21	0.319	0.340	0.358	0.372	0.384	0.398	0.401	0.409	0.416	0.422	0.428	0.432		
LGJ-185	0.17				0.365	0.377	0.386	0.394	0.402	0.409	0.415	0.419	0.425		
LGJ-240	0.132				0.357	0.369	0.378	0.386	0.394	0.401	0.407	0.412	0.416	0.421	0.425	0.429
LGJ-300	0.107									0.399	0.405	0.410	0.414	0.418	0.422
LGJ-400	0.08									0.391	0.397	0.402	0.406	0.410	0.414

表Ⅱ-5　　　　　　　LGJQ 与 LGJJ 型架空线路导线的电阻及正序电抗　　　　　　　（Ω/km）

几何均距（m）		5.0	5.5	6.0	6.5	7.0	7.5	8.0
导线型号	导线电阻	导线正序电抗						
LGJQ-300	0.108			0.401	0.406	0.411	0.416	0.420	0.424
LGJQ-400	0.08			0.391	0.397	0.402	0.406	0.410	0.414
LGJQ-500	0.065			0.384	0.390	0.395	0.400	0.404	0.408
LGJJ-185	0.17	0.406	0.412	0.417	0.422	0.428	0.433	0.437
LGJJ-240	0.131	0.387	0.403	0.409	0.414	0.419	0.424	0.428
LGKK-300	0.106	0.390	0.396	0.402	0.407	0.411	0.417	0.421
LGJJ-400	0.079	0.381	0.387	0.393	0.398	0.402	0.408	0.412

表Ⅱ-6　　　　　　　　　　LGJ、LGJJ 及 LGJQ 型架空线路导线的电纳　　　　　　（×10⁻⁶ S/km）

几何均距（m）		1.5	2.0	2.5	3.0	3.5	4.0	4.5	5.0	5.5	6.0	6.5	7.0	7.5	8.0	8.5
导线型号	导线电阻	导线正序电抗														
LGJ	35	2.97	2.83	2.73	2.65	2.59	2.54	—	—	—	—	—	—	—	—	—
	50	3.05	2.91	2.81	2.72	2.66	2.61	—	—	—	—	—	—	—	—	—
	70	3.15	2.99	2.88	2.79	2.73	2.68	2.62	2.58	2.54	—	—	—	—	—	—
	95	3.25	3.08	2.96	2.87	2.81	2.75	2.69	2.65	2.61	—	—	—	—	—	—
	120	3.31	3.13	3.02	2.92	2.85	2.79	2.74	2.69	2.65	—	—	—	—	—	—
	150	3.38	3.20	3.07	2.97	2.90	2.85	2.79	2.74	2.71	—	—	—	—	—	—
	185	—	—	3.13	3.03	2.96	2.90	2.84	2.79	2.74	—	—	—	—	—	—
	240	—	—	3.21	3.10	3.02	2.96	2.89	2.85	2.80	2.76	—	—	—	—	—
	300	—	—	—	—	—	—	—	2.86	2.81	2.78	2.75	2.72	—		
	400	—	—	—	—	—	—	—	2.92	2.88	2.83	2.81	2.78	—		
LGJJ	120	—	—	—	—	—	2.8	2.75	2.70	2.66	2.63	2.60	2.57	2.54	2.51	2.49
	150	—	—	—	—	—	2.85	2.81	2.76	2.72	2.68	2.65	2.62	2.59	2.57	2.54
	185	—	—	—	—	—	2.91	2.86	2.80	2.76	2.73	2.70	2.66	2.63	2.60	2.58
	240	—	—	—	—	—	2.98	2.92	2.87	2.82	2.79	2.75	2.72	2.68	2.66	2.64
LGJQ	300	—	—	—	—	—	3.04	2.97	2.91	2.87	2.84	2.80	2.76	2.73	2.70	2.68
	400	—	—	—	—	—	3.11	3.05	3.00	2.95	2.91	2.87	2.83	2.80	2.77	2.75
	500	—	—	—	—	—	3.14	3.08	3.10	2.86	2.92	2.88	2.84	3.81	2.79	2.76
	600	—	—	—	—	—	3.16	3.11	3.04	3.02	2.96	2.91	2.88	2.85	2.82	2.79

表Ⅱ-7　　　　　　　　220～750kV 架空线路导线的电阻及正序电抗　　　　　　　　（Ω/km）

导线型号	220kV 单导线		220kV 双分裂		330kV（双分线）		500kV（双分裂）		750kV（四分裂）	
	电阻	电抗	电阻	电抗	电阻	电抗	电阻	电抗	电阻	电抗
LGJ-185	0.17	0.44	0.085	0.313						
LGJ-240	0.132	0.432	0.066	0.310						
LGJQ-300	0.107	0.427	0.054	0.308	0.054	0.321	0.036	0.302		
LGJQ-400	0.08	0.417	0.04	0.303	0.04	0.316	0.0266	0.299	0.02	0.289
LGJQ-500	0.065	0.411	0.0325	0.300	0.0325	0.313	0.0216	0.297	0.0163	0.287
LGJQ-600	0.055	0.405	0.0275	0.297	0.0275	0.310	0.0183	0.295	0.0138	0.286
LGJQ-700	0.044	0.398	0.022	0.294	0.022	0.307	0.0146	0.292	0.011	0.284

注　计算条件如下：

电压（kV）	110	220	330	500	750
线间距离（m）	4	6.5	8	11	14
线分裂距离（cm）		40	40	40	40
导线排列方式		水平二分裂	水平二分裂	正三角三分裂	正四角四分裂

表Ⅱ-8 110～750kV架空线路导线的电容（μF/100km）及充电功率（MVA/100km）

导线型号	110kV		220kV				330kV（双分裂）		500kV（三分裂）		750kV（四分裂）	
			单导线		双分裂							
	电容	功率	电容	功率	电容	功率	电容	功率	电容	功率	电容	功率
LGJ-50	0.808	3.06										
LGJ-70	0.818	3.14										
LGJ-95	0.84	3.18										
LGJ-120	0.854	3.24										
LGJ-150	0.87	3.3										
LGJ-185	0.885	3.35			1.14	17.3						
LGJ-240	0.904	3.43	0.837	12.7	1.15	17.5	1.09	36.9				
LGJQ-300	0.913	3.48	0.848	12.9	1.16	17.7	1.10	37.3	1.18	94.4		
LGJQ-400	0.939	3.54	0.867	13.2	1.18	17.9	1.11	37.5	1.19	95.4	1.22	215
LGJQ-500			0.882	13.4	1.19	18.1	1.13	38.2	1.2	96.2	1.23	217
LGJQ-600			0.895	13.6	1.20	18.2	1.14	38.6	1.205	96.7	1.235	228
LGJQ-700			0.912	14.8	1.22	18.3	1.15	38.8	1.21	97.2	1.24	219

表Ⅱ-9 铜芯三芯电缆的感抗和电纳

芯线额定截面（mm²）	感抗（Ω/km）				电纳（S/km）×10⁻⁶			
	电缆额定电压（kV）							
	6	10	20	35	6	10	20	35
10	0.100	0.113			60	50		
16	0.094	0.104			69	57		
25	0.085	0.094	0.135		91	72	57	
35	0.079	0.088	0.129		104	82	63	
50	0.076	0.082	0.119		119	94	72	
70	0.072	0.079	0.116	0.132	141	100	82	63
95	0.069	0.076	0.110	0.126	163	119	91	68
120	0.069	0.076	0.107	0.119	179	132	97	72
150	0.066	0.072	0.104	0.116	202	144	107	79
185	0.066	0.069	0.100	0.113	229	163	116	85
240	0.063	0.069						

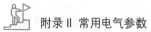

表Ⅱ-10　　　　　　　　　　　　钢绞线的电阻及内电抗　　　　　　　　　　（Ω/km）

通过电流 （A）	钢绞线型号及直径（mm）									
	GJ-25，$d=5.6$		GJ-35，$d=7.8$		GJ-50，$d=9.2$		GJ-70，$d=11.5$		GJ-95，$d=12.6$	
	电阻	电抗	电阻	电抗	电阻	电抗	电阻	电抗	电阻	电抗
1	5.25	0.54	3.66	0.32	2.75	0.23	1.7	0.16	1.55	0.08
2	5.27	0.55	3.66	0.35	2.75	0.24	1.7	0.17	1.55	0.08
3	5.28	0.56	3.67	0.36	2.75	0.25	1.7	0.17	1.55	0.08
4	5.30	0.59	3.69	0.37	2.75	0.25	1.7	0.18	1.55	0.08
5	5.32	0.63	3.70	0.40	2.75	0.26	1.7	0.18	1.55	0.08
6	5.35	0.67	3.71	0.42	2.75	0.27	1.7	0.19	1.55	0.08
7	5.37	0.70	3.73	0.45	2.75	0.27	1.7	0.19	1.55	0.08
8	5.40	0.77	3.75	0.48	2.76	0.28	1.7	0.20	1.55	0.08
9	5.45	0.84	3.77	0.51	2.77	0.29	1.7	0.20	1.55	0.08
10	5.50	0.93	3.80	0.55	2.78	0.30	1.7	0.21	1.55	0.08
15	5.97	1.33	4.02	0.75	2.80	0.35	1.7	0.23	1.55	0.08
20	6.70	1.63	4.4	1.04	2.85	0.42	1.72	0.25	1.55	0.09
25	6.97	1.91	4.89	1.32	2.95	0.49	1.74	0.27	1.55	0.09
30	7.1	2.01	5.21	1.56	3.10	0.59	1.77	0.30	1.56	0.09
35	7.1	2.06	5.36	1.64	3.25	0.69	1.79	0.33	1.56	0.09
40	7.02	2.00	5.35	1.69	3.40	0.80	1.83	0.37	1.57	0.10
45	6.92	2.08	5.30	1.71	3.52	0.91	1.83	0.41	1.57	0.11
50	6.85	2.07	5.25	1.72	3.61	1.00	1.93	0.40	1.58	0.11
60	6.70	2.00	5.13	1.70	3.99	1.10	2.07	0.55	1.58	0.13
70	6.6	1.90	5.0	1.64	3.73	1.14	2.21	0.65	1.61	0.15
80	6.3	1.79	4.89	1.57	3.70	1.15	2.27	0.70	1.63	0.17
90	6.4	1.73	4.78	1.50	3.68	1.14	2.29	0.72	1.67	0.20
100	6.32	1.67	4.71	1.43	3.65	1.13	2.33	0.73	1.71	0.22
125	—	—	4.6	1.29	3.58	1.04	2.33	0.73	1.83	0.31
150	—	—	4.47	1.27	3.50	0.95	2.38	0.73	1.87	0.34
175	—	—	—	—	3.45	0.94	2.23	0.71	1.89	0.35
200	—	—	—	—	—	—	2.19	0.69	1.88	0.35

表Ⅱ-11　　　　　　　　　　35kV铝线双绕组电力变压器技术数据表

型号	额定容量 （kVA）	额定电压（kV）		损耗（kW）		适中电压 （%）	空载电流 （%）	连接组
		高压	低压	空载	短路			
SJL1-50/35	50	35	0.4	0.3	1.15	6.5	6.5	Yyn0
SJL1-100/35	100	35	0.4	0.43	2.5	6.5	4.0	Yyn0
SJL1-160/35	160	35	0.4	0.59	3.6	6.5	3.0	Yyn0

型号	额定容量 (kVA)	额定电压 (kV)		损耗 (kW)		适中电压 (%)	空载电流 (%)	连接组
		高压	低压	空载	短路			
SJL1 - 160/35	160	35	10.5；6.3；3.15	0.65	3.8	6.5	3.0	Yd11
SJL1 - 200/35	200	35	10.5；6.3；3.15	0.76	4.4	6.5	2.8	Yd11
SJL1 - 250/35	250	35	10.5；6.3；3.15	0.9	5.1	6.5	2.6	Yd11
SJL1 - 250/35	250	35	0.4	0.8	4.8	6.5	2.6	Yyn0
SJL1 - 315/35	315	35	10.5；6.3；3.15	1.05	6.1	6.5	2.4	Yd11
SJL1 - 400/35	400	35	10.5；6.3；3.15	1.25	7.2	6.5	2.3	Yd11
SJL1 - 400/35	400	35	0.4	1.1	6.9	6.5	2.3	Yyn0
SJL1 - 500/35	500	35	10.5；6.3；3.15	1.45	8.5	6.5	2.1	Yd11
SJL1 - 630/35	630	35	10.5；6.3；3.15	1.7	9.9	65	2.0	Yd11
SJL1 - 630/35	630	35	0.4	1.5	9.6	6.5	2.0	Yyn0
SJL1 - 800/35	800	35	10.5；6.3；3.15	1.9	12	6.5	1.7	Yd11
SJL1 - 1000/35	1000	35	10.5；6.3；3.15	2.2	14	6.5	1.7	Yd11
SJL1 - 1000/35	1000	35	0.4	2.2	14	6.5	1.7	Yyn0
SJL1 - 1250/35	1250	35	10.5；6.3；3.15	2.6	17	6.5	1.6	Yd11
SJL1 - 1600/35	1600	35；38.5	10.5；6.3；3.15	3.05	20	6.5	1.5	Yd11
SJL1 - 1600/35	1600	35	0.4	3.05	20	6.5	1.5	Yyn0
SJL1 - 2000/35	2000	35；38.5	10.5；6.3；3.15	3.6	24	6.5	1.4	Yd11
SJL1 - 2500/35	2500	35；38.5	10.5；6.3；3.15	4.25	27.5	6.5	1.3	Yd11
SJL1 - 3150/35	3150	35；38.5	10.5；6.3；3.15	5.0	33	7	1.2	Yd11
SJL1 - 4000/35	4000	35；38.5	10.5；6.3；3.15	5.9	39	7	1.1	Yd11
SJL1 - 5000/35	5000	35；38.5	10.5；6.3；3.15	6.9	45	7	1.1	Yd11
SJL1 - 6300/35	6300	35；38.5	10.5；6.3；3.15	8.2	52	7.5	1.0	Yd11
SJL1 - 7500/35	7500	35	10.5	9.6	57	7.5	0.9	YNd11
SFL1 - 8000/35	8000	38.5；35	11；10.5；6.6 6.3；3.3；3.15	11	58	7.5	1.5	Yd11
SFL1 - 10000/35	10000	38.5；35	11；10.5；6.6 6.3；3.3；3.15	12	70	7.5	1.5	Yd11
SFL1 - 15000/35	15000	38.5；35	11；10.5；6.6 6.3；3.3；3.15	16.5	93	8	1.0	Y11
SFL1 - 20000/35	20000	38.5；35	11；10.5；6.6 6.3；3.3；3.15	22	115	8	1.0	Y11
SFL1 - 31500/35	31500	38.5；35	11；10.5；6.6 6.3；3.3；3.15	30	180	8	0.7	Y11
SFZL1 - 8000/35	8000	35±3×2.5% 38.5±3×2.5%	11；10.5；6.6；6.3	11	60.6	7.5	1.25	Y11
SSPL1 - 10000/35	10000	38.5	6.3	12	70	7.5	1.5	Y11

注 SJL：三相油浸自冷式铝线变压器；SFL：三相油浸风冷式铝线变压器；SSPL：三相强迫油循环水冷式铝线变压器。

表Ⅱ-12 **110kV级三相双绕组铝线电力变压器技术数据表**

变压器型号	额定容量（kVA）	额定电压（kV）		损耗（kW）		适中电压（%）	空载电流（%）	连接组
		高压	低压	短路	空载			
SFL1-6300/110	6300	121±5% 110±5%	11；10.5 6.6；6.3	52	9.76	10.5	1.1	YNd11
SFL1-8000/110	8000	121±5% 110±5%	11；10.5 6.6；6.3	62	11.6	10.5	1.1	YNd11
SFL1-10000/110	10000	121±2×2.5%	10.5；6.3	72	14	10.5	1.1	YNd11
SFL1-16000/110	16000	121±2×2.5%	10.5；6.3	110	18.5	10.5	0.9	YNd11
SFL1-20000/110	20000	121±2×2.5%	10.5；6.3	135	22	10.5	0.8	YNd11
SFL1-31500/110	31500	121±2×2.5%	10.5；6.3	190	31.05	10.5	0.7	YNd11
SFL1-40000/110	40000	121±2×2.5%	10.5；6.3	200	42	10.5	0.7	YNd11
SFPL1-50000/110	50000	121±5%	10.5；6.3	250	8.6	10.5	0.75	YNd11
SFPL1-63000/110	63000	121±5%	10.5；6.3	296	60	10.5	0.8	YNd11
SFPL1-90000/110	90000	121±2×2.5%	10.5	440	75	10.5	0.7	YNd11
SFPL1-120000/110	120000	121±2×2.5%	10.5	520	100	10.5	0.65	YNd11
SSPL1-20000/110	20000	121±2×2.5%	6.3	135	22.1	10.5	0.8	YNd11
SSPL-63000/110	63000	121±2×2.5%	10.5	300	68	10.5		YNd11
SSPL-90000/110	90000	121±2×2.5%	13.5	451	85	10.5		YNd11
SSPL-63000/110	63000	121±2×2.5%	10.5	291.48	65.4	10.57	0.8	YNd11
SSPL-120000/110	120000	121±2×2.5%	13.8	588	120	10.4	0.57	YNd11
SSPL-150000/110	150000	121±2×2.5%	13.8	646.25	204.5	12.68	1.73	YNd11
SFL-20000/110	20000	121±2×2.5%	10.5；6.3	135	37	10.5	1.5	YNd11
SFL-63000/110	63000	121±2×2.5%	10.5；6.3	300	68	10.5	2.5	YNd11
SFPL-90000/110	90000	121±2×2.5%	10.5	448	164	10.74	0.67	YNd11
SFPL-120000/110	120000	121±2×2.5%	10.5	572	95.6	10.78	0.695	YNd11
SFPL-120000/110	120000	121±2×2.5%	10.5	590	175	10.5	2.5	YNd11
SFL1-12500/110	$\dfrac{12500}{6250+6250}$	110±5%	3.3	99.8	16.4	9	0.93	YNdd11

表Ⅱ-13　110kV 三相三绕组电力变压器技术数据表

变压器型号	额定容量 (kVA)	额定电压 (kV)			损耗 (kW)					短路电压 (%)			空载电流 (%)	连接组标号
		高压	中压	低压	短路			空载		高中	高低	中低		
					高中	高低	中低							
SFSL1-6300/110	6300/6300/6300	121±2×2.5% 110±2×2.5%	38.5±2×2.5%	11; 10.5	62.9 62.3	62.6 62	50.7 50.7	12.5 12.5	17	10.5 17	6 6	1.4	YNyn0d11
		121±2×2.5% 110±2×2.5%		6.6; 6.3	66.2 65.6	60.2 59.6	51.6 51.6	12.5 12.5	10.5	17	6	1.4	YNyn0d11
SFSL1-8000/110	8000/4000/8000	121±5% 110±5%	38.5±2×2.5%	11; 10.5	27 27	83 89	19 19	14.2 14.2	17.5 10.5	10.5 17.5	6.5 6.5	1.26	YNyn0d11
	8000/8000/4000	121±5% 110±5%		6.6; 6.3	84	27	21	14.2	10.5	17	6.5	1.26	YNyn0d11
SFSL1-10000/110	10000/10000/10000	121±2×2.5%	38.5±2×2.5%	10.5 6.3	91 89.6	89 88.7	69.3 69.7	17	17 10.5	10.5 17	6 6	1.5	YNyn0d11
SFSL1-15000/110	15000/15000/15000	121±2×2.5%	38.5±2×2.5%	10.5 6.3	120	120	95	22.7	17 10.5	10.5 17	6 6	1.3	YNyn0d11
SFSL1-20000/110	20000/20000/10000	121±5%	38.5±5%	10.5 6.3	152.8	52	47	50.2	10.5	18	6.5	4.1	YNyn0d11
	20000/10000/20000	121±2×2.5%	38.5±5%	10.5 6.3	52	148.2	47	50.2	18	10.5	6.5	4.1	YNyn0d11
SFSL1-20000/110	20000/20000/20000	121±2×2.5%	38.5±5%	10.5 6.3	145	158	117	49.9	10.5	18	6.5	3.46	YNyn0d11
SFSL1-20000/110		121±2×2.5%	38.5±5%	10.5 6.3	154	154	119	49.9	18	10.5	6.5	3.46	YNyn0d11
SFSL1-25000/110	25000/25000/25000	121±2×2.5%	38.5±5%	10.5 6.3	175	197	142	49.5	10.5	18	6.5	3.6	YNyn0d11

续表

变压器型号	额定容量 (kVA)	额定电压 (kV) 高压	中压	低压	损耗 (kW) 短路 高中	短路 高低	短路 中低	空载	短路电压 (%) 高中	高低	中低	空载电流 (%)	连接组标号
SFSL1-31500/110	31500/31500/31500	121±2×2.5%	38.5±2×2.5%	10.5 / 6.3	229.1 / 215.4	212 / 231	181.6 / 184	37.2 / 37.2	18 / 10.5	10.5 / 18	6.5 / 6.5	0.8 / 0.8	YNyn0d11
SFPSL1-40000/110	40000/40000/40000	121±2×2.5%	38.5±2×2.5%	10.5 / 6.3	276 / 244	250 / 274.5	205.5 / 205.5	72 / 72	17.5 / 10.5	10.5 / 17.5	6.5 / 6.5	2.7 / 2.7	YNyn0d11
SFPSL1-50000/110	50000/50000/50000	121±2×2.5%	38.5±2×2.5%	6.3 / 6.3	302.2 / 350.6	350.9 / 318.3	251 / 252.9	62.2 / 62.2	10.5 / 18	18 / 10.5	6.5 / 6.5	1 / 1	YNyn0d11
SFSL1-50000/110	50000/50000/50000	121±2×2.5%	38.5	6.3	350 / 300	300 / 350	255 / 255	59.2	17.5 / 10.5	10.5 / 17.5	6.5 / 6.5	0.8	YNyn0d11
SFPSL1-63000/110	63000/63000/63000	121±2×2.5%	38.5±2×2.5%	6.3 / 6.3	380 / 470	470 / 380	320 / 330	64.2 / 64.2	10.5 / 18.5	18.5 / 10.5	6.5 / 6.5	0.7 / 0.7	YNyn0d11
SFSLQ1-10000/110	10000/10000/10000	121±2×2.5%	38.5±2×2.5%	6.3	87.95 / 88.75	90.05 / 86.55	67.9 / 67.7	21.4	17 / 10.5	10.5 / 17	6 / 6	1.5	YNyn0d11
SFSLQ1-15000/110	15000/15000/15000	121±2×2.5%	38.5±2×2.5%	6.3	120	120	92	30.5	17 / 10.5	10.5 / 17	6 / 6	1.2	YNyn0d11
SFSLQ1-20000/110	20000/20000/20000	121±2×2.5%	38.5±2×2.5%	10.5 / 6.3	153 / 142.9	147.6 / 152.9	111.6 / 110.4	33.5	17 / 10.5	10.5 / 17	6 / 6	1.1	YNyn0d11
SFSLQ1-20000/110	20000/20000/20000	121±2×2.5%	38.5±2×2.5%	6.3	155 / 150	150 / 155	112 / 112	32	17 / 10.5	10.5 / 17	6 / 6	1.2	YNyn0d11
SFSLQ1-25000/110	25000/25000/25000	121±2×2.5%	38.5±2×2.5%	6.3	194	182	144	49.5	18	10.5	6.5	3.6	YNyn0d11
SFSLQ1-25000/110	25000/25000/25000	121±2×2.5%	10.5	6.3	219	224	172	42.9	10.5	18	6	2.99	YNyn0d11

续表

变压器型号	额定容量 (kVA)	额定电压 (kV)			损耗 (kW)				短路电压 (%)			空载电流 (%)	连接组标号
		高压	中压	低压	短路 高中	短路 高低	短路 中低	空载	高中	高低	中低		
SFSLQ1-31500/110	31500/31500/31500	121±2×2.5%	38.5±2×2.5%	10.5 / 6.3	217 / 202	200.7 / 214	158.6 / 160.5	46.8	17 / 10.5	10.5 / 17	6 / 6	0.9	YNyn0d11
SSPSL1-31500/110				13.8	230	214	184	38.4	18	10.5	6.5	0.8	YNyn0d11
SSPSL1-45000/110	45000/45000/45000	121±5%	69	6.3	160	185	115	80	12	23	9.5	3	YNyn0d11
SSPSL1-50000/110	50000/50000/50000	121±5%	38.5±5%	10.5	350	318.3	250.9	89.6	18	10.5	6.5	2.82	YNyn0d11
SSPSL1-75000/110	75000/75000/75000	121±5%	38.5±2×2.5%	10.5	580	510	450	76	18.5	10.5	6.5	0.8	YNyn0d11
SFSL-10000/110	10000/10000/10000	121±5%	38.5±2×2.5%	10.5 / 6.3	91	91	70	22	18 / 10.5	10.5 / 18	6.5 / 6.5	3.3	YNyn0d11
SFSL-15000/110	15000/15000/15000	121±5%	38.5±2×2.5%	10.5 / 6.3	120	120	95	27	17 / 10.5	10.5 / 17	6.5 / 6.5	4.0	YNyn0d11
SFSL-31500/110	31500/31500/31500	121±5%	38.5±2×2.5%	10.5 / 6.3	235	235	115	49	18 / 10.5	10.5 / 18	6.5 / 6.5	2.5	YNyn0d11
SFSL-63000/110	63000/63000/63000	121±5%	38.5±2×2.5%	10.5 / 6.3	410	410	266	84	18 / 10.5	10.5 / 18	6.5 / 6.5	2.5	YNyn0d11

注 SFSL：三相油浸风冷三绕组铝线变压器；SFPSL：三相油浸风冷三绕组组铝线变压器；SFSLQ：三相油浸风冷三绕组全绝缘变压器；SSPSL：三相强迫油循环风冷三绕组铝线变压器；SSPSL—三相强迫油循环风冷三绕组铝线变压器。

表Ⅱ‑14　　　　　　　　　　220kV级三相双绕组电力变压器技术数据表

| 变压器型号 | 额定容量（kVA） | 额定电压（kV） | | 损耗（kW） | | 短路电压（%） | 空载电压（%） | 连接组标号 |
		高压	低压	短路	空载			
SFD‑63000/220	63000	220±⅓×2.5%	69	402.4	120	14.4	3	YNd11
SFD‑63000/220	63000	220±2×2.5%	46	401	120	14.4	2.6	YNd11
SSPL‑63000/220	63000	220±2×2.5%	10.5	404	92	14.45	2.41	YNd11
SSPL‑90000/220	90000	220±2×2.5%	10.5	472.5	92	13.75	0.67	YNd11
SSPL‑120000/220	120000	220±2×2.5%	10.5	1011.5	98.2	14.2	1.26	YNd11
SSPL‑120000/220	120000	220±⅓×2.5%	38.5	932.5	98.2	14	1.26	YNd11
SSPL‑120000/220	120000	242±2×2.5%	10.5	1011.5	98.2	14.2	1.26	YNd11
SSPL‑150000/220	150000	242±2×2.5%	13.8	883	137	13.13	1.43	YNd11
SSPL‑150000/220	150000	242±2×2.5%	10.5	894.5	137	13.13	1.43	YNd11
SSPL‑150000/220	150000	236±2×2.5%	13.8	873	137	12.5	1.43	YNd11
SSPL‑180000/220	180000	242±2×2.5%	15.75 13.8	892.8 904	175	12.22 12.55	0.427	YNd11
SSPL‑260000/220	260000	242±2×2.5%	15.75	1460	232	14	0.963	YNd11
SSP‑360000/220	360000	236±2×2.5%	18	1950	155	15	1.0	YNd11

注　SFD：三相油浸风冷强迫导向油循环变压器，其他型号符号同前。

表Ⅱ-15　110kV 三相三绕组铝线有载调压电力变压器技术数据表

变压器型号	额定容量 (kVA)	高压电压 (kV)	中压电压 (kV)	低压电压 (kV)	短路损耗			空载损耗 (kW)	短路电压 (%)			空载电流 (%)	连接组标号
					高中	高低	中低		高中	高低	中低		
SFSZL1-10000/110	10000/10000/10000	$121\pm\frac{2}{4}\times2.5\%$	38.5±5%	11, 10.5, 6.6, 6.3	86.7	82.6	68.5	27	10.5	17.5	6.5	4.35	
		110±3×2.5%	38.5±5%	11, 10.5, 6.6, 6.3	86.5	82.4	68.5	27	10.5	17.5	6.5	4.35	YNyn0d11
		$121\pm\frac{2}{4}\times2.5\%$		11, 10.5, 6.6, 6.3	84.8	86.2	68	27	17.5	10.5	6.5	4.35	
		110±3×2.5%		11, 10.5, 6.6, 6.3	84.6	86.1	68.7	27	17.5	10.5	6.5	4.35	
SFSZL1-20000/110	20000/20000/20000	$121\pm\frac{2}{4}\times2.5\%$	38.5±5%	11, 10.5, 6.6, 6.3	144	146.2	121	39.7	17.5	10.5	6.5	2.85	
		110±3×2.5%		11, 10.5, 6.6, 6.3	145.2	147.5	121	39.7	17.5	10.5	6.5	2.85	
		$121\pm\frac{2}{4}\times2.5\%$		11, 10.5, 6.6, 6.3	141	150	120	39.7	10.5	17.5	6.5	2.85	
		110±3×2.5%	38.5±5%	11	142	151	120	39.7	10.5	17.5	6.5	2.85	YNyn0d11
		$111\pm\frac{2}{4}\times2.5\%$		11	142	151	120	39.7	10.5	17.5	6.5	2.85	
		110±3×2.5%		11	145.2	143	116.5	39.7	17.5	10.5	6.5	2.85	
		$111\pm\frac{2}{4}\times2.5\%$		11	142.5	143	116.5	39.7	17.5	10.5	6.5	2.85	
SFSZL1-31500/110	31500/31500/31500	110±3×2.5% $110\pm\frac{1}{5}\times2.5\%$	38.5±5%	11	211.1	237.5	174.1	37	10.5	17.5	6.5	0.9	YNyn0d11

表Ⅱ-16　220kV级三绕组电力变压器技术数据表

型号	额定容量(kVA)	额定电压(kV)			损耗(kW)				短路电压(%)			空载电流(%)
		高压	中压	低压	空载	短路 高-中	短路 高-低	短路 中-低	高-中	高-低	中-低	
SFPSL-31500/220	31500	220	69	10.5	23	173.4	250	239.5	14.8	23	7.3	3.6
SFPSL-63000/220	63000	220	121	38.5	125	470.5	440	314.2	23	14	7.6	2.7
SFPSL-90000/220	90000	220	38.5	11	146.1	556.2	612	417	13.1	20.3	5.86	2.56
SSPSL-120000/220	120000	220	232	10.5	123.1	1023	227	165	24.7	14.7	8.8	1
SWDS-90000/220	90000	242	121	12.8	205.5	727.8	579.7	412	23.56	13.94	8.6	2.15
SSPSL-150000/220	150000	242	121	10.5	239	918.3	838.6	619.3	24.4	14.1	8.3	2.16
SSPSL-180000/220	180000	236	121	13.8	265	1057	1173	712	14.2	24.1	8.1	0.98
SSPSL-50000/220	50000	220	38.5	11	76.3	329.3	381.08	196.3	15.83	24.75	0.99	1.25
SSPSL-63000/220	63000	220	121	11	94	377.1	460.04	252.06	15.15	25.8	8.77	0.85
SFPS-120000/220	120000	220	121	38.5	131.5	466	691	268	25.7	14.9	8.86	

附录Ⅲ 常用网络变换及基本公式列表

变换名称	变换前网络	变换后等效网络	等效网络的阻抗
有源电动势支路的并联			$$z_{eq} = \cfrac{1}{\dfrac{1}{z_1} + \dfrac{1}{z_2} + \cdots + \dfrac{1}{z_n}}$$ $$\dot{E}_{eq} = z_{eq}\left(\dfrac{\dot{E}_1}{z_1} + \dfrac{\dot{E}_2}{z_2} + \cdots + \dfrac{\dot{E}_n}{z_n}\right)$$
三角形变星形			$$z_L = \dfrac{z_{ML}z_{LN}}{z_{ML} + z_{LN} + z_{NM}}$$ $$z_M = \dfrac{z_{NM}z_{ML}}{z_{ML} + z_{LN} + z_{NM}}$$ $$z_N = \dfrac{z_{LN}z_{NM}}{z_{ML} + z_{LN} + z_{NM}}$$
星形变三角形			$$z_{ML} = z_M + z_L + \dfrac{z_M z_L}{z_N}$$ $$z_{LN} = z_L + z_N + \dfrac{z_M z_N}{z_M}$$ $$z_{NM} = z_N + z_M + \dfrac{z_N z_M}{z_L}$$
多支路星形变为对角连接的网形			$$z_{AB} = z_A z_B \sum \dfrac{1}{z}$$ $$z_{BC} = z_B z_C \sum \dfrac{1}{z}$$ $$\vdots$$ 其中 $$\sum \dfrac{1}{z} = \dfrac{1}{z_A} + \dfrac{1}{z_B} + \dfrac{1}{z_C} + \dfrac{1}{z_D}$$

参 考 文 献

[1] 陈珩. 电力系统稳态分析. 4版. 北京：中国电力出版社，2015.

[2] 李光琦. 电力系统暂态分析. 3版. 北京：中国电力出版社，2007.

[3] 何仰赞，温增银. 电力系统分析（上、下册）. 3版. 武汉：华中科技大学出版社，2002.

[4] 中国电力工程顾问集团有限公司，中国能源建设集团规划设计有限公司. 电力工程设计手册 电力系统规划设计. 北京：中国电力出版社，2018.

[5] 陈慈萱. 电气工程基础. 北京：中国电力出版社，2013.

[6] 邱晓燕，刘天琪. 电力系统分析的计算机算法. 北京：中国电力出版社，2009.

[7] 王锡凡. 现代电力系统分析. 北京：科学出版社，2022.

[8] 丁道齐. 复杂大电网安全性分析. 北京：中国电力出版社，2010.

[9] 国网北京经济技术研究院. 电网规划设计手册. 北京：中国电力出版社，2015.

[10] 朱继忠. 电网安全经济运行理论与技术. 北京：中国电力出版社，2018.

[11] Bergen AR, Vittal V. Power systems analysis. Upper Saddle River NJ：Premtice‐Hall，2000.

[12] Saccomanno Fabio. Electric power systems：analysis and control. New York：John Wiley & Sons，Inc.；2003.

[13] Anderson P M，Fouad A A. Power system control and stability. Piscata way，NJ：IEEE Press，2003.

[14] Salam M A. Fundamentals of electrical power systems analysis. Singapore：Springer，2020.